THÉORIE
DES
FONCTIONS ALGÉBRIQUES

PAR MM.

PAUL APPELL | ÉDOUARD GOURSAT
MEMBRE DE L'INSTITUT | MEMBRE DE L'INSTITUT
ET DU BUREAU DES LONGITUDES | PROFESSEUR A LA FACULTÉ DES SCIENCES

DEUXIÈME ÉDITION, REVUE ET AUGMENTÉE

TOME II
FONCTIONS AUTOMORPHES
PAR PIERRE FATOU
ASTRONOME A L'OBSERVATOIRE DE PARIS

CHELSEA PUBLISHING COMPANY, INC.
NEW YORK, N.Y.

Third (unaltered) edition

Théorie des Fonctions Algébriques is a reprint in two volumes, with minor changes, of the second edition of a work originally published in 1929 and 1930, at Paris, also in two volumes. The title has been abridged. The full title of Volume I was Théorie des Fonctions Algébriques et de Leurs Intégrales and that of Volume II was Théorie des Fonctions Algébriques d'une Variable et des Transcedantes qui s'y Rattachent. The present edition is published at New York, N.Y. and is printed on the new 'long-life' acid-free paper, 1978

CIP

Library of Congress Cataloging in Publication Data

Appell, Paul Émile, 1855-1930.
   Théorie des fonctions algébriques.

      Reprint of the 1929-1930 ed. Vol. I had title: Théorie des fonctions algébriques et leurs intégrales; v. 2. Théorie des fonctions algébriques d'une variable et des transcedantes qui s'y rattachent.
      CONTENTS: t. 1. Étude des fonctions analytiques sur une surface de Riemann.--t. 2. Fonctions automorphes.

    1. Functions, Algebraic.   2. Analytic functions.
3. Riemann surfaces.   4. Functions, Automorphic.
I. Goursat, Édouard Jean Baptiste, 1858-1936, joint author.
II. Fatou, P., joint author.   III. Title.

QA341.A6   1978   515'.9   72-114210
ISBN 0-8284-0299-X   (v. 2)

Printed in the United States of America

INTRODUCTION

Lorsque la maison Gauthier-Villars nous a proposé de publier une nouvelle édition de la *Théorie des fonctions algébriques*, épuisée depuis quelques mois, il nous a semblé qu'il serait utile de la compléter par un aperçu, au moins sommaire, de la théorie des fonctions fuchsiennes. Le regretté Fatou avait bien voulu se charger de ce travail. Mais, au lieu des quelques chapitres que nous attendions de lui, c'est un véritable traité des fonctions automorphes qu'il nous a laissé. Nous sommes heureux d'avoir provoqué ainsi la publication d'une œuvre magistrale, que la trop grande modestie de l'auteur l'eût peut-être empêché d'écrire. Les jeunes mathématiciens français pourront maintenant s'initier facilement à cette vaste théorie, due à notre grand Henri Poincaré, et cette lecture ne pourra qu'augmenter les regrets qu'inspire, à tous ceux qui l'ont connu et apprécié, la fin prématurée de Fatou, dont la Science attendait encore beaucoup.

Le manuscrit a été entièrement rédigé par Fatou, qui avait remis les dernières feuilles à l'imprimerie, quelques mois avant sa mort. Notre confrère M. Drach a bien voulu se charger de revoir les épreuves des derniers chapitres. Nous lui adressons nos biens vifs remerciements; nous les adressons aussi à M. Henri Mineur, qui a pris une part active à la correction des épreuves.

L'exécution matérielle de l'Ouvrage est digne, sous tous les rapports, de la maison Gauthier-Villars, dont l'éloge n'est plus à faire.

E. Goursat.

SOMMAIRE

DU TOME II.

CHAPITRE XIII.

LES GROUPES DISCONTINUS DE SUBSTITUTIONS LINÉAIRES.

Substitutions linéaires et géométries non euclidiennes.

Pages.

Signification géométrique des substitutions linéaires effectuées sur une variable complexe. Groupe anallagmatique du plan. Adjonction des symétries. Points doubles et multiplicateurs. Substitutions elliptiques, hyperboliques, paraboliques, loxodromiques. Trajectoires et lignes de niveau d'une substitution. Les groupes cycliques discontinus et leurs domaines fondamentaux..... 1-14

Étude spéciale des substitutions qui laissent fixe un cercle imaginaire d'équation réelle. Leurs rapports avec le groupe des déplacements sur la sphère et dans le plan de la géométrie elliptique. Formules d'Olinde Rodrigues. Le plan elliptique envisagé comme surface fermée à un seul coté...... 14-25

Étude spéciale des substitutions qui laissent fixe un cercle réel du plan. Invariant différentiel. Rapports de ces substitutions avec le groupe des déplacements de la géométrie de Bolyai. Formules de passage de la métrique non euclidienne de Bolyai à la métrique de Cayley dans le plan hyperbolique. Interprétations diverses. Étude des homographies qui transforment en elle-même une conique réelle. Droites perpendiculaires de la géométrie hyperbolique. Angles, distances, aires. Expression de l'aire d'un triangle...... 25-40

Propriétés communes à la géométrie elliptique et hyperbolique du plan; la géométrie euclidienne comme cas limite............ 40-45

Les substitutions linéaires générales; leur rapport avec les mouvements de la géométrie hyperbolique de l'espace. Étude du groupe des mouvements dans cette géométrie : rotations elliptiques, hyperboliques, paraboliques; mouvements hélicoïdaux, symétries; trajectoires et lignes de niveau. Angles et distances. Passage à la géométrie de Bolyai de l'espace; le groupe des mouvements dans ce dernier espace; les formules de Poincaré. Interprétations diverses............ 45-55

Composition des substitutions et des mouvements de l'espace hyperbolique. Condition pour que le produit de deux substitutions non loxodromiques soit lui-même non loxodromique. Classification des groupes exempts de substitutions loxodromiques 55-64

Les groupes discontinus de substitutions linéaires.
Régions de discontinuité propre.

Substitutions infinitésimales; définition, exemples; conditions suffisantes pour qu'un groupe renferme des substitutions infinitésimales. Distinction entre les groupes exempts de substitutions infinitésimales et les groupes proprement discontinus; exemples. Étude des suites de fonctions linéaires; familles normales de fonctions linéaires; leur application à l'étude des groupes discontinus; pour qu'un groupe de substitutions soit proprement discontinu dans un domaine, il faut et il suffit : 1° que le groupe soit exempt de substitutions infinitésimales; 2° que les substitutions du groupe forment une famille normale dans le domaine considéré. Conséquences diverses. Étude des ensembles frontières des régions de discontinuité propre; cet ensemble est parfait s'il comprend plus de deux points; s'il est continu, il ne peut être qu'un cercle, une droite ou une ligne non analytique..... 64-83

Étude particulière des groupes à cercle principal; cas où le groupe est discontinu sur certains arcs du cercle principal; cas où les points frontières remplissent toute la circonférence. Exemples............ 83-86

Groupes discontinus dans le cas général. Un groupe de mouvements de l'espace hyperbolique est proprement discontinu s'il est exempt de transformations infinitésimales. Cas où tous les points de la quadrique absolue sont des points frontières de la région de discontinuité. Cas où la discontinuité subsiste dans certaines régions de la quadrique. Groupes kleinéens. Exemples........................... 86-96

Invariant différentiel de Lagrange et Schwarz. Application à la construction des groupes discontinus de mouvements sur la sphère; groupes des polyèdres réguliers; invariants 96-101

CHAPITRE XIV.

CONSTRUCTION DES GROUPES FUCHSIENS ET KLEINÉENS.

Morphologie du domaine fondamental.

Notion du domaine fondamental. Construction du domaine fondamental d'un groupe discontinu de mouvements du plan hyperbolique par la méthode du rayonnement. Propriétés des polygones rayonnés. Groupes fuchsiens et groupes fuchsoïdes.. 102-106

Un polygone rayonné n'a pas de sommets hyperboliques. Sommets elliptiques, paraboliques, adventifs. Cycles de sommets de ces diverses sortes. Toute classe de points fixes d'une substitution elliptique ou parabolique du groupe admet un représentant sur le périmètre d'un polygone rayonné; si le centre du polygone est pris au hasard, il n'existe qu'un sommet elliptique ou parabolique de chaque classe. Sommets adventifs situés sur la conique, cycles ouverts; absence de pointements sur la conique pour un polygone dont le centre est pris au hasard. La présence de sommets adventifs sur la conique caractérise les groupes fuchsiens de la seconde classe...................... 106-121

Les modifications permises d'un polygone fuchsien et les propriétés caractéristiques qu'elles conservent. Exemples. Absence de sommets hyperboliques pour un polygone quelconque........................ 121-125

Construction des groupes fuchsiens.

Construction d'un groupe fuchsien au moyen d'un polygone fondamental donné *a priori*. Démonstration de la discontinuité d'après Poincaré. Extension d'un groupe fuchsien par adjonction d'une symétrie ou d'un mouvement de deuxième espèce................................... 125-133

Exemples de groupes fuchsiens; groupe de Schwarz; groupe modulaire; groupes de la troisième famille...................................... 133-139

Genre d'un polygone fuchsien. Application de la formule d'Euler aux polygones de la première et de la deuxième classe. Le genre d'un polygone fuchsien est invariant par une modification permise........ 139-143

Relations fondamentales entre les substitutions génératrices; application au groupe modulaire.. 143-147

Formation des polygones rayonnés d'un groupe de déplacements sur la sphère ou dans le plan euclidien..................................... 147-154

Construction des groupes kléinéens.

Les polyèdres rayonnés pour les groupes discontinus de mouvements de l'espace hyperbolique. Groupes polyédriques et groupes kleinéens. Classification des arêtes et des sommets. Cycles d'arêtes. Sommets réguliers et semi-réguliers. Existence d'une arête parabolique de chaque classe. Absence de points fixes de substitutions loxodromiques hyperboliques sur la surface du polyèdre........................... 154-162

Étude spéciale des groupes kleinéens ou polygonaux. Régions de discontinuité; le nombre de ces régions ne peut être qu'un ou deux, s'il n'est pas infini. Une région de discontinuité est simplement connexe d'ordre de connexion infini. Adjonction de substitutions de deuxième espèce.. 162-170

Modifications permises. Propriétés du polyèdre rayonné invariantes par ces modifications.. 170-174

Démonstration de l'existence d'un groupe kleinéen ou polyédrique dont le polyèdre fondamental est donné *a priori*. Génération d'un groupe kleinéen par un polygone ou un système de polygones donné *a priori*. Condition d'existence d'une infinité de régions de discontinuité, équivalentes entre elles. Exemples. Étude de divers groupes dérivés des

symétries par rapport aux quatre faces d'un tétraèdre de l'espace
hyperbolique 174-188

Structure des groupes fuchsiens et kléinéens.

Relations fondamentales entre les substitutions génératrices d'un groupe.
Relations primaires. Relations secondaires et sommets idéaux........ 188-192

Genre d'un polygone kleinéen. Exemples 192-193

Structure d'un polygone fuchsien ou kleinéen provenant de l'application sur un plan d'une surface de Riemann munie d'un système canonique de coupures. Les substitutions génératrices; cas où leur nombre s'abaisse... 193-203

Signature d'un polygone fuchsien de la première classe. Existence d'un polygone de signature quelconque. Discussion des cas exceptionnels conduisant à des polygones générateurs de groupes de mouvements du plan euclidien ou du plan elliptique. Exemple de transformation d'un polygone canonique par des modifications permises............. 203-209

Principe de composition des groupes d'après Klein. Composition par emboitement. Applications.. 209-215

Sous-groupes d'indice fini d'un groupe fuchsien. Relations entre les polygones générateurs d'un groupe fuchsien de la première classe et d'un sous-groupe d'indice fini. Construction de sous-groupes d'un groupe donné. Sous-groupes d'indice 2 du groupe modulaire; ils sont tous invariants. Un groupe fuchsien possède en général au moins un sous-groupe invariant et d'indice donné. Cas d'exception pour les groupes de genre zéro. Exemples de sous-groupes non invariants.... 215-228

Étude spéciale des sous-groupes invariants............................ 228-232

CHAPITRE XV.

LES FONCTIONS FUCHSIENNES ET KLEINÉENNES.

Les fonctions automorphes; leur formation par les séries thêta de Poincaré.

Définitions générales et conséquences. Notion de la variable principale; forme du développement de ces fonctions au voisinage d'un sommet elliptique ou parabolique, lorsqu'on emploie la variable principale. La somme des ordres des zéros et des pôles d'une fonction automorphe (fuchsienne et kleinéenne), contenus dans un polygone fondamental, est égale à zéro. Étude des fonctions automorphes et de leurs dérivées au voisinage des points singuliers paraboliques. Deux fonctions appartenant au même groupe sont liées algébriquement.................... 233-245

Construction des fonctions automorphes. Lemmes de Poincaré. Convergence de la série $\sum \left| \dfrac{dT_n z}{dz} \right|^2$; les deux démonstrations de Poincaré;

cas où les substitutions dépendent de paramètres variables. Étude de la série $\sum \left| \dfrac{dT_n z}{dz} \right|$; elle peut être convergente ou divergente. Les séries thêta de Poincaré; convergence; propriétés fonctionnelles, changement linéaire de variables; étude des singularités aux sommets paraboliques. Sommets elliptiques. Construction de fonctions automorphes au moyen des séries thêta.. 245-268

Application d'une surface de Riemann sur le domaine fondamental; équation différentielle des fonctions linéairement polymorphes correspondantes.

On peut toujours trouver deux fonctions automorphes d'un groupe au moyen desquelles toutes les autres s'expriment rationnellement. Correspondance entre le polygone générateur du groupe et la surface de Riemann attachée à une relation algébrique d'une certaine classe.. 268-272

Les fonctions linéairement polymorphes qui font l'application de cette surface sur ce polygone; la nature de leurs singularités et leur groupe de monodromie; l'équation différentielle du troisième ordre qu'elles vérifient... 272-275

Formation effective de cette équation différentielle dans le cas du genre zéro; points critiques et paramètres accessoires. Discussion du problème de l'uniformisation au moyen d'une énumération de paramètres. Exemple de Fuchs. Étude du cas de $n = 3$. L'équation différentielle linéaire du second ordre à laquelle se ramène l'intégration de l'équation du troisième ordre; application des théorèmes de Fuchs. 275-282

Étude de l'équation différentielle des fonctions linéairement polymorphes : paramètres accessoires et groupe de monodromie.

L'équation différentielle des fonctions linéairement polymorphes dans le cas d'un genre quelconque; le nombre des paramètres accessoires est donné par le théorème de Riemann-Roch. Discussion du problème de l'uniformisation au moyen d'une énumération de paramètres. Cas où la fonction est dépourvue de points critiques sur la surface de Riemann. Rappel de résultats concernant le problème de l'uniformisation dans le cas de $p = 1$. Étude de ce même problème pour $p = 2$; formation effective de l'équation différentielle du second ordre correspondante; discussion géométrique des conditions exprimant que la variable indépendante est une fonction uniforme du quotient de deux intégrales. Les invariants des substitutions génératrices sont des fonctions entières des paramètres accessoires; les conditions d'uniformité sont des conditions d'inégalité entre ces paramètres. Nature des conditions exprimant que la variable indépendante est une fonction fuchsienne du rapport des intégrales; les conditions transcendantes de Poincaré... 282-294

Suite de l'étude du groupe de monodromie de l'équation différentielle des fonctions polymorphes. Théorème de M. Picard. Étude particulière du cas de $p = 1$; ce cas est un cas d'exception. Deuxième démonstration du théorème de M. Picard; compléments et conséquences relatives au groupe de monodromie étudié; les deux surfaces de Riemann à une infinité de feuillets qui servent à l'interprétation des résultats analytiques de la discussion........................... 294-310

A deux systèmes distincts de valeurs des paramètres accessoires correspondent deux groupes de monodromie distincts. Conséquences. Le nombre des paramètres essentiels dont dépend le groupe de monodromie est $3p - 3$. Il existe toujours des valeurs des paramètres accessoires pour lesquelles le groupe de monodromie renferme des substitutions infinitésimales. Extension de ces divers résultats............ 310-320

Notions sur les fonctions zêtafuchsiennes. Exemples. Quelques cas particuliers d'un principe général d'uniformisation.................. 320-324

Les fonctions fuchsiennes de la deuxième classe dont le domaine d'existence comprend des points voisins de tout point du plan. Forme particulière de certaines séries thêta. Propriété des surfaces de Riemann correspondantes. Surfaces orthosymétriques. Surfaces diasymétriques. Démonstration d'une propriété des surfaces orthosymétriques. Exemples des courbes hyperelliptiques. Cas où le polygone fuchsien appartient à la troisième famille................................ 324-332

Notions succinctes sur l'application au problème de l'uniformisation de l'étude de l'équation de Riccati dans le domaine réel................ 332-333

Les fonctions kleinéennes de la troisième famille et l'uniformisation; discussion du problème au moyen d'une énumération de paramètres. 333-334

Les substitutions du groupe d'une fonction linéairement polymorphe comme fonctions des modules de la surface de Riemann; continuité; à deux systèmes de modules distincts mais suffisamment voisins correspondent deux groupes distincts. Représentation des substitutions génératrices par un point d'un hyperespace; ce point reste toujours extérieur à certaines régions de l'hyperespace choisi; extension au domaine complexe du groupe modulaire généralisé de Poincaré. Examen du cas singulier correspondant au genre 1............................ 334-343

Les théorèmes d'unicité pour la représentation d'une surface de Riemann sur un polygone fuchsien de la première ou de la deuxième classe.... 343-345

Propriétés diverses des séries thêta et des fonctions automorphes.

Propriétés diverses des séries thêta. Démonstration de l'existence de séries thêta dépourvues de pôles à l'intérieur du cercle principal, pour les groupes de genre zéro sans sommets paraboliques; toute fonction fuchsienne est le quotient de deux séries thêta de cette nature. Existence des séries thêta identiquement nulles. Utilité de l'introduction de deux variables homogènes...................................... 345-356

Deux fonctions automorphes appartenant à des groupes commensurables sont liées algébriquement; réciproque de ce théorème. Applications. Fonctions fuchsiennes appartenant à un sous-groupe d'indice fini d'un groupe donné. Théoréme de ramification de Klein. Surfaces de Riemann à feuillets juxtaposés. Cas d'un sous-groupe invariant; résolvantes de Galois et surfaces de Riemann régulières. Applications. Sous-groupe de congruence du groupe modulaire; étude particulière du sous-groupe correspondant à la fonction modulaire d'Hermite; formation de la relation algébrique qui en découle.................. 356-369

Les fonctions algébriques n'ayant que trois points critiques sont uniformisables par les fonctions modulaires. Construction de surfaces de Riemann qui conduisent à la formation de sous-groupes d'un groupe donné, par application du théorème de Klein....................... 369-379

CHAPITRE XVI.

LA REPRÉSENTATION CONFORME ET L'UNIFORMISATION DES FONCTIONS ALGÉBRIQUES.

Fonctions harmoniques et représentation conforme. Applications à la théorie des fonctions algébriques.

Le problème de Dirichlet et la solution de Riemann. La méthode d'Hilbert. Quelques lemmes de la théorie des fonctions harmoniques. 380-389

Existence de la solution du problème de minimum d'Hilbert au moyen des suites de fonctions minimisantes. Unicité de la solution......... 389-399

La fonction harmonique v associée à la solution u du problème d'Hilbert; les propriétés de représentation de la fonction analytique $u + iv$..... 399-405

Solution du problème de la représentation conforme des aires simplement connexes.. 405-410

La représentation conforme d'une aire quasi simple et N-uplement connexe sur un plan muni de fentes rectilignes..................... 410-413

Cas d'un domaine d'ordre de connexion infini........................ 413-419

Applications à la théorie des fonctions algébriques. Existence des intégrales abéliennes des diverses espèces sur une surface de Riemann donnée *a priori*. Classe de courbes algébriques correspondant à une surface de Riemann donnée.. 419-424

Quelques cas simples du problème de la représentation conforme; cas d'une aire simple limitée par des arcs de cercle; application à la construction des fonctions fuchsiennes pour les groupes symétriques..... 424-433

Démonstration du principe de continuité de Poincaré dans un cas particulier.. 432-433

L'uniformisation des fonctions algébriques par les fonctions fuchsiennes et par les fonctions kléinéennes.

Le problème de l'uniformisation par les fonctions fuchsiennes de la deuxième famille. Sa solution effective définie par une suite de substitutions algébriques. Extensions........................ 433-445

Le problème général de l'uniformisation des fonctions algébriques au moyen des fonctions fuchsiennes de la première classe, de signature donnée. La surface de superposition. Sa représentation conforme sur un cercle. Étude directe des propriétés de la fonction de représentation au voisinage des points frontières de la surface. Démonstration du théorème du cercle limite. Examen des cas d'exception.......... 445-455

Les groupes fuchsiens de signature donnée et de la première classe forment un continuum unique. Étude des cas de dégénérescence. Cas où le genre de la surface de Riemann associée s'abaisse par coïncidence de deux points de ramification. Cas où deux points critiques de la fonction linéairement polymorphe viennent coïncider sur la surface de Riemann... 455-462

La correspondance entre le continuum des groupes fuchsiens de signature donnée et celui des surfaces de Riemann signées est continue dans les deux sens. Sa représentation géométrique. Le groupe modulaire généralisé. Étude particulière du continuum des groupes de signature $(1, 1. l)$.. 462-482

Le théorème général d'uniformisation au moyen des fonctions fuchsiennes de la seconde classe, quand la surface de Riemann donnée est orthosymétrique.. 482-484

Le théorème général d'uniformisation au moyen des fonctions kleinéennes de la troisième famille. Démonstration de M. Courant....... 484-495

Applications à l'étude des propriétés des fonctions analytiques et des fonctions algébriques : Théorèmes de M. Picard.

Application des théorèmes d'uniformisation à l'étude des propriétés des fonctions analytiques et des fonctions algébriques. Les théorèmes de M. Picard. Deux fonctions uniformes dans une région du plan où elles possèdent un point singulier essentiel isolé ne peuvent être liées algébriquement que si le genre de la relation algébrique est zéro ou un. Application à l'étude de l'indétermination d'une fonction au voisinage d'un point singulier essentiel isolé....................... 495-501

Application des fonctions fuchsiennes à l'étude des transformations birationnelles d'une courbe en elle-même; cette étude est liée à celle des sous-groupes invariants d'un groupe fuchsien. Le nombre maximum des transformations considérées est $84(p-1)$ si le genre p est ≥ 2. Le nombre des points fixes d'une transformation ne dépasse pas $2p+2$, et ce maximum n'est atteint que par les courbes hyperelliptiques... 501-513

Application à la représentation conforme des aires planes à connexion multiple. Toute aire N-uplement connexe est applicable sur une demi-surface de Riemann orthosymétrique. Le nombre des modules de la représentation est $3N-6$. Cas où certains des continus frontières se réduisent à des points.. 513-521

THÉORIE
DES
FONCTIONS ALGÉBRIQUES
D'UNE VARIABLE
ET
DES TRANSCENDANTES QUI S'Y RATTACHENT

FONCTIONS AUTOMORPHES

CHAPITRE XIII.
LES GROUPES DISCONTINUS DE SUBSTITUTIONS LINÉAIRES ([1]).

1. Nous avons vu ([1]) (Chap. X) que les coordonnées d'un point d'une courbe algébrique s'expriment simplement par des fonctions uniformes d'un paramètre lorsque le genre de la courbe est zéro ou un, les fonctions uniformisantes étant dans le premier cas des fonctions rationnelles lorsqu'on prend pour paramètre une intégrale de 2e espèce attachée à la courbe et, dans le second cas, des fonctions méromorphes doublement périodiques lorsqu'on prend pour paramètre l'intégrale de 1re espèce : $w(z, u)$, définie à une substitution

---

([1]) Principaux Ouvrages à consulter :
POINCARÉ, *Mémoire sur les groupes fuchsiens* (*Acta mathematica*, t. 1); *Mémoire sur les groupes kleinéens* (*Acta mathematica*, t. 3).
KLEIN et FRICKE, *Vorlesungen über die Theorie der automorphen Functionen*, t. I (Teubner, Leipzig, 1897).
FUBINI, *Introduzione alla teoria dei gruppi discontinui e delle funzion automorfe* (Pise, 1908).
Nous supposons connu du lecteur les principales notions relatives aux groupes pour lesquelles nous renvoyons au tome III du Traité d'Analyse de M. Picard.
Pour les notions de géométrie non euclidienne, voir aussi : von LAUE, *die Relativitätstheorie*, t. 2 (Vieiweg, Leipzig, 1921).

linéaire près de la forme $(w, aw + b)$. Dans ce second cas les fonctions uniformes $z(w)$ et $u(w)$, qu'on désigne sous le nom de fonctions elliptiques, sont invariantes par un groupe de substitutions linéaires effectuées sur la variable w et qui dérive des deux substitutions fondamentales $(w, w + \omega)$, $(w, w + \omega')$, en désignant par ω et ω' un couple de périodes primitives.

Si le genre de la courbe surpasse l'unité, la considération des intégrales abéliennes ne saurait conduire à un tel mode d'uniformisation, le problème d'inversion de Jacobi ayant une toute autre signification. Nous démontrerons dans ce Volume qu'il est encore possible dans ce cas d'exprimer les coordonnées d'un point de la courbe au moyen de fonctions uniformes d'une variable et qui ne changent pas lorsqu'on effectue sur cette variable les substitutions linéaires d'un certain groupe dérivé d'un nombre fini de substitutions fondamentales. Mais les fonctions uniformes auxquelles on est ainsi conduit et qui s'introduisent également dans l'étude des équations différentielles linéaires sont d'une nature analytique plus compliquée que les fonctions elliptiques et possèdent un ensemble parfait de singularités essentielles. Leur étude complète dépasserait le cadre de cet Ouvrage et nous nous limiterons à la démonstration des propriétés les plus importantes de certaines classes de fonctions de cette nature, en insistant particulièrement sur celles de ces propriétés qui se rattachent le plus directement aux conceptions de Riemann et conduisent à la solution du problème de l'uniformisation que nous venons de définir.

2. Soit z une variable complexe; les substitutions rationnelles et du premier degré effectuées sur cette variable et qui s'expriment par une équation telle que

$$(1) \qquad z' = \frac{az+b}{cz+b},$$

a, b, c, d désignant des constantes réelles ou complexes telles que $ad - bc$ ne soit pas nul, forment évidemment un groupe dépendant de trois paramètres complexes et dont la signification géométrique est aisée à obtenir. Remarquons pour cela que si $c \neq 0$, la relation (1) s'écrit

$$z' = h + \frac{k}{z + \alpha},$$

α, k, h, désignant des constantes dont la seconde n'est pas nulle. La relation (1) s'obtient donc en éliminant z_1, z_2, z_3 entre les quatre équations

$$z_1 = z + \alpha,$$
$$z_2 = \frac{1}{z_1},$$
$$z_3 = k z_2,$$
$$z' = h + z_3,$$

dont l'interprétation géométrique est immédiate; la première représente une translation; la seconde, si l'on pose

$$z_2 = \rho_2 e^{i\omega_2}, \qquad z_1 = \rho_1 e^{i\omega_1},$$

équivaut à $\rho_2 = \dfrac{1}{\rho_1}$, $\omega_2 = -\omega_1$, et représente par conséquent une symétrie par rapport au cercle-unité suivie d'une symétrie par rapport à l'axe réel. La troisième, en désignant par r et θ le module et l'argument de k représente une homothétie de rapport r dont le centre est à l'origine, suivie d'une rotation de l'angle θ autour du même point; la quatrième représente une translation.

Si $c = 0$, la relation (1) s'écrit

$$z' = kz + h = z_1 + h$$

avec
$$z_1 = kz$$

et représente ainsi une homothétie suivie d'une rotation, puis d'une translation. Ainsi, dans tous les cas la relation (1) définit une combinaison de transformations géométriques : déplacements, homothéties, symétries rectilignes ou circulaires (en nombre pair), qui conservent les angles et transforment les cercles en cercles; la transformation résultante (1) possède donc les mêmes propriétés, ce qu'il est facile d'établir directement. Réciproquement d'ailleurs, le produit d'un nombre quelconque de transformations ponctuelles du plan de l'une des espèces précédentes et effectuées dans un ordre quelconque, mais dans lequel les symétries figurent en nombre pair s'exprime analytiquement par une équation telle que (1). En effet, la transformation ainsi obtenue conserve les angles quant à la grandeur et aussi quant à l'orientation, eu égard à la parité du nombre des symétries. C'est donc une transformation conforme exprimable analytiquement par une relation de la forme

$$z' = f(z),$$

où $f(z)$ désigne une fonction monogène régulière en chaque point du plan de Cauchy pour lequel z' a une valeur finie ; d'ailleurs z' possède une valeur bien déterminée, finié ou infinie, pour toute valeur de z, y compris $z = \infty$; c'est donc une fonction rationnelle, et puisqu'à une valeur de z' correspond inversement une seule valeur de z, elle est nécessairement du premier degré. Si maintenant les symétries figurent en nombre impair dans la transformation considérée, elle aura pour expression

(2) $$z'_0 = \frac{az+b}{cz+d},$$

z'_0 désignant l'imaginaire conjuguée de z'.

Les substitutions des types (1) et (2) forment ensemble un groupe *mixte* au sens de Lie, plus étendu que le groupe initial des substitutions (1), ce dernier étant un *sous-groupe invariant* du groupe étendu. Parmi les transformations (2) se trouvent en particulier les symétries circulaires ou rectilignes qui dépendent de trois paramètres réels, tandis que (1) et (2) contiennent six paramètres réels. Il y a donc trois conditions, faciles à obtenir, pour que (2) représente une symétrie ; s'il en est ainsi, il existe une circonférence ou une droite dont tous les points sont invariants par (2) ; or les points que (2) transforme en eux-mêmes sont donnés par ([1])

$$czz_0 + dz_0 - az - b = 0.$$

En supposant c réel, ce qui est permis puisque a, b, c, d ne sont définis qu'à un facteur près, et posant

$$z = \xi + i\eta, \qquad z_0 = \xi - i\eta,$$
$$d = d' + id'', \qquad a = a' + ia'', \qquad b = b' + ib'',$$

on obtient

$$[c(\xi^2+\eta^2)+(d'-a')\xi+(d''+a'')\eta-b']+i[(d''-a'')\xi-(a'+d')\eta-b''] = 0.$$

Si $c \neq 0$, le lieu du point (ξ, η) ne sera un cercle d'équation réelle

---

([1]) A l'exemple d'Hermite, nous désignons par x_0 l'imaginaire conjuguée d'une quantité complexe x.

que si l'on a
$$d' = -a', \quad d'' = a'', \quad b'' = 0,$$
c'est-à-dire
$$d = -a_0, \quad b \text{ réel.}$$

Si $c = 0$, on peut se donner b réel, et l'on obtient une droite réelle comme lieu du point (ξ, η), pourvu que l'on ait encore
$$d = -a_0, \quad \text{si } b \neq 0,$$
et si $b = 0$, la condition plus générale
$$d'^2 + d''^2 = a'^2 + a''^2, \quad \text{ou} \quad \left|\frac{d}{a}\right| = 1.$$

Les substitutions du type (2) qui répondent à la question sont donc de la forme

(3) $$z'_0 = \frac{Az + B}{Cz - A_0} \quad (AA_0 + BC \neq 0)$$

avec B et C réels, A et A_0 imaginaires conjugués (le cas particulier ci-dessus est compris dans cette formule). Cette formule représente effectivement une symétrie; car soient l la droite ou la circonférence (de rayon réel ou purement imaginaire) que (3) laisse invariante point par point, P un point du plan, P' le transformé de P par (3), P" le symétrique de P par rapport à l ; toute circonférence γ passant par P et orthogonale à l aux points Q et Q' est transformée par (3) en une circonférence passant encore par Q et Q', orthogonale à l, donc identique à γ ; or γ passe par P" ; donc P', étant situé sur toutes les circonférences γ, est confondu avec P ou P" : évidemment avec P".

On déduit aisément de là que toute transformation du groupe étendu est le produit de quatre symétries au plus ; nous laissons au lecteur le soin de démontrer cette proposition dont nous ne ferons aucun usage ([1]). Signalons également cette propriété aisée à démontrer : les transformations birationnelles du plan qui changent les cercles en cercles sont identiques aux transformations du groupe étendu que nous venons de considérer.

([1]) Il suffit de vérifier que si V désigne une transformation du type (2), on peut, étant donnée V, choisir la symétrie Σ [équation (3)] de manière que $V\Sigma$ représente un déplacement qui est lui-même le produit de deux symétries rectilignes.

3. Ayant ainsi caractérisé dans leur ensemble les transformations ponctuelles du plan représentées par les formules (1) et (2), nous allons maintenant faire la classification de celles du premier type d'après la nature de leurs points doubles et de leur multiplicateur. Rappelons d'abord le sens de ces termes. Les *points doubles* sont les points qui coïncident avec leurs homologues : ce terme ayant d'autres significations en analyse, on dit parfois pour éviter toute ambiguïté : *points invariants* ou *points fixes*. Ce sont les points-racines de l'équation du second degré obtenue en posant $z' = z$ dans l'équation (1) :

$$cz^2 + (d-a)z - b = 0.$$

Si $c = 0$ l'un de ces points est à l'infini ; si en outre $d = a$, ils sont tous deux à l'infini. On appelle *paraboliques* les substitutions pour lesquelles ces deux points sont confondus

$$(d+a)^2 = 4(ad-bc).$$

Supposons-les distincts et à distance finie ; en les désignant par α et β, l'équation (1) peut se mettre sous la forme suivante où k désigne une constante :

(4) $$\frac{z'-\alpha}{z'-\beta} = k\frac{z-\alpha}{z-\beta}.$$

C'est une conséquence immédiate de l'égalité bien connue et facile à vérifier qui exprime l'invariance du rapport anharmonique

$$\frac{z'_3 - z'_1}{z'_3 - z'_2} \cdot \frac{z'_4 - z'_1}{z'_4 - z'_2} = \frac{z_3 - z_1}{z_3 - z_2} \cdot \frac{z_4 - z_1}{z_4 - z_2}.$$

Si dans cette dernière relation on suppose z_1 et z'_1 confondus avec α, z_2 et z'_2 avec β et que l'on regarde z_3 comme variable et z_4 comme constante, on obtient la relation (4), qui peut s'écrire avec la notation usuelle du rapport anharmonique

(4') $$(\alpha\beta z' z) = k.$$

Dans le cas où β, par exemple, est infini, l'équation (4) doit être remplacée par

$$z' - \alpha = k(z - \alpha).$$

Si en outre $\alpha = 0$, l'équation prend la forme

$$z' = kz.$$

On obtient dans le cas général cette forme *réduite* en effectuant sur z et sur z' la même substitution linéaire définie par

(5) $$Z = \frac{z-\alpha}{z-\beta},$$

et par suite

$$Z' = \frac{z'-\alpha}{z'-\beta}.$$

Il vient alors

(6) $$Z' = kZ.$$

Soit S la substitution définie par l'égalité (4), Σ celle définie par (5), T celle définie par (6). On a symboliquement

$$T = \Sigma S \Sigma^{-1},$$

ce qu'on exprime en disant que T est la transformée de S par Σ.

La constante k s'appelle le *multiplicateur* de la substitution. Si k est égal en module à l'unité, c'est-à-dire de la forme $e^{i\theta}$ (θ réel et non multiple de 2π), la substitution est dite *elliptique*. Si k est réel et positif la substitution est dite *hyperbolique*. Si k est imaginaire et de module différent de l'unité, ou encore réel et négatif, la substitution est dite *loxodromique*. Les substitutions réduites correspondant à ces trois cas [équation (6)] ont des significations géométriques évidentes et représentent :

1° dans le cas elliptique une rotation autour de l'origine ;

2° dans le cas hyperbolique une homothétie directe dont le centre est à l'origine ;

3° dans le cas loxodromique une transformation par similitude dont le centre est à l'origine, c'est-à-dire le produit d'une rotation et d'une homothétie directe de même centre.

Supposons maintenant les deux points doubles confondus en α ; si α n'est pas à l'infini on l'y ramène en transformant la substitution parabolique donnée par la substitution Σ' :

(7) $$Z = \frac{1}{z-\alpha},$$

et l'on obtient la substitution réduite

(8) $$Z' = Z + h \qquad (h \neq 0)$$

représentant une translation.

Il est utile de calculer le multiplicateur k en fonction des coefficients de la substitution (1). Supposons-les multipliés par une même constante choisie de manière que

$$ad - bc = 1.$$

En faisant dans la relation $(4')$ $z = \infty$, $z' = \dfrac{a}{c}$, on a

$$k = \frac{a - c\alpha}{a - c\beta} = \frac{a + d + \sqrt{(a+d)^2 - 4}}{a + d - \sqrt{(a+d)^2 - 4}},$$

$$k + \frac{1}{k} = (a + d)^2 - 2.$$

Les substitutions elliptiques s'obtiennent pour $a + d$ réel et compris entre -2 et $+2$, les substitutions hyperboliques pour $a+d$ réel et plus grand que 2 en valeur absolue, les substitutions paraboliques pour $a + d = \pm 2$, le multiplicateur devant être alors regardé comme égal à 1.

4. Soit toujours S une substitution du premier type. Les puissances entières d'exposant positif ou négatif de S forment, avec la substitution identique qui joue le rôle d'unité, un groupe *cyclique* simple, en général d'ordre infini, qui constitue l'exemple le plus simple de groupe discontinu de substitutions linéaires. On appelle d'une manière générale *groupe discontinu* de transformations un groupe qui ne contient qu'un nombre fini ou une infinité dénombrable de transformations, de sorte que les paramètres qui figurent dans les équations de celles-ci ne prennent eux-mêmes que des systèmes de valeurs en nombre fini ou en infinité dénombrable ne pouvant pas, par conséquent, former un continu (voir *Introduction*, t. 1).

Revenons aux puissances de S ; elles sont définies en général par

$$\frac{z' - \alpha}{z' - \beta} = k^n \frac{z - \alpha}{z - \beta},$$

et dans le cas parabolique par

$$\frac{1}{z' - \alpha} = \frac{1}{z - \alpha} + nh,$$

n prenant toutes les valeurs entières de $-\infty$ à $+\infty$. Il s'ensuit que le groupe cyclique considéré contient une infinité d'éléments, sauf dans le cas où le multiplicateur est une racine de l'unité, S étant alors une substitution elliptique telle que l'argument de son multiplicateur soit commensurable à 2π; si k est une racine primitive d'ordre ν de l'unité, le groupe cyclique des puissances de S est formé des substitutions

$$\frac{z'-\alpha}{z'-\beta} = e^{2i\pi\frac{\mu}{\nu}}\frac{z-\alpha}{z-\beta} \qquad (\mu = 0, 1, \ldots, \nu-1).$$

On dit alors que S est une substitution *périodique*, la raison qui justifie cette dénomination étant du reste évidente. S désignant toujours une substitution elliptique, périodique ou non, le groupe cyclique considéré est contenu dans le groupe à un paramètre défini par

(9) $$\frac{z'-\alpha}{z'-\beta} = k^t \frac{z-\alpha}{z-\beta},$$

où t désigne une variable réelle variant de $-\infty$ à $+\infty$; on a du reste

$$k^t = e^{i\theta t} = e^{2i\pi\lambda} \qquad \left(\lambda = \frac{\theta t}{2\pi}\right)$$

et l'on voit qu'il suffit de faire varier λ de 0 à 1 pour obtenir toutes les substitutions du groupe. z restant fixe, le lieu du point z' quand on fait varier t ou λ est une courbe appelée *trajectoire;* dans le cas actuel une circonférence ayant pour équation

$$\left|\frac{z'-\alpha}{z'-\beta}\right| = \text{const.}$$

L'ensemble de ces circonférences, quand on fait varier z, constitue un faisceau ayant pour points de Poncelet les points α et β; chacune d'elles est laissée invariante par S. Les trajectoires orthogonales des courbes de ce faisceau, ou comme l'on dit, les *lignes de niveau*, sont les circonférences passant par α et β; toute ligne de niveau est transformée par S en une autre ligne de niveau faisant l'angle θ avec la première.

Dans le cas où S est de la forme réduite (6), il est clair que les trajectoires et les lignes de niveau sont respectivement les cercles ayant leur centre à l'origine et les rayons issus de l'origine. On peut d'ailleurs remonter de ce cas particulier au cas général, car si l'on applique à ces circonférences concentriques et à ces rayons la transformation Σ^{-1}, Σ étant définie comme plus haut par l'équation (5), on obtient comme lignes transformées les circonferences du faisceau qui admet α et β pour points de Poncelet et celles qui passent par α et β, et d'autre part l'on reconnaît immédiatement qu'en opérant ainsi on trouve bien les trajectoires et les lignes de niveau de S [équation (4)].

Si S est hyperbolique, k est réel, positif et différent de l'unité ; l'équation (9) où l'on fait varier t par valeurs réelles de $-\infty$ à $+\infty$ définit encore les trajectoires dont les équations cartésiennes s'obtiennent en écrivant

$$\arg \frac{z'-\alpha}{z'-\beta} = \text{const.}$$

Ce sont donc les circonférences passant par α et β, invariantes chacune par S, tandis que les lignes de niveau constituées par les circonférences du faisceau qui admet α et β pour points de Poncelet sont permutées entre elles par S et ses puissances : tout se passe comme dans le cas elliptique à cela près que les deux faisceaux de cercles échangent leurs rôles.

Si S est loxodromique, ramenons-la à la forme (6) ; les trajectoires sont alors définies par

$$Z' = k^t Z.$$

Posons
$$k = e^{a+i\theta}, \quad Z = re^{i\alpha}, \quad Z' = \rho e^{i\omega},$$
d'où
$$\rho = re^{at}, \quad \omega = \alpha + \theta t.$$

Les trajectoires sont donc les spirales logarithmiques ayant pour équation

$$\rho = re^{\frac{a(\omega-\alpha)}{\theta}} = ce^{\frac{a\omega}{\theta}} = ce^{m\omega}.$$

En faisant varier Z et par suite c, on obtient un faisceau de spirales homothétiques, invariantes par S ; les lignes de niveau, orthogonales à celles-ci, forment un faisceau analogue représenté en coordonnées polaires par

$$\rho = c'e^{-\frac{1}{m}\omega}.$$

On passe facilement de là au cas où les points doubles (α, β) sont quelconques, les trajectoires et les lignes de niveau formant alors deux faisceaux de spirales qui admettent les points α et β comme points asymptotes.

Enfin si S est parabolique on peut la ramener à la forme réduite

$$Z' = Z + h.$$

Les trajectoires sont alors définies par

$$Z' = Z + th$$

où t prend les valeurs réelles de $-\infty$ à $+\infty$; elles forment un faisceau de droites parallèles au segment (o, h) ; les lignes de niveau forment un deuxième faisceau de droites perpendiculaires aux premières. En ramenant le point double à distance finie, ces deux faisceaux se transforment en deux faisceaux de cercles orthogonaux, les cercles de chaque faisceau étant tangents entre eux au point double α.

Donnons maintenant à t la suite des valeurs entières ; nous obtenons sur chaque trajectoire un ensemble de points dont la distribution est bien facile à étudier ; si S est hyperbolique ou loxodromique ces points, en nombre infini, tendent vers l'un ou l'autre des points doubles suivant qu'on fait tendre n vers $+\infty$ ou $-\infty$; si S est parabolique ils tendent vers le point double unique pour n tendant vers $\pm \infty$; si S est elliptique, ces points sont en nombre fini si S est périodique, en nombre infini et partout denses sur la trajectoire si S est apériodique.

5. Considérons maintenant d'une manière générale un groupe discontinu de transformations ponctuelles définies dans une région R de l'espace auquel elles se rapportent et laissant invariante cette région. Nous dirons qu'un domaine D faisant partie de R est un *domaine fondamental* s'il contient un point et un seul équivalent à un point quelconque de R par les transformations du groupe. Nous aurons l'occasion de revenir sur cette définition et de la préciser. Faisons voir que le groupe formé par les puissances d'une substitution linéaire S possède un domaine fondamental, sauf dans le cas où S est elliptique et apériodique. En effet, si S est elliptique et périodique, soit comme tout à l'heure ν le plus petit entier positif tel que S^ν soit la substitution identique, et sup-

posons d'abord S ramenée à la forme réduite

$$Z' = k\,Z\,(k^\nu = 1).$$

Il est évident qu'un angle rectiligne de mesure $\frac{2\pi}{\nu}$ ayant son sommet à l'origine constitue un domaine fondamental puisque les S^n sont des rotations d'amplitudes multiples de $\frac{2\pi}{\nu}$; on doit toutefois considérer un seul côté de l'angle comme faisant partie du domaine. Si S n'a pas la forme réduite, on obtient un domaine fondamental par la règle suivante : soient $\alpha\,m\,\beta$ un arc de circonférence joignant les deux points doubles, $\alpha\,m'\,\beta$ un autre arc de circonférence faisant avec le premier en α l'angle $\frac{2\pi}{\nu}$; le domaine compris entre ces deux arcs, l'un d'eux étant exclu, est un domaine fondamental du groupe, la région R étant ici le plan tout entier.

Si S est hyperbolique ou loxodromique, on peut prendre comme domaine fondamental la couronne comprise entre une circonférence entourant l'un des points doubles et sa transformée par S : par exemple deux lignes de niveau si S est hyperbolique.

Si S est parabolique, le domaine fondamental sera constitué par le domaine compris entre deux circonférences tangentes entre elles au point double, par exemple deux lignes de niveau, déduites l'une de l'autre par S.

La région R se compose du plan dont on a supprimé les deux points doubles α et β dans le cas hyperbolique ou loxodromique et du plan tout entier dans le cas parabolique. Remarquons enfin que les transformés par les S^n d'un domaine fondamental sont encore des domaines fondamentaux dont l'ensemble recouvre une fois et une fois seulement toute la région R; ils sont deux à deux adjacents suivant un arc de cercle (cas elliptique) ou une circonférence entière dans les autres cas.

Remarque I. — Soient S et T deux substitutions linéaires, α et β les points doubles de S, U la transformée de S par T

$$U = T\,S\,T^{-1}.$$

On vérifie immédiatement que les points

$$\alpha_1 = T\,\alpha, \qquad \beta_1 = T\,\beta$$

sont les points doubles de U. Si l'on pose en outre

$$z' = Sz, \quad Z = Tz, \quad Z' = Tz',$$

on a d'une part

$$(\alpha\beta z'z) = k$$

et d'autre part, puisque T laisse invariants les rapports anharmoniques,

$$(\alpha_1 \beta_1 Z'Z) = k.$$

Or Z' est le transformé de Z par U dont les points doubles sont α_1 et β_1; on voit donc que S et U ont le même multiplicateur; elles sont par conséquent toujours de même espèce. D'une manière générale si l'on a une substitution analytique

$$z' = f(z)$$

$f(z)$ étant régulière au point double α [$\alpha = f(\alpha)$], et si l'on appelle multiplicateur la valeur de $\dfrac{dz'}{dz}$ en α (ce qui est d'accord avec la définition précédente de k), le multiplicateur est invariant relativement à toute transformation conforme régulière et biunivoque au point α, c'est-à-dire que si l'on pose

$$Z = \varphi(z), \quad Z' = \varphi(z'), \quad \alpha_1 = \varphi(\alpha), \quad \varphi'(\alpha) \neq 0,$$

la substitution transformée

$$Z' = F(Z)$$

admet pour multiplicateur au point double α_1 la valeur de $\dfrac{dz'}{dz}$ pour $z = \alpha$. La démonstration est immédiate.

Remarque II. — Considérons une courbe simple pouvant contenir le point à l'infini, mais qui devient fermée lorsqu'on la projette sur la sphère de Riemann, et partage le plan en deux régions. Il est clair que toutes les opérations S transforment l'une de ces régions en une autre de même nature. Soient R une telle région, R_1 sa transformée par S; je dis que si R_1 est complètement intérieure à R, S est hyperbolique ou loxodromique et que la partie commune à R et à R_1 contient un point double de S. On peut évidemment pour le démontrer supposer que S a été réduite à la forme canonique

$$Z' = kZ \quad \text{ou} \quad Z' = Z + h,$$

dans le cas parabolique. Or il est clair que, si S est elliptique ou parabolique et représente ainsi une rotation ou une translation, R et R_1 sont extérieures l'une à l'autre ou empiètent l'une sur l'autre, sauf dans le cas où la frontière de R passe par $z = \infty$ et où S est une translation; mais alors $z = \infty$ est un point frontière commun à R et à R_1. Si maintenant S est hyperbolique ou loxodromique, et si R contient R_1 à son intérieur, mais ne contient pas $z = \infty$, elle contient nécessairement $z = 0$. Car si M et m sont la plus grande et la plus petite distance de l'origine à un point de R, les quantités analogues pour R_1 seront $|k|M$ et $|k|m$ (avec $k \neq 1$), et ces deux nombres ne peuvent pas être tous les deux compris entre M et m, si $m > 0$; on ne peut donc pas admettre que le point $z = 0$ soit intérieur à R (ni sur sa frontière).

Remarque III. — Si deux points M et M' sont symétriques par rapport à une droite ou une circonférence l, leurs transformés M_1 et M'_1 par une opération S du premier ou du deuxième type sont symétriques par rapport à la ligne l_1 transformée de l. En effet pour que M et M' soient symétriques par rapport à l il faut et il suffit que toute circonférence passant par M et M' soit orthogonale à l; une telle propriété est invariante par S puisque S transforme une circonférence ou une droite en une circonférence ou une droite et conserve les angles.

6. Nous avons formé au paragraphe précédent des sous-groupes continus à un paramètre réel du groupe des transformations (1). Laissant de côté la question de la formation de tous les sous-groupes continus du groupe en question, nous allons indiquer seulement comment on forme certains sous-groupes transitifs à trois paramètres réels dont la considération est particulièrement importante dans un très grand nombre de problèmes de géométrie et d'analyse. Nous allons d'abord rechercher les transformations S du type (1) qui laissent invariant un cercle d'équation réelle mais de rayon purement imaginaire ([1]); il est évident qu'un tel cercle est transformé

([1]) Une remarque est ici nécessaire : Nous avons considéré une transformation (1) $z' = \dfrac{az+b}{cz+d}$, où z et z' sont imaginaires ainsi que a, b, c, d. Nous avons posé : $z = x + iy$, $z' = x' + iy'$, $a \equiv a' + ia''$, ..., où x, y, x', y', a', a'', ... sont réels; en identifiant les parties réelles et imaginaires des deux membres de

par une S du type (1) ou (2) en un cercle de même nature, les S étant en définitive des transformations birationnelles réelles sur les deux variables (ξ, η), qui changent les cercles en cercles. Supposons S ramenée à la forme canonique (6) ou (8) et transformant en lui-même le cercle C dépourvu de points réels et représenté par l'équation

$$a Z Z_0 + b Z + b_0 Z_0 + c = 0;$$

a et c sont réels et positifs, b et b_0 imaginaires conjugués, de plus $ac - bb_0 > 0$: telles sont les conditions pour que C satisfasse à nos hypothèses. Il est évident que la translation (8) ne peut laisser C invariant. Le transformé de C par (6) a pour équation

$$a k k_0 Z Z_0 + b k Z + b_0 k_0 Z_0 + c = 0,$$

et comme $ac \neq 0$, $k \neq 1$, il faut et il suffit, pour que les deux cercles coïncident, que l'on ait

$$b = b_0 = 0, \qquad k k_0 = 1,$$

ce qui exprime que S est elliptique et que C a son centre à l'origine. On peut donc conclure (§ 4, *Rem. III*) : *la condition nécessaire et suffisante pour qu'une* S *transforme en lui-même un cercle* C *d'équation réelle et de rayon purement imaginaire est que* S *soit elliptique et que ses points doubles soient symétriques par rapport à* C. Ceci s'applique naturellement aux S du premier type ; les S du second type qui répondent à la question s'obtiennent en combinant les premières avec une symétrie par rapport à un diamètre de C.

On peut, moyennant un changement de variable de la forme

$$(z ; A z + B)$$

supposer que C ait pour équation

(9) $$z z_0 + 1 = 0.$$

---

l'équation (1) nous avons obtenu une transformation $(x, y; x' y')$ qui ne porte que sur les points réels du plan ; les coefficients a', a'', ... de cette transformation sont réels. Mais rien ne nous empêche, une fois écrites les équations de T, de considérer des points (x, y) imaginaires, tout en admettant que a', a'', ... restent réels. C'est ce que nous faisons dans le paragraphe 6. Nous ne considérerons finalement que des points (x, y) réels, et l'introduction d'un cercle de centre réel et de rayon purement imaginaire ne doit être considéré que comme un moyen d'abréger le raisonnement.

Alors les transformations cherchées ont pour expression

$$(10) \qquad \frac{z'-r\,e^{i\varphi}}{z'+\frac{1}{r}e^{i\varphi}} = e^{i\theta}\frac{z-r\,e^{i\varphi}}{z+\frac{1}{r}e^{i\varphi}}$$

ou

$$(11) \qquad \frac{z'_0-r\,e^{i\varphi}}{z'_0+\frac{1}{r}e^{i\varphi}} = e^{i\theta}\frac{z-r\,e^{i\varphi}}{z+\frac{1}{r}e^{i\varphi}}$$

(r, φ) et $\left(\frac{1}{r}, \varphi+\pi\right)$ étant les coordonnées polaires des points doubles de (10), et θ l'argument du multiplicateur. On obtient une interprétation très intéressante de l'équation (10) en cherchant comment est transformé le point de la sphère de Riemann qui correspond au point z. Je rappelle que cette sphère, de diamètre égal à 1, est tangente à l'origine au plan des z, et que le point de la sphère qui correspond à z est celui qui a pour projection stéréographique le point z, quand on prend pour point de vue le point O' diamétralement opposé à O; les points doubles α et β de S sont en ligne droite avec O et l'on a

$$\overline{O\alpha}.\overline{O\beta} = -1.$$

Les points A et B de la sphère qui correspondent à α et β sont donc dans un plan normal au plan des z contenant OO'; l'angle AOB étant droit, à cause de la relation

$$\overline{O\alpha}.\overline{O\beta} = -\overline{OO'}^2,$$

A et B sont diamétralement opposés. S transforme une ligne de niveau (circonférence passant par α et β) en une autre faisant l'angle θ avec la première; donc, sur la sphère, S transforme un grand cercle passant par A et B en un autre faisant l'angle θ avec le premier (A et B sont fixes). De plus une trajectoire orthogonale des lignes de niveau est transformée en elle-même dans le plan z; donc, sur la sphère, un petit cercle ayant pour pôles A et B est transformé en lui-même; l'opération S, appliquée aux points de la sphère, est donc une rotation d'amplitude θ autour du diamètre AB.

Réciproquement toute rotation de la sphère autour d'un de ses diamètres équivaut sur le plan z à une transformation représentée par une équation telle que (10).

Passons maintenant à une transformation du second type, et qui s'obtient en combinant l'une des précédentes avec une symétrie par rapport à l'axe réel, par exemple ; sur la sphère on obtiendra une rotation combinée avec une symétrie par rapport au plan diamétral $\xi O \zeta$. Parmi ces opérations du second type, qui dépendent de trois paramètres, se trouvent notamment les symétries par rapport à tous les plans diamétraux qui dépendent de deux paramètres ; les opérations correspondantes du plan z consistent en des symétries par rapport aux cercles réels, orthogonaux au cercle *principal* $(z z_0 + 1 = 0)$.

On peut donner une forme plus simple aux équations (10) et (11). Résolvons (10) par rapport à z', il vient :

$$z' = \frac{\left[r e^{i\varphi} + \frac{1}{r} e^{i(\varphi+\theta)}\right] z + (1 - e^{i\theta}) e^{2i\varphi}}{(1 - e^{i\theta}) z + \left[r e^{i(\varphi+\theta)} + \frac{1}{r} e^{i\varphi}\right]},$$

ou en divisant les coefficients du second membre par $e^{i\varphi + i\frac{\theta}{2}}$:

$$z' = \frac{\left[r e^{-i\frac{\theta}{2}} + \frac{1}{r} e^{i\frac{\theta}{2}}\right] z - 2i \sin\frac{\theta}{2} e^{i\varphi}}{-2i \sin\frac{\theta}{2} e^{-i\varphi} z + \left[r e^{i\frac{\theta}{2}} + \frac{1}{r} e^{-i\frac{\theta}{2}}\right]}.$$

On vérifie que le déterminant des coefficients au second membre a maintenant pour valeur $\left(r + \frac{1}{r}\right)^2$. En les divisant tous par $r + \frac{1}{r}$ on obtient la formule due à Riemann ([1]) :

(12)
$$z' = \frac{A z + B}{-B_0 z + A_0} = \frac{(a + ib) z + (c + id)}{(-c + id) z + (a - ib)},$$

avec

$$a = \cos\frac{\theta}{2},$$

$$b = \sin\frac{\theta}{2} \frac{1 - r^2}{1 + r^2},$$

$$\left(r + \frac{1}{r}\right)(c + id) = -2i \sin\frac{\theta}{2} e^{i\varphi},$$

$$a^2 + b^2 + c^2 + d^2 = 1.$$

Inversement si l'on se donne les quatre nombres réels a, b, c, d, dont la somme des carrés est égale à 1, les relations qui précèdent

---

([1]) *Ueber die Fläche vom kleinstein Inhalte bei gegebener Begrenzung* (*Riemanns gesammelte werke*, p. 291-292).

donnent des valeurs réelles pour r, θ, φ comme on le vérifie aisément. L'expression (12) est donc l'expression générale des substitutions du sous-groupe considéré, que l'on peut étendre par adjonction des substitutions du second type :

$$(13) \qquad z'_0 = \frac{Az + B}{-B_0 z + A_0}.$$

Ces dernières deviennent des symétries quand B est purement imaginaire : $B = Ri$, ce qui donne

$$z'_0 = \frac{\frac{A}{i} z + R}{Rz + \frac{A_0}{i}}.$$

On reconnaît là une substitution de la forme (3) qui correspond aux symétries.

7. Nous avons donc obtenu l'expression générale des substitutions sur la variable z qui correspondent aux rotations et aux symétries laissant invariante la sphère. On s'explique aisément que ces substitutions transforment en lui-même le cercle

$$zz_0 + 1 = \xi^2 + \eta^2 + 1 = 0,$$

car ce cercle est la projection faite du point de vue O' sur le plan z du cercle à l'infini de la sphère, lequel reste évidemment invariable. Nous pouvons maintenant mettre en évidence la similitude du groupe des substitutions S considérées, avec celui des transformations homographiques du plan projectif qui changent en elle-même une conique d'équation réelle et dépourvue de points réels, autrement dit avec le groupe des mouvements de la géométrie *elliptique* d'après Cayley, Il suffit pour cela de faire une projection centrale de la sphère sur un plan Π ; à un point P du plan des z nous faisons correspondre d'abord le point M de la sphère projeté stéréographiquement en P, et à M sa projection Q sur le plan Π faite du centre ω de la sphère ; à tout point P correspond un point Q et un seul, à un point Q correspondent en général deux points P distincts qui proviennent de deux points diamétralement opposés de la sphère et sont par conséquent symétriques par rapport au cercle principal ($zz_0 + 1 = 0$). A ce dernier cercle C correspond sur la sphère le cercle imaginaire à l'infini, et sur le plan Π la projection centrale de celui-ci, autrement dit la section du cône circonscrit à la sphère de sommet ω (cône asymptote). Soit A cette conique ; C et A se correspondent point par point d'une manière univoque. Les opérations S qui laissent C invariant deviennent dans le plan II des homographies laissant A invariante. On peut s'en rendre compte comme il suit : considérons un rayon ωM de la sphère dont les différents points sont regardés comme invariablement liés ; quand la sphère subit une rotation (suivie ou non d'une symétrie) autour de son centre, les coordonnées rectangulaires X, Y, Z d'un point de ωM par rapport à trois axes passant par ω subissent une substitution linéaire orthogonale, droite ou gauche, suivant qu'il s'agit d'une rotation propre ou accompagnée d'une symétrie. Or X, Y, Z sont proportionnels aux coordonnées homogènes du point Q dans le plan II (qui sera, si l'on veut, le plan $Z = 1$) ; le point Q subit par conséquent une transformation homographique transformant en elle-même la conique A :

$$X^2 + Y^2 + Z^2 = 0.$$

Réciproquement à toute homographie du plan II laissant invariante la forme quadratique $X^2 + Y^2 + Z^2$, à un facteur constant près, correspond une rotation de la sphère avec ou sans symétrie (en faisant abstraction de l'homothétie par rapport à son centre), et par suite une S du premier ou du second type pour la variable z, laissant C invariant. Les angles et les distances cayleyennes du plan II, en prenant A comme conique absolue, ne sont autres que les angles et les distances des éléments correspondants sur la sphère au sens ordinaire de la géométrie euclidienne. En effet une droite HK du plan II, projection centrale d'un grand cercle de la sphère, rencontre la conique absolue aux points H et K qui correspondent aux points I et J de la sphère, intersections du cercle de l'infini et du plan ωHK ; deux points M et M' sur le grand cercle de la sphère ont pour projections les deux points Q et Q' ; la quantité

$$\frac{1}{2i} \log (Q, Q', H, K),$$

distance cayleyenne des deux points Q et Q', n'est autre chose que

$$\frac{1}{2i} \log (\omega M, \omega M', \omega I, \omega J),$$

c'est-à-dire l'angle des deux droites ωM, $\omega M'$, ou la distance sphérique MM' (sur la figure 1 on a représenté A comme une conique réelle). On fera une démonstration analogue pour l'angle de deux droites.

Proposons-nous maintenant de déterminer effectivement l'homographie du plan Π qui correspond à la substitution S du premier type effectuée sur z.

Fig. 1.

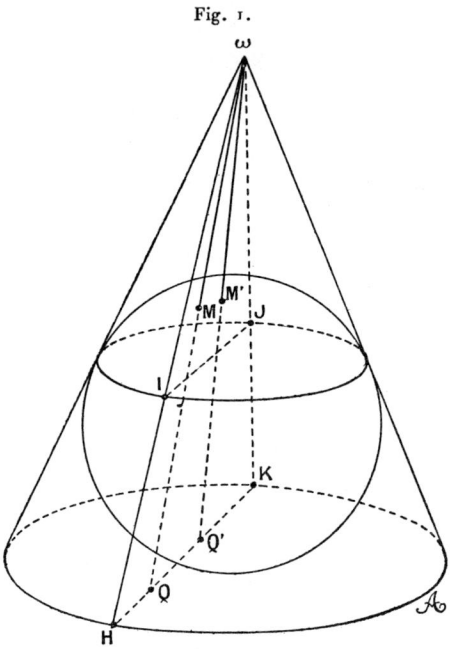

La sphère ayant pour équation par rapport aux axes $O\xi\eta\zeta$

$$\xi^2 + \eta^2 + \zeta^2 - \zeta = 0$$

les coordonnées du point M de la sphère projeté en $P(\xi, \eta, 0)$ seront

$$\frac{\xi}{\xi^2+\eta^2+1}, \quad \frac{\eta}{\xi^2+\eta^2+1}, \quad \frac{\xi^2+\eta^2}{\xi^2+\eta^2+1}.$$

Soient X, Y, Z les coordonnées du même point par rapport à trois axes menés par le centre ω de la sphère et parallèles à $O\xi$, $O\eta$, $O\zeta$; on aura

(14) $\qquad X + iY : X - iY : Z = z : z_0 : \dfrac{zz_0 - 1}{2}.$

En posant

(15) $\quad X + iY = x_1, \quad X - iY = -x_3, \quad Z = x_2$

on peut regarder x_1, x_2, x_3 comme des coordonnées homogènes du point Q dans le plan II, et l'on a

$$x_1 : x_2 : x_3 = z : \frac{zz_0 - 1}{2} : -z_0.$$

Les quantités z et $-\dfrac{1}{z_0}$ peuvent être regardées comme les paramètres des tangentes menées d'un point à la conique A qui s'obtient en faisant $z_0 z + 1 = 0$; on a donc en un point de A

$$x_1 : x_2 : x_3 = z : -1 : \frac{1}{z},$$
$$x_1 x_3 - x_2^2 = 0.$$

La tangente au point z a pour équation

$$x_1 + 2x_2 z + x_3 z^2 = 0$$

ou, en posant $z = \dfrac{t}{s}$,

(16) $\quad x_1 s^2 + 2 x_2 st + x_3 t^2 = 0.$

Effectuons sur z la substitution $\left(z; \dfrac{\alpha z + \beta}{\gamma z + \delta}\right)$, ou, ce qui revient au même, sur s et t la substitution $(s, t; \alpha s + \beta t, \gamma s + \delta t)$. L'équation (16) devient

$$x_1(\alpha s + \beta t)^2 + 2x_2(\alpha s + \beta t)(\gamma s + \delta t) + x_3(\gamma s + \delta t)^2 = 0$$

ou

(17) $\quad \begin{cases} s^2[\alpha^2 x_1 + 2\alpha\gamma x_2 + \gamma^2 x_3] + 2st[\alpha\beta x_1 + (\alpha\delta + \beta\gamma)x_2 + \gamma\delta x_3] \\ \qquad + t^2[\beta^2 x_1 + 2\beta\delta x_2 + \delta^2 x_3] = 0 \end{cases}$

qui est celle de la transformée de la tangente initiale par l'homographie du plan II qui correspond à la substitution effectuée sur z. On aura donc comme expression de cette homographie, les formules

(18) $\quad \begin{cases} x_1' = \alpha^2 x_1 + 2\alpha\gamma x_2 + \gamma^2 x_3, \\ x_2' = \alpha\beta x_1 + (\alpha\delta + \beta\gamma) x_2 + \gamma\delta x_3, \\ x_3' = \beta^2 x_1 + 2\beta\delta x_2 + \delta^2 x_3, \end{cases}$

puisqu'en effet l'équation (17) en $\dfrac{s}{t}$ a les mêmes racines que la suivante

$$x_1' s^2 + 2 x_2' st + x_3' t^2 = 0.$$

Les formules (18) ont pour conséquence, d'après la propriété d'invariance du discriminant d'une forme quadratique binaire :

$$x'_1 x'_3 - x'^2_2 = (\alpha\delta - \beta\gamma)^2 (x_1 x_3 - x_2^2).$$

Si $\alpha\delta - \beta\gamma = \pm 1$, la forme quadratique $x_1 x_3 - x_2^2$ sera absolument invariante par (18) et réciproquement.

Pour avoir maintenant les substitutions linéaires du premier type qui transforment en elle-même la forme $X^2 + Y^2 + Z^2$, il faut dans les formules (18) remplacer x_1 par $X + iY$, x_2 par Z, x_3 par $-X + iY$, et de même x'_1 par $X' + iY'$, ..., ce qui donne

$$(19) \begin{cases} X' = \dfrac{(\alpha^2 - \beta^2 - \gamma^2 + \delta^2)}{2} X + i \dfrac{(\alpha^2 - \beta^2 + \gamma^2 - \delta^2)}{2} Y + (\alpha\gamma - \beta\delta) Z, \\ Y' = \dfrac{i(-\alpha^2 - \beta^2 + \gamma^2 + \delta^2)}{2} X + \dfrac{\alpha^2 + \beta^2 + \gamma^2 + \delta^2}{2} Y + i(-\alpha\gamma - \beta\delta) Z, \\ Z' = (\alpha\beta - \gamma\delta) X + i(\alpha\beta + \gamma\delta) Y + (\alpha\delta + \beta\gamma) Z. \end{cases}$$

Ces formules définissent une substitution qui transforme

$$X^2 + Y^2 + Z^2$$

en elle-même, lorsque les nombres α, β, γ, δ vérifient la condition $\alpha\delta - \beta\gamma = \pm 1$, quelles que soient d'ailleurs leurs valeurs, réelles ou complexes. Mais pour avoir une substitution réelle, il faut et il suffit que la S correspondante soit de la forme (12). Si l'on suppose $\alpha\delta - \beta\gamma = +1$, on doit donc prendre

$$\alpha = a + ib, \quad \beta = c + id, \quad \gamma = -c + id, \quad \delta = a - ib,$$
$$a^2 + b^2 + c^2 + d^2 = 1 \quad (a, b, c, d \text{ réels}).$$

On est ainsi conduit à des formules qui ne sont autres que celles d'Olinde Rodrigues et qu'il est inutile de développer :

$$(20) \begin{cases} X' = (a^2 - b^2 - c^2 + d^2) X + \ldots, \\ Y' = \ldots, \\ Z' = \ldots. \end{cases}$$

On connaît le rôle important que jouent ces formules dans l'étude du déplacement d'un solide autour d'un point fixe, X, Y, Z étant regardées comme les coordonnées rectangulaires d'un point de l'espace lié au corps solide.

Supposons maintenant $\alpha\delta - \beta\gamma = -1$; il suffit de multiplier α, β, γ, δ par i, ce qui ne change pas la substitution S effectuée sur z, pour être ramené au premier cas ; cela revient comme le montrent les formules (19) à multiplier X′, Y′, Z′ par -1, ce qui donne toujours le même point dans le plan projectif II où les trois coordonnées ne sont définies qu'à un facteur près ; tandis que dans l'espace tridimensionnel une telle opération serait une symétrie par rapport à un centre, non comprise dans le groupe des mouvements proprement dits. Nous verrons que dans le plan *hyperbolique* les choses se passent tout autrement.

Aux substitutions S du second type [équation (13)] correspondent de même dans le plan projectif II des mouvements du second type, en appelant toujours mouvements les homographies qui conservent la conique absolue et par suite les distances et les angles ; mais ces mouvements du second type changent l'orientation des angles, cette expression ayant une signification aussi nette qu'en géométrie euclidienne. On peut remarquer que les homographies ou mouvements des deux types considérés admettent toujours un point fixe réel et en général un seul, qui correspond aux deux pôles de rotation sur la sphère pour le premier type, et pour le deuxième type à deux points diamétralement opposés qui sont échangés entre eux par la S, celle-ci pouvant toujours être regardée comme résultant d'une rotation et d'une symétrie par rapport au grand cercle perpendiculaire à l'axe de rotation ; dans le cas particulier d'une symétrie pure, on obtient en outre un lieu de points fixes (qui est l'axe de la symétrie projective) provenant du grand cercle de symétrie sur la sphère. Ces homographies du second type s'obtiennent d'ailleurs en combinant les premières avec une symétrie unique, par exemple la suivante :

$$X' = -X, \quad Y' = Y, \quad Z' = Z.$$

Remarque. — Nous avons déjà observé que la correspondance entre le plan analytique et le plan elliptique est ambiguë. Pour remédier à cet inconvénient, on peut regarder le plan II comme double ; supposons-le horizontal et placé au-dessus de la sphère de Riemann ; nous ferons correspondre l'hémisphère inférieur au plan supérieur et l'hémisphère supérieur au plan inférieur (*fig*. 2). On obtient ainsi une représentation complète des mouvements du plan elliptique qui correspondent aux rotations de la sphère autour d'un de ses diamètres ; lorsque le cercle, trajectoire d'un point de la sphère, atteint le grand cercle parallèle au plan Π, son image sur le plan passe d'un côté à l'autre, comme l'indique la figure dans

Fig. 2.

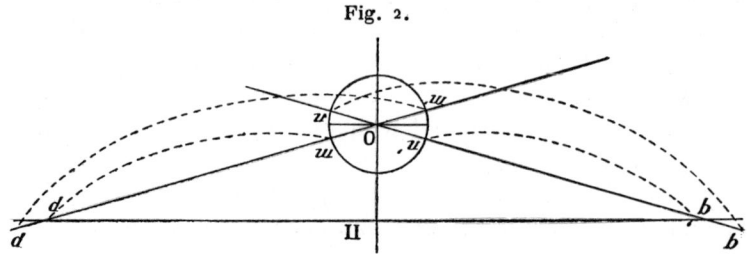

laquelle on suppose que la rotation de la sphère s'effectue autour d'un diamètre perpendiculaire au plan de celle-ci. On est ainsi amené à regarder les deux côtés du plan elliptique comme liés l'un à l'autre de manière qu'on puisse passer d'une manière continue d'un côté à l'autre sans avoir aucun bord à franchir. *Le plan elliptique constitue par conséquent une variété fermée à un seul côté*, comme la surface de Mobius représentée sur la figure 3,

Fig. 3.

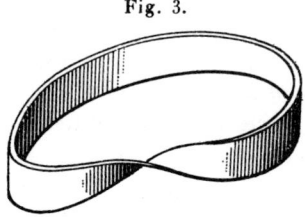

mais les surfaces fermées à un seul côté qu'il est possible de représenter dans l'espace ordinaire possèdent nécessairement une ligne de croisement; le plan elliptique, comme d'ailleurs le plan de la géométrie projective de Chasles, ne peuvent être regardés comme des surfaces fermées ne se traversant pas elles-mêmes, que parce que les éléments situés à l'infini dans notre conception habituelle de l'espace (mais non pas au sens de la géométrie elliptique) sont considérés comme des éléments intérieurs à ces variétés sur lesquels elles restent connexes ([1]).

([1]) La conception du plan comme surface double, en géométrie projective, est due à Schläfle et Klein (*Mathem. Annalen*, t. 7, 1874, p. 550). Sur les surfaces fermées à un seul côté, *voir* M. Dyck (*Mathem. Annalen*, t. 32, 1888, p. 473).

8. Considérons maintenant le sous-groupe Γ des substitutions (1) qui transforment en elle-même une circonférence réelle ou une droite du plan des z ; soit l cette ligne ; il existe toujours une substitution T qui transforme trois points choisis arbitrairement sur l en trois points donnés à l'avance qu'on peut supposer situés sur l'axe réel ; le transformé de Γ par T sera le sous-groupe des substitutions laissant invariant cet axe. Nous pouvons donc supposer, en remplaçant Γ par un sous-groupe semblable, que ce dernier est formé des substitutions (1) à coefficients réels ; en nous bornant tout d'abord aux substitutions du premier type, si $z' = \xi' + i\eta'$ est le transformé du point $z = \xi + i\eta$, on aura

$$(21) \qquad \eta' = \frac{(ad-bc)\eta}{(cz+d)(cz_0+d)} = \frac{(ad-bc)\eta}{|cz+d|^2}.$$

Si $ad - bc > 0$, le demi-plan supérieur est transformé en lui-même ainsi que le demi-plan inférieur ; si $ad - bc < 0$ les deux demi-plans sont échangés entre eux par S ; Γ admet donc un sous-groupe invariant Γ' constitué par les substitutions de la première sorte pour lesquelles $ad - bc$ est positif et peut être supposé égal à l'unité ; les substitutions de la seconde sorte $(ad - bc < 0)$ ne forment évidemment pas un groupe, le produit de deux d'entre elles appartenant à Γ' ; elles peuvent se mettre sous la forme ΣS, en désignant par S un élément quelconque de Γ', et par Σ une substitution bien déterminée de la seconde sorte, par exemple $(z; -z)$. C'est ce qu'on exprime en disant que Γ' est un sous-groupe d'indice 2 de Γ. On peut donc en général se borner à la considération de Γ', c'est-à-dire des S pour lesquelles a, b, c, d sont réels et $ad - bc$ égal à $+1$. Γ' renferme des substitutions elliptiques caractérisées par

$$|a+d| < 2$$

dont les deux points doubles sont symétriques par rapport à l'axe réel ; des substitutions paraboliques caractérisées par

$$a + d = \pm 2$$

dont le point double est sur l'axe réel ; enfin des substitutions hyperboliques pour lesquelles

$$|a+d| > 2$$

et dont les points doubles sont sur l'axe réel. Il n'y a pas de substitutions loxodromiques.

9. Il est une autre propriété des substitutions réelles qui va jouer un rôle important par la suite et qui consiste dans l'existence d'un invariant différentiel. En différentiant la relation (1) on trouve

$$\frac{dz'}{dz} = \frac{1}{(cz+d)^2},$$

d'où l'on déduit, d'après (21),

$$\frac{|dz'|}{\eta'} = \frac{|dz|}{\eta}$$

ou

(22) $$\frac{\sqrt{d\xi'^2 + d\eta'^2}}{\eta'} = \frac{\sqrt{d\xi^2 + d\eta^2}}{\eta},$$

le second membre étant, par conséquent, un invariant différentiel. Remarquons que pour le groupe étudié au paragraphe précédent il existe un invariant analogue représentant l'élément linéaire sur la sphère et dont l'expression se déduit aisément des formules de ce paragraphe. De même ici, l'invariant (22) représente l'élément de longueur dans le demi-plan supérieur lorsqu'on donne au mot longueur le sens qu'il possède dans la géométrie non euclidienne de Bolyai et Lobatchewski.

Considérons l'expression $\dfrac{\sqrt{d\xi^2 + d\eta^2}}{\eta}$ essentiellement positive comme définissant l'élément de longueur ; je dis que les *géodésiques* dans la métrique ainsi définie (où l'on conserve d'ailleurs la signification habituelle du mot angle) seront les circonférences orthogonales à l'axe réel, et, comme cas particulier, les droites perpendiculaires à cet axe. En effet, les substitutions S du groupe Γ' conservent les angles et les distances ainsi définies, et transforment d'autre part les unes dans les autres les circonférences orthogonales à l'axe des ξ. Soient alors A et B deux points du demi-plan considéré, C et D leurs transformés par une S du groupe Γ'. On peut choisir S de manière que C et D soient sur une perpendiculaire à l'axe des ξ ; il suffit par exemple de prendre la S représentée par

$$z' = \frac{-1}{z-\alpha},$$

α étant l'un des points de rencontre avec l'axe des ξ de la circonférence passant par A et B qui a son centre sur cet axe. D'après les propriétés d'invariance que nous venons de démontrer, il suffit pour trouver la courbe, si elle existe, qui donne sa valeur minima à l'intégrale

$$\int_A^B \frac{\sqrt{d\xi^2 + d\eta^2}}{\eta},$$

de résoudre le même problème en remplaçant A et B par C et D ; cette dernière courbe est évidemment le segment de droite CD, puisqu'en appelant η_1 et η_2 ($> \eta_1$) les coordonnées de ces deux points on a

$$\int_C^D \frac{\sqrt{d\xi^2 + d\eta^2}}{\eta} \leq \int_{\eta_1}^{\eta_2} \frac{d\eta}{\eta},$$

l'égalité n'ayant lieu que si le chemin d'intégration pour l'intégrale

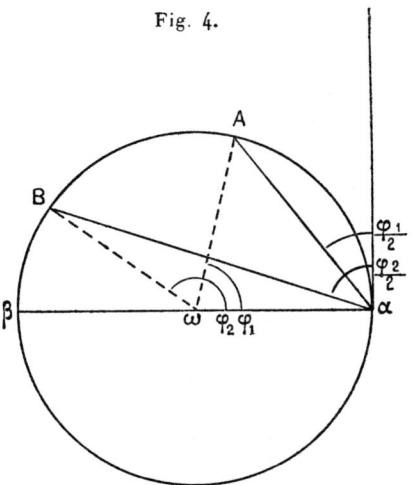

Fig. 4.

du premier membre coïncide avec le segment CD, qui par conséquent fournit un minimum *strict* de l'intégrale. La plus courte distance de A à B sera donc la longueur, au sens précédent, de l'arc de circonférence orthogonale à $O\xi$ qui joint ces deux points. L'expression finie de cette distance s'obtient par une quadrature très simple; en exprimant les coordonnées d'un point de la géodésique sous la forme

$$\xi = \xi_0 + r\cos\varphi, \qquad \eta = r\sin\varphi,$$

on obtient

$$\text{dist. AB} = \int_{\varphi_1}^{\varphi_2} \frac{d\varphi}{\sin\varphi} = \left| \log \frac{\tang \frac{\varphi_2}{2}}{\tang \frac{\varphi_1}{2}} \right|.$$

Soit $\alpha\beta$ le diamètre dirigé suivant l'axe des ξ de la géodésique considérée ; on vérifie immédiatement que $\dfrac{\tang \frac{\varphi_2}{2}}{\tang \frac{\varphi_1}{2}}$ est la valeur du rapport anharmonique du faisceau des droites αA, αB, $\alpha\beta$, $\alpha\eta$, c'est-à-dire du rapport anharmonique des quatre points A, B, α, β sur le cercle ([1]).

Les substitutions S du groupe Γ' à trois paramètres peuvent donc être regardées comme définissant des mouvements dans le demi-plan où les points de l'axe des ξ jouent le rôle de points à l'infini. On peut étendre ce groupe par l'adjonction des S du second type de manière à former un groupe mixte $\overline{\Gamma'}$ qui admet Γ' comme sous-groupe invariant d'indice 2. Les S du second type qui s'obtiennent en combinant celles du premier type avec la symétrie par rapport à l'axe $O\eta$:

$$z'_0 = -z,$$

ont pour expression

$$z'_0 = \frac{az+b}{cz+d} \qquad (ad-bc=-1).$$

Elles comprennent notamment les symétries

$$z'_0 = \frac{az+b}{cz-a} \qquad (a^2+bc=+1)$$

dont les axes, toujours réels, sont les géodésiques. Il est clair que les mouvements du second type ainsi définis conservent aussi les distances.

([1]) On appelle rapport anharmonique de quatre points d'une conique le **rapport anharmonique constant** (d'après Chasles) du faisceau des quatre droites joignant un point variable de la conique aux points donnés.

On démontre ([1]) que l'élément linéaire $\dfrac{\sqrt{d\xi^2 + d\eta^2}}{\eta}$ est celui d'une surface à courbure totale constante négative, par exemple de la *pseudo-sphère* engendrée par la révolution autour de sa base d'une *tractrice*, c'est-à-dire d'une courbe telle que la longueur de la tangente comprise entre le point de contact et la droite appelée *base* soit constante ; ξ, η désignent des coordonnées curvilignes sur la surface, aisées à définir géométriquement. Il s'ensuit que la géométrie non euclidienne du plan étudiée dans ce paragraphe correspond à la géométrie euclidienne sur une surface de cette espèce qui admet ainsi un groupe à trois paramètres d'applications sur elle-même. Observons que dans cette géométrie le postulat d'Euclide ne subsiste pas, mais que subsistent toutes les conséquences que l'on peut tirer des propriétés d'additivité des angles et des distances et de l'existence de mouvements dépendant de trois paramètres ainsi que de celle des symétries. En particulier les cercles géodésiques de centre A sont les trajectoires orthogonales des géodésiques passant par A (cercles euclidiens passant par A et son symétrique A' par rapport à Oξ); ce sont donc encore des courbes figurées par des cercles euclidiens qui, lorsqu'on fait varier le rayon géodésique, forment un faisceau admettant A et A' pour points de Poncelet.

10. Il est maintenant facile de passer de la métrique que nous venons de définir dans le demi-plan de la variable z à la métrique projective de Cayley dans le plan hyperbolique où la conique absolue est une conique réelle non dégénérée. Faisons la projection du plan z sur la sphère de Riemann qui lui est tangente en O (§ 5), en prenant comme point de vue le point O' diamétralement opposé à O. Choisissons ensuite un point de vue extérieur à la sphère, par exemple le point à l'infini dans la direction Oη, duquel nous projetons celle-ci sur un plan Π, le plan ξOζ par exemple. Le mode de correspondance ainsi établi entre le plan analytique et le plan Π va nous conduire au résultat cherché. A deux points du

---

([1]) *Voir* par exemple Darboux, *Leçons sur la théorie générale des surfaces* (t. III, Chap. XI), où l'on trouvera une étude détaillée de ces surfaces, et de leur représentation, évidemment conforme, sur le plan, qui correspond à cette forme de l'élément linéaire.

plan des z symétriques par rapport à $O\xi$ correspondent sur la sphère deux points symétriques par rapport au grand cercle du plan $\xi O \zeta$, que la projection orthographique sur ce dernier plan transforme en deux points confondus, situés à l'intérieur du contour apparent qui n'est autre que ce dernier grand cercle $\mathcal{A}$. $\mathcal{A}$ va jouer le rôle de conique absolue dans le plan Π. Les points de l'axe $O\xi$ et ceux de la conique $\mathcal{A}$ se correspondent d'une manière univoque. Aux cercles du plan des z ayant leurs centres sur $O\xi$ la projection stéréographique fait correspondre des petits cercles de la sphère dont le plan est normal à $\xi O \zeta$ et dont la projection orthographique est par suite une droite ; réciproquement à une droite du plan Π correspond un cercle orthogonal à $O\xi$. Un cercle quelconque du plan z a pour image sur la sphère un cercle et sur le plan Π une conique bitangente au contour apparent, c'est-à-dire à $\mathcal{A}$, les points de contact étant réels ou imaginaires suivant que le cercle coupe ou ne coupe pas l'axe $O\xi$. On peut enfin remarquer que les deux systèmes de génératrices rectilignes de la sphère engendrent par la projection stéréographique les deux systèmes de droites isotropes ; dans la projection orthographique elles se projettent suivant les tangentes au contour apparent, naturellement imaginaires si elles passent par un point intérieur à $\mathcal{A}$.

Aux substitutions S du premier ou du deuxième type du groupe Γ' ou Γ'_0 dans le plan z correspondent dans le plan Π des transformations birationnelles qui transforment les droites en droites et laissent $\mathcal{A}$ invariante, c'est-à-dire des homographies.

Si S est du premier type et elliptique, elle possède deux points doubles symétriques par rapport à $O\xi$; l'homographie H correspondante laisse invariant un point et un seul intérieur à $\mathcal{A}$, mais aucun point réel sur $\mathcal{A}$; il y a deux points fixes imaginaires conjugués sur $\mathcal{A}$ qui sont les points de contact des tangentes issues du point fixe réel intérieur.

Si S est hyperbolique elle laisse invariants deux points de $O\xi$; la H correspondante du plan Π possède deux points fixes réels sur $\mathcal{A}$ et un point fixe extérieur, pôle de la droite qui joint les deux premiers.

Si S est parabolique elle laisse fixe un point et un seul sur $O\xi$, et la H correspondante a ses trois points fixes confondus en un seul sur $\mathcal{A}$. On pourra faire des remarques analogues pour les H qui correspondent à des S du groupe Γ permutant entre eux les deux demi-plans ou à des S du deuxième type.

Transportons maintenant dans le plan Π les notions d'angle et de distance non euclidienne du plan des z. La projection stéréographique, qui conserve les angles, transforme deux cercles du plan z passant par le point P en deux cercles de la sphère faisant le même angle au point M, homologue de P ; ce dernier angle est, d'après Laguerre, égal au produit de $\frac{1}{2\pi}$ par le logarithme du rapport anharmonique des tangentes aux deux cercles avec les deux droites isotropes du plan tangent en M à la sphère, c'est-à-dire les deux génératrices rectilignes passant en M. Quand on fait ensuite une projection orthographique, le rapport anharmonique se conserve ; or les deux droites isotropes se projettent suivant les tan-

Fig. 5.

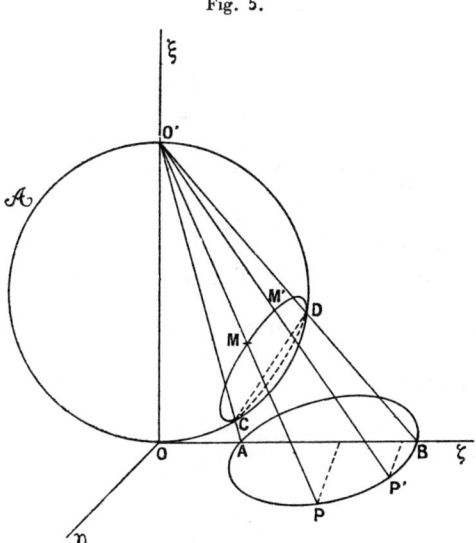

gentes à $\mathcal{A}$, issues du point Q, projection de M. On voit donc que l'angle cayleyen de deux droites passant par Q, lorsqu'on prend $\mathcal{A}$ pour absolu, est égal à l'angle (euclidien ou non euclidien) des lignes correspondantes du plan z.

Occupons-nous maintenant des distances. Nous avons vu que la distance de deux points P, P' du plan des z est égale à la valeur absolue du logarithme du rapport anharmonique des quatre points A, B, P, P′ sur le cercle orthogonal à Oξ qui passe par ces deux points, A et B étant les extrémités du diamètre dirigé suivant Oξ. Ces quatre points ont pour homologues sur la sphère les points C, D, M, M′ situés sur un cercle dont le plan est normal à ξOζ, les points C et D étant les extrémités d'un diamètre situé dans ce dernier plan. Le rapport anharmonique étant projectif et le cercle CDMM′ étant la perspective du cercle ABPP′, on a

$$(ABPP') = (CDMM').$$

Quand on passe ensuite à la projection orthographique sur le plan ξOζ, le plan du cercle étant perpendiculaire au plan de pro-

Fig. 6.

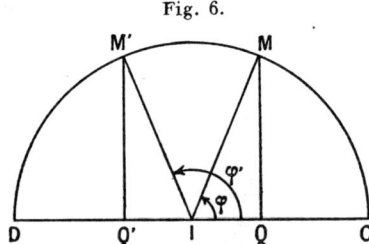

jection et les points C et D étant situés sur le contour apparent $\mathcal{C}$, on obtient les points Q, Q′, C, D et l'on voit de suite que

$$(CDMM')^2 = (CDQQ).$$

En effet, on a (*fig.* 6)

$$\frac{QC}{QD} = \frac{(1-\cos\varphi)}{(1+\cos\varphi)} = \operatorname{tang}^2\frac{\varphi}{2},$$

$$\frac{Q'C}{Q'D} = \operatorname{tang}^2\frac{\varphi'}{2},$$

ce qui, en divisant membre à membre, conduit à la relation précédente ; par suite,

$$\log(CDQQ') = 2\log(CDMM') = 2\log(ABPP').$$

La distance des points Q et Q′ dans la métrique de Cayley est donc proportionnelle à la distance des deux points P et P′ du plan z dans la métrique de Bolyai. On peut choisir l'unité de longueur dans le plan cayleyen de manière à obtenir l'égalité des deux distances. L'opération par laquelle nous sommes passés du plan z au plan Π est la même qu'au paragraphe 5, à cela près que nous avons remplacé la projection centrale par une projection orthographique, c'est-à-dire choisi un point de vue extérieur à la sphère au lieu d'un point de vue intérieur.

11. Il est facile de trouver l'expression analytique du mode de correspondance que nous venons d'obtenir entre le plan analytique et celui de la géométrie cayleyenne hyperbolique. Le point M de la sphère qui correspond au point (ξ, η) a pour coordonnées :

$$X = \frac{\xi}{\xi^2 + \eta^2 + 1}, \quad Y = \frac{\eta}{\xi^2 + \eta^2 + 1}, \quad Z = \frac{\xi^2 + \eta^2}{\xi^2 + \eta^2 + 1}.$$

Sa projection sur le plan Π est donc définie par

$$X = \frac{\xi}{\xi^2 + \eta^2 + 1}, \quad Z = \frac{\xi^2 + \eta^2}{\xi^2 + \eta^2 + 1}$$

ou

$$X = \frac{z + z_0}{2(z z_0 + 1)}, \quad Z = \frac{z z_0}{z z_0 + 1}.$$

A l'axe des ξ ($\eta = 0$) correspond en particulier le cercle $\mathcal{C}$:

$$X = \frac{\xi}{\xi^2 + 1}, \quad Z = \frac{\xi^2}{\xi^2 + 1}$$

ou

$$X^2 + Z^2 - Z = 0.$$

On peut ramener l'équation de $\mathcal{C}$ à la forme plus simple

(23) $$x_2^2 = x_1 x_3$$

en posant

$$x_1 : x_2 : x_3 = 1 - Z : X : Z,$$

d'où

(24) $$\begin{cases} \dfrac{x_1}{x_3} = \dfrac{1-Z}{Z} = \dfrac{1}{\xi^2 - \eta^2} = \dfrac{1}{z z_0}, \\ \dfrac{x_2}{x_3} = \dfrac{X}{Z} = \dfrac{\xi}{\xi^2 + \eta^2} = \dfrac{z + z_0}{2 z z_0}. \end{cases}$$

Cela revient à remplacer les axes OX, OZ par le triangle de référence fourni par le diamètre OO' de la sphère et les deux tangentes OX, O'X' (*fig.* 7) de manière que le point unité dans le nouveau système de coordonnées soit le point E, équidistant au sens ordinaire des trois côtés du triangle.

En regardant z et z_0 comme deux paramètres indépendants, les

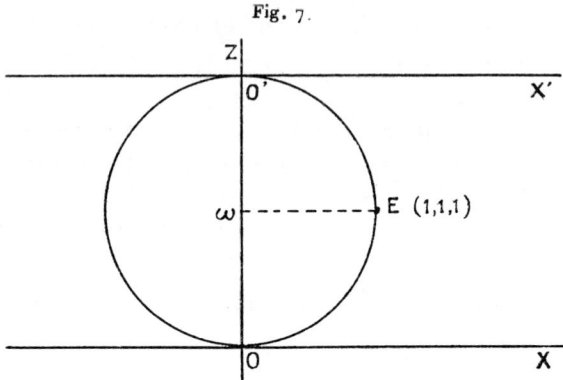

Fig. 7.

équations (24) donnent l'expression des coordonnées d'un point du plan Π en fonction de ces deux paramètres qui correspondent aux tangentes à la conique absolue (23). L'équation de l'une de ces tangentes s'écrit en effet

(25) $\qquad x_1 - 2zx_2 + z^2 x_3 = 0.$

Pour un point $(x_1 x_2 x_3)$ réel et intérieur à $\mathcal{C}$ on a

$$x_2^2 - x_1 x_3 < 0$$

et l'équation précédente admet les deux racines imaginaires conjuguées z et z_0. Pour un point réel sur $\mathcal{C}$ on a deux valeurs réelles confondues. Pour un point réel et extérieur à $\mathcal{C}$ on a deux racines réelles et distinctes ξ et ξ' et

$$2\xi\xi' : \xi + \xi' : 2 = x_1 : x_2 : x_3,$$

de sorte que tout point extérieur à $\mathcal{C}$ correspond à un couple de points de l'axe réel, tandis qu'à tout point du demi-plan supérieur correspond d'une manière univoque un point intérieur à $\mathcal{C}$.

Les homographies H correspondant aux substitutions S de Γ : $\begin{pmatrix} \alpha & \beta \\ \gamma & \delta \end{pmatrix}$ avec $\alpha\delta - \beta\gamma = \pm 1$, s'expriment par les formules (18). Celles pour lesquelles $\alpha\delta - \beta\gamma = +1$ forment à elles seules un sous-groupe du groupe des H, correspondant au sous-groupe Γ' de Γ; celles pour lesquelles $\alpha\delta - \beta\gamma = -1$ forment un deuxième faisceau continu qui ne constitue pas un groupe, mais peut s'obtenir par adjonction au groupe précédent de la symétrie

$$x'_1 = x_1, \quad x'_2 = -x_2, \quad x'_3 = x_3.$$

Ces deux faisceaux constituent les mouvements du premier et du deuxième type du plan hyperbolique. On démontre aisément en effet, et nous laissons au lecteur le soin de faire cette démonstration, que toutes les homographies réelles qui conservent $\mathcal{C}$ sont obtenues de cette manière.

Considérons maintenant une substitution du deuxième type transformant en lui-même le demi-plan z; il suffit de considérer la suivante

$$z'_0 = -z.$$

Comme deux points symétriques par rapport à l'axe $O\xi$ correspondent au même point à l'intérieur de la conique $\mathcal{C}$, l'opération correspondante dans le plan Π sera la même que celle provenant de la substitution du premier type et de la deuxième sorte $z' = -z$; ce sera encore la symétrie

$$x'_1 = x_1, \quad x'_2 = -x_2, \quad x'_3 = x_3.$$

Il n'y a donc que deux espèces de mouvements dans le plan hyperbolique; les premiers, qui constituent les mouvements proprement dits avec conservation de l'orientation des angles, proviennent des substitutions S du groupe Γ' effectuées sur la variable z; les autres, parmi lesquels se trouvent les symétries, proviennent indifféremment des substitutions de la forme

$$z' = \frac{\alpha z + \beta}{\gamma z + \delta} \quad (\alpha\delta - \beta\gamma = -1),$$

ou de la forme

$$z'_0 = \frac{\alpha z + \beta}{\gamma z + \delta} \quad (\alpha\delta - \beta\gamma = -1).$$

Il y a du reste avantage à n'introduire que ces dernières parce qu'elles transforment en lui-même le demi-plan supérieur de la variable z.

Il est utile de représenter dans le plan Π les trajectoires et les lignes de niveau correspondant aux opérations H des différentes espèces. Si H est du premier type et elliptique, elle admet un seul point fixe F à l'intérieur de $\mathcal{C}$; les *lignes de niveau* sont les droites issues de F ; les *trajectoires*, c'est-à-dire les cercles de centre F, au sens cayleyen, sont les coniques bitangentes à $\mathcal{C}$ aux deux points imaginaires conjugués où elle rencontre la polaire de F ; ces cercles cayleyens tendent vers la conique $\mathcal{C}$ quand le rayon tend vers l'infini, puis deviennent extérieurs à $\mathcal{C}$ pour des valeurs purement imaginaires du rayon.

Si H est hyperbolique, elle possède un point fixe F à l'extérieur de $\mathcal{C}$, et deux points fixes A et B sur $\mathcal{C}$, points de contact des tangentes issues de F ; les lignes de niveau sont toujours les rayons issus de F ; les rayons successifs déduits de l'un d'eux par les puissances de H forment entre eux des angles euclidiens de plus en plus petits à mesure qu'ils se rapprochent des positions limites FA et FB. Les trajectoires, qui sont encore si l'on veut des cercles cayleyens de centre F, sont bitangentes à $\mathcal{C}$ aux points, réels cette fois, A et B.

Si H est parabolique, les trois points fixes de H sont confondus en F sur $\mathcal{C}$; les lignes de niveau (rayons issus de F) déduites de l'une d'entre elles par les puissances successives de H tendent à se confondre avec la tangente en F ; les trajectoires sont des coniques suroseulatrices à $\mathcal{C}$ en F.

Si S est une substitution du second type, on trouve que la H correspondante a des points doubles de même nature, en général, que dans le cas d'une rotation hyperbolique. Un cas particulier remarquable est celui où S est une symétrie, H est alors une *symétrie projective* ou *perspective harmonique* dont le centre F est extérieur à $\mathcal{C}$, c'est-à-dire que si M et M' sont deux points du plan Π homologues par H, M et M' sont en ligne droite avec F, le point d'intersection de cette droite et de la polaire de F étant conjugué harmonique de F par rapport à MM'. Une H de cette espèce correspond également à une S elliptique de la deuxième sorte et de période 2 ayant ses points doubles sur l'axe Oξ. Les S elliptiques du groupe Γ' et de période 2 engendrent également dans le plan Π des perspectives harmoniques, mais dont le centre est intérieur à $\mathcal{C}$.

Remarque I. — Deux droites perpendiculaires au sens cayleyen sont deux droites polaires conjuguées par rapport à $\mathcal{C}$, dont chacune renferme le pôle de l'autre.

Remarque II. — Le lieu des points équidistants de deux points A et B s'obtient comme il suit. Soient

$$f(x_1, x_2, x_3) \equiv f_{xx} = 0$$

l'équation de $\mathcal{C}$, et f_{xy} la forme polaire

$$\frac{1}{2}\left(y_1 \frac{df}{dx_1} + y_2 \frac{df}{dx_2} + y_3 \frac{df}{dx_3}\right).$$

Si (a_1, a_2, a_3) et (b_1, b_2, b_3) sont les coordonnées de A et de B, on trouve pour équation du lieu :

$$\frac{f_{ax}}{f_{bx}} = \pm \sqrt{\frac{f_{aa}}{f_{bb}}},$$

ce qui représente un système de deux droites perpendiculaires passant par le pôle de AB. Si A et B sont intérieurs à $\mathcal{C}$, une seule de ces droites passe à l'intérieur de $\mathcal{C}$ et le segment intérieur à $\mathcal{C}$ représente la partie du lieu cherché dont les points sont à des distances réelles et égales de A et de B ; c'est en général la seule partie à conserver, comme correspondant seule à des points du plan analytique. Moyennant cette restriction, on peut dire que le lieu des points équidistants de A et de B est la perpendiculaire au milieu de AB, ce qui peut d'ailleurs s'établir par les méthodes synthétiques de la géométrie élémentaire.

Remarque III. — On peut, en suivant la marche inverse de celle que nous avons suivie, partir de la définition des angles et des distances dans le plan cayleyen hyperbolique et appliquer ensuite ces définitions aux éléments correspondants du plan analytique. Indiquons sommairement comment l'on retrouve ainsi, par une voie analytique, la forme de l'élément linéaire de la géométrie de Bolyai. En désignant par e une constante absolue, la distance cayleyenne de deux points (x) et (y) a pour expression, avec les notations de l'alinéa précédent :

$$\text{dist.}(x, y) = e \log\left[\frac{f_{xy} + \sqrt{f_{xy}^2 - f_{xx}f_{yy}}}{f_{xy} - \sqrt{f_{xy}^2 - f_{xx}f_{yy}}}\right] = e \log \frac{A + B}{A - B}$$

$$= e \log \frac{1 + \frac{B}{A}}{1 - \frac{B}{A}}.$$

Si les deux points sont infiniment voisins, $\frac{B}{A}$ est infiniment petit et l'expression de la distance est égale, au second ordre près, à $2e\frac{B}{A}$. Nous prendrons $e = \frac{1}{2}$, ce qui donne $\frac{B}{A}$. En ramenant f_{xx} à la forme
$$x_1 x_3 - x_2^2,$$
on a
$$f_{xy} = \frac{1}{2} x_1 y_3 + \frac{1}{2} x_3 y_1 - x_2 y_2.$$

En posant
$$x_3 = y_3 = 1, \quad x_1 = \xi^2 + \eta^2, \quad x_2 = \xi, \quad y_1 = \xi'^2 + \eta'^2, \quad y_2 = \xi',$$
il vient
$$f_{xy} = \frac{(\xi - \xi')^2 + \eta^2 + \eta'^2}{2},$$
et pour expression de la distance
$$\frac{\sqrt{[(\xi - \xi')^2 + \eta^2 + \eta'^2]^2 - 4\eta^2 \eta'^2}}{(\xi - \xi')^2 + \eta^2 + \eta'^2},$$
ce qui se réduit en posant $\xi' = \xi + d\xi$, $\eta' = \eta + d\eta$ et négligeant les termes du second ordre, à
$$\frac{\sqrt{d\xi^2 + d\eta^2}}{\eta}.$$

Remarque IV. — Il résulte d'un célèbre théorème de Gauss sur les triangles géodésiques ([1]) que la somme des angles d'un triangle rectiligne intérieur à $\mathcal{C}$ dans le plan hyperbolique ou d'un triangle géodésique dans le plan z est inférieure à deux droits. C'est ce qu'il est facile d'établir directement en évaluant l'aire non euclidienne d'un triangle du demi-plan des z limité par trois géodésiques dont on peut supposer que l'une est une droite perpendiculaire à $O\xi$, $\xi = b$. L'élément d'aire non euclidienne étant
$$d\tau = \frac{d\xi\, d\eta}{\eta^2},$$
il faut évaluer l'intégrale de $d\tau$ étendue à ce triangle, c'est-à-dire
$$T = \int_a^b d\xi \int_{\eta_1}^{\eta_2} \frac{d\eta}{\eta^2},$$

([1]) DARBOUX, *loc. cit.*, t. III, p. 127.

a étant l'abscisse du sommet du triangle non situé sur le côté rectiligne, η_1 et η_2 les ordonnées des points de rencontre des deux côtés curvilignes avec une parallèle à $O\eta$. Il vient donc

$$T = \int_a^b \frac{d\xi}{\eta_1} - \int_a^b \frac{d\xi}{\eta_2},$$

et il suffit d'évaluer séparément ces deux intégrales simples. Pour la première on posera

$$\xi = \xi' + r\cos\varphi, \qquad \eta_1 = r\sin\varphi,$$

ce qui donne comme valeur de l'intégrale $-\Delta\varphi$. On obtient donc

$$T = \Delta\psi - \Delta\varphi,$$

ψ ayant une signification analogue à φ. L'examen des différents

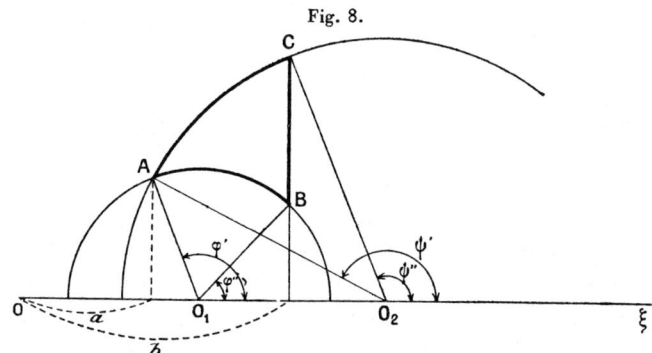

Fig. 8.

cas de figure montre que cette expression est égale à

$$\pi - (A + B + C),$$

A, B, C étant les angles de triangle. Dans le cas de la figure (8), on a par exemple

$$A = \psi' - \varphi', \qquad B = \varphi'', \qquad C = \pi - \psi'',$$

d'où

$$\pi - (A + B + C) = \psi'' - \psi' - (\varphi'' - \varphi') = \Delta\psi - \Delta\varphi,$$

et par conséquent

$$(26) \qquad T = \pi (A + B + C).$$

On vérifiera que cette formule s'applique encore si un ou plusieurs des angles du triangle deviennent nuls, les sommets correspondants étant sur l'axe $O\xi$.

On sait qu'en géométrie sphérique, et par conséquent aussi dans la géométrie elliptique du plan, l'aire d'un triangle est égale à $(A + B + C - \pi)$, et que par suite la somme des angles d'un triangle est au contraire supérieure à deux droits.

Remarque V. — Il est aisé d'obtenir dans le plan cayleyen hyperbolique un domaine fondamental du groupe cyclique formé par les puissances d'une *rotation* hyperbolique, parabolique ou elliptique, l'angle de rotation étant dans ce dernier cas une partie aliquote de 2π; il suffit de considérer la région d'angle euclidien

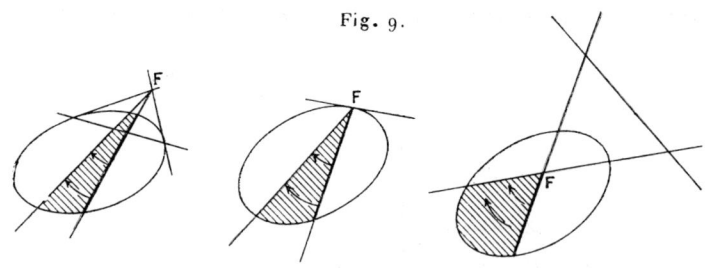

Fig. 9.

au plus égal à π comprise entre une demi-droite issue du centre de rotation et sa transformée par l'opération considérée; en général on exclura les points extérieurs à la conique, de plus un seul côté de l'angle obtenu devra être considéré comme appartenant au domaine; les figures (9), (9'), (9") représentent les trois sortes de domaines ainsi obtenues.

12. Nous pouvons maintenant résumer ce qu'il y a d'essentiel dans les considérations des deux derniers paragraphes en leur donnant même un peu plus de généralité. Considérons les deux systèmes de génératrices rectilignes d'une sphère; tout point M de celle-ci peut être défini par les valeurs imaginaires conjuguées z et z_0 des paramètres des génératrices qui passent par ce point, et z n'est autre que la quantité complexe représentée par le point M quand on emploie la représentation de Riemann. Soit V un point de vue, non situé sur la sphère, duquel nous projetons chaque point de celle-ci sur un plan Π; la conique qui forme le contour apparent de la sphère sur le plan Π, et qui est l'enveloppe des projections des génératrices rectilignes de celle-ci, peut servir à définir dans le plan Π une métrique cayleyenne dans laquelle les points de la conique jouent le rôle de points à l'infini; les mouvements dans le plan Π, c'est-à-dire les homographies qui conservent la conique correspondent à des substitutions de l'une des deux formes suivantes effectuées sur les paramètres z et z_0

ou
$$z' = \frac{Az + B}{Cz + D}, \qquad z'_0 = \frac{A_0 z_0 + B_0}{C_0 z_0 + D_0},$$

$$z'_0 = \frac{Az + B}{Cz + D}, \qquad z' = \frac{A_0 z_0 + B_0}{C_0 z_0 + D_0},$$

ce qui s'explique par le fait que les homographies considérées transforment les unes dans les autres les tangentes à la conique, projections des génératrices de la sphère; le point représentatif de la variable z dans le plan analytique subit par conséquent les transformations d'un certain groupe à trois paramètres laissant invariant un cercle appelé *principal* qui correspond à la conique absolue du plan Π et qui est réel ou imaginaire suivant que V est extérieur ou intérieur à la sphère; ce groupe, contenu dans le groupe anallagmatique du plan des z, dérive des symétries par rapport aux cercles orthogonaux au cercle principal. Si maintenant on transporte au plan des z la métrique cayleyenne du plan Π, on définit une métrique où les points du cercle principal C jouent le rôle de points à l'infini, les géodésiques étant les circonférences orthogonales à C, et les angles conservant leur signification euclidienne. Cette métrique correspond à la métrique euclidienne sur une sphère lorsque C est imaginaire, ou sur une pseudo-sphère quand C est réel.

Le cas de la métrique euclidienne du plan est un cas limite des deux précédentes; il est d'ailleurs bien facile de voir comment, en géométrie plane ordinaire, le groupe des mouvements se ramène à celui de certaines substitutions linéaires sur une variable complexe; car si x_1, x_2, x_3 désignent les coordonnées homogènes rectangulaires d'un point du plan, tout mouvement, c'est-à-dire toute substitution linéaire homogène sur les variables x_1, x_2, x_3

de la forme
$$x'_1 = x_1 \cos\theta - x_2 \sin\theta + a x_3$$
$$x'_2 = x_1 \sin\theta + x_2 \cos\theta + b x_3,$$
$$x'_3 = x_3,$$

combinée éventuellement avec la symétrie

équivaut à
$$x'_1 = x_1, \qquad x'_2 = -x_2, \qquad x'_3 = -x_3$$
$$z' = z\, e^{i\theta} + (a + ib)$$

ou
$$z'_0 = z\, e^{i\theta} + (a + ib).$$

13. Revenant maintenant à l'étude du groupe des substitutions générales des formes (1) et (2) à trois paramètres complexes, nous allons montrer que ce groupe est semblable à celui des homographies de l'espace qui transforment en lui-même un ellipsoïde réel, c'est-à-dire des mouvements de la géométrie cayleyenne hyperbolique de l'espace à trois dimensions. Nous ne considérerons en général que l'ensemble des points intérieurs à l'ellipsoïde, que nous appellerons l'espace hyperbolique. L'ellipsoïde rapporté à un tétraèdre de référence autopolaire a pour équation

(27) $$x_1^2 + x_2^2 + x_3^2 - x_4^2 = 0$$

ou
$$(x_4 + x_3)(x_4 - x_3) = (x_1 + i x_2)(x_1 - i x_2),$$

ce qui s'écrit

(28) $$y_1 y_4 = y_2 y_3,$$

en posant

(29) $\quad y_1 = x_3 + x_4, \qquad y_2 = x_1 + i x_2, \qquad y_3 = x_1 - i x_2, \qquad y_4 = x_4 + x_3.$

Les équations des génératrices rectilignes sont respectivement

(I) $\qquad \begin{cases} y_1 - z y_3 = 0, \\ y_2 - z y_4 = 0, \end{cases}$

(II) $\qquad \begin{cases} y_1 - z_0 y_2 = 0, \\ y_3 - z_0 y_4 = 0, \end{cases}$

z et z_0 étant des paramètres complexes regardés d'abord comme indépendants. Par chaque point de la quadrique passe une génératrice de chaque système, et les coordonnées de ce point s'expriment en fonction des paramètres de ces deux génératrices par les formules

$$y_1 : y_2 : y_3 : y_4 = zz_0 : z : z_0 : 1,$$

ou, en revenant aux variables x_i,

$$x_1 : x_2 : x_3 : x_4 = z + z_0 : -i(z - z_0) : zz_0 - 1 : zz_0 + 1$$

On a d'ailleurs

$$z = \frac{x_1 + ix_2}{x_4 - x_3}, \qquad z_0 = \frac{x_1 - ix_2}{x_4 - x_3}.$$

Pour que le couple de valeurs (z, z_0) corresponde à un point réel, il faut et il suffit que z et z_0 soient imaginaires conjugués.

Considérons maintenant une homographie réelle ou imaginaire de l'espace, qui transforme la quadrique en elle-même; comme les droites se transforment en droites par une homographie, et que deux génératrices du même système ne se rencontrent pas tandis que deux génératrices de systèmes différent sont toujours dans un même plan, il faut nécessairement ou bien que toute génératrice soit transformée en une autre du même système, ou bien que toute génératrice soit changée en une autre de l'autre système.

Dans le premier cas on aura

$$z' = f(z), \qquad z'_0 = f_0(z_0),$$

f et f_0 étant des fonctions nécessairement algébriques, et comme ces formules établissent une correspondance biunivoque entre les couples de paramètres : (z, z_0) d'une part, regardés comme indépendants, et (z', z'_0) d'autre part, f et f_0 sont des fonctions rationnelles et du premier degré; on aura donc

$$z' = \frac{az+b}{cz+d}, \qquad z'_0 = \frac{a_0 z_0 + b_0}{c_0 z_0 + d_0} \qquad (ad-bc)(a_0 d_0 - b_0 c_0) \neq 0.$$

Les coordonnées tétraédriques y_i subissent alors la transformation

(30)
$$\begin{cases} y'_1 = aa_0 y_1 + ab_0 y_2 + a_0 b y_3 + bb_0 y_4, \\ y'_2 = ac_0 y_1 + ad_0 y_2 + bc_0 y_3 + bd_0 y_4, \\ y'_3 = a_0 c y_1 + b_0 c y_2 + a_0 d y_3 + b_0 d y_4, \\ y'_4 = cc_0 y_1 + cd_0 y_2 + c_0 d y_3 + dd_0 y_4, \end{cases}$$

d'où l'on déduit

(31) $\qquad y'_1 y'_4 - y'_2 y'_3 = (ad - bc)(a_0 d_0 - b_0 c_0)(y_1 y_4 - y_2 y_3).$

Les coefficients $a, b, \ldots, d_0$ étant pour le moment regardés comme arbitraires, on obtient ainsi un groupe d'homographie dépendant *essentiellement* de six paramètres complexes.

Dans le dernier cas on aura

$$z'_0 = f(z), \qquad z' = f_0(z_0),$$

f et f_0 étant encore des fonctions rationnelles du premier degré. Mais comme l'échange de z et z_0 équivaut à

(32) $\qquad y'_1 = y_1, \qquad y'_2 = y_3, \qquad y'_3 = y_2, \qquad y'_4 = y_4,$

on aura toutes les homographies du deuxième système en combinant (30) et (32).

En revenant aux variables x_i on aura une homographie réelle lorsque a_0, b_0, c_0, d_0 seront imaginaires conjugués de a, b, c, d. Les homographies réelles qui conservent la quadrique sont donc de deux sortes et forment un groupe mixte. Les premières forment un sous-groupe continu à six paramètres réels qui est le groupe des mouvements proprement dits; les secondes forment un faisceau continu résultant de la multiplication des opérations du premier groupe par une symétrie relativement à un plan. Nous voyons de plus comment ces homographies correspondent aux substitutions (1) et (2) sur la variable z.

Montrons maintenant que la quadrique absolue de l'espace hyperbolique peut être identifiée avec la sphère de Riemann servant à représenter la variable z. Si nous posons

$$x_1 : x_2 : x_3 : x_4 = X : Y : Z : 1 \qquad (X^2 + Y^2 + Z^2 = 1),$$

nous avons

(33) $\qquad z = \dfrac{X + iY}{1 - Z}.$

Si l'on regarde X, Y, Z comme des coordonnées cartésiennes rectangulaires, le point (X, Y, Z) est un point de la sphère unité, et z représente le point du plan XOY qui est la projection stéréographique du point (X, Y, Z) lorsqu'on prend pour point de vue le point $(0, 0, 1)$. La quadrique fondamentale peut donc être identifiée avec la sphère de Riemann relative au plan z; il est d'usage de prendre une sphère de Riemann tangente au plan z, au lieu d'une sphère ayant son centre à l'origine, mais c'est là un choix particulier sans aucune importance.

14. Il est utile d'étudier les propriétés particulières aux homographies correspondant aux diverses espèces de substitutions S sur la variable z, ce qui se fait facilement, en vertu de la remarque qui précède, par l'emploi de la projection stéréographique, la quadrique absolue étant la sphère de Riemann. Si S est elliptique, elle transforme toute circonférence passant par les points doubles α et β, autrement dit toute ligne de niveau, en une autre faisant l'angle θ avec la première et transforme en elles-mêmes les trajectoires orthogonales de ces lignes. En se rappelant que deux cercles de la sphère sont orthogonaux quand leurs plans contiennent chacun le pôle de l'autre par rapport à la sphère, on voit que l'homographie H correspondante laisse fixes tous les points d'une corde AB de la sphère, tandis que les points de la droite CD, polaire conjuguée de AB, sont échangés entre eux ; un cercle de la sphère passant par A et B se change en un autre du même faisceau faisant l'angle θ avec le premier, tandis que les cercles passant par CD, orthogonaux aux précédents, sont invariants. Dans l'espace les trajectoires sont des coniques bitangentes à la sphère aux deux points imaginaires où elle rencontre CD, c'est-à-dire des cercles cayleyens dont le centre est sur AB et dont le plan est perpendiculaire à AB. La H considérée, analogue à une rotation de l'espace euclidien, peut s'appeler une *rotation elliptique* d'axe AB.

Si S est hyperbolique, la H correspondante laisse fixes deux points A et B de la sphère et les cercles de la sphère passant par ces points ; elle transforme les uns dans les autres les cercles dont le plan passe par CD, droite conjuguée de AB. Dans l'espace les points de CD sont fixes, tandis que les points de AB sont échangés entre eux, A et B étant seuls invariants ; les trajectoires sont des coniques bitangentes à la sphère en A et B, H est une *rotation hyperbolique* autour de l'axe CD extérieur à la sphère ; les transformés d'un plan contenant CD par les puissances de H ont pour positions limites les plans tangents en A et B.

Si S est parabolique, H laisse invariants les cercles de la sphère dont les plans passent par une tangente AC à celle-ci, et transforme les uns dans les autres les cercles orthogonaux aux précédents tangents à la droite AB; dans l'espace toutes les tangentes en A sont transformées en elles-mêmes, mais A est le seul point fixe sur chacune d'elles. On peut le vérifier sur les formules (30) qui, si l'on réduit S à la forme canonique $\begin{pmatrix} 1 & h \\ 0 & 1 \end{pmatrix}$ avec h réel, deviennent alors

$$(30^{bis}) \qquad y'_1 = y_1 + h(y_2 + y_3) + h^2 y_4, \qquad y'_2 = y_2 + h y_4,$$
$$y'_3 = y_3 + h y_4, \qquad y'_4 = y_4.$$

L'équation *déterminante* à laquelle conduit la recherche des points fixes se réduit à

$$(\rho - 1)^4 = 0,$$

à laquelle correspond le seul point $A(y_2 = y_3 = y_4 = 0)$. Les équations (30bis), où l'on regarde h comme un paramètre réel, représentent alors les trajectoires, coniques surosculatrices en A à la sphère dont les plans passent par la tangente AC.

H est l'analogue d'une translation de l'espace euclidien et peut s'appeler une *rotation parabolique* d'axe AB.

Si S est loxodromique, H est le produit d'une rotation elliptique d'axe AB et d'une rotation hyperbolique d'axe CD, conjugué de AB. Les seuls points fixes sont les points A et B et les points imaginaires conjugués où CD rencontre la sphère. On peut le vérifier analytiquement comme à l'alinéa précédent; il est clair d'ailleurs que si S est du type (1), tout point fixe de l'espace appartient à l'une des droites conjuguées AB ou CD, car si M était un point fixe non situé sur ces droites les deux plans MAB et MCD seraient transformés en eux-mêmes ainsi que les cercles de section de la sphère de Riemann, et nous savons qu'un seul de ces cercles peut être invariant, aucun d'eux ne l'étant si S est loxodromique [1]; les trajectoires et les lignes de niveau sont alors des spirales s'enroulant autour des points A et B. On a ici l'analogue d'un *mouvement hélicoïdal*.

---

[1] Toutefois, si le multiplicateur de S est réel et négatif, tous les points de l'axe CD sont fixes comme dans le cas hyperbolique. Il y a d'ailleurs une exception analogue dans le cas elliptique, celui où S est de période 2; la H correspondante, analogue à une *transposition* dans l'espace euclidien, laisse fixes les points des deux droites **AB et CD**.

Si S est du type (2), la H qui lui correspond n'admet en général aucun point fixe réel sur la sphère ; si toutefois S est une symétrie par rapport à un cercle réel, H est une symétrie projective ou perspective harmonique de centre F extérieur à la sphère, qui laisse fixes tous les points du plan polaire de F, en particulier ceux du cercle de contact du cône circonscrit de sommet F. Si S est une symétrie relativement à un cercle imaginaire d'équation réelle, H est une perspective harmonique de centre intérieur à la sphère.

15. L'ensemble des mouvements réels qui laissent fixe un point F de l'espace forme au sous-groupe appelé *groupe de rotations*. Il y a trois sortes de groupes de rotations suivant que F est extérieur, intérieur ou sur la sphère.

Si F n'est pas sur la sphère, les H du sous-groupe considéré laissent fixe la conique d'intersection du plan polaire de F et de la quadrique ou sphère de Riemann. On est donc ramené au groupe de mouvements de la géométrie plane elliptique ou hyperbolique suivant que F est intérieur ou extérieur. En particulier, si F est le centre de la sphère, on est ramené aux mouvements euclidiens de la sphère sur elle-même (§ 6) ; si F est à l'infini au sens euclidien, on est ramené au groupe étudié au paragraphe 11.

Si F est sur la sphère, supposons qu'il corresponde à $z = \infty$ (en effectuant au besoin un changement de variable linéaire sur z). Les S correspondantes sont alors de la forme

$$z' = Az + B \quad \text{ou} \quad z'_0 = A\bar{z} + B,$$

et le groupe qu'elles forment est celui des mouvements euclidiens du plan étendu par l'adjonction des homothéties.

Rappelons maintenant brièvement comment l'on obtient l'expression analytique des angles et des distances dans l'espace hyperbolique. L'équation tangentielle de la quadrique absolue étant

$$\varphi_{uu} = u_1^2 + u_2^2 + u_3^2 - u_4^2 = 0,$$

le rapport anharmonique des deux plans (u) et (v) avec les deux plans tangents menés par leur intersection est le rapport des racines de l'équation

$$\varphi_{uu} + 2\lambda \varphi_{uv} + \lambda^2 \varphi_{vv} = 0,$$

d'où l'expression de l'angle Θ cherché :

$$\Theta = k \log \frac{1+\mu}{1-\mu},$$

$$\mu = \frac{\sqrt{\varphi_{uv}^2 - \varphi_{uu}\varphi_{vv}}}{\varphi_{uv}}.$$

Pour obtenir une valeur réelle de l'angle de deux plans se coupant suivant une droite qui passe à l'intérieur de la quadrique, il faut donner à k une valeur imaginaire pure; nous poserons

$$k = \frac{1}{2i},$$

d'où

$$\mu = \frac{e^{i\Theta} - e^{-i\Theta}}{e^{i\Theta} + e^{-i\Theta}}$$

ou

$$i\mu = \tang\Theta.$$

Par suite,

$$\cos^2\Theta = \frac{1}{1+\tang^2\Theta} = \frac{1}{1-\mu} = \frac{\varphi_{uv}^2}{\varphi_{uu}\varphi_{vv}}$$

et

(34) $$\cos\Theta = \frac{\varphi_{uv}}{\sqrt{\varphi_{uu}\varphi_{vv}}},$$

expression analogue à celle qu'on obtient en géométrie euclidienne. On remarquera que $\cos\Theta$ est nul pour $\varphi_{uv} = 0$, c'est-à-dire que deux plans perpendiculaires sont tels que chacun d'eux contient le pôle de l'autre par rapport à la quadrique. Pour la distance de deux points on trouve, en appelant f_{xx} le premier membre de l'équation ponctuelle de la quadrique,

$$\text{dist.}(x, y) = e \left| \log \frac{f_{xy} + \sqrt{f_{xy}^2 - f_{xx}f_{yy}}}{f_{xy} - \sqrt{f_{xy}^2 - f_{xx}f_{yy}}} \right|,$$

e désignant une constante qu'on devra supposer réelle pour obtenir une valeur réelle de la distance de deux points intérieurs à la quadrique. Le lieu des points équidistants de deux points est un plan, quand on se borne à la considération des points intérieurs (§ 11, Rem. II). Les sphères cayleyennes de centre F sont des quadriques circonscrites à l'absolu le long de la courbe de contact du cône circonscrit de sommet F, imaginaire si F est intérieur.

16. Il s'agit maintenant d'obtenir une représentation de l'espace hyperbolique sur un demi-espace : $\zeta > 0$, analogue à la représentation obtenue précédemment pour le plan hyperbolique. Nous sommes parvenus à ce résultat dans le cas du plan en faisant correspondre à deux points $z = \xi + i\eta$ et $z_0 = \xi - i\eta$ du plan analytique la forme quadratique définie

$$x_3 \lambda^2 - 2 x_2 \lambda \mu + x_1 \mu^2$$

admettant pour racines en $\frac{\mu}{\lambda}$ les quantités z et z_0, et regardant x_1, x_2, x_3 comme les coordonnées trilinéaires d'un point dans le plan de la conique cayleyenne $(x_1 x_3 - x_2^2 = 0)$, le triangle de référence étant formé par deux tangentes et la corde de contact. Nous allons obtenir une représentation analogue dans le cas actuel, en substituant à la considération d'une forme quadratique binaire celle d'une forme d'Hermite définie à variables et à indéterminées conjuguées. Nous prenons toujours l'équation de la quadrique sous la forme (27) ou (28), les x_i étant des coordonnées réelles et les y_i des coordonnées imaginaires liées aux premières par les formules (29); y_1 et y_4 sont réels, y_2 et y_3 imaginaires conjugués. La forme d'Hermite

$$y_4 \lambda \lambda_0 - y_3 \lambda \mu_0 - y_2 \lambda_0 \mu + y_1 \mu \mu_0,$$

de déterminant $y_1 y_4 - y_2 y_3 = x_4^2 - x_1^2 - x_2^2 - x_3^2$, sera *définie* si le point (x_1, x_2, x_3, x_4) est intérieur à la quadrique, *indéfinie* s'il est extérieur. La forme, égalée à zéro, représente, si l'on pose

$$\frac{\lambda}{\mu} = \Xi + i H, \qquad \frac{\lambda_0}{\mu_0} = \Xi - i H,$$

un cercle d'équation réelle

$$(x_4 - x_3)(\Xi^2 + H^2) - 2 x_1 \Xi - 2 x_2 H + x_4 + x_3 = 0,$$

dont le centre a pour coordonnées

$$\xi = \frac{x_1}{x_4 - x_3}, \qquad \eta = \frac{x_2}{x_4 - x_3},$$

et dont le carré du rayon est égal à

$$\frac{x_1^2 + x_2^2 + x_3^2 - x_4^2}{(x_4 - x_3)^2}.$$

On établit ainsi une correspondance entre les points réels de l'espace projectif et les cercles d'équation réelle du plan analytique, les points intérieurs à la quadrique correspondant aux cercles de rayon purement imaginaire, les points extérieurs aux cercles réels, les points de la quadrique aux cercles de rayon nul. Dans le premier cas (et dans le troisième qui est un cas limite), on peut par le centre du cercle mener une perpendiculaire au plan $\xi\eta$ et porter sur cette perpendiculaire de part et d'autre du plan des segments égaux au rayon du cercle divisé par i; les deux points symétriques par rapport au plan $\xi\eta$ ainsi obtenus, et qui sont les centres des sphères de rayon nul passant par le cercle, correspondant ainsi à un même point intérieur à la quadrique. Si l'on ne considère que le demi-plan supérieur pour lequel la coordonnée d'espace ζ est positive, on obtient une application biunivoque de l'espace hyperbolique (intérieur de la quadrique) sur le demi-espace (ξ, η, ζ), définie par les formules

$$(35) \quad \begin{cases} \xi = \dfrac{x_1}{x_4 - x_3} = \dfrac{X}{1 - Z}, \\ \eta = \dfrac{x_2}{x_4 - x_3} = \dfrac{Y}{1 - Z}, \\ \zeta = \dfrac{\sqrt{x_4^2 - x_1^2 - x_2^2 - x_3^2}}{x_4 - x_3} = \dfrac{\sqrt{1 - X^2 - Y^2 - Z^2}}{1 - Z}. \end{cases}$$

X, Y, Z sont les coordonnées cartésiennes d'un point du premier espace lorsqu'on prend pour quadrique absolue la sphère unité. On déduit de là :

$$\rho^2 = \xi^2 + \eta^2 + \zeta^2 = \frac{x_4 + x_3}{x_4 - x_3}.$$

Les formules (35), en tenant compte de (29), peuvent alors être remplacées par

$$(36) \quad \begin{cases} \rho^2 = z z_0 + \zeta^2 = \dfrac{y_1}{y_4}, \\ z = \xi + i\eta = \dfrac{y_2}{y_4}, \\ z_0 = \xi - i\eta = \dfrac{y_3}{y_4}. \end{cases}$$

A tout plan de l'espace hyperbolique E_h correspond une sphère orthogonale au plan des $\xi\eta$ et réciproquement ; les sphères de rayon réel correspondent aux plans qui ont des points intérieurs à la quadrique. Si l'équation du plan est

(37) $$u_1 x_1 + u_2 x_2 + u_3 x_3 + u_4 x_4 = 0,$$

celle de la sphère correspondante sera

(38) $$(u_4 + u_3)(\xi^2 + \eta^2 + \zeta^2) + 2 u_1 \xi + 2 u_2 \eta + u_4 - u_3 = 0.$$

En particulier les plans passant par le point $(x_1=0, x_2=0, x_3=x_4)$ correspondent aux plans normaux au plan $\xi\eta$. Les droites de E_h ont pour homologues les circonférences normales à ce même plan. L'angle hyperbolique de deux plans est égal à l'angle euclidien des deux sphères correspondantes. La vérification analytique est facile.

Si u_i et v_i sont les coordonnées des deux plans $(i = 1, 2, 3, 4)$, r et r' les rayons des deux sphères correspondantes, d la distance de leurs centres, on a, d'après (38) :

d'où
$$r^2 = \frac{u_1^2 + u_2^2 + u_3^2 - u_4^2}{(u_3 + u_4)^2}, \quad r'^2 = \frac{v_1^2 + v_2^2 + v_3^2 - v_4^2}{(v_3 + v_4)^2},$$

$$d^2 = \left(\frac{u_1}{u_3 + u_4} - \frac{v_1}{v_3 + v_4}\right)^2 + \left(\frac{u_2}{u_3 + u_4} - \frac{v_2}{v_3 + v_4}\right)^2,$$

$$r^2 + r'^2 - d^2 = \frac{2(u_1 v_1 + u_2 v_2 + u_3 v_3 - u_4 v_4)}{(u_3 + u_4)(v_3 + v_4)}.$$

L'angle ω des deux sphères est donné par la formule

$$\cos \omega = \frac{r^2 + r'^2 - d^2}{2 r r'} = \frac{\varphi_{uv}}{\sqrt{\varphi_{uu} \varphi_{vv}}},$$

φ_{uv} ayant la signification déjà indiquée. En comparant avec la formule (34), on obtient la vérification annoncée.

On peut d'ailleurs se rendre compte de ce résultat de la manière suivante : pour obtenir l'angle de deux sphères orthogonales au plan $\xi\eta$, il suffit de chercher l'angle des deux cercles de section par le plan P mené par la ligne des centres perpendiculaire au plan $\xi\eta$. A ce plan P correspond dans E_h un plan passant par (0, 0, 1, 1) homologue de $z = \infty$. La correspondance entre ce plan П de l'espace hyperbolique qui coupe la quadrique suivant une conique réelle $\mathcal{C}$, et le demi-plan P $(\zeta > 0)$, est une correspondance univoque qui fait correspondre les droites de П aux circonférences orthogonales à la droite $\zeta = 0$ de P, et les points de la conique $\mathcal{C}$ aux points de cette dernière droite ; cette correspondance a donc tous les caractères de celle qui a été étudiée au paragraphe 11, et s'exprime comme on le voit immédiatement par les mêmes formules (23) où l'on regarde z comme égal à $\xi' + i\zeta$ (ξ' étant une abscisse comptée sur la droite $\zeta = 0$ de P), et x_1, x_2, x_3 comme les coordonnées d'un point de Π par rapport au triangle formé par les tangentes de $\mathcal{C}$ correspondant à $z = 0$ et $z = \infty$ et la corde de contact. On conclut de là l'égalité à démontrer pour les angles. Le même procédé de démonstration conduit à l'expression de la distance de deux points du demi-espace (ξ, η, ζ) ou $\mathcal{E}$, quand on transporte à $\mathcal{E}$ la métrique de E_h : la distance de deux points m et m' de $\mathcal{E}$ est le logarithme du rapport anharmonique des quatre points m, m', a, b sur la circonférence passant par m et m' et orthogonale au plan $\zeta = 0$, en appelant a et b les extrémités du diamètre situé dans ce plan. Les éléments de longueur, de surface et de volume : $d\sigma$, $d\tau$, dv, dans la métrique non euclidienne considérée auront pour expression, en désignant par ds, dt, du les mêmes éléments au sens euclidien :

$$d\sigma = \frac{ds}{\zeta}, \qquad d\tau = \frac{dt}{\zeta^2}, \qquad dv = \frac{du}{\zeta^3}.$$

On vérifie d'ailleurs directement par les méthodes du calcul des variations que les géodésiques correspondant au $d\sigma$ considéré sont bien les circonférences orthogonales au plan $\xi\eta$.

Les mouvements du premier type dans le demi-espace $\mathcal{E}$ correspondant à une substitution S de la forme (1) sont définis analytiquement par les formules suivantes qui découlent immédiatement des formules (30) et (36), et qui sont dues à Poincaré :

$$(39) \begin{cases} \rho'^2 = \dfrac{a a_0 \rho^2 + a b_0 z + b a_0 z_0 + b b_0}{c c_0 \rho^2 + c d_0 z + d c_0 z_0 + d d_0}, \\[2mm] z' = \dfrac{a c_0 \rho^2 + a d_0 z + b c_0 z_0 + b d_0}{c c_0 \rho^2 + c d_0 z + d c_0 z_0 + d d_0}, \\[2mm] z'_0 = \dfrac{c a_0 \rho^2 + c b_0 z + d a_0 z_0 + d b_0}{c c_0 \rho^2 + c d_0 z + d c_0 z_0 + d d_0}. \end{cases}$$

Les mouvements du second type s'obtiennent en combinant les précédentes avec la symétrie

$$z' = z_0, \qquad z'_0 = z, \qquad \rho'^2 = \rho^2$$

17. Il n'est pas sans intérêt d'obtenir une représentation géométrique de la correspondance (35) entre E_h et $\mathscr{E}$. On y parvient aisément au moyen de la projection stéréographique. A tout point M intérieur à la sphère de Riemann (jouant le rôle de quadrique absolue), on fait correspondre le cercle imaginaire d'intersection de la sphère et du plan polaire de M. On projette ensuite ce cercle de la sphère sur le plan des z du point de vue $(0, 0, 1)$, ce qui donne un cercle de centre réel et de rayon purement imaginaire. A un point M extérieur à la sphère correspondra un cercle réel du plan des z. La correspondance ainsi établie entre les cercles du plan z et les points de E_h est identique avec celle que nous avons définie analytiquement. On reconnaît en effet que le point

$$\xi = \frac{X}{1-Z}, \qquad \eta = \frac{Y}{1-Z}$$

est la projection du point (X, Y, Z) sur le plan $Z = 0$, faite du point de vue $(0, 0, 1)$, c'est-à-dire, d'après une propriété bien connue de

Fig. 10.

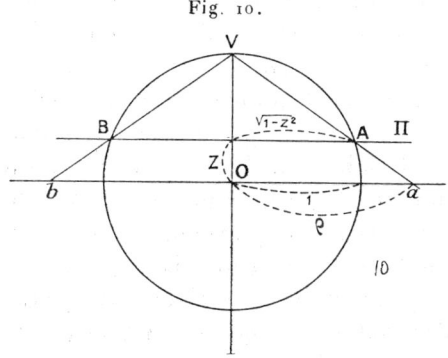

la projection stéréographique, le centre du cercle obtenu par projection. Faisons décrire à M un plan Π; sur la sphère le cercle variable reste orthogonal au cercle d'intersection avec Π et l'orthogonalité est conservée par la projection stéréographique. Supposons en particulier que Π soit le plan $Z = $ const., dont le pôle est sur OZ; les cercles correspondants seront orthogonaux à un cercle de centre O; on aura donc une valeur constante pour $\xi^2 + \eta^2 + \zeta^2$ qui représente la puissance du point O par rapport au cercle variable, c'est-à-dire que cette quantité dépend seulement de Z, et qu'elle est égale au carré du rayon du cercle obtenu en projetant le cercle d'intersection de la sphère et du plan $Z = $ const. Soit Oa (*fig.* 10) ce rayon. L'examen de la figure et la considération des triangles semblables donne de suite

$$\overline{Oa}^2 = \frac{1+Z}{1-Z};$$

par suite,

$$\xi^2 + \eta^2 + \zeta^2 = \rho^2 = \frac{1+Z}{1-Z}.$$

La correspondance définie géométriquement comme nous venons de le faire est donc identique à celle que nous avions définie analytiquement.

18. Il est facile d'obtenir les propriétés des diverses espèces de mouvements du demi-espace $\mathscr{E}$ qui correspondent aux diverses espèces de substitutions S ; il suffit de transporter à $\mathscr{E}$ les résultats obtenus pour E_h. Tous ces mouvements de $\mathscr{E}$ transforment les unes dans les autres les sphères ayant leurs centres dans le plan z et les circonférences orthogonales à ce plan qui jouent le rôle de droites; les angles euclidiens sont conservés, ainsi que les distances non euclidiennes. Si S est elliptique, le mouvement correspondant laisse fixes tous les points d'une demi-circonférence orthogonale au plan z jouant le rôle d'axe de rotation. Si S est parabolique, on obtient un seul point fixe dans le plan $\xi\eta$; si S est hyperbolique ou loxodromique, il existe deux points fixes et deux seulement dans le plan $\xi\eta$. Les cercles du plan $\xi\eta$ invariants par ces diverses sortes de substitutions ont été déjà décrits ; il leur correspond dans l'espace $\mathscr{E}$ des sphères invariantes orthogonales au plan $\xi\eta$ et passant par les cercles en question. Parmi les S du type (2), il y a lieu de considérer en particulier celles qui représentent dans le plan z des symétries circulaires ou inversions, les opérations correspondantes de E_h étant, comme on l'a vu, des perspectives harmoniques qui laissent fixes tous les points d'un plan, et dans $\mathscr{E}$ des opérations qui laissent fixes tous les points d'une demi-sphère orthogonale au plan $\xi\eta$. Soient T une opération de ce genre, Σ la sphère dont tous les points sont fixes, m un point de $\mathscr{E}$, m' son transformé par T ; les géodésiques passant par m et orthogonales à Σ sont des circonférences situées dans le plan normal à $\xi\eta$ passant par m et le centre ω de Σ, plan qui coupe Σ suivant le grand cercle C. Comme T transforme cette géodésique en une autre également orthogonale à Σ et la rencontrant aux mêmes points, il est clair que cette géodésique est transformée en elle-même ; d'où l'on déduit par un raisonnement connu (§ 2) que m' est le symétrique de m par rapport à C, c'est-à-dire par rapport à Σ. Comme une S quelconque des types (1) ou (2) résulte d'un nombre fini de symétries circulaires (ou inversions) dans le plan z, toutes les T de l'espace $\mathcal{E}$ sont de même le produit d'un nombre fini de symétries par rapport à des sphères dont le centre est dans le plan z, autrement dit d'inversions dont les centres sont dans ce plan ; elles forment un groupe G qui est un sous-groupe du groupe anallagmatique de l'espace ; on démontre que G renferme toutes les représentations conformes de $\mathcal{E}$ sur lui-même. La génération de G au moyen des inversions permet de vérifier très simplement l'invariance de la différentielle $d\sigma$ ou $\dfrac{ds}{\zeta}$. Signalons que le nombre minimum d'inversions nécessaires pour engendrer une T est égal à 4, si la S correspondante est loxodromique, inférieur à 4 dans les autres cas.

Les considérations qui précèdent sont suffisantes pour permettre de résoudre facilement tous les problèmes de géométrie non euclidienne auxquels on peut être conduit dans l'étude des groupes discontinus de substitutions linéaires à une variable. Pour l'extension de ces résultats à des espaces à un plus grand nombre de dimensions, on pourra consulter l'ouvrage déjà cité de M. Fubini (1re Partie, Chap. II et III).

19. Nous allons donner maintenant quelques détails sur la composition des substitutions S, en nous bornant à celles du premier type, et des opératious correspondantes dans les espaces E_h ou $\mathcal{E}$. Désignons deux substitutions S et S' par le tableau de leurs coefficients

$$S = \begin{pmatrix} a & b \\ c & d \end{pmatrix}, \qquad S' = \begin{pmatrix} a' & b' \\ c' & d' \end{pmatrix},$$

nous aurons

(40) $$S'S = \begin{pmatrix} aa' + b'c & a'b + b'd \\ ac' + cd' & bc' + dd' \end{pmatrix}.$$

On vérifie de suite l'identité

$$(aa' + b'c)(bc' + dd') - (a'c + cd')(a'b + b'd) = (ad - bc)(a'd' - b'c).$$

Si donc les déterminants $ad - bc$, $a'd' - b'c'$ sont égaux à l'unité, il en sera de même du déterminant de $S'S$ écrite sous la forme précédente.

Deux substitutions S et S' sont *permutables* si l'on a

$$S'S = SS'.$$

On reconnaît de suite que deux substitutions qui ont les mêmes points doubles sont permutables, la substitution résultante ayant les mêmes points doubles que les composantes, avec un multiplicateur égal au produit des multiplicateurs ; si de plus S et S' sont paraboliques, les translations qu'elles représentent dans le plan z quand on les réduit simultanément à la forme canonique ont pour résultante la translation qui correspond à SS'.

Réciproquement, supposons S et S' permutables et effectuons sur z un changement de variable linéaire qui ramène l'une d'elles, S' par exemple, à la forme réduite

$$z' = kz,$$

si elle n'est pas parabolique, et exprimons que l'égalité

$$\frac{akz + b}{ckz + d} = k\frac{az + b}{cz + d}$$

a lieu identiquement. Nous trouvons alors que si k n'est pas égal à -1, la condition de permutabilité s'exprime par

$$b = c = 0,$$

ce qui signifie que S admet les mêmes points doubles : 0 et ∞, que S'. Si $k = -1$, il y a un autre cas de permutabilité, celui où a et d sont nuls ; cela veut dire que S est également une substitution elliptique de multiplicateur -1, autrement dit de période 2, dont les points doubles, racines de l'équation $z^2 = \frac{b}{c}$, sont conjugués harmoniques par rapport à ceux de S'. Ainsi, pour que deux substitutions S et S' qui n'ont pas les mêmes points doubles soient permutables, il faut et il suffit que ce soient deux substitutions elliptiques de période 2 dont les points doubles (α, β) et (α', β') vérifient la condition

$$(\alpha\ \beta\ \alpha'\ \beta') = -1.$$

Cette dernière condition exprime que les quatre points α, β, α', β'

sont sur un cercle et que leur rapport anharmonique sur ce cercle est égal à -1, autrement dit que les droites $\alpha\beta$, $\alpha'\beta'$ contiennent chacune le pôle de l'autre par rapport au cercle. Transportée à l'espace E_h, ces conditions expriment que S et S' correspondent à deux *transpositions* dont les axes AB et A'B' sont dans un même plan, et perpendiculaires au sens non euclidien. De même, dans l'espace euclidien, deux rotations autour de deux axes différents sont permutables si elles se réduisent l'une et l'autre à des transpositions autour de deux axes concourants et rectangulaires ; le déplacement résultant, aussi bien dans l'espace euclidien que dans l'espace E_h, est encore une transposition dont l'axe forme un trièdre trirectangle avec ceux des transpositions données ; cela veut dire dans le cas non euclidien que les trois axes contiennent chacun le pôle par rapport à la quadrique absolue du plan qui contient les deux autres.

Si S' est parabolique on trouve que la condition de permutabilité n'est remplie que si S est également parabolique avec le même point double.

20. Deux substitutions S et S' étant données, la formule de composition permet de trouver les points doubles et le multiplicateur de S'S, connaissant les mêmes éléments pour les composantes. En faisant diverses hypothèses sur S et sur S', on obtient des propriétés correspondantes pour S'S ; on peut ainsi obtenir un certain nombre de théorèmes analogues à ceux qui concernent la composition des déplacements en géométrie élémentaire et qui jouent un rôle assez important dans l'étude des groupes discontinus.

Si S et S' ont les mêmes points doubles, la règle de composition est très simple et donne lieu à des remarques à peu près évidentes sur lesquelles il n'y a pas lieu de s'étendre.

Si S et S' ont en commun un point double et un seul, on peut, en remplaçant au besoin z par une fonction linéaire de z, le supposer à l'infini ; S et S' sont toutes les deux de la forme $(z, Az + B)$; le produit S'S a pour multiplicateur AA' produit des multiplicateurs des composantes ; le point double à distance finie de S'S est distinct des points doubles de S et de S' ; mais le fait le plus intéressant à signaler est l'existence d'une combinaison simple des

substitutions données et de leurs inverses qui est toujours parabolique, à savoir
$$S'' = S'S S'^{-1} S^{-1}.$$

En effet, d'une part S'' n'est pas la substitution identique puisque d'après nos hypothèses $S'S$ n'est pas identique à SS'; d'autre part le multiplicateur de S'', produit des multiplicateurs des composantes, est égal à l'unité. On remarquera que la combinaison S'', souvent utile à considérer dans l'étude des groupes, peut s'écrire

$$S'(S S'^{-1} S^{-1}).$$

C'est donc le produit par S' de la substitution Σ transformée de S'^{-1} par S; S'^{-1} et Σ ont donc même multiplicateur; les points doubles de Σ étant les transformés par S de ceux de S'. Grâce à cette remarque, on trouvera aisément les interprétations géométriques du résultat précédent.

21. Occupons-nous maintenant de la composition de deux substitutions n'ayant aucun point double commun.

1° S et S' étant toutes deux elliptiques, cherchons la condition pour que $S'S$ soit non loxodromique. On suppose toujours qu'on a par une transformation linéaire ramené S' à la forme

$$z' = z e^{i\theta} = \frac{e^{\frac{i\theta}{2}} z}{e^{-\frac{i\theta}{2}}}.$$

Soit
$$z' = \frac{az+b}{cz+d} \qquad (ad - bc = 1)$$

la substitution S; par hypothèse bc n'est pas nul puisque S n'admet pas les points doubles o et ∞ de S'; d'ailleurs on peut par le changement simultané de z' en $\lambda z'$ et z en λz, qui ne change pas S', rendre c réel, car S devient ainsi

$$z' = \frac{az + b\lambda^{-1}}{c\lambda z + d}.$$

Nous avons donc maintenant pour S les conditions

$$ad - bc = 1,$$

$a+d$ réel et compris entre $+2$ et -2 puisque S est elliptique, enfin c réel. La substitution $S'S$ est définie par

$$z' = \frac{e^{\frac{i\theta}{2}}az + be^{\frac{i\theta}{2}}}{e^{-\frac{i\theta}{2}}cz + de^{-\frac{i\theta}{2}}}.$$

Le déterminant des coefficients étant encore égal à 1 quand on l'écrit sous cette forme, il faut et il suffit, pour que $S'S$ soit non loxodromique, que l'on ait

$$ae^{\frac{i\theta}{2}} + de^{-\frac{i\theta}{2}} \quad \text{réel}.$$

Comme $a + d$ est réel également, on en conclut

$$a = d_0,$$

d_0 étant l'imaginaire conjuguée de d; on le voit de suite en séparant le réel de l'imaginaire et remarquant que $\sin\frac{\theta}{2} \neq 0$. Les points doubles de S étant les points racines de

$$cz^2 + (d - a)z - b = 0,$$

d'où

$$\frac{\alpha}{\beta} = \frac{a - d \pm \sqrt{(a-d)^2 + 4bc}}{2c} = \frac{a - d \pm \sqrt{(a+d)^2 - 4}}{2c},$$

sont alors en ligne droite avec l'origine ; car $(a - d)$ est purement imaginaire à cause de l'égalité $d_0 = a$, de même que le radical ; par suite αi et βi sont réels. Ainsi les quatre points doubles $(0, \infty)$ et (α, β) sont en ligne droite. Si l'on ne particularise pas la variable z on obtient cette condition nécessaire pour que le produit de deux substitutions elliptiques ne soit pas loxodromique : il faut que les quatre points doubles $(\alpha, \beta, \alpha', \beta')$ des deux substitutions soient sur une même circonférence. Soient A, B, A'. B' les points de la sphère de Riemann qui correspondent à ces quatre points ; les droites AB, A'B' sont dans un même plan.

Réciproquement, si cette condition est remplie, soit F le point de rencontre des deux droites considérées, autrement dit des axes de rotation elliptique de l'espace E_h qui correspondent à S et S'. Si F est intérieur à la sphère, le déplacement résultant est encore une rotation elliptique puisqu'il laisse fixe le point F. Si F est sur la sphère, il résulte de ce qu'on a vu plus haut que le déplacement résultant est elliptique en général, parabolique exceptionnellement, puisque le multiplicateur de $S'S$ est le produit des multiplicateurs. Si F est extérieur à la sphère, $S'S$ peut être elliptique, parabolique, ou hyperbolique ; en effet on doit exclure le cas [note ([1]), p. 46] où $S'S$, ayant un multiplicateur réel et négatif, échangerait entre elles les deux calottes de la sphère séparées par le plan polaire de F ; pour le voir nettement désignons par A et A' les points fixes de la sphère correspondant à S et S' et situés du même côté que F par rapport au plan polaire de ce point ; la trajectoire de A dans le déplacement S'^tS est un cercle dont le plan passe par la droite $C'D'$, polaire conjuguée de l'axe $A'B'$, située dans le plan polaire de F et extérieure à la sphère ; cette trajectoire ne traverse donc pas ce plan polaire.

On peut du reste vérifier analytiquement que si les points doubles α et β de S sont en ligne droite avec les points doubles o et ∞ de S, $S'S$ n'est pas loxodromique. On a en effet

$$\frac{\beta}{\alpha} = \frac{a - d + \sqrt{(a+d)^2 - 4}}{a - d - \sqrt{(a+d)^2 - 4}};$$

$\frac{\beta}{\alpha}$ est réel par hypothèse, différent de zéro et de l'infini ; le radical est purement imaginaire puisque S est elliptique ; d'après la relation qui précède, $a - d$ est purement imaginaire et comme $a + d$ est réel, a et d sont imaginaires conjugués, donc

$$a e^{\frac{i\theta}{2}} + d e^{-\frac{i\theta}{2}}$$

est réel, ce qui exprime que $S'S$ est non loxodromique.

La discrimination des cas où $S'S$ est elliptique, parabolique, hyperbolique quand F est extérieur à la sphère est facile, mais sans grand intérêt parce qu'elle fait intervenir la valeur des angles de rotation. Notons que les points doubles de $S'S$ sont donnés par

$$c z^2 + (d - a e^{i\theta}) z - b e^{i\theta} = 0,$$

d'où l'on tire

$$\alpha'' \beta'' = -\frac{b e^{i\theta}}{c} = \alpha \beta e^{i\theta}.$$

La droite $\alpha''\beta''$ fait donc l'angle $\frac{\theta}{2}$ avec la droite $\alpha\beta$. Dans l'espace l'axe $A''B''$ de la rotation résultante supposée elliptique n'est pas dans le plan des axes des rotations composantes.

22. Considérons maintenant comme plus haut la substitution

$$S'' = S'S S'^{-1} S^{-1},$$

c'est-à-dire dans l'espace le produit de la rotation d'angle $-\theta$ autour de $A_1 B_1$ transformé de $A'B'$ par S, par la rotation d'angle θ autour de $A'B'$; $A_1 B_1$ et $A'B'$ sont concourants en même temps que AB et $A'B'$, ces trois axes passant alors par un même point. Les conditions pour que S'' soit non loxodromique sont donc les mêmes que tout à l'heure. Si AB et $A'B'$ se coupent à l'intérieur de la sphère, S'' est elliptique ; s'ils se coupent sur la sphère, nous avons vu que S'' est parabolique. On peut en induire que si AB et $A'B'$ se coupent à l'extérieur de la sphère, S'' est hyperbolique. La vérification est facile ; conservant les mêmes notations que tout à l'heure nous obtenons :

$$S'' = \begin{pmatrix} ad - bc\,e^{-i\theta} & ab(e^{-i\theta}-1) \\ cd(e^{i\theta}-1) & ad - bc\,e^{i\theta} \end{pmatrix} = \begin{pmatrix} a'' & b'' \\ c'' & d'' \end{pmatrix}.$$

De
$$a'' + d'' = 2(ad - bc\cos\theta)$$
et
$$ad - bc = 1$$
on tire
$$a'' + d'' = 2 + 2bc(1 - \cos\theta).$$

Or, les points doubles de S sont donnés par

$$c z^2 + (d-a)z - b = 0,$$

dans laquelle on peut supposer c réel, donc b réel puisque

$$b = \frac{ad-1}{c} = \frac{dd_0-1}{c}.$$

Nous avons vu que α et β sont purement imaginaires. En les désignant par pi et qi on a

$$pq = +\frac{b}{c}.$$

Si l'axe AB coupe $A'B'$ (ici le diamètre vertical de la sphère de

Riemann) à l'extérieur de celle-ci, on a nécessairement
donc
$$pq > 0;$$
et
$$bc > 0$$
$$a'' + d'' > 2;$$
S″ est donc hyperbolique.   C. Q. F. D.

Conséquence importante : *un groupe qui ne renferme que des substitutions elliptiques est contenu dans un groupe de rotations elliptiques* (groupe de mouvements du plan elliptique). En effet les axes correspondants dans l'espace E_h doivent, d'après ce qui précède, se couper deux à deux à l'intérieur de la sphère ; comme ils ne sont pas tous dans un même plan, ils passent tous par un même point intérieur F ; le cercle imaginaire, intersection de la sphère et du plan polaire de F, est invariant par les opérations du groupe, ce qui démontre notre assertion.

23. Soit à composer une substitution parabolique avec une substitution quelconque. La première S′ étant ramenée à la forme canonique
$$z' = z + h,$$
la seconde S sera
$$z' = \frac{az+b}{cz+d} \quad (ad - bc = 1)$$
avec $c \neq 0$ si S et S′ n'ont pas de point double commun. On a
$$S'^n S = \begin{pmatrix} a + nch & b + ndh \\ c & d \end{pmatrix}.$$

La nature de $S'^n S$ dépend de la valeur de $a + d + nch$, quantité aussi grande qu'on le veut en valeur absolue pour n suffisamment grand. D'où la conclusion : si un groupe renferme une substitution parabolique, et s'il n'existe aucun point fixe commun à toutes les substitutions du groupe, celui-ci renferme des substitutions hyperboliques ou loxodromiques. Si donc un groupe renferme une substitution parabolique, toutes les autres étant elliptiques ou paraboliques, il est semblable à un groupe de déplacements du plan euclidien ; dans l'espace E_h le groupe correspondant est contenu dans un groupe de rotations paraboliques laissant invariant un point fixe de la quadrique absolue.

24. Nous allons maintenant démontrer qu'*un groupe* G *de substitutions* S, *n'ayant pas de substitutions loxodromiques, est contenu dans l'un des groupes examinés au paragraphe* 12, *c'est-à-dire que le groupe de déplacements correspondant dans* E_h *laisse invariant un plan*. Ceci vient d'être démontré pour le cas où G ne renferme pas de substitutions hyperboliques, et pour le cas où G laisse fixe un point du plan des z. Supposons ensuite que G renferme une substitution hyperbolique S' de points doubles o et ∞, et ne soit pas contenu dans un des groupes précédents. Il existera dans G une substitution S n'admettant aucun des points doubles o et ∞, car si S_1 n'admet pas le point double zéro et si S_2 n'admet pas le point double ∞, l'une au moins des trois substitutions S_1, S_2 et $S_1 S_2$ répond à la question. Soit cette substitution, avec

$$\begin{pmatrix} a & b \\ c & d \end{pmatrix} = S$$

et

$$ad - bc = 1, \qquad bc \neq 0, \qquad a+d \text{ réel},$$

$$S' = \begin{pmatrix} k^{\frac{1}{2}} & 0 \\ 0 & k^{-\frac{1}{2}} \end{pmatrix} \qquad \begin{pmatrix} k > 0 \\ k-1 \neq 0 \end{pmatrix}.$$

S'S étant non loxodromique, on voit comme tout à l'heure que

$$a k^{\frac{1}{2}} + d k^{-\frac{1}{2}}$$

est réel ; puisque $a+d$ est réel, a et d sont réels. On peut supposer c réel, moyennant un changement de variable $(z\,;\lambda z)$; b est alors réel, car $b = \dfrac{ad-1}{c}$.

Soit maintenant

$$\Sigma = \begin{pmatrix} \alpha & \beta \\ \gamma & \delta \end{pmatrix} \qquad (\alpha\delta - \beta\gamma = 1)$$

une substitution arbitraire de G. Il résulte de ce qu'on vient de dire que α et δ sont réels, ainsi que les coefficients extrêmes de ΣS

$$a\alpha + c\beta \quad \text{et} \quad b\gamma + c\delta.$$

Donc $c\beta$ et $b\gamma$ sont réels ; mais b et c sont réels et non nuls ; donc β et γ sont réels. G ne renferme donc que des substitutions à coefficients réels de déterminant $+1$ et transforme en lui-même le demi-plan supérieur. Les groupes considérés laissent donc invariant l'intérieur d'un cercle, puisqu'ils sont les transformés de G par une substitution linéaire.

La démonstration donne d'ailleurs des résultats concernant la composition des mouvements de l'espace E_h qu'il est facile d'expliciter. On verra d'une manière générale que deux rotations ne se composent suivant une rotation que si les axes des composantes sont dans un même plan.

25. Ajoutons enfin la remarque suivante dont la démonstration est immédiate ; les groupes de substitutions de la forme

$$z' = Az + B$$

qui ne renferment pas de substitutions loxodromiques sont contenus soit dans le groupe des mouvements du plan euclidien, soit dans le groupe formé des translations et des homothéties directes dans ce plan. Désignons par (α) et (β) les deux catégories de groupes qui précèdent, par (γ) celle des groupes laissant invariant le cercle imaginaire $(zz_0 + 1 = 0)$ et par (δ) celle des groupes laissant invariant le demi-plan supérieur. La discussion qui précède se résume ainsi :

1° Tout groupe de substitutions linéaires exempt de substitutions loxodromiques est semblable à un groupe (α), (β), (γ) ou (δ).

2° Tout groupe qui ne renferme que des substitutions elliptiques est semblable à un groupe (γ).

3° Tout groupe qui renferme au moins une substitution parabolique, mais pas de substitution hyperbolique ni loxodromique, est semblable à un groupe (α).

4° Les groupes (δ) et les groupes semblables renferment toujours des substitutions hyperboliques, sauf dans le cas particulier où toutes leurs substitutions ont les mêmes points fixes.

Dans ces énoncés il importe peu que les groupes considéré soient continus ou discontinus, que le nombre des éléments soit fini ou infini.

26. On dit qu'un groupe de transformations sur la variable z

contient une substitution infinitésimale, s'il est possible de trouver une suite infinie de transformations du groupe

$$z' = f_1(z), \quad z' = f_2(z), \quad \ldots, \quad z' = f_n(z), \quad \ldots,$$

telle que $z - f_n(z)$ tende uniformément vers zéro quand z est intérieur à une certaine région $\mathcal{R}$ du plan; les points transformés du point z par les transformations de la suite infinie considérée tendent alors vers le point z lui-même. On peut exprimer ce fait d'une manière incorrecte mais plus brève en disant qu'il existe des transformations du groupe qui tendent vers la transformation identique quand z reste à l'intérieur d'une certaine région. Cette notion s'étend à des groupes de transformations qui portent sur un nombre quelconque de variables réelles ou complexes ; elle concerne aussi bien les groupes continus que les groupes discontinus.

Exprimons que la substitution $\left(z\,;\,\dfrac{az+b}{cz+d}\right)$, dans laquelle a, b, c, d sont des coefficients variables mais tels que la valeur absolue de $(ad-bc)$ oscille entre des limites finies et différentes de zéro, diffère infiniment peu de la substitution identique quand z est dans une région $\mathcal{R}$ qu'on peut supposer bornée. Soient z et z' deux points distincts de $\mathcal{R}$ et supposons d'abord $ad - bc$ égal à 1. La différence

$$\frac{az+b}{cz+d} - \frac{a'z+b}{cz'+d} = \frac{z-z'}{(cz+d)(cz'+d)},$$

ayant pour limite $z - z'$ par hypothèse, le produit en dénominateur tend vers 1 ; donc c et d restent bornés, car si $|c|$ ou $|d|$ devenaient infiniment grands il en serait de même de ce produit en choisissant convenablement z et z' dans $\mathcal{R}$. Si maintenant c possédait une limite d'indétermination c_1 non nulle, le produit considéré aurait une limite d'indétermination

$$(c_1 z + d_1)(c_1 z' + d_1),$$

variable avec z et z'. Donc c tend vers zéro et par suite d^2 vers un. En exprimant que $\dfrac{az+b}{cz+d}$ tend vers z ou que $\dfrac{az+b}{\pm 1}$ tend vers z, on voit que a tend vers ± 1 et b vers zéro. On a donc

$$\lim b = \lim c = \lim(a - d) = 0,$$

conditions qui subsistent si l'on multiplie a, b, c, d par des facteurs variables mais bornés.

Réciproquement, si $b, c, a - d$ sont infiniment petits et $ad - bc$ fini, on vérifie que $z - z'$ est infiniment petit dans tout domaine borné, ainsi que $\frac{1}{z} - \frac{1}{z'}$, dans le domaine de l'infini.

27. Il est évident que tout groupe continu renfermant la substitution identique contient des substitutions infinitésimales ; mais un groupe ne contenant qu'une infinité dénombrable de substitutions peut posséder la même propriété. Exemples :

1° Le groupe cyclique des puissances d'une substitution elliptique dont l'argument du multiplicateur est incommensurable à 2π.

2° Le groupe des substitutions paraboliques
$$z' = z + m\omega + m_1\omega_1 \qquad (m, m \text{ entiers}),$$
si $\frac{\omega_1}{\omega}$ est réel et incommensurable.

3° Le groupe défini par
$$z' = z + m\omega + m_1\omega_1 + m_2\omega_2 \qquad (m, m_1, m_2 \text{ entiers}),$$
où $\omega, \omega_1, \omega_2$ ne sont liés par aucune relation linéaire à coefficients entiers (théorème de Jacobi sur la non-existence des fonctions uniformes à plus de 2 périodes).

4° Le groupe des substitutions hyperboliques
$$z' = k^m k_1^{m_1} z \qquad (k > 0, k_1 > 0),$$
si $\frac{\log k}{\log k_1}$ est incommensurable.

5° Le groupe des substitutions loxodromiques
$$z' = k^m k_1^{m_1} z,$$
si les nombres complexes k, k_1 ne vérifient aucune relation de la forme
$$e \log k + e_1 \log k_1 = 2 e_2 i\pi \qquad (e, e_1, e_2 \text{ entiers}).$$

Les propriétés 4° et 5° équivalent à 3° et 4°, comme on le voit en prenant les logarithmes des deux membres.

6° *Un groupe qui contient deux substitutions ayant en*

commun un point double et un seul et dont l'une est hyperbolique ou loxodromique contient des substitutions infinitésimales.

On peut supposer que le point double commun est à l'infini; la substitution hyperbolique ou loxodromique admet un autre point double qu'on peut supposer à l'origine. Soient

$$z' = kz \quad (\Sigma),$$
$$z' = az + b \quad (S),$$

avec $|k| \neq 1$ et $b \neq 0$. Le groupe contient la substitution parabolique

$$z' = z + b(1-k) \quad (S\Sigma S^{-1}\Sigma^{-1}).$$

En remplaçant Σ par Σ^n on voit qu'il contient toutes les substitutions

$$z' = z + b(1-k^n) \quad (n \text{ entier}),$$

et les puissances de ces dernières

$$z' = z + pb(1-k^n) \quad (p, n \text{ entiers}),$$

par suite aussi toutes les substitutions

$$z' = z + pb(1-k^n) + qb(1-k^m),$$

quels que soient les entiers m, n, p, q. Pour $q = -p = 1$, on obtient

$$z' = z + b(k^n - k^m),$$

substitution infinitésimale pour n et m infiniment grands et de signe convenable.

7° *Un groupe de la catégorie* (γ), ou, ce qui revient au même, un groupe de mouvements euclidiens sur la sphère, *contient nécessairement des substitutions infinitésimales s'il contient une infinité de substitutions.*

Soit $e^{2i\pi\theta}$ le multiplicateur de l'une d'elles; nous savons que si θ est incommensurable le groupe contient des substitutions infinitésimales et que si $\theta = \frac{\mu}{\nu}$, μ et ν entiers premiers entre eux, le groupe contient les substitutions de mêmes points fixes et de multiplicateurs $e^{2i\pi\frac{m}{\nu}}$, où m est un entier arbitraire, autrement dit sur la sphère toutes les rotations d'angle multiple de $\frac{2\pi}{\nu}$ autour de l'axe correspondant ; s'il en est ainsi pour toutes ces rotations supposées en infinité dénombrable, les entiers ν correspondants peuvent avoir une infinité ou un nombre fini de valeurs distinctes. Dans le premier cas le groupe contient des rotations d'angles $\frac{2\pi}{\nu_1}, \frac{2\pi}{\nu_2}, \ldots, \frac{2\pi}{\nu_p}, \ldots$ tendant vers zéro et, par suite, des rotations infinitésimales. Dans le deuxième cas il existe un entier ν auquel correspondent une infinité d'axes de rotation $(A_1 B_1), (A_2 B_2), \ldots$, les pôles $A_1 A_2, \ldots$, $B_1 B_2, \ldots$ tendant vers A et B ; la rotation R_p d'angle $\frac{2\pi}{\nu}$ autour de $A_p B_p$ ayant pour limite la rotation de même angle autour de AB, la rotation

$$S_p = R_{p+1}^{-1} R_p$$

sera infinitésimale pour p infiniment grand.

En tenant compte des résultats des paragraphes précédents, on peut conclure que *tout groupe ne renfermant que des substitutions elliptiques contient des substitutions infinitésimales s'il est d'ordre infini*.

Remarquons qu'une substitution du second type n'est jamais infinitésimale puisqu'elle change l'orientation des angles, de sorte qu'un triangle formé d'arcs de cercle ne peut être transformé en un triangle infiniment voisin.

28. Nous avons donné plus haut des exemples de groupes possédant des transformations infinitésimales. Mais le but des recherches exposées dans ce Chapitre est au contraire, ainsi que nous l'expliquerons dans un instant, d'obtenir des groupes qui en sont dépourvus. Nous savons déjà qu'il en existe ; c'est le cas des groupes cycliques simples formés des puissances d'une substitution parabolique, hyperbolique ou loxodromique ; il résulte en effet de la définition donnée au paragraphe 5 qu'un groupe de substitutions possédant un domaine fondamental n'a pas de substitution infinitésimale, et nous avons construit d'autre part les domaines fondamentaux des groupes cycliques en question. Citons encore l'exemple suivant qui joue un rôle fondamental dans la théorie des fonctions elliptiques : c'est celui des substitutions

$$z' = z + m\omega + m_1 \omega_1 \quad (m, m_1 \text{ entiers})$$

quand le rapport $\frac{\omega_1}{\omega}$ est imaginaire ; un domaine fondamental de ce groupe est constitué par l'intérieur d'un parallélogramme construit sur les segments de droite joignant l'origine aux points ω et ω_1.

29. Nous allons introduire maintenant une notion très importante, celle de groupe *proprement discontinu* de substitutions linéaires. Nous dirons que le groupe G est proprement discontinu dans le domaine *fermé* D, s'il existe un entier N, dépendant seulement de D, tel que D ne renferme jamais plus de N points équivalents entre eux par des transformations distinctes du groupe. Nous dirons que G est proprement discontinu en un point P, s'il est proprement discontinu dans un cercle de centre P considéré comme domaine fermé. Nous dirons enfin que G est proprement discontinu dans le domaine ouvert D, s'il est proprement discontinu dans tout domaine fermé D' intérieur à D ; G est alors proprement discontinu en tout point intérieur à D. Réciproquement, si G est proprement discontinu en tout point intérieur à D, il l'est également dans D, c'est-à-dire dans tout domaine fermé intérieur à D ; c'est une conséquence immédiate du lemme de Borel-Lebesgue (Introduction, § 15).

Il est clair que la discontinuité propre de G dans un domaine quelconque du plan est incompatible avec l'existence de substitutions infinitésimales dans G ; mais la réciproque n'est pas vraie. Considérons le groupe des substitution $\left(z, \frac{az+b}{cz+d}\right)$ à coefficients entiers complexes de la forme $p + qi$ et tels que $ad - bc = 1$; il ne contient pas de substitutions infinitésimales puisque b, c, $a - d$ ne peuvent être infiniment petits sans être identiquement nuls ; d'autre part les points $\frac{a}{c}$, équivalents à $z = \infty$, sont denses dans tout le plan, car à tout couple d'entiers a et c, premiers entre eux dans le corps de Gauss, correspondent des solutions entières en b et d de l'équation $ad - bc = 1$; d'autre part les fractions $\frac{a}{c}$ ou $\frac{p+qi}{r+si}$ peuvent représenter tout nombre complexe avec une approximation aussi grande que l'on veut. Nous devons donc approfondir les relations entre ces deux notions de groupe proprement discontinu et de groupe dépourvu de transformation infinitésimale. Afin d'abréger l'écriture nous emploierons les abréviations : *groupe pr. d.* et *groupe s. t. i.*

Nous remarquerons d'abord que la notion de discontinuité propre d'un groupe de substitutions linéaires a son origine dans la théorie des fonctions; une fonction analytique et uniforme, invariante par les substitutions du groupe considéré, admet pour domaine d'existence un domaine de discontinuité propre du groupe, puisque dans tout domaine fermé intérieur à ce domaine d'existence la fonction ne prend qu'un nombre limité de fois la même valeur. Nous avons déjà obtenu quelques exemples de groupes pr. d., par exemple les groupes cycliques simples considérés tout à l'heure pour lesquels cette propriété est à peu près évidente. Nous verrons du reste que tout groupe pr. d. admet un domaine fondamental et réciproquement.

30. Il est intéressant de rattacher l'étude des groupes pr. d. de substitutions linéaires à celle des suites de fonctions rationnelles et du premier degré; on établit facilement pour ces suites quelques propositions élémentaires qui sont des cas très particuliers de théorèmes concernant les suites de fonctions analytiques, de sorte que la théorie ainsi édifiée peut être étendue à l'étude de groupes de substitutions d'une nature plus compliquée que les groupes linéaires, par exemple certains groupes de substitutions algébriques.

Rappelons la définition des familles normales de fonctions analytiques, d'après M. Montel. Considérons une suite de fonctions $f_n(z)$ méromorphes dans un domaine D. Nous dirons que cette suite converge en un point a de D si les nombres $f_n(a)$ ont une limite finie ou infinie pour n tendant vers l'infini. La convergence sera uniforme au point a si l'on peut trouver un cercle C de centre a contenu dans D tel que, si $f(a)$ est fini, la suite $f_n(z)$ soit formée de fonctions holomorphes dans C et convergeant uniformément vers $f(z)$ dans ce cercle, et, si $f(a)$ est infini, la suite $\frac{1}{f_n(z)}$ soit formée de fonctions holomorphes dans C et convergeant vers $\frac{1}{f(z)}$ dans ce cercle. $f(z)$ est donc une fonction méromorphe, ou une constante finie ou infinie.

Nous dirons que la suite $f_n(z)$ converge uniformément dans un domaine D_1 intérieur à D si la convergence est uniforme en tout point du domaine fermé D_1. A chaque point a de D_1 correspond un cercle C; il résulte du lemme de Borel-Lebesgue que l'on peut recouvrir entièrement D_1 à l'aide d'un nombre fini de cercles C. Dans chacun de ces cerles $f_n(z)$ est méromorphe; elle est donc méromorphe dans D_1. Nous n'excluons pas le cas où $f(z)$ est une constante finie ou infinie. Nous dirons que la suite considérée converge uniformément dans le domaine ouvert D, si elle converge uniformémement dans tout domaine fermé intérieur à D, ou, ce qui revient au même, en tout point intérieur à D.

Soit maintenant un ensemble de fonctions $f(z)$ méromorphes dans D; nous dirons que cet ensemble constitue une *famille normale* si de toute suite infinie formée avec des fonctions de cet ensemble, on peut en extraire une nouvelle suite qui converge uniformément dans D vers une fonction limite, laquelle est nécessairement une fonction méromorphe, ou une constante finie ou infinie. Une famille normale en chaque point d'un domaine, c'est-à-dire dans un certain entourage de chacun de ces points, est normale dans le domaine et réciproquement.

31. Appliquée aux fonctions rationnelles et du premier degré d'une variable complexe, ces notions conduisent à la proposition suivante, cas particulier d'un théorème beaucoup plus général concernant les suites de fonctions analytiques: *des fonctions du premier degré qui dans un domaine ne deviennent jamais nulles ni infinies y forment une famille normale.*

La démonstation est bien facile. Supposons d'abord que le domaine considéré soit un cercle de rayon R ayant pour centre l'origine; une fonction de la famille considérée aura l'une des formes

$$f_n(z) = \frac{c_n(\alpha_n - z)}{\beta_n - z},$$

$$f_n(z) = c_n(\alpha_n - z) \qquad (c_n \neq 0),$$

$$f_n(z) = \frac{c_n}{\beta_n - z}.$$

Prenons la première forme et posons

$$\varphi_n(z) = \frac{f_n(z)}{f_n(0)} = \frac{\alpha_n - z}{\alpha_n} \frac{\beta_n}{\beta_n - z}$$

Pour
$$|z| \leqq \rho < R,$$

les fonctions $\frac{\alpha_n - z}{\alpha_n}$ et $\frac{\beta_n}{\beta_n - z}$ restent comprises en module entre $\frac{R - \rho}{R}$ et $\frac{R + \rho}{R}$ pour la première, entre $\frac{R}{R - \rho}$ et $\frac{R}{R + \rho}$ pour la seconde; l'expression $\left| \frac{f_n(z)}{f_n(0)} \right|$ reste donc comprise entre les deux quantités finies et non nulles $\frac{R - \rho}{R + \rho}$ et $\frac{R + \rho}{R - \rho}$.

Cette remarque faite, de toute suite de fonctions $f_n(z)$ nous pouvons en extraire une autre dans laquelle α_n et β_n convergent respectivement vers les limites α et β, finies ou infinies; $\frac{\alpha_n - z}{\alpha_n}$ tend uniformément pour $|z| \leqq \rho$ vers $\frac{\alpha - z}{\alpha}$ (ou vers l'unité si $\alpha = \infty$); dans les mêmes conditions $\frac{\beta_n}{\beta_n - z}$ tend uniformément vers $\frac{\beta}{\beta - z}$. (ou vers l'unité si $\beta = \infty$); l'expression $\varphi_n(z)$ tend donc uniformément vers la fonction linéaire

$$\varphi(z) = \frac{\alpha - z}{\alpha} \cdot \frac{\beta}{\beta - z},$$

régulière, bornée et non nulle pour $|z| \leqq \rho$. Remarquons que $\frac{1}{\varphi_n(z)}$ tend uniformément vers $\frac{1}{\varphi(z)}$ jouissant des mêmes propriétés. Faisons de nouveau un choix dans les entiers n de manière que $f_n(0)$ tende vers une limite a, finie ou infinie; $f_n(z)$ tend uniformément vers

$$f(z) = a\,\varphi(z)$$

ou vers l'infini si $a = \infty$. Dans tous les cas $f_n(z)$ tend uniformément pour $|z| \leqq \rho$ vers une fonction linéaire (ou vers une constante) $f(z)$, qui n'est ni nulle ni infinie pour $|z| \leqq \rho$, à moins qu'elle ne soit égale à l'une des constantes 0 ou ∞.

Si l'on a
$$f_n(z) = c_n(\alpha - z),$$
$$\frac{f_n(z)}{f_n(0)} = \frac{\alpha_n - z}{\alpha_n},$$

la démonstration est encore plus simple et résulte d'ailleurs de ce qui précède; de même quand $f_n(z)$ est de la forme $\frac{c_n}{\beta_n - z}$. Les fonctions considérées forment donc une famille normale. On en déduit en particulier qu'une suite de fonctions appartenant à cette famille converge uniformément dans tout domaine intérieur à D, pourvu qu'elle converge en une infinité de points ayant au moins un point limite intérieur à D, D désignant un domaine où les fonctions linéaires considérées ne sont jamais nulles ni infinies.

Le théorème précédent s'étend immédiatement aux fonctions linéaires qui dans un domaine ne prennent jamais les valeurs distinctes A et B, comme on le voit en posant

$$g_n(z) = \frac{f_n(z) - A}{f_n(z) - B}.$$

Exemples : les fonctions définies pour n entier $>$ ou $<$ o par

$$\frac{z' - \alpha}{z' - \beta} = k^n \frac{z - \alpha}{z - \beta} \quad (k \neq 1),$$

et qui correspondent aux puissances d'une substitution loxodromique ou hyperbolique forment une famille normale dans tout domaine ne contenant aucun des points doubles α et β; mais non pas aux points α et β eux-mêmes. Car si l'on fait tendre n vers l'infini avec un signe convenable z' tend vers β si $z \neq \alpha$, mais z' prend constamment la valeur α en α, de sorte qu'aucune suite infinie formée avec les fonctions considérées ne peut converger uniformément dans un cercle de centre α. Même remarque pour les fonctions $z'(z)$ définies par

$$\frac{1}{z' - \alpha} = \frac{1}{z - \alpha} + n\,h \quad (h \neq 0),$$

correspondant aux puissances d'une substitution parabolique et qui forment une famille normale sauf au point $z = \alpha$. Au contraire les fonctions correspondant aux puissances d'une substitution elliptique ou bien sont en nombre fini (substitutions périodiques) ou bien forment une famille normale en tout point du plan, les fonctions limites n'étant jamais des constantes.

32. Ceci démontré nous pouvons énoncer une condition nécessaire et suffisante pour qu'un groupe de substitutions linéaires soit proprement discontinu; nous conviendrons de dire que des substitutions linéaires forment une famille normale dans un domaine, si les fonctions linéaires correspondantes forment elles-mêmes une famille normale.

Pour qu'un groupe de substitutions linéaires soit pr. d. dans un domaine, il faut et il suffit : 1° *que le groupe soit s. t. i;* 2° *que les substitutions du groupe forment une famille normale dans le domaine considéré.*

La première condition est évidemment nécessaire; la seconde également, car si α et β désignent deux points quelconques intérieurs à D, il n'y a d'après la définition de la discontinuité propre qu'un nombre fini de domaines équivalant à D qui contiennent α et β; autrement dit les fonctions linéaires qui définissent les substitutions du groupe ne prennent jamais, sauf un nombre fini d'entre elles, les valeurs α et β dans D et forment par conséquent d'après le lemme précédent une famille normale.

Réciproquement, si les conditions 1° et 2° sont remplies, le groupe est pr. d. Faisons voir d'abord que les fonctions limites des suites de fonctions linéaires correspondant aux substitutions du groupe sont des constantes. S'il en était autrement, soit $f_n(z)$ une fonction limite non constante de la suite $f_1(z)$, $f_2(z)$, ... Un cercle C de centre a et de rayon ρ est transformé par les substitutions

$$z' = f_n(z) \qquad (n = 1, 2, \ldots),$$

en des domaines circulaires C_1, C_2, ..., C_n, ..., tendant vers le domaine C', transformé de C par $z' = f(z)$. Soit Γ un cercle entourant le point P' transformé de P par la substitution précédente, et contenu dans C'. Les substitutions

$$z' = f_{n+1}[f_n^{-1}(z)],$$

en désignant par $f_n^{-1}(z)$ la fonction inverse de $f_n(z)$, seraient alors, en vertu des hypothèses, infinitésimales dans Γ et par suite dans tout le plan pour n infiniment grand, ce qui est contraire à la première hypothèse. Soit donc ζ une fonction limite constante de la suite $f_n(z)$, quand z est dans C, de sorte que les images de C par les substitutions correspondantes sont, à partir d'un certain rang, des cercles infiniment petits entourant le point ζ. Si ζ est extérieur à C, les transformés C_1, C_2, ..., C_n, ... seront tous à partir d'un certain rang extérieurs à C; si ζ est sur la circonférence de C on sera ramené au premier cas en remplaçant C par un cercle concentrique de rayon $\frac{\rho}{2}$. Si ζ était intérieur à C, C_n étant lui-même intérieur à C pour $n > n_0$, il y aurait (§ 4, Rem. III) un point double d'une substitution loxodromique ou hyperbolique du groupe contenu dans C, ce qui est impossible puisque, comme l'avons remarqué tout à l'heure, les puissances de cette substitution ne forment pas une famille normale autour de ce point double.

Il suit de là que si les fonctions linéaires du groupe forment une famille normale autour du point P, les transformés d'un cercle C de centre P sont à partir d'un certain rang extérieurs à P, c'est-à-dire que le groupe est pr. d. en P. Comme un groupe pr. d. en chaque point d'un domaine est pr. d. dans ce domaine, le théorème est démontré ([1]).

33. De ce théorème résultent les importantes conséquences qui suivent.

1° *Si le groupe* G *est pr. d. dans le domaine* D, *un domaine fermé* D′ *intérieur à* D *ne renferme qu'un nombre fini de points doubles des substitutions du groupe.* Car si les substitutions

$$z' = f_n(z) \quad (n = 1, 2, \ldots)$$

possédaient des points doubles $\varpi_1, \varpi_2, \ldots, \varpi_n, \ldots$ tendant vers le point limite ϖ intérieur à D, l'égalité

$$f_n(\varpi_n) = \varpi_n$$

aurait pour conséquence

$$\lim_{n=\infty} f_n(z) = \varpi$$

puisque ϖ_n tend vers ϖ et que les $f_n(z)$ forment une famille normale à fonctions limites constantes. Il y aurait alors une infinité de points équivalents entre eux dans tout entourage du point ϖ, contrairement à l'hypothèse de la discontinuité propre du groupe en ce point.

2° *En un point frontière d'une région de discontinuité*

([1]) Les propositions générales concernant les suites de fonctions analytiques permettent de l'étendre à tous les groupes de substitutions analytiques.

propre les substitutions du groupe ne forment pas une famille normale. Il s'ensuit qu'un tel point est limite d'équivalents d'un point quelconque du plan, du moins en général. En effet, dans un entourage quelconque du point ζ considéré, les fonctions $f_n(z)$ du groupe prennent toutes les valeurs sauf une au plus, même quand on néglige un nombre fini de ces fonctions. Les équations en nombre infini

$$f_n(z) = \lambda,$$

ayant ainsi des racines dans un cerclé de centre ζ et de rayon ε arbitraire, ζ est ou bien équivalent à λ ou bien limite de points équivalents à λ (supposé distinct d'un point exceptionnel); la seconde alternative se présente toujours si λ et ζ ne sont pas équivalents par une infinité de substitutions, donc si λ et ζ ne sont pas l'un et l'autre des points doubles de substitutions non périodiques de G. En particulier tout point frontière ζ est limite de points équivalents à un point quelconque intérieur à un domaine D de discontinuité propre, et même de domaines équivalents à un domaine fermé quelconque D' intérieur à D. Ceci suppose que λ n'est pas un point exceptionnel; il y a au plus un point exceptionnel a tel que les équations $f_n(z) = a$ n'aient pas de racines dans le voisinage de ζ; comme tous les équivalents de a sont encore exceptionnels, a est alors un point fixe commun à toutes les substitutions du groupe et qu'on peut supposer à l'infini. C appartient alors à l'une des catégories qui seront étudiées plus en détail tout à l'heure (4°).

3° Il résulte de ce qui précède que *si G est pr. d. dans quelque région du plan, les points où il cesse de posséder cette propriété forment un ensemble, évidemment fermé, qui n'est dense nulle part*, car tout point de cet ensemble est limite de points où G est proprement discontinu.

4° Proposons-nous de déterminer tous les groupes proprement discontinus qui laissent fixe le point à l'infini, et d'abord les groupes (α) qui sont les groupes de mouvement du plan euclidien.

Le groupe G peut renfermer seulement des substitutions paraboliques, ou des substitutions elliptiques et des substitutions paraboliques. Dans le premier cas G est formé des substitutions

$$z' = z + m\omega \qquad (m \text{ entier arbitraire})$$

ou des substitutions

$$z' = z + m\omega + m_1\omega_1 \quad (m, m_1 \text{ entiers arbitraires}),$$

le rapport $\frac{\omega_1}{\omega}$ étant imaginaire. Il résulte de ce que nous avons déjà rappelé au sujet des périodes des fonctions uniformes que les groupes ainsi définis sont proprement discontinus dans tout le plan, sauf au point à l'infini et que ce sont les seuls qui répondent à la question.

Dans le deuxième cas, si G contient les deux substitutions

(S) $\qquad\qquad z' = az + b,$
(Σ) $\qquad\qquad z' = az + b_1,$

il contient aussi

(ΣS^{-1}) $\qquad\qquad z' = z + b_1 - b,$

c'est-à-dire que si deux substitutions elliptiques du groupe admettent le même coefficient de z, la différence des termes constants est une période (ou un vecteur de translation) qui figure dans le groupe.

Si a et a_1 sont deux multiplicateurs (racines de l'unité) qui figurent dans le groupe, il en est de même de $a\,a_1$, $\frac{a}{a_1}$, $\frac{a_1}{a}$. Si G contient

(S) $\qquad\qquad z' = z + \omega$

et

(Σ) $\qquad\qquad z' = az + b,$

il contient $\Sigma^n S \Sigma^{-n}$, c'est-à-dire

$$z' = z + a^n \omega$$

et par suite, pour m_1, m_2, n entiers, toutes les périodes

$$m_1\omega + m_2 a^n \omega.$$

S'il n'y a pas de transformation infinitésimale, on peut admettre que ω est la plus petite période en valeur absolue; on devra donc avoir

$$|m_1 + m_2 a^n| \geq 1,$$
$$|a^n \pm 1| \geq 1.$$

Les points a^n ($n = 0, 1, \ldots$) sont les sommets d'un polygone régulier inscrit dans le cercle unité. La condition $|a^n - 1| \geq 1$ entraîne $\nu \leq 6$, si a est racine primitive d'ordre ν. On ne peut pas avoir $\nu = 5$, car en appelant ρ la quantité $e^{\frac{2i\pi}{5}}$ on devrait avoir $|\rho^2 + 1| \geq 1$, ce qui n'a pas lieu puisque $|\rho^2 + 1|$ est la longueur du côté du décagone régulier inscrit dans le cercle unité. Les valeurs admissibles pour ν sont donc

$$\nu = 2, 3, 4, 6.$$

Si a_0 est une racine primitive de l'unité appartenent à l'exposant maximum e qui figure dans le groupe, les puissances de a_0 fournissent toutes les racines de l'unité qui figurent comme multiplicateurs dans le groupe. La chose est évidente pour $e = 2$ ou 3. Si $e = 4$, $a_0 = i$, on ne peut pas avoir une racine primitive a d'ordre 3 comme multiplicateur, puisqu'on aurait aussi le multiplicateur $\dfrac{a_0}{a}$ ou $\dfrac{i}{a}$ qui est une racine primitive d'ordre 12. De même si $e = 6$, $a_0 = e^{\frac{i\pi}{3}}$, on ne peut pas avoir une racine d'ordre 4 comme multiplicateur, car on obtiendrait encore une racine primitive d'ordre 12.

Il suit de là que les substitutions du groupe sont toutes de la forme

(41) $\qquad z' = a_0^n z + b_0 + \omega \qquad (n = 0, 1, \ldots, e-1),$

ω parcourant le système complet des périodes. Comme on déduit de la période ω la période ωa_0, il faut nécessairement que le triangle principal des périodes soit équilatéral pour $e = 3$ ou 6, et isoscèle rectangle pour $e = 4$. b_0 est une constante à laquelle on peut attribuer la même valeur dans les équations en nombre e qui précèdent, par exemple la valeur zéro en prenant pour origine un point double de substitution elliptique. On obtient ainsi un groupe s. t. i. qui est en même temps pr. d. en tout point à distance finie, car si l'on range les substitutions en une suite linéaire $S_1, S_2, \ldots, S_p, \ldots$ le transformé de z par S_p tend vers l'infini avec p. Il est du reste facile de trouver les domaines fondamentaux pour les diverses valeurs de e; nous y reviendrons ultérieurement.

Nous avons obtenu de cette façon tous les groupes discontinus de mouvements euclidiens du plan, en nous bornant toutefois aux mouvements du premier type. (Nous avons laissé de côté également les groupes cycliques finis de substitutions elliptiques, autrement dit de rotations autour d'un point fixe du plan.) Pour ce qui est de l'extension des groupes obtenus par l'adjonction des opérations du second type, nous la laisserons de côté pour ne pas allonger cette énumération outre mesure; elle donne lieu à une discussion géométrique facile que le lecteur pourra faire lui-même. Signalons seulement ce résultat : le groupe des translations

$$z' = z + m\omega + m_1\omega_1$$

ne peut être étendu par l'adjonction d'opérations du second type que si le parallélogramme primitif de périodes est un losange ou un rectangle.

Considérons ensuite les groupes de substitutions qui laissent toujours fixe le point à l'infini mais qui contiennent des substitutions hyperboliques ou loxodromiques. Un tel groupe renferme toujours comme on l'a vu des substitutions infinitésimales si les substitutions du groupe n'ont pas toutes le même point fixe à distance finie. Les seuls groupes s. t. i. et en même temps pr. d. qui appartiennent à cette catégorie sont d'une part les groupes cycliques formés par les puissances d'une substitution hyperbolique ou loxodromique, d'autre part les groupes de substitutions loxodromiques :

$$z' = k^m k_1^{m_1} z \qquad (m,\ m_1 \text{ entiers arbitraires})$$

avec la relation $\mu \log k + \mu_1 \log k_1 = 2i\pi$, où μ et μ_1 désignent deux entiers.

5° Nous savons qu'un groupe de substitutions linéaires renferme des substitutions hyperboliques ou loxodromiques, en laissant de côté certains cas simples qui ont été examinés en détail (§ 21-25). Nous allons montrer qu'il y a en général une infinité de points doubles de substitutions de cette espèce.

Soient

$$(\Sigma) \qquad z' = kz$$

une substitution hyperbolique ou loxodromique du groupe et S ou $\begin{pmatrix} a & b \\ c & d \end{pmatrix}$ une substitution du groupe n'ayant pas les mêmes points doubles que Σ. La substitution

$$\Sigma^n S = \begin{pmatrix} ak^{\frac{n}{2}} & bk^{\frac{n}{2}} \\ ck^{-\frac{n}{2}} & dk^{-\frac{n}{2}} \end{pmatrix} \quad (ad - bc = 1)$$

sera elle-même hyperbolique ou loxodromique si

$$\left| ak^{\frac{n}{2}} + dk^{-\frac{n}{2}} \right| > 2,$$

ce qui aura lieu pour n suffisamment grand et de signe convenable en supposant que a et d ne soient pas tous deux nuls : les points doubles de Σ^n S, qui sont les points racines de l'équation :

$$c z^2 + (d - ak^n) z - bk^n = 0$$

pour ces valeurs de n sont en nombre infini, puisque $bc \neq 0$ et que le produit $-\dfrac{bk^n}{c}$ des racines prend des valeurs distinctes en nombre infini, ce qui démontre notre assertion.

Si a et d sont nuls, le résultat est en défaut, les substitutions

$$\Sigma^n S = S \Sigma^n = \begin{pmatrix} 0 & bk^{\frac{n}{2}} \\ ck^{-\frac{n}{2}} & 0 \end{pmatrix}$$

étant alors, comme S elle-même et quel que soit n, elliptiques et de période 2. Ainsi les groupes qui admettent seulement deux points doubles de substitutions hyperboliques ou loxodromiques, mais qui admettent des substitutions d'une autre espèce avec des points doubles distincts des précédents, sont tous contenus dans le groupe mixte à un paramètre complexe qui s'obtient en combinant les substitutions

$$z' = \lambda z$$

avec la substitution elliptique

$$z' = -\frac{1}{z}$$

de période 2, qui permute entre eux les points doubles (0 et ∞) des précédentes. Les groupes s. t. i. et en même temps pr. d. contenus dans le groupe continu que nous venons de définir sont ceux qui s'obtiennent en adjoignant au groupe

$$z' = k^n z$$

ou

$$z' = k^m k_1^{m_1} z$$

considéré précédemment et formé de substitutions hyperboliques ou loxodromiques, une substitution elliptique qu'on peut ramener à la forme

$$z' = -\frac{1}{z}.$$

Il existe alors dans ce groupe une infinité de substitutions elliptiques :

$$z' = -\frac{k^n}{z}$$

ou

$$z' = -\frac{k^m k_1^{m_1}}{z}$$

de période 2, dont les points doubles tendent vers les points o et ∞.

34. Il résulte de là que les seuls groupes pr. d. qui possèdent au plus deux points doubles de substitutions hyperboliques ou loxodromiques se ramènent aux suivants : les groupes cycliques simples, les groupes de mouvements du plan euclidien, les groupes de rotation de la sphère (qui sont d'ordre fini), les groupes formés de substitutions loxodromiques ou hyperboliques ayant toutes les mêmes points doubles avec adjonction éventuelle d'une substitution elliptique qui permute entre eux les points doubles précédents. Dans ces cas et seulement dans ces cas, le domaine de discontinuité propre du groupe se compose de tout le plan ou du plan *pointé*, ou du plan doublement pointé, c'est-à-dire dont on a supprimé deux points. Dans tous les autres cas, le ou les domaines de continuité propre admettent une infinité de points frontières, notamment des points doubles de substitutions hyperboliques ou loxodromiques; les points frontières de tous ces domaines constituent l'ensemble des points où les substitutions du groupe ne forment pas une famille normale, et cet ensemble évidemment fermé est de plus parfait, c'est-à-dire qu'il ne renferme aucun point isolé. En effet, d'après 2°, tous les points de cet ensemble $\mathcal{F}$ sont, ou bien des points doubles de l'espèce considérés tout à l'heure, ou bien limites de tels points doubles, lesquels appartiennent à $\mathcal{F}$. Or, ces points doubles eux-mêmes ne sont pas isolés dans $\mathcal{F}$; nous avons trouvé, en effet, que si le groupe renferme les deux substitutions $\begin{pmatrix} k^{\frac{1}{2}} & 0 \\ 0 & k^{-\frac{1}{2}} \end{pmatrix}$ et $\begin{pmatrix} a & b \\ c & d \end{pmatrix}$, avec $|k| \neq 1$ et $ad - bc = 1$, $\mathcal{F}$ renferme les points racines de l'équation

$$c z^2 + (d - ak^n) z - bk^n = 0$$

pour n suffisamment grand et de signe convenable, et pourvu que a et d ne soient pas nuls tous les deux. On peut supposer $a \neq 0$, en remplaçant au besoin $\begin{pmatrix} a & b \\ c & d \end{pmatrix}$ par son inverse $\begin{pmatrix} -d & b \\ c & -a \end{pmatrix}$. En outre, $bc \neq 0$, sinon le groupe contiendrait des substitutions infinitésimales (§ 10, 4°). Soit $|k| > 1$, il faut prendre n positif et très grand pour être sûr que $\Sigma^n S$ est hyperbolique ou loxodromique et que les points racines de l'équation précédente sont des points de $\mathcal{F}$. Quand n tend vers $+\infty$, l'une de ces racines devient infiniment grande en module. Donc, le point double ∞ de Σ n'est pas isolé dans $\mathcal{F}$. De même pour le point double 0. Donc, l'*ensemble $\mathcal{F}$ est parfait* comme nous l'avons annoncé, et par suite non dénombrable.

Les régions de discontinuité propre du groupe, c'est-à-dire les domaines $\mathcal{R}$, $\mathcal{R}'$, $\mathcal{R}''$, ... d'un seul tenant et dont tous les points frontières appartiennent à $\mathcal{F}$, ne peuvent être que permutées entre elles par les substitutions du groupe. On se borne, en général, à la considération du sous-groupe qui laisse invariante l'une de ces régions $\mathcal{R}$. En particulier, si le nombre des régions est égal à 2, elles sont séparées par un continu linéaire $\mathcal{F}$ qui peut être une circonférence ou une droite : c'est ce qui a lieu si le groupe ne renferme pas de substitutions loxodromiques, ou si les substitutions loxodromiques qu'il renferme ont un multiplicateur réel et négatif et permutent entre elles les deux portions du plan séparées par une circonférence. Sinon, le continu linéaire considéré contient une infinité partout dense de points fixes de substitutions loxodromiques pour lesquelles l'argument du multiplicateur n'est pas un multiple de π et qui transforment en lui-même ce continu $\mathcal{F}$; si α désigne un tel point de $\mathcal{F}$, α est limite de points m, m', m'', ... de $\mathcal{F}$, disposés de manière que les angles $m\alpha m'$, $m'\alpha m''$, ... aient une valeur constante et différente d'un multiple de π; la courbe $\mathcal{F}$ n'a donc pas de tangente en α, et comme les points α sont partout denses sur $\mathcal{F}$, *cette courbe n'est pas analytique.*

35. Un cas particulièrement important est celui où les substitutions du groupe G laissent fixe l'intérieur d'un cercle ou le demi-plan limité par une droite, G appartenant ainsi à la catégorie désignée précédemment par (δ). Les substitutions de G forment alors une famille normale tant à l'intérieur qu'à l'extérieur du cercle *principal*, ou, de part et d'autre, de la droite limite. Pour que G soit pr. d. dans l'une et l'autre de ces régions, il faut et il suffit qu'il soit s. t. i.; c'est d'ailleurs également la condition suffisante pour que G soit pr. d. dans une région quelconque du plan. L'ensemble singulier $\mathcal{F}$ a tous ses points situés sur la droite ou la circonference limite. Cette ligne limite peut d'ailleurs être supposée confondue par l'axe réel.

Excluons les cas où $\mathcal{F}$ ne comprend pas plus de deux points, ce qui a lieu quand G est un groupe cyclique simple ou encore quand les substitutions du groupe deviennent, après un changement linéaire de variable, des types suivants :

$$z' = k^n z$$
$$z' = -\frac{k^n}{z} \quad (k > 0).$$

$\mathcal{F}$ est donc un ensemble parfait de points de l'axe réel. Si $\mathcal{F}$ comprend un segment de l'axe réel $x'x$, il comprend cet axe tout entier, car s'il existait un segment σ de Ox dont aucun point ne fasse partie de $\mathcal{F}$, comme tous les équivalents de σ sont encore des segments de $x'x$ et que tout point de $\mathcal{F}$ est limite de segments équivalents à σ, $\mathcal{F}$ ne serait dense nulle part sur $x'x$. On voit donc que $\mathcal{F}$ est constitué, ou bien par l'axe réel tout entier, G étant alors pr. d. de part et d'autre de cet axe, ou bien par un ensemble parfait partout discontinu de points de cet axe, ce qui implique l'existence d'une seule région $\mathcal{R}$ de discontinuité propre dont l'ordre de connexion est infini. Dans ce deuxième cas soient m un point de l'axe réel étranger à $\mathcal{F}$, m_1 le premier point équivalent à m que l'on rencontre en cheminant à partir de m dans un certain sens sur l'axe réel, le passage par l'infini n'étant pas regardé comme une discontinuité; tous les points du segment mm_1 ainsi décrit sont alors étrangers à $\mathcal{F}$; soit S la substitution par laquelle on passe de m à m_1; les substitutions S, S^2, S^3, ... transforment le segment mm_1 en m_1m_2, m_2m_3, ..., tendant vers le point limite α, point double de S. De même, les substitutions S^{-1}, S^{-2}, S^{-3}, ... changent mm_1 en $m_{-1}m$, $m_{-2}m_{-1}$, $m_{-3}m_{-2}$, ... segments juxtaposés tous de même sens tendant vers le point double β de S; α et β sont distincts puisque $\mathcal{F}$ renferme plus d'un point. G est alors pr. d. en tous les points intérieurs au segment $\alpha\beta$ qui a pour extrémités les points doubles de la substitution hyperbolique S, et ce segment est le segment *contigu* à $\mathcal{F}$ qui contient m. Ainsi, *tous les segments contigus à $\mathcal{F}$ ont pour extrémités les deux points doubles d'une même substitution hyperbolique;* on sait que deux segments de cette espèce n'ont pas d'extrémité commune, sans quoi G admettrait des substitutions infinitésimales; cela confirme le fait que $\mathcal{F}$ est un ensemble parfait.

On peut encore remarquer que le segment mm_1 ne renferme aucun couple de points équivalents; figurons tous ces points sur une circonférence en transformant la figure par inversion; si les points équivalents p et p' étaient contenus dans l'arc mm_1, la substitution qui change p en p' (pp' étant de même sens que mm_1) changerait mp en $m'p'$, ces deux arcs étant de même sens; $m'p'$ ne peut contenir mp, sinon mp renfermerait un point double (hyperbolique ou parabolique); m' serait donc intérieur à l'arc mm_1, ce qui est contraire à l'hypothèse.

36. Comme exemple, on peut considérer le groupe des substitutions à coefficients entiers de déterminant $+1$, qui, ne contenant pas de substitutions infinitésimales, est pr. d. dans le demi-plan $y > 0$ et dans le demi-plan $y < 0$; mais l'ensemble $\mathcal{F}$ comprend ici tout l'axe réel; car les points $\frac{a}{c}$, équivalents à $z = \infty$, forment un ensemble dense puisqu'on peut prendre pour a et c deux entiers quelconques premiers entre eux. Ce groupe, appelé souvent groupe modulaire, contient des substitutions elliptiques paraboliques et hyperboliques correspondant respectivement à

$$|a+d|<2, \quad |a+d|=2, \quad |a+d|>2,$$

hypothèses toutes admissibles puisqu'on peut se donner les entiers a et d arbitrairement en prenant pour b et c deux diviseurs complémentaires de $ad-1$.

Considérons, d'autre part, l'exemple suivant : soient C, C′, C″ trois cercles deux à deux extérieurs l'un à l'autre, et $\overline{G}$ le groupe des substitutions de première et de deuxième espèce dérivé des symétries par rapport à ces trois cercles. Ce groupe est proprement discontinu dans tout le plan, sauf aux points d'un ensemble parfait partout discontinu. En effet, le domaine constitué par l'ensemble des points du plan extérieurs aux trois cercles ne contient aucun point équivalent à un autre du même domaine par une substitution du groupe distincte de la substitution identique ; cela résulte immédiatement du fait que le symétrique, par rapport à un cercle d'un point extérieur, est un point intérieur. Appelons D le domaine ainsi constitué. Prenons maintenant les symétriques de chacun des trois cercles C, C′, C″ par rapport aux deux autres; nous obtenons ainsi six nouveaux cercles qui sont encore deux à deux extérieurs, chacun des cercles C, C′, C″ contenant deux de ces nouveaux cercles. Appelons D_1 le domaine formé par les points extérieurs à ces six cercles; D_1, qui s'obtient en ajoutant à D les domaines symétriques par rapport à C, C′ et C″, ne contient jamais plus de 4 points équivalents. On étendra de nouveau le domaine D_1 en lui adjoignant les domaines symétriques par rapport à C, C′, C″; on obtient ainsi un nouveau domaine D_2 limité par 12 circonférences deux à deux extérieures et contenant tous les points de D et ceux qui s'en déduisent par une ou deux symétries relativement à C, C′, C″; en général, D_n sera limité par $3 \cdot 2^n$ circonférences et ne renfermera que les points équivalents à ceux de D par n ou moins de n symétries successives. D'ailleurs, en combinant entre elles un nombre pair de symétries, on forme un groupe G de substitutions de première espèce contenu dans $\overline{G}$, et qui possède un cercle principal, à savoir le cercle réel orthogonal à C, C′, C″; les circonférences qui limitent D_n pour n pair tendent, par conséquent, vers l'ensemble parfait $\mathscr{F}$ situé sur la circonférence du cercle principal; il en sera de même pour n impair, les domaines D, D_1, D_2, ... étant emboîtés les uns dans les autres. L'ensemble $\mathscr{F}$ est, comme on le voit immédiatement, partout discontinu.

Nous avons obtenu de cette manière un groupe G qui peut être étendu par l'adjonction d'opérations de seconde espèce sans cesser d'être pr. d. On peut remarquer que le domaine extérieur aux cercles C, C', C" constitue un domaine fondamental pour le groupe étendu. Il résulte, en outre, de considérations qui seront développées dans le Chapitre suivant, que le groupe G ne renferme que des substitutions hyperboliques.

Nous nous contenterons pour le moment de ces deux exemples de groupes pr. d. de substitutions linéaires de la catégorie (δ), possédant, par conséquent, un cercle principal réel. Nous étudierons en détail, dans le Chapitre suivant, la formation de ces groupes que nous désignerons sous le nom de *groupes fuchsiens*.

37. Nous allons considérer maintenant les groupes discontinus les plus généraux de substitutions linéaires qui peuvent n'appartenir à aucune des catégories (α), (β), (γ) ou (δ). Nous avons observé tout à l'heure au sujet de ces groupes généraux, qu'ils peuvent être s. t. i. sans être pr. d.; mais il n'en est plus ainsi, comme nous allons le démontrer, lorsqu'on envisage, au lieu du groupe de substitutions effectuées sur la variable z, le groupe des opérations correspondantes des espaces E_h ou $\mathscr{E}$. Plaçons-nous dans l'espace E_h et faisons voir qu'*un groupe de mouvements de cet espace renferme nécessairement des transformations infinitésimales s'il est improprement discontinu en quelque point* P *intérieur à la quadrique absolue*.

Faisons d'abord voir que cette dernière hypothèse entraîne l'existence d'une infinité de transformations du groupe qui changent le point P en des points infiniments voisins ou confondus avec lui. En effet, il résulte de l'hypothèse et de la définition donnée plus haut de la discontinuité propre, qu'il existe des couples de points Q et Q', tendant vers le point P et équivalents entre eux, les transformations correspondantes étant en nombre infini; soit P' l'homologue de P par la transformation qui change Q en Q'; les distances PQ, P'Q' étant égales dans la métrique non euclidienne et la première tendant vers zéro, il en est de même de la seconde, et par suite aussi de la distance $P'Q'$ prise au sens ordinaire; de sorte que les segments PQ, QQ', $Q'P'$ étant infiniment petits, il en est de même du segment résultant PP', ce qui démontre notre assertion.

Ceci étant établi, considérons la transformation ou mouvement non euclidien (du premier type) qui change P en P', et qui, en général, doit être regardée comme la résultante d'une rotation elliptique autour d'une corde AB de la quadrique absolue et d'une rotation hyperbolique autour de la droite CD, polaire conjuguée de AB. Cette deuxième rotation est infinitésimale si P et P' sont infiniment voisins.

En effet, la rotation elliptique autour de AB change P en P_1 situé dans le plan PCD, perpendiculaire à AB au sens non euclidien. La rotation hyperbolique autour de CD amène P_1 en P'. Pour évaluer l'angle de rotation hyperbolique, c'est-à-dire l'angle non euclidien des deux plans CDP_1P et CDP', il suffit de considérer les points d'intersection M et N de la droite PP' avec les plans tangents menés par C et D à la quadrique absolue (sphère). L'angle considéré est proportionnel à

$$\log(\text{MNPP}') = \log \frac{PM}{P'M} : \frac{PN}{P'N},$$

quantité infiniment petite puisque P' est infiniment voisin de P, tandis que M et N extérieurs à la sphère restent à distance finie de P. Si maintenant A et B ne sont jamais confondus ou infiniment voisins, de sorte que les points C et D restent à une distance finie de P. Si maintenant A et B ne sont jamais confondus ou infiniment voisins, de sorte que les points C et D restent à une distance finie de la sphère, on peut en conclure que le déplacement P_1P' tend vers zéro; il en est de même du déplacement PP_1.

Si le mouvement considéré n'est pas infinitésimal, la distance de P à l'axe AB est infiniment petite (ou nulle). Donc, parmi les mouvements qui changent P en des points infiniment voisins de P, il en existe une infinité $H_1 H_2 \ldots H_n \ldots$, tels que les axes de rotation elliptique correspondants $A_1 B_1$, $A_2 B_2$, ..., $A_n B_n$, ... tendent vers une position limite AB passant par P, les angles de rotation tendant eux-mêmes vers une limite θ. Dans ces conditions,

il est visible que le mouvement
$$H_n H_{n+1}^{-1}$$
qui fait encore partie du groupe considéré est infinitésimal pour tous les points de l'espace E_h.

Nous devons maintenant examiner à part le cas où les points A et B sont confondus ou infiniment voisins; soit M une position limite de ces points sur la sphère; il est permis de supposer que M correspond au point $z = \infty$ du plan de Cauchy. La discussion s'achève sans difficulté en se servant des formules (30) qui représentent les homographies ou mouvements considérés ici. Puisque les points doubles de la substitution $\left(z; \dfrac{az+b}{cz+d}\right)$ tendent vers $z = \infty$, il faut, si l'on suppose $b = 1$, comme il est permis puisque $b \neq 0$, que c et $a - d$ tendent vers zéro. Si a et d tendent vers des limites finies et différentes de zéro, les substitutions considérées tendent vers une substitution limite parabolique, mais *non singulière*: même résultat pour les mouvements correspondants de E_h, ce qui permet d'achever le raisonnement comme plus haut.

Il reste à considérer le cas où a et d sont infiniment grands ou infiniment petits. Dans la première hypothèse, les formules (30) deviennent, en réduisant les seconds membres à leurs parties principales, et remarquant que b et c sont finis :

$$y'_1 = a\ a_0 y_1,$$
$$y'_2 = a\ d_0 y_2,$$
$$y'_3 = a_0 d\ y_3,$$
$$y'_4 = d\ d_0 y_4;$$

d'où
$$\frac{y'_1}{y'_2} = \frac{a_0}{d_0} \frac{y_1}{y_2},$$
$$\frac{y'_3}{y'_4} = \frac{a_0}{d_0} \frac{y_3}{y_4},$$
$$\frac{y'_1}{y'_3} = \frac{a}{d} \frac{y_1}{y_3}.$$

On déduit de là que si la transformation est infinitésimale pour un point P n'occupant pas une position particulière par rapport aux axes, $\dfrac{a}{d}$ et $\dfrac{a_0}{d_0}$ sont infiniment voisins de l'unité, et la transformation est infinitésimale dans tout l'espace E_h. Dans la seconde hypothèse où a et d sont infiniment petites, les formules (30) deviennent à la limite :

$$y'_1 = y_4,$$
$$y'_2 = y'_3 = y'_4 = 0$$

et définissant alors une transformation *singulière* qui, contrairement à notre hypothèse, ne transforme en lui-même aucun point autre que le point (1, 0, 0, 0). Ce cas est donc à exclure.

Il est donc démontré que tout groupe de mouvements de l'espace E_h est proprement discontinu s'il ne renferme pas de mouvements infinitésimaux.

38. Le même résultat s'applique aux opérations correspondantes du demi-espace $\mathscr{E}$ qui sont identiques aux mouvements de la géométrie de Bolyai. Mais pour que le groupe des substitutions effectuées sur la variable z soit pr. d. dans quelque région du plan analytique, il faut encore et il suffit que le groupe correspondant, relatif à E_h, soit pr. d. en quelque région de la surface de la sphère de Riemann, ce qui n'a pas toujours lieu comme le montre l'exemple des substitutions à coefficients entiers complexes de déterminant 1.

Cette affirmation demande toutefois des explications. Il est bien clair que si un groupe de substitutions sur la variable z est pr. d., la projection stéréographique engendre sur la sphère de Riemann un groupe de transformations correspondant qui est pr. d. sur la sphère; mais il faut encore montrer que cette discontinuité subsiste si dans la définition de cette propriété on fait intervenir les points de l'espace hyperbolique. C'est ce qui résulte des considérations suivantes qui complètent d'ailleurs les principes généraux déjà exposés concernant les groupes qui nous occupent.

Soit G un groupe de substitutions linéaires qui soit proprement discontinu dans le plan de la variable z sauf aux points d'un ensemble $\mathscr{F}$ qui, nous le savons, n'est dense nulle part. Nous supposerons, comme il est évidemment permis, que $\mathscr{F}$ ne contient pas le point $z = \infty$. Dans ces conditions, nous savons que si l'on range les substitutions du groupe en une suite linéaire

$$z' = f_n(z),$$

les fonctions $f_n(z)$ tendent pour n infini vers les valeurs constantes représentées par les points de $\mathscr{F}$, la dérivée $\dfrac{df_n}{dz}$ tendant uniformément vers zéro. Soit

$$f_n(z) = \frac{az+b}{cz+d} \quad (ad-bc=1),$$
$$\frac{df_n(z)}{dz} = \frac{1}{(cz+d)^2} = \frac{1}{c^2} \frac{1}{\left(z+\dfrac{d}{c}\right)^2}.$$

Il s'ensuit que les points $-\dfrac{d}{c}$, transformés de l'infini par les substitutions inverses, tendent vers l'ensemble $\mathscr{F}$, de même que les points $\dfrac{a}{c}$, et que c tend vers l'infini. Posons

$$-\frac{d}{c} = \lambda, \qquad -\frac{d_0}{c_0} = \lambda_0$$

et remplaçons dans les formules (30), qui représentent les transformations de l'espace hyperbolique correspondant aux substitutions sur la variable z, b et b_0 par leurs valeurs

$$\frac{ad}{c} + \frac{1}{c} \quad \text{et} \quad \frac{a_0 d_0}{c_0} + \frac{1}{c_0}.$$

Nous obtenons
$$y'_1 = aa_0[Q + \varepsilon_1],$$
$$y'_2 = ac_0[Q + \varepsilon_2],$$
$$y'_3 = a_0 c[Q + \varepsilon_3],$$
$$y'_4 = cc_0[Q + \varepsilon_4],$$

en désignant par Q l'expression

$$y_1 - \lambda_0 y_2 - \lambda y_3 + \lambda\lambda_0 y_4,$$

et par ε_1, ε_2, ε_3 et ε_4 des quantités de l'ordre de $\dfrac{1}{c}$ qui, par suite, tendent uniformément vers zéro Q n'est pas autre chose que le premier membre de l'équation du plan tangent à la sphère au point qui correspond à $z = \lambda$. Soit Φ l'ensemble des points de la sphère qui correspond à $\mathscr{F}$; comme λ tend vers l'ensemble $\mathscr{F}$, $|Q|$ aura une limite inférieure positive si le point $(y_1 y_2 y_3 y_4)$ est intérieur à la sphère, ou sur la sphère en un point étranger à Φ. D'après les équations

$$\frac{y'_1}{y'_4} = \frac{a}{c}\frac{a_0}{c_0}\frac{Q+\varepsilon_1}{Q+\varepsilon_4},$$

$$\frac{y'_2}{y'_4} = \frac{a}{c}\frac{Q+\varepsilon_2}{Q+\varepsilon_4},$$

$$\frac{y'_3}{y'_4} = \frac{a_0}{c_0}\frac{Q+\varepsilon_3}{Q+\varepsilon_4},$$

si l'on fait décrire au point $(y_1 y_2 y_3 y_4)$ un domaine fermé contenant des points intérieurs à la sphère ou des points de la surface, mais aucun point de Φ, les limites d'indétermination des seconds membres seront les mêmes que celles des quantités

$$\frac{a}{c}\frac{a_0}{c_0}, \quad \frac{a}{c}, \quad \frac{a_0}{c_0},$$

et par suite indépendantes de la position initiale du point $(y_1 y_2 y_3 y_4)$; les positions limites des points transformés appartiennent donc à l'ensemble Φ, et les dimensions (ou sens ordinaires) des domaines transformés tendant vers zéro.

Le raisonnement n'est plus valable pour un point extérieur à la sphère Q pouvant tendre vers zéro, de sorte que $\dfrac{Q+\varepsilon_i}{Q+\varepsilon_n}$ se présente sous forme indéterminée; il reste toutefois applicable aux régions non traversées par les plans tangents à la sphère aux points de Φ, en particulier aux points situés dans un certain voisinage de la sphère, mais à distance finie de l'ensemble Φ. *La discontinuité propre du groupe* G, *au sens le plus large, est donc démontrée pour tous les points de la sphère autres que ceux de* Φ. Il est d'ailleurs bien évident que si le groupe de l'espace hyperbolique reste proprement discontinu quand on traverse certaines régions de la sphère, le groupe des substitutions sur la variable z possède la même propriété dans les régions correspondantes du plan analytique, et nous pouvons en conclure que les points où cette propropriété cesse d'exister forment tout au plus des lignes ou des ensembles qui ne sont denses nulle part dans le plan ou sur la sphère.

39. Nous désignerons sous le nom de *groupes kleinéens* les groupes pr. d. de substitutions linéaires qui n'appartiennent pas aux catégories (α), (β), (γ), (δ) étudiées précédemment, c'est-à-dire ceux dont les substitutions ne laissant fixe aucun point ni aucun cercle d'équation réelle du plan analytique. Nous allons donner un exemple d'un tel groupe qui fera bien comprendre les théories générales exposées dans les paragraphes précédents. Considérons n cercles C^1, C^2, ..., C^n, tous extérieurs les uns aux autres et le groupe $\overline{G}$ des substitutions du premier et du deuxième type dérivé des symétries par rapport à ces cercles. Il est clair que le domaine constitué par les points extérieurs à tous ces cercles constitue une région de discontinuité propre de $\overline{G}$. Soit en effet D le domaine en question; en lui adjoignant ses symétriques par rapport aux n cercles donnés, on obtient un domaine D_1 contenant D et limité par $n(n-1)$ nouveaux cercles, chaque cercle C^i étant remplacé par $(n-1)$ cercles qui lui sont intérieurs, mais qui sont encore extérieurs l'un à l'autre. De même en adjoignant à D_1 les points qui se déduisent d'un point de D par deux symétries successives, on obtient un nouveau domaine D_2 qui se compose de D_1 et de nouvelles régions adjacentes à D_1 le long de chacune de ses circonférences frontières; D_2 sera limité par $n(n-1)^2$ cercles. D'une manière générale D_p, constitué par les points de D et ceux qui s'en déduisent par p ou moins de p symétries successives, sera limité par $n(n-1)^p$ cercles; D_p est un domaine d'un seul tenant qui contient un nombre fini de points équivalents à un point M de D par les substitutions de $\overline{G}$, ce nombre n'étant fonction que de n et de p. La région $\mathcal{R}$ du plan de Cauchy formée par les points communs à tous les D_p est donc une région de discontinuité propre de G et *a fortiori* de G, groupe des substitutions linéaires du premier type contenu dans $\overline{G}$ et qui s'obtient en combinant les symétries en nombre pair. La frontière de $\mathcal{R}$ est d'ailleurs un ensemble parfait partout discontinu, car si l'on range linéairement les substitutions de G

$$z' = S_1(z), \quad z' = S_2(z), \quad \ldots, \quad z' = S_\nu(z), \quad \ldots,$$

comme les $S_\nu(z)$ forment dans $\mathcal{R}$ une famille normale à fonctions limites constantes et bornées, les dérivées $\dfrac{dS_\nu(z)}{dz}$ tendent uniformément vers zéro avec $\dfrac{1}{\nu}$ lorsque z reste sur un ensemble fermé intérieur à $\mathcal{R}$, notamment sur les circonférences C^i. Il s'ensuit que les frontières des domaines D_{2p}, images des C^i par les substitutions de G, ont des dimensions évanouissantes avec $\dfrac{1}{\nu}$ ou $\dfrac{1}{p}$; il en est évidemment de même pour les cercles frontières de D_{2p+1}. Il suit de là et des notions élémentaires de la théorie des ensembles que la frontière $\mathcal{F}$ de $\mathcal{R}$, constituée par les points limites des cercles frontières des D_p, est un ensemble parfait partout discontinue; tout point de $\mathcal{F}$ est évidemment un point d'accumulation de points équivalents entre eux par les substitutions de $\bar{G}$ ou G; il est clair d'ailleurs que tout point du plan appartenant à $\mathcal{R}$ ou à $\mathcal{F}$, il y a une seule région de discontinuité propre dont l'ordre de connexion est infini.

Dans le cas particulier où les C^i sont orthogonaux à un même cercle, ce dernier est un cercle principal de G qui est alors un groupe fuchsien comme dans le cas examiné antérieurement de $n = 3$. Dans le cas contraire je dis que G n'est pas un groupe fuchsien, c'est-à-dire qu'il n'existe aucun cercle invariant par toutes les substitutions du groupe. Considérons en effet les symétries par rapport aux deux cercles C^1 et C^2, et dans l'espace hyperbolique E_h admettant pour quadrique absolue la sphère de Riemann, les opérations correspondantes qui sont des symétries projectives de centres O_1 et O_2 extérieurs à la sphère; les plans polaires de O_1 et O_2 se coupent suivant CD qui ne perce pas la sphère puisque C^1 et C^2 ne se coupent pas; la résultante des deux symétries laissant fixes tous les points de CD, quel que soit l'ordre de composition adopté, est une rotation hyperbolique H d'axe CD, et tous les cercles de la sphère invariants par H sont les cercles passant par A et B points de rencontre de la sphère avec la droite $O_1 O_2$ conjuguée de CD; ces cercles sont orthogonaux à ceux dont le plan passe par CD, notamment aux cercles images de C^1 et C^2 par la projection stéréographique. (Remarquons en passant qu'en vertu des mêmes considérations deux symétries successives par rapport à deux cercles qui se coupent engendrent une substitution elliptique, qui devient parabolique lorsque les deux cercles sont tangents.)

Revenons au groupe G; nous déduisons immédiatement de ce qui précède que G ne possède un cercle principal que si les C^i

sont orthogonaux à un même cercle. S'il n'en est pas ainsi, G n'est pas un groupe fuchsien et une courbe passant par les points de l'ensemble parfait $\mathscr{F}$ ne peut avoir de tangente aux points doubles des substitutions loxodromiques de G qui sont denses sur $\mathscr{F}$.

Donnons maintenant un autre exemple de groupe kleinéen pour lequel il existe deux régions de discontinuité propre séparées par une courbe. Considérons une chaîne formée de cercles C^i ($i = 1, 2, \ldots, n$) tels que C^i soit tangent extérieurement à C^{i+1} et C^{i-1} et C^n à C^1, deux cercles non consécutifs n'ayant aucun point commun. Soient comme tout à l'heure $\overline{G}$ le groupe dérivé des symétries par rapport aux C^i, G le sous-groupe de $\overline{G}$ formé des substitutions du premier type. Si l'on enlève du plan l'intérieur des C^i, il reste deux régions intérieures l'une à l'autre, se touchant seulement aux points de contact des C^i entre eux; appelons D la région intérieure, Δ la région extérieure. On verra comme plus haut que G est pr. d. dans tous les domaines D_p et Δ_p qui s'obtiennent en adjoignant à D et Δ les portions du plan qui s'en déduisent par p ou moins de p symétries successives, D_p et Δ_p étant encore séparés par une chaîne de cercles analogue à la chaîne initiale mais comportant $n(n-1)^p$ cercles. Je dis que les courbes frontières de D_p et Δ_p, qui sont formées d'arcs de cercle, tendent vers une même courbe limite $\mathscr{F}$. Il suffit de montrer que les rayons des cercles qui forment ces courbes tendent vers zéro avec $\dfrac{1}{p}$. Nous ne pouvons pas raisonner comme plus haut parce qu'ici les arcs des cercles C^i contiennent des points qui ne sont pas intérieurs à une région de discontinuité propre, à savoir les points de contact qui sont des points doubles de substitutions paraboliques de G. Mais observons d'une part que les cercles limitant D_p et Δ_p s'obtiennent de proche en proche à partir des C^i en prenant le symétrique d'un cercle par rapport à l'un des cercles C^i qui lui est extérieur, ou tout au plus tangent extérieurement; rappelons-nous d'autre part qu'en vertu d'une formule de géométrie élémentaire connue, le rayon d'un cercle déduit du cercle Γ de rayon r par symétrie, relativement à un cercle C de rayon R, a pour valeur, en appelant d la distance des centres de C et Γ,

$$r' = \frac{R^2 r}{d^2 - r^2}.$$

Si $d \geq R + r$, on en conclut

$$r' \leq \frac{r}{1 + \frac{2}{R}r}.$$

Si l'on désigne par μ la plus petite des quantités $\frac{2}{R_i}$ et par r_p le rayon d'un cercle limitant Δ_p, on a successivement

$$r_1 \leq \frac{r}{1 + \mu r},$$

$$r_2 \leq \frac{r_1}{1 + \mu r_1},$$

d'où l'on tire aisément

$$\dots\dots\dots\dots,$$

$$r_p \leq \frac{r}{1 + p\mu r},$$

quantité qui tend vers zéro avec $\frac{1}{p}$. Il est alors à peu près évident que les régions simplement connexes $\mathcal{R}$ et $\mathcal{R}'$, constituées respectivement par l'ensemble des points intérieurs à tous les D_p et à tous les Δ_p, sont séparées par une courbe, c'est-à-dire un continu sans points intérieurs. On démontre d'ailleurs que c'est bien là une courbe au sens de Jordan, représentable par des équations de la forme

$$x = f(t), \quad y = \varphi(t),$$

f et φ fonctions continues du paramètre t qui varie de 0 à 1, de manière qu'à deux valeurs distinctes de t correspondent deux points distincts de la courbe. Cette courbe passe évidemment par les points de contact mutuels des cercles limitant D_p et Δ_p et qui sont des points doubles de substitutions paraboliques de G. On montre aisément qu'en ces points la courbe possède une tangente, mais il n'en est pas de même aux points doubles des substitutions loxodromiques qui, comme nous le savons, sont denses sur $\mathcal{F}$, excepté dans le cas où les C^i étant orthogonaux à un même cercle, G devient un groupe fuchsien. Nous renverrons pour une étude plus approfondie de ces courbes limites des groupes kleinéens aux travaux de Poincaré et Fricke, en signalant d'autre part leur analogie avec celles qui se rencontrent dans l'étude des groupes dérivés d'une seule substitution rationnelle non linéaire [P. Fatou,

CHAPITRE XIII.

Sur les équations fonctionnelles ([1]) (*B. S. M. F.*, 1919-1920)].

40. Nous avons maintenant achevé, dans ses traits essentiels, la classification des groupes pr. d. de substitutions linéaires. Avant d'aborder l'étude détaillée des groupes fuchsiens et kleinéens nous allons indiquer comment on forme explicitement les groupes pr. d. de la catégorie (γ) qui sont caractérisés, comme nous l'avons vu, par la propriété d'être des groupes finis, c'est-à-dire à un nombre fini d'éléments, ou encore de ne contenir que des substitutions elliptiques. Ils se ramènent d'ailleurs par le mode de représentation étudié en détail plus haut (§ 6) aux groupes de déplacement sur la sphère. Leur détermination peut se faire par une méthode géométrique reposant sur l'étude des domaines fondamentaux, analogue à celle qui permet de construire les groupes fuchsiens et dont nous parlerons au Chapitre suivant; cette méthode est d'ailleurs exposée en détail dans la Note sur les groupes de déplacement qui se trouve à la fin du Tome II du *Cours de géométrie élémentaire* de M. Hadamard (Paris, Colin), à laquelle nous renverrons le lecteur ([2]). Mais nous allons indiquer ici, en raison de son importance, la méthode employée par M. Klein dans ses mémorables « Leçons sur l'icosaèdre » pour parvenir à ce résultat, méthode qui dérive des travaux de Schwarz et de Fuchs et se rattache à la théorie analytique des équations différentielles linéaires. Définissons d'abord l'invariant différentiel de Schwarz; il s'agit, étant donnée une variable z qui dépend elle-même d'une variable indépendante x, de trouver une fonction rationnelle de z et d'un certain nombre de ses dérivées qui ne change pas de valeur quand on effectue sur z une substitution linéaire arbitraire; pour l'obtenir il suffit de différentier trois fois la relation
$$t(\gamma z + \delta) = \alpha z + \beta,$$

([1]) La méthode employée dans ce travail pour obtenir la représentation paramétrique de ces courbes ne diffère pas essentiellement de celle qu'emploient MM. Friche et Klein pour résoudre la même question dans le cas des courbes limites des groupes kleinéens (*Automorphe Functionen*, t. I. p. 419). La question de l'existence des tangentes en un point *arbitraire* ne paraît pas avoir été résolue pour ces dernières courbes, tandis qu'elle a reçu une solution négative pour celles auxquelles il est fait allusion dans le texte (Mémoire cité, 3ᵉ partie).

([1]) *Voir* aussi H. WEBER, *Lehrbuch der algebra*, t. II, Chap. VII (Vieweg, Brunswich, 1896).

ce qui donne, en désignant par des accents les dérivées par rapport à x,
$$\gamma(tz)' + \delta t' - \alpha z' = 0,$$
$$\gamma(tz)'' + \delta t'' - \alpha z'' = 0,$$
$$\gamma(tz)''' + \delta t''' - \alpha z''' = 0,$$

d'où, par élimination des constantes α, γ, δ,

$$\begin{vmatrix} tz' + t'z & t' & z' \\ tz'' + 2t'z' + t''z & t'' & z'' \\ tz''' + 3t'z'' + 3t''z' + t'''z & t''' & z''' \end{vmatrix} = 0,$$

ou

$$\begin{vmatrix} 0 & t' & z' \\ 2t'z' & t'' & z'' \\ 3(t'z'' + t''z') & t''' & z''' \end{vmatrix} = 0,$$

ce qui se met de suite sous la forme

$$\frac{t'''}{t'} - \frac{3}{2}\left(\frac{t''}{t'}\right)^2 = \frac{z'''}{z'} - \frac{3}{2}\left(\frac{z''}{z'}\right)^2.$$

L'expression

(42) $$\Delta\left(\frac{z}{x}\right) = \frac{2z'z''' - 3z''^2}{2z'^2}$$

est donc une expression différentielle du troisième ordre qui jouit de la propriété d'invariance cherchée. Si z est une fonction *linéairement polymorphe* de la variable complexe x, c'est-à-dire une fonction multiforme dont toutes les déterminations sont des fonctions linéaires de l'une d'entre elles, $\Delta\left(\dfrac{z}{x}\right)$ sera une fonction uniforme de x.

Ceci posé, soient
$$t = f_\nu(z) \qquad (\nu = 1, 2, \ldots, N-1)$$

les substitutions, autres que la substitution identique, d'un groupe G d'ordre N, et a et b deux valeurs non équivalentes par rapport à G. L'expression

(43) $$x = \frac{(z-a)[f_1(z)-a][f_2(z)-a]\ldots[f_{N-1}(z)-a]}{(z-b)[f_1(z)-b][f_2(z)-b]\ldots[f_{N-1}(z)-b]}$$

est, comme on le voit de suite, une fraction rationnelle de degré N en z, invariante par les substitutions de G; réciproquement, si l'on se donne x, l'équation précédente détermine N valeurs de z qui se déduisent de l'une d'entre elles par les substitutions de G. On peut exprimer ce fait en disant que $x(z)$ est un *invariant caractéristique* de G, et l'on démontre immédiatement que tous ces invariants caractéristiques se déduisent par une substitution linéaire de l'un d'entre eux, par exemple $x(z)$. La fonction algébrique $z(x)$ est une fonction linéairement polymorphe et, par conséquent, l'invariant de Schwarz $\Delta\left(\dfrac{z}{x}\right)$ étant une fonction uniforme et algébrique de x est égal à une fraction rationnelle $R(x)$ dont nous allons trouver la forme, en nous rappelant les résultats obtenus (§ **112**, Chap. V) au sujet des surfaces de Riemann *régulières;* celles-ci sont caractérisées par ce fait que tout chemin fermé tracé sur cette surface reste fermé si l'on transporte le point de départ (z, x) de ce chemin en l'un quelconque des points de la surface superposés au premier sur le plan des x; c'est évidemment le cas pour la surface attachée à la fonction $z(x)$, linéairement polymorphe, que nous venons de définir; cette surface étant d'ailleurs de genre zéro, il résulte de la discussion faite au Chapitre V que le nombre q des points de ramification distincts sur le plan x a pour valeur 2 ou 3, les nombres r_i, c'est-à-dire les nombres de feuillets des cycles qui ont leurs sommets en l'un de ces points, sont donnés par le tableau suivant :

(T) $\begin{cases} q = 2, \quad N = r_1 = r_2, \\ q = 3 \begin{cases} N = 2n, & r_1 = 2, & r_2 = 2, & r_3 = N, \\ N = 12, & r_1 = 2, & r_2 = 3, & r_3 = 3, \\ N = 24, & r_1 = 2, & r_2 = 3, & r_3 = 4, \\ N = 60, & r_1 = 2, & r_2 = 3, & r_3 = 5. \end{cases} \end{cases}$

Supposons $q = 3$; nous avons pour la fonction $z(x)$ trois points critiques qu'il est possible de faire coïncider avec les trois points 1, 0, ∞, moyennant une substitution linéaire préalable effectuée sur x. Les valeurs critiques 0, 1 et ∞ de x correspondent évidemment aux points doubles des substitutions de G effectués sur z, c'est-à-dire aux pôles des rotations du groupe sur la sphère; les rotations dont les pôles sont donnés forment un groupe cyclique dont l'ordre est égal à l'un des entiers r_i. Ces remarques faites il devient facile de montrer que la fonction $x(z)$ est complètement déterminée par les valeurs des entiers q, N, r_i. Au voisinage de $x_0 = 1, 0, \infty$, le développement de z est de la forme

$$z - z_0 = c(x-x_0)^{\frac{1}{r}} + d(x-x_0)^{\frac{2}{r}} + \ldots \qquad (c \neq 0).$$

Développons $\Delta\left(\dfrac{z}{x}\right)$ qui procède suivant les puissances entières de $(x - x_0)$ puisque c'est une fonction rationnelle, $x - \infty$ étant remplacé comme d'habitude par $\dfrac{1}{x}$; on obtient

$$2 z' z''' = 2 c^2 \frac{1}{r^2} \left(\frac{1}{r} - 1\right)\left(\frac{1}{r} - 2\right)(x - x_0)^{\frac{2}{r}-4} + \ldots,$$

$$3 z''^2 = 3 c^2 \frac{1}{r^2} \left(\frac{1}{r} - 1\right)^2 (x - x_0)^{\frac{2}{r}-4} + \ldots,$$

$$2 z'^2 = 2 c^2 \frac{1}{r^2} (x - x_0)^{\frac{2}{r}-2} + \ldots,$$

$$\Delta\left(\frac{z}{x}\right) = \frac{1}{2}\left(1 - \frac{1}{r^2}\right)(x-1)^2 + \ldots$$

On obtient donc pour les premiers termes du développement dans le voisinage des points $1, 0, \infty$ respectivement

$$\frac{r_1^2 - 1}{2 r_1^2 (x-1)^2}, \quad \frac{r_2^2 - 1}{2 r_2^2 x^2}, \quad \frac{r_3^2 - 1}{2 r_3^2 x^2}.$$

En un point x_0 distinct de $0, 1, \infty$, l'invariant de Schwarz conserve une valeur finie, car on aura

$$z - z_0 = c(x - x_0) + d(x - x_0)^2 \qquad (c \neq 0)$$

et par suite z', z'', z''' seront finis et z' non nuls. Nous pouvons donc poser

$$\Delta\left(\frac{z}{x}\right) = \frac{r_1^2 - 1}{2 r_1^2 (x-1)^2} + \frac{A}{x-1} + \frac{r_2^2 - 1}{2 r_2^2 x^2} + \frac{B}{x} + C,$$

A, B, C étant des constantes qui doivent satisfaire à cette condition que le développpment en série de $\Delta\left(\dfrac{z}{x}\right)$ dans le domaine du point à l'infini suivant les puissances de $\dfrac{1}{x}$ possède justement le terme initial

$$\frac{r_3^2 - 1}{2 r_3^2 x^2}.$$

On trouve que cette condition détermine A, B, C. On a en effet

$$C = 0, \quad A + B = 0,$$

d'où
$$\frac{r_1^2 - 1}{2r_1^2} + \frac{r_2^2 - 1}{2r_2^2} + A = \frac{r_3^2 - 1}{2r_3^2},$$

(44) $\quad \Delta\left(\dfrac{z}{x}\right) = \dfrac{r_1^2 - 1}{2r_1^2(x-1)^2} + \dfrac{r_2^2 - 1}{2r_2^2 x^2} + \dfrac{\dfrac{1}{r_1^2} + \dfrac{1}{r_2^2} - \dfrac{1}{r_3^2} - 1}{2(x-1)x} = R(x),$

équation différentielle du troisième ordre dont l'intégrale générale est de la forme

$$z = \frac{\alpha z_1 + \beta}{\gamma z_1 + \delta},$$

en appelant z_1 une solution particulière et $\alpha, \beta, \gamma, \delta$ des constantes arbitraires. Il correspond par conséquent à cette équation un groupe G bien déterminé, en ne regardant pas comme distincts deux groupes semblables, c'est-à-dire transformés l'un de l'autre par une substitution linéaire; ce groupe G est le groupe de monodromie de la fonction linéairement polymorphe $z(x)$. Le fait que G est bien un groupe fini pour les valeurs des entiers N et r_i qui figurent dans le tableau (T) résulte d'ailleurs, sans qu'il soit nécessaire de faire une vérification algébrique, de considérations de géométrie élémentaire; car l'étude des polyèdres réguliers nous fournit immédiatement des exemples de groupes finis de rotations autour d'un point fixe, tels que les ordres de ces groupes et de leurs sous-groupes cycliques qui correspondent aux divers axes de rotation soient précisément les nombres N, r_1, r_2, r_3 du tableau (T). Ce sont : le groupe du dièdre ou de la double pyramide, le groupe du tétraèdre, celui de l'octaèdre et celui de l'icosaèdre, en appelant groupe d'un polyèdre régulier le groupe des rotations qui font coïncider le polyèdre déplacé avec le polyèdre primitif. L'hypothèse $q = 2$, $N = r_1 = r_2$ que nous avons laissée de côté correspond au groupe cyclique simple de rotations autour d'un axe. La discussion précédente montre que ces exemples tirés de la géométrie élémentaire épuisent tous les groupes finis de substitutions linéaires. Pour une étude détaillée de la structure de ces groupes qui jouent un rôle important surtout en algèbre, nous renverrons aux livres déjà cités de Klein et de Weber. Remarquons seulement que l'équation différentielle du troisième ordre

que nous avons formée devient, lorsqu'on prend z comme variable indépendante,
$$\frac{3x''^2 - 2x'x'''}{2x'^4} = (\mathrm{R}\,x)$$

et que l'on pourra obtenir par identification une fonction rationnelle $x(z)$ de degré N qui la vérifie, ce qui permettrait de former d'une manière purement algébrique les invariants des groupes des polyèdres réguliers et ces groupes eux-mêmes. On trouvera enfin dans l'ouvrage cité de Klein la solution du problème qui consiste à trouver les équations différentielles linéaires du second ordre à coefficients rationnels dont l'intégrale générale est algébrique, problème qui se rattache aux considérations précédentes, et qui fait l'objet de travaux de Fuchs, de Jordan, de Schwarz et de Klein [1].

---

[1] Pour la bibliographie de cette question et de toutes celles qui concernent les groupes discontinus on pourra consulter, outre les ouvrages déjà cités :

L. SCHLESINGER, *Handbuch der theorie der linearen differentialgleichungen*, t. II (Teubner, Leipzig, 1898).

F. KLEIN, *Gesammelte mathematische abhandlungen*, vol. 3 (Springer, Berlin, 1923).

CHAPITRE XIV.

CONSTRUCTION DES GROUPES FUCHSIENS ET KLEINÉENS.

41. Nous avons, dans le précédent Chapitre, établi les propriétés générales des groupes de substitutions linéaires et, plus particulièrement, des groupes proprement discontinus qui sont les plus importants pour la théorie des fonctions. Nous avons été conduits à une classification de ces groupes qui repose, comme on l'a vu, sur des considérations de géométrie non euclidienne. Mais nous avons laissé au second plan la notion de *domaine fondamental* qui va jouer un rôle important dans l'étude plus détaillée que nous allons maintenant entreprendre. Nous avons indiqué sommairement comment on construit les domaines fondamentaux des groupes de mouvement du plan euclidien. On peut construire d'une manière analogue les domaines fondamentaux des groupes discontinus de mouvements sur la sphère, c'est-à-dire des groupes des polyèdres réguliers, mais pour cette étude il nous suffira de renvoyer le lecteur à la Note déjà citée qui termine le second volume du *Cours de géométrie élémentaire* de M. Hadamard. Nous allons donc passer à l'étude des domaines fondamentaux des groupes fuchsiens et kleinéens, en nous attachant surtout aux premiers qui sont les plus importants. Nous serons ainsi conduits à des classifications de ces groupes, beaucoup plus complexes que celles qui concernent les groupes de mouvements euclidiens du plan ou de la sphère, et qui soulèvent des problèmes qu'on n'a pas encore entièrement résolus.

42. Rappelons la définition du domaine fondamental d'un groupe : si G est un groupe proprement discontinu dans une région $\mathcal{R}$ du plan analytique ([1]), invariante par les substitutions

---

([1]) $\mathcal{R}$ n'est pas nécessairement d'un seul tenant.

de G, on appelle domaine fondamental un domaine jouissant des propriétés suivantes : 1° deux points de ce domaine ne sont jamais équivalents par les transformations de G, exception faite pour les points frontières; 2° ce domaine renferme à son intérieur ou sur sa frontière un point équivalent à tout point de $\mathcal{R}$.

Dans le cas des groupes fuchsiens, la région $\mathcal{R}$ sera constituée soit par l'intérieur, soit par l'extérieur du cercle principal. La méthode dite du *rayonnement* permet de démontrer facilement l'existence d'un domaine fondamental. Nous pouvons nous placer indifféremment : soit dans le plan de Cauchy, à l'intérieur du cercle principal (ou dans l'un des demi-plans séparés par la droite limite); soit dans le plan de la géométrie projective de Cayley, à l'intérieur de l'ellipse dont les points sont à l'infini au sens de la métrique cayleyenne. Ces deux modes de représentation sont équivalents et l'on passe de l'un à l'autre par les formules (24) du Chapitre précédent. Toutefois, il y a avantage, pour des raisons de commodité, à employer tantôt l'un tantôt l'autre de ces deux modes de représentation, le second ayant cet avantage que les éléments jouant le rôle de droites, c'est-à-dire les géodésiques, y sont effectivement figurées par des droites, tandis que les éléments correspondants dans le plan de la variable complexe sont des circonférences. Les mots angle et distance, dans ce qui suit, seront pris au sens non euclidien, sauf indication contraire, et quel que soit celui des deux modes de représentation adopté (qu'on pourra souvent se dispenser de spécifier) ([1]).

Soient C_0 un point intérieur à l'ellipse, distinct des points fixes des substitutions elliptiques qui peuvent exister dans le groupe; $C_1, C_2, \ldots, C_n, \ldots$ les équivalents de C et qu'on peut supposer rangés de telle manière que les distances $C_0 C_1, C_0 C_2, \ldots, C_0 C_n, \ldots$ forment une suite non décroissante, ces distances tendant vers l'infini avec n. Appelons E l'ensemble des points M intérieurs à ellipse tels que la distance MC_0 soit au plus égale aux distances $MC_1, MC_2, \ldots, MC_n, \ldots$. Je dis que E est un domaine fondamental du groupe. Si, dans la définition précédente de E, on supprime les points $C_{n+1}, C_{n+2}, \ldots$, on obtient un ensemble E_n;

([1]) Dans ce qui suit nous désignerons en général par les mêmes symboles les substitutions sur la variable z et les opérations correspondantes du plan ou de l'espace projectif de Cayley.

il est clair que E_{n+1} est contenu dans E_n et que E est l'ensemble des points communs à tous les E_n. Ceci posé, soient M un point quelconque intérieur à l'ellipse, C_i l'un des points équivalents à C_0 qui sont le plus rapprochés de M, T_i la transformation qui fait passer de C_0 à C_i; la transformation inverse T_i^{-1}, qui change C_i en C_0, change M en M_0 qui fait partie de E. On a en effet quel que soit h

$$\text{dist.}\, C_0 M_0 \leq \text{dist.}\, C_h M_0,$$

puisque cette inégalité, par application de la transformation T_i, se ramène à la suivante

$$\text{dist.}\, C_i M \leq \text{dist.}\, C_k M,$$

où C_k désigne le transformé de C_h par T_i et qui est vérifié par hypothèse.

Supposons maintenant que deux points équivalents M et N fassent partie de E; N est le transformé de M par T_i et l'on a, par hypothèse pour toutes les valeurs de l'indice n,

$$\text{dist.}\, C_0 M \leq \text{dist.}\, C_n M,$$
$$\text{dist.}\, C_0 N \leq \text{dist.}\, C_n N.$$

La première inégalité, transformée par T_i, devient

$$\text{dist.}\, C_i N \leq \text{dist.}\, C_h N,$$

C_h étant le transformé de C_n par T_i; C_h ne sera autre que C_0 si l'on prend pour C_n le transformé de C_0 par T_i^{-1}; par suite on aura

$$\text{dist.}\, C_i N \leq \text{dist.}\, C_0 N$$

et comme C_i est distinct de C_0, ceci n'est possible que si l'égalité a lieu

$$\text{dist.}\, C_i N = \text{dist.}\, C_0 N,$$

N est alors un point frontière de E. On voit par là que E est un domaine fondamental, puisqu'il satisfait aux deux conditions requises. Il est d'ailleurs aisé de préciser sa structure. La perpendiculaire l_1 au milieu de $C_0 C_1$, qui est le lieu des points équidistants de C_0 et C_1 (§ 11, Rem. II) divise l'intérieur de la conique en deux régions convexes; celle qui contient C_0 n'est autre que le domaine E_1. On trace ensuite la perpendiculaire au milieu de $C_0 C_2$; si l_2 ne traverse pas E on a $E_2 = E_1$; si l_2 traverse E_1 elle le divise en deux régions convexes, celle qui contient C_0 constituant E_2. En continuant ainsi on obtient pour E un polygone convexe limité par des segments de droite et des arcs de conique; le nombre des côtés peut être infini, mais dans ce cas ils ne peuvent s'accumuler que sur l'ellipse, autrement dit tout domaine fermé intérieur à l'ellipse ne renferme jamais qu'un nombre fini de côtés de E. Nous avons donc démontré l'existence d'un domaine fondamental qui est un polygone convexe possédant toujours des côtés rectilignes, mais pouvant avoir également des côtés formés par des arcs de l'ellipse de Cayley; les angles de ce polygone ne dépassent jamais deux droits. Dans la plupart des applications qui vont suivre, nous admettrons que ce polygone n'a qu'un nombre fini de côtés, hypothèse très restrictive mais qui s'applique aux groupes les plus intéressants pour les applications. On réserve souvent le nom de *groupes fuchsiens* à ceux qui jouissent de cette dernière propriété, les autres étant désignés sous le nom de *groupes fuchsoïdes*, proposé par Poincaré. Nous nous limiterons dans ce qui suit à l'étude des groupes fuchsiens proprement dits, on verra facilement quelles sont celles de leurs propriétés qui s'étendent sans modification aux groupes fuchsoïdes.

On peut présenter d'une manière un peu différente la définition précédente du domaine E; de chaque point C_i comme centre décrivons un cercle non euclidien de rayon r assez petit pour que deux de ces cercles ne se coupent pas; soient K_0, K_1, K_2, ... ces cercles, K_i étant ainsi le transformé de K_0 par T_i; faisons croître le rayon commun r de ces cercles, et représentons-nous tous les rayons issus des divers centres C_0, C_1, ... et terminés à la circonférence qui croissent simultanément; nous arrêterons la croissance de chacun de ces rayons dès qu'il en rencontrera un autre issu d'un autre centre. L'espace balayé par les rayons issus de C_i, quand on fait croître r suffisamment pour qu'il n'y ait plus de lacune à l'intérieur de l'ellipse, au besoin jusqu'à $+\infty$, constitue précisément le domaine fondamental relatif à C_i défini précédemment. Nous conviendrons de désigner maintenant les domaines relatifs aux points C_0, C_1, C_2, ... par P_0, P_1, P_2, ... et nous dirons que P_i est le *polygone rayonné* de centre C_i et qui se déduit évidemment de P_0 par T_i, l'intérieur de l'ellipse étant entièrement recouvert par un réseau de polygones équivalents et qui n'empiètent pas l'un sur l'autre. Nous avons obtenu de cette manière une division *régulière* de l'intérieur de l'ellipse en domaines équivalents, ce qui signifie qu'un observateur placé en C_i et regardant ce réseau verra les côtés et les sommets disposés de la même manière quel que soit le point C_i choisi; les divers polygones seront donc pour lui indiscernables (même s'il est pourvu d'appareils de mesure et si ces derniers lui fournissent les résultats de la métrique cayleyenne).

43. Entrons maintenant dans le détail de l'étude de ce mode de division et des propriétés du polygone rayonné. Commençons par déterminer ce polygone pour le groupe formé des puissances d'une substitution hyperbolique qui a pour points fixes les deux points réels A et B sur l'ellipse et le pôle F de AB à l'extérieur de celle-ci (*fig.* 10 *bis*); les points ..., C_{-n}, ..., C_{-1}, C_0, C_1, ..., C_n, ... sont distribués dans cet ordre sur l'arc AC_0B de conique bitangente à l'absolu en A et B; il faut construire la perpendiculaire au milieu de $C_0 C_i$, lieu des centres des cercles cayleyens passant par C_0 et C_i, autrement dit lieu des pôles des cordes de contact des coniques bitangentes à l'absolu et passant par C_0 et C_i. La droite $C_0 C_i$ coupant l'absolu aux deux points P et Q, les cordes de contact considérées passent toutes par l'un des deux points fixes I et K, points doubles de l'involution déterminée par les couples (P, Q) et (C_0, C_i); soit I celui de ces deux points qui est extérieur à l'absolu, K étant intérieur et conjugué harmonique de I par rapport à PQ; c'est évidemment le point I qui convient pour les cercles cayleyens de rayon réel passant par C_0 et C_i, la corde de contact étant alors extérieure à l'absolu; I correspond également à la conique trajectoire des points $C_{\pm n}$, de sorte que le lieu cherché qui est la polaire du point I coïncide avec la droite FK. En faisant varier l'indice i, on obtient un faisceau de droites issues de F et tendant vers les positions limites FA et FB pour $i = \pm \infty$, d'où il suit que le polygone rayonné de centre C_0 est le quadrilatère déjà rencontré au Chapitre précédent, formé de deux arcs d'ellipse et de deux cordes dont les prolongements se coupent en F. Il est visible que A et B n'appartiennent pas au périmètre de ce quadrilatère, d'où cette conséquence importante :

si A et B sont les points doubles d'une substitution hyperbolique appartenant à un groupe fuchsien G, le polygone rayonné de centre C_0 relatif à G étant naturellement contenu dans le polygone de même centre relatif au sous-groupe cyclique de G

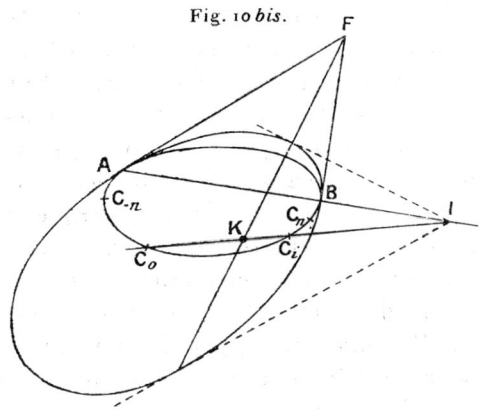

Fig. 10 bis.

formé des puissances de cette substitution, le premier polygone ne renfermera jamais A et B sur son périmètre. *Un polygone rayonné n'a donc jamais de sommets hyperboliques.*

Le cas du groupe cyclique parabolique est un cas limite du précédent, les points F, A, B venant se confondre en un seul et les trajectoires devenant surosculatrices en F ou à $\mathcal{C}$. Le polygone rayonné est un triangle formé de deux cordes FM, FN et de l'arc MN de $\mathcal{C}$.

44. Revenons maintenant au polygone rayonné qui concerne un groupe fuchsien quelconque; nous appellerons côtés de la première sorte les côtés rectilignes, côtés de la deuxième sorte les côtés formés par des arcs de l'ellipse $\mathcal{C}$; sommets de la première sorte ceux qui sont intérieurs à $\mathcal{C}$, sommets de la seconde sorte ceux qui sont situés sur la périphérie de $\mathcal{C}$. Ces côtés et ces sommets jouissant des propriétés suivantes :

Les côtés de la première sorte sont deux à deux équivalents par les substitutions du groupe. Faisons voir d'abord qu'un côté AB n'est pas en général équivalent à lui-même par des substitutions du groupe autres que la substitution identique. S'il en était ainsi, ou bien A et B seraient chacun un point fixe de la substitution T, ce qui est impossible puisque l'un de ces points est intérieur ([1]) à $\mathcal{C}$, l'autre étant à l'intérieur ou sur le périmètre de $\mathcal{C}$; ou bien A et B serait permutés par T, ce qui ne peut arriver que si T est une substitution elliptique de période 2 admettant le point fixe C′, milieu de AB; mais on convient alors de regarder C comme un *sommet non apparent* de P_0, CA et CB comme deux côtés distincts permutés entre eux par T, P_0 admettant en C un angle égal à deux droits. Moyennant cette convention deux côtés de la première sorte ne sont jamais équivalents par plus d'une substitution du groupe, car si S et T changeaient tous deux l en l', $S^{-1}T$ changerait l en lui-même. (Cette remarque subsiste pour deux côtés du réseau n'appartenant pas au même polygone.) Soit l_i un côté appartenant à la perpendiculaire au milieu de $C_0 C_i$; il est clair que quand on franchit l_i, venant de l'intérieur de P_0, on pénètre dans P_i déduit de P_0 par T_i (qui change C_0 en C_i), P_i étant ainsi adjacent à P_0 le long de l_i; la substitution T_i^{-1}, qui change P_i en P_0, change l_i en l_j, côté de P_0 distinct de l_i; tout côté de la première sorte est donc équivalent à un autre et d'ailleurs un seul, car si l est équivalent à l' et à l'' par S et T respectivement, $T^{-1}S$ changeant l en lui-même est la substitution identique; T est identique à S et l' à l''. Les côtés de la première sorte peuvent donc et d'une seule manière être associés en couples de côtés équivalents. Les côtés de la deuxième sorte ne possèdent pas en général la même propriété : exemple les deux côtés curvilignes du quadrilatère de tout à l'heure, polygone rayonné du groupe cyclique hyperbolique. Un côté de la deuxième sorte n'est d'ailleurs jamais transformé en lui-même, puisqu'il n'y a pas de sommets hyperboliques.

45. Étudions maintenant les sommets. Ceux de la première sorte peuvent être des points fixes de substitutions elliptiques (sommets elliptiques). Dans le cas contraire on les appelle des sommets *adventifs* ou *accidentels* parce que leur position dépend du point C_0 et que l'un d'eux peut être pris arbitrairement si l'on ne fixe pas ce centre.

([1]) Si deux points étaient sur $\mathcal{C}$ ils seraient les points doubles d'une substituion hyperbolique, hypothèse qu'on vient d'exclure.

Parlons d'abord des sommets adventifs; la recherche des sommets de P_0 équivalents à un sommet adventif A, et qui sont eux-mêmes, comme on le voit immédiatement des sommets adventifs, conduit à la notion de *cycle de sommets*. Si B est équivalent à A, la transformation qui change B en A change P_0 en un polygone du réseau ayant un sommet en A, et réciproquement tout polygone de ce dernier assemblage est transformé en P_0 par une opération qui change A en un sommet équivalent sur le périmètre de P_0. Soient donc P_0, P_1, ..., P_{n-1} les polygones assemblés autour de A dans l'ordre où on les rencontre en tournant dans le sens

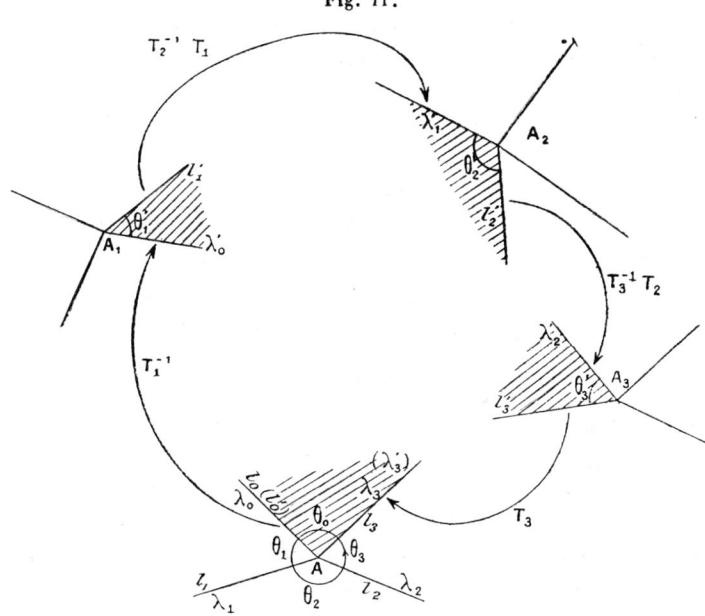

Fig. 11.

positif (*fig.* 11) indiqué par la flèche; désignons les deux bords de chaque côté de polygone issu de ce sommet par (l_0, λ_0), (l_1, λ_1), ..., (l_{n-1}, λ_{n-1}), par T_i l'opération qui change P_0 en P_i; l'opération T_i^{-1} transforme les deux côtés λ_{i-1} et l_i de P_i en λ'_{i-1} et l'_i respectivement, qui appartiennent à P_0. Nous écrivons pour l'uniformité l'_0 et λ'_{n-1} au lieu de l_0 et λ_{n-1} ($T_0 = T_0^{-1} = 1$). Il est visible que l'_i est changé en λ'_i par $T_{i+1}^{-1}T_i$, car T_i change l' en $l_i = \lambda_i$, et T_{i+1}^{-1} change λ_i en λ'_i. Le cercle décrit de A comme centre avec un rayon très petit est fractionné par les côtés du réseau en n segments d'angles $\theta_0, \theta_1, \ldots, \theta_{n-1}$ égaux respectivement aux angles $\theta'_0, \theta'_1, \ldots, \theta'_{n-1}$ de P_0 dont les sommets sont les points $A, A_1, \ldots, A_{n-1}$ équivalents à A, qui forment un *cycle*. On a par suite

$$\theta'_0 + \theta'_1 + \ldots + \theta'_{n-1} = 2\pi.$$

On doit observer que les opérations du groupe ne changent pas le sens de circulation sur le contour des polygones. Si l'on applique à un côté de P_0 la substitution qui l'amène sur son conjugué il vient se placer de manière que, si le côté initial était parcouru dans le sens positif, le transformé soit parcouru dans le sens négatif *autour de* P_0. La liaison entre les sommets du cycle peut donc s'exprimer par la règle suivante : partant du sommet A et marchant dans le sens négatif sur le contour de P_0 nous décrivons tout d'abord le côté l'_0 ; soit λ'_0 le côté conjugué de l'_0 ; nous décrivons λ'_0 toujours dans le sens négatif, ce qui nous amène au sommet A_1, puis le côté suivant l'_1 ; soit λ'_1 le côté conjugué de l'_1 ; nous décrirons λ_1 dans le sens négatif, atteignons A_2 et décrivons toujours dans le même sens le côté l'_2 ; nous passons ensuite à λ'_2 conjugué de l'_2 et continuons de la sorte jusqu'au retour au sommet initial A qui se produit après un nombre fini de ces opérations

$$A \, l'_0 \, \lambda'_0 \, A_1 \, l'_1 \, \lambda'_1 \, A_2 \ldots \lambda'_{n-1} \, A.$$

On a donc affaire à un *cycle fermé*. Tous ces rapports s'expliquent d'eux-mêmes par l'examen de la figure dans laquelle on a supposé $n = 4$. Remarquons que pour un cycle de sommets adventifs on a toujours $n \geq 3$, puisque les polygones P_0 ont des angles inférieurs à deux droits (ne pouvant devenir égaux à deux droits que dans le cas d'un sommet elliptique correspondant à une substitution de période 2) et que la somme des angles d'un cycle est égal à quatre droits. En général, c'est-à-dire si le centre C_0 n'a pas une position particulière, on a $n = 3$ pour tous les cycles adventifs de la première sorte; on se rend compte en effet que si C_0 est quelconque, un point équidistant de trois points C_i et qui n'est pas un centre de rotation elliptique du groupe ne sera pas encore à la même distance d'un quatrième point C_i, mais la démonstration rigoureuse de cette propriété étant assez longue et d'ailleurs peu utile, nous la laisserons de côté. Cette démons-

CONSTRUCTION DES GROUPES FUCHSIENS ET KLEINÉENS. 111

tration se trouve dans l'ouvrage de Klein et Fricke déjà citée (t. I, Chap. II). Remarquons seulement que le centre C_0 de P_0 est à égale distance des sommets $A, A_1, \ldots, A_{n-2}$. La démonstration est immédiate ([1]).

46. Passons maintenant à l'examen des propriétés des sommets elliptiques. Tout d'abord il est clair que P_0 étant transformé par toute opération du groupe en un polygone qui n'a pas de point intérieur commun avec P_0, un point fixe elliptique ne peut appartenir qu'au périmètre de P_0; d'ailleurs, puisque P_0 est un domaine fondamental, il renferme sur son périmètre un représentant au moins de chaque classe de points fixes elliptiques, les points équivalents entre eux étant rangés dans une même classe; les sommets d'une même classe sur ce périmètre forment un *cycle* qui peut se réduire à un seul sommet E.

Supposons d'abord qu'il en soit ainsi; comme E n'a d'autre équivalent que lui-même sur le périmètre de P_0, toute transformation du groupe qui change P_0 en un polygone dont le périmètre contient encore E admet par suite E comme point fixe et consiste par conséquent en une rotation elliptique autour de E d'amplitude multiple de $\frac{2\pi}{\nu}$ (ν entier ≥ 2), toutes ces rotations appartenant d'ailleurs au groupe.

Le réseau contient donc ν polynomes assemblés autour de E, la valeur commune de leurs angles en ce sommet étant nécessairement $\frac{2\pi}{\nu}$ puisque le réseau ne présente pas de lacunes ni de duplicatures.

Supposons maintenant que E appartienne à un cycle d'ordre n, les sommets $E_1, E_2, \ldots, E_{n-1}$ étant transformés en E par les substitutions $U_1, U_2, \ldots, U_{n-1}$ et soit comme plus haut ν l'ordre du sous-groupe cyclique de G qui admet E pour point fixe et R la rotation elliptique d'angle $\frac{2\pi}{\nu}$ autour de E; pour qu'une transformation de G transforme P_0 en un polygone ayant un sommet en E

([1]) En effet, en considérant la substitution qui conjugue les côtés l'_i et λ'_i de P_0, issus des sommets A_i et A_{i+1}, on voit que la distance $C_0 A_i$ est égale à la distance $C_{i+1} A_{i+1}$ et par suite à $C_0 A_{i+1}$ puisque λ'_i est perpendiculaire au milieu de $C_0 C_{i+1}$.

il faut et il suffit qu'elle soit de la forme

$$R^i U^k \begin{pmatrix} i = 0, 1, \ldots, \nu - 1 \\ k = 0, 1, \ldots, n - 1 \\ U_0 = 1 \end{pmatrix}$$

ce qui donne $n\nu$ transformations distinctes et par suite $n\nu$ polygones du réseau assemblés autour de E. Soit θ_i l'angle du polygone P_0 en E_i; les côtés du réseau issus de E forment entre eux des angles dont l'ordre de succession est évidemment le suivant

$$\theta_0 \theta_1 \ldots \theta_{n-1} \theta_0 \theta_1 \ldots \theta_{n-1} \ldots \theta_{n-1},$$

le groupement initial $(\theta_0, \ldots, \theta_{n-1})$ étant répété ν fois, d'où il suit que

$$\theta_0 + \theta_1 + \ldots + \theta_{n-1} = \frac{2\pi}{\nu}.$$

La figure 12 indique la disposition des angles en question

Fig. 12.

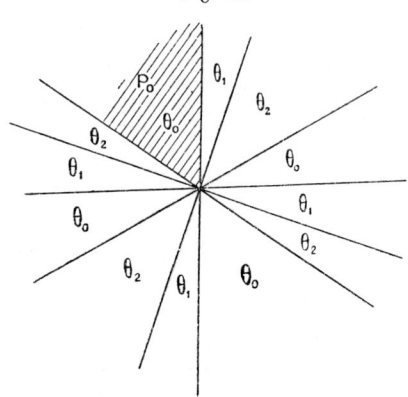

pour $\nu = 4$, $n = 3$. Bien entendu, quand un sommet est elliptique, les deux côtés qui y aboutissent sont conjugués l'un de l'autre, si ce sommet forme à lui seul un cycle; sinon les transformations qui relient deux à deux les $2n$ côtés aboutissant aux n sommets du cycle, s'obtiennent par une règle identique à celle que nous avons obtenue pour les cycles adventifs. Il est d'ailleurs facile de démontrer que par un choix convenable du centre C_0, on peut faire en sorte que les sommets considérés forment des cycles à un seul élément. En effet, si les deux sommets elliptiques équivalents E et E′ sont sur le périmètre de P_0, ils sont à égale distance du centre C_0; or les points fixes des substitutions de G étant en infinité dénombrable, il en est de même des perpendiculaires au milieu des droites qui les joignent deux à deux; traçons par exemple un cercle quelconque qui est coupé par ces droites aux points d'un ensemble dénombrable; si l'on prend pour C_0 un point du cercle distinct des points de ce dernier ensemble, la circonstance particulière en question ne se présente pas.

47. Considérons ensuite les sommets de la deuxième sorte situés sur l'ellipse $\mathcal{A}$. Un point de cette espèce ne peut être point fixe que d'une substitution parabolique de G (§ 43). Réciproquement je dis que toute classe de points fixes de substitutions paraboliques de G admet un représentant sur le périmètre de P_0. Soit A un point de cette classe situé sur le périmètre de l'ellipse $\mathcal{A}$ et représenté dans le plan analytique par un point de l'axe réel qu'on peut supposer à l'infini. On peut supposer d'autre part que le point c_0 image de C_0 coïncide avec $z = i$, car on peut disposer des constantes qui figurent dans une substitution linéaire à coefficients réels

$$Z = \frac{az+b}{cz+d} \quad (ad - bc > 0),$$

de manière que pour $z = i$ et $z = \infty$, Z prenne respectivement une valeur imaginaire et une valeur réelle données à l'avance. Soit alors

$$z' = z + h \quad (h \text{ réel})$$

la substitution parabolique donnée et

$$z' = \frac{\alpha z + \beta}{\gamma z + \delta} \quad (\alpha\delta - \beta\gamma = 1)$$

une substitution quelconque de G. Les points c_n équivalents à c_0 sont donnés par l'expression

$$\frac{\alpha i + \beta}{\gamma i + \delta} = \frac{\alpha\gamma + \beta\delta}{\gamma^2 + \delta^2} + \frac{i}{\gamma^2 + \delta^2}.$$

Nous allons démontrer qu'il n'y a aucun point c_n dans la région

du plan définie par
$$y > y_0$$

pour y_0 suffisamment grand. Posons

$$T = \begin{pmatrix} 1 & h \\ 0 & 1 \end{pmatrix},$$
$$U = \begin{pmatrix} \alpha & \beta \\ \gamma & \delta \end{pmatrix}.$$

La transformée de U par T qui appartient à G est représentée par

$$T^{-1}UT = \begin{pmatrix} \alpha' & \beta' \\ \gamma' & \delta' \end{pmatrix},$$

(1) $\begin{cases} \alpha' = -1 - \gamma \delta h \\ \beta' = -\delta^2 h \\ \gamma' = \gamma^2 h \\ \delta' = \gamma \delta h - 1 \end{cases}$ $(\delta' - \alpha' = 2\gamma \delta h).$

Or l'ordonnée de c_n ne tend vers l'infini que si γ et δ tendent simultanément vers zéro, ce qui entraîne la même conséquence pour β', γ', α', δ'; la substitution $T^{-1}UT$ serait donc infinitésimale contrairement à l'hypothèse que G' est proprement discontinu.

Plus généralement l'ordonnée $\dfrac{1}{\gamma^2 + \delta^2}$ ne peut pas avoir une limite d'indétermination positive et non nulle; il faudrait en effet que les limites d'indétermination de γ et δ fussent toutes deux finies. Or si γ et δ tendent vers les limites finies γ_1 et δ_1, les formules (1) montrent que $T^{-1}UT$ tend vers une substitution limite bien déterminée et non singulière. Or nous avons remarqué que si un groupe renferme une suite de substitutions

$$S_1, \quad S_2, \quad \ldots, \quad S_n, \quad \ldots$$

tendant vers une substitution non singulière et d'ailleurs distinctes, il renferme des substitutions infinitésimales, à savoir $S_{n+1}^{-1} S_n$, pour n infiniment grand. La limite supérieure y_0 de y est donc effectivement atteinte et nous aurons sur la droite $y = y_0$ une infinité de points équivalents à c et se succédant dans l'ordre

$$\ldots, \quad c_m, \quad c_p, \quad c_q, \quad c_r, \quad c_s, \quad \ldots$$

et ayant l'infini pour point limite. Prenons le point c_q par exemple pour centre du polygone rayonné et observons que les géodésiques perpendiculaires au milieu de $c_q c_r$ et $c_q c_p$, ne sont que les droites perpendiculaires au milieu de ces segments au sens euclidien.

Faisant d'abord abstraction des points c_n d'ordonnées inférieures à y_0, nous obtenons comme polygone rayonné la bande comprise entre ces deux parallèles à l'axe des y. Il est facile de voir que si H est suffisamment grand, la région $\mathcal{R}$ couverte de hachures et limitée par ces deux parallèles et par la droite $y = $ H fait encore

Fig. 13.

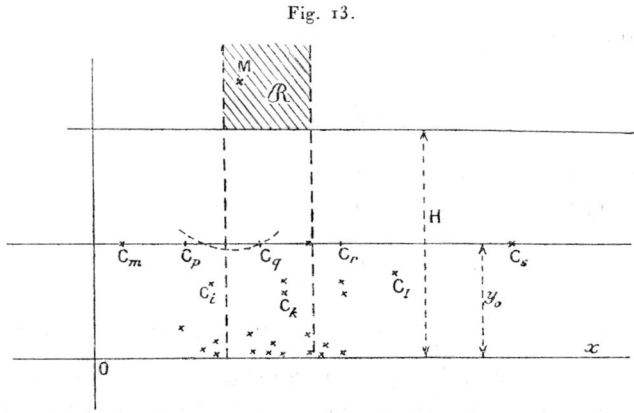

partie du polygone rayonné même quand on fait intervenir les points c_n d'ordonnées inférieures à y_0. Soit en effet M un point de $\mathcal{R}$; le cercle non euclidien de centre M passant par c_q devenant à la limite confondu avec la droite $y = y_0$ quand l'ordonnée de M est infiniment grande, il est clair que pour H suffisamment grand, ce cercle ne contient aucun point c_n à son intérieur et que par suite M est plus rapproché, au sens non euclidien, de c_q que de tout point équivalent. En revenant au plan cayleyen on voit que c_q est le centre d'un polygone rayonné dont le périmètre présente deux côtés rectilignes qui se coupent en A. Nous savons d'ailleurs que les substitutions de G qui admettent le point fixe A sont toutes paraboliques et sont les puissances de l'une d'entre elles T. Les sommets équivalents à A sur le périmètre de P_0 forment un cycle fermé dont tous les angles sont nuls; si ce cycle se réduit à un seul élément, les deux côtés issus de A se déduisent l'un de l'autre par $T^{\pm 1}$. On peut choisir le centre c_0 de manière qu'il en soit bien ainsi. Je dis que si c_0 est pris *au hasard*, deux points équivalents à c_0 ne seront situés sur une même trajectoire d'une substitution parabolique T du groupe, que s'ils se déduisent l'un de l'autre par l'une des substitutions paraboliques du groupe ayant même point double que T. En effet, soit toujours $z = \infty$ le point double du sous-groupe cyclique parabolique de G qui est formé par les puissances de la substitution $(z, z + h)$. Soient c_0 un point quelconque du demi-plan supérieur, c_p et c_q deux points équivalents à c_0 et déduits l'un de l'autre par la substitution $\begin{pmatrix} \alpha & \beta \\ \gamma & \delta \end{pmatrix}$. Si y désigne l'ordonnée de c_p et y' celle de c_q on a

$$y' = \frac{y}{(\gamma x + \delta)^2 + \gamma^2 y^2}.$$

Si donc $\gamma \neq 0$, on ne pourra avoir $y' = y$ que si le point c_p ou $(x + iy)$ se trouve sur le cercle

$$\gamma^2(x^2 + y^2) + 2\gamma\delta x + \delta^2 = 1.$$

Prenons pour $\begin{pmatrix} \alpha & \beta \\ \gamma & \delta \end{pmatrix}$ toutes les substitutions de G pour lesquelles $\gamma \neq 0$, c'est-à-dire pour lesquelles l'∞ n'est pas un point double, ou, ce qui revient au même, qui n'appartiennent pas au sous-groupe cyclique considéré; nous obtenons une infinité dénombrable de cercles, dont les transformés par toutes les substitutions de G sont encore des cercles en infinité dénombrable. Il suffit de prendre pour c_0 un point qui n'appartienne à aucun des cercles de ce dernier ensemble dénombrable $\mathcal{O}$, pour que le polygone rayonné correspondant n'admette qu'un seul sommet parabolique de la classe considérée. Il est clair, d'autre part, qu'un point pris au hasard n'appartient pas à cet ensemble $\mathcal{O}$ de cercles, puisqu'une courbe algébrique quelconque ne faisant pas partie de $\mathcal{O}$, ne rencontrera $\mathcal{O}$ qu'en un ensemble dénombrable de points.

48. Passons maintenant à l'étude des sommets adventifs de la seconde sorte. Un tel sommet peut être l'intersection de deux côtés rectilignes de P_0, mais c'est encore là une circonstance exceptionnelle qui ne se présente pas si C_0 est pris au hasard. Supposons en effet que les perpendiculaires au milieu de $C_0 C_1$ et $C_0 C_2$ se coupent sur la conique, et cela quel que soit C_0, quand les substitutions T_1 et T_2 qui changent C_0 en C_1 et C_2 restent les mêmes.

Passons au demi-plan de la variable z et interprétons ce fait. Si d'abord on suppose que $z = \infty$ soit l'image du sommet considéré, les deux côtés issus de ce sommet ont pour images deux parallèles à l'axe imaginaire et C_0, C_1, C_2 ont pour images c_0, c_1, c_2 situés sur une parallèle à l'axe réel. Si le point a image de A est à distance finie sur l'axe réel, c_0, c_1, c_2 sont sur un cercle tangent à cet axe en a. Nous devons donc exprimer que, quel que soit c_0, le cercle circonscrit à c_0, c_1, c_2 touche Ox. La chose est impossible si T_1 et T_2 n'ont pas les mêmes points doubles.

Supposons en effet que l'on fasse tendre c_0 vers le point double α de T_1; et soit

$$c_0 = \alpha + dz.$$

L'équation de la substitution T_1, supposée d'abord non parabolique, étant

$$\frac{z_1 - \alpha}{z_1 - \beta} = k \frac{z - \alpha}{z - \beta} \quad (k \neq 1),$$

on aura

$$c_1 = \alpha + dz_1 = \alpha + k\, dz,$$
$$c_1 - c_0 = (k - 1)\, dz.$$

Donnons à l'argument de dz la valeur ω; le cercle circonscrit à c_0, c_1, c_2 tend vers un cercle passant par α, la tangente en ce point faisant avec l'axe réel un angle égal à

$$\arg(k - 1) + \omega$$

et passant d'autre part par le point $\gamma = T_2 a$, distinct de α; en faisant varier ω on obtient un faisceau de cercles qui, pour une valeur arbitraire de ω, ne sont évidemment pas tangents à l'axe réel. Si T_1 est parabolique, faisons décrire à c_0 un cercle K tangent en α à Ox; c_1 décrit le même cercle. Si c_0 et c_1 tendent simultanément vers α, c_2 tend vers γ distinct de α sur Ox et quand ces points sont suffisamment rapprochés de leurs positions limites, le cercle circonscrit à $c_0 c_1 c_2$ ne saurait être tangent à Ox, car les cercles passant par $c_0 c_1$ et tangents à cet axe sont, d'une part, le cercle fixe K, d'autre part un cercle qui tend à se confondre avec

le seul point α, puisqu'une inversion de centre α le transforme en un cercle de rayon constant dont le centre s'éloigne à l'infini. Il faut donc en définitive que les points doubles de T_1 et T_2 soient confondus; si T_1 et T_2 sont elliptiques ou hyperboliques, les cercles circonscrits aux triangles c_0, c_1, c_2 sont les diverses trajectoires, cercles d'un faisceau linéaire admettant les deux points doubles pour points de Poncelet ou passant par ces points et en général non tangents à l'axe réel. La seule hypothèse admissible est donc que T_1 et T_2 soient paraboliques avec le même point double, le cercle circonscrit à $c_0 c_1 c_2$ étant alors constamment tangent à Ox en ce point. Sinon il existe une condition pour que ce contact ait lieu, condition qui s'obtient en éliminant ρ et λ entre les équations
$$(x_i - \rho)^2 y_i^2 + 2\lambda y_i = 0 \qquad (i = 0, 1, 2)$$
et remplaçant dans la relation algébrique entre les x_i, y_i ainsi obtenue, x_1, y_1, x_2, y_2 par leurs valeurs en fonction de x_0, y_0; cela donne comme lieu du point (x_0, y_0) une courbe algébrique; en remplaçant c_1, c_2 par les diverses combinaisons de points équivalents à c_0, on obtient une infinité dénombrable de courbes analogues; si c_0 n'appartient à aucune d'elles, il n'existe pas de sommets du polygone de l'espèce considérée. Or si une courbe algébrique $\mathcal{L}$ quelconque n'appartient pas à l'ensemble que nous venons de définir, elle est coupée par les courbes de cet ensemble aux points d'un ensemble dénombrable. Il suffira de prendre, sur $\mathcal{L}$, c_0 étranger à ce dernier ensemble, pour éviter les sommets en question qu'on peut par conséquent exclure.

Soit alors A un sommet adventif sur l'ellipse $\mathcal{A}$, point de rencontre d'un côté de la première sorte l et d'un côté λ de la seconde sorte; soit P' le polygone du réseau adjacent à P_0 le long de l; la transformation du groupe qui change P' en P_0 change l en un autre côté rectiligne l_1 de P_0 aboutissant au sommet de la seconde sorte A_1 équivalent à A et distinct de A; mais comme le second côté λ_1 issu de A_1 est de la seconde sorte, la règle de formation des cycles que nous avons formulée pour un sommet intérieur à l'ellipse ne permet pas ici de continuer la suite de ces opérations; on doit regarder A et A_1 comme formant un cycle *ouvert* à deux éléments. Il est clair que les angles du polygone représenté sur le demi-plan analytique ont pour valeur $\frac{\pi}{2}$ aux deux sommets du

cycle; la somme des angles d'un cycle ouvert est donc égale à π.
Tel est, dans le cas qu'on doit regarder comme général, le caractère très simple de la répartition en cycles des sommets adventifs de la seconde sorte. Mais on peut aussi ne pas exclure le cas, qui se présente pour certaines positions particulières de C, où le polygone rayonné admet des *pointements* sur l'ellipse en des sommets adventifs. Reprenons donc, sans faire aucune hypothèse simplificatrice, l'étude des sommets adventifs de la seconde sorte comme nous l'avons faite pour ceux de la première sorte.

Les polygones du réseau qui ont un sommet adventif en A se déduisent de P_0 par les transformations qui changent A en un autre sommet de la seconde sorte A_i sur le contour de P_0; réciproquement si A_i, sommet de P_0, est équivalent à A, l'unique transformation du groupe qui change A_i en A change P_0 en un polygone du réseau de sommet A. Nous supposons essentiellement que P_0 n'a qu'un nombre fini de sommets; le nombre n de ceux qui sont équivalents à A, y compris A, est égal au nombre des polygones du réseau assemblés autour de A et qui doivent recouvrir entièrement la portion de l'intérieur de l'ellipse contenue dans un petit cercle euclidien de centre A. En tournant, dans le sens positif d'abord, sur le contour de ce petit cercle, on rencontre successivement à partir d'un point intérieur à P_0, les côtés du réseau désignés par $(l_0, \lambda_0), (l_1, \lambda_1), \ldots, (l_p, \lambda_p)$ pour distinguer les deux bords; puis enfin un côté de la seconde sorte en arrivant sur l'ellipse. En tournant dans le sens négatif on rencontre
$$(\lambda_{-1} l_{-1})(\lambda_{-2} l_{-2})\ldots(\lambda_{-q} l_{-q}).$$
Les polygones rencontrés se succèdent dans l'ordre
$$P_{-q},\ P_{-(q-1)},\ \ldots,\ P_{-1},\ P_0,\ P_1,\ \ldots,\ P_p,\ P_{p+1}$$
et l'on a
$$n = p + q + 2.$$

Si T_i désigne l'opération qui change P_0 en P_i, T_i^{-1} transforme les deux côtés λ_{i-1}, et l_i de P_i en λ'_{i-1} et l'_i, côtés de P_0 aboutissant au sommet A_i. Mais ici le cycle des sommets
$$A_{-q},\ A_{-(q-1)},\ \ldots,\ A_{-1},\ A_0,\ A_1,\ \ldots,\ A_{p+1}$$
ne se ferme pas parce qu'on ne peut pas passer de λ_p à l_{-q} en

tournant dans le sens positif sans rencontrer un côté de la seconde sorte.

On verra encore que l'_i est changé en λ_i par une substitution du groupe ([1]); les côtés de la première sorte issus des divers sommets d'un cycle ouvert sont encore deux à deux conjugués. La somme des angles aux sommets d'un tel cycle a pour valeur π,

Fig. 14.

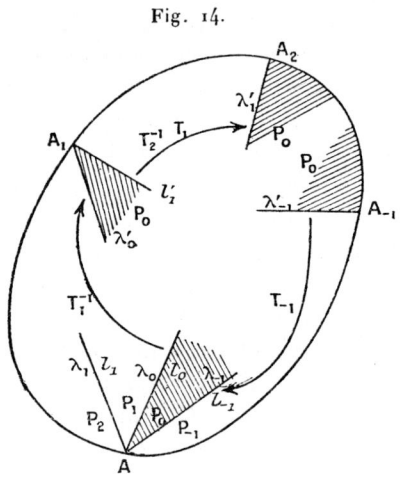

tous ces angles étant nuls au point de vue non euclidien sauf les deux extrêmes qui sont égaux à $\dfrac{\pi}{2}$. La figure 14 a été faite dans le cas de $n = 4$; le cycle commence en A_{-1} et finit en A_2 où aboutissent des côtés de la seconde sorte.

Il résulte de là que si P_0 admet un sommet adventif de la seconde sorte, le groupe G est proprement discontinu sur certains arcs de l'ellipse, puisqu'il y a de tels arcs sur la frontière de P_0, c'est-à-dire que G appartient à la seconde des deux grandes classes en lesquelles nous avons, au Chapitre précédent, subdivisé les groupes fuchsiens.

La réciproque est d'ailleurs exacte : si G est de cette classe, P_0 admet au moins un côté de la seconde sorte et par suite deux. Soit en effet M un point du contour de $\mathcal{A}$ qui ne soit pas un point d'accumulation pour les points équivalents à un point intérieur;

([1]) La substitution $T_{i+1}^{-1} T_i$ quel que soit le signe de $i (p \geqq i \geqq - q)$.

je dis que la droite C_0M ne rencontre qu'un nombre fini de polygones du réseau, ou, si l'on veut, de côtés du réseau. Les côtés complètement intérieurs à l'ellipse tendent, comme nous l'avons démontré au Chapitre précédent, vers les points d'un ensemble parfait $\mathscr{F}$ qui ne contient pas M, et la droite c_0M n'en peut rencontrer qu'un nombre fini; les côtés qui aboutissent en des points α de l'ellipse et qui sont rencontrés par c_0M ne peuvent être non plus en nombre infini; supposons un instant qu'il en soit ainsi; les extrémités α correspondantes admettent au moins un point limite L appartenant à $\mathscr{F}$ et par suite distinct de M; il existerait alors une infinité de côtés du réseau tendant vers la position limite LM; soit O un point du segment LM intérieur à l'ellipse; un cercle infiniment petit de centre O rencontrerait une infinité de côtés du réseau, ce qui est manifestement impossible. Il s'ensuit que le point M est sur le contour d'un polygone du réseau, et comme ce n'est pas un point parabolique on déduit de ce qui précède que G est de la deuxième classe. On a démontré de plus en passant que les côtés du réseau s'accumulent uniquement autour des points de $\mathscr{F}$.

49. La méthode du rayonnement nous a donc permis de construire un domaine fondamental possédant les propriétés suivantes :

1° Ce domaine est un polygone simplement connexe intérieur à l'ellipse;

2° Les côtés de ce polygone P_0 qui ne sont pas des arcs d'ellipse sont conjugués deux à deux, et d'une seule manière par les substitutions du groupe. Il en résulte que ces côtés (de la première sorte) sont en nombre pair;

3° Les sommets de P_0 intérieurs à l'ellipse se répartissent en cycles fermés et la somme des angles d'un cycle est égale à 2π (cycles adventifs), ou à une partie aliquote de 2π (cycles elliptiques);

4° Les sommets sur l'ellipse forment ou bien des cycles fermés (sommets paraboliques), ou bien des cycles ouverts de sommets adventifs dont la somme des angles évaluée au sens élémentaire ou au sens non euclidien est égale à π.

Le polygone rayonné P_0 possède encore, comme nous l'avons vu, d'autres propriétés intéressantes, notamment la convexité. Mais celles qui précèdent sont seules essentielles, et nous pourrons modifier P_0 de bien des manières sans qu'elles cessent d'être vérifiées, P_0 restant toujours un domaine fondamental qui donne lieu à une division régulière du plan. Ces *modifications permises* s'obtiennent en supprimant de P_0 une portion dont la frontière comprend un arc de son contour, et ajoutant d'autre part une aire limitrophe de P_0 équivalente à celle qu'on vient de supprimer, mais pourvu que le nouveau domaine ainsi obtenu, qui reste toujours un domaine fondamental, soit encore d'un seul tenant et même simplement connexe. En outre nous supposerons que la frontière du nouveau domaine est toujours formée par un nombre fini d'arcs analytiques à tangente continue, et même le plus souvent de segments de droite. Enfin nous supposerons que ces opérations ne sont effectuées qu'un nombre fini de fois. Soit par exemple l un côté de P_0 complètement intérieur à l'ellipse et ne contenant pas de sommet elliptique; on peut remplacer l par une ligne brisée de mêmes extrémités intérieure à P_0, en supprimant de ce dernier la portion comprise entre ces deux lignes, et ajoutant d'autre part à P_0 la portion du polygone P_i adjacent suivant le côté λ conjugué de l et déduite de celle qu'on vient de supprimer par la substitution qui change l en λ. Le nouveau polygone P'_0 est encore un polygone fondamental donnant lieu à une division régulière du plan sans lacune ni duplicature, d'où il suit que la somme des angles d'un cycle n'est pas modifiée. On a d'ailleurs introduit de cette manière de nouveaux cycles adventifs par addition de nouveaux sommets; ces nouveaux cycles ne renferment que deux éléments, tandis que les cycles adventifs de P_0 renfermaient au moins trois sommets; mais le nouveau polygone renferme maintenant des angles rentrants.

50. Considérons ensuite un sommet elliptique E. Supposons que E fasse partie d'un cycle de deux sommets E, E_1 comme l'indique la figure 15, de sorte que les côtés λ et λ' issus de E se déduisent des côtés l et l' issus de E par les transformations T et U respectivement.

Supprimons de P_0 le triangle EMN, M et N appartenant respectivement à l et l', et ajoutons le triangle $E_1 M_1 N_1$ équivalent par U.

On a ainsi supprimé E en conservant E_1 et introduit les nouveaux sommets M, N, M_1, N_1. Soit de plus M_2 l'équivalent de M par T, situé sur le côté λ; M_2 doit être regardé comme un sommet d'angle

Fig. 15.

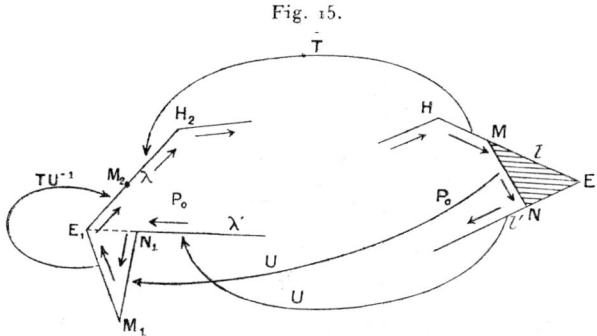

égal à π. E_1 forme maintenant un cycle à lui seul, les deux côtes $E_1 M_1$, $E_2 M_2$ se correspondant par TU^{-1}.

Les points M, M_1, M_2 forment un cycle, comme on le voit en appliquant la règle de Poincaré

$$M, \quad (MN), \quad (N_1 M_1), \quad M_1, \quad (M_1 E_1), \quad (E_1 M_2),$$
$$M_2, \quad (M_2 H_2), \quad (HM), \quad M.$$

De même N et N_1 forment un cycle adventif de deux sommets. On vérifie que l'angle en E_1 du polygone modifié est $\frac{2\pi}{\nu}$, car dans le polygone primitif on avait

$$E + E_1 = \frac{2\pi}{\nu},$$

et l'angle en E_1 du polygone modifié est précisément $E + E_1$. Nous pouvons donc faire disparaître les cycles elliptiques à plus d'un élément, résultat auquel nous étions déjà parvenus par le déplacement du centre du polygone rayonné. Mais nous ne pouvons pas faire disparaître un sommet elliptique qui forme un cycle à lui seul, car en supprimant MEN on devra le remplacer par un triangle ayant encore un sommet en E.

51. On obtient des résultats analogues pour les sommets paraboliques, et l'on peut encore, par des modifications permises, sup-

primer les cycles paraboliques à plusieurs éléments, résultat auquel nous sommes également parvenus par déplacement du centre C_0. On pourra par l'emploi du même procédé réduire à

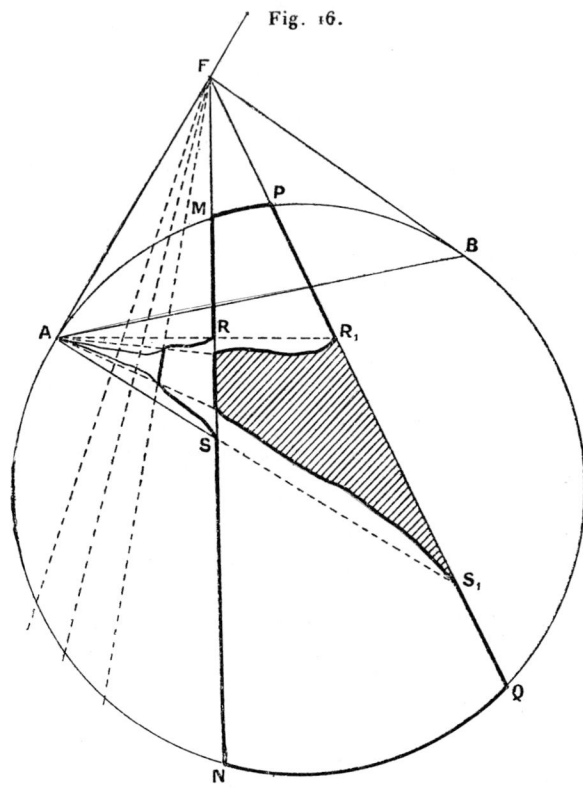

Fig. 16.

deux éléments les cycles adventifs de sommets de la seconde sorte, c'est-à-dire situés sur l'ellipse ([1]). En revanche il est impossible, si ce n'est par un nombre infini d'opérations, de faire apparaître des sommets hyperboliques sur le périmètre du polygone; pour s'en rendre compte, il suffit de considérer le quadrilatère MNPQ,

---

([1]) Il est du reste facile de démontrer que le remplacement d'un polygone rayonné par un autre de centre différent peut s'obtenir par les modifications permises que nous venons de définir; il suffit de faire voir que le nouveau polygone n'a de points communs qu'avec un nombre fini de polygones équivalents à l'ancien, ce qui n'offre aucune difficulté.

polygone fondamental d'un groupe cyclique hyperbolique de points fixes A et B, MN et PQ étant les côtés rectilignes conjugués. Pour faire apparaître A sur le contour du polygone il faudrait ajouter au quadrilatère une aire ayant une pointe en A et limitrophe du côté MN, et retrancher l'aire équivalente limitrophe du côté PQ, ce qui ne constitue pas une opération permise, parce qu'une aire atteignant le point A a des parties communes avec une infinité de quadrilatères équivalents à MNPQ; l'aire ARS par exemple est décomposée en une infinité de tranches par les droites issues du pôle F de AB et équivalentes aux côtés MN et PQ; on devra examiner successivement chacune de ces tranches et vérifier s'il est possible de l'ajouter au domaine moyennant une modification permise. On se rend compte par l'examen de la figure, sans qu'il soit utile d'entrer dans le détail, qu'en donnant à RAS un profil convenable, on peut ainsi remplacer le domaine initial par un autre qui s'approche de plus en plus du point A, mais sans jamais l'atteindre.

52. Donnons-nous maintenant *a priori* un polygone satisfaisant de conditions de 1° à 4°, et recherchons si ce polygone ne peut pas être regardé comme le domaine fondamental d'un groupe fuchsien, ou, d'une manière plus précise, si le groupe dérivé des substitutions qui relient deux à deux les côtés de la première sorte du polygone est bien *proprement discontinu* à l'intérieur de l'ellipse. La question doit être résolue par l'affirmative comme nous allons le démontrer d'après Poincaré, et c'est là un résultat très important puisqu'il va nous permettre de construire effectivement par une méthode géométrique tous les groupes fuchsiens. Nous supposerons que le polygone donné, intérieur à l'ellipse $\mathcal{C}$, a ses côtés de la première sorte rectilignes ([1]).

Dans les raisonnements qui suivent, les expressions longueur et distance seront prises au sens de la géométrie cayleyenne; il est clair, d'après la définition des distances au moyen du rapport anharmonique, que deux points dont la distance est infiniment petite sont infiniment voisins au sens ordinaire, la réciproque

---

([1]) Il est clair que cette hypothèse n'a rien d'essentiel et l'on peut aisément s'en débarrasser.

n'étant vraie que dans un domaine qui n'a pas de point frontière sur l'ellipse. Ceci posé joignons un point A intérieur au polygone donné P_0 à un point B quelconque intérieur à l'ellipse par une ligne continue formée par exemple de segments de droite. Parcourant cette ligne de A en B nous sortons de P_0 par un côté l_1 conjugué du côté λ_1; effectuons sur P_0 la transformation qui change λ_1 en l_1 et par suite P_0 en P_1 adjacent à P_0 le long de l_1; si en continuant à parcourir AB nous ne restons pas à l'intérieur de P_1, nous en sortirons par un côté l'_2 et la transformation qui change P_1 en P_0 change l'_2 en l_2 dont le conjugué est λ_2; si nous effectuons sur P_0 d'abord la transformation qui change λ_2 en l_2, puis la transformation qui change λ_1 en l_1, nous obtenons un polygone P_2 adjacent à P_1 le long de l'_2; si nous ne restons pas dans P_2 en continuant à parcourir AB, nous en sortons par l'_3 et la transformation qui fait remonter de P_2 à P_0 change l'_3 en l_3 conjugué de λ_3; la transformation qui change λ_3 en l_3 change P_0 en un polygone adjacent le long de l_3; en appliquant à P_0 d'abord cette transformation puis celle qui change P_0 en P_2, on obtient le polygone P_3 adjacent à P_2 le long de l'_3, et ainsi de suite; la transformation qui change P_0 en P_m aura pour expression en désignant par U_i celle qui change λ_i en l_i

$$U = U_1 U_2 \ldots U_m.$$

Si l'on désigne par $T_1, T_2, \ldots, T_{2c}$ les $2c$ transformations qui conjuguent deux à deux les côtés de P_0 et qui sont deux à deux inverses l'une de l'autre

$$T_{2i-1} T_{2i} = 1,$$

l'expression de U pourra s'écrire

$$U = T_i^\alpha T_k^\beta T_l^\gamma \ldots,$$

où les indices i, k, l sont des entiers de la suite $(1, 2, \ldots, 2c)$ et les exposants α, β, λ des entiers positifs, ou encore i, k, l des entiers de la suite $(1, 3, \ldots, 2c-1)$ et α, β, γ des entiers positifs ou négatifs.

Réciproquement à toute transformation du type précédent correspond une chaîne de polygones $P_0, P_1, \ldots, P_m$ deux à deux adjacents suivant des côtés de la première sorte et équivalents par rapport au groupe dérivé des T_i; P_m se déduit de P_0 par la transformation donnée, et la chaîne de polygones en question est celle qui s'obtient par le procédé indiqué plus haut quand on choisit convenablement la ligne AB.

Il s'agit de prouver que tout point intérieur à l'ellipse se trouve à l'intérieur ou sur le contour de l'un des polygones ainsi obtenus et que deux polygones n'empiètent jamais l'un sur l'autre.

Pour prouver le premier point on peut choisir comme ligne AB la droite qui joint ces deux points et il suffit de montrer qu'en effectuant la suite des opérations indiquées à l'instant, on obtiendra un dernier polygone P_m tel que le segment de la droite AB compris entre son point de pénétration dans P_m et le point B ne sorte pas de P_m. Désignons par $s_0, s_1, s_2, \ldots$ les longueurs des segments découpés par les polygones $P_0, P_1, P_2, \ldots$ sur la droite AB et ayant pour origine A, puis le premier point de pénétration dans P_1, puis le premier point de pénétration dans P_2; ces segments sont donc consécutifs par définition ([1]). Si la suite des opérations ne se termine pas, ces segments sont en nombre infini et comme la longueur de AB est finie, puisque A et B sont intérieurs à l'ellipse, il en résulte que s_p tend vers zéro avec $\dfrac{1}{p}$; il en est de même des longueurs des segments, homologues de ceux que nous venons de définir par les substitutions qui font passer des P_i à P_0, et qui joignent par conséquent deux points du périmètre de P_0; soit σ l'un de ces segments; la longueur de σ ne peut être infiniment petite que si ses deux extrémités sont infiniment voisines d'un même sommet de P_0 de sorte que σ *sous-tend* le sommet E. Je dis que deux segments σ consécutifs sous-tendent le même sommet ou deux sommets d'un même cycle. En effet, soient a et b les deux extrémités de σ, les directions ab et AB se correspondant, EE' le côté de P_0 qui contient b, P' le polygone du réseau adjacent à P_0 le long de EE'; le prolongement de ab sort de P' en c et la substitution qui change P' en P_0 change bc en un segment σ' qui est consécutif de σ dans P_0; bc sous-tend dans P' un sommet qui ne peut être que E ou E'; ce ne peut être E', sinon b serait infiniment

---

([1]) Il peut arriver *a priori* qu'un même polygone découpe plusieurs segments sur AB; ces segments correspondent alors soit à des P_i affectés d'indices différents mais identiques, soit même à des polygones distincts si les P_i empiètent les uns sur les autres.

voisin de E et de E′, E et E′ seraient donc infiniment voisins, ce qui est impossible puisque P_0 n'a qu'un nombre fini de sommets; *bc* sous-tend par suite le même sommet E; la droite *abc* pénètre

Fig. 17.

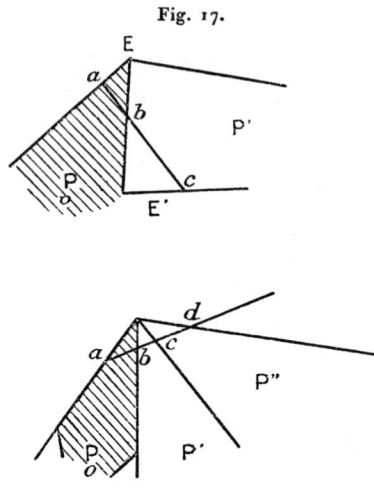

ensuite dans P″ où le segment correspondant *cd* sous-tend toujours E et ainsi de suite, les polygones P, P′, P″, ... étant assemblés autour de E. Cela revient à dire que les segments σ, σ', σ'', ... dans P_0 sous-tendent successivement les divers sommets d'un cycle. Ce raisonnement s'applique quelle que soit la nature du sommet E. Distinguons maintenant trois cas :

1° E est de la première sorte. Il résulte de la condition imposée à la somme des angles d'un cycle que les polygones P, P′, P″, ... assemblés autour de E sont en nombre fini et recouvrent exactement l'entourage de E. Or, d'après l'analyse précédente, les segments *ab*, *bc*, *cd*, ... seraient en nombre infini; nous arrivons à une contradiction;

2° E est un sommet parabolique appartenant à un cycle de *h* sommets; les côtés des polygones P, P′, ... qui se déduisent de *h* d'entre eux par les puissances d'une substitution parabolique de point double E tendent par suite vers le point E et la droite *abc* qui, comme AB, aboutit en un point intérieur à l'absolu, n'en peut rencontrer qu'un nombre fini, il y a encore contradiction;

3° E est un sommet adventif de la seconde sorte; les polygones P, P′, P″, ... sont encore en nombre fini, il y a toujours contradiction.

On conclut de là que tout point intérieur à $\mathcal{A}$ est effectivement intérieur à un polygone du réseau ou sur son contour.
Pour démontrer le second point il suffit de considérer un contour fermé AMA intérieur à $\mathcal{A}$ et de montrer qu'en construisant les polygones $P_1, P_2, ..$, par la règle déjà exposée, le dernier polygone P_n obtenu au retour en A est identique à P_0. Un contour $\mathcal{C}$ qui satisfait à cette condition sera dit de la *première espèce*, dans le cas contraire on dira qu'il est de la seconde espèce. Si le contour AMA se compose d'un arc AMB, d'un contour fermé BNB dont le diamètre est suffisamment petit, puis de l'arc AMB parcouru en sens contraire, il est de la première espèce. En effet, construisons par la règle connue les polygones $P_0, P_1, \ldots, P_m$ que l'on rencontre en parcourant AMB. Puis parcourons BNB; au sujet de ce dernier contour on peut faire trois hypothèses.

1° Ou bien BNB reste intérieur à P_m et alors en parcourant ce contour on ne sortira pas de ce polygone.

2° Ou bien BNB franchit un côté l'_m de P_m mais ne contient aucun sommet de P_m à son intérieur. Alors en suivant le contour on sortira d'abord de P_m en franchissant le côté l'_m pour entrer dans un nouveau polygone P_{m+1}, puis si le contour est suffisamment petit on ne rencontrera aucun côté de P_{m+1} autre que l'_m, mais on sortira de P_{m+1} en franchissant l'_m en sens contraire et par suite en entrant dans P_m.

3° Ou bien BNB enveloppe un sommet de P_m nécessairement de la première sorte. On a déjà remarqué que, d'après l'hypothèse faite sur les angles d'un cycle, le contour fermé BNB nous ramène au polygone P_m.

Parcourant maintenant AMB en sens contraire nous rencontrons $P_m, P_{m-1} \ldots P_0$: le polygone final est identique au polygone initial et le contour total est comme nous l'avions annoncé de la première espèce.
Si deux contours AMBPA, APBNA sont de la première espèce, il en est de même du contour total AMBNA formé par leur réunion, car par hypothèse on arrive au même polygone final en sui-

vant AMB ou APB d'une part, ANB ou APB d'autre part, donc également en suivant AMB ou ANB.

Tout contour $\mathcal{C}$ complètement intérieur à A est de la première espèce; en effet nous pourrons décomposer $\mathcal{C}$ en un nombre suffisamment grand de contours γ analogues à ceux qui ont été envisagés plus haut pour pouvoir affirmer qu'ils sont tous de première espèce et qu'il en est de même du contour $\mathcal{C}$ qui résulte de leur réunion ([1]). Précisons le mode de décomposition qu'il convient d'adopter. Appelons δ le minimum de la distance cayleyenne de deux points du contour P_0 qui n'appartiennent pas à deux côtés consécutifs; si nous convenons de tracer tous nos contours à l'intérieur d'un domaine D simplement connexe et complètement intérieur à $\mathcal{A}$, il suffira, pour que les démonstrations qui précèdent soient applicables à nos contours γ, que la plus grande distance cayleyenne de deux points de l'un des circuits désignés tout à l'heure par BNB soit inférieure à δ, ou que cette distance maxima évaluée dans la métrique euclidienne soit inférieure à $k\delta$, k étant une constante positive qui ne dépend que de D. Divisant alors l'aire limitée par le contour fermé $\mathcal{C}$ au moyen d'un quadrillage en aires partielles dont la plus grande dimension au sens ordinaire soit inférieure à $k\delta$, on pourra regarder $\mathcal{C}$ comme provenant de la réunion de plusieurs contours γ formés chacun d'une ligne ouverte parcourue deux fois en sens contraire et d'un circuit fermé constitué par le contour d'une des aires partielles.

Il suit de là que l'existence du groupe fuchsien admettant P_0 pour domaine fondamental est complètement démontrée. Ce groupe, comme on l'a déjà remarqué, sera de la seconde classe, c'est-à-dire discontinu sur certains arcs de $\mathcal{A}$ si P_0 renferme lui-même sur son contour des arcs de $\mathcal{A}$ et seulement dans ce cas.

On peut interpréter ces résultats dans le demi-plan supérieur de la variable z ou à l'intérieur du cercle principal; on obtient alors une division régulière du demi-plan, par exemple, en polygones limités par des arcs de cercle orthogonaux à l'axe réel et par des segments de cet axe; les polygones symétriques par rapport à l'axe réel fourniront une décomposition du demi-plan inférieur. Les deux réseaux

---

([1]) On remarquera que la démonstration repose essentiellement sur le fait que la région de discontinuité est simplement connexe.

de polygones ainsi obtenus doivent être regardés comme entièrement distincts si le groupe G est de la première classe; mais si G est de la seconde classe, nos polygones renfermant sur leurs contours des segments de ox, deux polygones symétriques peuvent être réunis en un seul qui est d'un seul tenant mais pas toujours simplement connexe; ce polygone constitue un domaine fondamental pour le plan tout entier dont on a supprimé seulement les points de l'ensemble parfait $\mathcal{F}$ situés sur ox.

53. Avant de donner des exemples de groupes fuchsiens nous allons nous occuper du cas où ces groupes peuvent être étendus par l'adjonction de substitutions du deuxième type [1], c'est-à-dire de la forme
$$z'_0 = f(z),$$
z'_0 désignant le symétrique de z' par rapport au cercle principal et $[z, f(z)]$ une substitution linéaire qui permute entre eux l'intérieur et l'extérieur de ce cercle. Les substitutions du premier type du groupe étendu $\overline{G}$ forment un groupe fuchsien G qui est évidemment un sous-groupe invariant d'indice 2 de $\overline{G}$. La méthode du rayonnement pour la construction d'un domaine fondamental de G s'étend facilement au cas actuel. Plaçons-nous dans le plan cayleyen à l'intérieur de l'ellipse et soit C_0 un point distinct des points doubles des substitutions de G. Les points doubles intérieurs à $\mathcal{A}$ sont de deux espèces : d'une part les points doubles des substitutions elliptiques de G; d'autre part, si $\overline{G}$ renferme des symétries (ce qui n'a pas toujours lieu) les axes de ces symétries qui constituent des lignes de points doubles en infinité dénombrable et se répartissent en classes d'axes équivalents. En effet soient Σ une symétrie de $\overline{G}$ d'axe a et T une substitution de $\overline{G}$; $T^{-1}\Sigma T$ est évidemment une symétrie de $\overline{G}$ d'axe $T(a)$. On voit aisément qu'aucun point intérieur à $\mathcal{A}$ ne peut être limite de points appartenant à une infinité d'axes de symétrie de $\overline{G}$. Ceci posé et le point C_0 étant choisi comme il vient d'être dit, le domaine des points plus rapprochés (au sens cayleyen) du point C_0 que des points équivalents C_i constitue un domaine fondamental de $\overline{G}$ qui

---

[1] Cf. Stouff, *Annales de l'École Normale*, sup., 3ᵉ série, t. 5, 1888.

est toujours un polygone convexe limité par des segments de droite et des arcs de $\mathcal{C}$, et que nous appellerons encore le polygone rayonné de centre C_0. Les côtés de la première sorte de ce polygone P_0 qui sont toujours conjugués deux à deux par les transformations de $\overline{G}$ peuvent l'être par une transformation du premier ou du deuxième type; nous dirons que ces côtés eux-mêmes sont respectivement du premier ou du deuxième type. Supposons que $\overline{G}$ renferme des symétries; P_0 admettra des côtés appartenant à l'un au moins des axes de symétrie de chaque classe. Soit en effet a l'axe ou l'un des axes d'une même classe tel que la distance de C_0 à cet axe soit minimum. Je dis que N, pied de la perpendiculaire abaissée de C_0 sur a, est intérieur à un segment de a, qui fait partie de la frontière de P_0. Les points C_i étant deux à deux symétriques par rapport à a, considérons un point C_i situé du même côté que C_0 par rapport à a et distinct de C_0. La transformation de G qui change C_i en C_0 change a en a', N en N', d'où :

$$\text{dist.}\, C_i N = \text{dist.}\, C_0 N'.$$

Soit Q' le pied de la perpendiculaire abaissée de C_0 sur a'; on a

$$\text{dist.}\, C_0 N \leqq \text{dist.}\, C_0 Q' \leqq \text{dist.}\, C_0 N';$$

par suite :
$$\text{dist.}\, C_0 N \leqq \text{dist.}\, C_i N.$$

Pour que l'égalité ait lieu, il faudrait que N' et Q' coïncident, $C_0 N'$ étant alors perpendiculaire à a', et par suite $C_0 C_i$ perpendiculaire à a; les points C_0 et C_i coïncideraient donc, contrairement à l'hypothèse; ainsi

$$\text{dist.}\, C_0 N < \text{dist.}\, C_i N \qquad (i = 1, 2, 3, \ldots)$$

et ces inégalités subsistant quand on déplace le point N infiniment peu ([1]), il s'ensuit que la frontière de P_0 comprend un segment de a renfermant N, puisque d'autre part tous les points de a sont équidistants des points symétriques C_i et C'_i. Un côté de P_0 appartenant ainsi à un axe de symétrie est évidemment son propre con-

---

([1]) Cela résulte immédiatement du fait qu'on n'aura qu'un nombre fini de ces inégalités à considérer, puisque les C_n ont tous leurs points limites à distance infinie.

jugué, circonstance qui ne se présente pas pour les groupes fuchsiens proprement dits. Remarquons d'autre part que deux côtés conjugués du second type l et λ sont décrits dans le même sens autour du périmètre de P_0 quand on effectue la transformation qui fait passer de l'un à l'autre, puisque l et λ sont décrits en sens contraire autour des polygones P_0 et P' qui sont adjacents le long de l ou de λ. A l'aide de ces remarques il est bien facile de généraliser les résultats concernant la distribution des sommets en cycles pour les polygones fuchsiens : rien d'essentiel n'est changé à ces résultats. Enfin on pourra, dans certains cas, simplifier P_0 au moyen de modifications permises; on remarquera que ces modifications ne doivent jamais introduire à l'intérieur d'un polygone fondamental de points appartenant à l'axe d'une symétrie du groupe; sinon le polygone renfermerait des points équivalents : un point voisin de l'axe et son symétrique.

54. Voici maintenant une dernière remarque : le polygone P_0 renfermant sur son contour au moins un côté du deuxième type construisons le polygone du réseau P'_0 adjacent à P_0 le long de ce côté; le polygone $P_0 + P'_0$ ou π_0 qui est encore simplement connexe constitue un domaine fondamental de G; toutefois, P_0 étant un polygone rayonné il n'en sera pas de même en général de π_0. Les côtés de π_0 sont, comme on le reconnaît facilement, deux à deux conjugués par les substitutions de G, deux côtés conjugués appartenant au même polygone élémentaire P_0 ou P'_0 ou à deux polygones distincts suivant que ces côtés sont du premier ou du deuxième type relativement à $\overline{G}$. Si l'on se donne *a priori* un polygone P_0 comme domaine fondamental d'un groupe étendu, il suffira pour que le groupe $\overline{G}$ correspondant soit proprement discontinu que le polygone π_0 satisfasse aux conditions connues de discontinuité propre d'un groupe fuchsien (non étendu).

55. Nous allons donner maintenant quelques exemples de groupes fuchsiens et de groupes étendus. Remarquons d'abord que deux côtés rectilignes AB et CD d'un polygone ne peuvent se correspondre par une substitution du premier ou du deuxième type que si les distances non euclidiennes AB et CD sont égales. Cette condition étant remplie et les quatre points A, B, C, D étant

intérieurs à $\mathcal{A}$, la substitution soit du premier, soit du deuxième type qui change A en C et B en D est complètement déterminée. Si les points homologues A et C sont sur la conique la condition d'égalité des distances AB et CD disparaît et il y a toujours une substitution et une seule qui répond à la question. Si les quatre points donnés sont sur la conique, il existe une infinité de substitutions dépendant d'un paramètre réel qui changent A en B et C en D. La formation effective des substitutions qui résolvent le problème dans ces divers cas est un problème d'algèbre des plus élémentaires sur lequel il n'y a pas lieu d'insister. Quant aux conditions que doivent vérifier les angles aux sommets d'un cycle de la première sorte elles donnent lieu à des discussions d'un caractère élémentaire qu'on devra faire dans chaque cas particulier.

I. Prenons comme premier exemple un triangle ABC dont les trois sommets sont intérieurs à $\mathcal{A}$ et cherchons les conditions pour que le groupe dérivé des symétries par rapport aux trois côtés soit proprement discontinu, l'intérieur du triangle étant alors un domaine fondamental. Soit A′ le symétrique de A par rapport à BC; les deux triangles symétriques ABC, A′BC forment un quadrilatère qui doit être le domaine fondamental d'un groupe fuchsien lorsqu'on conjugue les côtés BA et BA′ d'une part, CA et CA′ d'autre part. Les conditions relatives aux distances sont vérifiées d'elles-mêmes. Les points B et C sont évidemment des sommets elliptiques formant chacun un cycle à un seul élément; les points A et A′ sont également des sommets elliptiques qui forment un cycle d'ordre 2, car en appliquant la règle générale on est conduit à écrire :

$$A,\quad AC,\quad CA',\quad A',\quad A'B,\quad BA,\quad A,$$

d'où il suit que A et A′ forment un cycle; A est un sommet elliptique puisque le produit des symétries autour de AB et de AC est une rotation elliptique autour de A. Il faut donc, en désignant par $\widehat{A}$, $\widehat{B}$, $\widehat{C}$ les trois angles du triangle que $2\widehat{B}$, $2\widehat{C}$, $2\widehat{A}$ soient des parties aliquotes de 2π, et l'on peut poser en désignant par α, β, γ trois entiers > 1 :

$$\widehat{A} = \frac{\pi}{\alpha}, \quad \widehat{B} = \frac{\pi}{\beta}, \quad \widehat{C} = \frac{\pi}{\gamma}.$$

Pour qu'on puisse construire un triangle ayant ces trois angles il faut que la somme des angles $\hat{A}$, $\hat{B}$, $\hat{C}$ soit inférieure à π et des considérations de géométrie élémentaire ([1]) montrent que cette condition est suffisante, les divers triangles obtenus étant *égaux* entre eux, de sorte qu'à tout système d'entiers α, β, γ vérifiant la condition

$$\frac{1}{\alpha} + \frac{1}{\beta} + \frac{1}{\gamma} < 1$$

correspond *essentiellement* un seul groupe répondant à la question.

On peut supposer que l'un des entiers α, β, γ devienne infini, par exemple γ, l'angle $\hat{C}$ devient nul et C devient un sommet parabolique; le polygone fondamental du groupe fuchsien se compose toujours des deux triangles symétriques ABC, A'BC. Représentons la figure sur le demi-plan supérieur de la variable z; CA et CA' deviennent deux cercles tangents en un point de l'axe réel qui correspond à C. On peut rejeter le point C à l'infini de façon que ces deux cercles deviennent deux droites parallèles à l'axe imaginaire, puis faire en sorte, par un nouveau changement de variable de la forme $(z; az+b)$, que ces deux droites aient pour abscisses o et $\frac{1}{2}$. Le côté AB sera représenté par un arc de cercle coupant CA et CB sous les angles $\frac{\pi}{\alpha}$, $\frac{\pi}{\beta}$. Si nous prenons en particulier

$$\alpha = 2, \quad \beta = 3,$$

nous obtenons pour image de AB un arc de cercle de centre O et de rayon 1. En adjoignant au triangle ainsi formé son symétrique par rapport à l'axe imaginaire, on obtient le domaine limité par les deux droites

$$x = \pm \frac{1}{2}$$

et le cercle

$$x^2 + y^2 = 1.$$

C'est le quadrilatère image de ABCA' qui présente au point $z = +i$ un sommet non apparent. Le groupe fuchsien qui admet ce polygone fondamental dérive des deux substitutions

$$S = (z; z+1),$$
$$T = \left(z; -\frac{1}{z}\right)$$

([1]) *Voir* par exemple Picard, *Traité d'Analyse*, t. III, Chap. XIII, § 2.

qui conjuguent les côtés. Les substitutions de ce groupe Γ sont évidemment de la forme

$$z' = \frac{az+b}{cz+d},$$

a, b, c, d étant des entiers tels que $ad - bc = 1$. Inversement toute substitution de cette forme est contenue dans Γ, autrement dit peut se mettre sous la forme :

$$\ldots S^{\lambda'''} T S^{\lambda''} T S^{\lambda'} T S^{\lambda}.$$

C'est là un théorème d'arithmétique bien connu qui se rattache à la théorie des fractions continues. Nous sommes donc ramenés au groupe modulaire qui a fait l'objet des importants travaux de Klein.

Enfin il est intéressant de noter que deux des entiers α, β, γ et même tous les trois peuvent devenir infinis. Certains des groupes ainsi obtenus jouent également un rôle important dans l'étude des fonctions modulaires elliptiques. Rappelons également que les groupes considérés ici pour des valeurs quelconques des entiers α, β, γ ont fait l'objet de recherches bien connues, de Schwarz, longtemps avant que Poincaré ait réussi à construire tous les groupes fuchsiens.

Si l'on se donne maintenant *a priori* un quadrilatère ABCA comme domaine fondamental d'un groupe fuchsien, les côtés BA, BA' étant conjugués ainsi que CA, CA' il en résulte que les deux triangles ABC, A'BC sont symétriques, et l'on est ramené à la figure précédente et aux conditions de discontinuité que nous venons d'obtenir. On peut observer que le triangle ABC est précisément le polygone rayonné pour le groupe étendu si l'on choisit comme centre un point quelconque intérieur au triangle.

II. Considérons ensuite un polygone de $4n$ côtés tous de la première sorte et dont tous les sommets sont intérieurs à $\mathcal{C}$; deux côtés conjugués sont toujours séparés par un seul côté du polygone. L'ordre de succession des côtés sur le contour du polygone, en désignant par (l_i, λ_i) un couple de côtés conjugués sera donc

$$l_0 l_1 \lambda_0 \lambda_1 l_2 l_3 \lambda_2 \lambda_3 \ldots l_{2n-2} l_{2n-1} \lambda_{2n-2} \lambda_{2n-1}.$$

Appelons les sommets dans l'ordre où on les rencontre depuis l'origine de l_0,

$$A_0 A_1 B_0 B_1 A_2 A_3 B_2 B_3 \ldots A_{2n-2} A_{2n-2} B_{2n-2} B_{2n-1}.$$

En appliquant la règle de formation des cycles on est amené à écrire les côtés et les sommets dans l'ordre suivant :

$$A_0 l_0 \lambda_0 B_1 \lambda_1 l_1 B_0 \lambda_0 l_0 A_1 l_1 \lambda_1 A_2 l_2 \lambda_2 B_3 \lambda_3 l_3 B_2 \lambda_2 l_2 A_3 l_3 \lambda_3 \ldots$$

Les sommets seuls s'écrivent donc dans l'ordre

$$A_0 B_1 B_0 A_1 A_2 B_3 B_2 A_3 \ldots A_{2n-2} B_{2n-1} B_{2n-2} A_{2n-1} A_0$$

et forment par conséquent un seul cycle. Pour que le groupe correspondant soit un groupe fuchsien, il faut que la somme des angles du polygone soit une partie aliquote de 2π, exactement 2π s'il n'y a pas de sommet elliptique. Nous ne chercherons pas à construire le polygone le plus général qui réponde à la question. Il nous suffira de montrer qu'il en existe. Proposons-nous de construire un polygone d'un nombre pair de côtés dont la somme des angles ait une valeur quelconque comprise entre o et 2π et dont tous les côtés soient égaux. Supposons que l'ellipse cayleyenne soit un cercle de centre O et construisons un polygone régulier de même centre au sens euclidien, et intérieur au cercle; ce polygone a tous ses angles et ses côtés égaux au sens cayleyen par raison de symétrie. Si l'on fait décrire un rayon à l'un des sommets, la valeur commune des angles du polygone tend vers leur valeur euclidienne quand tous les sommets sont infiniment voisins de O, et vers zéro quand les sommets tendent vers la circonférence. La somme des angles pourra donc prendre une valeur quelconque prise entre o et $(N-2)\pi$, N étant le nombre des côtés. Si $N = 4n$ et $n > 1$, on pourra donc construire un polygone fuchsien de $4n$ côtés dont les sommets, tous de la première sorte, forment un seul cycle adventif. Il est clair que dans ce cas toutes les substitutions du groupe sont hyperboliques. Le résultat est en défaut pour $n = 1$, puisque la somme des angles d'un quadrilatère est inférieure à 2π; un quadrilatère dont les côtés opposés sont conjugués et les sommets intérieurs à l'ellipse ne peut être générateur d'un groupe fuchsien que si ses sommets sont elliptiques, la somme des angles étant égale à $\frac{2\pi}{\nu}$ ($\nu > 1$). Soit ABCA' ce quadrilatère, AB et CA' se correspondent de même que AC et BA'; il est décomposé par la diagonale AC en deux triangles égaux et de même orientation dont la somme des angles est $\frac{\pi}{\nu}$. Ayant construit le triangle ABC qui vérifie cette condition, on en déduit le quadrilatère. On remarquera que si S_1, S_2, S_3 sont les trois substitutions elliptiques de période 2 qui permutent entre eux respectivement B et C, C et A, A et B, les substitutions génératrices du groupe sont $S_3 S_1$ et $S_2 S_1$, car S_1 change AB en BA et S_3 change BA en CA', donc $S_3 S_1$ change AB en CA'; de même $S_4 S_2$ change AC en BA'. En outre S_1, S_2, S_3 engendrent un groupe contenant le précédent et dont le polygone fondamental est l'hexagone $A\gamma B\alpha C\beta$, où α, β, γ sont des sommets non apparents, milieux des côtés BC, CA, AB, tandis que A, B, C forment un cycle.

Il est clair, en effet, que les conditions de discontinuité propre se trouvent vérifiées pour ce nouveau groupe.

III. Comme troisième exemple, considérons un polygone P_0 dont les sommets sont sur $\mathcal{C}$ et qui possède $2n$ côtés de la première sorte et $2n$ de la deuxième, ces côtés étant disposés de manière que P_0 soit convexe. Les conditions de discontinuité sont alors vérifiées d'elles-mêmes quelles que soient les substitutions, dépendant chacune d'un paramètre réel, que l'on choisisse pour relier entre eux les couples de côtés de la première sorte

$$(l_0, \lambda_0), \ldots, (l_{n-1}, \lambda_{n-1}),$$

à condition de choisir convenablement la correspondance entre les sommets, de manière que la substitution qui change l_i en λ_i transforme P_0 en un polygone séparé du premier par λ_i. Si l'on se donne, par exemple, les cordes de la conique $l_0, l_1, \ldots, l_{n-1}$, prises de manière à former avec les arcs complémentaires un polygone convexe, on devra choisir les substitutions génératrices de manière que les cordes $\lambda_0, \lambda_1, \ldots, \lambda_{n-1}$, correspondant à $l_0, l_1, \ldots, l_{n-1}$, aient chacune leurs extrémités sur un même côté curviligne de ce polygone; en supprimant les arcs de conique correspondants, on aura alors un polygone P_0 qui est encore convexe et n'a que des sommets de la seconde sorte. Il s'ensuit que les $3n$ paramètres, dont dépendent les n substitutions génératrices, ne sont assujettis qu'à des conditions d'inégalité si l'on veut que le groupe qu'elles engendrent soit un groupe fuchsien de la deuxième classe (groupes de la troisième famille dans la classification de Poincaré). Pour la formation effective de ces inégalités dans le cas $n=2$, nous renverrons au Mémoire de Poincaré sur les groupes fuchsiens (*Acta mathematica*, t. I, p. 50-54), où les groupes considérés ici sont appelés de la troisième famille.

Comme cas particulier, considérons le groupe dérivé des symétries par rapport aux trois cordes AB, CD, EF de la conique, les points A, B, C, D, E, F se succédant dans cet ordre. Nous avons déjà reconnu la discontinuité propre de ce groupe qui contient un groupe fuchsien comme sous-groupe invariant d'indice 2 (Chap. XIII, § 36); le domaine fondamental de ce groupe fuchsien

Fig. 18.

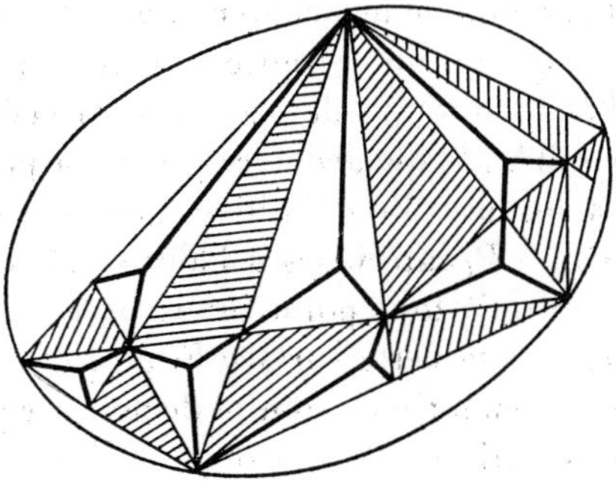

est, par exemple, l'octogone dont les côtés de la première sorte sont AB, A'B' et CD, C'D' en désignant par A'B' et C'D' les cordes symétriques de AB et CD par rapport à EF.

Nous bornerons là ces exemples de groupes fuchsiens pour lesquels on pourra former les polygones rayonnés; on démontrera, par exemple, sans difficulté que le polygone rayonné du groupe modulaire est un hexagone présentant un sommet non apparent comme l'indique la figure 18, c'est-à-dire en réalité un pentagone.

56. Nous allons maintenant introduire une nouvelle et importante notion, celle de *genre* d'un polygone fuchsien. Considérons d'abord un polygone générateur d'un groupe de la première

classe; ce polygone n'aura pas de côté de la seconde sorte, et les points de son périmètre seront correspondants deux à deux puisqu'à chaque point d'un côté de la première sorte correspond un point de son conjugué; les points intérieurs à P_0 n'auront aucun correspondant ni dans ce polygone, ni sur son périmètre; enfin, tous les sommets d'un même cycle seront correspondants.

Supposons qu'on découpe le polygone P_0, puis qu'on le replie en le déformant d'une manière continue et de façon que les points correspondants de son périmètre viennent se coller l'un contre l'autre; P_0 sera devenu après cette déformation une surface fermée. Si, par exemple, on reprend le quadrilatère ABCA' de l'exemple I, puis qu'on le replie de façon que BA vienne se souder à BA' et CA à CA', P_0 aura pris l'aspect d'une surface fermée convexe se ramenant à une sphère par déformation continue. Considérons maintenant un quadrilatère ΛBCA' où les côtés opposés sont conjugués (exemple II), et replions-le de manière que AB vienne se souder à CA'; il prend l'aspect d'un cylindre ouvert aux deux bouts, les côtés AC et BA' étant devenus des courbes fermées; si l'on colle ensuite AC contre BA', le quadrilatère prend l'aspect d'un anneau fermé analogue à un tore. En définitive, nous avons représenté le réseau des polygones P_i intérieurs à l'ellipse $\mathcal{C}$ sur une surface fermée, de manière qu'à tout point intérieur à $\mathcal{C}$ correspond un point bien déterminé de cette surface F, et qu'à tout point de F correspondent inversement une infinité de points équivalents entre eux par toutes les substitutions du groupe et situés respectivement à l'intérieur ou sur le périmètre des divers polygones du réseau; un chemin fermé tracé sur F a donc pour images une infinité de chemins équivalents entre eux, chacun d'eux joignant deux points équivalents; réciproquement, à tout chemin joignant deux points équivalents à l'intérieur du réseau correspond sur F un chemin fermé. Le genre de cette surface F, au sens de l'*Analysis situs* (t. I, Chap. V, § 110), sera, par définition, le genre du groupe fuchsien ou du polygone fuchsien.

Il est facile d'obtenir l'expression du genre de F. Nous avons démontré, en effet (Chap. V, § 112), que si l'on a subdivisé une surface de genre p en f polygones curvilignes, le nombre total des côtés étant a et celui des sommets s, on a la relation

$$f + s + 2p = a + 2.$$

Reprenons le polygone P_0; soit $2c$ le nombre de ses côtés (de la première sorte), q celui des cycles (qui sont tous fermés). Après la déformation, les côtés conjugués étant deux à deux réunis, le nombre des côtés distincts restants sera c; le nombre des sommets distincts restants sera q.

On aura donc
$$f = 1, \quad a = c, \quad s = q,$$
(2) $$p = \frac{c + 1 - q}{2}.$$

Prenons, par exemple, le polygone de $4n$ côtés de l'exemple II, dont les sommets forment un seul cycle, on a

$$q = 1, \quad c = 2n, \quad p = n,$$

résultat équivalent à celui que nous avons obtenu au Chapitre V en traçant sur une surface de Riemann de genre n un système canonique de rétrosections passant toutes par un même point de la surface, de manière à rendre celle-ci simplement connexe; les deux bords de chacun de ces $2n$ coupures correspondent à deux côtés conjugués du polygone P_0.

Supposons maintenant que G soit de la deuxième classe, c'est-à-dire que le polygone fuchsien admette des côtés de la deuxième sorte. Représentons ce polygone non plus à l'intérieur de l'ellipse, mais dans le demi-plan analytique et réunissons, comme nous l'avons expliqué plus haut, les deux polygones P_0 et P'_0 symétriques par rapport à l'axe Ox en un seul polygone Q_0 qui sera toujours d'un seul tenant, mais en général, multiplement connexe; Q_0 est, on le sait, un domaine fondamental du groupe G considéré dans tout le plan; les points de son périmètre qui appartiennent tous à des côtés de la première sorte de P_0 ou de P'_0 sont correspondants deux à deux; les sommets d'un même cycle sont des points correspondants. Découpons maintenant comme précédemment la région Q_0 et replions-la en la déformant de manière que les points correspondants de son périmètre viennent se coller l'un contre l'autre. Le genre du groupe fuchsien sera, par définition, celui de la surface fermée ainsi obtenue. Soient encore $2c$ le nombre des côtés de la première sorte de P_0, q celui de ses cycles fermés; P'_0 aura de même $2c$ côtés de la première sorte et q cycles fermés; les sommets paraboliques, s'ils existent, constituent des *points doubles* pour la frontière de Q_0 et sont ainsi comptés deux fois, Q_0 n'étant pas connexe autour de ces points. Supposons, en outre, que nous ayons h côtés de la deuxième sorte et, par conséquent, h cycles ouverts ([1]) qui seront communs à P_0 et à P'_0. Reprenons la formule

$$a + 2 = f + s + 2p.$$

Nous aurons $f = 2$, car nous avons deux polygones P_0 et P'_0; nous aurons $a = 2c + h$, car nous avons c couples de côtés de la première sorte provenant de P_0, autant provenant de P'_0 et h côtés de la deuxième sorte. Enfin, on aura $s = 2q + h$, puisqu'il y a en tout $2q$ cycles fermés et h cycles ouverts. Il vient donc

(3) $$p = c - q.$$

Ainsi, dans l'exemple III, on a

$$h = 0, \quad p = c.$$

Si maintenant on effectue sur le polygone P_0 une *modification permise*, on constate aisément, en examinant les divers cas, que le nombre des cycles fermés et le nombre des paires de côtés de la première sorte se trouvent augmentés ou diminués du même nombre. Par exemple, en opérant comme il a été indiqué (§ 50), pour supprimer un sommet elliptique appartenant à un cycle de deux sommets, on a introduit deux paires de côtés de la première sorte (MN, $M_1 N_1$) et (EM_1, EM_2) et introduit en même temps les deux cycles (M, M_1, M_2) et (N, N_1); de même, pour toute opération qui consiste à remplacer un côté de la première sorte par une ligne brisée de mêmes extrémités et à effectuer un changement analogue sur le côté conjugué, etc. Il suit de là et des formules que nous venons d'établir pour le genre que ce nombre est invariant vis-à-vis de toutes les modifications permises du polygone fuchsien. Ces modifications reviennent d'ailleurs à remplacer un système de coupures qui transforment la surface fermée F en une surface simplement connexe, par un autre système de coupures déduit du premier par déformation continue. On voit par là que le genre que nous venons de définir est bien un nombre caractéristique du

---

([1]) On peut admettre, pour plus de simplicité, que les cycles ouverts ne comportent que deux sommets chacun (*voir* plus haut).

groupe considéré, ce qui résultera du reste encore plus clairement de considérations empruntées à la théorie des fonctions que nous développerons par la suite.

57. Nous allons exposer maintenant comment s'établissent les *relations fondamentales* entre les substitutions génératrices d'un groupe fuchsien. Désignons par T_1, T_2, ..., T_c les substitutions qui conjuguent deux à deux les $2c$ côtés de la première sorte du polygone fondamental. Il s'agit de trouver les combinaisons de ces substitutions, c'est-à-dire les expressions de la forme

$$T_{a_\nu}^{\alpha_\nu} \ldots T_{a_2}^{\alpha_2} T_{a_1}^{\alpha_1},$$

où les indices a_1, ..., a_ν sont des entiers de la suite $(1, 2, \ldots, c)$, et les exposants α_1, ..., α_ν des entiers quelconques, positifs ou négatifs, qui représentent la substitution identique, ce qui s'écrit symboliquement

$$T_{a_\nu}^{\alpha_\nu} \ldots T_{a_2}^{\alpha_2} T_{a_1}^{\alpha_1} = 1.$$

Toutes ces relations s'obtiennent de la manière suivante : soit A un point intérieur au polygone P_0 et décrivons le chemin fermé AMA qui ne sort pas de la région de discontinuité propre du groupe; puis considérons les polygones du réseau qui sont traversés successivement par cette ligne, P_0, P_1, P_2, ..., P_0. Il résulte de considérations déjà exposées que le polygone P_m se déduit de P_0 par une substitution dérivée de T_1, T_2, ..., T_c, c'est-à-dire de la forme précédente et qui s'obtient par une règle connue; le dernier polygone de la chaîne étant précisément P_0 qui ne se transforme en lui-même que par la substitution identique, il en résulte une identité telle que celle que nous venons d'écrire. Mais les identités auxquelles on est conduit par ce procédé ne sont pas toutes distinctes. D'abord si le chemin AMA peut se réduire à un point intérieur à P_0, par déformation continue sans traverser aucun sommet du réseau, on n'obtiendra qu'une identité *absolue* vérifiée quels que soient les symboles T_i et qui s'obtient en combinant des identités de la forme

$$TT^{-1} = 1,$$

où T désigne un produit de facteurs T_i. Introduire dans un produit symbolique de substitutions deux produits consécutifs tels que T et T^{-1} revient, en effet, à ajouter au contour AMA une portion BNC telle qu'en parcourant BN, puis NC, on traverse d'abord certains côtés du réseau, puis les mêmes côtés dans l'ordre inverse; l'introduction ou la suppression de lignes partielles de cette espèce doit donc être regardée comme non essentielle. Or, si le circuit AMA peut se réduire par déformation continue, sans traverser aucun sommet, à un contour entièrement situé dans P_l, il est décomposable en lignes analogues à BNC et réciproquement. Plus généralement, si un contour enveloppe plusieurs sommets du réseau, l'identité à laquelle il conduit n'est qu'une combinaison de celles auxquelles conduisent des contours entourant chacun un seul sommet. Le nombre de relations essentiellement distinctes ainsi obtenues ne peut donc dépasser le nombre de cycles de la première sorte de P_0, puisque d'autre part deux chemins équivalents conduisent à la même identité.

Considérons d'abord un cycle adventif de n sommets. Soit A l'un d'entre eux, et décrivons autour de A dans le sens positif un circuit infiniment petit qui sort de P_0 par le côté l; comme on revient au point de départ, le polygone initial est identique au polygone final, et la substitution qui fait passer du premier au dernier est la substitution identique. Pour trouver la relation correspondante, il suffit d'appliquer la règle générale indiquée au paragraphe 45; les côtés désignés par l_0, λ_0, l_1, λ_1, ..., dans ce paragraphe sont, dans le cas actuel, les côtés issus des sommets du cycle contenant A et que l'on obtient en appliquant la règle de Poincaré, en commençant par le sommet A et décrivant l_0 dans le sens négatif

$$A\, l_0\, \lambda_0\, A_1\, l_1\, \lambda_1\, A_2\, l_2\, \lambda_2 \ldots A_{n-1}\, l_{n-1}\, \lambda_{n-1}\, A.$$

La substitution par laquelle on passe de l_i à λ_i étant désignée par S_{i+1}, on a, en vertu de la formule (p. 110, ligne 5) de ce paragraphe,
$$S_1^{-1} S_2^{-1} \ldots S_n^{-1} = 1$$
ou
$$S_n S_{n-1} \ldots S_2 S_1 = 1,$$

S ayant ici la même signification que T_{i+1}^{-1} à l'endroit cité. Si l'on désigne par T_1, T_2, ..., T_n les substitutions reliant deux à deux les sommets d'un cycle sans particulariser l'ordre suivant lequel est établie cette correspondance, la relation qui précède devient

$$T_{a_n}^{\varepsilon_n}\ldots T_{a_2}^{\varepsilon_2}T_{a_1}^{\varepsilon_1}=1,$$

ε_i désignant $+1$ ou -1 et $(a_1, a_2, \ldots, a_n)$ une permutation des n premiers chiffres.

Soit ensuite E un sommet elliptique; si E forme un cycle à lui tout seul, la règle générale conduit à écrire l'identité évidente

$$T^\nu = 1,$$

T étant la rotation elliptique d'angle $\dfrac{2\pi}{\nu}$ qui relie entre eux les côtés issus de E. Si E appartient à un cycle d'ordre ν, on a

$$S_n \ldots S_2 S_1 = T,$$
$$(S_n \ldots S_2 S_1)^\nu = 1.$$

S_i a la même signification que plus haut. Cette formule est un cas limite de la précédente, E étant la réunion de ν sommets équivalents, de sorte que l'on peut considérer que le cycle correspondant ne se ferme qu'après avoir été répété ν fois. Comme précédemment, on aura, en général, entre les substitutions reliant les côtés du cycle, la relation

$$(T_{a_n}^{\varepsilon_n}\ldots T_{a_2}^{\varepsilon_2}T_{a_1}^{\varepsilon_1})^\nu = 1.$$

Il est à peu près évident que les relations ainsi obtenues sont indépendantes. En effet, soient A, B, C, ..., K, L, q points appartenant respectivement aux q cycles de la première sorte, et

$$\Pi_1 = 1, \quad \Pi_2 = 1, \quad \ldots, \quad \Pi_q = 1$$

les relations correspondantes. Si Π_q était une combinaison de Π_1, Π_2, ..., Π_{q-1}, cela voudrait dire qu'un circuit entourant certains points équivalents à A, B, ..., K, mais aucun point équivalent à L, et d'autre part, un circuit entourant seulement L ou un sommet équivalent pourraient se ramener l'un à l'autre par déformation continue sans traverser aucun sommet du réseau, ce qui est absurde. Ainsi, le nombre des relations indépendantes entre les substitutions génératrices d'un groupe fuchsien est bien égal au nombre des cycles de la première sorte. Ces substitutions génératrices dépendent naturellement du choix du polygone fondamental, et leur nombre varie quand on effectue sur celui-ci une modification permise. Nous verrons plus loin comment il est possible de déterminer un polygone fuchsien pour lequel ce nombre atteint sa valeur minima.

On reconnaît de suite que deux groupes d'opérations dérivant chacun de n opérations fondamentales $T_1 T_2 \ldots T_n$ pour le premier, et $U_1 U_2 \ldots U_n$ pour le second, sont holoédriquement isomorphes si les relations fondamentales entre les T sont les mêmes que les relations fondamentales entre les U. D'après cela, deux groupes fuchsiens sont holoédriquement isomorphes si leurs polygones fondamentaux ont le même nombre de côtés de la première sorte, et si, de plus, à tout cycle de la première sorte de l'un des polygones correspond un cycle analogue de l'autre comportant le même nombre de sommets, la somme des angles aux sommets du cycle étant la même pour l'un et pour l'autre. Si, par exemple, les deux polygones fuchsiens considérés n'ont pas de sommets de la première sorte, il n'y a pas de relations fondamentales entre les substitutions génératrices et les groupes correspondants sont isomorphes holoédriquement sous la seule condition que le nombre des côtés de la première sorte soit le même pour les deux polygones.

58. Comme application de ce qui précède, cherchons les relations fondamentales entre les deux substitutions génératrices du groupe modulaire
$$S(z, z+1)$$
et
$$T\left(z, -\frac{1}{z}\right).$$

On considère le quadrilatère fondamental limité par les deux demi-droites
$$x = \pm \frac{1}{2}, \quad y = 0,$$
et le cercle $x^2 + y^2 = 1$, sur le contour duquel nous avons au point $z = i$ un sommet elliptique non apparent, et les deux sommets elliptiques
$$z = \pm \frac{1}{2} + \frac{i\sqrt{3}}{2}$$

qui forment un cycle, les substitutions elliptiques correspondantes admettant la période 3 puisque la somme des angles en ces sommets est $\frac{2\pi}{3}$. Appelons B et D ces deux sommets (B à gauche), A le sommet à l'infini, C le sommet non apparent; la règle de Poincaré pour la formation du cycle contenant B et D conduit à écrire les côtés et sommets dans l'ordre suivant :

$$\left(\begin{matrix} B. \underbrace{BA, AD}_{S}, D, \underbrace{DC, CB}_{T}, B \end{matrix} \right)$$

On a, par suite,
$$(TS)^3 = 1$$

et, d'autre part,
$$T^2 = 1.$$

Telles sont les deux relations fondamentales entre les substitutions génératrices du groupe modulaire.

59. Nous avons établi dans les paragraphes qui précèdent les propriétés les plus importantes des groupes fuchsiens, d'après les travaux de Poincaré et les études postérieures de Klein et Fricke. Pour une étude plus approfondie de ces groupes et de leurs applications, notamment à des problèmes de la théorie arithmétique des formes quadratiques, nous renverrons aux *Leçons sur les fonctions automorphes* de ces deux derniers auteurs, ainsi qu'au Mémoire de Poincaré : *Les fonctions fuchsiennes et l'Arithmétique* (*Journal de Mathématiques*, 4ᵉ série, t. 3, 1887) ([1]). Nous aurons toutefois à revenir sur quelques propriétés de ces groupes qui se rattachent au problème de l'uniformisation des fonctions algébriques. Mais auparavant, nous allons montrer brièvement comment les théories précédentes s'appliquent également à la construction des groupes pr. d. de mouvements dans le plan elliptique ou dans le plan euclidien, groupes qui ont été envisagés dans le Chapitre précédent.

Tout ce que nous avons dit au sujet des domaines fondamentaux des groupes fuchsiens s'applique sans modification aux groupes de mouvements dans le plan elliptique ou sur la sphère et conduit à une division régulière de la surface de la sphère en polygones congruents. Comme la sphère possède une aire finie, il en résulte

---

([1]) *Œuvres* de H. Poincaré, t. II, p. 463.

que les groupes considérés sont des groupes finis, ainsi que nous l'avions démontré par d'autres considérations. Proposons-nous de déterminer les polygones rayonnés en laissant de côté le cas simple des groupes cycliques. Nous remarquons tout d'abord que les côtés et les sommets sont tous de la première sorte et que toutes les substitutions du groupe sont elliptiques. Soient $2c$ le nombre des côtés, m le nombre des cycles adventifs qui comprennent chacun au moins trois sommets, et n le nombre des cycles elliptiques qui comprennent chacun un seul sommet, le centre C_0 étant pris au hasard (non situé sur certaines géodésiques en nombre fini). On a, par suite,

(6) $$2c \geq 3m + n.$$

D'autre part, deux sommets consécutifs ne peuvent pas être elliptiques l'un et l'autre, car s'il en était ainsi, le côté qui les joint serait conjugué à la fois du côté immédiatement à droite, et du côté immédiatement à gauche, ce qui est impossible si le polygone a plus de deux côtés, c'est-à-dire si le groupe G n'est pas un groupe cyclique. Dans ces conditions, le nombre $2c - n$ des sommets adventifs est au moins égal au nombre n des sommets elliptiques; donc,

(7) $$c \geq n.$$

Enfin, la somme des angles d'un polygone de $2c$ côtés étant supérieure à $(2c - 2)\pi$, et la somme des angles d'un cycle adventif ayant pour valeur 2π; tandis que les angles aux sommets elliptiques ont pour valeur $\frac{2\pi}{l_i}$ ($i = 1, 2, \ldots, n$ et $l_i \geq 2$), on a

(8) $$m + \sum_{1}^{n} \frac{1}{l_i} > c - 1$$

et, *a fortiori*,

(9) $$m + \frac{n}{2} > c - 1.$$

De (6) et (9), on déduit

$$m + \frac{n}{2} > \frac{3m}{2} + \frac{n}{2} - 1$$

ou

$$m < 2.$$

Donc, $m = 1$ puisqu'il existe au moins un cycle adventif. On a alors, d'après (7) et (9),

$$n \leq c < 2 + \frac{n}{2}.$$

Donc, n ne peut prendre que les valeurs $1, 2, 3$ $(n > 0)$. $n = 1$ donnerait $c = 2$, c'est-à-dire un quadrilatère avec un sommet elliptique et un cycle adventif de trois sommets, et l'on vérifie

Fig. 19.

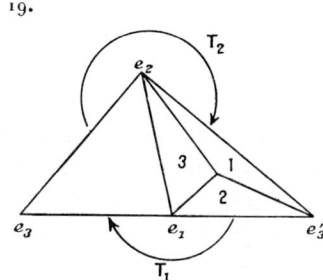

immédiatement qu'une telle combinaison est impossible; $n = 2$ donnerait encore $c = 2$ et la même impossibilité. Donc, $n = 3$, $c = 3$, le polygone rayonné est un hexagone avec trois sommets elliptiques séparés par trois sommets adventifs qui appartiennent donc à un même cycle ($m = 1$). L'inégalité (8) devient

vérifiée pour
$$\frac{1}{l_1} + \frac{1}{l_2} + \frac{1}{l_3} > 1.$$

$l_1 = 2$,	$l_2 = 2$,	$l_3 \geq 2$	(dièdre),
$l_1 = 2$,	$l_2 = 3$,	$l_3 = 3$	(tétraèdre),
$l_1 = 2$,	$l_2 = 3$,	$l_3 = 4$	(octaèdre),
$l_1 = 2$,	$l_2 = 3$,	$l_2 = 5$	(icosaèdre).

Soient e_1, e_2, e_3 les trois sommets elliptiques de l'hexagone rayonné dans le plan cayleyen, e_1 étant un sommet non apparent, On démontre aisément qu'une modification permise le transforme en un quadrilatère $e_1 e_3 e_2 e'_3$ où e_1 est un sommet non apparent et qui est décomposé par $e_1 e_2$ en deux triangles symétriques par rapport à cette dernière droite, dont les angles ont pour valeur $\frac{\pi}{l_1}$, $\frac{\pi}{l_2}, \frac{\pi}{l_3}$. L'adjonction de cette symétrie permet d'étendre le groupe G et donne lieu à une division régulière de la sphère en $2N$ triangles alternativement égaux ou symétriques, l'ordre N du groupe G étant d'ailleurs égal à

$$\frac{\text{aire de la sphère}}{\text{aire de l'hexagone}} = \frac{4\pi}{2\pi\left(\dfrac{1}{l_1}+\dfrac{1}{l_2}+\dfrac{1}{l_3}-1\right)} = \frac{2}{\dfrac{1}{l_1}+\dfrac{1}{l_2}+\dfrac{1}{l_3}-1},$$

ce qui donne

$$N = 2l_3,$$
$$N = 12,$$
$$N = 24,$$
$$N = 60.$$

On est ainsi ramené aux groupes des polyèdres réguliers (*voir*, par exemple, HADAMARD, *loc. cit.*, Note II, p. 544 et suiv.), dont l'existence est à nouveau démontrée, puisque les éléments de la géométrie sphérique permettent de construire le triangle sphérique ayant pour angles $\dfrac{\pi}{l_1}, \dfrac{\pi}{l_2}, \dfrac{\pi}{l_3}$, polygone fondamental du groupe étendu dont la discontinuité propre résulte de la théorie générale. On vérifie au moyen de la formule (2) que le genre de l'un de ces groupes est égal à zéro; la surface fermée à laquelle donne lieu le repliement du polygone fondamental n'est autre que la surface de Riemann régulière attachée à l'équation algébrique

$$x = R(z),$$

x variable indépendante et $R(z)$ fonction rationnelle que nous avons formée au Chapitre précédent [équation (4)]; les trois points de ramification correspondent à e_1, e_2, e_3.

60. Considérons maintenant les groupes de mouvement du plan euclidien qui ont déjà été obtenus par une méthode directe. Nous pouvons encore, par l'application des théories générales, déterminer le polygone rayonné de l'un de ces groupes; les propriétés de ce polygone, démontrées pour le cas des groupes fuchsiens subsistent dans le cas actuel, sauf celle qui concerne l'existence des sommets paraboliques; un tel sommet, c'est-à-dire un sommet à l'infini n'existe que pour les gronpes cycliques formés par les puissances d'une substitution parabolique, ou pour ces mêmes groupes étendus par l'adjonction d'une symétrie par rapport à un

centre
$$z' = \pm z + ph.$$

En laissant de côté ces cas simples, le polygone rayonné a au moins 4 côtés. En faisant les mêmes hypothèses que plus haut, les inégalités (6) et (7) subsistent; l'inégalité (8) devient ici une égalité, et l'on obtient par suite

$$m \leq 2.$$

Prenons d'abord $m = 2$. Ceci n'est possible que si les relations (6) et (9) deviennent des égalités, de sorte que

$$\sum \frac{1}{l_i} = \frac{n}{2},$$
$$2c = 3m + n = 6 + n.$$

Il y a exactement deux cycles adventifs de trois sommets chacun et n sommets elliptiques formant chacun un cycle, de plus les périodes des substitutions elliptiques correspondantes sont égales à 2, c'est-à-dire que ces sommets sont non apparents; d'ailleurs n est pair et au plus égal à 6. Le polygone P_0 est donc un hexagone dont les sommets forment deux cycles adventifs, avec en plus n sommets non apparents placés au milieu de n de ses côtés. L'hypothèse $n = 6$ est à exclure car les sommets apparents formeraient un seul cycle. On vérifiera de même en appliquant la règle de formation des cycles que l'hypothèse $n = 2$ est à exclure quels que soient les deux côtés qui renferment un sommet non apparent, car on n'obtiendrait pas de cycle adventif à trois éléments. Si $n = 0$, c'est-à-dire si le groupe ne renferme que des substitutions paraboliques, P_0 est un hexagone à côtés opposés égaux et parallèles qui se transforme aisément par une modification permise en un *parallélogramme de périodes*, le groupe G étant celui des substitutions

$$z' = z + p\omega + q\omega_1 \quad (p, q \text{ entiers}).$$

Si $n = 4$, on vérifie qu'on doit placer les sommets non apparents au milieu de deux côtés consécutifs AB et BC et des deux côtés opposés DE et EF; les côtés CD et AF sont correspondants; A, B, C forment un cycle ainsi que D, E, F

$$\hat{A} + \hat{B} + \hat{C} = \hat{D} + \hat{E} + \hat{F} = 2\pi.$$

Il suit de là que AFDE est un parallélogramme; il en est de même de $\alpha\beta\gamma\delta$ en appelant α, β, γ, δ les milieux de AB, BC, DE, EF ([1]). Le groupe G dérive des symétries par rapport à trois des sommets de ce dernier parallélogramme. En remplaçant les triangles $\alpha B\beta$, $\delta E\gamma$ par $\beta C\alpha'$, $\gamma D\delta'$ symétriques des premiers par rapport à β et γ respectivement et le quadrilatère AF$\delta\alpha$ par CD$\delta'\alpha'$ déduit de ce dernier par la translation $\overrightarrow{AC}$ on obtient le domaine fondamental $\alpha\delta\gamma\delta'\alpha'\beta$, c'est-à-dire un parallélogramme avec adjonction de deux sommets non apparents au milieu de deux côtés opposés. Les substitutions de G, par un choix convenable de l'origine, se ramènent à la forme

$$z' = \pm z + p\omega + q\omega_1 \qquad (p,\ q\text{ entiers}).$$

Supposons ensuite $m = 1$; on en déduit

$$n \leq c \leq 2 + \frac{n}{2},$$
$$\frac{3}{2} + \frac{n}{2} \leq c,$$

d'où
$$n \leq 4.$$

Si l'on prend $n = 4$, il faut supposer également

$$c = 4$$

et

$$\sum_{1}^{4} \frac{1}{l_i} = 2,$$

d'où
$$l_1 = l_2 = l_3 = l_4 = 2.$$

On obtiendrait un octogone avec quatre sommets elliptiques non apparents, c'est-à-dire un quadrilatère complété par l'adjonction de sommets aux milieux des quatre côtés et qui forment un parallélogramme; le groupe C dérivant des symétries par rapport aux sommets de ce dernier, on retombe sur un cas déjà examiné.

Prenons $n = 3$, il vient
$$c = 3,$$
$$\frac{1}{l_1} + \frac{1}{l_2} + \frac{1}{l_3} = 1.$$

([1]) Le lecteur est prié de faire la figure.

P_0 est un hexagone avec un cycle adventif de trois sommets et trois sommets elliptiques formant chacun un cycle, les angles en ces derniers sommets pouvant prendre les trois systèmes de valeurs

(I) $\quad\dfrac{2\pi}{3},\ \dfrac{2\pi}{3},\ \dfrac{2\pi}{3},$

(II) $\quad\pi,\ \dfrac{2\pi}{3},\ \dfrac{\pi}{3},$

(III) $\quad\pi,\ \dfrac{\pi}{2},\ \dfrac{\pi}{2}.$

Deux sommets elliptiques sont toujours séparés par un sommet adventif. La solution (1) donne pour P_0 un hexagone ABCDEF, le groupe G dérivant des rotations multiples de $\dfrac{2\pi}{3}$ autour des sommets B, D, F. En remplaçant BCD par le triangle égal et de même orientation BAD' et de même FED par FAD', on obtient comme domaine fondamental le quadrilatère BDFD' qui est évidemment un losange formé de deux triangles équilatéraux symétriques par rapport à BF, et cette remarque permet d'étendre le groupe par l'adjonction d'une symétrie. Enfin par un choix convenable de l'origine, les substitutions de G s'écrivent, en appelant ρ une racine cubique de l'unité,

$$z' = \rho^n z + p\omega + q\rho\omega \qquad (n,\ p,\ q \text{ entiers}).$$

La solution (II) donne pour P_0 un hexagone avec un sommet non apparent F et deux sommets elliptiques B et D dont les angles valent respectivement 120° et 60°. En faisant tourner le triangle BCD autour de B de manière à amener BC sur BA, on lui donne la position BAD'; on reconnaît alors que D et D' sont symétriques par rapport à F, milieu de AE; on remplace BCD par BAD' et DEF par D'AF, ce qui donne comme polygone fondamental le triangle BDD' dans lequel BD $=$ BD' et $\hat{\text{B}} = 120°$. Le groupe G qui résulte des symétries autour des points B, D et F (milieu de DD') peut être étendu par adjonction d'une symétrie autour de BF. Les substitutions de G s'expriment par la même formule que plus haut, ρ étant une racine 6e primitive de l'unité.

La solution III donne pour P_0 un hexagone dont les angles aux sommets elliptiques B, D, F ont pour valeur 1^{dr}, 1^{dr} et 2^{dr}. En opérant exactement comme dans le cas précédent, on obtient le

triangle isocèle rectangle BDD' domaine fondamental déduit de P_0 par des modifications permises, et les équations des substitutions de G sous la forme
$$z' = i^n z + p\omega + qi\omega.$$
Si l'on prend enfin $m = 1$, $n = 2$, on obtient
$$c = 3, \qquad l_1 = l_2 = 2$$
et l'on retombe sur un sous-cas particulier d'un cas déjà examiné. L'hypothèse $m = n = 1$ doit être rejetée. Nous avons donc retrouvé par cette voie les résultats du chapitre précédent concernant les groupes de mouvement dans le plan euclidien et obtenu de plus la construction des polygones rayonnés qui nous sera utile pour la suite. Quant au genre des groupes que nous venons de définir il s'obtient par la formule (2) qui devient
$$p = \frac{c + 1 - (m + n)}{2}.$$
Pour les groupes (I), (II) et (III) on obtient $p = 0$. Pour les précédents on a $p = 1$ et $p = 0$ respectivement; autrement dit les groupes qui renferment des substitutions elliptiques sont de genre zéro.

61. Nous allons considérer maintenant les groupes les plus généraux de substitutions linéaires dépourvus de transformations infinitésimales et qui engendrent dans l'espace hyperbolique, c'est-à-dire à l'intérieur de la sphère de Riemann des groupes pr. d. de déplacements non euclidiens. La méthode du rayonnement pour déterminer le domaine fondamental d'un tel groupe s'applique exactement comme dans le cas du plan et conduit à la construction d'un *polyèdre rayonné*. On reconnaît d'abord immédiatement que les axes des rotations elliptiques qui peuvent exister dans le groupe G et qui constituent des lignes de points doubles à l'intérieur de la sphère ne peuvent y avoir de point d'accumulation. Soit alors C_0 un point intérieur à la sphère et situé à distance finie de tous les axes en question. Construisons les sphères cayleyennes de même rayon r ayant pour centres les points C_i équivalents à C_0, les points limites des points C_i qui sont tous distincts étant situés sur la sphère $\mathcal{R}$ de Riemann. Faisons croître ensuite simultanément les rayons de toutes ces

sphères ; et opérant comme dans le cas du plan nous obtenons des domaines Π_0, Π_1, ..., Π_i, contenant respectivement les points C_0, C_1, ..., C'_i, ... ; Π_i est le domaine des points plus rapprochés de C_i que des autres points équivalents à C_i et les domaines Π_j sont séparés deux à deux par des faces planes. D'ailleurs il est permis — et la même remarque aurait pu être faite dans le cas du plan — de prolonger au besoin cette face plane au delà de la sphère ; il suffit de supposer que les rayons r des sphères cayleyennes peuvent croître jusqu'à $+\infty$ pour devenir ensuite purement imaginaires, celles-ci enveloppant alors la sphère de Riemann. Pour que les domaines Π_i soient ainsi prolongeables au delà de la sphère il faut et il suffit que le groupe G soit encore proprement discontinu en certaines régions de la surface de celle-ci. Si l'on se borne à la considération des points intérieurs à la sphère, les domaines Π_i auront alors un certain nombre de faces sphériques. Dans tous les cas ces domaines sont convexes et par suite simplement connexes et donnent lieu à une division régulière de l'espace en domaines équivalents ([1]). Nous supposerons presque toujours, bien que ce ne soit pas le cas général, que le nombre de leurs faces planes ou sphériques est fini.

62. Les arêtes de polyèdres fondamentaux Π_i intérieures à la sphère doivent être, comme dans le cas du plan, divisées en deux catégories : arêtes *adventives* dont la position dépend du choix du centre C_0, et arêtes *elliptiques* qui appartiennent à des axes elliptiques. La considération des polyèdres du réseau assemblés autour d'une arête adventive conduit à ranger les arêtes adventives équivalentes d'un même polyèdre en cycles comprenant au moins trois arêtes (*fig*. 19), Les faces issues des arêtes d'un cycle se correspondent deux à deux par les transformations du groupe ; il n'y a qu'une manière d'établir cette correspondance. La somme des angles dièdres d'un polyèdre correspondant aux arêtes du cycle est égale à 2π. Les distances du centre C_0 aux arêtes du cycle sont égales entre elles. Les démonstrations de ces faits sont les mêmes que dans le cas des groupes fuchsiens.

([1]) On reconnaît facilement que la portion d'espace remplie par les polyèdres est limitée par les plans tangents aux points de l'ensemble limite Φ de la sphère.

A la notion d'arête adventive se rattache celle de *sommet adventif;* un sommet de Π_0 est adventif si toutes les arêtes qui y aboutissent sont elles-mêmes adventives. Les sommets adventifs intérieurs à la sphère A se répartissent en systèmes formés de

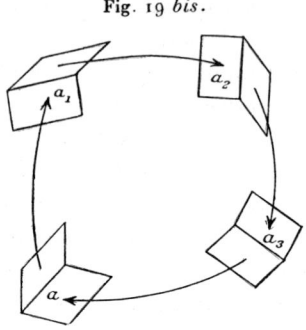

Fig. 19 *bis*.

quatre sommets au moins, comprenant tous les sommets de Π_0 équivalents à l'un d'eux. Les sommets d'un système sont équidistants du centre C_0. Les angles polyèdres correspondants peuvent, par déplacement, être assemblés autour d'un sommet commun de manière à remplir entièrement et sans double emploi l'entourage de ce sommet.

Rangeons maintenant dans une même classe tous les axes elliptiques équivalents à l'un d'eux. Π_0 étant un domaine fondamental renferme à son intérieur ou sur sa surface un point M_0 équivalent à un point quelconque M situé sur l'axe a, représentant d'une classe; prenons M distinct des sommets du réseau; M_0 n'est donc pas un sommet de Π_0; l'axe a_0 équivalent à a et passant par M_0 ne peut pas, étant une ligne de points doubles, traverser Π_0; il ne peut pas non plus traverser une face et contient par conséquent une arête; si toutefois les rotations elliptiques du groupe d'axe a se réduisaient à une *transposition*, a_0 traverserait une face plane, mais on regardera alors le segment correspondant comme une *arête non apparente* et la face plane comme formée de deux faces séparées par cette arête. Remarquons maintenant que les sommets du réseau divisent en général a en plusieurs segments ou en une infinité de segments non équivalents, car deux segments distincts de a ne peuvent être transformés l'un dans l'autre que par une substitution loxodromique ou hyperbolique de G ayant pour points doubles les extrémités de a sur la sphère et une telle substitution n'existe pas dans le cas général.

A ces différents segments de a correspondront alors des arêtes distinctes et non équivalentes de Π_0, de sorte qu'en général il y a plusieurs axes elliptiques d'une même classe qui participent, et par des segments non équivalents, au système des arêtes de Π_0. Les arêtes elliptiques équivalentes à l'une d'elles forment un cycle qui, pour une position arbitraire de C_0, ne contiendra qu'une seule arête; s'il en est ainsi l'angle des deux faces réunies par cette arête est égal à $\frac{2\pi}{\nu}$, ν étant l'ordre du sous-groupe cyclique correspondant. Pour des positions particulières de C_0 les arêtes elliptiques peuvent former des cycles de plusieurs éléments; c'est alors la somme des angles dièdres d'un cycle qui a pour valeur $\frac{2\pi}{\nu}$.

63. Nous venons de voir qu'un axe elliptique parcouru dans tout l'intérieur de $\mathcal{C}$ est divisé par les sommets du réseau qui s'y trouvent en arêtes de nos polyèdres. Si les autres arêtes qui concourent en l'un des ces sommets S sont toutes adventives, nous dirons que S est *semi-régulier* ([1]). Les sommets *réguliers* du réseau sont au contraire ceux où se croisent au moins deux axes elliptiques.

Un sommet régulier est le centre d'un sous-groupe de rotations Γ de G, du type des polyèdres réguliers, et en faisant coïncider ce sommet avec le centre de la sphère par un *déplacement* préalable de tout le réseau on obtient précisément pour Γ un groupe de rotations au sens ordinaire. Soit alors O le centre de la sphère $\mathcal{C}$ et admettons que C_q soit parmi les points équivalents l'un des plus rapprochés de O, de sorte que la sphère Σ concentrique à $\mathcal{C}$ et passant par C_q ne renferme aucun point C_i à son intérieur. Je dis que si C_0 n'a pas une position particulière, tous les points C_i situés sur Σ sont les transformés de C_q par Γ. En effet tous les déplacements qui changent Σ en elle-même étant des rotations autour de O, le contraire ne pourrait avoir lieu que si C_q était sur l'un

---

([1]) L'étude des sommets semi-réguliers est identique à celle des sommets elliptiques des polygones fuchsiens.

des cercles cayleyens d'intersection de Σ avec les sphères Σ', Σ'', ... transformées de Σ par les déplacements de G non contenus dans Γ (il n'y a qu'un nombre fini de ces sphères qui rencontrent Σ). Donc si C_q n'est pas sur une de ces courbes notre hypothèse sera vérifiée et l'on peut toujours parvenir à ce résultat en remplaçant C_q par un point voisin sur Σ. Si l'on forme alors le polyèdre rayonné en négligeant d'abord les points C_i extérieurs à Σ, on obtient évidemment l'angle polyèdre de sommet O ayant pour base le polygone rayonné P de centre C_q situé sur Σ et relatif à Γ, et il est clair qu'en faisant ensuite intervenir les points C_i qui sont à une distance au moins égale à h ($h > 0$) de Σ, ce polyèdre n'est pas modifié dans le voisinage de O. On conclut de là que si C_0 est arbitraire on obtient un seul sommet régulier de chaque classe, l'angle polyèdre correspondant étant un domaine fondamental du groupe de rotations Γ d'ordre N qui laisse ce sommet immobile; cet angle polyèdre comporte donc en général six faces avec trois arêtes adventives et trois arêtes elliptiques, et l'assemblage des polyèdres du réseau autour de ce sommet, qui remplit l'espace environnant, se compose de N polyèdres, N ayant pour valeur $2n$, 12, 24 ou 60 suivant que le sommet en question est du type diédrique, tétraédrique, octaédrique, icosaédrique.

64. Supposons maintenant que G' renferme des substitutions paraboliques et par suite au moins un sous-groupe cyclique parabolique formé des puissances de T et dont le point double correspond à $z = \infty$. Représentons les points C_i dans le demi-espace E de Poincaré; appelons ξ, η, ζ les coordonnées de C_0, ξ', η', ζ' celles de C_i déduit de C_0 par U

$$U = \begin{pmatrix} \alpha & \beta \\ \gamma & \delta \end{pmatrix},$$

$$T = \begin{pmatrix} 1 & h \\ 0 & 1 \end{pmatrix} \quad (h \text{ réel} > 0).$$

Nous allons montrer que, quand on fait varier U, les valeurs distinctes de ζ n'ont pas d'autre valeur limite que zéro. Pour cela calculons ζ' en fonctions de ξ, η, ζ. Les formules (30), (31) et (35) du chapitre précédent donnent en y remplaçant a, b, c, d par α,

β, γ, δ et supposant
la formule
$$\alpha\delta - \beta\gamma = 1,$$
$$\frac{\zeta^2}{\zeta'^2} = \frac{y'_1 y'_4 - y'_2 y'_3}{y_1 y_4 - y_2 y_3} \frac{y_4^2}{y'^2_4} = \left(\frac{y_4}{y'_4}\right)^2,$$
d'où
$$\frac{\zeta'}{\zeta} = \frac{y_4}{y'_4},$$

puis, en tenant compte des formules (30) et (36),

$$\zeta' = \frac{\zeta}{\gamma\gamma_0 \xi^2 + (\gamma z + \delta)(\gamma_0 z_0 + \delta_0)}.$$

Il s'ensuit tout d'abord que ζ' ne peut pas tendre vers l'infini, car γ et δ tendraient vers zéro et l'on en déduirait, comme dans la question analogue concernant les groupes fuchsiens, que la substitution $T^{-1}UT$ serait infinitésimale. Plus généralement ζ' ne peut pas tendre, pour des systèmes de valeurs tous distincts de γ et δ, vers une limite positive (§ 47). Il y a donc un plan

$$\zeta = \zeta^*$$

qui contient une infinité de points C_i équivalents à C_0, mais tel que d'une part il n'y ait aucun point C_i au-dessus de ce plan, que d'autre part les points C_i situés au-dessous de lui ne puissent s'en approcher indéfiniment ([1]). Soit C_q un point de l'ensemble des C_i situé dans ce plan et construisons dans le demi-espace ε le domaine fondamental rayonné de centre C_q en faisant d'abord abstraction des points C_i de cote inférieure à ζ^*; ce domaine est limité par deux ou plus de deux plans verticaux, perpendiculaires au milieu de certains segments $C_q C_r$ en remarquant qu'il est actuellement indifférent de donner à ces termes leur sens euclidien ou non euclidien ([2]). Si maintenant on fait intervenir les points C_i de cote inférieure à ζ^* il résulte des remarques précédentes et du raisonnement fait dans le cas du plan que la portion du domaine fondamental dont les points ont une cote $> H$ ne sera pas modifiée si H est assez grand. Il s'ensuit, en revenant à l'espace hyperbo-

---

([1]) Nous regardons, pour la commodité du langage, l'axe $O\zeta$ comme vertical et dirigé vers le haut.

([2]) Remarquons qu'au contraire la variété $\zeta = $ const. constitue au point de vue non euclidien une sphère dont le centre est à l'infini.

lique, que le polyèdre rayonné atteindra sur la sphère $\mathcal{A}$ un point au moins équivalent à un point double parabolique de chaque classe; ce point sera un sommet du polyèdre si le sous-groupe Γ des rotations paraboliques qui admettent ce point double ne se réduit pas à un groupe cyclique simple, car nous aurons alors plus de deux faces concourant en ce point. Si au contraire Γ est un groupe cyclique simple le point double considéré sera à l'intérieur d'une *arête parabolique* tangente en ce point à la sphère A, le polyèdre rayonné s'étendant par conséquent au delà de la sphère.

On verra du reste par des considérations absolument semblables à celles que nous avons développées dans le cas des polygones fuchsiens que si C_0 est pris au hasard les faces de l'angle polyèdre (ou dièdre) considéré sont deux à deux conjuguées par les substitutions du sous-groupe Γ, de sorte que le sommet (ou l'arête parabolique) en question forme un cycle à un seul élément. S'il s'agit d'un sommet l'angle polyèdre correspondant possède les propriétés (nombre de faces, d'arêtes adventives, elliptiques, paraboliques) dérivant de celles que nous avons obtenues pour les polygones rayonnés des divers groupes de mouvement dans le plan euclidien.

Dans le cas d'une arête parabolique il pourra arriver, sans que C_0 occupe une position particulière, que la surface du polyèdre Π_0 en contienne d'autres non équivalentes à celle-ci bien qu'appartenant à des axes paraboliques de la même classe. Cette remarque est à rapprocher de celle analogue que nous avons faite au sujet des axes elliptiques ([1]).

65. Considérons maintenant les points doubles d'une substitution hyperbolique ou loxodromique de G. On reconnaît facilement que ces points ne peuvent appartenir à la surface d'un polyèdre rayonné; il suffit d'appliquer la construction de ce polyèdre pour le groupe cyclique des substitutions loxodromiques admettant les points doubles A et B sur la sphère; soient C_0 un point intérieur à la sphère, C_1 son transformé par T qu'on peut ramener à la forme

---

([1]) On démontre d'autre part, exactement comme dans le cas des polygones fuchsiens que pour une position arbitraire de C_0 toute arête de Π_0 tangente à la sphère $\mathcal{A}$ est l'axe d'une rotation parabolique dont le point fixe est au point de contact et qui conjugue entre elles les deux faces issues de cette arête.

canonique
$$z' = kz.$$

L'équation de la sphère $\mathcal{C}$ en employant les coordonnées tétraédriques du chapitre précédent sera
$$f_{yy} = y_1 y_4 - y_2 y_3 = 0,$$

y_1, y_4 sont réelles, y_2 et y_3 imaginaires conjuguées; A et B sont les sommets du tétraèdre définis par $y_1 = y_2 = y_3 = 0$ (A) et $y_2 = y_3 = y_4 = 0$ (B); f_{yy} est >0 à l'intérieur de $\mathcal{C}$.

L'équation du plan perpendiculaire au milieu de $C_0 C_1$ est, en appelant a_i b_i les coordonnées de C_0 et de C_1 :
$$\frac{f_{by}}{f_{ay}} = \pm \sqrt{\frac{f_{bb}}{f_{aa}}},$$

ce qui peut s'écrire en tenant compte des relations qui expriment que C_i est le transformé de C_0 par T, et désignant par r et ω le module et l'argument de k :
$$r^2 a_1 y_4 + a_4 y_1 - r e^{i\omega} a_2 y_3 - r e^{-i\omega} a_3 y_2$$
$$= \pm r(a_1 y_4 + a_4 y_1 - a_2 y_3 - a_3 y_2)$$

et l'on vérifie aisément que, C_0 étant intérieur à $\mathcal{C}$, il faut choisir le signe $+$ pour le plan qui traverse $\mathcal{C}$.

Finalement l'équation du plan considéré se met sous la forme
$$(r-1)(r a_1 y_4 - a_4 y_1) + r[(1 - e^{i\omega}) a_2 y_3 + (1 - e^{-i\omega}) a_3 y_2] = 0.$$

L'équation du plan perpendiculaire au milieu de $C_0 C_i$ sera :
$$(r^n - 1)(r^n a_1 y_4 - a_4 y_1) + r^n [(1 - e^{n i \omega}) a_2 y_3 + (1 - e^{-n i \omega}) a_3 y_2] = 0.$$

Si T est hyperbolique, donc ω nul, on obtient en faisant varier n un faisceau de plans passant par la droite CO conjuguée de AB et par suite extérieure à $\mathcal{C}$.

Le polyèdre rayonné est le dièdre limité par les deux plans qui correspondent à $n = \pm 1$, les points A et B lui étant extérieurs. Si T est loxodromique, $\omega \neq 0$, ces deux plans auront une intersection qui pourra traverser $\mathcal{C}$ si $1 - r$ est assez petit, ou au contraire être extérieure à $\mathcal{C}$, mais dans les deux cas les points A et B sont de part et d'autre de chacun d'eux puisqu'en faisant $y_2 = y_3 = 0$

dans l'équation qui précède on obtient :

$$\frac{y_1}{y_l} = \frac{r^n a_1}{a_l} > 0,$$

et l'on vérifie également que le dièdre limité par les deux plans ($n = \pm 1$) et contenant C_0 laisse les deux points A et B à son extérieur.

Si l'on considère maintenant un groupe quelconque, le polyèdre rayonné de centre C_0 étant contenu dans celui qui est relatif à l'un quelconque de ses sous-groupes, ne contiendra à son intérieur ni sur sa surface aucun point fixe hyperbolique ou loxodromique.

66. Répartissons les groupes G en deux classes, analogues à celles que nous avons considérées dans l'étude des groupes fuchsiens, la première classe renfermant ceux qui ne sont pr. d. qu'à l'intérieur de la sphère, et la seconde ceux qui le sont encore en certains points extérieurs. Les groupes de la première classe que l'on appelle parfois *groupes polyédriques* donnent lieu à des polyèdres rayonnés qui ne peuvent atteindre la surface de la sphère qu'en des sommets paraboliques, en nombre fini si l'on se borne au cas où le polyèdre n'a qu'un nombre fini de faces : ce sont alors des *sommets réguliers* autour duquel s'assemblent des polyèdres du réseau dont les angles polyèdres correspondants ont plus de deux faces, et par lesquels passent une infinité d'axes paraboliques : cela revient à dire que le groupe Γ de mouvements euclidiens considéré plus haut renferme deux translations de vecteurs non parallèles.

Les groupes de la seconde classe qui sont les groupes *kleinéens*, appelés parfois aussi *groupes polygonaux*, donnent lieu à des polyèdres rayonnés qui présentent une ou plusieurs parties extérieures à la sphère. Les sommets et les arêtes extérieurs à celle-ci donnent lieu à des classifications analogues à celles qui concernent les éléments intérieurs; on distinguera par exemple les arêtes adventives, elliptiques, paraboliques, etc.

Les points de la sphère où un groupe de cette classe cesse d'être pr. d. forment un ensemble parfait en général, sauf dans un cas simple où il se réduit à deux points; cet ensemble continu ou discontinu n'est dense nulle part sur la sphère; les sommets et les arêtes des polyèdres du réseau tendent vers les points de cet ensemble. Ces faits découlent immédiatement des résultats du chapitre précédent.

67. Considérons la section d'un polyèdre II_0 par la sphère $\mathcal{A}$; elle se compose d'un ou de plusieurs polygones limités par des arcs de cercle que nous désignerons par P_0, P'_0, ... $P_0^{\nu-1}$ en supposant leur nombre fini. Ces polygones ne présentent jamais d'angles rentrants; leurs sommets peuvent être adventifs, elliptiques ou paraboliques, jamais hyperboliques ni loxodromiques. Ils sont par définition d'un seul tenant mais pas toujours simplement connexes; il peut arriver par exemple que les arêtes limitant une face soient complètement extérieures à $\mathcal{A}$; l'intersection de cette face et de $\mathcal{A}$ est alors une circonférence entière qui fait partie du contour d'un polygone P_0^i; ce dernier ayant nécessairement d'autres points frontières est donc à connexion multiple.

Considérons maintenant tous les polyèdres $\text{II}_0\ \text{II}_1,\ \ldots$ équivalents par les substitutions de G. Ils découpent sur la sphère un réseau de polygones qui recouvre toute sa surface à l'exception des points de l'ensemble parfait Φ; leurs sommets paraboliques, s'ils existent, appartiennent seuls à ce dernier ensemble. Ces polygones sont respectivement équivalents à $P_0\ P'_0\ \ldots\ P_0^{(\nu-1)}$, ces derniers constituant dans leur ensemble un domaine fondamental pour la surface de la sphère moins l'ensemble Φ. Les côtés de $P_0\ P'_0\ \ldots\ P_0^{(\nu-1)}$ sont deux à deux conjugués et d'une seule manière par les transformations de G, mais il peut arriver que deux côtés conjugués appartiennent à des polygones distincts; si un côté de P_0 par exemple est conjugué avec un côté de P'_0, il en résulte que P_0 est limitrophe de P'_1 équivalent à P'_0; on peut alors dans le système des ν polygones primitifs faire disparaître P'_0 en le remplaçant par P'_1, puis réunir les polygones P_0 et P'_1 adjacents le long du côté considéré en un seul polygone en faisant disparaître ce côté.

En répétant au besoin cette opération on obtiendra finalement un système de polygones en nombre au plus égal à celui du système primitif, constituant dans leur ensemble un domaine fondamental, les côtés de chaque polygone *pris isolement* étant deux à deux conjugués; les côtés des nouveaux polygones sont toujours des arcs de cercle et leurs sommets conservent les mêmes caractères. Nous continuerons à les désigner par $P_0 P_0 \ldots P_0^{(\nu-1)}$, et par $P_1 \ldots, P_1^{(\nu-1)}, P_2, \ldots$ ceux qui s'en déduisent par les substitutions de G. Considérons en particulier les polygones $P_1, P_2, \ldots$ adjoints à P_0 ou qui sont reliés à P_0 par une chaîne de polygones deux à deux adjacents, et qui s'obtiennent de proche en proche par les transformations qui conjuguent deux à deux les côtés de P_0.

Les polygones $P_0, P_1, \ldots$ forment un réseau $\mathcal{R}$ d'un seul tenant et nous désignerons de même par $\mathcal{R}', \mathcal{R}'', \ldots, \mathcal{R}^{(\nu-1)}$ les réseaux obtenus à partir de $P_0', P_0'', \ldots, P_0^{\nu-1}$. Deux quelconques de ces réseaux sont sans point commun, car un point commun à $\mathcal{R}$ et $\mathcal{R}'$ aurait un équivalent dans P_0 et P_0', ce qui est impossible. Les substitutions de G qui transforment $\mathcal{R}$ en lui-même et par suite P_0 en un polygone de $\mathcal{R}$ forment un sous-groupe Γ de G; aux réseaux $\mathcal{R}', \mathcal{R}'', \ldots$ correspondent de même les sous-groupes $\Gamma', \Gamma'', \ldots$.

Au sous-groupe Γ, par exemple, correspond une décomposition de G en *parties associées* qui transforment $\mathcal{R}$ respectivement en $\mathcal{R}, \mathcal{R}_1, \mathcal{R}_2, \ldots$ réseaux distincts équivalents et dont les points limites appartiennent tous à l'ensemble parfait Φ; leur nombre sera fini si Γ est un sous-groupe d'indice fini. L'ensemble des réseaux

$$\mathcal{R}, \mathcal{R}_1, \ldots, \mathcal{R}', \mathcal{R}_1', \ldots, \mathcal{R}^{(\nu-1)}, \mathcal{R}_1^{(\nu-1)}, \ldots$$

constitue l'ensemble des régions distinctes dans lesquelles l'ensemble Φ divise la sphère et parmi lesquelles il y en a ν de non équivalentes; le fait que ν est un nombre fini résulte de l'hypothèse que π_0 n'a qu'un nombre fini de faces, mais l'on peut construire des groupes pour lesquels cette hypothèse n'est pas vérifiée.

Cherchons maintenant dans quels cas le nombre total de ces réseaux ou régions de discontinuité distinctes peut être fini. Établissons d'abord quelques lemmes.

I. *Si Γ est un groupe d'indice fini m de G, et g un sous-groupe d'indice fini n de Γ, g est un sous-groupe d'indice mn de G.* La démonstration résulte immédiatement de la définition de l'indice.

II. *Si Γ est un sous-groupe d'indice fini de G, les ensembles Φ attachés à G et à Γ sont identiques.*

Nous savons que l'ensemble $\mathcal{F}$, projection stéréographique de l'ensemble Φ des points de la sphère attaché à Γ, est l'ensemble des points où les fonctions linéaires $f_n(z)$ ne forment pas une famille normale, en appelant $[z, f_n(z)]$ les substitutions de G. Soit $\mathcal{F}'$ l'ensemble analogue attaché à G. Il est clair que tout point de $\mathcal{F}$ appartient à $\mathcal{F}'$. La réciproque est vraie, car si Γ est un sous-groupe d'indice 3, pour fixer les idées, de G, les substitutions de G sont de la forme

$$z' = f_n(z),$$
$$z' = g_1[f_n(z)],$$
$$z' = g_2[f_n(z)],$$

g_1, g_2, fonctions linéaires ; si les $f_n(z)$ forment une famille normale en un point, il en est de même des fonctions $g_1[f_n(z)]$ et $g_2[f_n(z)]$ et de l'ensemble des fonctions $f_n(z)$, $g_1[f_n(z)]$, $g_2[f_n(z)]$, ce qui démontre notre assertion.

III. Si l'ensemble Φ attaché à un groupe G divise la sphère en régions dont certaines sont invariantes par toutes les substitutions de G, Φ est la frontière commune de toutes ces régions. En effet tout point de Φ est limite de points équivalents à un point quelconque de la sphère et par suite, d'après nos hypothèses, limite de points appartenant à chacune des régions considérées.

IV. Si un domaine D, contigu à l'ensemble Φ attaché au groupe G, est invariant par les substitutions de G, il contient des lignes simples, au sens de Jordan, aboutissant sur sa frontière aux points doubles des substitutions hyperboliques et loxodromiques de G.

Car si T est une substitution hyperbolique ou loxodromique de G, les transformés d'un point m intérieur à D par T, T^2, ..., T^n, ... tendent vers l'un des points doubles A de T. Soient m_1, m_2, ... ces divers points. Joignons m à m_1 par une ligne mm_1 intérieure à D et formée d'arcs de cercle, et qui est transformée par les puissances de T en lignes analogues : $m_1 m_2$, $m_2 m_3$, ... La ligne $mm_1 m_2 m_3$... aboutit au seul point A situé sur la frontière de D ; elle peut présenter des points doubles mais qui n'ont pas d'autre point limite que le point A et que l'on fera disparaître en supprimant de proche en proche toutes les boucles de la courbe dans l'ordre où on les rencontre en partant de m ([1]). En remplaçant T par T^{-1} on obtiendra de même une ligne simple aboutissant à l'autre point double B. La réunion de ces deux lignes, en supprimant au besoin certaines boucles, donnera une coupure du domaine D aboutissant aux deux points frontières distincts A et B. Nous savons du reste que des substitutions telles que T existent toujours dans D, en laissant de côté quelques cas simples sans intérêt pour la question qui nous occupe.

68. Ces lemmes établis, démontrons la proposition que nous avons en vue : *si le nombre des régions distinctes en lesquelles* Φ *divise la sphère est fini, ce nombre est égal à* 1 *ou* 2.

Soient (1), (2), ..., (μ) les régions distinctes de la sphère séparées par des points de Φ et supposons $\mu \geq 3$. Représentons la figure sur le plan de Cauchy, l'infini appartenant à la région (3) par exemple, et l'ensemble $\mathcal{F}$ étant borné. La région (1) est invariante par les substitutions d'un sous-groupe d'indice fini de G. Les substitutions de ce sous-groupe, qui laissent invariante la région (2), constituent à leur tour un diviseur de ce dernier, d'indice fini par rapport à lui et par suite par rapport à G. En continuant ainsi, on voit qu'il existe un sous-groupe d'indice fini de G, soit g, laissant fixe chacune des régions (1), (2), ..., (μ); l'ensemble $\mathcal{F}$ attaché à g est identique (lemme II) à celui qui est attaché à G, et constitue (lemme III) la frontière commune des régions (1), (2), ..., (μ).

On peut joindre (lemme IV) les deux points doubles A et B d'une substitution loxodromique de g situés sur $\mathcal{F}$ par une coupure c appartenant tout entière, sauf ses extrémités à la région (1); on peut de même tracer la coupure c' de (2) joignant A et B; les deux coupures c et c' constituent une ligne simple fermée qui partage le plan en deux régions (Jordan, *Cours d'Analyse*, t. I, § **96-105**). La région intérieure comprend nécessairement des points de $\mathcal{F}$ puisque, en joignant un point de c et un point de c' distincts de A

([1]) Deux arcs $m_n m_{n+1}$ et $m_{n+p} m_{n+p+1}$ ne se coupent pas, si p dépasse un nombre fixe h. Effectuons la suppression des boucles sur la chaîne d'arcs allant de m à m_{n+h+1}; l'arc simple obtenu ne sera plus modifié ultérieurement qu'à partir d'un point situé sur un arc $m_q m_{q+1}$ où $q > n$, point infiniment voisin de A pour n très grand. La courbe aboutit donc au point A.

et B, par une ligne intérieure à $(c+c')$, ce qui est évidemment possible, on traverse la frontière des régions (1) et (2), c'est-à-dire $\mathcal{F}$; comme $\mathcal{F}$ est également frontière de (3), il y a des points de (3) intérieurs à $(c+c')$. Mais comme le point à l'infini appartient à (3), cette région ne serait pas d'un seul tenant puisqu'elle contiendrait deux points qu'on ne peut joindre sans traverser le contour $(c+c')$ dont aucun point n'appartient à (3). Ceci est contraire à l'hypothèse et le théorème est démontré [1].

Supposons d'abord qu'il n'existe qu'une région de discontinuité; le nombre ν est alors égal à 1. Nous avons donné (Chap. XIII, § 39) un exemple de ce genre, dans lequel l'ensemble Φ est partout discontinu. Les groupes fuchsiens de la seconde classe appartiennent également à cette catégorie. Remarquons que si l'ensemble Φ, dans ce cas, ne peut renfermer aucune ligne fermée, il n'est pas démontré que Φ ne puisse pas contenir des continus ne morcelant pas le plan, bien qu'aucun exemple de ce genre ne soit actuellement connu.

Si $\mu = 2$ nous avons une division de la sphère en deux régions qui peuvent être équivalentes ou non suivant que l'on a $\nu = 1$ ou $\nu = 2$. Le cas particulier des groupes fuchsiens de la première classe nous fournit un exemple dans lequel $\nu = 2$. Certains groupes fuchsiens peuvent être étendus par l'adjonction d'une substitution de multiplicateur réel et négatif qui permutera entre eux l'intérieur et l'extérieur du cercle principal : c'est le cas du groupe modulaire, le groupe étendu étant formé des substitutions à coefficients entiers de déterminant ± 1; on obtient ainsi un exemple dans lequel $\nu = 1$, $\mu = 2$. Si l'on n'est pas dans l'un de ces cas particuliers, la courbe Φ est une courbe non analytique qui s'enroule en spirale autour d'une infinité de points partout dense, à savoir les points doubles des substitutions loxodromiques du groupe.

Supposons maintenant que le nombre des régions soit infini et soit $\mathcal{R}$ l'une d'elles, recouverte par le réseau des polygones déduits

---

[1] Certains auteurs regardent comme évident que deux domaines sans point commun qui ont la même frontière recouvrent nécessairement avec cette frontière la totalité du plan. Ce postulat est cependant inexact comme l'a montré M. Brouwer: aussi la démonstration du théorème en question donnée par M. Fricke dans ses *Leçons* (*loc. cit.*, t. I, p. 134) doit-elle être regardée comme insuffisante. Il faut pour la compléter recourir au lemme IV comme nous l'avons fait ici.

de P_0 par les substitutions du groupe g; g est le sous-groupe d'indice infini du groupe donné G qui laisse invariante $\mathcal{R}$; la frontière φ de $\mathcal{R}$, qui est une partie de Φ, constitue l'ensemble limite relatif à g. Si g est un groupe fuchsien de la première classe, φ est une circonférence. Si g n'est pas un groupe fuchsien, φ renferme une infinité dense de points doubles de substitutions loxodromiques de g; il s'ensuit que φ ne peut présenter aucun arc isolé qui soit analytique ou pourvu d'une tangente en chaque point. Enfin si g était un groupe fuchsien de la seconde classe, il n'y aurait dans tout le plan qu'une région de discontinuité. On conclut de là que si φ présente un arc isolé qui soit analytique, φ est une circonférence et $\mathcal{R}$ un cercle; les régions, en nombre infini, équivalentes à $\mathcal{R}$ sont toutes circulaires; le système des circonférences équivalentes à φ est tel que chaque point de l'une d'elles est limite de circonférences du système, de rayons évanouissants. Nous verrons par des exemples que cette circonstance peut se présenter mais n'exclut pas l'existence d'autres régions de discontinuité à frontière plus compliquée.

69. *Une région $\mathcal{R}$ de discontinuité peut être simplement connexe; mais si elle ne l'est pas, son ordre de connexion est infini.* En effet, soit $\mathcal{C}$ un continu faisant partie de la frontière φ de $\mathcal{R}$, et tel qu'il n'existe aucun continu autre que $\mathcal{C}$ qui contienne $\mathcal{C}$ et soit contenu dans φ.

Si $\mathcal{R}$ n'est pas simplement connexe, φ n'est pas d'un seul tenant et contient par suite un point M étranger à $\mathcal{C}$. Le sous-groupe g qui transforme $\mathcal{R}$ en elle-même contient une substitution loxodromique T ayant un point double A aussi voisin que l'on veut de M et par suite non situé sur $\mathcal{C}$; les transformés de $\mathcal{C}$ par les puissances de T sont des continus distincts en nombre infini qui appartiennent à φ, ce qui démontre la proposition.

Les régions non équivalentes $\mathcal{R}$, $\mathcal{R}'$, ..., $\mathcal{R}^{(\nu-1)}$ peuvent avoir des points frontières communs, notamment des points doubles paraboliques; il n'en est pas toujours ainsi: supposons que $\mathcal{R}$ et $\mathcal{R}'$, par exemple, soient entièrement séparées; une substitution loxodromique ou hyperbolique de G dont les deux points doubles A et B sont sur la frontière de $\mathcal{R}$ et par suite à distance finie de $\mathcal{R}'$ étant désignée par T, $\mathcal{R}$ sera transformée par les puissances de T en domaines de dimensions évanouissantes tendant vers A et B; $\mathcal{R}$ est donc entourée de régions de la même classe que $\mathcal{R}'$ qui s'accumulent en tous les points frontières de $\mathcal{R}$.

On se rend compte, par les généralités qui precèdent, de l'extrême complication que peut présenter la division de la sphère en régions de discontinuité d'un groupe kleinéen, et de la diversité des problèmes, du domaine de la théorie des ensembles de points et de la topologie, qui se posent dans cette théorie. Le cadre de cet Ouvrage ne nous permet pas de développer les propriétés des courbes limites dont on trouvera une étude approfondie, au moins dans des cas particuliers, dans les *Leçons de Klein et Fricke* (t. I, p. 399-445).

70. Un groupe kleinéen ou polyédrique pourra, dans certains cas, être étendu par l'adjonction de substitutions du second type; les considérations développées à ce sujet dans le cas du plan s'appliquent ici sans modifications et conduisent à une division régulière de l'espace en polyèdres du second type; si le groupe contient des symétries, ces polyèdres renferment une face appartenant à un plan de symétrie de chaque classe; il peut arriver qu'un même polyèdre renferme plusieurs faces appartenant à des plans de symétrie équivalents. Les faces d'un polyèdre sont deux à deux conjuguées par les substitutions du groupe; toutefois les faces situées dans des plans de symétrie sont à elles-mêmes leurs conjuguées. Deux faces quelconques seront dites du premier ou du deuxième type suivant la nature de la substitution qui les conjugue. Si deux polyèdres sont adjacents suivant une face du deuxième type ils forment un double polyèdre qui est un domaine fondamental du groupe G du premier type contenu dans le groupe donné $\overline{G}$.

Si G est proprement discontinu sur la sphère $\mathcal{C}$, celle-ci est divisée en réseaux équivalents à ν d'entre eux. Quand on passera de G à $\overline{G}$, il pourra arriver qu'un de ces réseaux demeure intact, c'est-à-dire du premier type; il sera alors, relativement à $\overline{G}$, équivalent à l'un des $(\nu - 1)$ autres réseaux non équivalents par rapport à G. On peut donc enoncer ce résultat : si lorsqu'on passe de G à $\overline{G}$, ν' d'entre les ν réseaux non équivalents par rapport à G sont transformés en réseaux du deuxième type, le nombre des réseaux non équivalents par rapport à $\overline{G}$ est égal à $\dfrac{v + v'}{2}$.

Les résultats obtenus concernant la division régulière de l'espace cayleyen en polyèdres équivalents par les opérations d'un groupe de mouvements peuvent être aisément transportés au demi-espace $\mathcal{E}$; on doit observer que les parties des polyèdres extérieures à la sphère $\mathcal{A}$ n'ont pas de correspondantes dans $\mathcal{E}$, et que l'on devra se borner à considérer les parties communes à ces polyèdres et à la sphère $\mathcal{A}$. Leurs images dans le demi-espace $\mathcal{E}$ seront des polyèdres limités par des demi-sphères orthogonales au plan des $\xi\eta$, et, dans le cas des groupes kleinéens, par des portions du plan des $\xi\eta$ correspondant aux faces sphériques des polyèdres tronqués de l'espace cayleyen. On pourra, comme dans le cas du plan, réunir chacun de ces polyèdres à son symétrique par rapport au plan des $\xi\eta$, ce qui fera disparaître les faces planes et donnera des polyèdres en général à connexion multiple.

71. De même que pour le polygone rayonné d'un groupe fuchsien, nous pouvons effectuer sur notre polyèdre rayonné de l'espace hyperbolique des modifications telles qu'il reste toujours un domaine fondamental du groupe. Nous ne chercherons pas la manière la plus générale de faire ces modifications; nous conviendrons au contraire de ne permettre que les opérations suivantes appliquées à la portion du polyèdre π_0 intérieure à la sphère $\mathcal{A}$; les parties extérieures si elles existent seront supprimées, de sorte que si G est kleinéen notre polyèdre désigné toujours par π_0 admettra parmi ses faces des portions de la surface de $\mathcal{A}$: *on peut enlever de* π_0 *un volume limité à une face* F *à condition d'ajouter le volume équivalent contigu à* π_0 *suivant une portion de la face* F' *conjuguée de* F; F et F' désignent ici des faces intérieures à la sphère dites de la *première sorte; l'opération précédente peut être répétée un nombre fini quelconque de fois, mais à la condition que le polyèdre reste d'un seul tenant; il n'est pas exigé qu'il reste simplement connexe;* enfin la surface du polyèdre transformé ne devra comporter qu'un nombre fini de faces à courbure continue séparées par des arêtes; ces arêtes, dans leur ensemble, forment un certain nombre de contours fermés qui

constituent les périmètres des faces; ces contours possèdent une tangente continue sauf aux sommets où concourent au moins trois faces et trois arêtes; les angles dièdres et les angles solides rentrants ne sont pas exclus. Exceptionnellement une arête pourra séparer deux faces formant entre elles un angle égal à π (arêtes elliptiques non apparentes). Enfin une face pourra être traversée par une arête isolée. En général pour éviter les complications, on ne donnera au polyèdre modifié que des faces de la première sorte planes.

Les propriétés suivantes du polyèdre π_0 subsistent après les modifications permises :

I. *π_0 est un domaine d'un seul tenant qui ne possède aucun point à l'extérieur de la sphère $\mathcal{A}$.*

II. *Les faces de la première sorte de π_0 sont deux à deux conjuguées et d'une seule manière par les substitutions de G.*

III. *Les arêtes de π_0 à l'intérieur de la sphère forment des cycles fermés composés d'arêtes équivalentes; la somme des angles correspondants est égale à 2π (arêtes adventives) ou à une partie aliquote de 2π (arêtes elliptiques et rectilignes).*

Les arêtes situées sur la sphère sont adventives et forment des cycles ouverts ne comportant en général que deux arêtes (il en est toujours ainsi si les faces de la première sorte sont planes). La somme des angles dièdres correspondants a pour mesure π (au sens ordinaire ou au sens non euclidien).

Les propriétés précédentes sont seules essentielles ([1]); mais on peut compléter les propriétés III par celles qui concernent les sommets et sont d'ailleurs les mêmes, à quelques détails près, que dans le cas du polyèdre rayonné. Les sommets intérieurs à la sphère se répartissent en systèmes fermés comprenant les points équivalents à l'un d'entre eux. Ces systèmes sont de trois espèces; ceux de la première espèce, formés de sommets adventifs, correspondent à des angles solides qui, si on les assemble autour d'un sommet commun S par ν déplacements de G qui ramènent en S les sommets S, S_1, ..., S_ν du système considéré, remplissent alors

---

([1]) Du moins en ce qui concerne les groupes polyédriques, comme on le verra plus loin.

exactement l'entourage de S; ceux de la seconde espèce formés de sommets semi-réguliers (où passe une seule arête elliptique) correspondent à des angles solides qui peuvent être par le même procédé rassemblés autour de S et remplissent alors un angle dièdre de mesure $\frac{2\pi}{n}$; ceux de la troisième espèce formés de sommets réguliers pour lesquels ce même assemblage remplit un angle polyèdre qui, transformé à son tour par les rotations autour de S d'un groupe du type des polyèdres réguliers, conduit alors à des angles solides remplissant exactement l'entourage de S. Enfin les sommets sur la sphère sont adventifs, elliptiques ou paraboliques et se répartissent en systèmes qui sont donc encore de trois espèces.

Les sommets elliptiques et paraboliques peuvent être sur la sphère des points isolés de π_0, ce qui aura toujours lieu si le groupe est proprement polyédrique ([1]); ils peuvent au contraire, si le groupe est proprement discontinu sur la sphère, être des sommets de polygones fondamentaux.

Notons d'autre part que pour un groupe du deuxième type nous pourrons avoir sur la sphère des arêtes non adventives appartenant aux plans de symétrie.

Il convient maintenant d'insister sur la division de la sphère qu'on obtient dans le cas d'un groupe kleinéen. Nous avons trouvé que, si le polyèdre rayonné π_0 découpe sur la sphère un certain nombre de polygones, on peut, par une modification permise qui n'en augmente pas le nombre, les remplacer par d'autres P_0, P'_0, ..., $P_o^{(\nu-1)}$ possédant cette propriété que chacun d'eux a ses côtés deux à deux conjugués par les substitutions de G. Si nous effectuons de nouveau une modification permise sur ces derniers polygones, la propriété précédente reste toujours vérifiée. Toutes ces modifications peuvent évidemment s'obtenir par des modifications permises du polyèdre π_0. Elles sont d'ailleurs analogues à celles que l'on peut effectuer sur les polygones fuchsiens envisagés dans le plan de la variable z ou sur la sphère de Riemann; mais pour

---

([1]) Un sommet simplement elliptique ne peut pas être isolé sur la sphère, car il n'y aurait qu'un nombre fini de transformations de G qui laisseraient fixe ce sommet ou l'échangeraient avec d'autres sommets de π_0, et par suite un nombre fini de polyèdres du réseau autour de ce point laissant des lacunes dans la sphère s'il n'y a pas de faces de la seconde sorte.

établir cette analogie il convient d'une part de ne considérer qu'un seul polygone P_0 avec le sous-groupe Γ de G qui lui correspond et le réseau $\mathcal{R}$ qu'il engendre, d'autre part de remarquer qu'il n'y a pas pour P_0 de cycles ouverts ni de sommets de la seconde sorte; l'analogie reste entière avec les polygones fuchsiens de la seconde classe si l'on observe, comme nous l'avons déjà fait, que ces derniers polygones fuchsiens ne représentent un domaine fondamental complet que si on les réunit à leurs symétriques par rapport au cercle principal. Nous avons démontré, en analysant la construction des groupes fuchsiens, que les modifications permises n'altèrent pas la somme des angles d'un cycle, qui reste égale à 4 droits pour un cycle adventif et à une partie aliquote de 4 droits pour un cycle elliptique. Cette propriété des polygones modifiés avait pour conséquence qu'en appliquant la règle de construction des polygones traversés par un contour, la chaîne obtenue se fermait d'elle-même pour un circuit décrit autour d'un sommet adventif ou elliptique. La même propriété subsiste pour les polygones considérés ici, mais doit être regardée comme une propriété essentièllement nouvelle, c'est-à-dire ne résultant pas des propriétés I, II et III du polyèdre π_0. Nous énonçons donc à part la propriété suivante :

IV. *Si l'on applique la règle générale de construction de polygones d'un réseau à partir du polygone* P_0, *la chaîne obtenue se ferme d'elle-même après un tour complet autour d'un sommet elliptique ou adventif.*

Pour montrer qu'il est nécessaire de formuler cette propriété, considérons dans le plan z ou sur la sphère un polygone P_0 limité par des arcs de cercle avec un cycle de trois sommets adventifs, et soient P_0, P_1, P_2 les trois polygones assemblés autour du sommet A; comme au paragraphe 45, appelons T_1 et T_2 les substitutions qui changent P_0 en P_1 et P_2. Soient A et B les extrémités du côté commun à P_0 et P_1 et T une substitution hyperbolique quelconque de points doubles A et B pour laquelle le côté AB est donc une trajectoire. Remplaçons T_1 par $T'_1 = T_1 T$; comme T change AB en lui-même, T'_1 conjugue toujours les mêmes côtés du polygone P_0 et les mêmes faces de la première sorte de π_0 lequel n'est pas changé; la répartition des arêtes et des sommets en systèmes fermés n'est pas changée non plus comme on le voit en faisant varier T à partir de la substitution identique; il s'ensuit que les propriétés de I à III subsistent; mais P_1 est changé en P'_1 et le côté commun à P_1 et P_2 est remplacé par un autre qui est tangent à ce dernier en A sans coïncider avec lui. La propriété IV ne subsiste donc plus. Il est clair que la modification effectuée sur la substitution T_1 n'eût pas été possible dans le cas d'un polygone fuchsien.

La propriété IV est donc plus précise que celle qui concerne la somme des angles d'un cycle elliptique ou adventif sur la sphère et qu'il est inutile de formuler.

Il est à remarquer que le polygone P_0 n'est pas en général simplement connexe; nous en avons des exemples dans les polygones fuchsiens de la seconde classe construits de la manière que nous venons de rappeler. Si P_0 n'est pas simplement connexe, le réseau $\mathcal{R}$ correspondant ne l'est pas non plus; en effet, si l'on considère un trou à l'intérieur de P_0 limité par certains côtés formant un contour simple, il existe un polygone du réseau adjacent à l'un de ces côtés et présentant lui-même un trou; soit P_1 ce polygone qui entoure lui-même un polygone P_2 et ainsi de suite; il y a donc une infinité de polygones du réseau et par suite des points de l'ensemble φ à l'intérieur de chaque trou de P_0. Comme il y en a aussi dans la région limitée extérieurement par le contour qui enveloppe P_0, φ se compose de plusieurs et par suite d'une infinté de parties séparées, c'est-à-dire que $\mathcal{R}$ est d'ordre de connexion infini. Mais la réciproque n'est pas vraie et $\mathcal{R}$ peut être d'ordre de connexion infini même si P_0 est simplement connexe; c'est ce qui a lieu pour les groupes fuchsiens de la seconde classe quand le demi-polygone fuchsien du demi-plan supérieur présente un seul côté de la seconde sorte.

72. Nous sommes maintenant en mesure de faire connaître le mode de génération de tous les groupes kleinéens ou polyédriques. Nous nous donnons *a priori* un polyèdre π_0 limité par des faces planes et des portions de la sphère $\mathcal{A}$ et dont les faces de la première sorte sont deux à deux conjuguées par des mouvements du premier type de l'espace hyperbolique; nous supposons que le déplacement qui change la face F_0 en F_1 et π_0 en π_1 est tel que π_0 et π_1 sont de part et d'autre de la face commune F_1. Nous admettons d'autre part que les propriétés I, II, III et IV sont toutes vérifiées. Nous voulons démontrer que le groupe dérivé des déplacements non euclidiens qui conjuguent deux à deux les faces de la première sorte de π_0 est proprement discontinu à l'intérieur de la sphère et admet π_0 comme domaine fondamental. La démonstration est, avec quelques complications, la même que dans le cas des polygones fuchsiens. Faisons voir tout d'abord que le réseau des polyèdres déduits de π_0 ne présente pas de ramification autour des arêtes, c'est-à-dire qu'à un circuit tournant une fois autour d'une arête α correspond une chaîne fermée de polyèdres. En effet π_m, dernier polyèdre obtenu, est équivalent à π_0 et les deux arêtes qui coïncident avec α se correspondent sur les deux polyèdres; enfin les faces homologues issues de α sont en coïncidence. Si α possède une extrémité E à l'intérieur de la sphère, E est un point fixe de la transformation du groupe qui change π_0 en π_m; comme cette dernière ne peut être une rotation elliptique, elle se réduit à la transformation identique. Si α a ses deux extrémités sur la sphère, ce sont là deux points fixes de la transformation considérée qui doit encore se réduire à la transformation identique, car d'une part π_0 n'a pas de sommets loxodromiques ou hyperboliques, d'autre part il est visible qu'une rotation elliptique ou parabolique doit être exclue.

Il faut démontrer maintenant que le réseau de polyèdres n'est pas ramifié autour des sommets intérieurs à la sphère. Supposons qu'on construise les polyèdres que l'on rencontre de proche en proche en sortant toujours par une face issue du sommet S ; ils se déduisent de π_0 par un déplacement qui change S_i en S, S_i étant l'un des sommets de π_0 équivalents à S ; un tel déplacement équivaut à un déplacement choisi une fois pour toutes qui change S_i en S, suivi d'une rotation autour de S, qui sera si l'on veut une rotation au sens euclidien en supposant S au centre de la sphère $\mathcal{A}$, ce qui ne diminue pas la généralité. Dans ces conditions les polyèdres que nous rencontrons sont égaux, au sens euclidien, à un nombre fini d'entre eux; une sphère de centre S et de rayon assez petit ne traversera que les faces de ces polyèdres assemblés autour de S; les intersections de cette sphère Σ avec nos polyèdres sont des polygones sphériques égaux à un nombre fini d'entre eux et formant un réseau qui couvrira nécessairement toute la surface de Σ puisque l'on peut en poursuivre la construction au delà de tout côté resté libre. Ce réseau de polygones (en général non équivalents) étant non ramifié autour de ses sommets, d'après ce qui précède, recouvrira donc sans duplicature la surface de Σ en vertu d'un raisonnement fait dans l'étude des groupes fuchsiens et qui s'applique ici parce que la surface d'une sphère est simplement connexe ([1]).

Il faut démontrer maintenant que le réseau remplit entièrement l'intérieur de la sphère. La démonstration est, avec de légères complications, la même que dans le cas des groupes fuchsiens. Supposons que la droite AB, joignant A intérieur à π_0 à un point arbitraire B intérieur à $\mathcal{C}$, traverse une infinité de polyèdres $\pi_{0_1}, \ldots \pi_1, \pi_n, \ldots$ construits de proche en proche et qui divisent AB en segments infiniment petits avec $\dfrac{1}{n}$ (au sens ordinaire ou au sens cayleyen) : construisons à partir du rang n les segments équivalents $\sigma, \sigma', \sigma'', \ldots$ qui traversent π_0 et qui, si n est assez grand, *sous-tendent* constamment un sommet ou une arête; cela veut dire que les extrémités de l'un d'eux appartiennent à deux faces issues de ce sommet ou séparées par cette arête. Désignant par a et b les extrémités de σ et par bc le segment équivalent à σ' qui traverse π' adjacent à π_0, on démontre aisément que ab et bc sous-tendent, dans π_0 et π' respectivement, le même sommet ou la même arête. Il en sera de même de cd équivalent à σ'' dans π'' et ainsi de suite de sorte que la droite $abcd\ldots$ qui aboutit à un point intérieur à la sphère traverserait une infinité de polyèdres construits de proche en proche en sous-tendant toujours le même sommet ou la même arête. Il s'agit de démontrer qu'il y a une impossibilité. On arrive à ce résultat par une discussion un peu plus longue que celle qui concerne le plan. Le cas d'un sommet ou d'une arête intérieure à la sphère se traite comme dans le plan, le processus de construction ne conduisant, comme nous l'avons vu, qu'à un nombre limité de polyèdres distincts $\pi_0, \pi', \pi'', \ldots, \pi_0$. On voit de suite que les arêtes sur la sphère doivent être éliminées de la discussion. Il reste à considérer les sommets adventifs, elliptiques paraboliques sur la sphère. Les sommets adventifs ou purement elliptiques ne donnent lieu, en vertu de la propriété IV, à aucune difficulté. Il

---

([1]) On voit que la démonstration d'existence des groupes fuchsiens d'après Poincaré peut être utilement étendue à des cas où les polygones du réseau ne sont pas déduits de l'un d'eux par les substitutions d'un groupe.

n'y a lieu de porter son attention que sur les sommets paraboliques. Si E est un tel sommet, on aura deux cas à distinguer suivant que E est, en tant que point de la surface de π_0, isolé ou non sur la sphère. Nous admettons en outre, pour éviter quelques complications d'ailleurs secondaires, que E n'a d'autre équivalent que lui-même sur la surface de π_0.

Si E est isolé, il est le point de concours de faces de la première sorte, deux à deux conjuguées, dont le nombre est au moins 4. Les polyèdres du réseau assemblés autour de E se déduisent de π_0 par le groupe Γ dérivé des substitutions qui relient deux à deux les faces de l'angle polyèdre de sommet E; Γ qui ne contient que des substitutions elliptiques et paraboliques est proprement discontinu et admet cet angle polyèdre comme domaine fondamental en vertu de la propriété III et des conditions connues de discontinuité propre d'un groupe de mouvements dans le plan. C'est donc l'un des groupes de rotations paraboliques que nous connaissons, dont les substitutions se ramènent à la forme

$$z' = \rho^\nu z + p\omega + q\omega',$$

où ν, p, q sont des entiers quelconques, ρ une racine de l'unité. Il est visible et d'ailleurs connu que si l'on range ces substitutions en une suite linéaire $S_1 S_2 \ldots S_n \ldots$ le transformé de z par S_n tend vers l'infini; donc sur la sphère les transformés d'un point M tendent vers le point E; les transformées d'une arête rectiligne EM, issue de E, tendent vers E avec une direction limite tangente à la sphère; donc une face plane du polyèdre π_0 issue de E est transformée en faces dont tous les points tendent vers E. Une droite aboutissant en un point intérieur à la sphère ne peut donc rencontrer qu'un nombre limité de ces faces.

On traitera d'une manière analogue le cas, du reste plus simple, où E est un sommet non isolé; le groupe des substitutions dérivées des substitutions données et qui laissent le point E fixe étant alors semblable à l'un des groupes définis par

$$z' = z + p\omega$$

ou

$$z' = \pm z + p\omega.$$

Enfin on montrera, en décomposant un circuit quelconque en circuits élémentaires comme dans le cas du plan, que le réseau des polyèdres construits à partir de π_0 n'est pas ramifié à l'intérieur de la sphère.

Nous avons donc, suivant une méthode indiquée par Poincaré, étudiée ensuite plus en détail par Fricke ([1]), démontré la possibilité de construire tous les groupes kleinéens ou polyédriques, à condition toutefois que l'on sache résoudre le problème de géométrie qui ne présente pas de difficultés de principe mais une assez grande complication et qui consiste à construire les polyèdres π_0 satisfaisant aux conditions de I à IV.

73. Attachons-nous plus particulièrement aux groupes kleinéens, les groupes polyédriques n'ayant pas d'intérêt pour les applications à la théorie des fonctions d'une variable complexe. Nous devons nous demander s'il n'est pas possible de construire ces groupes à la manière des groupes fuchsiens, en prenant comme point de départ un polygone fondamental sur la sphère donné *a priori* et dont les côtés se correspondent deux à deux par des substitutions linéaires : les sommets de ce polygone P_0 sont adventifs, elliptiques ou paraboliques et se répartissent en cycles ; on suppose de plus que, conformément à la propriété IV, un tour complet autour d'un sommet d'un cycle adventif ou elliptique donne lieu à une chaîne fermée de polygones. Il s'agit de savoir si l'on définira de cette manière un groupe proprement discontinu. Remarquons d'abord qu'on ne peut définir ainsi qu'un groupe laissant invariante l'une des régions contiguës à l'ensemble Φ des points limites et qui est la région recouverte par les polygones P_0, P_1, ... Encore faut-il pour que cette conclusion soit valable, c'est-à-dire pour que le groupe engendré soit proprement discontinu dans la région ainsi recouverte, que celle-ci soit simplement connexe : s'il en était autrement, le raisonnement fait dans le cas des groupes fuchsiens ne saurait prouver que le réseau ne se ramifie pas autour des trous de la région $\mathcal{R}$. Or pour que $\mathcal{R}$ soit simplement connexe, il est nécessaire mais non suffisant que P_0 le soit aussi. Supposons néanmoins que l'on ait pu démontrer qu'il en est bien ainsi pour $\mathcal{R}$: l'étude du groupe serait encore à poursuivre dans les régions contiguës à Φ, équivalentes ou non à $\mathcal{R}$ mais distinctes de $\mathcal{R}$.

([1]) Un grand nombre des remarques développées dans les paragraphes 61-74 sont dues à cet auteur (*cf.* les Leçons citées).

Si maintenant l'on se donne simultanément ν polygones distincts, chacun d'eux ayant ses côtés deux à deux conjugués par des substitutions linéaires données, on constatera que l'étude des conditions de discontinuité propre du groupe ainsi engendré présente encore des difficultés considérables si l'on ne se borne pas aux sous-groupes qui donnent naissance aux ν réseaux dont font partie les polygones donnés, et que l'on veuille au contraire poursuivre l'étude du groupe dans tout le plan, c'est-à-dire dans les régions généralement en nombre infini équivalentes aux ν régions précitées. Toutes ces difficultés disparaissent si l'on a recours à la considération des polyèdres de l'espace hyperbolique de Cayley ou du demi-espace $\mathcal{E}$ et l'introduction de la géométrie dans l'espace dans une question de géométrie plane (ou sphérique) apparaît ici comme conforme à la nature des choses et non comme un simple artifice. C'est en cela que consiste la découverte capitale de Poincaré dans cette théorie dont les principes essentiels lui sont dus, bien que des exemples fort intéressants de groupes kleinéens aient été donnés avant lui par Schottky et par Klein.

Si l'on se place à ce point de vue, il apparaît, lorsqu'on se rapporte aux développements qui précèdent, que le polygone donné P_0 sera le domaine fondamental d'un groupe kleinéen, lorsqu'il sera possible de déterminer un polyèdre π_0 admettant P_0 parmi ses faces de la seconde sorte et satisfaisant aux conditions de I à IV. Ce polyèdre est complètement déterminé si l'on suppose que toutes ses faces de la première sorte (planes) participent par leur intersection avec la sphère au contour de P_0 ([1]); la connaissance des substitutions qui relient deux à deux les côtés de P_0 entraîne naturellement celle des déplacements non euclidiens qui relient deux à deux les faces de la première sorte de π_0. Le polyèdre obtenu pourra d'ailleurs admettre des faces de la seconde sorte distinctes de P_0; mais s'il n'en a pas d'autres et s'il satisfait d'ailleurs aux conditions connues qui caractérisent les domaines fondamentaux de l'espace que nous avons introduits, P_0 est bien le domaine fondamental d'un groupe kleinéen et le réseau de polygones engendré couvre toute

---

([1]) Dans ce qui suit nous admettrons en général que deux côtés de P_0 n'appartiennent jamais au cercle et correspondent par suite à deux faces distinctes de π_0. On peut toujours, par une modification permise effectuée sur P_0, arriver à ce résultat.

la sphère sauf l'ensemble parfait Φ constitué par les points limites de ces polygones. Si, toutes choses égales d'ailleurs, π_0 admet d'autres faces de la seconde sorte, le réseau déduit de P_0 ne couvre qu'une partie de la surface de la sphère et il existe un ou une infinité d'autres réseaux séparés par un ou une infinité de courbes limites. Mais la division de la sphère en régions que nous obtenons de cette manière a ceci de particulier que l'un des réseaux $\mathcal{R}$, à savoir celui qui correspond à P_0, est transformé en lui-même par toutes les substitutions du groupe et la raison en est que les faces de la première sorte de π_0 correspondent une à une aux côtés de P_0. Il peut arriver que les autres faces de la seconde sorte de π_0 : P'_0, P''_0 ... ne soient limitées que par une partie des faces planes de π_0; les régions (ou réseaux) correspondantes auront alors des équivalentes distinctes d'elles-mêmes. C'est là un point qu'il est d'ailleurs facile de préciser en démontrant que s'il y a plus de deux régions non équivalentes et si l'on réunit en ν classes les régions équivalentes entre elles, il y a toujours $(\nu-1)$ classes qui comprennent chacune une infinité de régions (la démonstration est contenue implicitement dans celle que nous avons donnée plus haut) (§ 68).

Nous pouvons généraliser le mode de construction qui précède pour les groupes kleinéens en nous donnant non plus un mais ν polygones distincts P_0, P'_0, ..., $P_0^{(\nu-1)}$ et construisant le polyèdre π_0 toujours de la même manière, mais nous n'obtiendrons pas encore ainsi tous les groupes kleinéens, par exemple ceux qui conduisent à une division de la sphère en une infinité de régions toutes équivalentes entre elles; le polyèdre générateur dans ce dernier cas devra contenir au moins un couple de faces complètement intérieures à la sphère et liées entre elles par une substitution qui échangera deux réseaux de polygones équivalents mais distincts.

Enfin la considération des polyèdres générateurs permet de construire des réseaux polygonaux dont l'ordre de connexion est infini; l'un des cas où ce fait se présente est celui où π_0 admet des arêtes dont les deux extrémités sont intérieures à la sphère, ces arêtes appartenant à des couples de faces qui n'atteignent pas sur la sphère le périmètre de P_0; le groupement des polygones du réseau en couronnes entourant un trou résulte alors simplement des propriétés des cycles d'arêtes de cette espèce et du groupement des polyèdres du réseau autour de l'une d'elles.

74. Toutes ces considérations s'éclaircissent par les exemples que nous allons donner. Mais remarquons d'abord que l'extension des résultats précédents aux réseaux de polygones du deuxième type ne présente aucune difficulté; un polygone sera le domaine fondamental d'un groupe du deuxième type si en lui adjoignant un polygone équivalent et adjacent le long d'un côté on obtient un domaine fondamental pour un groupe du premier type.

Examinons maintenant divers cas particuliers.

Exemple I. — Considérons $2n$ cercles qui ne se coupent ni ne se touchent et supposons, pour fixer les idées, qu'ils soient projetés stéréographiquement sur le plan des z suivant des cercles tous extérieurs les uns aux autres; P_0 sera la portion de la surface de la sphère d'un seul tenant limitée par ces $2n$ cercles, et dont la projection sur le plan est la région extérieure aux cercles projetés. Appelons ces cercles $C_1, C_2, \ldots, C_n$; $C'_1, C'_2, \ldots, C'_n$. Je suppose que les cercles C_i et C'_i soient conjugués. Soit T_i une substitution qui change C_i en C'_i et de façon que, dans le plan des z, l'extérieur de C_i se change dans l'intérieur de C'_i; T_i est une substitution loxodromique ou hyperbolique dont les points doubles sont respectivement intérieurs à C_i et C'_i. Le groupe dérivé de ces n substitutions est un groupe kleinéen admettant une seule région de discontinuité propre. On voit en effet que le polyèdre π_0, dont les faces de la première sorte sont formées par les plans des cercles C_i et C'_i de la sphère, n'admet aucune arête à l'intérieur de la sphère, ni aucun sommet sur la sphère ou à son intérieur. Les conditions de I à IV sont alors vérifiées d'elles-mêmes. D'autre part, P_0 est l'unique face de la seconde sorte de π_0. Le résultat annoncé est donc exact et du reste intuitif sans même qu'il soit nécessaire de faire intervenir les polyèdres π_i; car en construisant de proche en proche les polygones P_i équivalents à P_0, on voit qu'on recouvrira une seule fois toute la sphère à l'exception des points de l'ensemble parfait Φ et que les points de Φ peuvent être enfermés à l'intérieur d'un nombre fini de cercles extérieurs les uns aux autres et de rayons aussi petits que l'on veut, ce qui prouve que Φ est partout discontinu. On démontre de plus que la somme des aires de ces cercles peut être rendue aussi petite que l'on veut, c'est-à-dire que Φ est de mesure superficielle nulle. Enfin il est utile de remarquer que les coefficients des substitutions T_i ne sont assujettis qu'à des conditions d'inégalité; le groupe kleinéen considéré dépend donc de $3n$ paramètres complexes, ce nombre se réduisant à $3n - 3$ si l'on ne regarde pas comme distincts deux groupes transformés l'un de l'autre par une substitution linéaire.

Parmi ces groupes, il en est qui méritent une mention particulière. Supposons que P_0 soit symétrique par rapport à un cercle C_{n+1}, les cercles C_i et C'_i se correspondent par cette symétrie; si l'on prend pour T_i le produit des deux symétries par rapport à C_i et C_{n+1}, on obtient un groupe G contenu comme sous-groupe d'indice 2 dans le groupe du deuxième type $\overline{G}$ dérivé des symétries par rapport aux $n+1$ cercles $C_1, \ldots, C_n, C_{n+1}$; nous avons déjà signalé l'existence de ces groupes (§ 39).

Exemple II. — Considérons un tétraèdre dont les six arêtes sont tangentes à la sphère $\mathcal{C}$, les points de contact étant situés entre deux sommets, et le groupe $\overline{G}$ du deuxième type dérivé des symétries projectives par rapport aux quatre faces. Ce groupe est proprement discontinu et admet comme domaine fondamental, en se bornant à l'intérieur de la sphère, la partie du tétraèdre intérieure à celle-ci. On constate en effet que si l'on adjoint au tétraèdre son symétrique par rapport à l'une des faces, l'hexaèdre obtenu satisfait aux conditions de I à IV et constitue le domaine fondamental, dans l'espace, d'un groupe kleinéen; les sommets sur la sphère sont tous paraboliques; il n'y pas de sommet intérieur. La partie du tétraèdre intérieure à la sphère est limitée par quatre faces de la seconde sorte qui sont des triangles P_0, P'_0, P''_0, P'''_0 ayant chacun pour côtés trois arcs de cercle tangents deux à deux. Le triangle P_0, par exemple, est générateur d'un réseau de triangles, le sous-groupe correspondant étant le groupe fuchsien étendu $\overline{g}$ dérivé des symétries par rapport aux trois côtés de P_0; le cercle principal correspondant est celui qui passe par les sommets de P_0, c'est-à-dire par les points de contact des trois arêtes issues d'un sommet A, et le réseau couvre l'une des calottes de la sphère limitée par ce cercle.

Les triangles P'_0, P''_0, P'''_0 sont de même générateurs des sous-groupes $\overline{g}'$, $\overline{g}''$, $\overline{g}'''$, les réseaux correspondants couvrant chacun une calotte sphérique; on obtient donc ainsi quatre calottes sphériques limitées respectivement par les cercles d'intersection de $\mathcal{R}$ et des plans polaires des sommets A, B, C, D du tétraèdre; remarquons que les plans polaires de A et B, par exemple, se coupent suivant la droite conjuguée de AB tangente à la sphère au même point que celle-ci, de sorte que les quatre calottes $\mathcal{R}$, $\mathcal{R}'$, $\mathcal{R}''$, $\mathcal{R}'''$ n'ont pas de point intérieur commun comme cela devait être. La région totale de discontinuité propre du groupe $\overline{G}$ se compose des régions $\mathcal{R}$, $\mathcal{R}'$, $\mathcal{R}''$, $\mathcal{R}'''$ et de leurs équivalentes en nombre infini qui sont toutes limitées par des cercles. L'ensemble Φ est constitué par ces cercles auxquels il faut adjoindre leurs points limites, notamment les points doubles des substitutions loxodromiques qui n'appartiennent à aucun d'eux.

Supposons maintenant que le tétraèdre donné soit régulier, et soit $\overline{\Gamma}$ le groupe des 24 substitutions du premier et du deuxième type qui transforment ce tétraèdre en lui-même. Composons $\overline{G}$ et $\overline{\Gamma}$, autrement dit formons le groupe dérivé des symétries projectives par rapport aux faces du tétraèdre et des 24 substitutions de Γ.

Je dis que le groupe ainsi obtenu admet $\overline{G}$ comme sous-groupe invariant d'indice 24. Soient Σ une symétrie projective par rapport à l'une des faces du tétraèdre et U une substitution de $\overline{\Gamma}$; il est clair que $U^{-1} \Sigma U$ est une symétrie projective par rapport au plan déduit par U de celui de la face considérée, et comme U ne peut que permuter les faces du tétraèdre, on a

$$U^{-1} \Sigma U = \Sigma',$$

Σ' étant encore l'une des substitutions génératrices de $\overline{G}$. Plus généralement, si T est une substitution de $\overline{G}$, c'est-à-dire un produit de symétries telles que Σ, on a

$$U^{-1} T U = T',$$

T' appartenant à $\overline{G}$, c'est-à-dire que U est *permutable* à $\overline{G}$. Il suit de là que les substitutions UT, où l'on fait décrire à U et T les groupes $\overline{\Gamma}$ et $\overline{G}$, forment elles-mêmes un groupe car on aura :

$$(U_\alpha T)(U_\beta T') = (U_\alpha T)(T'' U_\beta) = U_\alpha (TT'') U_\beta$$
$$= U_\alpha T''' U_\beta = U_\alpha U_\beta T^{IV} = U_\gamma T^{IV}.$$

Le résultat annoncé est donc exact ([1]) et l'on voit que l'adjonction des opérations de $\overline{\Gamma}$ au groupe $\overline{G}$ ne modifie pas l'ensemble Φ et la division correspondante de la sphère, mais seulement l'équivalence des diverses régions qui maintenant sont toutes équivalentes entre elles puisque les triangles appelés tout à l'heure P_0 et P'_0, par exemple, sont équivalents par $\overline{\Gamma}$. Le tétraèdre donné se décompose en 24 tétraèdres alternativement égaux ou symétriques ; soit AOIM l'un de ces tétraèdres, M étant le milieu de AB, I le centre de la face ABC, O le centre de la sphère ; il constitue un domaine fondamental dans l'espace du nouveau groupe $\overline{H}$; la partie de ce domaine intérieure à la sphère admet comme face de la seconde sorte le triangle $M\alpha\beta$; en adjoignant à ce domaine son symétrique par rapport à la face AOI, on obtient un polyèdre générateur du groupe kleinéen H, sous-groupe d'indice 2 de $\overline{H}$, qui admet toujours une face de la seconde sorte et les deux faces planes conjuguées : OIM, OIM′, atteignant seulement en M et M′ la surface de la sphère et liées par une substitution qui échange deux réseaux de polygones distincts.

On obtient des résultats analogues en considérant au lieu d'un tétraèdre régulier un autre polyèdre régulier ayant ses arêtes tangentes à la sphère, par exemple un cube.

Exemple III. — Considérons encore un tétraèdre tel que les trois arêtes AB, AC, AD soient tangentes à la sphère tandis que les arêtes BC, CD, BD sont complètement extérieures à celle-ci, la face BCD coupant la sphère suivant un cercle réel. La partie du tétraèdre intérieure à la sphère possède deux faces de la seconde sorte dont l'une est encore un triangle limité par trois arcs de cercle tangents deux à deux, tandis que l'autre est doublement connexe et présente deux contours distincts dont le premier est une circonférence entière tandis que le second est encore formé de trois arcs de cercle tangents deux à deux ; ces deux faces P_0 et P'_0 constituent sur la sphère le domaine fondamental du groupe dérivé des symétries par rapport aux quatre cercles qui limitent ces deux polygones. Le triangle P_0 est comme précédemment

---

([1]) La conclusion suppose que $\overline{G}$ et $\overline{\Gamma}$ n'ont pas d'éléments communs, ce qui est évident puisque aucune substitution de $\overline{G}$ ne laisse fixe le centre de la sphère.

générateur d'un réseau de triangles qui a pour courbe limite la circonférence passant par les points de contact des arêtes AB, AC, AD avec la sphère et correspond à un groupe fuchsien étendu $\overline{g}$. Il existe une infinité de réseaux équivalents à celui-ci qui recouvrent les calottes sphériques déduites de la première par les substitutions de $\overline{G}$ non contenues dans $\overline{g}$. D'autre part, le polygone P'_0 engendre un réseau dont l'ordre de connexion est infini et qui n'a d'autre équivalent que lui-même. On verra facilement que l'ensemble Φ qui n'est autre que la frontière de ce dernier réseau comprend, outre les circonférences en infinité dénombrable limitant les réseaux du premier système, un ensemble de points qui ne renferme aucun continu; cet ensemble contient notamment les points doubles des substitutions loxodromiques de $\overline{G}$. Ce qui précède s'applique évidemment au groupe kleinéen G, sous-groupe d'indice 2 de $\overline{G}$.

Exemple IV. — Considérons le groupe dérivé des symétries projectives par rapport au tétraèdre ABCD comme dans les deux exemples précédents; les quatre sommets de celui-ci sont toujours extérieurs à la sphère, mais l'arête CD ne la rencontre pas tandis que les autres arêtes la percent chacune en deux points situés entre les sommets; le trièdre de sommet A pénètre dans la sphère suivant un triangle P_0; le trièdre de sommet B pénètre suivant un triangle P'_0; la partie du tétraèdre issue de l'arête CD pénètre suivant un quadrilatère P''_0. Le polyèdre tronqué π_0 admet donc trois faces de la seconde sorte. π_0 sera le domaine fondamental d'un groupe discontinu si les angles dièdres du tétraèdre autres que CD sont des parties aliquotes de 2π, car en adjoignant à π_0 son symétrique par rapport à l'une des faces, ABC par exemple, on doit obtenir un polyèdre générateur d'un groupe kleinéen, AB, BC, AC étant des arêtes elliptiques formant chacune un cycle à elle seule, tandis que AD et sa symétrique forment un cycle, de même que BC et sa symétrique. On vérifie qu'il est possible de construire un tétraèdre pour lequel les cinq angles dièdres considérés ont des valeurs de la forme $\frac{\pi}{\nu}$ avec $\nu \geq 2$. Les triangles déduits de P_0 par les symétries successives relativement aux cercles qui le limitent forment un réseau $\mathcal{R}$ qui couvre la calotte sphérique détachée de la sphère par le plan polaire de A et située du même côté que A, le sous-groupe $\bar{g}$ correspondant étant encore ici un groupe fuchsien étendu. Les symétriques de $\mathcal{R}$ par rapport à la face BCD et à ses transformées donnent une infinité de calottes équivalentes à $\mathcal{R}$ et couvertes chacune par un réseau. La face P'_0 donne lieu de la même manière à une infinité de réseaux couvrant la calotte $\mathcal{R}'$ et ses transformées. Au contraire, les équivalentes de la face P''_0 forment un domaine d'un seul tenant et d'ordre de connexion infini limitée par les cercles limites des réseaux précédents auxquels il faut adjoindre des points formant un ensemble discontinu. On constate que le réseau $\mathcal{R}''$ est d'ordre de connexion infini bien qu'engendré par un polygone simplement connexe; mais il faut remarquer que les polyèdres du réseau assemblés autour de AB donnent naissance à une chaîne de quadrilatères équivalents à P''_0 et formant une couronne doublement connexe entourant AB; en transformant cette couronne par les symétries successives relativement aux faces ACD et BCD, on engendre d'autres couronnes se touchant seulement suivant un côté de quadrilatère et l'on se rend compte aisément de cette manière (*cf.* § 73) de l'existence d'une infinité de points frontières séparés par des polygones du réseau.

Exemple V. — Considérons sur la sphère une chaîne de n cercles $C_1 C_2 \ldots C_n$ tels que C_i coupe C_{i+1} et C_{i-1} et que C_n coupe C_1, mais que deux cercles non consécutifs soient extérieurs l'un à l'autre, de sorte que le polyèdre limité par les plans de ces n cercles découpent sur la sphère deux polygones entièrement séparés, limités chacun par n arcs de cercle, et possède n faces de la première sorte, deux faces de la seconde sorte, n arêtes de la première sorte et $2n$ arêtes de la seconde sorte. Le groupe dérivé des symétries, par rapport aux n faces planes, sera proprement discontinu si les n angles dièdres de ce polyèdre ont des valeurs de la forme $\frac{\pi}{\nu}$ avec ν entier ($\nu \geq 2$). On vérifie aisément qu'il existe des polyèdres vérifiant ces conditions. Le groupe $\bar{G}$ correspondant donne lieu sur la sphère à deux réseaux invariants distincts séparés par une courbe non analytique, sauf dans le cas où les plans des cercles C'_i sont concourants, cette courbe étant alors un cercle. Dans tous les cas, il s'agit là d'une courbe simple au sens de Jordan, mais nous laisserons au lecteur le soin de le démontrer.

Dans le cas où tous les entiers ν deviennent infinis, les cercles C sont tangents chacun au précèdent et au suivant et l'on retombe sur un exemple déjà examiné au chapitre précèdent. On peut d'ailleurs ne donner qu'à une partie des entiers ν la valeur ∞.

Exemple VI. — Considérons le groupe dérivé des symétries par

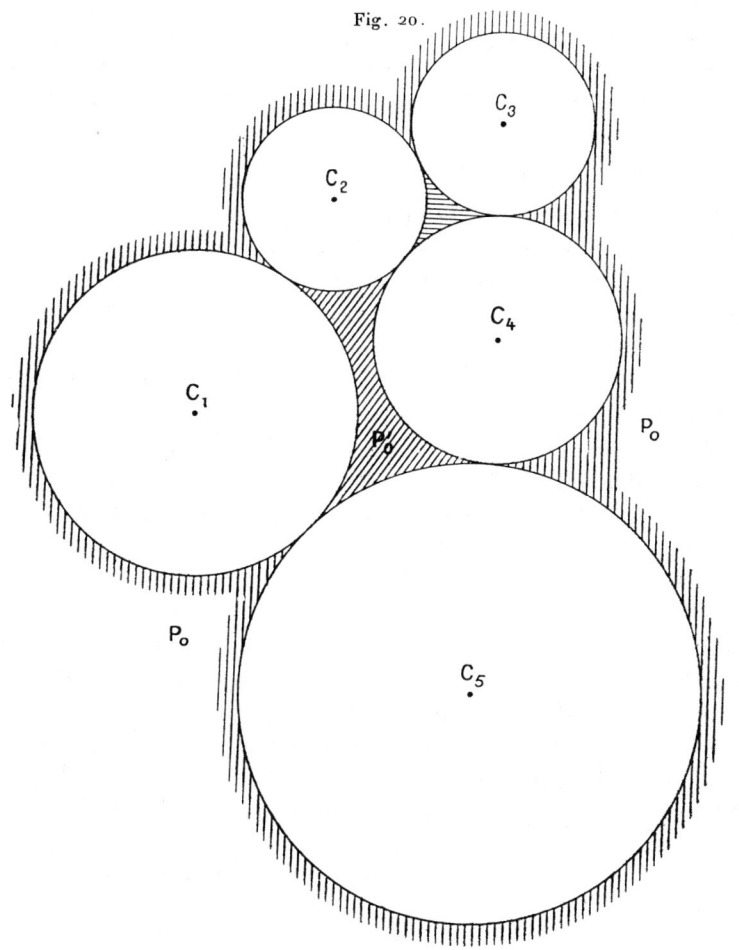

Fig. 20.

rapport à cinq cercles C_1, C_2, C_3, C_4, C_5 dont la configuration est la suivante : C_2 est tangent extérieurement à C_1, C_3, et C_4. En outre, il y a contact extérieur entre C_1 et C_5, C_3 et C_4, C_4 et C_5. Mais les couples C_1 et C_4, C_1 et C_3, C_2 et C_5, C_3 et C_5 n'ont aucun point commun. Les points extérieurs aux cercles C_i forment trois polygones : le pentagone P_0 comprenant le point à l'infini dans le plan des z et limité par les cinq cercles ; le quadrilatère P'_0 limité par C_1, C_2, C_4 et C_5 ; le triangle P''_0 limité par C_4, C_2, et C_3. P''_0 est le domaine fondamental du groupe fuchsien étendu $\bar{g}''$ dérivé des symétries par rapport à C_4, C_2, C_3 et engendre un réseau qui couvre l'intérieur du cercle passant par les points de contact mutuels de C_4, C_2 et C_3. Il existe une infinité de réseaux équivalents à ce réseau $\mathcal{R}''$.

Le quadrilatère P'_0 est le domaine fondamental du groupe $\bar{g}'$ dérivé des symétries par rapport à C_1, C_2, C_4, C_5 ; $\bar{g}'$ est un cas particulier des groupes de l'exemple précèdent et le réseau correspondant couvre un domaine simplement connexe mais limité en général par une courbe non analytique.

Il y a une infinité de réseaux équivalents. Enfin P_0 est générateur d'un réseau invariant par toutes les substitutions du groupe considéré $\bar{G}$ et dont l'ordre de connexion est infini, ce réseau étant limité par les cercles et les courbes non analytiques en infinité dénombrable qui constituent les frontières des réseaux précèdents, en outre par une infinité de points qui forment un ensemble discontinu.

75. Nous nous bornerons aux exemples qui précèdent ; on en trouvera d'autres dans les travaux de Poincaré, Klein et Fricke, auxquels nous renverrons le lecteur ; nous allons maintenant indiquer comment s'obtiennent les relations fondamentales entre les substitutions génératrices d'un groupe kleinéen ou polyédrique, $T_1, T_2, \ldots, T_f$ qui conjuguent deux à deux les faces de la première sorte du polyèdre fondamental tronqué π_0. Les arêtes de π_0 intérieures à la sphère se répartissent en m cycles adventifs ou elliptiques, chacun d'eux donnant naissance à une relation de la forme

$$T_{a_v}^{\varepsilon_v} \ldots T_{a_2}^{\varepsilon_2} T_{a_1}^{\varepsilon_1} = 1 \qquad (\varepsilon_i = \pm 1).$$

Dans le cas d'une arête elliptique d'ordre μ, le premier membre se compose de μ groupes identiques de facteurs consécutifs. Ces relations sont la conséquence immédiate des propriétés III des cycles d'arêtes. On verra, comme dans le cas des polygones fuchsiens, que toutes les relations fondamentales entre les substitutions $T_1, T_2, \ldots, T_f$ sont obtenues de cette manière; car toute relation entre les T_i correspond à un chemin fermé tracé à travers le réseau des polyèdres équivalents à π_0 en évitant seulement les sommets et les arêtes; par des modifications non essentielles qui ont seulement pour conséquence d'introduire ou de supprimer des facteurs de la forme TT^{-1}, un tel chemin peut être décomposé en plusieurs autres tournant chacun autour d'une arête; toute relation entre les T_i apparaît alors comme une conséquence des m relations correspondant aux divers cycles. La recherche des relations fondamentales entre les substitutions génératrices se trouve ainsi achevée aussi bien pour les groupes proprement polyédriques que pour les groupes kleinéens. Mais pour ces derniers les considérations qui précèdent entraînent des conséquences sur lesquelles il y a lieu d'insister.

Regardons un instant π_0 non comme un polyèdre tronqué, mais comme limité exclusivement par des faces planes dont certaines s'étendent au delà de la sphère. Il peut arriver que toutes les arêtes soient extérieures à la sphère, comme dans l'exemple I ; il n'y a dans ce cas aucune relation entre les substitutions fondamentales.

Bornons-nous ensuite aux groupes qui peuvent être définis par un seul polygone P_0 dont les côtés appartiennent alors à toutes les faces de la première sorte de π_0, de sorte que le réseau $\mathcal{R}$ engendré par P_0 sur la sphère n'a d'autre équivalent que lui-même, ce qui n'exclut pas l'existence d'un ou d'une infinité d'autres réseaux découpés sur la sphère par les polyèdres équivalents à π_0. Admettons d'abord que $\mathcal{R}$ et par suite P_0 soient simplement connexes; d'ailleurs à toute chaîne fermée de polyèdres correspond une chaîne fermée de polygones du réseau $\mathcal{R}$ et réciproquement ; nous pouvons alors, grâce au fait que $\mathcal{R}$ est simplement connexe, procéder comme dans le cas des polygones fuchsiens pour obtenir les relations fondamentales qui sont au nombre de m, les sommets elliptiques et adventifs du réseau $\mathcal{R}$ correspondant d'une manière biunivoque aux arêtes elliptiques et adventives du réseau de polyèdres.

Si $\mathcal{R}$ est d'ordre de connexion infini, nous avons deux cas à distinguer suivant que P_0 est ou non simplement connexe. Dans le premier cas un chemin tournant autour d'un trou de $\mathcal{R}$ traverse plusieurs polygones du réseau formant une chaîne fermée; il est possible de tracer un chemin de cette nature autour d'un trou quelconque de $\mathcal{R}$ et qui enveloppera une infinité d'autres trous; ce chemin ne peut pas se décomposer en circuits entourant les sommets du réseau. Nous aurons alors deux espèces de relations fondamentales à considérer; les relations *primaires* qui se déduisent à la manière habituelle des circuits décrits autour des sommets des polygones, et les relations *secondaires* qui ne peuvent s'obtenir de cette façon. Tandis que les relations primaires s'établissent aisément comme il a été dit en restant sur la surface de la sphère, les relations secondaires ne s'expliquent clairement que par l'intermédiaire de la division polyédrique de l'espace. Soient toujours m le nombre des cycles d'arêtes elliptiques et adventives de π_0, m_1 le nombre de cycles de sommets elliptiques et adventifs de P_0; nous obtenons par conséquent m_1 relations primaires; il reste ensuite $m - m_1$ relations secondaires correspondant aux arêtes de π_0 qui ne donnent pas lieu à des sommets de P_0, c'est-à-dire qui n'atteignent pas la sphère, les faces issues de l'une de ces arêtes donnant lieu à des côtés non consécutifs de P_0. Les ν polyèdres assemblés autour de cette arête découpent sur la sphère une sorte de couronne formée de polygones de $\mathcal{R}$. Ce résultat nous renseigne sur la constitution de ce dernier réseau; regardons pour le moment deux chemins fermés tracés à l'intérieur de $\mathcal{R}$ comme identiques, s'ils se ramènent l'un à l'autre par déformation continue, même en traversant des sommets (adventifs ou elliptiques) du réseau, et réunissons d'autre part dans une même classe des chemins équivalents par les substitutions du groupe; les chemins fermés distincts tracés dans $\mathcal{R}$ forment alors $(m - m_1)$ classes.

Considérons la couronne des polygones P_0, P_1, ..., P_ν qui correspondent à la relation secondaire

$$T_{a_\nu}^{\varepsilon_\nu} \ldots T_{a_2}^{\varepsilon_2} T_{a_1}^{\varepsilon_1} = 1.$$

Ces polygones sont séparés les uns des autres par ν arcs de cercle dont les prolongements vont passer par deux points fixes qu'on peut regarder comme des sommets *idéaux*; les relations secondaires correspondent à ces sommets idéaux, comme les relations primaires aux sommets elliptiques et adventifs.

On peut enfin remarquer que les assemblages de polyèdres du réseau autour des diverses arêtes appartenant au même cycle que l'arête considérée donnent lieu, s'il s'agit d'une arête adventive, à deux couronnes distinctes de la même classe contenant chacune P_0; s'il s'agit d'une arête elliptique, nous n'obtenons plus que ν' couronnes, ν' étant un diviseur de ν.

Si P_0 est à connexion multiple, des circonstances plus variées peuvent se présenter, mais la considération des polyèdres permet encore d'établir la distinction entre les relations primaires et secondaires. Considérons un contour fermé C intérieur au réseau $\mathcal{R}$, et traversant P_0 de manière à envelopper un trou de ce polygone; à l'intérieur de ce trou se trouvent d'autres polygones et des points limites du réseau. On pourra cependant modifier C, sans changer la relation correspondante entre les substitutions génératrices, de sorte que le nouveau chemin ne tourne plus autour des trous de P_0; supposons par exemple que le polyèdre Π_0 soit simplement connexe; alors tout contour fermé tracé à l'intérieur de P_0 se ramène par déformation continue *dans l'espace* à un contour infiniment petit n'entourant aucune arête; on peut modifier C, par addition de deux arcs parcourus en sens contraire dans P_0, de manière à réaliser cette condition. Si maintenant tous les contours tels que C peuvent, d'une part par des modifications de l'espèce précédente, d'autre part par des déformations qui leur font traverser des sommets du réseau, se réduire à un point, les relations fondamentales sont toutes des relations primaires, bien que le réseau soit d'ordre de connexion infini. Ce cas comprend celui où il n'y a aucune relation entre les T_i, comme dans l'exemple I.

Enfin il peut arriver que certains contours fermés tels que C ne puissent se réduire à un point par les deux espèces de modifications que nous venons d'examiner; ce cas ne peut se présenter que s'il y a des sommets adventifs ou elliptiques du réseau de polygones, et par suite des relations primaires. Nous aurons ensuite des relations secondaires; soit m_1 le nombre des relations primaires; il existe $m_2 = m - m_1$ cycles d'arêtes du polyèdre Π_0 qui ne fournissent pas de sommets de P_0. Ces m_2 cycles donnent lieu à m_2 relations secondaires, et l'on peut répéter ici ce qui a été dit à ce sujet dans le cas où P_0 était simplement connexe.

76. On peut définir le genre d'un polygone kleinéen comme on a défini précédemment le genre d'un polygone fuchsien; mais quelques remarques complémentaires sont nécessaires au sujet de ces derniers. Le domaine fondamental d'un groupe kleinéen est formé en général de ν polygones distincts dont les côtés se correspondent deux à deux par les substitutions du groupe; chacun d'eux donne lieu à une surface fermée, mais les genres de ces ν surfaces sont sans aucun lien entre eux et peuvent prendre des valeurs arbitraires. A l'une de ces surfaces fermées on peut faire correspondre le réseau engendré par le polygone P_0 d'où l'on a déduit cette surface, à condition que ce réseau n'ait d'autre équivalent que lui-même et soit ainsi complètement défini par le polygone P_0; le sous-groupe correspondant Γ et la surface fermée déduite de P_0 ne sont pas encore nécessairement définis sans ambiguïté l'un par l'autre, car le sous-groupe Γ peut encore posséder plusieurs domaines fondamentaux distincts. $P_0, P'_0, P''_0 \ldots$, qui donnent lieu à des surfaces fermées distinctes pouvant avoir des genres différents. Ainsi donc on ne devra, dans le cas général, regarder le genre d'un polygone kleinéen que comme un attribut de ce polygone et non du groupe correspondant.

Nous avons admis que la surface fermée déduite de P_0 reste invariable si l'on effectue sur ce polygone une modification permise, car c'est seulement moyennant cette hypothèse que l'on peut parler d'une correspondance entre le sous-groupe Γ et cette surface F. Supposons tracées sur F les lignes qui proviennent des côtés du polygone P_0; on peut les regarder comme constituant un système de coupures qui ne morcellent pas la surface mais la transforment en une surface simplement ou multiplement connexe suivant que P_0 est lui-même à connexion simple ou multiple. Une modification permise du polygone revient alors à une modification de la position des coupures, la surface elle-même n'étant pas modifiée. En particulier le genre de F, au sens de l'*Analysis situs*, reste invariable quand on effectue sur P_0 une modification permise; ce genre peut donc être regardé comme un attribut non seulement de P_0, mais du groupe correspondant Γ, en tenant compte des restrictions faites à l'alinéa précédent pour éviter toute ambiguïté dans la définition de ce genre p lorsqu'on se donne uniquement Γ. Remarquons enfin que si le réseau $\mathcal{R}$ est simplement connexe, le système de coupures considéré à l'instant transforme F en une surface simplement connexe.

77. Considérons, comme application de ces généralités, les groupes de l'exemple I pour lesquels il existe un polygone fondamental unique limité par $2n$ circonférences sans point commun deux à deux; ces $2n$ circonférences donnent lieu sur la surface fermée F à n courbes fermées; si l'on trace un système de coupures sur F, constituées chacune par un trait l_i joignant un point O de F à un point A_i de l'une de ces courbes C_i suivi de la courbe C_i elle-même, la coupure $l_i + C_i$ se terminant par conséquent en A_i, on obtient une surface dont l'ordre de connexion est égal à $n + 1$ et qui sera transformée en une surface simplement connexe par n coupures joignant respectivement deux points situés sur l'un et l'autre bord de chacune des courbes C_i. L'ordre de connexion de F est donc $2n + 1$, c'est-à-dire que son genre est égal à n (t. I, § 110).

Si le polygone P_0 est simplement connexe, le genre de F s'obtient par la même formule que dans le cas des polygones fuchsiens de la première classe; on a donc, en désignant par $2n$ le nombre des côtés et par q le nombre des cycles de sommets,

$$p = \frac{n + 1 - q}{2}.$$

Pour les groupes de l'exemple V, on aura $p = 0$.

78. La considération des surfaces fermées F conduit à des formes nouvelles et importantes des domaines fondamentaux pour les groupes fuchsiens ou kleinéens qui peuvent être définis par un seul polygone P_0. Une modification permise de P_0 équivaut à un changement du système de coupures de F. Pour obtenir une forme de P_0 particulièrement appropriée aux problèmes de la théorie des fonctions que nous aurons à résoudre par la suite, nous emploierons un système normal de coupures semblable à celui que nous avons utilisé dans l'étude des surfaces de Riemann; nous traçons sur F les p rétrosections $(a_1, b_1), (a_2, b_2), \ldots, (a_p, b_p)$, et d'autre part les p coupures $c_1, c_2, \ldots, c_p$ joignant un point O de la surface à p points situés respectivement sur les coupures $a_1, a_2, \ldots, a_p$; le

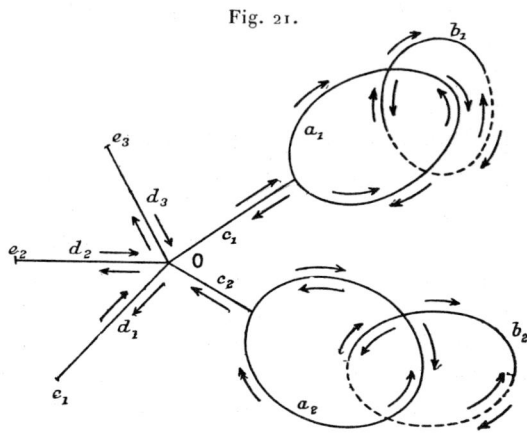

Fig. 21.

point O est supposé distinct des points de la surface qui correspondent aux sommets elliptiques ou paraboliques du polygone primitif. Nous ajouterons à ces coupures un système de n coupures $d_1, d_2, \ldots, d_n$ joignant le point O aux n points $e_1, e_2, \ldots, e_n$ qui correspondent sur F aux sommets elliptiques et paraboliques du réseau des polygones fuchsiens ou kleinéens.

La représentation de la surface F sur le réseau de polygones n'est envisagée pour l'instant que du point de vue de l'*Analysis situs;* mais nous devrons plus tard étudier spécialement le cas où il s'agit d'une représentation conforme, F étant une surface de Riemann sphérique à feuillets superposés; nous admettrons alors que la représentation cesse d'être conforme aux points $e_1, e_2, \ldots, e_n$, ces points étant des points de ramification algébriques ou logarithmiques de la fonction du point analytique (x, y) de F qui donne la représentation de F sur le réseau de polygones; il ne faut pas confondre ces points avec les points de ramification de F. Nous supposerons que les $(n + 3p)$ coupures a, b, c, d sont des lignes à tangente et à courbure continues. Dans la figure 21 on a supposé $n = 3$, $p = 2$; il est aisé de se rendre compte que les bords de ces $(n + 3p)$ coupures forment une chaîne unique de courbes qui transforment F en une surface simplement connexe, ayant pour image un polygone dépourvu de sommets hyperboliques ou loxodromiques comme le polygone initial, ainsi que nous le verrons dans un instant, et qui est encore un domaine fondamental du groupe. Nous appellerons ce nouveau polygone, désigné encore par P_0, un *polygone normal*.

Au point O de F correspondent $n+p$ sommets du polygone P_0 formant un cycle adventif. Considérons la partie du périmètre de P_0 qui est comprise entre deux sommets consécutifs du cycle en question et qui provient du triplet de coupures c, a, b. La figure 22 qui représente ce triplet de coupures nous montre qu'il donne

Fig. 22.

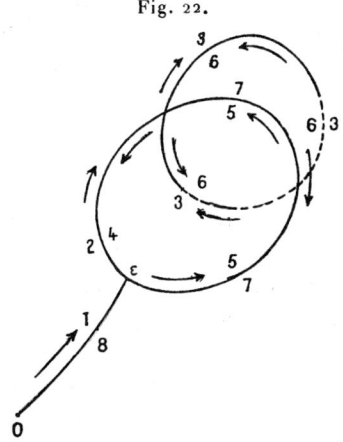

naissance à deux autres cycles comportant respectivement trois et quatre sommets que nous désignerons d'une manière générale par ε et ε'; les bords des coupures engendrent huit côtés du polygone P_0 qui sont représentés schématiquement dans la figure 22 *bis* et désignés par les mêmes numéros que les bords correspondants des diverses coupures; les substitutions qui relient deux à deux les quatre couples de côtés sont désignées par les symboles T_a, T'_a, T_b, T_c. Il peut arriver exceptionnellement que l'une de ces quatre substitutions se réduise à la substitution identique, certains côtés représentés comme distincts sur la figure 22 *bis* étant alors en coïncidence. Considérons ensuite les coupures d; les deux bords de l'une d'entre elles ont pour images deux côtés consécutifs de P_0 se correspondant par une substitution elliptique ou parabolique et séparés par un sommet qui est un point fixe de cette substitution, image de l'extrémité e de d. Nous désignerons par $T_1, T_2, \ldots, T_n$ les n substitutions qui correspondent ainsi aux points $e_1, e_2, \ldots, e_n$.

Il est maintenant facile de se représenter le polygone P_0; ce

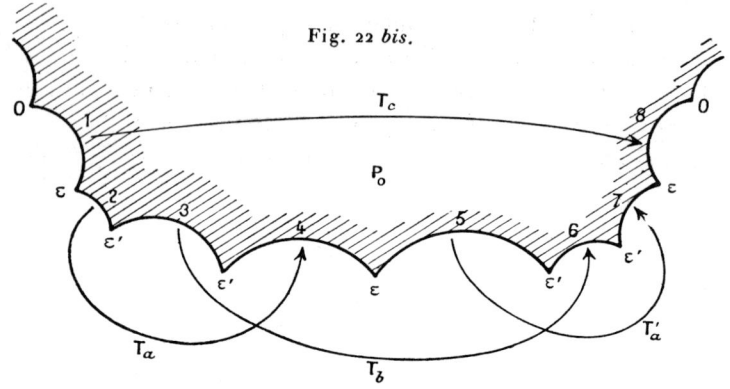

Fig. 22 *bis*.

polygone est en général simplement connexe, puisqu'il est limité par un contour unique; il ne pourrait en être autrement que si deux côtés au moins venaient à coïncider, le contour total de P_0 étant alors formé de plusieurs circuits entièrement séparés réunis par des segments parcourus deux fois en sens contraire; nous reviendrons dans un instant sur ce cas particulier. Dans le cas général le contour de P_0 est formé de $(2n + 8p)$ côtés à tangente et à courbure continues mais pas nécessairement circulaires; parmi ces côtés, il y en a $2n$ qui correspondent aux $2n$ bords des n coupures b; les autres se répartissent en p systèmes analogues au système de huit côtés consécutifs de la figure 22 *bis*. Les sommets sont d'abord les n sommets elliptiques ou paraboliques correspondant aux points e_i et qui forment chacun un cycle à un seul élément; puis les sommets correspondant au point O, au nombre de $n + p$ et formant un seul cycle; puis p cycles de trois sommets chacun correspondant aux divers points ε; enfin p cycles de quatre sommets chacun correspondant aux points ε'; les points O, ε_i, ε'_i de F étant supposés distincts des points qui correspondent à des points fixes des substitutions du groupe, les cycles correspondants de P_0 sont tous adventifs. Les substitutions génératrices du groupe attachées à ce polygone sont d'abord les n substitutions elliptiques ou paraboliques

$$T_1, \ T_2, \ \ldots, \ T_n,$$

puis les $4p$ substitutions

$$T_{a_k}, \ T'_{a_k}, \ T_{l_k}, \ T_{c_k} \quad (k = 1, 2, \ldots, p)$$

qui peuvent être de nature quelconque.

79. Le nombre de ces substitutions génératrices peut être notablement réduit, en tenant compte des relations primaires qui correspondent aux cycles de sommets adventifs ou elliptiques. La

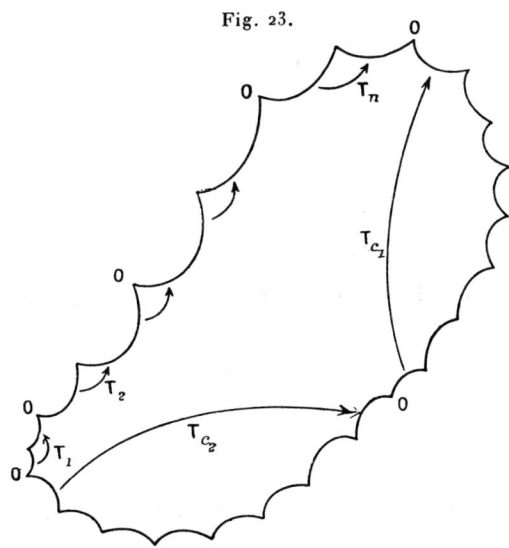

Fig. 23.

substitution T_i, de période l_i, ayant un point double au sommet de P_0 qui correspond au point e_i et l'angle correspondant ayant pour mesure $\dfrac{2\pi}{l_i}$, il en résulte la relation

$$T_i^{l_i} = 1,$$

que nous conviendrons d'appliquer également aux sommets paraboliques, en posant dans ce cas $l_i = \infty$; c'est une simple convention de langage destinée à abréger les discussions.

Le point O de la surface F donne naissance à un cycle de $n + p$

sommets et il en résulte de suite, en examinant la figure 23 et tenant compte du sens dans lequel sont effectuées les rotations T_i qui relient entre eux les côtés issus des sommets elliptiques ou paraboliques, la relation

$$(\Omega) \qquad (T_{c_n}^{-1} \ldots T_{c_2}^{-1} T_{c_1}^{-1})(T_n \ldots T_2 T_1) = 1.$$

Les points ε et ε' donnent lieu d'autre part à $2p$ relations qu'il est facile d'obtenir en appliquant la règle générale qui conduit à écrire les schémas suivants :

$$\begin{pmatrix} \varepsilon & 2 & 4 & \varepsilon & 5 & 7 & \varepsilon & 8 & 1 & \varepsilon \\ & \underbrace{}_{T_a} & & & \underbrace{}_{T'_a} & & & \underbrace{}_{T_c^{-1}} & & \end{pmatrix},$$

$$\begin{pmatrix} \varepsilon' & 3 & 6 & \varepsilon' & 7 & 5 & \varepsilon' & 6 & 3 & \varepsilon' & 4 & 2 & \varepsilon' \\ & \underbrace{}_{T_b} & & & \underbrace{}_{T'^{-1}_a} & & & \underbrace{}_{T_b^{-1}} & & & \underbrace{}_{T_a^{-1}} & & \end{pmatrix}$$

et, par suite,

$$T_c^{-1} T'_a T_a = 1,$$
$$T_a^{-1} T_b^{-1} T'^{-1}_a T_b = 1$$

ou encore

$$T'_a = T_b T_a^{-1} T_b^{-1},$$
$$T_c = T_b T_a^{-1} T_b^{-1} T_a.$$

Nous obtenons donc un système de $(n+2p)$ substitutions génératrices [1]

$$T_1, \quad T_2 \quad \ldots, \quad T_n, \quad T_{a_1}, \quad T_{b_1}, \quad \ldots, \quad T_{a_p}, \quad T_{b_p},$$

qui sont liées par les $(n+1)$ relations

$$(\Sigma) \qquad T_1^{l_1} = 1, \qquad T_2^{l_2} = 1, \qquad \ldots, \qquad T_n^{l_n} = 1,$$
$$(\Omega) \qquad (T_{a_p}^{-1} T_{b_p} T_{a_p} T_{b_p}^{-1}) \ldots (T_{a_1}^{-1} T_{b_1} T_{a_1} T_{b_1}^{-1})(T_n \ldots T_2 T_1) = 1.$$

Mais il peut arriver que d'autres simplifications se produisent, certaines des substitutions génératrices initiales T_a, T'_a, T_b, T_c devenant identiques à l'unité, autrement dit les deux bords de l'une des coupures a, b, c ayant pour images deux courbes qui coïncident. Supposons qu'il en soit ainsi pour la coupure c, les bords des coupures a et b restent au contraire distincts quand on

---

[1] On serait arrivé directement à ce système de $n + 2p$ substitutions génératrices sans passer par l'intermédiaire des T'_a et T_c en employant un système canonique de rétrosections passant toutes par le point O.

passe à la représentation sur le plan des z. Il vient alors :

$$T'_a = T_a^{-1},$$
$$T_a T_b = T_b T_a,$$

c'est-à-dire que les substitutions T_a et T_b, qui sont seules à con-

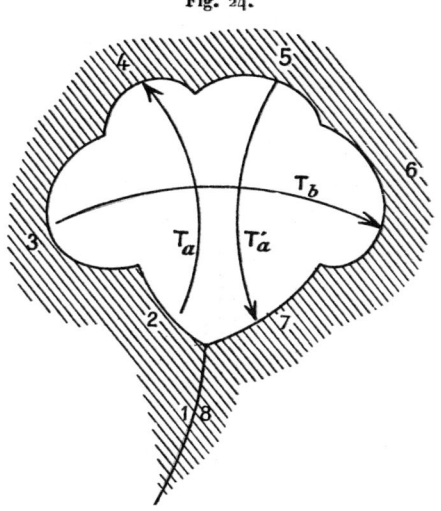

Fig. 24.

server, sont permutables. Les côtés numérotés de 2 à 7 forment un contour fermé hexagonal, comme l'indique la figure 24, mais comme les côtés 2 et 4 d'une part, 7 et 5 d'autre part se correspondent par la même substitution, il est clair qu'une modification permise fera disparaître les sommets $(2, 7)$ et $(4, 5)$; l'hexagone considéré se transforme ainsi en un quadrilatère (*fig.* 24 *bis*) dont les côtés opposés se correspondent par des substitutions permutables T_a et T_b; ces deux substitutions engendrent un groupe dont tous les éléments peuvent s'écrire

$$T_a^\mu T_b^\nu,$$

les exposants μ et ν prenant toutes les valeurs entières, et qui constituent un sous-groupe du groupe considéré admettant seulement un ou deux points limites. C'est là une circonstance que nous avons déjà rencontrée quand nous avons étudié le problème de l'inversion pour une courbe algébrique de genre 1 au moyen de l'intégrale de première espèce : dans ce cas, en effet, les valeurs de cette intégrale en deux points en coïncidence situés de part et d'autre de la coupure c diffèrent par une quantité qui est la somme de quatre

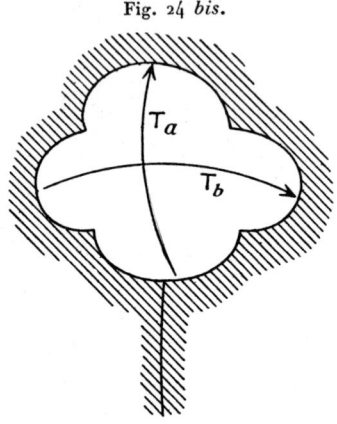

Fig. 24 *bis*.

intégrales prises respectivement le long des deux rétrosections a et b de la surface de Riemann dans le sens positif puis dans le sens

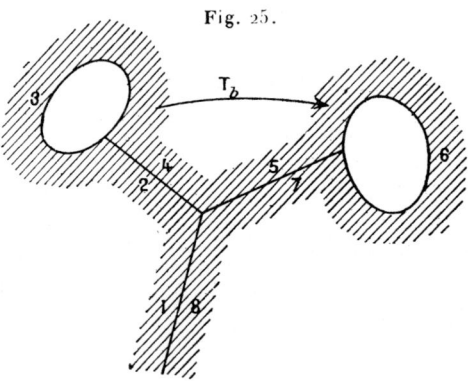

Fig. 25.

négatif, ce qui donne comme résultat zéro, la fonction sous le signe $\int$ étant uniforme sur cette surface ; le polygone P_0 est alors un parallélogramme, les substitutions T_a et T_b étant de la forme $(z, z + \omega)$ et $(z, z + \omega')$, et l'intégrale w faisant la représentation conforme de la surface de Riemann sur un réseau de parallélogrammes du plan des z.

Si maintenant $T_a = 1$, on en déduit $T'_a = 1$, $T_c = 1$. Seule T_b ne se réduit pas à la substitution identique. Les couples de côtés $(1, 8)$, $(2, 4)$, $(5, 7)$ sont en coïncidence tandis que les côtés 3 et 6 sont deux courbes fermées qui se correspondent par la substitution hyperbolique ou loxodromique T_b, génératrice d'un sous-groupe cyclique avec deux points limites (*fig.* 25).

On parvient essentiellement au même résultat si $T_b = 1$, ce qui entraîne $T'_a = T_a^{-1}$ et $T_c = 1$. Une modification permise conduit à réunir en un seul les côtés 2 et 5 dont l'ensemble forme une courbe fermée, ainsi que les côtés correspondants 4 et 7; les côtés 1 et 8

Fig. 25 *bis*.

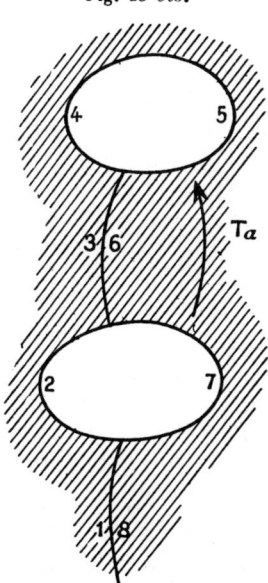

sont confondus, de même que 3 et 6, et l'on est conduit à la figure 25 *bis* qui équivaut à la précédente. Par conséquent, si les deux bords de la coupure a ou de la coupure b appartenant au même triplet (a, b, c) ont pour images dans le plan analytique deux courbes en coïncidence, il en est de même pour les deux bords de la coupure c. Le triplet considéré donne lieu dans ces conditions à deux côtés du polygone normal P_0 constitués chacun par une courbe fermée, ces deux courbes étant liées par une substitution hyperbolique ou loxodromique.

Nous avons ainsi épuisé tous les cas dans lesquels deux côtés du polygone P_0 viennent à coïncider. Mais il faut encore examiner l'hypothèse où deux sommets viennent à se confondre, ce qui ne peut arriver que pour deux sommets correspondant chacun au point O.

Comme le point O ne correspond pas à un point fixe des substi-

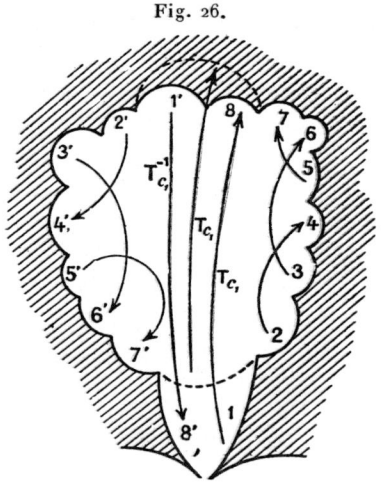

Fig. 26.

tutions du groupe, cette dernière circonstance ne peut se produire que si l'une des substitutions qui font passer de l'un à l'autre de ces points est la substitution identique, c'est-à-dire si le produit de plusieurs substitutions consécutives T_i, $T_{c_k}^{-1}$ qui figurent dans l'expression (Ω) se réduit à l'unité, l'hypothèse $T_i = 1$ ou $T_{c_k} = 1$ devant être exclue; les deux points O en coïncidence sont alors non consécutifs. Supposons, par exemple,

$$T_{c_2}^{-1} T_{c_1}^{-1} = 1.$$

Le contour du polygone P_0 présente alors une partie fermée ayant seulement un sommet commun avec une autre partie de ce même contour; une modification permise indiquée par la figure 26 conduit à un contour partiel entièrement séparé du reste du contour total et dont les côtés se correspondent deux à deux. S'il existe plusieurs relations analogues à la précédente, on en déduira autant de contours fermés faisant partie du périmètre de P_0 et entièrement séparés des autres parties de ce périmètre.

On a ainsi obtenu tous les cas dans lesquels P_0 n'est pas simplement connexe ; s'il en est ainsi le nombre des substitutions génératrices du groupe peut être rendu inférieur à $2p + n$.

Il peut y avoir avantage à faire coïncider les points ε et ε', c'est-à-dire à faire aboutir chacune des coupures c_i au point de rencontre des coupures a_i et b_i; les côtés numérotés 2 et 4 s'évanouissent alors et P_0 n'a plus que $2n + 6p$ côtés. On peut également réduire à zéro les coupures c_i, en faisant alors passer par le point O les $2p$ rétrosections de la surface F, ce qui revient à l'emploi du système canonique de coupures que nous avons signalé au Chapitre V (*fig.* 68) à propos des surfaces de Riemann. Le polygone P_0 n'a plus dans ces conditions que $2n + 4p$ côtés et ses sommets adventifs forment un seul cycle. On pourra d'ailleurs opérer cette réduction du nombre des côtés de P_0, sans recourir aux déformations des coupures correspondantes de F, par des modifications permises effectuées sur ce polygone. Nous laisserons au lecteur le soin de déterminer ces modifications.

80. Parmi les polygones normaux que nous venons de définir, il y a lieu de considérer en particulier les polygones fuchsiens de la première classe. Nous avons déjà montré § 78, dans le cas où $n = 0$, c'est-à-dire où il n'y a pas de substitutions elliptiques ou paraboliques, qu'il est possible de construire un polygone fuchsien P_0 de genre $p \geq 2$, tel que la surface fermée correspondante présente un système canonique de rétrosections passant toutes par un point O de la surface; ce polygone envisagé dans le plan projectif est rectiligne et convexe et, si l'on prend un cercle comme absolu, est représenté par un polygone régulier de $4p$ côtés. Il est facile de montrer que l'on peut obtenir un polygone analogue mais présentant en outre n sommets elliptiques ou paraboliques formant chacun un cycle, les angles cayleyens correspondants ayant pour mesure $\frac{2\pi}{l_i}, \frac{2\pi}{l_2}, \ldots, \frac{2\pi}{l_n}$; les l_i sont des entiers ≥ 2 qui peuvent être infinis. Considérons, comme précédemment, un polygone régulier de $(4p + n)$ côtés, concentrique à $\mathcal{C}$. Par le milieu M du

côté AB de rang $(4p+i)$ $(i=1, 2, \ldots, n)$ menons vers l'extérieur de ce polygone Π la perpendiculaire MN à AB qui rencontre en N la circonférence de $\mathcal{C}$. Si le point E décrit le segment MN l'angle cayleyen AEB décroît de π à o et prend par suite la valeur $\frac{2\pi}{l_i}$ quand E est en E_i. Joignons $E_i A$ et $E_i B$ et faisons de même pour les n côtés analogues à AB; le polygone Π est remplacé par un polygone P de $4p+2n$ côtés qui se déforme d'une manière continue quand on fait varier Π homothétiquement par rapport au centre du cercle. Lorsque Π a des dimensions infiniment petites, les angles aux sommets de P autres que les points E_i ont des mesures infiniment voisines de leurs mesures euclidiennes; la somme de ces angles est donc égale à :

$$(4p+n-2)\pi + \Theta - \varepsilon,$$

Θ étant une quantité positive ou nulle qui dépend des l_i (nulle si tous les $l_i = 2$) et ε une quantité infiniment petite. Si tous les sommets de Π viennent sur la circonférence tous les angles considérés sont nuls. Donc pour une position intermédiaire, la somme des angles considérés aura pour valeur 2π, pourvu que l'on ait

$$4p+n-2 > 2,$$
$$4p+n \geq 5.$$

Soit P_0 le polygone ainsi obtenu dans lequel les côtés de rang 1 et 3, 2 et 4, 5 et 7, 6 et 8... sont correspondants, ainsi que les deux côtés issus d'un même point E_i, les sommets autres que les E_i forment alors un seul cycle adventif et le polygone répond à la question. Il est donc possible d'obtenir un polygone fuchsien de la première classe tel que les nombres p et n aient des valeurs données, ainsi que les entiers l_i; on dit que ce polygone a la *signature*

$$(p, n; l_1, l_2, \ldots, l_n).$$

L'existence de P_0 est démontrée pour

$$p \geq 2$$

et pour

$$p = 1, \qquad n \geq 1.$$

Pour $p = 0$, la démonstration n'est valable que si $n \geq 5$. Il est facile d'élucider les cas d'exception. Considérons au lieu d'un polygone canonique le polygone rayonné d'un groupe fuchsien quelconque de la première classe, le centre étant choisi de manière qu'il ne possède pas deux sommets elliptiques ou paraboliques équivalents. Soient $2c$ le nombre des côtés, m le nombre des cycles adventifs comptant chacun au moins 3 sommets, et comme précédemment p le genre et n le nombre des sommets non adventifs. On a

$$p = \frac{c+1-m-n}{2},$$

$$2c \geq 3m + n.$$

D'ailleurs, suivant une remarque déjà faite à propos des groupes de mouvements dans le plan euclidien ou sur la sphère, il y a nécessairement des sommets adventifs si on laisse de côté le cas simple des groupes cycliques. Par suite :

$$m \geq 1.$$

Les relations précédentes donnent ensuite

(A) $\begin{cases} c = 2p - 1 + m + n, \\ m \leq 4p - 2 + n, \\ c \leq 6p + 2n - 3. \end{cases}$

Il n'y a donc qu'un nombre limité de valeurs admissibles pour m et c quand on se donne p et n et par suite un nombre limité de types de polygones rayonnés, distincts du point de vue de l'*Analysis situs*, appartenant à une *catégorie* caractérisée par les deux entiers (p, n). On démontre d'ailleurs que tous les types possibles de polygones que l'on peut ainsi obtenir existent effectivement et que de plus tous les polygones d'une même catégorie se répartissent en familles, de signature donnée, les polygones d'une famille formant un continuum unique engendré par une déformation continue de l'un d'eux.

Nous ne nous étendrons pas davantage sur ces dernières propriétés dont la démonstration exige d'assez longs développements que l'on trouvera dans les leçons de Fricke et Klein. Nous allons seulement, pour compléter notre discussion, adjoindre aux relations qui précèdent celle qui exprime que la somme des angles d'un polygone de $2c$ côtés est inférieure à $(2c-2)\pi$, c'est-à-dire en remarquant que la somme des angles aux sommets adventifs est égale

à $2m\pi$:
$$m + \sum_{i=1}^{n} \frac{1}{l_i} < c - 1$$

ou, en tenant compte de la valeur de c,

(B) $$\sum_{1}^{n} \frac{1}{l_i} < n + 2(p-1).$$

Pour $p \geq 2$ cette relation (B) ([1]) est vérifiée d'elle-même puisque le premier membre est au plus égal à $\frac{n}{2}$. Il en est de même pour $p = 1$ mais à la condition que n ne soit pas nul. Si $p = 0$ les relations (A) et (B) entraînent
$$n \geq 3.$$

Pour $n = 3$ on a $m = 1$, $2c = 6$, et
$$\sum_{1}^{3} \frac{1}{l_i} < 1.$$

Supposons cette condition remplie ; on peut alors construire un triangle dont les angles ont pour mesure $\frac{\pi}{l_1}$, $\frac{\pi}{l_2}$, $\frac{\pi}{l_3}$, Le groupe dérivé des symétries par rapport aux trois côtés de ce triangle est un groupe de Schwarz que nous avons déjà rencontré et qui admet comme sous-groupe d'indice 2 le groupe fuchsien G. Le polygone rayonné relatif à G, dont le centre est un point pris au hasard, est un hexagone ayant trois sommets non adventifs et un cycle adventif de trois sommets ; cela résulte aisément des considérations qui précèdent. Cet hexagone se ramène du reste bien facilement par une modification permise au quadrilatère fondamental bien connu. Il est à la fois un polygone rayonné et un polygone canonique.

Pour $n = 4$ on obtient la condition
$$\sum_{1}^{4} \frac{1}{l_i} < 2,$$

([1]) La différence des deux membres est évidemment le quotient par 2π de l'aire non euclidienne de P_0.

vérifiée d'elle-même sauf si tous les l_i sont égaux à 2 ; excluons cette hypothèse; le procédé de construction d'un polygone canonique employé dans le cas général est ici applicable car la quantité Θ est positive et
$$(4p+n-2)\pi + \Theta = 2\pi + \Theta > 2\pi.$$

Ainsi donc, il existe toujours un polygone fuchsien de la première classe possédant une *signature* $(p, n; l_1, l_2 \ldots l_n)$ donnée, en excluant les cas suivants :

$$\begin{aligned} &p=0, \quad n=1, \\ &p=0, \quad n=2, \\ &p=0, \quad n=3, \quad \frac{1}{l_1}+\frac{1}{l_2}+\frac{1}{l_3} \geq 1, \\ &p=0, \quad n=4, \quad l_1=l_2=l_3=l_4=2, \\ &p=1, \quad n=0, \end{aligned}$$

qui conduisent seulement, comme il résulte de discussions antérieures, à des groupes de mouvements du plan euclidien ou du plan elliptique.

Il n'est pas inutile, à titre d'exercice, d'indiquer les modifications permises qui transforment le polygone canonique P_0 limité

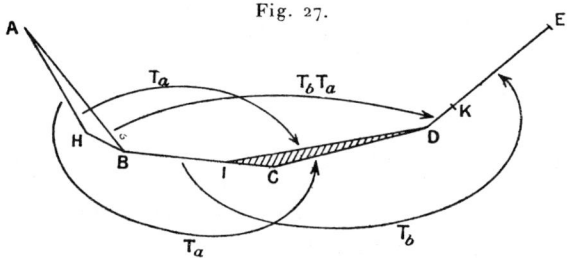

Fig. 27.

par $4p+2n$ côtés en un polygone normal, correspondant à un système de coupures de la surface F où les points O, ε, ε' sont distincts. Soit ABCDE une portion du contour de P_0 telle que les côtés AB et CD se correspondent, de même que BC et DE :

$$\begin{aligned} \mathrm{CD} &= \mathrm{T}_a(\mathrm{AB}), \\ \mathrm{DE} &= \mathrm{T}_b(\mathrm{BC}). \end{aligned}$$

On remplace le triangle ICD, I étant un point de BC, par le triangle équivalent AHB déduit du premier par T_a^{-1}; soit ensuite K le transformé de I par T_b; le contour ABCDE est remplacé par AHBIDKE, où K est un sommet adventif non apparent :

$$ID = T_a(AH),$$
$$DK = T_b T_a(HB),$$
$$KE = T_b(BI).$$

On vérifie aisément que l'angle en B de ce contour est inférieur

Fig. 27 *bis*.

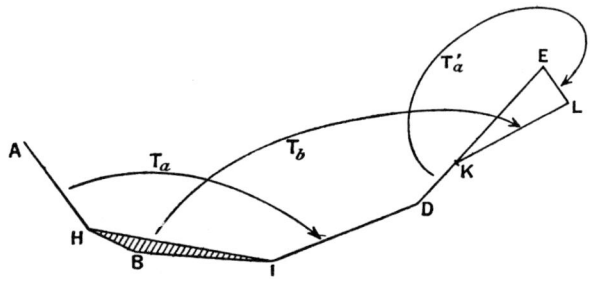

à π. On remplace alors le triangle HBI par KEL transformé du premier par T_b et l'on obtient le contour AHIDKLE dans lequel

$$LE = T_b T_a^{-1} T_b^{-1}(DK) = T'_a(DK),$$
$$KL = T_b(HI),$$
$$ID = T_a(AH).$$

Pour parvenir au résultat cherché il ne reste plus qu'à faire disparaître le sommet D en remplaçant le triangle IDM (M situé sur DK) par le triangle ANH déduit du précédent par T_a^{-1}. On obtient ainsi le contour ANHILKMPE avec

$$IM = T_a(NH),$$
$$KL = T_b(HI),$$
$$LP = T'_a(KM),$$
$$PE = T'_a T_a(AN) = T_c(AN);$$

la correspondance des côtés est donc la même que dans la figure 28; le contour obtenu est d'ailleurs aussi voisin que l'on veut du contour initial en prenant I et M très près de C et D; P est un sommet adventif non apparent qu'on pourra, par une nouvelle modification, transformer en un sommet apparent. En répétant la même opération sur les p portions du contour de P_0 analogues

Fig. 28.

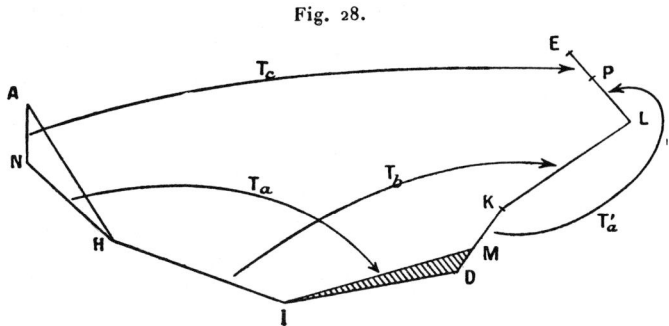

à ABCDE, on obtiendra un polygone normal ayant $8p + 2n$ côtés rectilignes et possédant les propriétés voulues.

80 bis. Les résultats que nous avons obtenus concernant la structure des polygones normaux sont en relation étroite avec le principe de *composition* des groupes dont nous allons maintenant nous occuper. Étant donnés deux groupes G et G' contenant chacun un nombre fini ou une infinité dénombrable d'éléments désignés respectivement par les lettres T et T' affectées d'indices, les éléments qui résultent de la multiplication symbolique d'un nombre fini quelconque des éléments T et T' forment eux-mêmes un groupe G" qui est évidemment le groupe minimum admettant comme diviseurs G et G'. On dit que G" résulte de la composition de G et de G'; un élément quelconque de G" sera de la forme

$$T'_{\lambda'} T_\lambda \ldots T'_{\beta'} T_\beta T'_{\alpha'} T_\alpha.$$

Si G et G' sont des diviseurs d'indice *fini* de G", on dit, d'après Poincaré ([1]), que G et G' sont *commensurables*. Dans le cas où G et G' désignent deux groupes pr. d. de substitutions linéaires, ils ne peuvent être commensurables que s'ils admettent le même ensemble de points limites. Dans la plupart des cas que nous aurons à exa-

---

([1]) *Journal de Math. pures et appl.*, 4ᵉ série, t. 3, 1887, et *Œuvres*, t. 2, p. 467.

miner, G et G′ seront des diviseurs d'indice infini de G″. Remarquons que si G et G′ sont pr. d. il n'en est pas toujours de même de G″. Par exemple si G et G′ sont deux groupes cycliques hyperboliques dont les points doubles sont sur l'axe réel et qui admettent un seul point double commun, G″ admet des substitutions infinitésimales. En composant le groupe modulaire avec le groupe cyclique elliptique

$$z' = i^n z \qquad (n = 0, 1, 2, 3),$$

on obtient le groupe des substitutions à coefficients entiers complexes de déterminant ± 1 ou $\pm i$ qui est s. t. i. mais non pr. d. dans le plan complexe, etc. Au contraire en composant deux groupes dérivés chacun d'une substitution hyperbolique ou loxodromique on obtiendra un groupe pr. d. quand les deux substitutions T et T′ feront correspondre respectivement les cercles C_1 et C'_1 aux cercles C_2 et C'_2 ([1]), ces quatre cercles étant deux à deux extérieurs l'un à l'autre; le domaine fondamental du groupe résultant est la région du plan extérieure aux quatre cercles, c'est-à-dire la partie commune aux domaines fondamentaux des groupes composants. Il est facile de généraliser ce résultat en démontrant la proposition suivante que Klein a appelée le principe de construction des groupes par emboîtement (*Ineinanderschiebung*). Ce principe s'énonce ainsi :

Si les groupes G et G′ possèdent des polygones fondamentaux P_0 et P'_0 tels que le contour total de chacun d'eux soit complètement intérieur à l'autre, la partie commune Q_0 de ces deux polygones est un domaine fondamental du groupe G″ résultant de la composition de G et de G′,

Nous démontrerons ce principe, sans faire usage des polyèdres de l'espace hyperbolique, par un raisonnement direct que nous avons déjà employé à diverses reprises dans des cas particuliers. Nous ferons voir d'abord que deux substitutions de G″ telles que

$$T'' = T'_{l'} T_l \ldots T'_b T_b T'_{a'} T_a$$

---

[1] L'intérieur de C_1 correspond à l'extérieur de C_2 et l'intérieur de C'_1 à l'extérieur de C'_2.

et
$$\Theta'' = T'_{\lambda'} T_\lambda \ldots T'_{\beta'} T_\beta T'_{\alpha'} T_\alpha$$

ne peuvent transformer Q_0 en deux domaines ayant un point intérieur commun que si elles sont formées par les mêmes substitutions T et T' composées dans le même ordre, et par suite identiques.

En effet les transformés de P_0 par les substitutions T de G forment un réseau connexe et simplement recouvert dont tous les polygones constituants, sauf P_0, sont intérieurs à P'_0. De même les transformés de P'_0 par les substitutions T' de G' forment un réseau connexe et simplement recouvert dont les constituants, sauf P'_0, sont intérieurs à P_0. L'application répétée de ces remarques conduit, en observant que Q_0 est la partie commune de P_0 et P'_0, à ce résultat que les transformés de Q_0 par une substitution quelconque de G'' sont intérieurs soit à P_0, soit à P'_0 et sans point intérieur commun avec Q_0, à moins que tous les éléments T et T', constituants de cette substitution de G'', ne se réduisent à l'unité.

Ceci posé transformons Q_0 par les substitutions T'' et Θ'' écrites plus haut. Supposons d'abord T_α distinct de T_a; les domaines $T_a(Q_0)$ et $T_\alpha(Q_0)$, tous deux intérieurs à P'_0, sont alors sans point intérieur commun. Transformons-les par $T'_{a'}$ et $T'_{\alpha'}$ respectivement; il est évident que si $T'_{a'} = T'_{\alpha'}$ ces deux nouveaux domaines sont encore sans point intérieur commun; si au contraire $T'_{a'} \neq T'_{\alpha'}$ ces deux nouveaux domaines sont intérieurs respectivement à $P'_{a'}$ et $P'_{\alpha'}$ polygones qui ne peuvent que se toucher, et le résultat subsiste. Nous avons ensuite à transformer ces deux domaines séparés $T'_{a'} T_a(Q_0)$ et $T'_{\alpha'} T_\alpha(Q_0)$, tous deux intérieurs à P_0, par T_b et T_β respectivement; les domaines obtenus sont évidemment séparés si $T_b = T_\beta$; si $T_b \neq T_\beta$ ils le sont encore comme appartenant à des polygones séparés P_b et P_β. Le raisonnement se poursuit et les domaines $T''(Q_0)$, $\Theta''(Q_0)$ sont séparés.

Si maintenant $T_a = T_\alpha$ et si les facteurs de T'' et Θ'' sont identiques jusqu'au $p^{\text{ième}}$ à partir de la droite, ils donnent lieu, quand on applique à Q_0 les transformations correspondantes, à un domaine Q_1 intérieur soit à P_0, soit à P'_0, et l'on applique la démonstration qui précède en partant de P_1 au lieu de P_0. Il est clair d'ailleurs que la démonstration est valable si l'un des produits T'' ou Θ'', ou tous les deux, commencent, en partant de la droite par un facteur T' au lieu d'un facteur T.

Observons maintenant que G'' dérive des substitutions qui conjuguent deux à deux les côtés de P_0 d'une part et ceux de P'_0 d'autre part. Les substitutions génératrices de G transforment P_0 en une couronne de polygones $P_1, P_2, \ldots, P_n$ qui lui sont adjacents le long de ses divers côtés; par suite Q_0 est transformé par ces mêmes substitutions en domaines $Q_1, Q_2, \ldots, Q_n$ qui s'obtiennent en enlevant de $P_1, P_2, \ldots, P_n$ les points intérieurs à certaines courbes, transformées du contour C' de P'_0 contenu dans P_0; ces courbes n'atteignent donc pas les frontières des P_i; nous avons donc tout le long du contour C' de P'_0 des domaines Q_i adjacents à Q_0 et déduits de ce dernier par les substitutions génératrices de G; nous avons de même le long du contour C' de P'_0 des domaines Q'_i adjacents à Q_0 et déduits de Q_0 par les substitutions génératrices de G'. Les Q_i et les Q'_i entourent ainsi Q_0 tout le long de son contour $C + C'$.

De ces deux propriétés de Q_0 que nous venons de démontrer il résulte que d'une part les domaines équivalents par les substitutions de G'' ne se recouvrent jamais, que d'autre part l'un quelconque de ces domaines peut être relié à Q_0 par une chaîne de domaines du même ensemble et qui sont deux à deux adjacents suivant un côté; Q_0 est donc un domaine fondamental de G''.

C. Q. F. D.

A ce résultat il convient d'ajouter les remarques suivantes qui résultent soit de la démonstration qui précède, soit de résultats déjà acquis :

1° Le réseau des polygones équivalents à Q_0 est d'ordre de connexion infini.

2° L'ensemble F'' des points limites relatifs à G'' est formé des ensembles analogues F et F' relatifs à G et G', de leurs équivalents et des points d'accumulation de tous ces points.

3° Le genre de G'' est égal à la somme des genres de G et de G' (conséquence immédiate de la définition du genre d'une surface fermée, Chap. V, § 107-110).

4° Il n'y a pas d'autres relations fondamentales entre les substitutions génératrices de G'' que celles qui existent entre les substitutions génératrices de G d'une part, et celles qui existent entre les substitutions génératrices de G' d'autre part.

Nous avons admis que les contours C et C' de P_0 et P'_0 étaient entièrement séparés; mais si C et C' ont quelques points communs, la partie commune à P_0 et P'_0 étant toutefois d'un seul tenant, le théorème précédemment démontré subsiste et Q_0 est toujours un domaine fondamental de G''. Il en est de même de certaines des remarques additionnelles que nous venons de faire, mais pour celles-ci il peut se présenter des cas d'exception dont nous laisserons de côté la discussion ([1]).

En comparant les résultats obtenus avec ceux qui concernent la structure des polygones normaux des groupes polygonaux, on obtient le résultat suivant : *tout groupe polygonal dont le polygone fondamental est unique, mais d'ordre de connexion quelconque, résulte, par emboîtement, de la composition de plusieurs groupes ayant un polygone fondamental simplement ou doublement connexe; les polygones doublement connexes qu'il suffit de considérer sont ceux des groupes cycliques, hyperboliques et loxodromiques.*

81. Comme application, considérons le groupe dérivé de deux substitutions elliptiques périodiques; les domaines fondamentaux correspondant sur la sphère sont formés chacun par un fuseau limité par deux arcs de cercle et dont les angles ont pour mesure $\dfrac{2\pi}{l_1}$ et $\dfrac{2\pi}{l_2}$. Si les points fixes des substitutions sont convenablement disposés (*fig.* 29) le groupe résultant sera pr. d. D'une manière générale on pourra construire, par emboîtement, des groupes dérivés de n substitutions elliptiques de périodes $l_1, l_2, \ldots, l_n$, les coordonnées des points fixes de celles-ci étant seulement assujetties à certaines inégalités. On peut remplacer certaines des substitutions elliptiques par des substitutions paraboliques, les fuseaux correspondants étant remplacés par des domaines limités par deux circonférences tangentes. Les groupes ainsi obtenus sont de

---

([1]) Si un point commun à C et C' n'est le point fixe d'aucune substitution de G et G', on pourra le faire disparaître par modification permise de P_0 ou P'_0 et l'on sera ramené au premier cas.

genre zéro; on le voit directement en supposant les fuseaux figurés sur la sphère et en soudant ensuite l'un à l'autre les deux côtés de chacun d'eux, ce qui fait disparaître les trous de la surface de la sphère et donne par suite une surface fermée de genre zéro. On peut supposer que les points fixes de chaque substitution donnée sont placés symétriquement par rapport à un cercle C qui est alors un cercle principal pour le groupe résultant. En composant ensuite

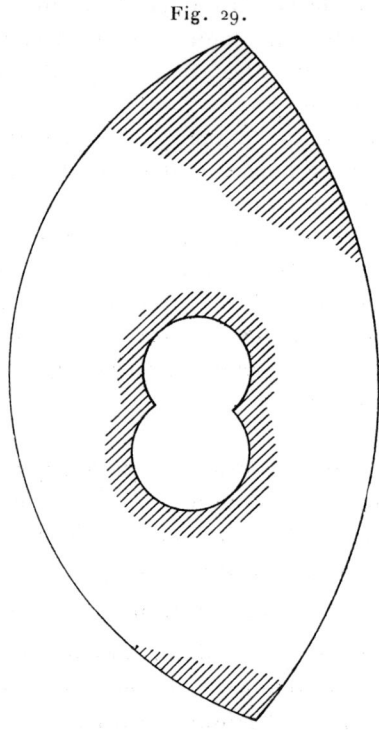

Fig. 29.

ce groupe avec un groupe de genre p dérivé des substitutions qui relient deux à deux $2p$ cercles orthogonaux à C et extérieurs l'un à l'autre, on obtient un groupe fuchsien de la deuxième classe et du genre p, possédant en outre n classes de points fixes elliptiques ou paraboliques, les périodes correspondantes ayant pour valeur l_1, l_2, ... l_n; les deux points fixes d'une substitution elliptique sont ici comptés pour un seul. On dit que ce groupe fuchsien possède la *signature*
$$(p, n; l_1, l_2, \ldots, l_n).$$

Il existe donc des groupes fuchsiens de la deuxième classe ayant une signature donnée arbitrairement ([1]).

On voit par ces applications que le principe d'*Ineinanderschiebung* de Klein, d'un caractère simple et intuitif, est néanmoins d'une grande portée. Il est vrai qu'il ne permet pas d'arriver à la construction de tous les groupes fuchsiens et kleinéens, résultat qui n'a pu être obtenu que par les méthodes beaucoup plus profondes de Poincaré. Toutefois, à certains égards, cette méthode est plus générale que celles de Poincaré qui s'appliquent uniquement aux groupes de substitutions linéaires, tandis que l'*Ineinanderschiebung* permet de construire des classes étendues de groupes pr. d. d'une autre nature; on pourra par exemple composer de cette manière certains groupes, dérivés chacun d'une seule substitution rationnelle mais non linéaire, soit entre eux, soit avec des groupes kleinéens et parvenir ainsi à des classes étendues de groupes de substitutions algébriques ayant un domaine fondamental et non semblables à des groupes kleinéens. Il constitue donc l'un des moyens les plus puissants que l'on possède pour l'étude des groupes discontinus de substitutions analytiques.

82. Nous allons maintenant indiquer comment s'obtiennent les sous-groupes d'indice fini d'un groupe fuchsien ou d'un groupe polygonal possédant un polygone fondamental unique. Soient G ce groupe polygonal, Γ un sous-groupe d'indice m de G; $T_0 = 1$, T_1, T_2, ... les transformations de Γ. Il existe alors, dans G, m transformations distinctes $U_0 = 1$, U_1, ..., U_{m-1}, telles que toute transformation S de G puisse s'écrire, et d'une seule manière, sous la forme
$$U_j T_i \qquad (i = 0, 1, 2, \ldots; \ j = 0, 1, \ldots, m-1).$$

S^{-1} pourra donc s'écrire également et d'une seule manière sous la forme $U_j T_i$, avec d'autres valeurs des indices i et j; par suite

---

([1]) Pour une étude plus approfondie des groupes fuchsiens de la seconde classe il est nécessaire de modifier cette définition en faisant entrer en ligne de compte le nombre minimum μ de côtés de la seconde sorte, que présente un polygone du réseau, et que l'on doit adjoindre aux entiers p et n. C'est moyennant cette adjonction d'un nouvel entier caractéristique que les polygones d'une signature donnée forment un continuum unique, ainsi qu'on le verra dans les *Leçons* de Klein et Fricke.

S pourra aussi se mettre et d'une seule manière sous la forme $T_i^{-1} U_j^{-1}$. Posons $U_j^{-1} = V_j$ et remarquons d'autre part que T_i^{-1} représente une transformation T_s de Γ; il suit de là que toute transformation S de G peut s'écrire, et d'une seule manière, sous la forme
$$T_s V_j \quad (t = 0, 1, 2, \ldots; j = 0, 1, \ldots, m-1).$$

Nous pourrons disposer les opérations de G en un tableau de manière que les produits $T_s V_j$ correspondant à une même valeur de l'entier j appartiennent à une même ligne horizontale.

Considérons maintenant le polygone fondamental P_0 de G et ses transformés P_1, P_2, ... par les opérations de G; P_0, P_1, P_2, ... qui sont tous équivalents relativement à G ne le seront pas tous relativement à Γ; les deux polygones P_a et P_b seront équivalents relativement à Γ s'ils proviennent de P_0 par deux transformations appartenant à une même ligne horizontale de notre tableau, et seulement dans ce cas; en effet $T_r V_i$ et $T_s V_j$ désignent ces deux transformations, l'égalité

$$T_s V_j = T_n T_r V_i$$

entraîne
$$T_s V_j = T_p V_i,$$

et par suite
$$V_j = V_i,$$

Inversement si
$$P_a = T_r V_i(P_0),$$
$$P_b = T_s V_i(P_0),$$

on en déduit
$$P_b = T_s T_r^{-1}(P_a) = T_q(P_a).$$

Ainsi donc le polygone P_0 et ses transformés par V_1, V_2, ..., V_{m-1} forment ensemble un domaine fondamental de Γ, mais qui n'est pas nécessairement d'un seul tenant. Soient P_0, P_1, ..., P_{m-1} ces m polygones; tout côté de l'un d'eux P_i sera équivalent, relativement à Γ, à un côté de P_j, i et j pouvant être distincts. Raisonnons maintenant comme nous l'avons fait dans une question analogue concernant la structure des domaines fondamentaux des groupes kleinéens; nous pourrons, en remplaçant au besoin certains des P_i par des polygones équivalents relativement à Γ, transformer la région $P_0 + P_1 + \ldots + P_{m-1}$ en une autre région

$$Q = Q_1 + Q_2 + \ldots + Q_n \ (n > m)$$

qui est encore un domaine fondamental de Γ et qui possède les propriétés suivautes : chacune des régions partielles Q_i est d'un seul tenant et se compose d'un nombre fini de polygones équivalents à P_0 par rapport à G; tout côté d'une région partielle Q_i est équivalent, relativement à Γ, à un côté de la même région partielle.

Supposons en effet que ces conditions ne soient pas déjà remplies par l'assemblage des polygones P_i; il existe alors un côté l de P_0, par exemple, équivalent par Γ à un côté λ d'un autre polygone P_1; on peut d'ailleurs supposer que l'on est dans le cas le plus défavorable où les P_i ne sont jamais adjacents deux à deux. La transformation de Γ qui change λ en l change P_1 en P'_1 adjacent à P_0 le long de l. Comme $P_0 + P'_1$ forme un assemblage connexe, le remplacement permis de P_1 par P'_1 nous fournit un assemblage de polygones qui comprend au plus $m - 1$ régions partielles d'un seul tenant. Si l'une de ces m' régions partielles possède sur son contour un côté non équivalent par Γ à l'un des côtés du même contour, on peut répéter la même opération. Les entiers m, m', ... allant en décroissant et restant ≥ 1, on arrivera finalement à la région Q douée des propriétés indiquées à l'instant.

Démontrons maintenant que l'on aura $n = 1$, c'est-à-dire que Q sera d'un seul tenant.

Supposons en effet qu'il en soit autrement et que les régions Q_1 et Q_2 soient distinctes. Il résulte des hypothèses qu'une région équivalente (par Γ) à Q_i et une région équivalente à $Q_j (i \neq j)$ ne peuvent avoir aucun côté commun; comme les régions équivalentes à $Q_1, Q_2, \ldots, Q_n$ remplissent tout le réseau R déduit de P_0 par G, les régions équivalentes à Q_1 remplissent alors un réseau R_1 extérieur à Q_2. Une ligne joignant un point de Q_1 à un point de Q_2 devrait donc rencontrer une infinité de régions équivalentes à Q_1, ce qui est absurde, car Q_1 et Q_2 appartiennent à Q, une telle ligne ne peut traverser qu'un nombre fini de domaines fondamentaux de G ou de Γ, du reste nous avons déjà remarqué (§ 67, lemme III) que R_1 et R_2 ont les mêmes points limites.

Les côtes de Q sont donc deux à deux équivalents par rapport à Γ; les sommets de Q se répartissent en cycles, les sommets d'un cycle étant équivalents par rapport à Γ et par suite par rapport à G.

83. Soient A un sommet de P_0, $\dfrac{2\pi}{l_i}$ la somme des angles du cycle auquel il appartient. Les substitutions V_j qui transforment P_0 en $P_0, P_1, \ldots, P_{m-1}$, dont l'ensemble constitue Q, changent A en des points B (ou C) situés à l'intérieur (ou sur le périmètre) de Q.

Soit B un point intérieur; le nombre β_{ik} des substitutions V_j qui changent A en B est évidemment égal au nombre des substitutions du sous-groupe cyclique de G qui laisse fixe A, c'est-à-dire l_i ($l_i = 1$, si A est adventif). Nous conviendrons de poser dans ce cas

$$\lambda_{ik} = \frac{l_i}{\beta_{ik}} = 1.$$

Supposons que C soit sur le périmètre de Q et appartienne à un cycle dont la somme des angles a pour valeur $\dfrac{2\pi}{\lambda_{lk}}$; le sous-groupe cyclique Γ' de Γ qui laisse fixe le point C étant naturellement un diviseur du sous-groupe G' de G qui laisse fixe ce même point, l'ordre λ_{ik} de Γ' est un diviseur de l'ordre l_i de G'; posons

$$l_i = \lambda_{ik} \beta_{ik}.$$

Je dis que β_{ik} représente le nombre des substitutions V_j qui changent A en C ou en des points du cycle auquel appartient C, relativement à Q. Je suppose que l'une des V_j, soit V_1, change A en C_1 distinct ou non de C, mais faisant partie du même cycle; si V change A en C et si T_1 change C en C_1,

$$S = T_1 V V_1^{-1}$$

laisse C_1 fixe et appartient ainsi au sous-groupe cyclique G'_1 de G qui admet comme diviseur le sous-groupe Γ'_1 de Γ'; on a donc en appelant T' une substitution de Γ'_1

$$S = T'\Sigma,$$

où Σ ne possède que β_{ik} déterminations distinctes.

Il vient donc
$$T_1 V V_1^{-1} = T'\Sigma$$
et en posant
$$\Sigma V_1 = T'V_\alpha,$$
où V_α n'a pas plus de β_{ik} déterminations,
$$T_1 V = T T' V_\alpha,$$

ce qui entraîne $V = V_\alpha$ et donne au plus β_{ik} déterminations de V.
Il y en a effectivement β_{ik}, car si l'on avait

$$\Sigma_1 V_1 = T' V_\alpha,$$
$$\Sigma_2 V_1 = T'' V_\alpha,$$

on en déduirait

$$\Sigma_1 \Sigma_2^{-1} = T''^{-1} T',$$

ce qu'on reconnaît immédiatement comme impossible ([1]).

Ainsi donc β_{ik} a bien la signification indiquée, et le résultat subsiste pour les sommets adventifs ou paraboliques; dans ce dernier cas l_i et λ_{ik} sont tous deux infinis, β_{ik} étant toujours fini et non nul.

Comme l'ensemble des V_j transforme A en l'un des points B ou C, on a évidemment

$$\sum_k \beta_{ik} = m,$$

la sommation étant étendue à tous les points B et à tous les cycles (C, C', C'', ...).

Supposons maintenant que P_0 soit un polygone fuchsien de la première classe et exprimons que l'aire non euclidienne de Q est égale à m fois celle de P_0. Nous obtenons la formule suivante qui est d'un emploi fréquent dans l'étude des groupes fuchsiens :

$$(\theta) \quad m\left[2p - 2 + \sum_i \left(1 - \frac{1}{l_i}\right)\right] = \left[2\varpi - 2 + \sum_{i,k}\left(1 - \frac{1}{\lambda_{ik}}\right)\right],$$

ϖ désignant le genre de Q.

83 bis. Les considérations qui précèdent nous donnent le moyen de construire les sous-groupes d'indice fini donné m d'un groupe polygonal de l'espèce considérée, par exemple d'un groupe fuchsien. On considère le réseau R des polygones équivalents à P_0, et les assemblages d'un seul tenant formés par m de ces derniers,

---

([1]) Ce résultat devient particulièrement intuitif si A forme un cycle à lui seul, car les angles en C, C', C'', ... de Q proviennent alors de la juxtaposition d'angles de certains des polygones P_j dont la valeur commune est $\frac{2\pi}{l_i}$ et dont le nombre est évidemment celui des substitutions V_j qui changent A en C, C', C'', ...

entre autres P_0. Le nombre de ces assemblages est fini et l'on peut en calculer une limite supérieure en fonction de m et du nombre des côtés de P_0.

Soit Q l'un d'eux; il faudra d'abord que ses côtés libres se répartissent en paires de côtés équivalents par rapport à G. Supposons qu'il en soit ainsi et que l'on ait choisi une correspondance de ce genre, parmi celles qui sont possibles. On en déduira la répartition des sommets en cycles; la somme des angles d'un cycle devra être suivant les cas égale à 2π, $\frac{2\pi}{\nu}$ ou zéro.

Si l'on parvient ainsi à un polygone Q générateur d'un groupe Γ proprement discontinu, il est clair que Γ est un sous-groupe d'indice m de G. Remarquons d'ailleurs qu'on pourra obtenir de cette manière plusieurs groupes Γ distincts, bien que possédant un même domaine fondamental.

En effet, se donner l'assemblage Q des P_j revient à se donner les substitutions U_j ou V_j, lesquelles ne déterminent pas nécessairement Γ d'une manière unique. Par exemple le groupe dérivé des **deux substitutions *permutables*** A et B contient, en posant

$$S = A^\alpha B^\beta,$$

le sous-groupe Γ formé par les S qui vérifient la condition

$$\alpha + \beta \equiv 0 \quad (\bmod 2)$$

et le sous-groupe Γ' qui correspond à la condition

$$\alpha \equiv 0 \quad (\bmod 2),$$

Γ et Γ' donnent lieu aux décompositions de G en parties associées s'exprimant symboliquement par

$$G = \Gamma + A\Gamma,$$
$$G = \Gamma' + A\Gamma',$$

Γ et Γ' sont évidemment distinctes, bien que les $U_j(U_j = 1$ ou $A)$ soient les mêmes pour tous deux.

Dans les cas de ce genre, les divers groupes obtenus diffèrent naturellement par l'arrangement en paires des côtés du polygone Q. Il est facile de s'en rendre compte sur l'exemple précédent en supposant que A et B désignent les deux substitutions $(z, z+\omega)$ et

$(z, z+\omega')$ et $\frac{\omega'}{\omega}$ étant imaginaire. En désignant par *abcd* le parallélogramme dont les sommets représentent o, 2ω, $2\omega+\omega'$, ω' et par *e* et *f* les milieux de *ab* et de *cd*, on peut le regarder comme un domaine fondamental de Γ en faisant correspondre *ae* à *fc* par $(z, z+\omega+\omega')$; *df* à *eb* par $(z, z+\omega-\omega')$ et *ad* à *bc* par $(z, z+2\omega)$. Si au contraire on fait correspondre *ae* à *df* et *eb* à *fc* par la même translation $(z, z+\omega')$, et *ad* à *bc* toujours par $(z, z+2\omega)$ on obtient le groupe Γ'.

Ayant obtenu un sous-groupe Γ d'indice m on peut en déduire d'autres en transformant Γ par toutes les substitutions de G. On vérifie de suite que parmi ces groupes il y en a au plus m distincts qui sont les transformés de Γ par les U_j

$$U_j T U_j^{-1}.$$

Mais il peut arriver que ces m groupes soient identiques, Γ étant alors un *sous-groupe invariant*. Dans ce cas les polygones déduits de Q par les U_j^{-1} sont identiques, ou plus généralement les transformés de Q par les substitutions de G sont équivalents par rapport à Γ.

84. Nous allons appliquer ces considérations à des exemples. Commençons par rechercher les sous-groupes d'indice 2 du groupe modulaire. Soit comme au paragraphe 55 ABCD le quadrilatère fondamental, A étant à l'infini et C le sommet non apparent, milieu de BD, et ADEF le quadrilatère déduit du premier par $(z, z+1)$. Si ABCDEF est le domaine fondamental d'un sous-groupe d'indice 2, AD et AF sont nécessairement correspondants. Si BC et CD étaient correspondants ainsi que DE et EF, les sommets B, D, F formeraient un cycle, ce qui est impossible puisque la somme des angles en ces sommets est égale à $\frac{4\pi}{3}$. De même on ne peut pas faire correspondre BC et DE, CD et EF, car B et C seraient équivalents, ce qui n'est pas. Il faut donc faire correspondre BC et EF, ainsi que CD et DE; D forme alors un cycle à lui seul, B et F forment un cycle, les sommes d'angles correspondants valant $\frac{2\pi}{3}$; C et E cessant d'être des sommets. Le quadrilatère ABDF est le domaine fondamental d'un sous-groupe Γ d'in-

dice 2 dont les substitutions génératrices sont $(z, z+2)$ qui change AB en AF, et $\left(z, 1 - \dfrac{1}{z}\right)$ qui échange DB et DF.

En considérant de même le quadrilatère adjacent à ABCD le long de AB, on obtient par la réunion de ces deux domaines fondamentaux du groupe G le domaine fondamental d'un sous-groupe Γ' d'indice 2, qui est le transformé de Γ par $(z, z-1)$.

Enfin le transformé OBCD du quadrilatère initial par $\left(z, -\dfrac{1}{z}\right)$ forme avec celui-ci le quadrilatère ABOD dont les angles valent o, $\dfrac{2\pi}{3}$, o, $\dfrac{2\pi}{3}$. Il en résulte que B et D n'appartiennent pas au même cycle, car la somme des angles en B et D n'est pas une partie aliquote de 2π; donc les côtés issus de B se correspondent, de même que ceux issus de D, O et D formant un cycle; les substitutions génératrices du groupe Γ'' obtenu ainsi sont

$$\left(z;\ \dfrac{-1}{z-1}\right) \quad \text{et} \quad \left(z;\ \dfrac{-1}{z+1}\right).$$

Les trois sous-groupes Γ, Γ', Γ'' sont d'ailleurs identiques, car en désignant par S et T les substitutions

$$\left(z;\ \dfrac{-1}{z}\right) \quad \text{et} \quad (z;\ z+1),$$

les substitutions génératrices de Γ, Γ', Γ'' sont

(Γ)   TS,   T^2,
(Γ')   T^{-1}S, T^2,
(Γ'')   ST^{-1}, ST,

et comme on a

$$S^2 = 1, \quad T^{-1}S = T^{-2}(TS), \quad ST^{-1} = (TS)^{-1}, \quad ST = (TS)^{-1}T^2,$$

Γ, Γ', Γ'' sont tous les trois dérivés de TS et T^2. On a donc un seul sous-groupe d'indice 2, qui est par suite invariant.

Parmi les sous-groupes d'indice fini du groupe modulaire, il y en a de particulièrement importants qui peuvent être définis par des congruences auxquelles sont assujettis les coefficients des substitutions, par exemple ceux qui sont définis par les conditions

$$b \equiv c \equiv 0 \pmod{q},$$

où q désigne un entier donné. Pour l'étude de ces sous-groupes qui se rattache à d'intéressantes questions d'arithmétique et d'algèbre, nous renverrons aux *Leçons sur les fonctions modulaires elliptiques* de Klein et Fricke (t. I).

85. On doit remarquer qu'un groupe fuchsien n'admet pas toujours de sous-groupe d'indice donné. Par exemple si l'on considère le groupe fuchsien du type de Schwarz pour lequel les trois entiers α, β, γ ont les valeurs ∞, 3, 5, le quadrilatère ABCD de tout à l'heure est remplacé par un autre qui a les mêmes angles en A, B, D, mais où G est un sommet apparent d'angle $\frac{2\pi}{5}$. On constate, en répétant les mêmes essais que plus haut, que l'un des quadrilatères du réseau adjacent au premier ne peut pas former avec lui le domaine fondamental d'un sous-groupe d'indice 2 : cela résulte très aisément des propriétés des angles d'un cycle.

Nous allons démontrer que *pour un groupe fuchsien de genre ≥ 1, il n'y a pas de pareille exception et qu'il existe, quel que soit l'entier q, au moins un sous-groupe invariant d'indice q*.

Considérons un groupe fuchsien de la première classe et le polygone canonique qui correspond au tracé sur la surface fermée d'un système de rétrosections passant toutes par un même point, en y ajoutant les coupures qui joignent ce point aux n points-images des sommets elliptiques et paraboliques. Supposons d'abord $p \geq 1$; il existe alors entre les $(2p+n)$ substitutions génératrices du groupe des relations que nous avons obtenues au paragraphe 79 et que nous pouvons écrire en modifiant les notations sous la forme

(Ω) $$\prod_{i=1}^{i=p}(A_{2i-1}A_{2i}^{-1}A_{2i-1}^{-1}A_{2i})\times\prod_{i=1}^{i=n}B_i=1,$$

(Σ) $$B_1^{l_1}=B_2^{l_2}=B_3^{l_3}=\ldots=1.$$

Une substitution quelconque S de G peut se mettre d'une infinité de manières sous la forme d'un produit de substitutions A_j et B_k ; mais les relations obtenues en égalant deux expressions d'une même S sont des conséquences des relations fondamentales qui précèdent, c'est-à-dire que toutes les expressions de S se

déduisent de l'une d'entre elles en multipliant membre à membre d'une part l'égalité
$$F(A_i, B_k) = S$$
et d'autre part un certain nombre d'égalités obtenues en élevant à une puissance entière, positive ou négative, certaines des relations fondamentales. Il est évident d'après la forme de la relation (Ω) que dans toutes ces expressions de S, la somme des exposants de l'un quelconque des A_j est toujours la même. Il en est de même de la somme $E_A(S)$ qui désigne la somme des exposants de toutes les substitutions $A_1, A_2, \ldots, A_{2p}$ dans l'expression de S, et qui est par suite complètement déterminée quand on se donne S. Ceci posé, il est presque évident que les substitutions qui satisfont à la condition
$$E_A(T) \equiv 0 \quad (\bmod q)$$
forment un sous-groupe invariant Γ d'indice q.

En effet, si r désigne l'un des nombres $(0, 1, 2, \ldots, q-1)$, toute substitution de G vérifie l'une des relations

(γ) $\qquad E_A(S) \equiv r \quad (\bmod q).$

Comme on a toujours d'autre part
$$E_A(S'S) = E_A(S') + E_A(S),$$
on déduit de la congruence qui précède
$$E_A(A_1^{-r}S) \equiv 0 \quad (\bmod q);$$
par suite
$$S = A_1^r T,$$
$$E_A(T) \equiv 0 \quad (\bmod q),$$
les substitutions T qui vérifient cette condition formant d'ailleurs un groupe. De plus si l'on a
$$A_1^r T_i = A_1^{r'} T_j,$$
on en déduit d'après (γ)
$$r = r',$$
Γ est donc un sous-groupe d'indice q et de plus invariant puisqu'on a évidemment
$$E_A(A_1^r T A_1^{-r}) \equiv 0 \quad (\bmod q).$$

Il est clair d'ailleurs que le résultat subsiste si $E_A(S)$ désigne la somme des exposants de certaines seulement d'entre les A_i parmi lesquelles figure A_1, par exemple la somme des exposants de A_1 tout seul, de sorte qu'on obtiendra plusieurs sous-groupes correspondant à la même décomposition de G en parties associées

$$G = \Gamma + A_1 \Gamma + \ldots + A_1^{q-1} \Gamma.$$

fait dont nous avons déjà donné un exemple. L'enchaînement des polygones qui constituent Q est ici particulièrement simple ; nous laissons au lecteur le soin de l'étudier.

86. Supposons maintenant que P_0 soit de genre zéro. Les relations fondamentales entre les substitutions génératrices B_i deviennent

(1) $\qquad B_1 B_2 \ldots B_n = 1.$
(2) $\qquad B_1^{l_1} = B_2^{l_2} = \ldots = 1.$

Supposons que B_{k+1}, B_{k+2}, ..., B_n soient paraboliques et B_1, B_2, ..., B_k elliptiques. Si $n - k \geq 2$, en résolvant (1) par rapport à B_n, on obtient comme substitutions génératrices B_1, B_2, ..., B_{n-1}, les dernières au nombre de $n - k - 1 \geq 1$ étant paraboliques et ne figurant dans aucune relation fondamentale. En les désignant d'une manière générale par B', la relation

$$E_{B'}(S) \equiv 0 \qquad (\bmod q),$$

où $E_{B'}(S)$ a la même signification que plus haut, définit encore un sous-groupe invariant d'indice q.

Si $n - k = 1$, B_n seule est parabolique et les $n - 1$ substitutions elliptiques forment un système de substitutions génératrices liées par les seules relations

$$B_i^{l_1} = \ldots = B_{n-1}^{l_{n-1}} = 1.$$

Dans l'expression de S en fonction des B_i ($i \leq n-1$) la somme des exposants de B_i est définie à un multiple près de l_i; la congruence

$$E_{B_i}(S) \equiv 0 \qquad (\bmod l_i)$$

définit, comme on le démontre immédiatement, un sous-groupe invariant d'indice l_i donnant lieu à la décomposition en parties

associées
$$G = \Gamma + B_i \Gamma + \ldots + B_i^{l_i-1} \Gamma.$$

Si l'on applique ceci au groupe modulaire, considéré comme dérivé des deux substitutions elliptiques de périodes 2 et 3 $\left(z, -\dfrac{1}{z}\right)$ et $\left(z, -\dfrac{1}{z+1}\right)$, on retrouve le sous-groupe invariant d'indice 2 déjà rencontré, et un sous-groupe invariant d'indice 3.

Supposons ensuite que P_0 soit toujours de genre zéro mais n'ait pas de sommets paraboliques. Le groupe G peut être considéré comme dérivé des $(n-1)$ substitutions B_i liées par les n relations

$$B_1^{l_1} = B_2^{l_2} = \ldots = B_{n-1}^{l_{n-1}} = 1,$$
$$(B_1 B_2 \ldots B_{n-1})^{l_n} = 1.$$

Dans ce cas la somme des exposants de B_i dans l'expression d'une S n'est définie qu'à une quantité additive près égale à $(l_i x_i + l_n x_n)$ où x_i et x_n sont des entiers arbitraires. Si deux des entiers l_i ont un diviseur commun, on pourra toujours, par le même procédé, définir un sous-groupe invariant d'indice fini ; par exemple si l_i et l_n ont le plus grand commun diviseur δ, la relation

$$E_{B_i}(S) \equiv 0 \quad (\bmod \delta)$$

définit un sous-groupe invariant d'indice δ. Mais si les l_i sont premiers entre eux deux à deux, aucune relation de la forme

$$\Sigma c_i E_{B_i}(S) \equiv 0 \quad (\bmod q),$$

où les c_i sont premiers dans leur ensemble, ne définit de sous groupe de G, le premier membre pouvant prendre toutes les valeurs pour une S donnée. Ainsi dans ce cas la formation de sous-groupes d'indice fini, invariants ou non, en prenant comme point de départ les relations de structure du groupe paraît plus difficile. Nous verrons d'ailleurs dans le chapitre suivant que l'existence de ces sous-groupes peut être démontrée par des considérations de théorie des fonctions ; mais leur formation directe à partir des relations de structure est plus conforme à la nature des choses et d'ailleurs utile dans certaines recherches.

Voici un autre exemple de construction de sous-groupe d'indice fini par ce procédé, mais qui ne peut pas être défini comme plus haut par une congruence ; il sert de fondement aux recherches de M. Schlesinger ([1]) relatives à l'uniformisation. Considérons un polygone fuchsien de genre zéro n'ayant que des sommets paraboliques, et dans lequel les côtés parcourus successivemnt en tournant dans le sens positif peuvent être désignés par

$$1, 2, 3, \ldots, c, -c, \ldots, -3, -2, -1,$$

les côtés i et $-i$ étant conjugués. On peut aisément construire un pareil polygone P_0 dont tous les sommets sauf un seul, sont donnés à l'avance. On voit que P_0 possède deux sommets formant chacun un cycle et $c-1$ cycles de deux sommets et qu'il offre, quant à la répartition des côtés en paires, une disposition symétrique par rapport à la droite joignant les deux sommets de la première espèce. Désignons par P_k le polygone du réseau adjacent à P_0 le long du côté numéroté k; ces polygones forment avec P_0 un polygone Q ayant $2c(2c-1)$ côtés. Désignons par (i, k) le côté du polygone P_k homologue du côté i de P_0; si $i \neq k$, nous ferons se correspondre les côtés (i, k) et $(-i, -k)$; les côtés (i, i) coïncidant avec les côtés de P_0 ne font pas partie du contour de Q. On constate aisément en s'aidant d'une figure que Q offre, quant à la répartition des côtés, la même symétrie que P_0, Q est générateur d'un groupe fuchsien, sous-groupe d'indice $2c+1$ du groupe donné, et comme lui de genre zéro. En désignant par A_i la substitution qui change le côté $(-i)$ en le côté $(+i)$, pour $i = 1$, 2, ..., c, on trouve aisément les substitutions génératrices du sous-groupe Γ

$$A_i A_k A_i \quad (i \neq k),$$
$$A_i A_k^{-1} A_i \quad (i \neq k),$$
$$A_i A_i A_i.$$

On a évidemment la décomposition de G en parties associées

$$G = \Gamma + A_1 \Gamma + A_1^{-1} \Gamma + \ldots + A_c \Gamma + A_c^{-1} \Gamma.$$

Mais Γ n'est pas un sous-groupe invariant.

Si l'on applique le procédé de construction de M. Schlesinger à

([1]) L. SCHLESINGER, *Journal de Crelle*, t. 110, p. 280; t. 105, p. 181; *Handbuch der Theorie der linearen Differentialgleichungen* (Teubner, 1898), t. II, 2ᵉ partie, p. 268.

des polygones du genre zéro, mais présentant des sommets elliptiques, on constate qu'il réussit encore dans certains cas particuliers, par exemple quand le polygone P_0, présentant la même disposition que tout à l'heure, possède pour ses différents cycles une somme d'angles constante et égale à $\frac{2\pi}{6n}$ (n entier). Mais le groupe G et son sous-groupe Γ possèdent alors des relations de structure, les substitutions A_1, A_1^{-1}, A_2, ..., A_c étant elliptiques, Γ est encore du genre zéro.

Enfin on pourra étendre les considérations qui précèdent et construire des exemples analogues pour des groupes dont le polygone fondamental n'est pas simplement connexe. Citons à ce sujet un Mémoire récent de M. Myrberg ([1]) dans lequel sont étudiés à ce point de vue les groupes résultant de la composition par emboîtement de n groupes cycliques elliptiques (groupes du *Sicheltypus*, § 81).

87. Nous allons maintenant revenir sur le cas où Γ est un sous-groupe invariant, la recherche des sous-groupes de cette nature étant la base d'importants travaux de Klein et de Poincaré [*voir* entre autres, POINCARÉ, *Sur l'intégration algébrique des équations linéaires et les périodes des intégrales abéliennes* (*Journal de Math.*, 5ᵉ série, t. 9, 1903, p. 139)]. Nous avons vu que les sous-groupes invariants sont caractérisés par ce fait que les m substitutions V_j transforment le domaine fondamental Q de Γ en lui-même, (abstraction faite d'une modification permise), en conservant la correspondance des côtés. On peut encore dire que la division *régulière* de l'intérieur de Q par les polygones P_j conserve ce caractère quand on transforme Q en une surface fermée en soudant entre eux deux côtés conjugués.

Appelons C et C' deux points du contour de Q, transformés d'un même sommet A de P_0, mais appartenant à deux cycles différents de Q. Il existe une substitution S de G qui change C' en C. Appelons $\frac{2\pi}{\lambda}$ et $\frac{2\pi}{\lambda'}$ les sommes d'angles des deux cycles correspondants, R et R' les rotations elliptiques d'angles $\frac{2\pi}{\lambda}$ et $\frac{2\pi}{\lambda'}$ autour de C

([1]) *Ueber die numerische Auflösung der Uniformisierung* (*Acta Societatis Scientiarum Fennicæ*).

et C′ respectivement et qui appartiennent toutes deux à Γ. Comme Γ est un sous-groupe invariant

$$S^{-1}RS,$$

c'est-à-dire la rotation elliptique d'angle $\frac{2\pi}{\lambda}$ autour de C′ appartient à Γ; de même la rotation

$$SR'S^{-1}$$

d'angle $\frac{2\pi}{\lambda'}$ autour de C appartient à Γ. Ceci n'est possible que si $\lambda = \lambda'$.

Supposons maintenant que le transformé B de A par l'un des V_j soit intérieur à Q. Dans ce cas A ne peut être pour Q qu'un sommet adventif, car si la rotation R de Γ laisse A fixe, la rotation

$$V_j R V_j^{-1},$$

qui appartient à Γ et possède le point fixe B à l'intérieur du domaine fondamental Q, doit se réduire à la substitution identique, de même que R.

Ceci posé reprenons la formule (Θ), en nous plaçant dans le cas particulier actuel et supposant de plus que P_0 est de genre nul; il vient

$$m\left[-2 + \sum_i \left(1 - \frac{1}{l_i}\right)\right] = 2\varpi - 2 + \sum_{i,k}\left(1 - \frac{1}{\lambda_{ik}}\right).$$

On a d'ailleurs comme nous l'avons vu

$$\sum_k \beta_{ik} = m,$$

cette sommation étant étendue à tous les transformés d'un même sommet A_i de P_0 par les substitutions V_j, mais les points du contour de Q ainsi obtenus ne figurant que dans un seul terme lorsqu'ils appartiennent à un même cycle de Q. On a en outre

$$\beta_{ik} = \frac{l_i}{\lambda_{ik}}.$$

Nous pouvons enfin supposer pour plus de clarté que les sommets non adventifs de P_0 forment chacun un cycle.

Distinguons maintenant parmi les sommets A de P_0, en nous bornant aux sommets non adventifs, les deux catégories suivantes :

1° Ceux dont aucun équivalent, relativement à G, n'est intérieur à Q; tous les λ_{ik} correspondants sont alors égaux entre eux, de même que tous les β_{ik}; on vérifie aisément que ce dernier point est encore exact si A est un sommet parabolique, l_i et λ_{ik} étant alors infinis ([1]). Si ν_i désigne le nombre des cycles correspondants de Q on a

$$\beta_{ik} = \frac{m}{\nu_i} = \beta_i, \qquad \lambda_{ik} = \frac{l_i \nu_i}{m},$$

$$\sum_{i,k} \left(1 - \frac{1}{\lambda_{ik}}\right) = \nu_i - \frac{m}{l_i} = \frac{m}{\beta_{ik}} - \frac{m}{l_i},$$

la sommation étant étendue aux ν_i cycles en question;

2° Ceux dont certains équivalents sont intérieurs à Q. Tous les transformés de A, s'ils ne sont pas intérieurs à Q, ne peuvent être que des sommets adventifs, et l'on a

$$\sum_k \left(1 - \frac{1}{\lambda_{ik}}\right) = 0$$

pour les cycles correspondants. D'ailleurs le résultat de l'alinéa qui précède est encore applicable puisque tous les β_{ik} sont égaux à l_i.

La formule (Θ) devient donc

$$m\left[-2 + \sum_i \left(1 - \frac{1}{l_i}\right)\right] = 2\varpi - 2 + \sum_i \frac{m}{\beta_i} - \sum_i \frac{m}{l_i}$$

ou en simplifiant

$$m\left[-2 + \sum_1^n \left(1 - \frac{1}{\beta_i}\right)\right] = 2\varpi - 2,$$

les β étant des entiers, tous diviseurs de m. Cette relation est identique à celle qui donne le genre d'une surface de Riemann régulière à m feuillets, le nombre β_i étant le nombre des feuillets que

---

([1]) Cela résulte de la démonstration du paragraphe 83. En effet β_{ik} est l'indice du sous-groupe cyclique Γ' de Γ qui laisse fixe C, par rapport au sous-groupe G' de G qui possède la même propriété. Or quand on remplace C par C_1, équivalent de C par rapport à G, G' et Γ' sont remplacés par des groupes semblables, ainsi que nous l'avons vu, pourvu que Γ soit un sous-groupe invariant de G.

renferme chacun des cycles de la surface ayant leur sommet commun en un point de ramification a_i. Nous verrons au chapitre suivant la raison de cette analogie. Rappelons pour l'instant que ϖ étant donné, l'équation précédente n'a qu'un nombre fini de solutions en nombres entiers m et $\beta > 1$, les $\frac{m}{\beta}$ étant eux-mêmes entiers; il est évident qu'on peut, sans modifier la relation qui précède, introduire un nombre quelconque de β égaux à 1. Le résultat que nous venons de rappeler est toutefois en défaut pour $\varpi = 0$, le tableau de la page 233 (t. I) indiquant qu'il y a alors deux systèmes de solutions dépendant d'un entier arbitraire

$$m = \beta_1 = \beta_2 = \mu,$$
$$m = 2\mu, \quad \beta_1 = 2, \quad \beta_2 = 2, \quad \beta_3 = \mu.$$

Adoptons maintenant la définition suivante : soit G un **groupe fuchsien de la première classe et du genre zéro**, Γ un sous-groupe invariant d'indice m de G. En tout point A situé à l'intérieur du cercle principal ou sur le cercle en un point fixe parabolique de G, nous pouvons considérer les sous-groupes cycliques correspondants G_A et Γ_A de G et de Γ, qui peuvent se réduire à la substitution identique; dans tous les cas Γ_A est un diviseur de G_A dont l'indice par rapport à ce dernier est un entier fini que nous appelons *l'ordre de ramification de Γ en* A. Rangeons ensuite dans une même classe les points A équivalents par rapport à G; nous pouvons énoncer les théorèmes suivants :

1° *L'ordre de ramification de Γ en tout point* A *est un diviseur de m*.

2° *Il n'existe qu'un nombre fini de sous-groupes invariants* Γ *de* G *ayant un genre donné* ϖ, *si* $\varpi > 0$. *Il en est de même pour* $\varpi = 0$, *si* G *ne contient pas de substitution parabolique*.

En effet, on ne pourrait obtenir une infinité de sous-groupes Γ répondant à la question pour $\varpi = 0$, qu'en donnant à (β_1, β_2) ou $(\beta_1, \beta_2, \beta_3)$ les valeurs (m, m) ou $\left(2, 2, \frac{m}{2}\right)$ et faisant croître m indéfiniment, ce qui exige que l'un des l_i soit infini puisque l_i est multiple de β_i.

3°. *Le nombre de classes de points* A *pour lesquels l'ordre de ramification de* Γ *est supérieur à l'unité ne dépasse pas* 3 *pour* $\varpi = 0$ *et* $2\varpi + 2$ *pour* $\varpi > 0$.

Cela résulte de la discussion du paragraphe 112 (Chap. V) dans laquelle ce nombre est désigné par q.

88. Désignons par $1, T_1, T_2, \ldots$ les substitutions de Γ; nous pouvons écrire celles de G sur m lignes :

$$
\begin{array}{cccccc}
(0) & 1, & T_1, & T_2, & T_3, & \ldots, \\
(1) & U_1, & U_1 T_1, & U_1 T_2, & U_1 T_3, & \ldots, \\
\ldots & \ldots, & \ldots, & \ldots, & \ldots, & \ldots, \\
(m-1) & U_{m-1}, & U_{m-1} T_1, & U_{m-1} T_2, & U_{m-1} T_3, & \ldots
\end{array}
$$

Le produit de deux substitutions de G appartenant aux lignes (i) et (j) respectivement appartient lui-même à une ligne bien déterminée qu'on peut écrire symboliquement :

$$U_j U_i \sim U_k.$$

On a évidemment

$$1 . U_i \sim U_i . 1 \sim U_i.$$

On définit donc ainsi un groupe H de m opérations qui est mériédriquement isomorphe au groupe G, toutes les substitutions du sous-groupe Γ de G correspondant dans H à l'unité. H possède évidemment toutes les relations de structure de G. Si par exemple les rotations d'angles $\dfrac{2\pi}{l_1}, \dfrac{2\pi}{l_2} \ldots$ autour des sommets $A_1, A_2, \ldots$ de P_0 appartiennent aux lignes $\alpha_1, \alpha_2, \ldots$ on aura :

$$U_{\alpha_1}^{l_1} \sim U_{\alpha_2}^{l_2} \sim \ldots \sim 1.$$

L'étude des fonctions fuchsiennes nous montrera la signification de ce groupe H dont l'étude est liée à celle des relations algébriques entre certaines de ces fonctions.

CHAPITRE XV.

LES FONCTIONS FUCHSIENNES ET KLEINÉENNES.

---

89. Nous avons appris à construire les groupes proprement discontinus de substitutions linéaires ou du moins des classes étendues de groupes de cette nature; mais, si l'on met à part certaines applications à la théorie arithmétique des formes quadratiques, le principal intérêt de l'étude de ces groupes réside dans ce fait qu'elle conduit à former des transcendantes uniformes qui possèdent la propriété de rester inaltérées lorsqu'on effectue sur la variable les substitutions de l'un de ces groupes; on les désigne sous le non de *fonctions automorphes*, et on les classe suivant les propriétés des groupes correspondants, désignés eux-mêmes sous le nom de *groupes automorphes*.

Si l'on adoptait pour les fonctions automorphes la définition générale qui précède, on serait conduit à des fonctions beaucoup trop arbitraires pour qu'il fût possible d'énoncer à leur sujet des propriétés simples, et le degré de généralité ainsi obtenu n'aurait d'ailleurs aucun intérêt pour les applications. Nous préciserons donc cette définition comme il suit : soit $\mathcal{R}$ une région du plan analytique invariante par les substitutions du groupe automorphe G et contiguë à l'ensemble $\mathcal{F}$ des points limites; les fonctions automorphes relatives au groupe G et à la région $\mathcal{R}$ sont caractérisées par les propriétés suivantes : 1° *elles sont uniformes à l'intérieur de $\mathcal{R}$ et n'y admettent d'autres singularités que des pôles;* 2° *elles prennent la même valeur en deux points quelconques équivalents par rapport à G;* 3° *elles ne prennent une valeur donnée arbitrairement qu'en un nombre fini de points de $\mathcal{R}$ non équivalents par rapport à G.*

Il importe de montrer la nécessité de ces restrictions et de conclure de la définition ainsi précisée quelques propriétés générales. Tout d'abord il est clair que tous les points de l'ensemble limite $\mathcal{F}$ sont des points singuliers essentiels pour toute fonction qui possède les propriétés énoncées, si elle n'est pas égale à une constante; en effet tout point ζ de $\mathcal{F}$ est limite de points équivalents à un point quelconque z_0 de $\mathcal{R}$, où la fonction considérée $f(z)$ reprend la même valeur $f(z_0)$, et comme z_0 est arbitraire, il s'ensuit que le point ζ est un point d'indétermination de cette fonction qui, par conséquent, n'existe pas à l'extérieur de la région $\mathcal{R}$. Si le groupe G renfermait une substitution transformant $\mathcal{R}$ en une région $\mathcal{R}'$ distincte de $\mathcal{R}$, ces deux régions n'auraient aucun point intérieur commun; il s'ensuit que si l'on désigne par $(z; Tz)$ la substitution considérée, l'égalité :

$$f(Tz) = f(z)$$

ne pourrait avoir aucun sens, du moins tant qu'on se tient au point de vue de Weierstrass pour la notion de fonction analytique; en posant

$$f_1(Tz) = f(z),$$

on définirait une fonction $f_1(z)$ admettant $\mathcal{R}'$ comme domaine d'existence et invariante par les substitutions du groupe

$$\Gamma' = T\Gamma T^{-1}$$

en désignant par Γ le sous-groupe de G qui transforme $\mathcal{R}$ en elle-même; mais la fonction $f_1(z)$ ne pouvant être regardée comme le prolongement analytique de $f(z)$, on voit qu'il y a lieu de s'en tenir, dans l'étude des fonctions automorphes, aux groupes qui sont définis par un seul polygone générateur; nous nous bornerons d'ailleurs comme dans les chapitres précédents au cas où ce polygone générateur n'a qu'un nombre fini de côtés. Soit P_0 ce polygone supposé obtenu par les méthodes exposées au chapitre précédent; on peut donc supposer que P_0 est limité par un nombre fini d'arcs de cercle, qu'il est dépourvu de sommets hyperboliques ou loxodromiques, tous les points de son contour étant intérieurs à la région $\mathcal{R}$, sauf peut-être un nombre fini d'entre eux qui sont des points fixes de substitutions paraboliques du groupe G. Soit α un sommet parabolique de P_0; on ne diminue pas la généralité en supposant que α forme un cycle à lui tout seul, les deux côtés issus de ce sommet se correspondant par la substitution T :

$$\frac{1}{z'-\alpha} = \frac{1}{z-\alpha} + \gamma;$$

en outre les deux côtés considérés appartiennent à des lignes de niveau, c'est-à-dire à des circonférences orthogonales à celles que T transforme en elles-mêmes. Si l'on pose :

$$Z = \pm \frac{2\pi i}{\gamma} \frac{1}{z-\alpha},$$

$$Z' = \pm \frac{2\pi i}{\gamma} \frac{1}{z'-\alpha},$$

la relation qui définit T devient :

$$Z' = Z \pm 2i\pi.$$

Si l'on considère dans le plan de la variable z la portion de P_0 limitée par les deux côtés issus de α et par un petit arc de trajectoire de T, il lui correspond dans le plan Z une bande limitée par deux parallèles à l'axe réel distantes de 2π et une perpendiculaire commune d'abscisse très grande en valeur absolue, cette bande s'étendant à l'infini vers les abscisses négatives si l'on choisit convenablement le signe $\pm$ dans l'expression de Z. Si l'on pose ensuite

$$t = e^Z = e^{\pm \frac{2i\pi}{\gamma} \frac{1}{z-\alpha}},$$

il correspond à cette bande dans le plan de la variable t un petit cercle C ayant son centre à l'origine. Cette variable auxiliaire t s'appelle la *variable principale* relative au sommet α. La fonction automorphe $f(z)$ n'ayant, en vertu de la propriété 3°, qu'un nombre fini de pôles à l'intérieur de P_0, n'en aura aucun à l'intérieur de la portion considérée de P_0 si l'arc de trajectoire de T qui la limite est suffisamment petit; elle va donc se transformer par l'emploi de la variable principale en une fonction $\varphi(t)$ régulière en tout point du cercle C sauf pour $t=0$, et de plus uniforme dans C car lorsque l'argument de t augmente de 2π, z se change en $Tz^{\pm 1}$ et $f(z)$ reprend sa valeur primitive. Le point $t=0$ ne peut être pour $\varphi(t)$ un point singulier essentiel isolé, car en vertu des propriétés connues des points singuliers de cette espèce, la fonction $\varphi(t)$

prendrait une infinité de fois la même valeur A au voisinage de $t = 0$, du moins pour un choix convenable de A ([1]); la fonction $f(z)$ devenant égale à A en une infinité de points de P_0 ne satisferait pas à la condition 3°. La fonction $\varphi(t)$ a donc au voisinage de $t = 0$ un développement de la forme

$$\varphi(t) = t^\nu(a_0 + a_1 t + a_2 t^2 + \ldots) \qquad (a_0 \neq 0).$$

ν étant un entier positif, négatif ou nul. Si $\nu > 0$ on peut, *quand on suppose que z ne sort pas de* P_0, regarder a comme un zéro d'ordre ν de la fonction $f(z)$; c'est là une convention de langage utile pour la généralité de certains énoncés, mais on ne doit pas oublier que ce point est en réalité un point d'indétermination de $f(z)$, l'indétermination apparaissant sur certains chemins qui traversent une infinité de polygones du réseau pour aboutir en α.

De même si $\nu < 0$, on peut dans les mêmes conditions regarder α comme un pôle d'ordre $-\nu$.

En tout point du contour ou de l'intérieur de P_0 qui n'est pas un sommet parabolique, $f(z)$ est par hypothèse holomorphe ou méromorphe; si donc G ne renferme pas de substitutions paraboliques en sorte que P_0 soit complètement intérieur à $\mathcal{R}$, la propriété 3° se trouve vérifiée d'elle-même dès que 1° et 2° le sont. Au contraire quand G possède des substitutions paraboliques, P_0 peut admettre des sommets paraboliques (il en est toujours ainsi dans le cas des groupes fuchsiens) et il devient nécessaire d'énoncer la propriété 3° qu'on peut seulement remplacer par la suivante : la fonction $f(z)$ ne prend qu'un nombre fini de fois les valeurs 0, 1 et ∞ à l'intérieur ou sur le contour d'un domaine fondamental de G; cela résulte de l'analyse qui précède et du théorème de M. Picard

---

([1]) Cela résulte aisément du théorème de Weierstrass concernant l'indétermination d'une fonction au voisinage d'un point singulier essentiel, sans qu'il soit nécessaire d'invoquer le grand théorème de M. Picard; en effet les valeurs que prend la fonction $x = \varphi(t)$ pour $|t| \leq \varepsilon$ remplissent un cercle C_1 situé à l'intérieur d'un cercle quelconque C du plan des x; les valeurs que prend x pour $|t| \leq \frac{\varepsilon}{2}$ remplissent un cercle C_2 situé à l'intérieur de C_1, les valeurs de x pour $|t| \leq \frac{\varepsilon}{4}$ remplissent C_3 intérieur à C_2 et ainsi de suite; les cercles C, C_1, C_2, C_3, ... ont un point intérieur commun A qui répond à la question; C étant arbitraire, les valeurs $x = $ A forment un ensemble partout dense.

d'après lequel l'une au moins des trois équations

$$\varphi(t) = 0, \quad \varphi(t) = 1, \quad \varphi(t) = \infty$$

possède une infinité de racines au voisinage d'un point singulier essentiel isolé de la branche de fonction uniforme $\varphi(t)$. Par exemple le groupe cyclique parabolique des substitutions

$$(z;\ z + 2ni\pi)$$

admet comme invariant caractéristique la fonction automorphe e^z, mais la fonction e^{e^z} qui n'a ni zéros ni pôles ne peut être regardée comme une fonction automorphe, l'équation

$$e^{e^z} = 1$$

admettant une infinité de racines à l'intérieur d'un domaine fondamental du groupe ([1]).

Considérons maintenant un point fixe elliptique α de G; les substitutions correspondantes sont les puissances de la suivante

(T) $$\frac{z'-\alpha}{z'-\beta} = e^{\frac{2i\pi}{l}} \frac{z-\alpha}{z-\beta}$$

ou

$$Z' = e^{\frac{2i\pi}{l}} Z,$$

en posant

$$Z = \frac{z-\alpha}{z-\beta}, \qquad Z' = \frac{z-\alpha'}{z-\beta'},$$

$f(z)$ étant une fonction méromorphe de z au voisinage de $z = \alpha$, sera une fonction méromorphe de Z au voisinage de $Z = 0$, et de plus invariante par la substitution $\left(Z;\ e^{\frac{2i\pi}{l}} Z\right)$; il s'ensuit que $f(z)$ sera développable en série procédant suivant les puissances entières ascendantes de $Z^l = t$, et nous aurons

$$f(z) = \varphi(t) = t^\nu (b_0 + b_1 t + b_2 t^2 + \ldots),$$

ν étant un entier positif, négatif ou nul, et $b_0 \neq 0$.

([1]) C'est donc par inadvertance que Poincaré prend comme définition des fonctions fuchsiennes, outre les propriétés 1° et 2°, celle qui consiste dans l'existence d'un nombre fini de zéros et de pôles non équivalents (*Acta mathematica*, t. I p. 227); la propriété 3° qu'il admet ensuite ne serait pas toujours vérifiée.

Supposons que α soit un sommet de P_0 et, pour plus de simplicité, qu'il forme à lui seul un cycle, les côtés issus de α se correspondant par T. Un petit triangle contenu dans P_0 et limité par les deux côtés considérés et par un petit arc de trajectoire de T, sera représenté dans le plan de la variable *principale*.

$$t = \left(\frac{z-\alpha}{z-\beta}\right)^l$$

par un petit cercle ayant son centre à l'origine; cette variable est donc analogue à celle que nous avons employée dans l'étude des sommets paraboliques. Nous allons faire encore une convention analogue relativement à l'entier ν défini à l'instant; si $\nu > 0$, nous dirons que α est un zéro d'ordre ν pour $f(z)$ *sur le contour de* P_0; α est en réalité un zéro d'ordre νl de $f(z)$, mais nous devons observer qu'il y a l polygones du réseau assemblés autour de ce point entre lesquels cet ordre de multiplicité doit être également réparti. De même si $\nu < 0$ nous regarderons α comme un pôle d'ordre $-\nu$ relativement à P_0. Enfin il est à peine utile d'ajouter que si α ou β deviennent infinis, la définition de la variable principale devra être convenablement modifiée.

Si nous considérons ensuite un sommet adventif de P_0, appartenant à un cycle de h sommets ($h > 1$), et qui soit un zéro ou un pôle de $f(z)$, nous regarderons tous les sommets du cycle comme formant ensemble un seul zéro ou un seul pôle de $f(z)$ sur le contour de P_0, avec l'ordre de multiplicité effectif ν que possède l'un quelconque d'entre eux; autrement dit chaque sommet du cycle comptera pour $\frac{\nu}{h}$ zéros ou pôles, convention justifiée par le fait qu'il y a h polygones équivalents assemblés autour de l'un d'eux. Enfin deux pôles ou deux zéros équivalents situés à l'intérieur de deux côtés conjugués compteront pour un seul; cela revient à regarder un seul côté de chaque paire comme faisant partie de P_0.

90. Moyennant ces conventions nous pouvons énoncer ce théorème général : *le nombre des zéros et le nombre des pôles de $f(z)$ contenus dans P_0 sont égaux entre eux.*

Si nous regardons momentanément un pôle d'ordre ν comme un zéro d'ordre $-\nu$, cela revient à dire que la somme $\Sigma \nu$ des ordres de multiplicité de tous ces points est égale à zéro. C'est là une conséquence bien facile de la propriété fondamentale de l'indicateur logarithmique.

Tout d'abord nous pouvons supposer qu'il n'existe aucun zéro de $f(z)$ à l'intérieur des côtés de P_0, ni en ses sommets adventifs; si par exemple A appartient à un cycle adventif de h sommets, un petit cercle de centre A découpe dans les h polygones du réseau assemblés autour de ce point h petits triangles, et si l'on substitue les $h-1$ triangles extérieurs à P_0, aux triangles équivalents contenus dans P_0, A devient par cette modification permise, un point intérieur au domaine fondamental, l'ordre de $f(z)$ en A n'étant pas modifié d'après nos conventions. Nous pouvons donc admettre que $\log f(z)$ ne devient infini sur le contour de P_0 qu'aux sommets elliptiques et paraboliques, ceux-ci formant chacun un cycle. La somme des ordres de $f(z)$ en tous les points intérieurs à P_0 est égale à

$$\frac{1}{2i\pi}\int_\mathcal{C} d\log f(z),$$

l'intégrale étant prise dans le sens positif, c'est-à-dire en laissant l'aire de P_0 à gauche, le long du contour de ce polygone modifié dans le voisinage des sommets elliptiques et paraboliques par de petits arcs de cercle appartenant chacun à une trajectoire de la substitution correspondante.

Les côtés de P_0, dont on a ainsi supprimé de petits arcs au voisinage des sommets en question, restent correspondants deux à deux par les substitutions génératrices de G. La somme des intégrales étendues à ces divers côtés a une valeur nulle; soient en effet AB et A'B' deux côtés conjugués, A correspondant à A' et B à B'; si le premier est décrit de A en B en tournant dans le sens positif sur le contour $\mathcal{C}$, le second sera décrit de B' en A'; soit S la substitution qui change AB en A'B', on aura

$$\int_{A'B'} \frac{d\log f(z)}{dz} dz = \int_{AB} \frac{f'(Sz)}{f(Sz)} d(Sz)$$
$$= \int_{AB} d\log f(Sz) = \int_{AB} d\log f(z)$$

et par suite
$$\int_{AB} d\log f(z) + \int_{B'A'} d\log f(z) = 0.$$

Il ne reste qu'à évaluer les intégrales prises le long des petits arcs décrits autour des sommets E considérés plus haut; chacune d'elles se transforme par l'emploi de la variable principale correspondante en une intégrale prise le long d'un cercle c, décrit dans le sens négatif autour du point $t=0$; en effet quand on décrit le petit arc γ contournant le sommet E, on laisse l'aire de P_0 à gauche et le point E à droite, et dans le changement de variable qui fait correspondre à E l'origine du plan des t, le sens de circulation n'est pas modifié; l'intégrale

devient ainsi
$$\frac{1}{2i\pi}\int_\gamma d\log f(z)$$
$$\frac{1}{2i\pi}\int_c d\log \varphi(t),$$

prise *dans le sens négatif* le long du cercle c qui entoure l'origine; comme $\varphi(t)$ a par hypothèse un développement de la forme

$$\varphi(t) = t^\nu(a_0 + a_1 t + \ldots) \qquad (a_0 \neq 0),$$

la valeur de cette intégrale est égale à $-\nu$. On obtient donc l'égalité

$$-\Sigma\nu' = \Sigma\nu'',$$

la sommation du premier membre étant étendue aux divers sommets E, et celle du second membre aux points intérieurs à P_0. On a par suite

$$\Sigma\nu = \Sigma\nu' + \Sigma\nu'' = 0,$$

égalité qui exprime le théorème énoncé plus haut. Il s'ensuit que si A désigne une constante arbitraire, le nombre des zéros de la fonction $f(z) - A$ à l'intérieur ou sur le contour de P_0 est indépendant de A, puisqu'il est égal au nombre des pôles de $f(z)$, un zéro ou un pôle d'ordre ν comptant naturellement pour ν zéros ou ν pôles, et les conventions établies plus haut pour l'évaluation de ce nombre ν étant observées lorsqu'un de ces points est sur le contour de P_0.

Bien entendu, l'hypothèse que les sommets non adventifs forment chacun un cycle n'a rien d'essentiel; si le sommet E appartient à un cycle de h sommets, l'ordre de chacun d'eux devra être divisé par h; on le reconnaît immédiatement en modifiant P_0

de manière à y faire entrer la totalité du secteur limité par l'un des côtés issus de E, son transformé par la T correspondante de point fixe E et un petit arc de trajectoire de T, ce qui nous ramène au premier cas. La propriété qui vient d'être démontrée est une extension de celle qui concerne les fonctions elliptiques et que l'on démontre dans les Traités élémentaires. Remarquons que la démonstration donnée plus haut est encore valable quand P_0 n'est pas simplement connexe.

91. Il résulte de l'analyse qui précède que lorsque z décrit le domaine P_0, contour compris, la fonction $f(z)$ est continue au sens large (c'est-à-dire en ne regardant pas le passage par la valeur ∞ comme une discontinuité) en tout point de ce domaine fermé, et par suite uniformément continue dans le domaine total; c'est là une propriété qui résulte de la structure particulière de P_0 et qui ne serait plus exacte si P_0 admettait, par exemple, des sommets hyperboliques. Elle subsiste d'ailleurs pour toutes les dérivées de $f(z)$ comme nous allons le voir; il suffit de montrer que ces dérivées ont des valeurs limites bien déterminées en un sommet parabolique α. Si la variable principale est

$$t = e^{\frac{c}{z-\alpha}},$$

et si l'on pose comme plus haut

on a
$$x = f(z) = \varphi(t) = t^\nu (a_0 + a_1 t + a_2 t^2 + \ldots) \quad (a_0 \neq 0),$$
$$\frac{dx}{dz} = \frac{-ct\,\varphi'(t)}{(z-\alpha)^2} = -[\nu a_0 t^\nu + (\nu+1)a_1 t^{\nu+1} + \ldots]\frac{\log^2 t}{c},$$

expression qui s'évanouit avec t si $\nu \geq 0$, et devient au contraire infinie pour $t = 0$ si $\nu < 0$, le terme principal du second membre étant $(-\nu)\dfrac{a_0}{c} t^\nu \log^2 t$. On voit en outre que $\dfrac{dx}{dz}$ n'a qu'un nombre fini de zéros et de pôles à l'intérieur ou sur le contour de P_0.

D'une manière générale on aura pour la dérivée $n^{\text{ième}}$ une expression de la forme

$$\frac{d^n x}{dz^n} = \sum_{n+1}^{2n} \frac{E_i^{(n)}(t)}{(z-\alpha)^i},$$

où $\mathrm{E}_i^{(n)}(t)$ désigne une série ordonnée suivant les puissances entières ascendantes de t, et commençant par un terme dont l'exposant est $\geqq \nu$. On le vérifie de suite par induction complète, et l'on obtient les relations de récurrence

$$\mathrm{E}_i^{(n)}(t) = -ct\,\frac{d}{dt}\,\mathrm{E}_{i-2}^{(n-1)}(t) - 2i\mathrm{E}_{i-1}^{(n)}(t),$$

$$\mathrm{E}_{2n}^{(n)}(t) = -ct\,\frac{d}{dt}\,\mathrm{E}_{2n-2}^{(n-1)}(t).$$

En particulier la série $\mathrm{E}_{2n}^{(n)}(t)$ commence effectivement par un terme en t^ν si $\nu \neq 0$. On en conclut que pour $\nu < 0$ la dérivée $n^{\text{ième}}$ considérée devient infinie pour $t = 0$ avec la valeur principale

$$\mathrm{C}\,t^\nu(\log t)^{2n}$$

et s'évanouit au contraire avec t si $\nu \leqq 0$.

Lorsque la variable principale est de la forme $e^{c(z-\alpha)}$, les calculs se simplifient, toutes les dérivées de $f(z)$ étant développables suivant les puissances entières de t, et le résultat subsiste.

On constate en particulier que pour $\nu > 0$ la fonction $f(z)$ et toutes ses dérivées s'annulent en α sur tout chemin qui ne traverse qu'un nombre fini de polygones du réseau.

92. Continuant à admettre l'existence des fonctions automorphes du groupe G, qui sera établie plus loin, nous pouvons de l'une d'entre elles $f(z)$ en déduire une infinité d'autres, à savoir toutes les fonctions rationnelles de $f(z)$. Considérons en particulier les transformées homographiques de $f(z)$; nous pouvons disposer des paramètres qui y figurent de manière à obtenir une fonction qui reste finie en tous les sommets non adventifs de P_0 et n'admette que des pôles simples; il suffit de prendre $\dfrac{1}{f(z)-a}$, a étant distinct des valeurs de $f(z)$ aux sommets en question, distinct également des valeurs de $f(z)$ aux points-racines en nombre fini que $f'(z)$ peut admettre dans P_0, s'ils ne coïncident pas avec ces mêmes sommets; on peut en outre faire en sorte que les pôles de la nouvelle fonction soient distincts de points quelconques donnés à l'avance en nombre fini ou en infinité dénombrable.

Démontrons maintenant le théorème suivant : *Deux fonctions*

automorphes
$$x = f(z),$$
$$y = g(z)$$
du groupe G *sont liées par une relation algébrique.*

Nous pouvons, en remplaçant au besoin $f(z)$ et $g(z)$ par $\dfrac{1}{f(z)-a}$ et $\dfrac{1}{g(z)-b}$ faire en sorte que ces deux fonctions demeurent finies sur le contour de P_0, et n'admettent à l'intérieur que des pôles simples, ceux de la première étant distincts de ceux de la seconde. Il est alors possible de déterminer les constantes non toutes nulles A_{μ_k, ν_k} de manière que la fonction

$$\Sigma A_{\mu_k, \nu_k}[f(z)]^{\mu_k}[g(z)]^{\nu_k}$$

se réduise à une constante, les exposants entiers μ_k et ν_k variant respectivement de o à μ et de o à ν. Si ϖ est un pôle simple de $f(z)$, il sera pour la fonction considérée un pôle d'ordre μ, et en exprimant que tous les termes polaires s'évanouissent dans le développement de la fonction suivant les puissances de $(z - \varpi)$, on obtient μ relations linéaires et homogènes par rapport aux coefficients A; en exprimant le même fait pour les m pôles simples de $f(z)$, puis pour les n pôles simples de $g(z)$, on obtient $\mu m + \nu n$ relations entre les $(\mu + 1)(\nu + 1)$ coefficients inconnus, relations évidemment compatibles quand μ et ν sont suffisamment grands, par exemple pour $\mu = 2n$, $\nu = 2m$.

Les A vérifiant ces conditions et n'étant pas tous nuls, la fonction précédente, qui est une fonction automorphe du groupe G_1, demeure finie sur le contour de P_0 et n'admet aucun pôle à son intérieur; elle se réduit par conséquent à une constante, autrement dit, il existe un polynome en x et y à coefficients non tous nuls, qui devient identiquement nul quand on y remplace x et y par $f(z)$ et $g(z)$; l'un des facteurs irréductibles de ce polynome s'annulera dans les mêmes conditions, ce qui donne la relation

$$P(x, y) = 0$$

dont le degré en x et le degré en y seront respectivement, comme nous allons le voir, diviseurs de n et de m. Considérons en effet les m valeurs de z non équivalentes et contenues par exemple dans P_0, qui correspondent à une valeur arbitraire x_0 de $f(z)$; appelons les $z_1, z_2, \ldots, z_m$, et $y_1, y_2, \ldots, y_m$ les valeurs correspondantes de y; si z décrit un chemin joignant z_i à z_k dans $\mathcal{R}$, x décrit un chemin fermé $\mathcal{C}$ partant de x_0 pour y revenir et y décrit un chemin joignant y_i à y_k; donc réciproquement quand x décrit le contour fermé $\mathcal{C}$, les deux déterminations y_i et y_k de la fonction $y(x)$ s'échangent entre elles.

Ceci posé, les m fonctions symétriques élémentaires

$$u_p(x) = \Sigma y_1(x) y_2(x) \ldots y_p(x) \qquad (p = 1, 2, \ldots, m),$$

qui sont des fonctions algébriques de x sont évidemment uniformes et par suite rationnelles, puisque les fonctions $y_i(x)$ ne peuvent que se permuter entre elles quand x décrit un contour fermé; y satisfait donc à la relation algébrique

$$Q(x, y) = y^m - u_1(x) y^{m-1} + \ldots \pm u_m = 0.$$

Si le premier membre n'est pas irréductible il est nécessairement une puissance entière d'un polynome entier en y à coefficients rationnels en x; rappelons-nous en effet qu'un polynome entier en y, irréductible dans le domaine de rationalité formé par les fonctions rationnelles de x, n'admet que des racines simples, et qu'un polynome ayant une racine commune avec un polynome irréductible est divisible par ce dernier; supposons alors $Q(x, y)$, considéré comme polynome en y, égal au produit de polynomes en y irréductibles

$$P(x, y) P'(x, y) P''(x, y) \ldots,$$

$P(x, y)$ étant l'un des facteurs qui devient identiquement nul quand on y remplace x et y par $f(z)$ et $g(z)$; soient

$$y_1 y_2 \ldots y_q$$

les racines de $P(x, y) = 0$. Mais d'après une remarque faite plus haut, la fonction $y(x)$ ainsi définie doit admettre les m déterminations $y_1, y_2, \ldots, y_m$, qui par conséquent sont égales à $y_1, y_2, \ldots,$ ou y_q; les deux facteurs P et P' ayant par suite au moins une racine commune, et étant irréductibles l'un et l'autre sont divisibles l'un par l'autre, c'est-à-dire égaux à un facteur près indépendant de y; de même pour P et P″, P et P‴. On aura donc

d'où
$$Q(x, y) = R(x)[(y-y_1)(y-y_2)\ldots(y-y_q)]^r,$$

et
$$R(x) = 1$$

en posant
$$Q(x, y) = [P(x, y)]^r$$

par suite
$$P(x, y) = y^q - v_1(x)y^{q-1} + \ldots;$$

$$m = qr.$$

Le degré de P en y est donc un diviseur de m. On verra de même que la relation $P = 0$, mise sous forme entière en x est de degré en x divisible par n.

La démonstration qui précède est la même que celle que l'on donne dans les Traités d'Analyse, pour la même propriété dans le cas particulier des fonctions elliptiques : deux fonctions elliptiques de mêmes périodes sont liées par une relation algébrique. Remarquons que d'après cette démonstration, les m points z contenus dans P_0 qui correspondent à un point x pris *au hasard* se répartissent en q systèmes de r points chacun, les points d'un même système correspondant à des valeurs égales de y, et les points de deux systèmes différents à deux valeurs distinctes de y; autrement dit r est le nombre des points z de P_0 qui correspondent à un point analytique arbitraire (x, y) de la courbe $P(x, y) = 0$, ce dernier nombre est donc constant.

On peut donner aux résultats qui précèdent une forme plus intuitive par la considération de la surface de Riemann, à m feuillets étendus sur le plan des x, que la fonction $f(z)$ fait correspondre au polygone P_0; mais la signification de cette surface apparaîtra plus clairement quand nous aurons démontré l'existence des fonctions automorphes du groupe G, et obtenu un mode de représentation de ces fonctions au moyen de séries de fractions rationnelles. C'est de ce procédé de construction des fonctions fuchsiennes, qui constitue l'une des plus importantes découvertes de Poincaré dans ce domaine, que nous allons maintenant nous occuper.

93. Nous allons d'abord établir quelques lemmes utiles pour l'étude de la convergence de ces séries.

Lemme I. — *Considérons des fonctions rationnelles du premier degré qui, dans un domaine* D, *ne deviennent jamais infinies, et soit* $f(z)$ *l'une d'elles. Dans tout domaine fermé* Δ *complètement intérieur à* D, *on aura*

$$\frac{1}{K} < \frac{f'(z_1)}{f'(z_2)} < K,$$

z_1 *et* z_2 *désignant deux points quelconques de* Δ *et* K *une constante positive indépendante du choix de* $f(z)$.

Supposons que Δ renferme un cercle C de rayon r ayant son centre à l'origine; il s'ensuit que D renfermera un cercle concentrique de rayon $R > r$. Posons

$$f(z) = \frac{az+b}{cz+d} \quad (ad - bc = 1),$$

d'où

$$f'(z) = \frac{1}{(cz+d)^2}$$

et soit

$$-\frac{d}{c} = \alpha.$$

On aura

$$\frac{f'(z_1)}{f'(z_2)} = \left(\frac{z_2 - \alpha}{z_1 - \alpha}\right)^2.$$

Comme $f(z)$ n'a pas de pôle dans D, on a

$$|\alpha| > R.$$

Il s'ensuit que, z variant dans C, $|z - \alpha|$ reste compris entre $R + r$ et $R - r$; par suite

$$\left(\frac{R-r}{R+r}\right)^2 < \left|\frac{f'(z_1)}{f'(z_2)}\right| < \left(\frac{R+r}{R-r}\right)^2$$

en tous les points de C.

Si Δ contient l'extérieur d'un cercle de rayon r, ou aura

$$|\alpha| < \rho < r$$

et pour

$$|z| \geq r,$$

on obtient

$$\left(\frac{r-\rho}{r+\rho}\right)^2 < \left|\frac{f'(z_1)}{f'(z_2)}\right| < \left(\frac{r+\rho}{r-\rho}\right)^2.$$

Enfin si Δ contient l'intérieur d'un cercle C' de centre ζ et de rayon R, on a encore une inégalité de même forme pour les points de C', comme on le voit de suite en faisant le changement de variable
$$z = \zeta + t.$$

Si Δ est constitué par une chaîne connexe de p domaines circulaires, tels que chacun d'eux ait une partie commune avec un autre, on aura pour deux points arbitraires de Δ

$$\frac{1}{K_1 K_2 \ldots K_p} < \left| \frac{f'(z_1)}{f'(z_2)} \right| < K_1 K_2 \ldots K_p,$$

les constantes positives $K_1, K_2, \ldots, K_p$ se rapportant respectivement aux p domaines circulaires, pour lesquels une inégalité de la forme indiquée se trouve établie. On sait d'ailleurs que tout domaine fermé Δ complètement intérieur à D peut être recouvert par un domaine ainsi constitué, et lui-même complètement intérieur à D (conséquence du lemme de Borel-Lebesgue). Le lemme énoncé est donc entièrement démontré. Il subsiste d'ailleurs, comme l'a montré M. Kœbe [1], dans le cas beaucoup plus général où l'on suppose seulement que les fonctions $f(z)$ sont, dans le domaine D, holomorphes et *univalentes*, cette expression signifiant qu'à deux valeurs distinctes de z dans D correspondent deux valeurs distinctes de $f(z)$.

Lemme II. — *Si les substitutions $(z; T_n z)$ sont celles d'un groupe automorphe et laissent invariante la région* R *dont tous les points frontières sont à distance finie, la série*

(1) $$\sum \left| \frac{d T_n z}{dz} \right|^2$$

converge uniformément dans tout domaine fermé Δ *complètement intérieur à* R, *et ne contenant aucun point équivalent au point à l'infini.*

Soit c_0 un cercle de centre z_0 contenu dans Δ; c_0 n'aura de points communs qu'avec un nombre fini de cercles équivalents, puisque ceux-ci tendent uniformément vers l'ensemble frontière $\mathscr{F}$

---

[1] Voir pour la démonstration, Fricke et Klein, t. II, p. 507-514.

de R qui est extérieur à Δ. On peut d'ailleurs remarquer que si z_0 est distinct des points fixes des substitutions du groupe, et le rayon de c_0 suffisamment petit, c_0 n'aura de point commun avec aucun de ses transformés, et que par suite deux quelconques de ces derniers seront également sans point commun. On reconnaît également que si l'on se donne un domaine Δ' intérieur au sens strict à Δ, tout point de Δ' est le centre d'un cercle de rayon constant ε contenu dans Δ, n'ayant de point commun qu'avec $\nu - 1$ de ses transformés, ν étant la période maxima des substitutions elliptiques du groupe dont un point fixe appartient à Δ. De toutes façons l'ensemble du cercle c_0 et de ses transformés couvre au plus une fois (ou au plus ν fois) une région du plan qui d'après nos hypothèses est bornée, de sorte que la somme des aires de tous ces cercles possède une valeur finie. Comme le rapport

$$\frac{\text{aire de } c_n}{\text{aire de } c_0}$$

est supérieur à μ_n^2, en appelant μ_n le minimum de $\left|\dfrac{d\mathrm{T}_n z}{dz}\right|$ dans c_0, ainsi qu'il résulte de la formule

$$\text{aire de } c_n = \int\int_{c_0} \left|\frac{d\mathrm{T}_n z}{dz}\right|^2 dx\,dy,$$

on conclut de là que la série à termes constants

$$\Sigma \mu_n^2$$

est convergente. Comme d'ailleurs, en vertu du premier lemme, $\left|\dfrac{d\mathrm{T}_n z}{dz}\right|$ est, en tout point de Δ, inférieur à $\mathrm{K}\mu_n$, il s'ensuit que la série

$$\sum \left|\frac{d\mathrm{T}_n z}{dz}\right|^2$$

converge uniformément dans Δ.

En particulier si R ne renferme pas le point ∞, la série considérée converge uniformément dans tout domaine fermé Δ intérieur à R. Dans le cas contraire considérons les points de Δ équivalents à l'∞ et soit z_0 l'un d'eux, μ le nombre des substitutions de G' qui laissent invariant z_0, c_0 un entourage de z_0. Quand z tend vers z_0 il y a μ termes de la série précédente qui deviennent infinis; mais si l'on fait abstraction des μ substitutions correspondantes qui changent z_0 en ∞, le lemme I s'applique dans c_0 aux $T_n(z)$ restantes, et comme la somme des aires des cercles c_n correspondants est encore finie, le lemme II est encore applicable, c'est-à-dire que la série

$$\sum \left|\frac{d\,T_n z}{dz}\right|^2,$$

après suppression des μ termes considérés, reste uniformément convergente au voisinage de z_0.

Lemme III. — *Les hypothèses et les notations du lemme II étant conservées, la série*

(2) $$\sum \left|\frac{d\,T_n z}{dz}\right|^m$$

converge uniformément pour $m > 2$.

En effet la série $\sum \left|\frac{dT_n z}{dz}\right|^2$ ayant, d'après ce qui précède, ses termes inférieurs à ceux d'une série convergente à termes positifs et constants, de somme C, on a *a fortiori*

$$\left|\frac{d\,T_n z}{dz}\right| < C^{\frac{1}{2}},$$

d'où

$$\left|\frac{d\,T_n z}{dz}\right|^m < \left|\frac{d\,T_n z}{dz}\right|^2 C^{\frac{m-2}{2}},$$

pourvu que $m > 2$, car cette inégalité s'obtient en élevant la première à la puissance $(m-2)$. Chaque terme de la série $\sum \left|\frac{dT_n z}{dz}\right|^m$ étant plus petit que le produit par une constante du terme correspondant de la série $\sum \left|\frac{d T_n z}{dz}\right|^2$, la première est également convergente et même uniformément.

94. Dans le cas particulier des groupes fuchsiens, on peut démontrer la convergence de cette même série, par une autre méthode qui a l'avantage de donner des renseignements sur la rapidité de la convergence et de mettre en évidence, lorsque les

coefficients des substitutions du groupe sont des fonctions continues de certains paramètres, la continuité par rapport à ces paramètres de la fonction représentée par cette série.

Supposons que le cercle principal dans le plan z soit le cercle unité, et considérons la transformation

ou
$$\frac{Z-i}{Z+i} = z$$

$$Z = i\frac{1+z}{1-z}.$$

Si nous posons
$$z = x + iy, \quad Z = X + iY,$$

au cercle unité du plan z, correspond dans le plan Z le demi-plan $Y > 0$. L'invariant différentiel $\frac{|dZ|}{Y}$ du groupe des substitutions linéaires effectuées sur Z qui conservent ce demi-plan, autrement dit l'élément linéaire de la métrique non euclidienne correspondante, a pour expression quand on revient à la variable z

On a en effet
$$\frac{2|dz|}{1-|z|^2}.$$

$$dZ = -\frac{2i\,dz}{(1-z)^2},$$

$$|dZ| = \frac{2|dz|}{|1-z|^2}$$

et
$$X + iY = \frac{(i+iz)(1-z_0)}{(1-z)(1-z_0)} = \frac{-2y + i(1-x^2-y^2)}{|1-z|^2};$$

d'où
$$Y = \frac{1-|z|^2}{|1-z|^2}$$

et par suite

(3)
$$\frac{|dZ|}{Y} = \frac{2|dz|}{1-|z|^2}.$$

Cet élément linéaire, invariant par les substitutions linéaires sur la variable z qui conservent le cercle ($|z| \leq 1$), devient lorsqu'on emploie les coordonnées polaires en posant $z = \rho e^{i\omega}$

(4)
$$ds = \frac{2\sqrt{d\rho^2 + \rho^2\,d\omega^2}}{1-\rho^2}.$$

L'élément superficiel aura de même pour expression

$$(5) \qquad dS = \frac{4\rho \, d\rho \, d\omega}{(1-\rho^2)^2}.$$

Un cercle euclidien de rayon ρ ayant son centre à l'origine, sera dans la métrique considérée ici un cercle de rayon

$$R = 2 \int_0^\rho \frac{d\rho}{1-\rho^2} = \log \frac{1+\rho}{1-\rho}.$$

L'aire non euclidienne de ce cercle aura pour expression

$$S = \int_0^{2\pi} d\omega \int_0^\rho \frac{4\rho \, d\rho}{(1-\rho^2)^2} = \frac{4\pi\rho^2}{1-\rho^2}.$$

On en déduit

$$(6) \qquad \rho = \frac{e^R - 1}{e^R + 1},$$

$$(7) \qquad S = \pi(e^R + e^{-R} - 2).$$

Si l'on désigne par z_k le transformé de z par la substitution T_k qui laisse invariant le cercle unité, par R et R_k les distances non euclidiennes de z et de z_k à l'origine. On a, en vertu de l'invariance de l'élément linéaire,

$$(8) \qquad \left| \frac{dz_k}{dz} \right| = \frac{1 - |z_k|^2}{1 - |z|^2}$$

ou d'après (6)

$$(9) \qquad \left| \frac{dz_k}{dz} \right| = \left(\frac{e^{\frac{R}{2}} + e^{-\frac{R}{2}}}{e^{\frac{R_k}{2}} + e^{-\frac{R_k}{2}}} \right)^2.$$

Considérons maintenant une famille de groupes fuchsiens ayant une signature donnée

$$(p, n; l_1, l_2, \ldots, l_n).$$

Les substitutions génératrices, définies par exemple au moyen du polygone normal considéré au chapitre précédent, devront satisfaire à certaines relations, entraînant des égalités entre les coefficients de ces substitutions ; en outre pour que la construction du polygone normal soit possible, il faudra que ces coefficients vérifient certaines inégalités : ces coefficients pourront alors s'exprimer algébriquement en fonction de ν paramètres arbitraires ou *modules*

$$j_1, \quad j_2, \quad \ldots, \quad j_\nu$$

assujettis seulement à rester réels et à satisfaire à un nombre fini d'inégalités; il en sera de même pour toutes les substitutions du groupe dérivé de ces substitutions fondamentales. Ayant choisi à l'intérieur du domaine de variation des j_i un système de valeurs de ces quantités auquel correspond un groupe G_0, nous les ferons varier ensuite à partir de ces valeurs initiales dans un champ assez restreint pour que les inégalités fondamentales entre les j_i ne cessent pas d'être vérifiées ; nous obtiendrons ainsi un faisceau continu de groupes fuchsiens admettant le même cercle principal et qui seront holoédriquement isomorphes au groupe G_0. Une étude détaillée de ces continua exigerait de longs développements, que l'on trouvera dans l'Ouvrage souvent cité de Fricke et Klein, mais il est facile de préciser par quelques exemples simples les généralités qui précèdent.

Si l'on forme la série (2) à l'aide des différents groupes appartenant à l'un de ces continua, la somme de cette série sera une fonction des j; pour prouver que cette fonction est continue, il suffit de prouver l'uniformité de la convergence, puisque les différents termes sont des fonctions continues des j.

Supposons le point z intérieur au cercle principal, et décrivons autour de z un contour γ_0, que nous pouvons prendre assez petit pour qu'il soit tout entier à l'intérieur du polygone rayonné P_0 de centre z relatif au groupe G_0; cela suppose que x n'est pas un point fixe elliptique de G_0; nous ferons tout d'abord cette hypothèse.

Quand les modules j varieront entre les limites que nous leur avons fixées, P_0 variera, mais nous pourrons supposer que γ_0 est assez petit pour rester constamment tout entier à l'intérieur de P_0. Si nous considérons les points

$$z_k = \frac{a_k z + b_k}{c_k z + d_k}$$

équivalents à z, chacun d'eux sera contenu à l'intérieur d'un petit contour γ_k, compris lui-même à l'intérieur d'un polygone P_k du réseau. Appelons σ la mesure non euclidienne de l'aire limitée par l'un quelconque des γ_k, et λ la longueur non euclidienne maxima de l'arc de géodésique joignant deux points du contour γ_0.

Démontrons maintenant le lemme suivant :

Lemme IV. — *Le nombre* N *des points équivalents à z, dont la distance non euclidienne à l'origine est inférieure à* R′, *est plus petit que*

$$\frac{\pi}{\sigma}(e^{R'+\lambda}+ e^{-R'-\lambda}-2).$$

Si un point z_k est intérieur au cercle C′ de centre O et de rayon R′, le contour γ_k correspondant sera tout entier à l'intérieur du cercle concentrique C″ de rayon R′$+\lambda$.

Il y a donc à l'intérieur de C″ au moins N contours γ_k dont l'aire totale est égale à Nσ; on a par suite

$$N\sigma < \text{aire C''}$$

ou

(10) $$N < \frac{\pi}{\sigma}(e^{R'+\lambda}+ e^{-R'-\lambda}-2).$$

Nous pouvons maintenant démontrer la convergence de la série (2). Décrivons une infinité de cercles ayant pour centre commun l'origine et dont les rayons croissent en progression arithmétique. Soient k_1, k_2, ..., k_h, ... ces cercles et soit hr le rayon de k_h. Écrivons la série (2) sous la forme suivante :

(2′) $$\Sigma = U_1 + U_2 + \ldots + U_h + \ldots$$

On obtient le terme U_h de la série (2′) en groupant tous les termes de la série (2) qui correspondent à des points z_k compris dans la couronne circulaire située entre les deux cercles k_{h-1} et k_h, un pareil groupement étant permis puisque ces séries sont à termes positifs; la convergence de la série (2′) entraîne celle de la série (2). Le nombre des termes groupés ensemble dans U_h est, d'après le lemme IV, inférieur à

$$\frac{\pi}{\sigma}(e^{hr+\lambda}+ e^{-hr-\lambda}-2) < \frac{\pi}{\sigma}e^{hr+\lambda}.$$

Chacun d'eux est inférieur, d'après (9), à

$$\left(\frac{e^{\frac{R}{2}}+e^{-\frac{R}{2}}}{e^{\frac{hr-r}{2}}+e^{-\left(\frac{hr-r}{2}\right)}}\right)^{2m} < \left(\frac{e^{\frac{R}{2}}+e^{-\frac{R}{2}}}{e^{\frac{hr-r}{2}}}\right)^{2m}.$$

On a donc

$$U_h < \frac{\pi}{\sigma}\left(e^{\frac{R}{2}}+e^{-\frac{R}{2}}\right)^{2m} e^{\lambda+mr-(m-1)hr}.$$

Posons

$$\frac{\pi}{\sigma}\left(e^{\frac{R}{2}}+e^{-\frac{R}{2}}\right)^{2m} e^{\lambda+mr} = K.$$

On aura

(11) $$U_h < \frac{K}{e^{h(m-1)r}}.$$

K est une constante indépendante de h et le second membre de (11) sera, puisque $m > 1$, le $h^{\text{ième}}$ terme d'une progression géométrique convergente. La série ($2'$) et par conséquent la série (2) est donc convergente. Elle est de plus uniformément convergente quand les modules j restent dans le domaine de variation que nous leur avons assigné, z restant dans un cercle intérieur au cercle principal. Supposons en effet que z et les j varient simultanément dans ces conditions; les inégalités que nous avons établies pour parvenir à l'inégalité (11) ne pourraient cesser d'être vérifiées que si z s'approchait indéfiniment d'un point double d'une substitution elliptique; on prendra alors pour le contour γ_0 celui d'un triangle limité par deux lignes de niveau se correspondant par cette substitution et par une trajectoire; ce triangle, généralement variable, pourra être choisi de manière à contenir z et à avoir une aire constante σ, la distance géodésique de deux de ses points ne dépassant pas d'autre part une quantité finie λ; l'inégalité (11) subsiste donc, K étant toujours indépendant de h. La continuité de la série (2) se trouve donc établie, mais la démonstration qui précède ne s'applique pas aux groupes fuchsiens de la deuxième classe quand le point z est sur le cercle principal. On peut encore démontrer dans ce cas que la continuité établie subsiste toujours; il faudra pour cela revenir au premier mode de démonstration qui fait intervenir les aires euclidiennes et le modifier, en tenant compte de celle que nous venons de donner, de manière à faire intervenir la variation des modules.

95. La convergence de la série (2) étant établie pour $m \geq 2$, nous devons nous demander si cette convergence ne subsiste pas pour $m < 2$; comme il y a lieu en général de ne considérer que les valeurs entières de ri, il suffit d'étudier cette série pour $m = 1$. Il est bien facile de démontrer que pour les groupes fuchsiens de la seconde classe, qui sont proprement discontinus sur certains arcs du cercle principal, la série

$$\sum \left| \frac{d\,\mathrm{T}_k z}{dz} \right|$$

est encore convergente. Considérons en effet un arc de ce cercle situé à l'intérieur d'un domaine fondamental; les arcs équivalents étant sans point intérieur commun deux à deux, la somme de leurs longueurs forme une série convergente; il s'ensuit que si l'on désigne par m_k le minimum de $\left|\frac{d\mathrm{T}_k z}{dz}\right|$ sur l'arc considéré, la série Σm_k est convergente. Comme cet arc est intérieur à un domaine fermé dans lequel le groupe G est proprement discontinu les fonctions $\frac{d\mathrm{T}_k z}{dz}$ n'y possédant d'ailleurs aucun pôle, on déduit du lemme I que la série

(12) $$\sum \left| \frac{d\,\mathrm{T}_k z}{dz} \right|$$

converge tant à l'intérieur qu'à l'extérieur du cercle principal, sauf au voisinage des points $-\frac{d_k}{c_k}$, la convergence étant de plus uniforme dans tout domaine fermé qui ne renferme aucun de ces points, ni aucun point de l'ensemble parfait $\mathscr{F}$ des points limites.

Il n'en est plus de même, comme nous allons le voir, pour les groupes fuchsiens de la première classe et généralement pour tous les groupes automorphes qui possèdent au moins deux régions de discontinuité distinctes. Supposons en effet que le groupe G soit proprement discontinu dans la région $\mathcal{R}$, le point $z = \infty$ étant à l'extérieur et non sur la frontière de $\mathcal{R}$. Si la série (12) était convergente en quelque point de $\mathcal{R}$, il résulte du lemme I qu'en désignant par M_k le maximum de $\left|\frac{d\mathrm{T}_k z}{dz}\right|$ dans un domaine fermé quelconque intérieur à $\mathcal{R}$, la série

$$\sum \mathrm{M}_k$$

serait convergente; par suite en désignant par γ_0 un contour rectifiable quelconque intérieur à R, la somme des longueurs de tous les contours équivalents formerait une série convergente. Prenons pour γ_0 le contour d'un polygone fondamental P_0 du réseau $\mathcal{R}$; toutefois si P_0 admet des sommets paraboliques, nous en détacherons de petits segments limités par des arcs de trajectoire des substitutions correspondantes de manière à obtenir un contour γ'_0 complètement intérieur à $\mathcal{R}$.

Revenons pour un instant au contour non modifié γ_0; on constate sans peine que la somme des longueurs des contours équivalents est infinie. Considérons en effet l'assemblage de tous les polygones du réseau ayant en commun avec P_0 soit un côté, soit un sommet adventif ou elliptique; nous avons là un assemblage connexe dont le contour total enveloppe complètement celui de P_0, pouvant avoir seulement en commun avec ce dernier des sommets paraboliques; si P_0 est à connexion multiple, il en sera de même de cet assemblage. Entourons de nouveau cet assemblage de tous les polygones du réseau ayant en commun avec lui soit un côté, soit un sommet non parabolique et répétons cette opération indéfiniment. La somme des longueurs des contours de tous ces assemblages A_1, A_2, ..., qui constituent seulement une partie de l'ensemble des contours équivalents à γ_0, est évidemment infinie; car le contour extérieur de A_i (qui existe certainement puisque le point ∞ est extérieur à $\mathcal{R}$), ne peut devenir de longueur infiniment petite.

Considérons ensuite le contour γ'_0 qui est celui du polygone P_0, écorné comme il a été dit au voisinage des sommets paraboliques; les assemblages de polygones A_1, A_2, ... deviendront A'_1, A'_2, ..., déduits des premiers par la suppression de petits segments équivalents à ceux qui ont été supprimés dans P_0; les contours extérieurs des A'_i s'enveloppent encore naturellement; mais actuellement une difficulté se présente parce que ces contours ont des parties communes correspondant aux petits arcs qui ont été introduits dans P_0 au voisinage des sommets paraboliques; le fait que les longueurs des contours extérieurs des A'_i forment une série divergente, n'implique pas immédiatement que les longueurs des contours équivalents à γ'_0 possèdent la même propriété, car dans la première série les petits arcs en question figurent chacun une infinité de fois.

Pour lever la difficulté nous raisonnerons comme il suit; les sommets paraboliques appartenant à un nombre fini de classes, deux pour fixer les idées, P_0 admettra les deux sommets α et β, représentants de ces deux classes et formant chacun un cycle; le petit arc de trajectoire correspondant au point α aura pour équivalents des arcs qui couvriront d'une part cette trajectoire, c'est-à-dire une circonférence c_α passant par α, d'autre part les circonférences c'_α, c''_α, ... équivalentes à la première; le petit arc évitant le point β donnera lieu de même aux circonférences c_β, c'_β, ... Si la série (12) converge, la somme des longueurs de toutes ces circonférences aura une valeur finie; désignons ces longueurs par l_α, l'_α, ..., $l_\alpha^{(p)}$, ..., l_β, l'_β, ..., $l_\beta^{(q)}$, ... On aura pour p et q suffisamment grands

$$l_\alpha^{(p+1)} + l_\alpha^{(p+2)} + \ldots < \varepsilon,$$
$$l_\beta^{(q+1)} + l_\beta^{(q+2)} + \ldots < \varepsilon.$$

p et q étant ainsi choisis remplaçons l'arc de trajectoire avoisinant α par un autre appartenant à une circonférence tangente intérieurement à la première, de manière à diminuer la longueur de c_α; faisons de même pour c_β; toutes les circonférences équivalentes à c_α ou c_β seront ainsi remplacées par d'autres, tangentes intérieurement aux premières, et par suite de longueur moindre; les inégalités précédentes ne cesseront donc pas d'être vérifiées. D'autre part si l'on fait tendre vers zéro le rayon de c_α, les longueurs de c_α, c'_α, ..., $c_\alpha^{(p-1)}$ tendent également vers zéro; même remarque pour c_β.

On peut donc choisir c_α et c_β de manière que la somme des longueurs de toutes les circonférences équivalentes soit inférieure à un nombre positif donné à l'avance; nous la supposerons inférieure à $\frac{\delta}{2}$, δ étant la distance maxima de deux points du contour γ_0 de P_0. D'ailleurs cette même distance maxima pour deux points du contour modifié γ'_0 différera très peu de δ et pourra être supposée $> \frac{3\delta}{4}$, si c_α et c_β sont suffisamment petites. Dans ces conditions il devient évident que les longueurs des contours extérieurs des assemblages A'_i, même après suppression des arcs de cercle qui contournent les sommets paraboliques, sont toutes supérieures à $\frac{\delta}{4}$;

et comme ces contours ainsi réduits forment seulement une partie de l'ensemble des lignes équivalentes à γ'_0, l'impossibilité de la convergence de la série (12) est ainsi démontrée.

Enfin la convergence de la série (12) dans le cas d'un groupe kleinéen admettant une seule région de discontinuité a pu être établie, dans certains cas particuliers, par MM. Schottky et Burnside. Nous renverrons pour l'étude de cette question au tome II des Leçons de Fricke et Klein (p. 160), où l'on trouvera des renseignements bibliographiques sur ce problème qui n'a pas été encore élucidé ([1]).

96. Considérons maintenant la série suivante :

$$(13) \quad \Theta(z) = \sum \mathrm{H}(\mathrm{T}_i z) \left(\frac{d\,\mathrm{T}_i z}{dz}\right)^m = \sum \mathrm{H}\left(\frac{a_i z + b_i}{c_i z + d_i}\right)(c_i z + d_i)^{-2m}.$$

Je suppose que $\mathrm{H}(z)$ représente une fonction rationnelle de z dont aucun pôle n'appartient à l'ensemble F des points limites, mais d'ailleurs quelconque, et que m désigne un entier plus grand que 1. Soit ϖ un pôle de $\mathrm{H}(z)$, si le point z se confond avec un point équivalent à ϖ, l'un des termes de cette série, et en général un seul, devient infini, de sorte que la série ne peut converger en ce point; il en sera de même aux points $-\dfrac{d_i}{c_i}$, du moins si $\mathrm{H}(\infty)$ n'est pas nul. Mais dans un domaine fermé Δ intérieur à la région $\mathcal{R}$ et ne renfermant d'une part aucun point équivalent aux pôles ϖ de $\mathrm{H}(z)$, et d'autre part aucun point $-\dfrac{d_i}{c_i}$, la série a ses termes inférieurs en valeur absolue à ceux de la série

$$\mathrm{M} \sum \left|\frac{d\,\mathrm{T}_i z}{dz}\right|^m$$

qui converge uniformément dans Δ; M désigne le maximum de $|\mathrm{H}(z_i)|$ quand z est dans Δ, quantité finie puisque l'ensemble dérivé des points équivalents aux pôles ϖ de $\mathrm{H}(z)$ est l'ensemble $\mathcal{F}$ sur lequel $\mathrm{H}(z)$ est borné. D'autre part au voisinage d'un point

---

([1]) Sur l'importance que présente l'étude de cette série, *voir* POINCARÉ, *Sur les groupes des équations linéaires* (*Acta mathematica*, t. IV, p. 302-310); *Œuvres*, t. II, p. 397.

équivalent à ϖ il n'y a qu'un nombre fini de termes qui deviennent infinis, les autres termes continuant à former une série uniformément convergente ; ces points seront en général des pôles de $\Theta(z)$, exceptionnellement des points réguliers, cette dernière circonstance ne pouvant se produire que si le point ϖ coïncide avec un point double d'une substitution de G, naturellement elliptique, ou encore si deux pôles distincts de $H(z)$ sont équivalents par rapport à G.

Enfin dans le voisinage d'un point équivalent à l'∞, c'est-à-dire d'un point $-\dfrac{c_i}{d_i}$, il résulte d'une remarque déjà faite que la série reste uniformément convergente après suppression des termes en nombre fini qui y deviennent infinis (lemme II); ces points sont donc encore pour $\Theta(z)$ des pôles ou des points réguliers.

Ainsi donc si la région $\mathcal{R}$ renferme au moins un pôle de $H(z)$, ou si elle renferme le point à l'infini, et que ce dernier ne soit pas pour $H(z)$ un zéro d'ordre $2m$ au moins, $\Theta(z)$ aura elle-même des pôles dans $\mathcal{R}$, sauf dans certains cas exceptionnels où plusieurs pôles se détruisent mutuellement; nous dirons que $\Theta(z)$ est de la *première espèce* et nous serons certains alors que la somme de la série (4) n'est pas une constante.

On peut supposer au contraire que tous les pôles de $H(z)$ sont extérieurs à $\mathcal{R}$ ou bien, s'ils sont intérieurs, que les pôles correspondants de $\Theta(z)$ se détruisent deux à deux et que le point ∞, s'il n'est pas lui-même extérieur à $\mathcal{R}$, est un zéro d'ordre $2m$ au moins de $H(z)$. La fonction $\Theta(z)$ est alors régulière en tout point de $\mathcal{R}$, et nous dirons qu'elle est de la *deuxième espèce ;* rien n'empêche alors que la fonction $\Theta(z)$ ne se réduise à une constante, qui serait d'ailleurs nulle comme nous le verrons dans un instant ; ce cas peut effectivement se présenter et nous en donnerons des exemples.

Il reste entendu, conformément à nos hypothèses antérieures, que le point $z = \infty$ n'est pas un point frontière de $\mathcal{R}$; il en est de même, par conséquent, des points $-\dfrac{d_i}{c_i}$. Si l'on ne faisait pas cette hypothèse il faudrait imposer certaines restrictions à la fonction $H(z)$ pour que la série (13) fût convergente.

97. Établissons maintenant la propriété fonctionnelle fondamentale de la fonction $\Theta(z)$. Si dans la formule

$$\Theta(z) = \sum_i \left(\frac{d\,T_i z}{dz}\right)^m H(T_i z)$$

on change z en $T_k z = z_k$, on obtient

$$\Theta(z_k) = \sum_i \left(\frac{d\,T_i z_k}{dz_k}\right)^m H(T_i T_k z);$$

mais on a

$$\frac{d\,T_i z_k}{dz_k} = \frac{d\,T_i z_k}{dz}\frac{dz}{dz_k} = \frac{d\,T_i T_k z}{dz}\frac{dz}{d\,T_k z}.$$

Il vient par suite

$$\Theta(T_k z) = \frac{1}{\left(\frac{d\,T_k z}{dz}\right)^m} \sum_i \left(\frac{d\,T_i T_k z}{dz}\right)^m H(T_i T_k z).$$

Mais lorsque T_i parcourt toutes les substitutions du groupe G et chacune une seule fois, il en est de même du symbole $T_i T_k$. On peut donc encore écrire

(14) $$\Theta(T_k z) = \left(\frac{dT_k z}{dz}\right)^{-m} \sum_i \left(\frac{d\,T_i z}{dz}\right)^m H(T_i z),$$

c'est-à-dire

(15) $$\Theta(T_k z) = (c_k z + d_k)^{2m}\,\Theta(z).$$

Telle est la propriété fonctionnelle fondamentale qu'il s'agissait d'établir; on voit que si l'on effectue sur z l'une des substitutions du groupe G, la fonction $\Theta(z)$ ne reste pas invariable, mais est multipliée par un facteur simple qui est la puissance $(2m)^{\text{ième}}$ d'un binome du premier degré. Il existe donc une certaine analogie entre ces fonctions et les fonctions doublement périodiques de troisième espèce introduites par Jacobi dans l'étude des fonctions elliptiques; de même que toute fonction elliptique est le quotient de deux fonctions thêta de Jacobi, qui sont des fonctions entières, de même toute fonction automorphe est le quotient de deux fonctions thêta de Poincaré que nous venons de définir, et même de deux fonctions de seconde espèce, holomorphes dans $\mathcal{R}$, du moins pour certaines classes de groupes.

Il résulte de l'équation (15) que la fonction $\Theta(z)$ ne peut se réduire à une constante que si elle est identiquement nulle. S'il n'en est pas ainsi, tout point de l'ensemble parfait $\mathcal{F}$ est un point singulier de $\Theta(z)$. En effet tout point ζ de $\mathcal{F}$ est limite de points équivalents à un point quelconque z_0 de $\mathcal{R}$; la relation (15) montre donc, en remarquant que $\left(\dfrac{dT_k z}{dz}\right)_{z=z_0}$ tend vers zéro et $\left(\dfrac{dT_k z}{dz}\right)_{z=z_0}^{-m}$ vers l'infini pour k infini, que le point ζ est limite de points où la fonction $\Theta(z)$ prend des valeurs non bornées, à savoir les points équivalents à z_0 si $\Theta(z_0) \neq 0$; ces points ζ sont donc pour la fonction des points singuliers essentiels, puisqu'ils ne sont pas isolés [sauf dans le cas où $\mathcal{F}$ ne contient que 1 ou 2 points et où l'on vérifiera aisément que ces points ne peuvent être des pôles de $\Theta(z)$]. On voit en outre que si $\Theta(z)$ admet au moins un zéro dans $\mathcal{R}$ tout point de $\mathcal{F}$ est limite de zéros de cette fonction.

Poursuivons maintenant l'étude des séries thêta, et cherchons d'abord comment elles se transforment quand on effectue sur elles un changement linéaire de variable; soit donc, en désignant par S un symbole de substitution linéaire,

$$z = SZ,$$
$$z_i = T_i z,$$
$$z_i = SZ_i$$

et par conséquent

$$Z_i = (S^{-1} T_i S) Z = U_i Z,$$

de sorte que quand T_i parcourt les substitutions de G, U_i parcourt les substitutions d'un groupe semblable à G effectuées sur la variable Z. L'identité

$$\Theta(z) = \sum_i H(z_i) \left(\dfrac{dz_i}{dz}\right)^m$$

devient ainsi

$$\Theta(z) = \sum_i H(SZ_i) \left(\dfrac{dZ_i}{dZ}\right)^m \left(\dfrac{dz_i}{dZ_i}\right)^m \left(\dfrac{dZ}{dz}\right)^m$$
$$= \left(\dfrac{dZ}{dz}\right)^m \sum_i H(SZ_i) \left(\dfrac{d(SZ_i)}{dZ_i}\right)^m \left(\dfrac{dZ_i}{dZ}\right)^m.$$

Définissons la fraction rationnelle $L(Z)$ par

$$L(Z) = H(SZ) \left(\dfrac{d(SZ)}{dZ}\right)^m.$$

Il vient

(16) $$\Theta(z) = \left(\frac{dZ}{dz}\right)^m \Theta_1(Z)$$

en posant

(17) $$\Theta_1(Z) = \sum_i L(U_i Z) \left(\frac{d(U_i Z)}{dZ}\right)^m.$$

$\Theta_1(Z)$ est donc une série thêta, relative au groupe G_1 transformé de G; remarquons que cette série converge, d'après la manière dont on l'a obtenue, dans le domaine $\mathcal{R}_1$ transformé de $\mathcal{R}$, bien que la série

$$\sum_i \left(\frac{d(U_i Z)}{dZ}\right)^m$$

puisse être divergente si le transformé de $\mathcal{F}$ contient le point $Z=\infty$.

98. Cette transformation est commode pour l'étude de la série $\Theta(z)$ au voisinage d'un sommet parabolique α du polygone P_0; nous supposerons comme précédemment que les deux côtés issus de α appartiennent à deux lignes de niveau qui se correspondent par la substitution parabolique génératrice du sous-groupe cyclique de point fixe α; nous poserons

$$Z = \frac{c}{z - \alpha},$$

de manière que la substitution parabolique considérée se transforme en

$$V = (Z; Z + 2i\pi),$$

et les deux côtés issus de α en deux demi-droites parallèles à l'axe réel s'étendant à l'infini vers les abscisses négatives. On aura

(18) $$\Theta(z) = (-c)^m (z-\alpha)^{-2m} \Theta_1(Z).$$

Pour trouver la forme de $\Theta_1(Z)$ au voisinage de $Z=\infty$, remarquons que les substitutions $V^{\pm n}$ formant un sous-groupe d'indice infini de G_1, les substitutions de G_1 peuvent être rangées suivant le tableau

1,	$V^{\pm 1}$,	$V^{\pm 2}$,	$\ldots$,	$V^{\pm n}$,	$\ldots$,
U_1,	$U_1 V^{\pm 1}$,	$U_1 V^{\pm 2}$,	$\ldots$,	$U_1 V^{\pm n}$,	$\ldots$,
U_2,	$U_2 V^{\pm 1}$,	$U_2 V^{\pm 2}$,	$\ldots$,	$U_2 V^{\pm n}$,	$\ldots$,
$\ldots$,	$\ldots\ldots$,	$\ldots\ldots$,	$\ldots$,	$\ldots\ldots$,	$\ldots$,

dont les éléments sont tous distincts et qui renferme une infinité de lignes; on aura donc en employant la notation $[Z, \varphi_k(Z)]$ pour la substitution U_k

$$(19) \qquad \Theta_1(Z) = \sum_{\substack{k=0 \\ n=-\infty}}^{\substack{n=+\infty \\ k=+\infty}} L[\varphi_k(Z + 2ni\pi)] \left[\frac{d\varphi_k(Z + 2ni\pi)}{dZ}\right]^m.$$

Considérons la fraction rationnelle $R_k(Z)$ définie par

$$(20) \qquad L[\varphi_k(Z)]\left[\frac{d\varphi_k(Z)}{dZ}\right]^m = R_k(Z).$$

Comme la fonction $L(Z)$ n'a, par hypothèse, aucun pôle coïncidant avec un point limite du réseau, elle ne devient pas infinie pour $Z = \varphi(\infty)$; il s'ensuit que $Z = \infty$ est, pour la fonction $R_k(Z)$, un zéro d'ordre $2m$ au moins, par suite au moins du second ordre, même dans l'hypothèse $m = 1$ qu'on peut ne pas exclure dans certains cas particuliers.

Cette règle s'applique encore pour $k = 0$, c'est-à-dire quand $\varphi_k(Z) = Z$; nous avons, en effet,

$$R_0(Z) = L(Z),$$

mais nous avons trouvé précédemment :

$$L(Z) = H(SZ)\left(\frac{d(SZ)}{dZ}\right)^m$$

et, par suite,

$$L(Z) = H(SZ)\left(\frac{-c}{Z^2}\right)^m,$$

$H(SZ)$ n'étant pas infini pour $Z = \infty$ puisque $H(z)$ n'est pas infini pour $z = \alpha$, la même circonstance se présente.

Nous pouvons, puisque l'ordre de sommation de la série Θ est indifférent, l'écrire sous la forme

$$(21) \qquad \Theta_1(Z) = \sum_{k=0}^{\infty} \sum_{n=-\infty}^{+\infty} R_k(Z + 2ni\pi).$$

La série

$$(22) \qquad S_k(Z) = \sum_{n=-\infty}^{+\infty} R_k(Z + 2ni\pi)$$

est absolument et uniformément convergente dans toute région bornée du plan qui ne comprend aucun des points $\varpi + 2ni\pi$, ϖ étant un pôle de R_k; son terme général est, en effet, de l'ordre $\frac{1}{n^2}$ au plus, d'après ce que nous venons de dire sur l'allure de $R_k(Z)$ à l'infini. $S_k(Z)$ est donc une fonction méromorphe, de période $2i\pi$, admettant les pôles $\varpi + 2ni\pi$. Si l'on pose $t = e^Z$, on a

(23) $$S_k(Z) = M_k(t),$$

fonction uniforme de t, ne pouvant admettre, outre les pôles e^ϖ, que les points singuliers $t = 0$ et $t = \infty$; mais il est bien facile de constater que ces deux points sont des zéros de $M_k(t)$. On a, en effet,

$$|R_k(Z)| < \frac{C}{|Z|^2}$$

pour $|Z|$ suffisamment grand, et par suite, pour

$$X^2 > A^2$$

si $Z = X + iY$. Il s'ensuit que

$$\sum_{n=-\infty}^{+\infty} R_k(Z + 2ni\pi) < C \sum_{-\infty}^{+\infty} \frac{1}{X^2 + (2n\pi + Y)^2}.$$

Mais on a, quel que soit Y,

$$\sum_{-\infty}^{+\infty} \frac{1}{X^2 + (2n\pi + Y)^2} < 2 \sum_0^\infty \frac{1}{X^2 + 4n^2\pi^2}$$

et

$$\sum_0^\infty \frac{1}{X^2 + 4n^2\pi^2} = \sum_0^{[X]} + \sum_{[X]+1}^\infty,$$

[X] désignant la partie entière de X. La première partie du dernier nombre est inférieure à

$$\frac{|X|+1}{X^2}$$

et la seconde est inférieure à

$$\sum_{[X]+1}^\infty \frac{1}{4n^2\pi^2} < \frac{1}{4\pi^2[X]} < \frac{1}{4\pi^2(|X|-1)},$$

quantités qui tendent vers zéro avec $\frac{1}{X}$; il en est de même de $S_k(Z)$; or, pour faire tendre t vers zéro, il faut faire tendre X vers $\pm \infty$. Il s'ensuit que $M_k(t)$, nulle pour $t = 0$ et $t = \infty$, est une fonction rationnelle ([1]).

Considérons maintenant la série

$$(24) \qquad \sum_{k=0}^{\infty} M_k(t).$$

Les fonctions $M_k(t)$ n'ont pas de pôle à l'intérieur du cercle

$$|t| < \varepsilon$$

pour ε suffisamment petit; d'abord $t = 0$ est un zéro pour chacune d'elles; ensuite les pôles qu'elles peuvent avoir à distance finie correspondent aux pôles des $S_k(Z)$; ces derniers sont, d'après (20) et (22), équivalents aux pôles en nombre fini de $L(Z)$, relativement au groupe G; il n'y en a donc qu'un nombre fini dans un domaine fondamental de G_1, c'est-à-dire qu'il n'y en a aucun dans le domaine

$$X < -A$$

si A est positif et très grand, car du pôle $X + iY$, on déduit le pôle $X + iY + 2ni\pi$, qui, pour n convenable, appartiendra à la bande parallèle à l'axe réel qui fait partie du polygone fondamental de G'_1; les abscisses de ces pôles sont donc limitées inférieurement.

Ainsi, les fonctions $M_k(t)$ sont toutes holomorphes pour $|t| \leq \varepsilon$; d'ailleurs, la série (24) converge uniformément pour $|t| = \varepsilon$, car cela revient à dire que la série (19) converge uniformément sur le segment

$$Z = Z_0 + 2i\pi t \qquad (0 \leq t \leq 1)$$

quand la partie réelle de Z_0 est inférieure à $-A$, ce qui a bien lieu. Donc, en vertu d'un théorème bien connu de Weierstrass, cette série converge uniformément pour $|t| \leq \varepsilon$ et représente une

---

([1]) On peut arriver à ce résultat et obtenir l'expression effective de $M_k(t)$ en se servant du développement de $\cot x$ en séries de fractions rationnelles (*voir* FRICKE et KLEIN, *loc. cit.*, p. 192).

fonction holomorphe à l'intérieur de ce domaine, d'ailleurs nulle pour $t = 0$.

En résumé, si l'on emploie la variable principale

$$t = e^{\frac{c}{z-\alpha}}$$

relative au sommet parabolique α, la fonction $\Theta(z)$ peut, dans le voisinage de ce point, se mettre sous la forme

$$(z-\alpha)^{-2m}(a_0 t^\nu + a_1 t^{\nu+1} + a_2 t^{\nu+2} + \ldots),$$

où ν est un entier positif, la série entre parenthèses ayant un rayon de convergence fini; $\Theta(z)$ est donc continue et nulle au point $z = \alpha$, du moins sur les chemins qui ne traversent qu'un nombre fini de polygones du réseau, le facteur $(z-\alpha)^{-2m}$ ou $\left(\frac{1}{c}\log t\right)^{2m}$ étant infiniment petit par rapport à t^{-1}. Un calcul tout pareil à celui que nous avons fait pour les fonctions automorphes montre que les dérivées successives de $\Theta(z)$ possèdent la même propriété; on aura, par exemple, en posant

$$\Theta(z) = (z-\alpha)^{-2m} E(t),$$
$$\Theta'(z) = (-2m)(z-\alpha)^{-2m-1} E(t) - c(z-\alpha)^{-2m-2} t E'(t),$$
$$\Theta''(z) = 2m(2m+1)(z-\alpha)^{-2m-2} E(t) + (4m+2) c(z-\alpha)^{-2m-3} t E'(t)$$
$$+ c^2(z-\alpha)^{-2m-4}[t E'(t) + t^2 E''(t)],$$
$$\ldots\ldots\ldots\ldots\ldots\ldots\ldots\ldots\ldots\ldots\ldots\ldots\ldots\ldots\ldots\ldots\ldots,$$

expressions qui s'annulent toutes pour $t = 0$.

99. Il est non moins facile de trouver la forme de $\Theta(z)$ au voisinage des sommets elliptiques du réseau; si G renferme la substitution

$$\frac{z_1 - \alpha}{z_1 - \beta} = e^{\frac{2i\pi}{l}} \frac{z-\alpha}{z-\beta},$$

on pose

$$Z = \frac{z-\alpha}{z-\beta}$$

et l'on a

$$\Theta(z) = \left(\frac{dZ}{dz}\right)^m \Theta_1(Z),$$

$$\Theta_1(Z) = \sum_i L(U_i Z) \left(\frac{dU_i Z}{dZ}\right)^m,$$

LES FONCTIONS FUCHSIENNES ET KLEINÉENNES. 267

les U_i étant les substitutions du groupe G_1 transformé de G parmi lesquelles se trouve en particulier la substitution V ou $(Z; \rho Z)$, en posant

$$\rho = e^{\frac{2i\pi}{l}}.$$

Θ_1 étant une fonction thêta du groupe G_1, on aura

$$\Theta_1(\rho Z) = \rho^{-m} \Theta(Z),$$

ce qui exprime que la fonction

$$\Theta_1(Z) Z^m$$

est invariante par V; comme elle est méromorphe pour $Z = 0$, elle est développable suivant les puissances entières de

$$t = Z^l$$

et l'on a

$$\Theta_1(Z) Z^m = \varepsilon_0 t^q + \varepsilon_1 t^{q+1} + \varepsilon_2 t^{q+2} + \ldots,$$

q entier positif, négatif ou nul; on peut donc écrire

$$\Theta_1(Z) = Z^{lq-m}(\varepsilon_0 + \ldots).$$

D'ailleurs $\left(\dfrac{dZ}{dz}\right)^m$, c'est-à-dire à un facteur constant près $(z - \beta)^{-2m}$, est finie et différente de zéro pour $z = \alpha$; la fonction $\Theta(z)$ est donc pour $z = \alpha$ d'ordre $lq - m$ si l'on prend $(z - \alpha)$ pour infiniment petit principal; c'est donc nécessairement un zéro ou un pôle si l n'est pas un diviseur de m. Si l'on prend comme infiniment petit principal $(z - \alpha)^l$, ou ce qui revient au même t, comme il convient de le faire dans certaines applications, l'ordre de la fonction en ce point sera l fois moindre, c'est-à-dire égal à

$$\frac{p}{l}$$

en posant

$$p = lq - m,$$

d'où

$$p + m \equiv 0 \pmod{l}.$$

On verra facilement que toute fonction thêta, définie par la condition d'être méromorphe à l'intérieur de la région $\mathcal{R}$ et de vérifier les équations fonctionnelles fondamentales se comporte aux sommets elliptiques de la même manière que les séries que nous étudions en ce moment; il n'en est pas de même pour les sommets paraboliques; mais il y a lieu, comme pour les fonctions automorphes, de restreindre la généralité de la définition des fonctions thêta en ne conservant que celles qui se comportent au voisinage des sommets paraboliques précisément comme les séries de Poincaré.

Nous dirons donc qu'une fonction analytique est une fonction thêta du groupe G appartenant à l'exposant m, si : 1° elle est uniforme et méromorphe dans la région $\mathcal{R}$; 2° elle vérifie les équations fonctionnelles (15); 3° lorsque z varie à l'intérieur d'un polygone P_0, la fonction est représentable au voisinage de tout sommet parabolique α par l'expression

$$(z-\alpha)^{-2m}\psi(t),$$

$\psi(t)$ étant une fonction de la variable *principale* t, méromorphe pour $t=0$. Nous ne supposons pas que la fonction $\psi(t)$ soit nulle pour $t=0$; d'ailleurs, les séries de Poincaré ne possèdent cette dernière propriété que si l'on suppose que la fonction rationnelle $H(z)$ n'a pas de pôles sur la frontière de $\mathcal{R}$, et l'on peut former des séries thêta qui sont encore convergentes, bien que $H(z)$ devienne infinie en un sommet parabolique par exemple.

Il résulte immédiatement de cette définition que si $\theta_1, \theta_2, \ldots, \theta_q$ sont des fonctions thêta appartenant à l'exposant m et si

$$R(\theta_1, \theta_2, \ldots, \theta_q)$$

est une fonction rationnelle, homogène et de degré r, ce sera une fonction thêta appartenant à l'exposant mr; pour $r=0$, on aura une fonction automorphe. On pourra en particulier former au moyen du quotient de deux séries de Poincaré une fonction automorphe admettant q pôles donnés arbitrairement à l'intérieur de P_0; en général, ces fonctions admettront encore d'autres pôles dans P_0. Remarquons, d'autre part, qu'il existe des fonctions thêta pour toutes les valeurs de l'entier m, y compris $m=1$: à savoir, dans ce cas, les dérivées premières des fonctions automorphes.

100. Démontrons maintenant le fait capital que voici : *on peut toujours trouver deux fonctions automorphes x et y du* groupe G telles que toute fonction automorphe du même groupe s'exprime en fonction rationnelle de x et de y.

Soient x une première fonction automorphe de z, construite à l'aide des séries thêta, et x_1 une valeur de x à laquelle correspondent μ points distincts à l'intérieur de P_0 et non confondus avec les sommets (*cf.* § 89); soient $z_1, z_2, \ldots, z_\mu$ ces μ points; je dis qu'on peut trouver une fonction automorphe y prenant en ces μ points μ valeurs distinctes. Considérons, à cet effet, la fonction

$$\theta(z, \lambda) = \sum_i \left(\frac{d\,T_i z}{dz}\right)^m \frac{1}{\lambda - T_i z}$$

qui correspond à

$$H(z) = \frac{1}{\lambda - z}.$$

Considérée comme une fonction de λ, c'est une fonction uniforme et méromorphe dans la région $\mathcal{R}$, ayant pour pôles simples tous les points $T_i z$; du moins, lorsque z, intérieur à $\mathcal{R}$, est distinct des sommets elliptiques du réseau, car les résidus correspondants sont alors différents de zéro; $\theta(z, \lambda)$ s'annule donc au plus pour une infinité dénombrable de valeurs de λ; les équations

$$\theta(z_i, \lambda) = 0 \qquad (i = 1, 2, \ldots, \mu)$$

n'ayant qu'une infinité dénombrable de racines, on voit qu'il est possible de choisir λ_0 de manière que les μ quantités

$$\theta(z_i, \lambda_0)$$

soient finies et différentes de zéro. On peut ensuite choisir λ de manière que

$$\frac{\theta(z_i, \lambda)}{\theta(z_i, \lambda_0)}$$

ne soit pas égal à

$$\frac{\theta(z_k, \lambda)}{\theta(z_k, \lambda_0)}$$

si $i \neq k$; car en égalant ces quantités deux à deux, ou obtient $\frac{\mu(\mu-1)}{2}$ équations :

$$\frac{\theta_i(z_i, \lambda)}{\theta(z_k, \lambda)} = \frac{\theta(z_i, \lambda_0)}{\theta(z_k, \lambda_0)} = \beta_{ik} \qquad (i > k),$$

où β_{ik} est une constante bien déterminée et le premier membre une fonction analytique de λ qui n'est pas une constante puisqu'elle devient infinie pour $\lambda = z_i$.

En prenant λ distinct des racines en infinité dénombrable (et d'ailleurs non denses dans $\mathcal{R}$) de ces $\dfrac{\mu(\mu-1)}{2}$ équations, on obtient la fonction

$$y = \frac{\theta(z, \lambda)}{\theta(z, \lambda_0)}$$

qui prend μ valeurs distinctes aux μ points z intérieurs à P_0 correspondant à $x = x_i$; les deux fonctions x et y de z, liées comme nous le savons par la relation algébrique

$$P(x, y) = 0$$

sont donc telles qu'à certains points (x, y) et, par suite, aussi à un point analytique pris au hasard sur la surface de Riemann attachée à cette relation, ne correspond qu'un seul point à l'intérieur de P_0 (§ 92). Il existe donc une correspondance biunivoque et continue entre cette surface de Riemann et la surface fermée obtenue en soudant l'un à l'autre deux côtés homologues de P_0; *ces deux surfaces ont même genre au point de vue de l'« Analysis situs »*, d'après Riemann et Jordan; toute fonction automorphe de z sera donc une fonction uniforme du point (x, y) sur cette surface de Riemann, et comme nous savons déjà que c'est une fonction algébrique de x ou de y, c'est une fonction rationnelle de (x, y). L'étude des fonctions automorphes d'un même groupe se trouve ainsi ramenée à celle des fonctions rationnelles sur une surface de Riemann; seulement il y a ici n points de la surface de Riemann qui jouent un rôle particulier, ce sont les points correspondant aux sommets elliptiques et paraboliques pour lesquels la représentation de la surface sur le réseau des polygones cesse d'être conforme; ce sont des points critiques pour la fonction $z(x, y)$, *linéairement polymorphe* sur cette surface qui fait cette représentation. Il est aisé de trouver la nature de ces points singuliers. Soient d'une manière générale (x_0, y_0) un point de la surface de Riemann, z_0 le point correspondant de P_0; si z_0 est un sommet elliptique ou parabolique formant cycle, nous considérons comme d'habitude un entourage de z_0 qui est le segment découpé dans ce polygone par un petit arc de trajectoire de la substitution correspondante et la variable

principale
$$t = \left(\frac{z-z_0}{z-z_0'}\right)^l \quad \text{ou} \quad t = e^{\frac{c}{z-z_0}}$$

qui fait correspondre à cet entourage l'intérieur d'un petit cercle de centre $t=0$; si z_0 est un point ordinaire de P_0 ou de son contour, nous définissons la variable principale par

$$t = z - z_0 \quad \text{ou} \quad t = \frac{1}{z}$$

suivant que z_0 est fini ou infini, un entourage de z_0 au sens habituel ayant encore pour image un petit cercle de centre $t=0$; dans tous les cas, x et y sont représentables dans cet entourage de z_0, et d'une manière *propre*, par

$$x = \varphi(t), \quad y = \psi(t),$$

φ et ψ étant des éléments de fonctions analytiques méromorphes pour $t=0$; il correspond ainsi à l'entourage de z_0 un élément de surface de Riemann ν fois ramifié autour de $x_0 [\nu = 1$ si x_0, y_0 est un point ordinaire de la surface].

Nous posons ensuite

$$\tau = (x-x_0)^{\frac{1}{\nu}} \quad \text{ou} \quad \tau = x^{-\frac{1}{\nu}},$$

suivant que x_0 est fini ou infini, de manière à transformer cet élément de surface de Riemann en un domaine simple du plan des τ entourant l'origine; la correspondance entre t et τ étant conforme et biunivoque au voisinage de l'origine sera nécessairement de la forme

$$t = \tau(\alpha_0 + \alpha_1 \tau + \alpha_2 \tau^2 + \ldots) \quad (\alpha_0 \neq 0).$$

En tenant compte de la relation entre z et t, on voit de suite que :

1° Pour un point de la surface qui ne correspond pas à un sommet elliptique ou parabolique, il existe une transformée homographique $z^{(1)} = \dfrac{Az+B}{Cz+D}$, d'une branche de la fonction z qui est représentable par un développement de la forme

(26) $$z^{(1)} = \tau(1 + \alpha_1 \tau + \alpha_2 \tau^2 + \ldots);$$

2° Pour un sommet elliptique d'angle $\frac{2\pi}{l}$, il existe de même une transformée homographique de z telle que

$$(27) \qquad z^{(1)} = \tau^{\frac{1}{l}}(1 + \beta_1 \tau + \beta_2 \tau^2 + \ldots)$$

au voisinage du point correspondant de la surface;

3° Pour un point de la surface qui correspond à un sommet parabolique, on aura de même

$$(28) \qquad z^{(1)} = \log \tau + (\gamma_1 \tau + \gamma_2 \tau^2 + \ldots).$$

Remarquons que toutes les déterminations de z en un point de la surface se déduisent de l'une d'elles par les substitutions du groupe G, mais qu'en général, les divers développements (26), (27) et (28) ne s'appliqueront pas à la même expression

$$z^{(1)} = \frac{A z + B}{C z + D}$$

en remplaçant z par les branches d'une même fonction : la substitution $\begin{pmatrix} A & B \\ C & D \end{pmatrix}$ devra être modifiée en passant de l'un à l'autre de ces développements.

101. Les points de ramification de la surface de Riemann peuvent toujours être supposés distincts des points qui correspondent aux sommets elliptiques et paraboliques ainsi que des points à l'infini; on peut en effet, en effectuant sur x et y une transformation birationnelle convenable

$$x_1 = R(x, y), \qquad y_1 = S(x, y),$$

transformer la courbe algébrique

$$P(x, y) = 0$$

en une autre

$$Q(x_1, y_1) = 0,$$

n'ayant comme points singuliers que des points multiples à tangentes distinctes (t. I, Chap. VI); soient a_i les points de la courbe Q qui correspondent aux sommets en question; on peut, par un changement linéaire de variable équivalent à un changement d'axes de coordonnées, faire en sorte que les points de contact des tangentes parallèles au nouvel axe des y soient distincts des points a_i et des points à l'infini ; on aura ainsi remplacé la courbe P par une autre de la même classe et jouant le même rôle, les points de ramification de la surface de Riemann correspondante satisfaisant aux conditions voulues.

Cette remarque faite, formons pour la fonction $z(x)$ l'invariant différentiel de Schwarz que nous désignerons par le symbole

$$\Delta\left(\frac{z}{x}\right).$$

Nous obtenons une fonction analytique uniforme sur la surface de Riemann, car lorsqu'on décrit sur celle-ci un circuit fermé, z subit une substitution du premier degré et l'expression précédente reprend sa valeur initiale (§ 40). Il est aisé de montrer que cette fonction n'a sur la surface que des singularités polaires et de les déterminer. Cherchons préalablement ce que devient cet invariant quand on remplace la variable x par une nouvelle variable τ. On a, en désignant les dérivées par des accents :

$$z'_x = z'_\tau \cdot \tau'_x,$$
$$z'''_{x^2} = z''_{\tau^2}(\tau'_x)^2 + z'_\tau \tau''_{x^2},$$
$$z'''_{x^3} = z'''_{\tau^3}(\tau'_x)^3 + 3 z''_{\tau^2}\tau'_x \tau''_{x^2} + z'_\tau \tau'''_{x^3},$$

d'où l'on tire aisément

$$\frac{z'''_{x^3}}{z'_x} - \frac{3}{2}\left(\frac{z''_{x^2}}{z'_x}\right)^2 = \left[\frac{z'''_{\tau^3}}{z'_\tau} - \frac{3}{2}\left(\frac{z''_{\tau^2}}{z'_\tau}\right)^2\right](\tau'_x)^2 + \frac{\tau'''_{x^3}}{\tau'_x} - \frac{3}{2}\left(\frac{\tau''_{x^2}}{\tau'_x}\right)^2,$$

c'est-à-dire

(29) $$\Delta\left(\frac{z}{x}\right) = \Delta\left(\frac{z}{\tau}\right)(\tau'_x)^2 + \Delta\left(\frac{\tau}{x}\right).$$

Pour obtenir l'expression de l'invariant considéré dans le voisinage d'un point quelconque de la surface, il est permis de remplacer z par l'une de ses transformées linéaires représentée par l'une des formules (26), (27) ou (28), τ conservant la signification indiquée. Si l'on n'est pas dans le domaine d'un point critique de z sur la surface, on aura, d'après (26), pour $\Delta\left(\frac{z}{\tau}\right)$ une série entière en τ ; si, d'ailleurs, x_0 est un point ordinaire à distance finie de la surface, on doit, dans le domaine de ce point, remplacer τ par $x - x_0$,

τ_x^i par 1 et $\Delta\left(\dfrac{\tau}{x}\right)$ par zéro; $\Delta\left(\dfrac{z}{x}\right)$ est donc holomorphe en τ dans ce domaine.

Si x_0 est à l'infini, nous supposons que c'est un point ordinaire de la surface; on doit remplacer τ par $\dfrac{1}{x}$ et $\Delta\left(\dfrac{\tau}{x}\right)$ par zéro, et l'on voit, d'après (29), que $x = \infty$ est un zéro du quatrième ordre.

Autour d'un point de ramification de la surface, on devra remplacer τ par $(x-x_0)^{\frac{1}{\nu}}$, et l'on obtient

$$(30) \qquad \Delta\left(\dfrac{z}{x}\right) = \dfrac{\nu^2-1}{2\nu^2}\tau^{-2\nu} + \dfrac{1}{\nu^2}\tau^{-2\nu+2}\Delta\left(\dfrac{z}{\tau}\right);$$

ce point est donc un pôle d'ordre 2ν.

Autour d'un point critique de z, situé par conséquent à distance finie et distinct des points de ramification, on aura, d'après (27) ou (28),

$$(31) \qquad \Delta\left(\dfrac{z}{x}\right) = \Delta\left(\dfrac{z}{\tau}\right) = \dfrac{1}{2}\left(1 - \dfrac{1}{l^2}\right)\tau^{-2} + \delta_1\tau^{-1} + \ldots,$$

formule applicable également aux sommets elliptiques ou paraboliques suivant que l est fini ou infini. Nous obtenons donc un pôle du second ordre.

Ainsi donc, la fonction linéairement polymorphe $z(x)$ vérifie une équation différentielle algébrique du troisième ordre

$$(32) \qquad \dfrac{\dfrac{d^3 z}{dx^3}}{\dfrac{dz}{dx}} - \dfrac{3}{2}\left(\dfrac{\dfrac{d^2 z}{dx^2}}{\dfrac{dz}{dx}}\right)^2 = 2\,\mathrm{R}(x, y),$$

où le second membre désigne une fonction algébrique de x, uniforme sur la surface: l'intégrale générale de cette équation est de la forme $\dfrac{\mathrm{A}z + \mathrm{B}}{\mathrm{C}z + \mathrm{D}}$ en appelant z une solution particulière et A, B, C, D des constantes arbitraires. La fonction $\mathrm{R}(x, y)$ admet en chaque point de ramification d'ordre ν_i de la surface un pôle d'ordre $2\nu_i$ et en chaque point critique des fonctions polymorphes un pôle du second ordre; elle est régulière partout ailleurs et admet un zéro d'ordre 4 à l'infini sur chaque feuillet de la surface.

102. Dans le cas particulier où le polygone P_0 est du genre zéro, on peut supposer $x(z)$ telle que toutes les fonctions automorphes du groupe sont des fonctions rationnelles de celle ci; le second membre de l'équation précédente admet les n pôles du second ordre $x = a_i$ qui sont les points critiques de $z(x)$, et comme il a un zéro du quatrième ordre à l'infini, il est égal au quotient d'un polynome de degré $2n - 4$ par le produit $\Pi(x - a_i)^2$.

Pour déterminer plus exactement ce second membre, on remarque que

$$\Delta\left(\frac{z}{x}\right) \prod_{i=1}^{n} (x - a_i)$$

est égal au quotient d'une fonction entière de degré $2n - 4$ et du polynome de degré n

$$(x - a_1)(x - a_2)\ldots(x - a_n).$$

Si l'on décompose cette dernière fonction en éléments simples, on obtient

$$\Delta\left(\frac{z}{x}\right) \prod_{1}^{n} (x - a_i) = 2 \mathrm{E}_{n-4}(x) + \sum_{1}^{n} \frac{\mathrm{A}_i}{x - a_i},$$

où $\mathrm{E}_{n-4}(x)$ désigne un polynome de degré $n - 4$. Pour déterminer les résidus A_i, on développe le second membre au voisinage de $x = a_i$, suivant les puissances de $\tau = x - a_i$ en tenant compte de (31).

On trouve ainsi

$$\mathrm{A}_i = \frac{1}{2}\left(1 - \frac{1}{l_i^2}\right)(a_i - a_1)(a_i - a_2)\ldots(a_i - a_{i-1})(a_i - a_{i+1})\ldots(a_i - a_n).$$

L'équation différentielle (32) prend la forme

(33) $$\Delta\left(\frac{z}{x}\right) = \frac{2\Omega}{\displaystyle\prod_{i=1}^{n}(x - a_i)}$$

avec

$$\mathrm{E}_{n-4}(x) + \sum_{1}^{n} \frac{\frac{1}{4}\left(1 - \frac{1}{l_i^2}\right)}{x - a_i} \times (a_i - a_1) \ldots (a_i - a_{i-1})(a_i - a_{i+1}) \ldots (a_i - a_n).$$

Remarquons que la fonction automorphe $x = f(z)$ à l'aide de laquelle toutes les autres s'expriment rationnellement n'est déterminée, d'après ce que nous savons des courbes unicursales, qu'à une substitution près de la forme $\left(x; \dfrac{ax+b}{cx+d}\right)$. On peut, pour définir complètement cette fonction, l'assujettir à prendre des valeurs données en trois des sommets ε_i; la fonction $f(z)$ est alors complètement déterminée et il reste dans l'équation (33), d'une part les $(n-3)$ paramètres

$$a_4, \quad a_5, \quad \ldots, \quad a_n,$$

d'autre part les $n-3$ coefficients du polynome $E_{n-4}(x)$.

Demandons-nous s'il sera possible de choisir ces paramètres de manière que l'intégrale générale de (33) soit donnée par

$$x = f\left(\dfrac{A z + B}{C z + D}\right),$$

le groupe G étant, par exemple, un groupe fuchsien admettant le cercle principal $|z| \leq 1$. Le polygone P_0 admettra les n sommets ε_i, points fixes des substitutions génératrices elliptiques ou paraboliques T_i qui sont liées par la relation

(34) $$T_n \ldots T_2 T_1 = 1.$$

Il s'ensuit aisément que le nombre de paramètres réels dont dépend G est égal à $2n-6$; puisqu'en effet, la relation (33) est invariante par toute transformation linéaire sur z, on ne doit pas regarder comme distincts deux groupes fuchsiens G transformés l'un de l'autre; on peut donc, d'une part, donner à ε_1 une valeur numérique fixe de même qu'aux coefficients de T_1 qui est une rotation elliptique d'angle $\dfrac{2\pi}{l_1}$ ou une substitution parabolique, d'autre part, faire en sorte que T_2 ne dépende plus que d'un seul paramètre en plaçant, par exemple, ε_2 sur une certaine ligne de niveau de T_1; ensuite T_3, T_4, ..., T_n dépendent chacune, les entiers l_i étant donnés, de deux paramètres; cela nous donne

$$2(n-2) + 1 = 2n-3$$

paramètres; mais la relation (34) équivaut à trois relations entre ces $2n-3$ paramètres; il n'y en a donc que $2n-6$ qui soient indépendants (^{1}). Si nous considérons maintenant le second membre de (33), nous avons vu qu'il contient ($2n-6$) paramètres complexes, c'est-à-dire $4n-12$ paramètres réels, ou $2n-6$ de plus que n'en contient le groupe G. Donc, pour que l'équation (33) s'intègre de la façon que nous avons dite, il faudra que les coefficients vérifient certaines relations au nombre de ($2n-6$) quand on sépare le réel de l'imaginaire. Mais ces conditions sont très compliquées et de nature encore mal connue.

Supposons maintenant que l'on se donne a_4, a_5, ..., a_n (a_1, a_2, a_3 conservant des valeurs numériques fixes); le nombre des paramètres restés arbitraires, appelés *paramètres accessoires*, est précisément égal au nombre des conditions à remplir; dans une question où toutes les équations de condition seraient algébriques, on pourrait conclure que l'on peut disposer de ces paramètres de manière à satisfaire à ces conditions et que, par suite, il existe toujours une équation du type (33) intégrable par les fonctions fuchsiennes, *les a_i étant donnés à l'avance*. Nous ne pouvons actuellement regarder cette proposition, dont la démonstration exige d'autres considérations, que comme possible; nous savons seulement qu'elle est exacte pour certaines valeurs des a_i.

Si nous prenons pour G un groupe kleinéen de genre zéro, nous pouvons le regarder comme dérivé de n substitutions elliptiques ou paraboliques dont les points fixes ε_i sont des sommets de P_0 (§ 78) et qui sont liées par la relation (34); en transformant G par une substitution linéaire, nous pouvons donner à ε_1, ε_2, ε_3 les valeurs 0, 1, ∞, par exemple, de sorte que T_1, T_2, T_3 dépendent chacune d'un seul paramètre complexe (définissant le second point double si elles sont elliptiques); T_4, T_5, ..., T_n dépendent ensuite chacune de deux paramètres complexes puisque le multiplicateur est connu; cela nous donne $2n-3$ paramètres qui se réduisent à ($2n-6$) à cause de (34). Le nombre de ces paramètres est exactement le même qu'au second membre de (33); cependant, il n'est pas vrai que toute équation de ce type donne x

---

(^{1}) Il est aisé de vérifier que les trois relations déduites de (34) sont bien indépendantes. Remarquons que les $2n-6$ paramètres de G devront satisfaire à certaines inégalités pour qu'on puisse construire effectivement le domaine fondamental P_0.

en fonction uniforme de z; c'est ce qui résulte de l'exemple de Fuchs :
$$x = \varphi\left(-\frac{1}{2\lambda i}\log z\right),$$
où $\varphi(u)$ désigne une fonction elliptique de périodes ω_1, ω_2 qui fait l'inversion de l'intégrale
$$u = \int_0^z \frac{dz}{\sqrt{P}} = \int_0^z \frac{dz}{\sqrt{(z-a_1)(z-a_2)(z-a_3)(z-a_4)}}.$$

x n'est fonction uniforme de z que si $\frac{\pi}{\lambda}$ est une période de φ; cependant, on a l'équation
$$\Delta\binom{z}{x} = \frac{2}{P}\left(\lambda^2 + \frac{3}{16}\frac{P'^2}{P} - \frac{1}{4}P''\right)$$

qui est bien du type (33), les l_i étant égaux à 2. Nous reviendrons tout à l'heure sur cet exemple à propos duquel on pourra aussi consulter le Traité de M. Schlesinger (t. II, 1re Partie, p. 256) ([1]).

103. Dans le cas de $n = 3$, l'équation (33) ne renferme plus aucun paramètre, et comme à tout système de valeurs des entiers l_1, l_2, l_3 correspond un groupe de Schwarz qui est, en général, un groupe fuchsien, l'équation considérée est intégrable au moyen des fonctions de Schwarz qui deviennent des fonctions elliptiques pour $\frac{1}{l_1} + \frac{1}{l_2} + \frac{1}{l_3} = 1$ et des fonctions rationnelles pour $\frac{1}{l_1} + \frac{1}{l_2} + \frac{1}{l_3} > 1$.

Cherchons ce que devient l'équation (33) quand on y fait $a_1 = 0$, $a_2 = 1$, $a_3 = \infty$; on y parvient en effectuant sur x un changement linéaire de variable qui rejette à l'infini le point $x = a_3$. Mais

---

([1]) Remarquons que la seule existence des groupes kleinéens, à courbe limite non analytique, entraîne cette conséquence : il existe des équations différentielles algébriques dont l'intégrale générale est une fonction uniforme qui possède une ligne singulière essentielle non analytique et variable avec les constantes d'intégration. C'est le cas de l'équation (33) en prenant z pour variable indépendante (*voir* PAINLEVÉ, *Leçons sur la théorie analytique des équations différentielles*, p. 7).

il est aussi simple de chercher directement la forme du second membre.

Au voisinage de $x = 0$, on a

$$\Delta\left(\frac{z}{x}\right) = \left(1 - \frac{1}{l_1^2}\right)\frac{1}{2x^2} + (\ )\frac{1}{x} + \ldots$$

Au voisinage de $x = 1$:

$$\Delta\left(\frac{z}{x}\right) = \left(1 - \frac{1}{l_2^2}\right)\frac{1}{2(x-1)^2} + (\ )\frac{1}{x-1} + \ldots$$

Au voisinage de $x = \infty$:

$$\Delta\left(\frac{z}{x}\right) = \left(1 - \frac{1}{l_3^2}\right)\frac{1}{2x^2} + (\ )\frac{1}{x^3} + \ldots$$

Comme la fonction considérée n'a pas d'autres pôles pour $x = 0$ et $x = 1$, on aura, par suite,

$$\Delta\left(\frac{z}{x}\right) = \frac{1 - \frac{1}{l_1^2}}{2x^2} + \frac{1 - \frac{1}{l_2^2}}{2(x-1)^2} + \frac{Ax + B}{2x(x-1)}$$

puisqu'elle prend la valeur zéro à l'infini. En exprimant qu'elle a le terme principal $\left(1 - \frac{1}{l_3^2}\right)\frac{1}{2x^2}$ à l'infini, on a

$$A = 0, \qquad B = \frac{1}{l_1^2} + \frac{1}{l_2^2} - \frac{1}{l_3^2} - 1$$

et

$$\Delta\left(\frac{z}{x}\right) = \frac{1 - \frac{1}{l_1^2}}{2x^2} + \frac{1 - \frac{1}{l_2^2}}{2(x-1)^2} + \frac{\frac{1}{l_1^2} + \frac{1}{l_2^2} - \frac{1}{l_3^2} - 1}{2x(x-1)}.$$

On reconnaît là l'équation différentielle à laquelle satisfait le quotient de deux intégrales de l'équation hypergéométrique de Gauss (*voir* PICARD, *Traité d'Analyse*, t. III, Chap. XIII), la variable x étant une fonction uniforme de ce quotient lorsque les l_i sont des entiers et seulement dans ce cas, ainsi qu'il résulte des éléments de la théorie des équations différentielles linéaires.

104. Si l'on revient à l'équation (33) dans le cas général d'un groupe de genre zéro, il est facile de voir comment elle se ramène à une équation linéaire du second ordre. Posons

$$(35) \qquad Z_1 = \frac{z}{\sqrt{\dfrac{dz}{dx}}}, \qquad Z_2 = \frac{1}{\sqrt{\dfrac{dz}{dx}}}.$$

On vérifie immédiatement que si l'on transforme z par la substitution linéaire $\begin{pmatrix} a & b \\ c & d \end{pmatrix}$ de déterminant 1, le système des deux variables Z_1 et Z_2 se trouve transformé par l'une des deux substitutions linéaires homogènes et entières correspondante, c'est-à-dire qu'en désignant par des accents les nouvelles valeurs de ces quantités, on a

$$\begin{aligned} Z'_1 &= \varepsilon(aZ_1 + bZ_2) \\ Z'_2 &= \varepsilon(cZ_1 + dZ_2) \end{aligned} \qquad (\varepsilon = \pm 1\,;\; ad - bc = 1).$$

Posons
$$Z = AZ_1 + BZ_2,$$

A, B constantes arbitraires; Z est l'intégrale générale de l'équation différentielle du second ordre

$$D_1 \frac{d^2 Z}{dx^2} + D_2 \frac{dZ}{dx} + D_3 Z = 0,$$

en posant

$$D_1 = Z_1 \frac{dZ_2}{dx} - Z_2 \frac{dZ_1}{dx},$$

$$D_2 = Z_2 \frac{d^2 Z_1}{dx^2} - Z_1 \frac{d^2 Z_2}{dx^2},$$

$$D_3 = \frac{dZ_1}{dx} \frac{d^2 Z_2}{dx^2} - \frac{dZ_2}{dx} \frac{d^2 Z_1}{dx^2}.$$

Pour calculer ces coefficients D, différentions par rapport à x la relation $Z_2 : Z_1 = z^{-1}$; il vient

$$D_1 = -Z_1^2 z^{-2} \frac{dz}{dx} = -1,$$

d'où
$$\frac{dD_1}{dz} = 0$$

et, par suite,
$$D_2 = 0.$$

L'équation du second ordre pour Z devient donc

$$(36) \qquad \frac{d^2 Z}{dx^2} = D_3 Z.$$

Pour calculer D_3, différentions par rapport à x la relation
$$z = Z_1 : Z_2;$$
il vient
$$\frac{dz}{dx} = -D_1 Z_2^{-2} = Z_2^{-2}$$

et en prenant la dérivée logarithmique
$$\frac{d^2 z}{dx^2} : \frac{dz}{dx} = -2 \frac{dZ_2}{dx} Z_2^{-1}.$$

Une nouvelle différentiation donne

$$\frac{\dfrac{d^3 z}{dx^3}}{\dfrac{dz}{dx}} - \left(\frac{\dfrac{d^2 z}{dx^2}}{\dfrac{dz}{dx}}\right)^2 = -2 \frac{d^2 Z_2}{dx^2} Z_2^{-1} + 2 \left(\frac{dZ_2}{dx}\right)^2 Z_2^{-2}.$$

Remplaçons le dernier terme du second membre par sa valeur tirée de l'équation précédente, puis tenons compte de (36) en y faisant $Z = Z_2$. Il vient
$$-2 D_3 = \Delta\left(\frac{z}{x}\right)$$

ou en appelant $2 R(x)$ la fraction rationnelle du second membre de (33),
$$D_3 = -R(x).$$

Nous obtenons finalement pour Z l'équation différentielle du second ordre

(37) $$\frac{d^2 Z}{dx^2} + Z R(x) = 0.$$

Si l'on applique la théorie classique de Fuchs à cette équation, on reconnaît que les seuls points critiques des intégrales sont les points $x = a_i$ et qu'en ces points la différence des racines de l'équation déterminante est $\dfrac{1}{l_i}$, ces points étant de plus réguliers au sens de Fuchs; cela résulte d'ailleurs des formules (33) et de la orme des développements que nous avons admise *a priori* pour le quotient $z = \dfrac{Z_1}{Z_2}$ de deux intégrales au voisinage des divers points du plan [formules (26), (27) et (28)]; mais les théorèmes généraux de Fuchs nous apprennent que $z(x)$ est effectivement de ces formes quand on se donne $R(x)$; en particulier, en un point distinct des a_i, on aura bien le développement (26), car si le développement de z commençait par un terme en $\tau^m (m \geqq 2)$, ce point serait un pôle du second ordre de $\Delta\left(\dfrac{z}{x}\right)$ ou de $R(x)$.

105. Dans le cas d'un groupe de genre quelconque p, la détermination exacte de la forme de la fonction $R(x, y)$ est plus compliquée. Nous pouvons toutefois, en appliquant le théorème de Riemann-Roch, déterminer le nombre des *paramètres accessoires* que contient cette fonction.

Les pôles de la fonction $\Delta\left(\dfrac{z}{x}\right)$ sont exclusivement les points $x = a_i$ et les points de ramification r de la surface de Riemann. Autour d'un point $x = a$, nous avons toujours

$$\Delta\left(\frac{z}{x}\right) = \frac{1}{2}\left(1 - \frac{1}{l^2}\right)(x-a)^{-2}[1 + \alpha_1(x-a) + \ldots].$$

Autour d'un point de ramification de la surface, nous avons

$$\Delta\left(\frac{z}{x}\right) = \frac{\nu^2 - 1}{2\nu^2}\tau^{-2\nu} + \frac{1}{\nu^2}\tau^{-2\nu+2}(a_0 + a_1\tau + \ldots)$$

en posant

$$\tau = (x - r)^{\frac{1}{\nu}},$$

c'est-à-dire

(38) $$\Delta\left(\frac{z}{x}\right) = \frac{\nu^2 - 1}{2\nu^2}\tau^{-2\nu}(1 + b_2\tau^2 + b_3\tau^3 + \ldots).$$

Le nombre des pôles sur la surface de Riemann sera donc

$$\rho = 2n + 2\sum_1^q \nu_h$$

avec la convention usuelle pour les pôles multiples.

Entre le nombre w des feuillets de la surface, le genre p et les ordres des divers points de ramification, nous avons (§ 110) la relation

$$\sum(\nu_h - 1) = 2(w + p - 1).$$

Le nombre des pôles de $\Delta\left(\dfrac{z}{x}\right)$ est donc certainement supérieur à $2p-2$; on peut donc, dans l'application du théorème de Riemann-Roch, remplacer par zéro l'entier désigné par σ (t. I, §174), et l'on voit que la fonction algébrique la plus générale, uniforme sur la surface, qui admet les mêmes pôles que $\Delta\left(\dfrac{z}{x}\right)$ avec les mêmes ordres de multiplicité dépend d'une manière linéaire et homogène de $(\rho - p + 1)$ constantes arbitraires.

Mais nos fonctions $\Delta\left(\dfrac{z}{x}\right)$ sont assujetties ici à d'autres conditions; nous voyons qu'autour d'un pôle $x = a_i$, le coefficient de $(x-a_i)^{-2}$ est connu d'avance, sa valeur étant $\dfrac{1}{2} - \dfrac{1}{2l_i^2}$; de même, dans le développement autour d'un point de ramification $x = r_h$, les deux premiers termes polaires ont des coefficients connus, le second étant nul; enfin, les w points à l'infini de la surface, qui sont des points ordinaires, doivent être pour nos fonctions des zéros du quatrième ordre; le nombre des constantes cherchées doit donc être diminué de

$$n + 2q + 4w,$$

q étant le nombre des points de ramification distincts.

Ce nombre a donc pour valeur

$$\rho - p + 1 - n - 2q - 4w = n - p + 1 - 4w + 2\sum_{1}^{q}(\nu_h - 1) = n + 3p - 3.$$

Ainsi, le nombre des paramètres accessoires de l'équation (32), c'est-à-dire de ceux de ces paramètres qui ne sont pas déterminés par les pôles de $R(x, y)$ et les zéros situés à l'infini, a pour valeur $n + 3p - 3$. On verra encore que ces paramètres sont ceux qui subsistent après avoir exprimé que l'équation

$$\frac{d^2 Z}{dx^2} + Z\,R(x, y) = 0$$

admet comme points singuliers, sur la surface de Riemann, les seuls points $x = a_i$, ces points étant réguliers au sens de Fuchs et la différence des racines de l'équation déterminante étant $\dfrac{1}{l_i}$; autrement dit, on a exprimé les conditions *locales* d'uniformité de x considérée comme fonction du rapport des intégrales (*voir* Picard, *Traité d'Analyse*, t. III). Pour $p = 0$, on retrouve bien le nombre $(n - 3)$ des coefficients du polynome $E_{n-4}(z)$.

Le nombre des paramètres réels dont dépend un groupe fuchsien de la première classe ayant la signature

$$(p, n; l_1, l_2, \ldots, l_n)$$

est, d'autre part, égal à $2n + 6p - 6$.

En effet nous avons d'une part les $2p$ substitutions génératrices T_{a_k}, T_{b_k} dépendant de $6p$ paramètres; mais en transformant G par une substitution linéaire préalable nous pouvons faire en sorte que T_{a_1} ne contienne plus qu'un paramètre et que T_{b_1} n'en contienne plus que deux. Il n'en reste plus que $6p - 3$. Les substitutions T_1, T_2, ..., T_n, dont les multiplicateurs sont connus, contiennent $2n$ paramètres. Comme enfin le produit des substitutions T_i, T_{a_k}, T_{b_k}, $T_{a_k}^{-1}$, $T_{b_k}^{-1}$ effectué dans un certain ordre doit être la substitution identique, ce qui donne trois conditions, il subsiste $2n + 6p - 6$ paramètres indépendants. Comme ces paramètres sont réels on voit que si l'on cherche à disposer des paramètres accessoires de manière que l'équation (32) soit intégrable au moyen des fonctions fuchsiennes, on obtient un nombre de conditions égal au nombre des inconnues. On doit donc s'attendre à ce que le probleme soit possible en général; mais la remarque faite plus haut à propos de l'exemple de Fuchs montre qu'on ne peut pas l'affirmer *a priori*.

106. Un cas particulièrement intéressant est celui où $n = 0$. La fonction $z(x)$ est alors, et quelle que soit la nature du groupe G, dépourvue de points de ramification sur la surface de Riemann et uniforme dans toute région simplement connexe de celle-ci. Elle se comporte jusqu'à un certain point comme une intégrale abélienne de première espèce; seulement les substitutions qu'elle subit quand x décrit un circuit sur la surface de Riemann, au lieu d'être paraboliques et entières, sont en général fractionnaires.

Dans le cas de $p = 1$ qui correspond aux groupes dérivés de deux translations dans le plan euclidien et aux fonctions elliptiques $x(z)$, la fonction $z(x)$ est précisément l'intégrale elliptique de première espèce attachée à la courbe $P(x, y) = 0$. Réciproquement à toute relation algébrique de genre 1 correspond une intégrale de première espèce qui fait la représentation conforme de la surface de Riemann attachée à cette relation sur un réseau de parallélogrammes du plan des z. On établit ainsi une correspondance univoque entre une classe de courbes algébriques de genre 1, et un groupe de substitutions de la forme

$$z' = z + m_1 \omega_1 + m_2 \omega_2 \qquad (m_1, m_2 \text{ entiers}),$$

en ne regardant pas comme distincts deux groupes transformés l'un de l'autre par une substitution $(z; Az)$ où A est arbitraire. Un groupe de cette famille est donc représenté par le rapport $\omega = \dfrac{\omega_2}{\omega_1}$, en regardant comme identiques deux couples de périodes (ω'_1, ω'_2) et (ω_1, ω_2) déduits l'un de l'autre par une substitution linéaire et homogène à coefficients entiers de déterminant ± 1; ω n'est donc défini qu'à une substitution près de la forme $\left(\omega; \dfrac{a\omega + b}{c\omega + d}\right)$ appartenant au groupe modulaire étendu par l'adjonction de $(\omega; -\omega)$; ω peut ainsi être pris dans le demi-plan supérieur à l'intérieur du domaine fondamental du groupe modulaire (§ 55) et regardé comme le module transcendant d'une classe de courbes algébriques de genre 1, dont le module algébrique ou invariant absolu n'est autre que la fonction automorphe du groupe modulaire à l'aide de laquelle les autres s'expriment rationnellement; celle-ci est déterminée à une subtitution linéaire près puisque le groupe modulaire est un groupe fuchsien du genre zéro.

Ce sont là des faits bien connus de la théorie des fonctions elliptiques pour le détail desquels nous renverrons par exemple au *Cours d'Analyse* de Jordan (t. II).

Si nous supposons maintenant $p > 1$, nous obtenons des classes de courbes algébriques caractérisées par les valeurs de $(3p - 3)$ quantités complexes ou modules (t. I, § 221). Le nombre des paramètres réels $(6p - 6)$ dont dépend essentiellement une classe de courbes algébriques est donc égal au nombre de paramètres dont dépend un groupe fuchsien à cercle limite et de genre p pour lequel $n = 0$. Comme nous savons qu'à tout groupe fuchsien de cette espèce correspond une classe de courbes de genre p, nous devons présumer que la réciproque est vraie. Cette réciproque sera établie au chapitre suivant, ainsi que le théorème plus général qui concerne le cas de $n \neq 0$ et qui s'énonce ainsi : *Sur une surface de Riemann de genre p il existe une fonction linéaire-*

ment polymorphe admettant n points critiques donnés $(a_1 a_2 \ldots a_n)$ et représentant d'une manière conforme la surface de Riemann munie d'un systéme normal de coupures sur un polygone fuchsien de la première classe ayant la signature
$$(p, n; l_1, \ldots, l_n),$$
les l_i étant des entiers > 1, finis ou infinis.

107. Cette proposition une fois démontrée, il en résulte une série de conséquences analogues à celles qui concernent le cas de $p = 1$. Pour le moment essayons seulement de nous rendre compte de la manière dont on pourrait, au moins théoriquement, former les équations de condition qui déterminent les valeurs des paramètres accessoires pour lesquels l'équation (32) s'intègre au moyen des fonctions fuchsiennes, en insistant, pour plus de précision, sur le cas particulier où l'on a $n = 0$ et $p = 2$; la relation entre x et y peut alors être supposée de la forme

(39) $\qquad y^2 = (x - r_1)(x - r_2) \ldots (x - r_6) = Q(x).$.

Nous devons exprimer que la fonction
$$2 R(x, y) = M + \frac{N}{\sqrt{Q}},$$
où M et N sont rationnels en x, n'a pas d'autres pôles que les points $x = r_i$, et que ceux-ci sont des pôles du quatrième ordre avec un terme principal connu; il s'ensuit que M et N n'ont d'autres pôles que ces mêmes points, comme on le vérifie immédiatement. Supposons que $x = r$ soit un pôle d'ordre e pour M et d'ordre f pour N; on aura en posant $\tau = (x - r)^{\frac{1}{2}}$ au voisinage de ce point

$$M = m \tau^{-2e} + m' \tau^{-2e+2} + \ldots \qquad (m \neq 0),$$
$$N = n \tau^{-2f} + n' \tau^{-2f+2} + \ldots \qquad (n \neq 0),$$
$$\frac{1}{\sqrt{Q}} = \alpha \tau^{-1} + a' + a'' \tau + \ldots \qquad (a \neq 0),$$
$$M + \frac{N}{\sqrt{Q}} = (m \tau^{-2e} + m' \tau^{-2e+2} + \ldots) + a n \tau^{-2f-1} + \ldots.$$

Cette expression doit être égale d'après la formule (38), où l'on fait $\nu = 2$, à
$$\frac{3}{8}\tau^{-4}(1 + b_2\tau^2 + b_3\tau^3 + \ldots).$$

En comparant ces deux développements on trouve :
$$e = 2, \quad f = 0, \quad m = \frac{3}{8},$$

N n'a donc pas de pôle à distance finie, tandis que M admet les pôles $x = r_i$ avec le terme principal $\frac{3}{8}(x - r_i)^{-2}$,

D'autre part les deux points à l'infini sont des zéros du quatrième ordre de R; donc M admet un zéro d'ordre 4, N un zéro d'ordre 1 à l'infini. Par suite N est identiquement nulle, tandis que M est de la forme
$$M = \sum_i \frac{\frac{3}{8}}{(x-r_i)^2} + \frac{2t_i}{x-r_i}.$$

En exprimant que M a un zéro du quatrième ordre à l'infini on obtient
$$\sum_1^6 t_i = 0,$$
$$\sum_1^6 \left(\frac{3}{8} + 2t_i r_i\right) = 0,$$
$$\sum_1^6 \left(\frac{3}{4}r_i + 2t_i r_i^2\right) = 0.$$

Nous pouvons sans restreindre la généralité faire
$$r_4 = 0, \quad r_5 = 1, \quad r_6 = -1,$$

r_1, r_2, r_3 pouvant alors être regardés comme les modules algébriques qui définissent la classe de courbes hyperelliptiques considérée. Les relations entre les t_i nous donnent ensuite t_4, t_5, t_6 en fonction de t_1, t_2, t_3 qui sont les trois paramètres accessoires et l'on obtient

$$(40) \quad R(x,y) = \frac{3}{16}\left[\frac{1}{x^2} + \frac{1}{(x-1)^2} + \frac{1}{(x+1)^2} + \sum_1^3 \frac{1}{(x-r_i)^2}\right]$$
$$+ \sum_1^3 \frac{t_i}{x-r_i} + \frac{1}{x}\left[\sum_1^3\left(\frac{3}{8}r_i + t_i(r_i^2-1)\right)\right]$$
$$+ \frac{1}{x+1}\left[-\frac{9}{16} - \sum_1^3\left(\frac{3}{8}r_i + t_i(r_i^2+r_i)\right)\right]$$
$$+ \frac{1}{x-1}\left[-\frac{9}{16} - \sum_1^3\left(\frac{2}{8}r_i + t_i(r_i^2-r_i)\right)\right].$$

$R(x, y)$ se réduit donc ici à une fonction rationnelle de x seulement, et l'équation différentielle du second ordre

$$\frac{d^2Z}{dx^2} + RZ = 0$$

est à coefficients rationnels. On vérifie de suite que c'est une équation à intégrales régulières avec les seuls points singuliers o, $+1$ et r_i. On peut vérifier directement que les racines de l'équation déterminante pour chacun de ces points sont $\frac{3}{4}$ et $\frac{1}{4}$, mais cela résulte indirectement de la manière dont cette équation a été obtenue en tenant compte des formules (35). Il existe donc bien, d'après les théorèmes généraux de Fuchs, deux solutions de cette équation du second ordre qui au voisinage de $x = r$ sont de la forme

$$(x-r)^{\frac{3}{4}}[1 + a(x-r) + \ldots],$$
$$(x-r)^{\frac{1}{4}}[1 + b(x-r) + \ldots],$$

et par suite une solution z de l'équation (32) qui est de la forme

$$(x-r)^{\frac{1}{2}}[1 + \ldots],$$

et par suite uniforme et régulière autour du point $x = r$, *sur la surface de Riemann;* il s'ensuit que l'intégrale générale de (32) est méromorphe en tout point de cette surface et uniforme sur celle-ci quand on l'a rendue simplement connexe au moyen du système canonique de rétrosections passant par un même point. Soit Σ l'aire ainsi obtenue; une branche d'intégrale de (32) fera la représentation conforme de Σ sur une aire P_0 du plan des z. Je dis que cette représentation n'aura pas de points singuliers. En effet si x_0 est distinct des points r, toutes les intégrales de l'équation linéaire restent holomorphes dans un entourage de x_0 quand x tend vers x_0; il en sera de même du quotient z de deux intégrales, en remplaçant au besoin z par $\frac{1}{z}$; comme les fonctions

$$Z_2 = \frac{1}{\sqrt{\frac{dz}{dx}}}, \qquad Z_1 = \frac{z}{\sqrt{\frac{dz}{dx}}}$$

sont des solutions de l'équation linéaire, holomorphes par conséquent pour $x = x_0$, il s'ensuit que $\frac{dz}{dx}$ ne s'annule pas et qu'un entourage de x_0 est représenté par une aire simple du plan des z qui lui correspond point par point; le fait subsiste pour $x_0 = \infty$; mais nous ne pouvons pas affirmer que l'aire P_0 ne se recouvrira pas elle-même; P_0 pourra être envisagée, si ce fait se produisait, comme un morceau, simplement connexe et *dépourvu de points de ramification*, d'une surface de Riemann à un nombre fini de feuillets étendue sur le plan z; en se plaçant à ce point de vue, on obtient une représentation conforme et biunivoque de Σ sur P_0 qui conserve ce caractère en chaque point des aires et de leurs contours; mais à un contour joignant deux points superposés de P_0, et par conséquent fermé sur le plan simple des z, correspondra une ligne joignant deux points distincts de Σ et $x(z)$ ne sera pas uniforme. Nous obtenons donc une première condition d'uniformité; il faut que P_0 soit une aire simple.

Supposons cette condition remplie; P_0 est alors un polygone de $4p$ côtés, un octogone pour $p = 2$, dont les côtés se correspondent deux à deux par des substitutions linéaires (*fig*. 30). Quand x franchit l'une des coupures de Σ, z franchit le côté λ de P_0 qui correspond au premier bord de la coupure rencontré par le point x, et pénètre dans le polygone adjacent à P_0 et déduit de ce dernier par la substitution qui change λ' en λ, λ' correspondant au deuxième bord de cette même coupure. Quand (x, y) décrit un chemin quelconque sur la surface de Riemann fermée, z traverse des polygones du réseau déduits de P_0 par les substitutions qui conjuguent deux à deux ses côtés, suivant le processus décrit dans l'étude des groupes fuchsiens. Réciproquement la fonction $x(z)$ est prolongeable le long de tout chemin qui traverse un nombre fini de polygones de ce réseau, et lui fait

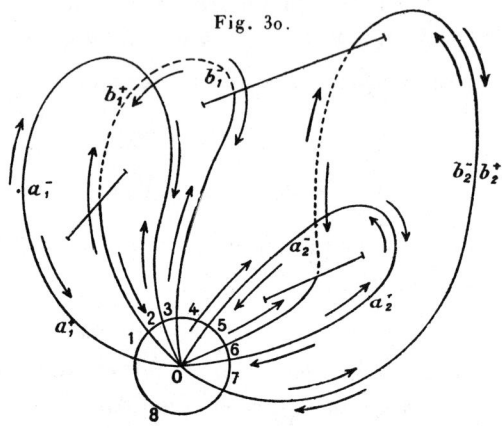

Fig. 30.

correspondre un chemin continu sur la surface de Riemann fermée.

Pour que $x(z)$ et $y(z)$ soient uniformes dans la région $\mathcal{R}$ couverte par le réseau de polygones, il faut donc et il suffit que ces polygones n'empiètent pas les uns sur les autres, autrement dit que P_0 soit le polygone générateur d'un groupe proprement discontinu; $\mathcal{R}$ sera d'ailleurs le domaine d'existence de ces fonctions, et P_0 sera un polygone *canonique* du type de ceux que nous avons étudiés au chapitre précédent, et n'ayant dans le cas actuel, que des sommets adventifs; en effet $z(x)$ n'ayant pas de points critiques sur la surface de Riemann comme nous l'avons remarqué tout à l'heure, il s'ensuit que si z_0 est un point quelconque de P_0 ou de son contour auquel correspond le point $(x_0 y_0)$, la correspondance établie par cette fonction entre un élément de la surface de Riemann entourant $(x_0 y_0)$ et un domaine du plan des x contenant z_0 à son intérieur est conforme *en chaque point;* donc ce dernier domaine ne peut pas contenir deux points équivalents auxquels correspondrait un même point de la surface de Riemann; par suite z_0 ne peut être le point double d'une substitution du groupe. On aura donc entre les substitutions génératrices la relation

(41) $\qquad T_{b_2} T_{a_2}^{-1} T_{b_2}^{-1} T_{a_2} T_{b_1} T_{a_1}^{-1} T_{b_1}^{-1} T_{a_1} = 1,$

puisque la substitution du premier membre laisse fixe un sommet de P_0 (§ 78).

Remarquons que le contour de P_0 n'aura pas en général de

Fig. 31.

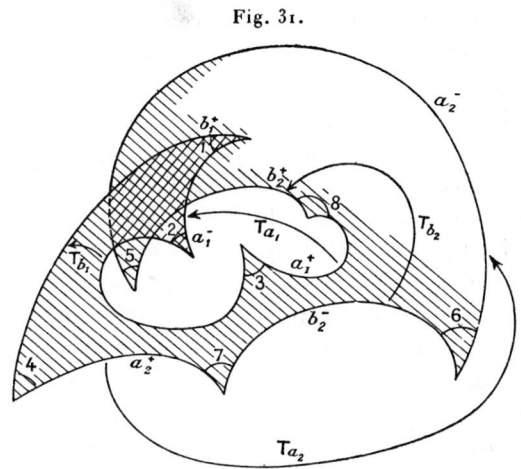

point double (*fig.* 31); pour en être assuré il suffit d'admettre que $x(z)$ est uniforme en tout point de P_0 *contour compris;* il y a toutefois des exceptions correspondant aux cas singuliers que nous avons considérés dans la structure du polygone canonique, ceux où deux côtés ou bien deux sommets viennent en coïncidence; deux côtés coïncideront si l'une des substitutions génératrices T_a ou T_b devient la substitution identique; deux sommets viennent en coïncidence si le produit de plusieurs facteurs consécutifs de la relation (41) devient égal à 1; nous avons vu que dans ces différents cas, P_0 peut être transformé en un polygone à connexion multiple en supprimant les arcs de son périmètre parcourus deux fois en sens contraire.

108. Nous obtenons donc une condition nécessaire pour que les variables x et y s'expriment en fonction uniforme du rapport z de deux intégrales de l'équation linéaire : en deux points m et m' du

contour $\mathcal{C}$ de l'aire Σ la branche de fonction $z(x)$ doit prendre des valeurs distinctes lorsque m et m' ne sont pas en coïncidence sur le même bord ou sur deux bords distincts de Σ. Mais cette condition nécessaire n'est pas toujours suffisante; elle le sera si nous savons d'avance que le réseau $\mathcal{R}$ est simplement connexe; dans ce cas les conditions de discontinuité propre se réduisent en effet à ceci : la somme des angles du cycle unique de sommets est égale à 2π, qui est vérifiée comme nous l'avons remarqué parce que la représentation est conforme en O ([1]). Elle le sera également si z prend la même valeur sur les deux bords des coupures a, P_0 se ramenant alors à un polygone dépourvu de sommets et limité par p paires de courbes fermées qui correspondent aux $2p$ bords des rétrosections b, de sorte que G se trouve engendré par *Ineinanderschiebung*. Mais dans le cas général l'étude des conditions de discontinuité propre de G exigera la considération des polyèdres de l'espace, que l'on pourra construire après avoir, pour plus de commodité, transformé P_0 en un polygone à côtés circulaires par modification permise. La discussion analytique de ces diverses conditions conduirait, pour $p > 1$, à des difficultés qui paraissent inextricables.

Nous devons toutefois remarquer que les groupes polygonaux de la catégorie $(p, 0)$, engendrés par un polygone à $4p$ sommets distincts formant cycle, dépendent de $6p - 6$ paramètres complexes; car les $2p$ substitutions génératrices dépendent chacune de trois paramètres complexes; mais la relation fondamentale entre ces substitutions équivaut à trois relations entre ces paramètres et d'autre part on peut transformer le groupe par une substitution quelconque, ce qui diminue encore de trois unités le nombre des paramètres essentiels; le nombre des paramètres du groupe G étant égal à celui des paramètres qui figurent dans notre équation linéaire du second ordre et qui sont d'une part les modules de la classe d'équations algébriques considérée (r_1, r_2, r_3 pour $p = 2$); d'autre part les paramètres accessoires, nous devons nous attendre

---

([1]) Remarquons que la relation (41) exprime que la somme des angles du cycle de sommets est un multiple de 2π; elle ne pourrait devenir supérieure à 2π que si le point O, origine des coupures de la surface de Riemann, était un point à apparence singulière, la différence des racines de l'équation déterminante étant > 2.

à ce que les fonctions $x(z)$, $y(z)$ soient uniformes sinon pour des valeurs arbitraires des paramètres, du moins pour des valeurs assujetties seulement à des inégalités. Admettons, ce qui sera démontré au chapitre suivant, que pour des valeurs arbitraires de r_1, r_2, r_3 nous ayons pu choisir t_1, t_2, t_3 de manière à obtenir une représentation conforme de notre surface de Riemann munie de ses coupures sur un polygone fuchsien de la première classe, par suite simplement connexe; P_0 est donc un polygone à contour simple et d'angles non nuls, dont les côtés sont des arcs analytiques s'il en est ainsi des coupures de la surface. Or, si l'on se donne *numériquement* les conditions initiales en un point du contour $\mathcal{C}$, les intégrales de notre équation linéaire et leurs dérivées premières sont des fonctions entières des paramètres t_i, quand (x, y) décrit $\mathcal{C}$, ainsi qu'il résulte, par exemple, de la méthode des approximations successives de M. Picard pour le calcul de ces intégrales (Picard, *loc. cit.*, t. III, Chap. V, § 5); les fonctions $z(x)$ et $\dfrac{dz(x)}{dx}$ sont donc sur ce même contour des fonctions méromorphes de t_1, t_2, t_3 qui varieront d'une manière continue avec ces paramètres; le contour de P_0 va donc se déformer d'une manière continue et restera un contour simple quand t_1, t_2, t_3 varieront à partir de leurs valeurs initiales dans un champ suffisamment restreint. Je dis de plus que le réseau $\mathcal{R}$ restera simplement connexe; on le voit facilement en se rapportant à la méthode de Poincaré pour la construction des groupes kleinéens. Considérons le polygone fuchsien P'_0 qui correspond aux valeurs initiales des paramètres accessoires et que nous pouvons, moyennant des modifications permises, supposer limité par $4p = 8$ arcs de cercle orthogonaux au cercle principal, en modifiant corrélativement les coupures de la surface; nous pouvons d'ailleurs prendre un tel polygone comme point de départ des déductions ultérieures si nous ne cherchons pas à donner à r_1, r_2, r_3 des valeurs données à l'avance; les paramètres t ayant varié, P'_0 va être remplacé par un polygone voisin P_0 qui ne sera plus en général un polygone fuchsien, mais différera très peu de P'_0 comme il vient d'être expliqué; nous pouvons du reste modifier P_0 de manière à lui donner des côtés circulaires en remplaçant un côté λ par l'arc de cercle mené par son milieu et ses deux extrémités, et le côté conjugué λ' par l'arc de cercle transformé du premier par la T correspondante; le nouveau polygone P_0'' sera toujours très peu différent de P_0'. Comme les plans des côtés de P_0', représenté sur la sphère, passent tous par un même point F extérieur à celle-ci et qui est le pôle du plan du cercle principal, le polyèdre correspondant II_0' n'a aucun sommet à l'intérieur de la sphère et découpe sur celle-ci deux polygones qui sont P_0' et son symétrique par rapport au cercle principal, séparés par ce dernier. Le polyèdre II_0'', qui correspond à P_0'', n'aura donc encore, si les t_i ont assez peu varié, aucun sommet intérieur à la sphère et découpera sur celle-ci deux polygones P_0'' et P_1'' qui ne seront plus en général symétriques, mais toujours séparés ; les côtés de P_1'' se correspondent deux à deux par les mêmes substitutions qui unissent les côtés de P_0''. Les conditions de discontinuité propre, que nous avons formulées dans l'étude des groupes kleinéens sont toujours vérifiées, car la somme des angles dièdres du seul cycle d'arêtes rectilignes est égale à 2π, les polygones du réseau étant toujours assemblés sans lacune ni duplicature autour d'un sommet de P_0 ou de P_0'' : cela résulte de ce que la représentation de Σ sur P_0 ne cesse pas d'être conforme au point O correspondant aux sommets du polygone. Les polyèdres II_i'' équivalents à II_0'' qui n'auront comme lui que des sommets adventifs sur la sphère et aucun à l'intérieur découperaient sur celle-ci deux réseaux connexes et deux seulement qui seront donc simplement connexes et séparés par une courbe limite; $x(z)$ et $y(z)$ ne seront plus des fonctions fuchsiennes de z, mais en resteront toujours des fonctions uniformes et kléinéennes.

Il suit de là que les conditions d'uniformité des fonctions $x(z)$ et $y(z)$, que l'on a coutume d'appeler d'après Fuchs et Poincaré les conditions transcendantes, sont en général des conditions d'inégalité.

109. Considérons maintenant un champ de variation des paramètres t_i et r_i pour lequel les conditions d'uniformité sont remplies. Quelle sera la nature des équations de condition exprimant que P_0 est un polygone fuchsien? Il faudra exprimer que les substitutions génératrices laissent invariant un même cercle.

Or, les coefficients des substitutions génératrices mises sous forme unimodulaire ($ad - bc = 1$) sont des fonctions entières des t_i. En effet, deux solutions fondamentales de l'équation (37) sont liées par la relation

$$Z_1 \frac{d^2 Z_2}{dx^2} - Z_2 \frac{d^2 Z_1}{dx^2} = 0,$$

d'où

$$Z_1 \frac{dZ_2}{dx} - Z_2 \frac{dZ_1}{dx} = \text{const.}$$

Donnons aux solutions Z_1, Z_2 et à leurs dérivées premières des valeurs initiales, purement numériques, α, β, γ, δ telles que

$$\alpha\delta - \beta\gamma = 1.$$

Si (x, y) décrit un contour fermé sur la surface de Riemann Z_1, et Z_2 éprouvent la substitution $(Z_1, Z_2;\ aZ_1 + bZ_2,\ cZ_1 + dZ_2)$, et l'on a

$$(aZ_1 + bZ_2)\left(c\frac{dZ_1}{dx} + d\frac{dZ_2}{dx}\right) - (cZ_1 + dZ_2)\left(a\frac{dZ_1}{dx} + b\frac{dZ_2}{dx}\right)$$
$$= (ad - bc)\left(Z_1 \frac{dZ_2}{dx} - Z_2 \frac{dZ_1}{dx}\right) = 1$$

et, par suite,
$$ad - bc = 1.$$

Or, si le circuit considéré part du point O de la surface de Riemann correspondant, par exemple, aux sommets de P_0, pour revenir en ce même point, les valeurs finales de Z_1, Z_2 et de leurs dérivées premières, qui sont $a\alpha + b\beta$, $c\alpha + d\beta$, $a\gamma + b\delta$, $c\gamma + d\delta$, sont des fonctions entières des t_i; donc a, b, c, d sont des fonctions entières des t_i; mais $\begin{pmatrix} a & b \\ c & d \end{pmatrix}$ désigne une substitution quelconque du *groupe projectif de monodromie* de l'équation linéaire. Notre assertion est donc exacte. Il n'est guère douteux que ces fonctions entières ne soient transcendantes, mais on ne l'a pas démontré rigoureusement, sauf dans le cas de $p = 1$ où l'on a une fonction exponentielle.

Exprimons maintenant que G est un groupe fuchsien, c'est-à-dire que les substitutions génératrices laissent invariant un cercle d'équation

$$A z\bar{z} + B z + \overline{B}\bar{z} + C = 0,$$

A et C étant réels, B et $\overline{B}$ imaginaires conjugués ainsi que z et $\bar{z}$. Nous aurons un certain nombre d'équations de condition telles

que
$$A\,a\bar{a} + B\,a\bar{c} + \overline{B}\,\bar{a}c + C\,c\bar{c} = \lambda\,A,$$
$$A\,a\bar{b} + B\,a\bar{d} + \overline{B}\,\bar{a}d + C\,c\bar{d} = \lambda\,B,$$
....

relatives aux diverses substitutions génératrices, et nous sommes ramenés à un problème d'élimination algébrique. Nous obtiendrons ainsi un certain nombre d'équations algébriques entre des quantités qui sont les parties réelles et imaginaires de fonctions entières des t_i. Telle est la nature des *conditions transcendantes* de Poincaré et nous savons que pour $p > 1$, nous obtenons un nombre de conditions égal au nombre des inconnues, mais l'étude directe de ces équations est actuellement inabordable.

Continuons à examiner comment variera le groupe G quand on fait varier les paramètres t_i; si ces paramètres restent bornés, il en est de même des coefficients a, b, c, d d'une substitution quelconque, qui, par conséquent, ne tendra jamais vers une substitution singulière; la figure formée par P_0 et un nombre fini quelconque de polygones équivalents représentés sur la sphère variera d'une manière continue de telle sorte que la longueur de l'un de ses côtés oscille entre des limites finies et différentes de zéro et qu'un angle primitivement différent de zéro ne tende jamais vers zéro; cela découle immédiatement des propriétés des fonctions $z(x)$ et $\dfrac{dz(x)}{dx}$, considérées comme fonctions du point analytique (x, y) et des paramètres t_i.

110. Nous pouvons ensuite énoncer la propriété suivante : *Si p est > 1, il n'existe aucun système de valeurs des t_i pour lequel toutes les substitutions de G sont additives, c'est-à-dire de la forme $(z;\ z + \omega)$.*

Cette proposition est identique à celle que nous avons démontrée au Chapitre X (t. I), en traitant du problème de l'inversion, car si toutes les substitutions de G étaient de cette forme, $\dfrac{dz}{dx}$, uniforme sur la surface de Riemann, serait fonction rationnelle de x et y, et z serait une intégrale abélienne; or, nous avons démontré à l'endroit indiqué que, pour $p > 1$, aucune intégrale abélienne ne peut représenter l'entourage de tout point de la surface de Riemann sur une aire simple du plan z; pour $p = 1$, au contraire, les intégrales de première espèce possèdent cette propriété. Remarquons que pour $p > 1$, toute intégrale abélienne I de première ou de seconde espèce vérifie encore une équation différentielle de la forme

$$\Delta\left(\begin{matrix}\mathrm{I}\\x\end{matrix}\right) = 2\,\mathrm{R}(x, y).$$

Mais il existe au moins un point de la surface de Riemann autour duquel I ou l'une de ses transformées linéaires est de la forme

$$\tau^m(1 + \alpha_1\tau + \ldots),$$

m étant un entier > 1 et la variable auxiliaire τ ayant la signification connue; un entourage de ce point sera donc représenté sur le plan I par une aire ramifiée et l'équation linéaire du second ordre correspondante possédera là un *point à apparence singulière* pour lequel la différence des racines de l'équation déterminante sera l'entier m; $\mathrm{R}(x, y)$ n'aura pas la forme que nous lui avons assignée dans l'étude des fonctions linéairement polymorphes qui nous occupent actuellement; elle possédera soit d'autres pôles, soit les mêmes pôles avec d'autres parties principales qui correspondront aux points où I possède le développement indiqué à l'instant.

111. La proposition que nous venons de rappeler est un cas particulier de la suivante due à M. Picard [1] : *Si $p > 1$, il n'existe aucun système de valeurs des paramètres accessoires pour lequel le groupe G de monodromie d'une fonction $z(x)$ soit contenu dans le groupe des similitudes du plan euclidien: autrement dit, les substitutions de G ne seront jamais toutes de la forme $(z;\ az + b)$.*

Le groupe continu à deux paramètres dont nous venons de parler admet évidemment l'invariant différentiel

$$\frac{\dfrac{d^2 z}{dx^2}}{\dfrac{dz}{dx}} = \frac{d}{dx}\left(\log\frac{dz}{dx}\right).$$

---

[1] *Sur les fonctions algébriques de deux variables indépendantes* (*J. M.*, 1889).

Si le groupe G était contenu dans ce groupe continu, cet invariant deviendrait, en y remplaçant z par la fonction polymorphe considérée, une fonction algébrique $\rho(x, y)$ uniforme sur la surface de Riemann. Nous allons exprimer que la somme des résidus de cette fonction est égale à zéro.

Soit (x_0, y_0) un point à distance finie sur la surface, distinct des points de ramification; si la branche de fonction $z(x)$ n'est pas infinie en ce point, $\dfrac{dz}{dx}$ y est régulière et de plus différente de zéro; la dérivée logarithmique de $\dfrac{dz}{dx}$, c'est-à-dire $\rho(x, y)$, est donc elle-même régulière en ce point. Si (x_0, y_0) est un pôle de $z(x)$, c'est nécessairement un pôle simple et, par suite, un pôle double de $\dfrac{dz}{dx}$, dont la dérivée logarithmique ρ aura elle-même un pôle simple avec le résidu -2.

Soit maintenant (x_0, y_0) un point de ramification et posons comme d'habitude :
$$x = x_0 + \tau^\nu.$$

Si $z(x)$ est régulière en ce point, elle a nécessairement un développement de la forme
$$z = z_0 + \alpha\tau + \ldots \quad (\alpha \neq 0),$$
d'où
$$\frac{dz}{dx} = \frac{1}{\nu \tau^{\nu-1}} \frac{dz}{d\tau} = \frac{\alpha}{\nu} \tau^{-(\nu-1)} (1 + \beta\tau + \ldots)$$
et, par suite,
$$\frac{d}{d\tau}\left(\log \frac{dz}{dx}\right) = -\frac{(\nu - 1)}{\tau}(1 + \gamma\tau + \ldots),$$
$$\frac{d}{dx}\left(\log \frac{dz}{dx}\right) = \frac{1}{\nu\tau^{\nu-1}} \frac{d}{d\tau}\left(\log \frac{dz}{dx}\right) = -\frac{\nu-1}{\nu} \tau^{-\nu}(1 + \delta\tau + \ldots),$$

La fonction $\rho(x, y)$ a donc en ce point un pôle d'ordre ν, le résidu correspondant ayant pour valeur
$$-\frac{\nu - 1}{\nu} \nu = -(\nu - 1).$$

Si $z(x)$ admet un pôle au point considéré, c'est un pôle simple,

et l'on a
$$z = \alpha\tau^{-1}(1 + \alpha_1\tau + \ldots) \quad (\alpha \neq 0),$$
$$\frac{dz}{dx} = \frac{1}{\nu\tau^{\nu-1}}\frac{dz}{d\tau} = -\frac{\alpha}{\nu}\tau^{-(\nu+1)}(1 + \beta_1\tau + \ldots),$$
$$\frac{d}{d\tau}\left(\log\frac{dz}{dx}\right) = -\frac{\nu+1}{\tau}(1 + \gamma_1\tau + \ldots),$$
$$\frac{d}{dx}\left(\log\frac{dz}{dx}\right) = \frac{1}{\nu\tau^{\nu-1}}\frac{d}{d\tau}\left(\log\frac{dz}{dx}\right) = -\frac{\nu+1}{\nu}\tau^{-\nu} + \ldots$$

Nous avons donc encore un pôle d'ordre ν, le résidu correspondant ayant pour valeur

$$-(\nu+1),$$

Considérons maintenant l'un des ϖ points à l'infini de la surface qui sont distincts des points de ramification.
Si $z(x)$ est finie en ce point, on a

$$z = z_0 + \frac{a}{x} + \frac{b}{x^2} + \ldots \quad (\alpha \neq 0),$$
$$\frac{dz}{dx} = -\frac{a}{x^2} - \frac{2b}{x^3} + \ldots,$$
$$\rho(x, y) = \frac{d}{dx}\left(\log\frac{dz}{dx}\right) = -\frac{2}{x} + \ldots;$$

$\rho(x, y)$ a donc un résidu égal à $+2$.

Si $z(x)$ est infinie au point considéré, on a

$$z = a'x + b' + \frac{c'}{x} + \ldots \quad (a' \neq 0),$$
$$\frac{dz}{dx} = a' - \frac{c'}{x^2} + \ldots,$$
$$\frac{d}{dx}\left(\log\frac{dz}{dx}\right) = \frac{2c'}{a'}\frac{1}{x^3} + \ldots$$

et $\rho(x, y)$ admet un résidu nul.

Il résulte de cette discussion et du théorème relatif aux résidus d'une fonction rationnelle sur une surface de Riemann que si l'on désigne par ϖ le nombre des pôles de $\rho(x, y)$ distincts des points de ramification et par ε un nombre égal à $+1$ ou à -1, on a la relation

$$2\varpi + \Sigma(\nu - \varepsilon) \leqq 2w,$$

la sommation étant étendue à tous les points de ramification.
Mais on a, d'autre part,

$$\Sigma(\nu - 1) = 2(w + p - 1).$$

Par suite,

(42) $$2\varpi + \Sigma(1 - \varepsilon) \leqq 2 - 2p.$$

Les nombres ϖ et $1 - \varepsilon$ étant positifs ou nuls, cette relation est impossible si $p > 1$ et la proposition est démontrée.

112. Pour $p = 1$, la relation (42) devient possible si l'on prend tous les ε égaux à $+1$, $\varpi = 0$ et tous les résidus de ρ égaux à $+2$ à l'infini; cela exprime que $z(x)$ est finie en tout point de la surface de Riemann. Il est facile de montrer qu'il y a des fonctions $z(x)$ qui répondent aux conditions du problème. Supposons d'abord que G ne renferme que des substitutions multiplicatives $(z; kz)$; la fonction $\dfrac{1}{z(x)}$ possédera un groupe de même nature et les deux fonctions z et $\dfrac{1}{z}$ seront donc toutes deux finies en chaque point de la surface de Riemann; la fonction $\dfrac{1}{z}\dfrac{dz}{dx}$ étant d'ailleurs uniforme sur cette surface est une fonction rationnelle, ce qui exprime que $\log z$ est une intégrale abélienne, et comme $\log z$ n'est jamais infini, c'est une intégrale de première espèce I. Il résulte des propriétés de cette intégrale pour une courbe de genre 1 que la fonction e^{I} est bien dans ce cas une fonction linéairement polymorphe à groupe multiplicatif et représentant l'entourage de tout point de la surface de Riemann sur une aire simple du plan z; si l'on met en évidence le facteur λ arbitraire que contient I, les substitutions considérées sont

$$(z; \ e^{\lambda m_1 \omega_1 + \lambda m_2 \omega_2} z),$$

(ω_1, ω_2) étant un couple de périodes primitives de I, m_1 et m_2 des entiers arbitraires. L'équation différentielle du troisième ordre que vérifie $z = e^{\lambda I}$ s'obtient aisément en partant de la formule du changement de variables dans l'invariant de Schwarz; on obtient

$$\Delta\left(\begin{matrix} z \\ x \end{matrix}\right) = -\frac{\lambda^2}{2}\left(\frac{dI}{dx}\right)^2 + \Delta\left(\begin{matrix} I \\ x \end{matrix}\right).$$

On a ensuite, en posant

$$I = \int_{x_0}^{x} \frac{dx}{\sqrt{P(x)}},$$
$$P(x) = (x - r_1)(x - r_2)(x - r_3)(x - r_4),$$

les relations

$$\frac{dI}{dx} = P^{-\frac{1}{2}}, \qquad \frac{d^2 I}{dx^2} = -\frac{1}{2} P^{-\frac{3}{2}} \frac{dP}{dx},$$

$$\frac{d^3 I}{dx^3} = \left[\frac{3}{4}\left(\frac{dP}{dx}\right)^2 - \frac{1}{2} P \frac{d^2 P}{dx^2}\right] P^{-\frac{5}{2}},$$

$$\Delta\left(\frac{1}{x}\right) = \left[\frac{3}{8}\left(\frac{dP}{dx}\right)^2 - \frac{1}{2} P \frac{d^2 P}{dx^2}\right] P^{-2},$$

(43) $$\Delta\left(\frac{z}{x}\right) = \frac{1}{P^2}\left[\frac{3}{8}\left(\frac{dP}{dx}\right)^2 - \frac{1}{2} P \frac{d^2 P}{dx^2} - \frac{\lambda^2}{2} P\right].$$

Mais il est facile de reconnaître que c'est là l'équation que vérifie toute fonction linéairement polymorphe; nous avons formé explicitement cette équation dans le cas d'une courbe hyperelliptique de genre 2; les calculs sont les mêmes dans le cas actuel; si l'on pose

(32) $$\Delta\left(\frac{z}{x}\right) = 2 R(x, y),$$

on trouve que $2R$ se réduit à une fonction rationnelle de x de la forme

$$\sum_{i=1}^{i=4}\left[\frac{\frac{3}{8}}{(x-r_i)^2} + \frac{2t_i}{x-r_i}\right].$$

En exprimant que $2R$ possède un zéro du quatrième ordre à l'infini, on obtient trois relations linéaires entre les quatre paramètres t_i qui, par conséquent, s'expriment linéairement en fonction de l'un d'entre eux; R contient donc un paramètre accessoire et un seul, et comme le second membre de (43) contient le paramètre λ^2 qui y figure linéairement, nous sommes certains qu'en formant de cette manière l'équation (32), nous retrouverons précisément l'équation (43) où λ^2 est le paramètre accessoire.

L'intégrale générale de (32) ou (43) étant

$$\frac{A e^{\lambda I} + B}{C e^{\lambda I} + D}$$

(A, B, C, D, constantes arbitraires), on obtient notamment l'intégrale

$$A \frac{e^{\lambda I} - 1}{\lambda}$$

qui, en faisant tendre λ vers zéro, devient égale à AI. Les intégrales de première espèce sont donc, comme il fallait s'y attendre, comprises dans la solution générale.

Nous pouvons également vérifier que les coefficients des substitutions de G sont des fonctions entières de λ^2; ce fait n'apparaît pas de suite; il faut se rappeler que G n'est défini qu'à une substitution linéaire près et que la proposition en question n'est exacte que si l'on choisit une détermination de z prenant ainsi que ses dérivées première et seconde des valeurs indépendantes de λ pour $x = x_0$. Si l'on pose, par exemple,

$$z = \frac{2}{\lambda} \frac{e^{\lambda I} - 1}{e^{\lambda I} + 1},$$

on trouve aisément que z, $\dfrac{dz}{dx}$, $\dfrac{d^2 z}{dx^2}$ prennent pour $x = x_0$ les valeurs 0, $\left(\dfrac{dI}{dx}\right)_0$ et $\left(\dfrac{d^2 I}{dx^2}\right)_0$, donc indépendantes de λ.

Or, si l'on augmente I de ω, un calcul facile montre que z éprouve la substitution

$$\begin{pmatrix} \dfrac{e^{\frac{\lambda\omega}{2}} + e^{-\frac{\lambda\omega}{2}}}{2} & \dfrac{e^{\frac{\lambda\omega}{2}} - e^{-\frac{\lambda\omega}{2}}}{2\lambda} \\ \lambda \dfrac{e^{\frac{\lambda\omega}{2}} - e^{-\frac{\lambda\omega}{2}}}{2} & \dfrac{e^{\frac{\lambda\omega}{2}} + e^{-\frac{\lambda\omega}{1}}}{2} \end{pmatrix}$$

dont les coefficients sont des fonctions entières de λ qui sont des fonctions paires, par suite des fonctions entières de λ^2, le déterminant de ces coefficients étant, d'autre part, égal à 1. On voit, en outre, que ce sont bien des fonctions transcendantes de λ^2 comme nous l'avions annoncé.

113. Il importe de se rendre compte comment et pourquoi les propriétés générales des groupes de nos fonctions polymorphes ne sont plus applicables pour $p = 1$. Soit $z(x)$ une intégrale de (43)

qui représente la surface Σ munie de ses deux rétrosections sur le quadrilatère curviligne P_0 dont les côtés opposés sont liés par les substitutions T_a et T_b qui vérifient la relation

$$T_a T_b = T_b T_a,$$

T_a et T_b sont donc permutables (*cf.* § 19); elles ont, par suite, les mêmes points doubles (en laissant de côté le cas où elles seraient toutes deux elliptiques et de période 2 et qui ne se présente pas dans cette question); si, de plus, T_a et T_b ne sont pas paraboliques, elles se ramènent simultanément aux formes canoniques $(z; kz)$ et $(z; k'z)$; comme k et k' sont invariants, les groupes dérivés de deux substitutions permutables dépendent essentiellement des deux paramètres complexes k et k'; ce nombre n'est plus représenté par la formule $(6p-6)$ qui correspond au cas de $p > 1$, mais il est toujours égal au nombre des paramètres de l'équation (43) qui sont λ^2 et le module $\varkappa^2$ des fonctions elliptiques, $P(x)$ étant ramené à la forme canonique

$$(1-x^2)(1-\varkappa^2 x^2).$$

On peut alors identifier le groupe dérivé de $(z; kz)$ et $(z; k'z)$ avec le groupe de monodromie de l'équation (43), en posant

$$k = e^{\lambda \omega_1}, \qquad k' = e^{\lambda \omega_2},$$

d'où l'on déduit les valeurs de λ et du rapport $\dfrac{\omega_1}{\omega_2}$, d'où ensuite celle de $\varkappa^2$ ([1]). Mais il y a ici une condition s'exprimant par une égalité pour que le groupe G soit proprement discontinu. Cela tient à ce que le réseau des quadrilatères équivalents à P_0 couvre tout le plan à l'exception des deux points o et ∞; *il est donc doublement connexe* et la relation

$$T_a T_b = T_b T_a$$

([1]) Remarquons que si les deux fonctions $e^{\lambda I}$ et $\dfrac{A e^{\mu I} + B}{C e^{\mu I} + D}$ ont le même groupe, on a d'abord soit $A = D = 0$, soit $B = C = 0$; ensuite, en exprimant que k et k' sont les mêmes pour les deux fonctions,

$$\lambda = \mu = \frac{2h i \pi}{\omega_1} = \frac{2h' i \pi}{\omega_2} \qquad (h, h' \text{ entiers}),$$

et comme $\dfrac{\omega_1}{\omega_2}$ n'est pas égal à $\dfrac{h}{h'}$, on a $\lambda^2 - \mu^2 = 0$.

n'est pas suffisante pour que cette discontinuité ait lieu. *A fortiori* les fonctions $x(z)$ et $y(z)$ ne seront uniformes que s'il existe une relation entre λ et $\varkappa^2$. Cette relation s'obtient de suite en remarquant que x et y sont des fonctions uniformes de $I = \frac{1}{\lambda}\log z$. aux périodes ω_1 et ω_2; il faut donc que $\frac{2i\pi}{\lambda}$ soit une période.

$$\frac{2i\pi}{\lambda} = m_1\omega_1 + m_2\omega_2 \qquad (m_1, m_2 \text{ entiers}).$$

C'est là l'origine de la dénomination de *conditions transcendantes* appliquée à toutes les conditions d'uniformité qui ne sont pas des conditions locales, ω_1 et ω_2 étant comme l'on sait des fonctions transcendantes de $\varkappa^2$. Nous sommes ainsi ramenés à l'exemple de Fuchs, mais nous avons déjà remarqué que le cas $p = 1$ est singulier et que pour $p > 1$, les conditions d'uniformité sont seulement des conditions d'inégalité, du moins dans certains domaines de variation des paramètres accessoires.

Observons enfin qu'une relation de la forme

$$\frac{2m_3 i\pi}{\lambda} = m_1\omega_1 + m_2\omega_2 \qquad (m_1, m_2, m_3 \text{ entiers})$$

a encore pour conséquence la discontinuité propre de G et que c'est là la condition nécessaire et suffisante de cette discontinuité; mais si $m_3 > 1$, m_1, m_2, m_3 étant premiers dans leur ensemble, $x(z)$ et $y(z)$ ne sont plus uniformes, m_3 points de la surface de Riemann correspondant à un point du plan z; le domaine P_0 se recouvre alors lui-même et n'est pas un domaine fondamental du groupe. Si l'on prend, par exemple, $\omega_1 = 1$, $\omega_2 = i$, $\frac{4i\pi}{\lambda} = 1$, au rectangle du plan I construit sur les segments $(0, 1)$ et $(0, i)$ et qui est l'image de la surface Σ munie de ses coupures, correspond dans le plan z une couronne circulaire deux fois recouverte.

Si T_a et T_b sont paraboliques, les substitutions du groupe deviennent additives si l'on rejette à l'infini le point double commun, et $z(x)$ est une intégrale de première espèce; nous sommes ramenés au problème classique (t. I, Chap. X) de la représentation d'une surface de Riemann sur un réseau de parallélogrammes; ce cas est un cas limite du précédent, correspondant, ainsi que nous avons remarqué, à la valeur particulière $\lambda = 0$ du paramètre accessoire.

Enfin, le cas où T_a et T_b n'auraient pas les mêmes points doubles doit être écarté; ces deux substitutions se ramèneraient à la forme $(z, -z)$ et $\left(z; -\dfrac{1}{z}\right)$ et engendreraient un groupe fini du type du dièdre et d'ordre 4 auquel ne correspond aucune fonction polymorphe du type que nous étudions.

114. Revenons au cas de $p > 1$; nous pouvons donner du théorème démontré page 297 une démonstration plus rapide.

Le polygone P_0 de $4p$ côtés, qui représente Σ sur le plan des z, a ses côtés liés deux à deux par des substitutions $(z; az+b)$ qui transforment les droites en droites; on pourra donc, par des modifications permises, le transformer en un polygone P'_0 à côtés rectilignes sans qu'il cesse d'être générateur du groupe G. La somme des angles aux sommets de P_0, qui forment un seul cycle, est égale à 2π, puisque $\dfrac{dz}{dx}$ est régulière et non nulle au point O de Σ qui correspond aux sommets; donc la somme des angles de P'_0 est donc encore égale à 2π. Ceci est impossible si $p > 1$; en effet, on peut décomposer P'_0 qui est situé sur une surface de Riemann à plusieurs feuillets en un nombre fini de polygones *simples* au moyen de segments de droites transversales ne passant pas par ses sommets; à chacun de ces polygones on peut appliquer la formule de la somme des angles en géométrie élémentaire, et l'on voit que cette formule s'applique, toutes réductions faites, aux polygones que nous avons à considérer ([1]). Le même procédé de démonstration conduit à cette conséquence que G *ne peut jamais être un groupe de mouvements sur la sphère*, et que, par suite, ses substitutions ne sont jamais toutes elliptiques.

([1]) Pour être entièrement rigoureux, on doit observer qu'on n'est pas certain *a priori* de pouvoir déformer P_0 de manière à lui donner des côtés rectilignes sans sortir du réseau couvert par les polygones équivalents. Mais on peut toujours lui donner des côtés formés de lignes brisées en introduisant ainsi des cycles adventifs de deux sommets pour chacun desquels la somme des angles est égale à 2π; l'introduction de ces angles et de ces sommets dans la formule relative à la somme des angles d'un polygone ne modifie en rien les conclusions puisque les termes introduits se détruisent d'eux-mêmes.

Considérons encore la fonction

$$\frac{1}{z}\frac{dz}{dx} = \frac{d}{dx}(\log z).$$

Cette fonction ne devient nulle en aucun point à distance finie et ne peut admettre que des pôles du premier ordre aux points de non ramification de la surface. On vérifie facilement qu'un point de ramification est un pôle d'ordre $\nu-1$ ou d'ordre ν suivant que $\log z$ est fini ou infini en ce point et qu'un point à l'infini est un zéro du second ou du premier ordre. La fonction

$$\left(\frac{1}{z}\frac{dz}{dx}\right)^q,$$

où q est un entier arbitraire, aura donc au plus $2q\varpi$ zéros si elle est uniforme, et au moins $q.\Sigma(\nu-1)$ pôles.

Ce serait alors une fonction rationnelle sur la surface de Riemann pour laquelle la différence entre le nombre des pôles et le nombre des zéros serait au moins

$$q\{[\Sigma(\nu-1)] - 2\varpi\} = 2q(p-1) > 0 \quad \text{si } p > 1.$$

On arrive donc encore à une impossibilité. Pour $q=1$, ce résultat n'est qu'un cas particulier de celui qui a été établi plus haut; il n'en est pas de même pour $q>1$. Pour $q=2$, on en déduit immédiatement cette proposition : le groupe de monodromie de $z(x)$ n'est jamais contenu dans le groupe mixte à un paramètre k dérivé des deux substitutions

$$(z;\,kz) \quad \text{et} \quad \left(z;\,\frac{1}{z}\right).$$

115. Il résulte de ces diverses propositions que le groupe G renferme toujours des substitutions hyperboliques ou loxodromiques, et qu'en outre, les points doubles de ces dernières sont en nombre infini; car si G ne renfermait que des substitutions elliptiques ou paraboliques, il serait semblable à un groupe de mouvements du plan euclidien ou de la sphère, hypothèses que nous avons exclues; si G ne possédait alors que deux points doubles de substitutions hyperboliques ou loxodromiques, il serait semblable à un groupe de substitutions multiplicatives $(z;\,kz)$ avec adjonction éventuelle de la substitution elliptique de période $2\left(z;\dfrac{1}{z}\right)$, hypothèse également exclue; enfin, G ne laisse fixe aucun point du plan. Il s'ensuit que G possède une infinité de substitutions hyperboliques ou loxodromiques dont les points doubles sont distincts de deux points donnés à l'avance. L'ensemble dérivé $\mathscr{F}$ des points doubles de cette nature est alors un ensemble parfait, mais G n'étant pas toujours un groupe proprement discontinu, il se peut que $\mathscr{F}$ couvre tout le plan. Dans le cas contraire, $\mathscr{F}$ n'est dense superficiellement nulle part et divise le plan en régions $\mathcal{R}$, en nombre fini ou infini, dans chacune desquelles les substitutions du groupe donnent lieu à une famille normale de fonctions linéaires; si G renferme des substitutions infinitésimales, les fonctions limites de cette famille comprendront des fonctions linéaires non constantes; mais dans tous les cas, il y aura une infinité de fonctions limites constantes représentées par les points de $\mathscr{F}$, frontière commune de toutes les régions $\mathcal{R}$ où s'accumuleront les domaines évanouissants déduits, par les substitutions du groupe, d'un domaine D intérieur à une région $\mathcal{R}$; tout se passe, en ce qui concerne les propriétés de cet ensemble $\mathscr{F}$, comme pour les groupes kleinéens et les démonstrations en sont exactement les mêmes.

Considérons alors un polygone curviligne P_0, intérieur à une région $\mathcal{R}$ et dont les côtés se déduisent deux à deux l'un de l'autre par les substitutions génératrices du groupe; il donnera naissance à un réseau de polygones deux à deux adjacents suivant un côté commun et couvrant la région $\mathcal{R}$; ces polygones pourront se recouvrir mutuellement et donner naissance à des polygones limites intérieurs à $\mathcal{R}$ et déduits de P_0 par une substitution linéaire non singulière; mais il y aura toujours des polygones limites réduits à un point, ces points étant ceux de la frontière $\mathscr{F}$ et nous continuerons à les appeler les points limites du réseau.

Dans le cas particulier qui nous occupe actuellement, P_0 est un polygone qui peut se recouvrir lui-même sans présenter des points de ramification et les sommets forment un cycle unique, la somme de ses angles étant égale à 2π, de sorte que le réseau ne se ramifie pas autour de ses sommets; nous faisons toujours l'hypothèse que P_0 ne renferme aucun point de $\mathscr{F}$ à son intérieur ou sur son contour. Chacun des polygones du réseau pouvant être regardé comme un morceau de surface de Riemann à q feuillets, q étant fixe, nous pouvons souder entre eux deux polygones adjacents suivant le côté commun de façon à constituer une surface de Riemann unique $\overline{\mathcal{R}}$, ayant en général une infinité de feuillets, mais n'ayant pas de points de ramification à son intérieur; cette surface, qui couvre le réseau $\mathcal{R}$, sera simplement connexe même si $\mathcal{R}$ est d'ordre de connexion infini, à condition toutefois d'établir la convention suivante : si en construisant le réseau des polygones le long d'un circuit partant de l'intérieur d'un polygone P_i pour y revenir, le dernier polygone P_k de la chaîne considérée est identique à P_i, mais que cette chaîne tourne autour d'un trou qui ne puisse être exactement rempli par des polygones du réseau, on ne soudera pas entre eux le polygone P_i et l'avant-dernier polygone P_{k-1} de cette chaîne et l'on regardera P_i et P_k comme deux polygones superposés, mais distincts et non reliés directement; telle serait la circonstance qui se présenterait si P_0 était, par exemple, générateur d'un groupe fuchsien de la seconde classe. Moyennant cette convention $\overline{\mathcal{R}}$ est toujours simplement connexe.

Si le polygone P_0 ou l'un des polygones équivalents renferme un point de $\mathcal{F}$, notamment si $\mathcal{F}$ couvre tout le plan, le réseau des polygones couvrira lui-même tout le plan, car si P_i contenait le point double α d'une substitution hyperbolique ou loxodromique de C, les polygones qui s'en déduisent par les puissances de cette substitution couvrent tout le plan, sauf peut-être l'entourage de l'autre point double α'; mais en transformant à leur tour ces polygones par les puissances d'une substitution hyperbolique ou loxodromique de points doubles β et β' distincts de α et α', on couvrira la totalité du plan. On pourra construire comme précédemment la surface de Riemann simplement connexe $\overline{\mathcal{R}}$ qui aura toujours une infinité de feuillets et contiendra des points superposés à ses points frontières qui sont ceux de l'ensemble $\mathcal{F}$.

116. La surface de Riemann $\overline{\mathcal{R}}$ correspond point par point à une autre surface de Riemann à une infinité de feuillets qui s'obtient de la manière suivante : Considérons l'aire Σ_0 qui correspond au polygone P_0 et l'un des bords d'une rétrosection, par exemple a_1^+, qui correspond à un côté de ce polygone; nous superposerons à Σ une aire identique que nous ferons correspondre au polygone du réseau adjacent à P_0 le long du côté qui correspond à $a_1^\pm$, et nous relierons par une bande infiniment étroite le bord a_1 de cette aire au bord $a_1^\pm$ de Σ_0; nous superposerons ensuite à ces deux aires une troisième aire identique dont le bord $a_1^\pm$ sera relié au bord a_1^- de Σ_0 et qui correspondra au polygone adjacent à P_0 le long du côté homologue de a_1^-; nous continuerons à superposer ainsi des aires identiques à Σ en nombre égal à celui des côtés de P_0, puis nous recommencerons ces opérations en prenant pour point de départ l'aire Σ_1 qui correspond au polygone P_1 et nous souderons à Σ_1 de nouvelles aires le long des bords restés libres; nous continuerons ainsi de manière qu'à tout polygone P_i du réseau corresponde une aire Σ_i; si deux polygones P' et P'' sont adjacents, le côté de P' homologue de $a_k^\pm$ (ou $b_k^\pm$) coïncidant avec le côté de P'' homologue de $a_k^\pm$ (ou $b_k^\pm$), les deux aires Σ' et Σ'' correspondantes seront reliées de la même manière en rattachant les bords de rétrosections $a_k^\pm$ (ou $b_k^\pm$) de Σ' et $a_k^\pm$ (ou $b_k^\pm$) de Σ''; nous obtenons ainsi une surface de Riemann $\overline{S}$ à une infinité de feuillets qui provient de la surface de Riemann S de genre p en munissant celle-ci de ses rétrosections et superposant ensuite une infinité d'exemplaires de cette surface, les coupures de ces divers exemplaires étant reliées suivant la loi indiquée à l'instant; $\overline{S}$ correspond ainsi point par point et d'une manière conforme à $\overline{\mathcal{R}}$, ces deux surfaces étant simplement connexes; au groupe des substitutions linéaires qui transforment $\overline{\mathcal{R}}$ en elle-même correspond un groupe de transformations conformes de $\overline{S}$ en elle-même qui laissent invariant l'x de chaque point, $\overline{S}$ ayant une certaine analogie avec les surfaces de Riemann régulières. Ce procédé de construction de $\overline{S}$ joue un rôle important dans les méthodes modernes pour résoudre le problème de l'uniformisation ([1]).

On peut également considérer l'un des polygones du réseau qui donne lieu à une division régulière de la surface de Riemann $\overline{\mathcal{R}}$ et le transformer en une surface fermée de genre p en soudant deux à deux les côtés conjugués; la surface fermée ainsi obtenue

---

([1]) *Voir* plus loin, Chapitre XVI.

correspond point par point à la surface de Riemann fermée S; une modification du système de coupures $\mathcal{C}$ de S équivaut à une modification permise du polygone P_0, c'est-à-dire à une modification du système de coupures de la surface fermée Φ déduite de P_0.

117. Nous allons maintenant démontrer la proposition que voici : *A deux systèmes distincts de valeurs des paramètres accessoires correspondent deux groupes de monodromie distincts;* en d'autres termes, si les deux fonctions $z(x)$ et $w(x)$, linéairement polymorphes et non ramifiées sur la surface de Riemann S éprouvent les mêmes substitutions linéaires quand le point analytique (x, y) décrit un circuit fermé sur S, ces deux fonctions sont identiques ([1]). Cette proposition se rattache à un théorème plus général de Poincaré, d'après lequel toute équation linéaire du second ordre

$$\frac{d^2 Z}{dx^2} + R(x) Z = 0$$

ayant ses intégrales régulières et dépourvue de points à apparence singulière est complètement déterminée par son groupe projectif de monodromie lorsque trois de ses points singuliers coïncident avec les points 0, 1, ∞; mais la démonstration de l'illustre géomètre [*Mémoire sur les groupes des équations linéaires* (*Acta mathematica*, t. IV, p. 219-221)] repose sur un postulat non justifié : à savoir que si deux polygones curvilignes analogues à P_0 se correspondent point par point, de sorte qu'à deux côtés du premier liés par une substitution linéaire correspondent deux côtés du second liés par la même substitution, ces deux polygones se déduisent l'un de l'autre par une modification permise, de sorte que les deux surfaces $\overline{\mathcal{R}}$ qu'on déduit de chacun d'eux sont identiques. Mais, d'une part, rien n'empêche d'admettre *a priori* que

---

([1]) Nous donnons donc un sens restreint à la notion d'identité des deux groupes de monodromie, car on peut concevoir également deux fonctions dont les groupes de monodromie sont composés des mêmes substitutions, mais correspondant à des chemins différents. Si l'on adopte la seconde définition, comme l'a fait Poincaré, on rencontre dans la démonstration du théorème, même restreint au cas très particulier que nous examinons, les mêmes difficultés que dans la démonstration du théorème général de Poincaré auquel nous faisons allusion plus loin.

les deux polygones appartiennent à deux régions entièrement distinctes séparées par les points limites de l'un des réseaux, telles que l'intérieur et l'extérieur du cercle principal d'un groupe fuchsien; d'autre part, le fait que les polygones peuvent se recouvrir eux-mêmes, complique les considérations dont il faut faire usage pour justifier l'hypothèse en question ([1]).

Pour démontrer la proposition que nous avons en vue, nous suivrons donc une autre voie en nous inspirant des considérations développées dans un autre Mémoire de Poincaré [*Sur les fonctions zétafuchsiennes* (*Acta mathematica*, t. V, p. 234)].

Considérons la fonction linéairement polymorphe $z(x)$, possédant sur la surface de Riemann S de genre p les propriétés maintes fois énoncées et les deux solutions fondamentales

$$Z_1 = z\left(\frac{dz}{dx}\right)^{-\frac{1}{2}}, \qquad Z_2 = \left(\frac{dz}{dx}\right)^{-\frac{1}{2}}$$

de l'équation du second ordre

$$\frac{d^2 Z}{dx^2} + R Z = 0.$$

Supposons qu'il existe sur S une deuxième fonction linéairement polymorphe $w(x)$ de même nature et possédant le même groupe de monodromie; nous poserons

$$W_1 = w\left(\frac{dw}{dx}\right)^{-\frac{1}{2}}, \qquad W_2 = \left(\frac{dw}{dx}\right)^{-\frac{1}{2}},$$

W_1 et W_2 étant les solutions fondamentales de

$$\frac{d^2 W}{dx^2} + R_1 W = 0,$$

R et R_1 sont des fonctions rationnelles sur S; quand (x, y) décrit un circuit fermé sur S, z et w subissent la même substitution $\begin{pmatrix} a & b \\ c & d \end{pmatrix}$ et les couples de variables (Z_1, Z_2), (W_1, W_2) subis-

---

([1]) Remarquons, en outre, que la démonstration de Poincaré ne concerne que les équations du second ordre a coefficients rationnels.

sent respectivement les substitutions linéaires et homogènes

$$\begin{pmatrix} \varepsilon a & \varepsilon b \\ \varepsilon c & \varepsilon d \end{pmatrix}, \quad \begin{pmatrix} \varepsilon' a & \varepsilon' b \\ \varepsilon' c & \varepsilon' d \end{pmatrix} \quad (\varepsilon,\ \varepsilon' = \pm 1;\ ad - bc = 1).$$

Si nous posons

(44)
$$\begin{cases} W_1 = F Z_1 + G \dfrac{dZ_1}{dx}, \\ W_2 = F Z_2 + G \dfrac{dZ_2}{dx}, \end{cases}$$

F et G seront sur S les racines carrées de fonctions rationnelles. On a, en effet,

$$F = \frac{W_1 \dfrac{dZ_2}{dx} - W_2 \dfrac{dZ_1}{dx}}{Z_1 \dfrac{dZ_2}{dx} - Z_2 \dfrac{dZ_1}{dx}},$$

$$G = \frac{Z_1 W_2 - Z_2 W_1}{Z_1 \dfrac{dZ_2}{dx} - Z_2 \dfrac{dZ_1}{dx}}.$$

Quand z et w éprouvent la substitution $\begin{pmatrix} a & b \\ c & d \end{pmatrix}$ les déterminants du numérateur de F et G sont simplement multipliés par $\varepsilon \varepsilon' = \pm 1$, tandis que le dénominateur demeure invariable ; les fonctions

$$F^2, \quad G^2, \quad \frac{F}{G} = H,$$

qui ont en chaque point de S le caractère de fonctions rationnelles, sont donc uniformes sur S et, par suite, rationnelles. On a, d'ailleurs,

$$w = \frac{W_1}{W_2} = \frac{H z \left(\dfrac{dz}{dx}\right)^{-\frac{1}{2}} + \left[\left(\dfrac{dz}{dx}\right)^{\frac{1}{2}} - \dfrac{1}{2} z \left(\dfrac{dz}{dx}\right)^{-\frac{3}{2}} \dfrac{d^2 z}{dx^2}\right]}{H \left(\dfrac{dz}{dx}\right)^{-\frac{1}{2}} - \dfrac{1}{2} \left(\dfrac{dz}{dx}\right)^{-\frac{3}{2}} \dfrac{d^2 z}{dx^2}}$$

ou

(45)
$$w = \frac{\dfrac{dz}{dx}}{H - \lambda} + z$$

en posant

(46)
$$\frac{\dfrac{d^2 z}{dx^2}}{2 \dfrac{dz}{dx}} = \lambda.$$

LES FONCTIONS FUCHSIENNES ET KLEINÉENNES. 313

On vérifie que λ satisfait à l'équation de Riccati

(47) $$\frac{d\lambda}{dx} = \lambda^2 + R$$

qui n'est autre que l'équation

$$\Delta\binom{z}{x} = 2R.$$

En différentiant la relation (45), on trouve facilement

(48) $$\frac{\frac{dw}{dx}}{\frac{dz}{dx}} = \frac{R + H^2 - \frac{dH}{dx}}{(H-\lambda)^2} = \frac{1}{(H-\lambda)^2},$$

I est un *invariant relatif*, qui, lorsqu'on effectue sur x le changement de variable

$$x = \theta(X),$$

est simplement multiplié par $\left(\frac{dx}{dX}\right)^2$. La vérification est facile; la quantité H, lorsqu'on effectue ce changement de variable, est remplacée dans l'équation (45) par

$$H_1 = H\frac{dx}{dX} + \frac{1}{2}\frac{\frac{d^2x}{dX^2}}{\frac{dx}{dX}},$$

d'où

$$\frac{dH_1}{dX} = \frac{dH}{dx}\left(\frac{dx}{dX}\right)^2 + H\frac{d^2x}{dX^2} + \frac{1}{2}\frac{\frac{d^3x}{dX^3}}{\frac{dx}{dX}} - \frac{1}{2}\left(\frac{\frac{d^2x}{dX^2}}{\frac{dx}{dX}}\right)^2,$$

$$H_1^2 - \frac{dH_1}{dX} = H^2\left(\frac{dx}{dX}\right)^2 - \frac{dH}{dx}\left(\frac{dx}{dX}\right)^2 - \frac{1}{2}\Delta\binom{x}{X}.$$

On a, d'autre part,

$$2R = \Delta\binom{z}{x}, \qquad 2R_1 = \Delta\binom{z}{X},$$

$$\Delta\binom{z}{X} = \Delta\binom{z}{x}\left(\frac{dx}{dX}\right)^2 + \Delta\binom{x}{X},$$

$$R_1 = R\left(\frac{dx}{dX}\right)^2 + \frac{1}{2}\Delta\binom{x}{X},$$

d'où finalement

(49) $$I_1 = H_1^2 + R_1 - \frac{dH_1}{dX} = I\left(\frac{dx}{dX}\right)^2.$$

314   CHAPITRE XV.

Enfin il résulte aisément des formules (44) que si l'on effectue sur z et w une même substitution linéaire

$$w_1 = \frac{Aw + B}{Cw + D}, \qquad z_1 = \frac{Az + B}{Cz + D},$$

la relation (45) demeure invariante, c'est-à-dire que l'on a

$$w_1 = \frac{\dfrac{dz_1}{dx}}{H - \dfrac{1}{2} \dfrac{\dfrac{d^2 z_1}{dx^2}}{\dfrac{dz_1}{dx}}}.$$

La vérification directe n'offre d'ailleurs aucune difficulté.

Ces calculs préliminaires étant effectués, revenons à la démonstration de la proposition que nous avons en vue. Si dans la formule (45) on remplace H par une fonction rationnelle arbitraire sur la surface de Riemann, on définit une fonction w qui est bien une fonction linéairement polymorphe sur cette surface, et admet le même groupe de monodromie que z; en effet w est égal au quotient des deux fonctions W_1 et W_2 définies par les formules (44) en prenant

$$F = GH$$

et G égal à la racine carrée d'une fonction rationnelle quelconque de x et y; comme (Z_1, Z_2) subit la substitution homogène

$$\begin{pmatrix} \varepsilon a & \varepsilon b \\ \varepsilon c & \varepsilon d \end{pmatrix}$$

ainsi que $\left(\dfrac{dZ_1}{dx}, \dfrac{dZ_2}{dx}\right)$, quand z subit la substitution $\begin{pmatrix} a & b \\ c & d \end{pmatrix}$, et que E et G sont multipliés par $\varepsilon' = \pm 1$, on voit que w subit aussi la substitution $\begin{pmatrix} a & b \\ c & d \end{pmatrix}$ comme w a partout le caractère d'une fonction rationnelle, c'est bien une fonction linéairement polymorphe; mais en général w ne pourra pas représenter l'entourage de tout point de S sur une aire simple, l'équation linéaire du second ordre correspondante ayant des points à apparence singulière. Il s'agit de démontrer que w ne pourra être de même nature que z que lorsque H est égale à la constante infinie.

Remarquons que I ne peut être identiquement nul et cela quelle que soit la fonction rationnelle H, car si l'on avait

$$\frac{d\mathrm{H}}{dx} = \mathrm{H}^2 + \mathrm{R},$$

l'équation (47) admettrait la solution $\lambda = \mathrm{H}$; il existerait donc une solution de

$$\Delta\left(\frac{z}{x}\right) = 2\mathrm{R}$$

pour laquelle 2λ, c'est-à-dire la dérivée logarithmique de $\frac{dz}{dx}$, serait une fonction rationnelle sur S; z admettrait donc un groupe de monodromie dont toutes les substitutions seraient de la forme $(z, az+b)$ et nous savons que cela ne peut avoir lieu pour $p > 1$.

Supposons maintenant que dans le voisinage de chaque point de la surface de Riemann, il existe une transformée linéaire de w qui s'exprime au moyen de la variable auxiliaire τ par un développement de la forme

$$\tau + \alpha\tau^2 + \ldots,$$

ainsi que cela a lieu pour z. Nous pouvons effectuer sur z et w, sans que l'équation (48) soit modifiée, une même substitution linéaire et mettre à profit cette circonstance pour laisser de côté certains cas singuliers qui compliqueraient la discussion de cette équation. On peut choisir cette substitution de manière que les pôles des fonctions z et w, ou plus exactement des branches de ces fonctions définies dans l'aire Σ, soient distincts des points de ramification et des points à l'infini de la surface, ainsi que des zéros de la fonction rationnelle I; de plus nous pouvons faire en sorte qu'en un zéro de I, supposé distinct des points de ramification et des points à l'infini, la fonction $\mathrm{H} - \lambda$ ne s'annule pas. En effet si l'on pose

$$z_1 = \frac{\mathrm{A}\,z + \mathrm{B}}{\mathrm{C}\,z + \mathrm{D}},$$

on obtient

(50) $$\lambda_1 = \frac{1}{2}\frac{\dfrac{d^2 z_1}{dx^2}}{\dfrac{dz_1}{dx}} = \lambda - \frac{\mathrm{C}\,\dfrac{dz}{dx}}{\mathrm{C}\,z + \mathrm{D}},$$

et comme en ce point $\frac{dz}{dx}$ n'est pas nulle et que z a une valeur finie, on peut choisir $\frac{C}{D}$ de manière que $H - \lambda_1$ soit différent de zéro.

Considérons ensuite un point de ramification, ces points étant supposés comme d'habitude à distance finie. On aura encore

et comme
$$H - \lambda_1 = H - \lambda + \frac{C\dfrac{dz}{dx}}{Cz + D},$$

$$\frac{dz}{dx} = \frac{dz}{d\tau} \frac{1}{\nu \tau^{\nu-1}}$$

et que z prend encore une valeur finie en ce point, on peut encore disposer de $\frac{C}{D}$ de manière que $H - \lambda_1$ soit au moins de l'ordre de $\tau^{-(\nu-1)}$, sans que les conditions précédemment vérifiées cessent de l'être. En effet $H - \lambda$ se trouve augmenté d'une quantité dont le terme principal est

$$\frac{C}{Cz_0 + D} \left(\frac{dz}{d\tau}\right)_0 \frac{1}{\nu \tau^{\nu-1}}.$$

Nous supposerons donc qu'en tous les points de ramification, $H - \lambda$ est au moins de l'ordre de $\tau^{-(\nu-1)}$; nous voyons en outre qu'en tous les points de Σ, à l'exception des pôles des fonctions z et w, le quotient différentiel $\dfrac{dz}{dw}$ prendra une valeur finie et différente de zéro. En effet en tout point de ramification de S, $\dfrac{dz}{dx}$ et $\dfrac{dw}{dx}$ sont toutes deux de l'ordre de $\tau^{-(\nu-1)}$, leur quotient est donc fini et différent de zéro; en un point à l'infini ces deux dérivées sont de l'ordre de $\dfrac{1}{x^2}$, $\dfrac{dz}{dw}$ conserve donc la même propriété; en un point ordinaire où z et w ne sont pas infinies, $\dfrac{dz}{dx}$ et $\dfrac{dw}{dx}$ sont finies et différentes de zéro, de même que $\dfrac{dz}{dw}$. Il s'ensuit que I n'est jamais nulle à distance finie comme le montre l'équation (48), en tenant compte de $H - \lambda \neq 0$. Comme d'ailleurs, en vertu de la même équation, tous les points de ramification de S sont des pôles d'ordre $2(\nu - 1)$ au moins de I, il s'ensuit que I admet des zéros, à l'infini, dont le nombre n'est pas inférieur à

$$2 \Sigma (\nu - 1) = 4(m + p - 1),$$

m étant le nombre des feuillets de S, et ce nombre surpasse $4m$

pour $p > 1$, d'où cette conclusion : l'un au moins des points à l'infini de S' est pour I un zéro d'ordre supérieur à 4. Effectuons alors une transformation birationnelle qui ramène ce point à distance finie ; comme on a $x = \infty$ en ce point, on posera par exemple

$$x = \alpha + \frac{1}{X}, \qquad Y = Xy = \frac{y}{x - \alpha},$$

α étant tel que l'équation

$$P(\alpha, y) = 0$$

ait m racines distinctes, de manière que la nouvelle surface de Riemann ait encore ses points de ramification à distance finie. I se change alors en I_1 et la relation

$$I_1 = I\left(\frac{dx}{dX}\right)^2 = \frac{I}{X^4} = I(x - \alpha)^4$$

montre que I_1 possède encore un zéro au point $(X = 0, Y = 0)$ transformé du point considéré sur S. On est donc ramené à l'impossibilité déjà constatée et la proposition est démontrée.

118. On déduit de là en particulier que, lorsqu'on fait varier les paramètres accessoires, les modules restant fixes, le groupe G dépend de $3p - 3$ paramètres *essentiels* ([1]) ; si donc on transforme G par une substitution linéaire de manière à le ramener à une forme canonique, les coefficients des substitutions génératrices seront des fonctions de ces $(3p - 3)$ paramètres dont le nombre ne pourra être réduit ; le nombre des coefficients variables sera donc supérieur ou égal à $3p - 3$. On peut supposer, par exemple que l'on ait ramené l'une des substitutions génératrices supposée non paraboliques à la forme (z, kz), une autre des substitutions génératrices admettant le point double $z = 1$.

Je dis que les multiplicateurs des substitutions du groupe ne pourront pas être tous constants. Considérons la substitution $\begin{pmatrix} a & b \\ c & d \end{pmatrix}$ et l'invariant $a + d$ qui est une fonction entière des

---

([1]) Ce fait peut aussi se déduire des propriétés générales des fonctions analytiques de plusieurs variables.

paramètres t_i, et qui est lié au multiplicateur σ par la relation

$$\sigma + \frac{1}{\sigma} = (a+d)^2 - 2.$$

Si tous les multiplicateurs étaient constants, on aurait en particulier pour toutes les valeurs de l'entier n (§ 34)

$$ak^{\frac{n}{2}} + dk^{-\frac{n}{2}} = \text{const.}$$

Comme k n'est pas égal à $+1$, on aura en faisant $n=0$ et $n=1$

$$a = \text{const.}, \quad d = \text{const.},$$
$$ad - bc = 1,$$

et $\begin{pmatrix} a & b \\ c & d \end{pmatrix}$ ne dépendra que d'un paramètre; en répétant le même raisonnement pour chacune des $(2p-1)$ substitutions génératrices autres que (z, kz), on voit que G dépendrait au plus de $(2p-1)$ paramètres dont le nombre devra être réduit encore d'une unité, si l'on exprime que l'une des substitutions génératrices admet le point double $z=1$. Il resterait donc au plus $2(p-1)$ coefficients variables. En réalité il se produirait encore d'autres réductions, mais ce résultat nous suffit puisque $2(p-1) < 3p-3$ et l'on voit que certains des invariants $a+d$ dépendent effectivement des paramètres t_i.

Si toutes les substitutions génératrices étaient paraboliques, on ramènerait l'une d'elles à la forme canonique $(z, z+1)$. Comme les autres substitutions génératrices ne sont pas toutes de la forme $(z, z+\omega)$, on peut transformer le groupe par $(z, z+\lambda)$ de manière que l'une d'elles admette le point double $z=0$. En exprimant que la substitution $\begin{pmatrix} a & b \\ c & d \end{pmatrix}$ ainsi que son produit par $(z; z+1)$ ont des multiplicateurs constants, on obtient les conditions

$$a + d = \text{const.}, \quad c = \text{const.}$$

et l'on en déduirait encore que le groupe G dépendrait au maximum de $2(p-1)$ coefficients variables.

Ainsi donc les multiplicateurs des substitutions génératrices T_{a_k} et T_{b_k} et de leurs produits deux à deux, $T_{a_i} T_{b_k}$ ne sauraient être tous indépendants des paramètres $t_1, t_2, \ldots, t_{3p-3}$. Soit donc

T une substitution pour laquelle $a+d$ dépend effectivement des t_i. Comme c'est une fonction entière des t_i, cet invariant pourra prendre toutes les valeurs finies, sauf une au plus. En particulier pour certaines valeurs des t_i on aura

$$\rho = e^{2i\pi\omega},$$

ω étant incommensurable et le groupe G renfermera alors des substitutions infinitésimales; *il est donc impossible que pour toutes les valeurs des t_i, x et y demeurent des fonctions de z uniformes ou à un nombre fini de branches.* Supposons que pour

$$t_1 = t_1^0, \quad t_2 = t_2^0, \quad \ldots, \quad t_{3p-3} = t_{3p-3}^0,$$

x et y soient des fonctions fuchsiennes de z; l'existence d'un tel système de valeurs sera, comme nous l'avons dit, établie au chapitre suivant. Soit maintenant un second système de valeurs

$$t_1 = t_1^1, \quad t_2 = t_2^1, \quad \ldots, \quad t_{3p-3} = t_{3p-3}^1,$$

pour lequel G admet des substitutions infinitésimales, et posons

$$t_i = t_i^0 + \theta(t_i^1 - t_i^0).$$

La fonction R devient

$$R_0 + \theta R_1$$

et si dans l'équation différentielle

$$\Delta\begin{pmatrix}z\\x\end{pmatrix} = 2(R_0 + \theta R_1),$$

nous éliminons par différentiation le paramètre θ, nous obtenons une équation différentielle algébrique du quatrième ordre

$$\begin{vmatrix} \dfrac{d}{dx}\Delta\begin{pmatrix}z\\x\end{pmatrix} - 2\dfrac{dR_0}{dx} & \dfrac{dR_1}{dx} \\ \Delta\begin{pmatrix}z\\x\end{pmatrix} - 2R_0 & R_1 \end{vmatrix} = 0.$$

Si l'on regarde z comme la variable indépendante, l'intégrale générale de cette équation sera de la forme

$$x = \varphi\left(\frac{Az+B}{Cz+D}, \theta\right),$$

les constantes d'intégration étant $\dfrac{A}{D}$, $\dfrac{B}{D}$, $\dfrac{C}{D}$ et θ. *Au voisinage* de $\theta = 0$, *l'intégrale générale sera uniforme, tandis qu'au voisinage de* $\theta = 1$, *elle sera multiforme et en général à une infinité de branches;* c'est là un fait dont on devra tenir compte dans la recherche des conditions pour que l'intégrale générale d'une équation différentielle algébrique soit uniforme.

119. On peut développer des considérations analogues pour les fonctions linéairement polymorphes sur une surface de Riemann de genre p, qui admettent sur celle-ci n points critiques e_1, e_2, ..., e_n au voisinage desquels elles possèdent les développements donnés par les formules (27) ou (28). Si l'on adjoint aux rétrosections de la surface de Riemann passant par un même point O, les n coupures joignant le point O aux points e_1, e_2, ..., e_n on obtient une représentation conforme de la surface munie de ce système de coupures sur un polygone canonique de genre p et de $4p + 2n$ côtés ayant $n + 4p$ sommets adventifs qui forment un cycle, et n sommets elliptiques ou paraboliques qui forment chacun un cycle; en ces derniers sommets la représentation cesse d'être conforme; les sommets elliptiques sont toujours intérieurs à la surface $\widehat{R}$, généralement à une infinité de feuillets, qui provient de la soudure des polygones déduits du polygone initial P_0 par les substitutions linéaires dérivées de celles qui conjuguent deux à deux ses côtés; les sommets paraboliques au contraire sont des points frontières de cette surface. On démontre encore que les groupes de monodromie correspondant à deux systèmes de valeurs distincts des paramètres accessoires sont eux-mêmes distincts. Il y a lieu de considérer en particulier les fonctions linéairement polymorphes, dont l'existence sera démontrée au chapitre suivant, pour lesquelles P_0 est un polygone fuchsien de la signature $(p, n; l_1, l_2, ..., l_n)$ ayant un cercle limite. Si l'on fait varier dans un champ suffisamment restreint les paramètres accessoires à partir des valeurs initiales qui correspondent à ce polygone fuchsien, x et y restent des fonctions uniformes et kleinéennes de la fonction $z(x, y)$ prise pour variable indépendante, le domaine d'existence des fonctions $x(z)$ et $y(z)$ étant un domaine simplement connexe limité par une courbe non analytique.

120. Considérons maintenant sur la surface de Riemann une fonction w ayant en chaque point le caractère d'une fonction rationnelle, sauf peut-être aux points critiques e_i de la fonction $z(x, y)$; si e_i correspond à un point double de substitution elliptique de période l_i, nous supposerons que la fonction $w(x, y)$ revient à sa valeur initiale quand (x, y) décrit un contour tournant l_i fois autour du point e_i. Si e_i correspond à un sommet parabolique, nous ne faisons aucune hypothèse sur la nature de la singularité de la fonction $w(x, y)$ en ce point; $z(x, y)$ désigne toujours une variable uniformisante, linéairement polymorphe sur la surface de Riemann, mais telle que le réseau correspondant $\mathcal{R}$ de polygones soit simplement connexe; dans ces conditions w est une fonction uniforme de z dans la région $\mathcal{R}$.

En effet quand z décrit un contour fermé autour d'un sommet elliptique du réseau; le point (x, y) correspondant sur S tourne l_i fois autour du point e_i; w reprend sa valeur initiale; $w(z)$ est donc uniforme autour des sommets elliptiques de $\mathcal{R}$ qui peuvent être pour w des points singuliers isolés. En tous les autres points intérieurs à $\mathcal{R}$, la fonction $w(z)$, définie par continuité à partir de la valeur initiale w_0 qu'elle prend en un point z_0, est holomorphe ou méromorphe; elle est donc uniforme dans $\mathcal{R}$ puisque cette région est simplement connexe.

Cette dernière hypothèse est essentielle. Nous avons vu par exemple que si I est une intégrale de première espèce attachée à une courbe de genre 1, x et y s'expriment en fonction uniforme de

$$z = e^{\frac{2i\pi}{\omega} I},$$

ω étant une période de I. Cependant I, qui est régulière en tout point analytique (x, y), n'est pas une fonction uniforme de z dans $\mathcal{R}$ (qui comprend tout le plan sauf les points 0 et ∞). Mais la proposition s'applique quand $x(z)$ et $y(z)$ sont des fonctions fuchsiennes à cercle limite.

Considérons notamment une intégrale abélienne de première ou de deuxième espèce; ce sera une fonction uniforme de z vérifiant des équations fonctionnelles de la forme

$$w(\mathrm{T}z) = w(z) + \omega,$$

T étant remplacé par les substitutions du groupe fuchsien G, et ω

par les diverses périodes cycliques de l'intégrale; le groupe G est donc isomorphe au groupe Γ des substitutions $(w, w + \omega)$; l'isomorphisme peut être holoédrique ou mériédrique; c'est la seconde circonstance qui se présente si G contient des substitutions elliptiques qui correspondent toutes à la substitution identique de Γ.

Une intégrale de troisième espèce ne pourra s'exprimer en fonction uniforme de z que si ses points critiques logarithmiques coïncident avec des points e_i correspondant à des sommets paraboliques du réseau.

Considérons, plus généralement, une équation différentielle linéaire

$$\frac{d^m w}{dx^m} + \varphi_1(x, y) \frac{d^{m-1} w}{dx^{m-1}} + \ldots + \varphi_m(x, y) w = 0,$$

où $\varphi_k(x, y)$ désigne une fonction rationnelle. Un système de solutions fondamentales $w_1, w_2, \ldots, w_m$ subit, quand (x, y) décrit un chemin fermé sur la surface de Riemann, une substitution linéaire et homogène et ces substitutions forment le groupe de monodromie de l'équation. Ce groupe est dérivé de deux sortes de substitutions : d'une part celles qui proviennent d'une circulation autour de l'un des points singuliers, en nombre ν, de l'équation différentielle; d'autre part celles qui correspondent à une circulation le long d'une coupure canonique de la surface de Riemann, nous les désignerons respectivement par $U_1, U_2, \ldots, U_\nu$ et par $U_{a_1}, U_{b_1}, \ldots, U_{a_p}, U_{b_p}$. Si nous passons de la surface de Riemann à sa représentation sur le polygone P_0, nous obtenons une première condition d'uniformité. Les points singuliers doivent coïncider avec des points fixes elliptiques ou paraboliques, de sorte qu'on doit avoir $\nu \leq n$. Si un point singulier coïncide avec un point fixe elliptique auquel correspond la période l_i, la substitution correspondante U_i doit avoir également une période finie λ_i, et λ_i doit être un diviseur de l_i. La théorie classique de Fuchs nous permettra de reconnaître s'il en est bien ainsi; cela aura lieu notamment si toutes les racines de l'équation déterminante sont distinctes et de la forme $e^{\frac{2 i \pi N}{\lambda_i}}$.

Si maintenant le réseau $\mathcal{R}$ est simplement connexe, les conditions relatives aux points singuliers étant supposées remplies, toute intégrale de l'équation différentielle précédente est uniforme

dans $\mathcal{R}$. Un système fondamental w_1, w_2, ..., w_m de solutions subit, lorsqu'on effectue sur z l'une des substitutions T du groupe fuchsien ou kleinéen G, une substitution linéaire et homogène U du groupe Γ de monodromie; Γ admet pour substitutions génératrices
$$U_1,\ U_2,\ \ldots,\ U_\nu,\ U_{a_1},\ U_{b_1},\ \ldots,\ U_{a_p},\ U_{b_p}.$$

Les groupes G et Γ sont isomorphes holoédriquement ou mériédriquement, de manière qu'à toute substitution T corresponde une substitution U bien déterminée; U_{a_k} et U_{b_k} correspondent à T_{a_k} et T_{b_k} et U_1, U_2, ..., U_ν correspondent à T_1, T_2, ..., T_ν, tandis que si $n > \nu$, la substitution identique $U = 1$ correspond à $T_{\nu+1}$, ..., T_n. Pour que l'isomorphisme soit holoédrique, il faut qu'à toute substitution U corresponde une substitution T bien déterminée, ce qui exige que l'on ait $\nu = n$ et $\lambda_i = l_i$. Si l'équation différentielle est intégrable algébriquement, l'isomorphisme sera certainement mériédrique puisque Γ est alors d'ordre fini, G étant d'ordre infini.

L'étude des transcendantes
$$w_1(z),\ w_2(z),\ \ldots,\ w_m(z),$$
lorsque G est un groupe fuchsien, a été faite par Poincaré qui les a désignées sous le nom de *fonctions zêtafuchsiennes*. Elles sont susceptibles d'un mode de représentation analogue à celui que nous avons indiqué pour construire les fonctions fuchsiennes au moyen du quotient de deux séries théta.

Le procédé d'uniformisation que nous venons d'employer, d'après Poincaré, s'applique, quelle que soit leur définition analytique, aux fonctions n'ayant qu'un nombre fini de points critiques. Nous sommes en mesure de résoudre ainsi complètement le problème quand il y a seulement trois points critiques. Considérons par exemple le quadrilatère fuchsien ABCA' formé de deux triangles symétriques par rapport à BC et ayant tous ses angles nuls, les sommets A, B, C, A' étant sur le cercle principal et paraboliques; A et A' forment un cycle de deux sommets, B et C forment chacun un cycle. Soit $f(z)$ la fonction fuchsienne de genre zéro qui prend les valeurs 0 en B, 1 en C, et ∞ en A et A', et qui prend une seule fois toute autre valeur dans le quadrilatère considéré; $f(z)$ n'est autre que la fonction modulaire d'Hermite (*cf.* Picard, *Traité d'Analyse*, t. III, Chap. XIII). Si l'on pose $x = f(z)$, toute fonction $w(x)$ n'admettant que les trois points critiques o, 1 et ∞ devient une fonction de z uniforme à l'intérieur du cercle principal.

121. Nous allons maintenant indiquer quelques propriétés des fonctions fuchsiennes correspondant à un groupe de la deuxième classe et qui existent dans tout le plan.

Supposons que les substitutions de G soient à coefficients réels, le point $z = \infty$ étant intérieur au réseau $\mathcal{R}$. La série

$$\sum \left| \frac{d\,T_\nu z}{dz} \right| = \sum \frac{1}{|c_\nu z + d_\nu|^2}$$

est alors convergente en tout point de $\mathcal{R}$. Si l'on considère l'intérieur d'un cercle de très grand rayon, on peut enfermer les points de $\mathcal{F}$ qui s'y trouvent ainsi que les équivalents de $z = \infty$ à l'intérieur d'un nombre fini de courbes simples. Dans la portion du plan extérieure à ces courbes et intérieure au grand cercle, la série précédente converge uniformément; la série

$$\theta_0(z) = \sum \frac{1}{(c_\nu z + d_\nu)^2}$$

représente donc une fonction thêtafuchsienne du groupe G qui prend des valeurs réelles et positives pour z réel, nulles seulement pour $z = \infty$, et infinies pour $z = -\dfrac{d_\nu}{c_\nu}$.

Considérons ensuite la série thêtafuchsienne, appartenant comme la précédente à l'exposant 1

$$\theta(z, \lambda) = \sum \frac{1}{T_\nu z - \lambda} \frac{d(T_\nu z)}{dz}.$$

Si l'on donne à λ une valeur réelle n'appartenant pas à $\mathcal{F}$, on obtient une fonction prenant des valeurs réelles pour z réel; nous prendrons λ non équivalent à l'∞. Pour $z = -\dfrac{d_\nu}{c_\nu}$, $\theta(z, \lambda)$ est infinie du premier ordre avec la partie principale

$$-\frac{1}{z + \dfrac{d_\nu}{c_\nu}}.$$

Comme $\theta_0(z)$ possède en ce point un pôle du second ordre, on voit que la fonction fuchsienne

$$x(z) = \frac{\theta(z, \lambda)}{\theta_0(z)}$$

y possède un zéro du premier ordre D'autre part $\theta(z, \lambda)$ admet comme pôles du premier ordre les points équivalents à λ; en ces points $\theta(z, \lambda)$ pour z réel et croissant devient infinie en changeant de signe; il en est de même de $x(z)$. Si nous prenons λ dans un segment contigu à $\mathcal{F}$, contenant un point $-\dfrac{d_\nu}{c_\nu}$, la fonction $x(z)$ prendra dans ce segment les valeurs o et ∞ une infinité de fois et en changeant de signe. Donc, sur la partie de l'axe réel intérieure à un domaine fondamental, $x(z)$ prendra toutes les valeurs réelles.
Si nous posons ensuite

$$y(z) = \frac{\theta(z, \lambda')}{\theta(z, \lambda'')},$$

λ' et λ'' étant deux nombres réels convenablement choisis; à tout système de valeurs (x, y) ne correspond qu'un point du domaine fondamental; x et y sont liées par une relation algébrique de genre p, et la surface de Riemann correspondante est représentée sur le polygone symétrique P_0 avec conservation des angles sauf aux sommets elliptiques et paraboliques. A toute valeur réelle de x correspond un point z réel de P_0, et par suite une valeur réelle de y; d'ailleurs y prendra elle-même toutes les valeurs réelles pour z réel, si l'on a soin de choisir à l'intérieur d'un même segment contigu à $\mathcal{F}$ les valeurs λ' et λ'', qui sont respectivement un pôle simple et un zéro simple de $y(z)$. Nous voyons donc que *la classe de courbes algébriques définie par le groupe fuchsien considéré comprend une courbe d'équation réelle et telle qu'à toute valeur réelle de l'une des variables corresponde au moins une valeur réelle de l'autre* ([1]).

122. Soient M un point de l'axe réel intérieur à $\mathcal{R}$, M_1 un point

---

([1]) Cette dernière propriété est d'ailleurs équivalente à celle que possède la courbe d'avoir des branches réelles; il est en effet bien aisé de démontrer qu'une courbe algébrique à branches réelles peut être transformée par une substitution de Cremona à coefficients réels en une autre de degré impair qui possède évidemment la propriété en question, si les axes de coordonnées sont pris au hasard.

équivalent à M choisi de manière que le segment MM_1 ne renferme aucun couple de points équivalents (II, § 35). Il existe dans P_0 des points équivalents respectivement à tous les points de MM_1 et qui sont répartis sur un ou plusieurs segments; si ces segments n'épuisent pas tous les points de l'axe réel contenus dans P_0, il existe un nombre fini $\mu > 1$ de segments analogues à MM_1 et contenus respectivement dans μ segments distincts contigus à $\mathscr{F}$, et constituant dans leur ensemble le domaine fondamental du groupe *sur l'axe réel;* on peut d'ailleurs construire P_0 de manière que sa section par l'axe réel soit formée précisément de μ segments de cette espèce. A chacun de ces μ segments correspond une boucle réelle de la courbe $P(x, y) = 0$ et, sur la surface de Riemann, un axe de symétrie; ces μ axes de symétrie ont tous leurs points situés sur l'axe réel, mais constituent sur la surface μ lignes fermées distinctes. Si l'on effectue sur x et y une transformation birationnelle arbitraire, la surface transformée admet une transformation en elle-même, biuniforme et involutive, qui conserve les angles en grandeur et change leur orientation. Il existe alors μ lignes de points fixes de cette transformation, provenant des μ axes de symétrie, et qui sont formées par des boucles fermées d'une même courbe algébrique. Comme l'axe réel divise le plan (z) en deux morceaux séparés, il en résulte que ces μ courbes divisent la surface de Riemann en deux morceaux séparés. M. Klein appelle *orthosymétriques* les surfaces de Riemann symétriques au sens généralisé que nous venons de définir, et qui sont divisées en morceaux sans connexion entre eux par les *courbes de passage*, en appelant ainsi les lignes de points fixes d'une symétrie de cette sorte, autrement dit d'une transformation biuniforme, involutive et du deuxième type.

Supposons donnée *a priori* une surface de Riemann ayant une symétrie généralisée; si μ est le nombre des courbes de passage, ce nombre ne peut dépasser $p + 1$ pour une surface de genre p. Observons en effet que deux de ces courbes ne peuvent pas se couper ni avoir de point double, car tout point de la surface, voisin de l'une de ces courbes, est séparé par cette courbe de son transformé et ne peut se transformer en lui-même s'il n'est pas sur la courbe. Cela résulte de ce que la transformation considérée est supposée dépourvue de points singuliers. Or sur une surface fermée de genre p, il est impossible de tracer plus de p courbes fermées sans point commun deux à deux qui ne morcellent pas cette surface. On en conclut que pour $\mu \geq p+1$, il y a nécessairement *orthosymétrie*.

Remarquons maintenant que la surface S ne peut être divisée en plus de deux morceaux distincts par les μ courbes de passage. Supposons en effet qu'il suffise de couper la surface suivant λ de ces lignes pour en obtenir le morcellement en deux parties séparées S' et S", λ étant inférieur ou égal à μ; S' et S" sont limitées chacune par λ courbes. A chaque point de l'une de ces courbes limites de S', correspond un point en coïncidence avec le premier situé sur la courbe limite correspondante de S". Un point M' de S' infiniment voisin du bord, a son symétrique M" situé sur S"; si M' se déplace sur S', M" reste sur S", car si M" atteignait un bord de S", M' atteindrait le bord correspondant de S'. Les deux surfaces S' et S" sont donc entièrement symétriques l'une de l'autre; par suite ni S' ni S" ne peuvent renfermer à leur intérieur de points symétriques d'eux-mêmes. Il n'y a donc pas d'autre courbe de passage que les bords de ces deux surfaces. On a ainsi $\lambda = \mu$, et les μ courbes de passage ne peuvent que morceler la surface en deux parties, si celle-ci est orthosymétrique, ou ne pas la morceler; on dit alors que la surface est *diasymétrique*. μ est au plus égal à $p+1$ dans le premier cas et à p dans le second cas.

123. Dans le cas d'orthosymétrie μ et $p+1$ sont de même parité. En effet, considérons la surface S', et soit p' le nombre maximum de courbes fermées sans point commun deux à deux, qu'il est possible de tracer sur S' sans la morceler. On peut rendre S' simplement connexe de la manière suivante. Coupons-la suivant les p' contours $A_1, A_2, \ldots, A_p$ qui ne se traversent pas mutuellement. On peut joindre deux points infiniment voisins de part et d'autre de A_1, de manière à obtenir un contour fermé B_1 qui traverse A_1 au seul point ε_1. Coupons S' suivant B_1, la surface obtenue reste encore connexe, car on peut passer d'un côté à l'autre de B_1 en suivant le contour A_1. On pourra de même tracer un contour B_2 traversant A_2 au seul point ε_2 et couper la surface suivant B_2 sans la morceler. En continuant ainsi on arrivera à une surface connexe déduite de S' par le tracé des p' rétrosections

(A_1, B_1), (A_2, B_2), ..., ($A_{p'}$, $B_{p'}$). Soit maintenant ω un point quelconque de S'. Joignons-le :

1° Aux contours $\mathcal{C}_1$, $\mathcal{C}_2$, ..., $\mathcal{C}_\mu$, courbes de passage qui limitent S', par des lignes $\mathcal{L}_1$, $\mathcal{L}_2$, ..., $\mathcal{L}_\mu$, aboutissant en γ_1, γ_2, ..., γ_μ;

2° Aux points ε_1, ε_2, ..., $\varepsilon_{p'}$ par des lignes $\mathcal{M}_1$, ..., $\mathcal{M}_{p'}$.

En traçant de nouvelles coupures suivant les lignes $\mathcal{L}_j$ et $\mathcal{M}_j$, on obtient une surface simplement connexe, comme on le voit aisément par un raisonnement analogue à ceux du Chapitre V (t. I).

Traçons maintenant sur S'' les coupures symétriques des précédentes. Nous la transformons de même en une aire simplement connexe. Appliquons la formule d'Euler, en regardant S comme un polyèdre à deux faces S' et S'' sur lesquelles on a tracé les lignes précédemment désignées. Nous aurons

$$2p - 2 = a - f - s$$

L'on a $f = 2$, puisqu'il y a deux faces. Par suite,

$$2p = a - s,$$

a étant le nombre des **arêtes**, s celui des **sommets**. Il suffit d'évaluer ces deux nombres pour obtenir le résultat cherché. Chaque triplet de coupures (A_i, B_i, $\mathcal{M}_i$) nous donne trois arêtes sur S', et le triplet symétrique trois arêtes sur S''; cela fait en tout $6p'$ arêtes. Considérons ensuite une courbe $\mathcal{C}_j$ et le point γ_j où aboutissent la ligne $\mathcal{L}_j$ et sa symétrique; cela nous donne trois arêtes, et comme il y a μ triplets analogues, on obtient finalement

$$a = 6p' + 3\mu.$$

Les sommets sont les p' sommets ε_i et leurs symétriques, les μ sommets γ_j et enfin le point ω et son symétrique; on a donc

$$s = 2p' + \mu + 2,$$
$$2p = a - s = 4p' + 2\mu - 2,$$
$$p = 2p' + \mu - 1.$$

On voit que $p + 1$ est de même parité que μ, et l'on vérifie de nouveau que $p + 1 \geq \mu$; p' est d'ailleurs le genre de la surface fermée obtenue en ajoutant à S' des aires simplement connexes passant par les p courbes de passage.

124. Considérons d'une manière un peu plus générale une surface de Riemann admettant une transformation biuniforme en elle-même, telle que si l'on désigne par τ la variable auxiliaire relative au point M, par τ' celle relative à son transformé M' et par τ'_0 l'imaginaire conjuguée de τ' on ait pour tous les couples (M, M') une relation analytique de la forme

$$\tau'_0 = f(\tau) = a\tau + b\tau^2 + c\tau^3 + \ldots \quad (a \neq 0).$$

Soit Θ cette transformation. Le produit de deux transformations analogues à Θ est évidemment une transformation birationnelle. Or une courbe algébrique de genre > 2 n'admettant pas en général de transformation birationnelle en elle-même, même lorsqu'elle est représentée par une équation à coefficients réels, il s'ensuit que l'on aura en général

$$\Theta^2 = 1$$

et que Θ sera une symétrie. Mais si la courbe admet q transformations birationnelles en elle-même, q étant fini comme l'on sait pour $p > 1$, on déduira, d'une transformation Θ du second type, q transformations analogues qui peuvent ne pas être des symétries.

Considérons, comme exemple, la courbe hyperelliptique de genre p :

$$y^2 = A(x - a_1)\ldots(x - a_{2p+1})(x - a_{2p+2}),$$

A est réel ainsi que $a_1, a_2, \ldots, a_{2\mu} (a_1 < a_2 < \ldots < a_{2\mu})$ et $a_{2\mu+2h+1}$ est l'imaginaire conjuguée de $a_{2\mu+2h+2}$ pour $h = 0$, $1, \ldots, p - \mu$. Si $A < 0$, pour fixer les idées, la symétrie définie par

$$x'_1 + i x'_2 = x_1 - i x_2 \quad (x = x_1 + i x_2),$$
$$y'_1 + i y'_2 = y_1 - i y_2 \quad (y = y_1 + i y_2)$$

donne lieu à μ courbes de passage formées des segments $(a_1 a_2), \ldots,$ $(a_{2\mu-1} a_{2\mu})$ de l'axe réel décrites sur les deux feuillets de la surface; lorsqu'on a tracé les coupures correspondantes, il est clair que si $\mu = p + 1$, la surface est divisée en deux morceaux sans connexion entre eux; il y a orthosymétrie. Si μ est positif mais inférieur à $p + 1$, la surface reste connexe après le tracé des coupures puisque les deux feuillets restent reliés entre eux en dehors de l'axe réel et que ce dernier peut encore être traversé. Si $\mu = 0$, les lignes de passage relatives à la symétrie que nous venons de définir disparaissent si l'on suppose toujours $A < 0$; car pour x réel, y^2 est négatif et y imaginaire; la surface doit encore être regardée comme diasymétrique.

Mais d'autre part la courbe admet la transformation birationnelle en elle-même $(x, y; x, -y)$ et n'en admet pas d'autre si les a_i sont pris au hasard et si $p > 1$. Il en résulte une autre transformation du second type de la courbe en elle-même et qui est encore une symétrie

$$x'_1 + i x'_2 = x_1 - i x_2,$$
$$y'_1 + i y'_2 = -y_1 + i y_2.$$

Les lignes de passage correspondantes s'obtiennent en exprimant que x est réel, y purement imaginaire; ces lignes sont encore des segments de l'axe réel complémentaires de ceux qui correspondent à la première symétrie, et tracés sur les deux feuillets de la surface. Il y a encore orthosymétrie pour $\mu = p + 1$, diasymétrie pour $0 < \mu < p + 1$; mais pour $\mu = 0$, c'est-à-dire quand l'équation $y^2 = 0$ n'a que des racines imaginaires en x, il y a orthosymétrie, car les deux lignes de passage, constituées chacune par la totalité de l'axe réel tracé sur l'un des feuillets, morcellent évidemment la surface.

Il suit de là que les seules courbes hyperelliptiques de genre > 1 représentables par des équations de la forme

$$x = f(z), \quad y = g(z),$$

où $f(z)$ et $g(z)$ désignent des fonctions fuchsiennes dépourvues de cercle limite, sont d'abord des courbes dont les modules algébriques sont tous réels, et qu'ensuite elles se ramènent par une transformation birationnelle à la forme

$$y^2 = P(x),$$

$P(x)$ étant un polynome de degré pair dont toutes les racines sont réelles, ou dont toutes les racines sont imaginaires et conjuguées deux à deux. On démontre en effet que la condition d'orthosymétrie est suffisante pour qu'une courbe algébrique soit susceptible de ce mode de représentation.

Observons que les points critiques sur la surface de Riemann de la fonction $z(x, y)$ qui sont représentés par les sommets elliptiques et paraboliques du polygone fuchsien sont deux à deux symétriques. Un cas particulièrement remarquable est celui où le demi-polygone du demi-plan supérieur n'a que des sommets adventifs et de la seconde sorte. Le groupe fuchsien est alors de la troisième famille dans la classification de Poincaré. P_0 est limité par p paires de cercles $(C_1, C'_1), \ldots, (C_p, C'_p)$ sans points communs deux à deux, orthogonaux à l'axe réel; la fonction $z(x, y)$ n'a pas de point critique sur S. En outre $z(x, y)$ est uniforme sur la surface S munie des p coupures fermées sans points communs deux à deux $a_1, a_2, \ldots, a_p$ qui correspondent respectivement à $(C_1, C'_1), \ldots, (C_p, C'_p)$. Les p substitutions génératrices sont celles que subit cette fonction quand on passe d'un bord à l'autre de l'une de ces coupures a_i; mais une circulation le long d'un bord de a_i, autrement dit le passage d'un bord à l'autre de la coupure b_i qui forme avec a_i une rétrosection $(a_i b_i)$, ramène z à sa valeur initiale. Les coupures a_i sont symétriques chacune d'elle-même et rencontrent chacune en deux points le système des courbes de passage.

La figure 32 représente P_0 dans le cas de $p = 5$; P_0 est le domaine extérieur aux 10 cercles qui y sont figurés. On a désigné par $(a, a'), (b, b'), \ldots$ les cycles formés chacun de deux sommets de la seconde sorte pour l'un des demi-polygones; les segments, ou

Fig. 32.

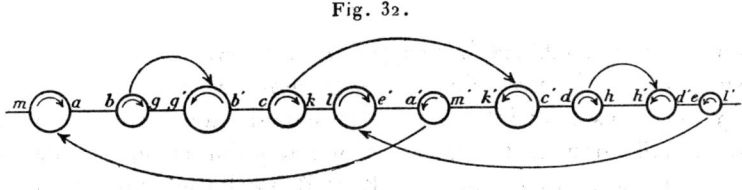

sommes de segments, de l'axe réel ci-dessous désignés équivalent respectivement à un segment unique et ont pour images les courbes de passage

$$ab + b'c + c'd + d'e + e'a',$$
$$gg',$$
$$hh',$$
$$kl + l'm + m'k',$$

le segment $l'm$ contenant le point $z = \infty$. On a ici

$$\mu = 4, \quad p + 1 = 6.$$

On doit observer qu'un tel polygone, dont la structure simple met en évidence la discontinuité du groupe, n'est pas en général celui qui correspond au système de coupures considéré dans l'étude des surfaces orthosymétriques et dans lequel les lignes de passage ne sont pas morcelées, mais l'étude du passage d'un système de coupures à l'autre nous entraînerait trop loin.

125. D'après ce qui précède, une surface de Riemann orthosymétrique définit toujours des courbes algébriques ayant des points réels.

Considérons alors une fonction linéairement polymorphe qui vérifie l'équation

$$\Delta\left(\frac{z}{x}\right) = 2\,\mathrm{R}(x, y).$$

Sur certains segments de l'axe réel il y aura des déterminations de y qui seront des fonctions réelles de x et $\mathrm{R}(x, y)$ sera elle-même une fonction réelle de x, en attribuant des valeurs réelles aux paramètres accessoires; faisons varier un seul de ces paramètres, ou plus généralement une combinaison linéaire θ à coefficients réels de ces paramètres, de sorte que $\mathrm{R}(x, y)$ soit de la forme

$$\mathrm{R}_0 + \theta\,\mathrm{R}_1,$$

θ étant une variable réelle; supposons l'intervalle I que nous considérons sur l'axe réel du plan des x choisi de manière que R_1 ne s'y annule pas, cet intervalle ne contenant, en outre, aucun point de ramification de la surface et aucun point critique z_i de nos fonctions $z(x, y)$, de sorte que R_0 et R_1 ne deviennent pas infinies dans cet intervalle.

En donnant à θ une valeur suffisamment grande en valeur absolue et de signe convenable, on rendra la fonction $\mathrm{R}(x, y)$ supérieure dans I à un nombre positif arbitraire M^2.

Si z désigne une solution réelle de (32), nous avons vu qu'en posant

$$\lambda = \frac{1}{2}\frac{\dfrac{d^2 z}{dx^2}}{\dfrac{dz}{dx}},$$

λ vérifie l'équation de Riccati :

$$\frac{d\lambda}{dx} = \lambda^2 + R.$$

Si, dans l'intervalle (x_0, x) contenu dans I, z et, par suite, λ demeurent finis, on aura

$$x - x_0 = \int_{\lambda_0}^{\lambda} \frac{d\lambda}{\lambda^2 + R} < \int_{\lambda_0}^{\lambda} \frac{d\lambda}{\lambda^2 + M^2} < \int_{-\infty}^{+\infty} \frac{d\lambda}{\lambda^2 + M^2} = \frac{\pi}{M}.$$

Il s'ensuit que dans tout segment de I de longueur supérieure à $\frac{\pi}{M}$, il existe au moins deux valeurs de x pour lesquelles λ devient infinie, de même que z. Si donc l'intervalle I contient N intervalles égaux à $\frac{\pi}{M}$, toute fonction linéairement polymorphe reprendra N fois une même valeur dans I, et P_0 se recouvrira au moins N fois lui-même dans certaines parties. Ce court aperçu montre l'intérêt que présente, pour la solution du problème de l'uniformisation, l'étude dans le champ réel des intégrales d'une équation linéaire du second ordre, ou, ce qui revient au même, d'une équation de Riccati. L'étude de certains travaux récents montre que l'on parvient par cette méthode, dans quelques cas particuliers, à démontrer l'existence des fonctions fuchsiennes uniformisantes. Mais nous voyons, par ce qui précède, comment les fonctions linéairement polymorphes relatives à une courbe algébrique réelle et n'ayant elles-mêmes que des points critiques réels ou deux à deux imaginaires conjugués, cessent d'être uniformisantes pour certaines valeurs réelles des paramètres accessoires; le résultat obtenu est déjà plus précis que celui qui concerne le cas général et que nous avons démontré plus haut (§ 118).

126. Considérons ensuite un groupe kleinéen construit par emboîtement et admettant un polygone générateur limité par $2p$ courbes fermées deux à deux correspondantes; les coefficients des p substitutions génératrices n'étant assujettis qu'à des inégalités, un tel groupe dépend de $3p - 3$ paramètres complexes, ce qui est précisément le nombre des modules d'une classe d'équations algébriques. On doit donc s'attendre à ce que sur toute surface de Riemann de genre $p \geq 1$, il existe une fonction linéairement

polymorphe pouvant être prise pour variable uniformisante, les fonctions automorphes correspondantes ayant un ensemble parfait discontinu de singularités. Remarquons que les deux courbes limites conjuguées C_i et C'_i ont pour image sur la surface de Riemann une courbe fermée a_i, les p courbes $a_1, a_2, \ldots, a_p$ étant sans point commun deux à deux. On est donc conduit à se poser le problème suivant : « Étant donné sur une surface de Riemann de genre p un système de p courbes fermées sans point commun deux à deux, trouver une fonction linéairement polymorphe dépourvue de points critiques et de plus uniforme sur la surface munie de coupures tracées suivant ces p courbes ». Si nous adjoignons aux courbes a_i les courbes b_i formant avec les premières un système de p rétrosections (a_i, b_i), nous aurons à exprimer que la fonction $z(x, y)$ prend les mêmes valeurs en deux points en coïncidence sur les deux bords de chaque courbe b_i, autrement dit que chacune des substitutions T_{b_i} correspondantes est la substitution identique. On aura ainsi, puisque z n'est définie qu'à une substitution linéaire près, un système de $3(p-1)$ équations à $3(p-1)$ inconnues qui sont les paramètres accessoires ; mais la nature transcendante de ces équations ne permet pas d'affirmer *a priori* qu'elles soient compatibles. Remarquons que si la surface est orthosymétrique, les courbes a_i étant chacune symétrique d'elle-même, on est ramené au problème de l'uniformisation par des fonctions fuchsiennes de la troisième famille, qui sont un cas particulier des fonctions automorphes considérées ici.

127. Nous avons, dans ce qui précède, regardé les coefficients des substitutions du groupe de monodromie d'une fonction linéairement polymorphe comme des fonctions des paramètres accessoires ; on peut également les regarder comme fonctions des modules de la classe d'équations algébriques considérée et des points critiques de la fonction $z(x, y)$ sur la surface de Riemann ;

(¹) Pour l'étude approfondie de cette question, nous renverrons aux Mémoires suivants :

F. KLEIN, *Bemerkungen zur Theorie der linearen Differentialgleichungen zweiter Ordnung* (*Math. Annalen*, t. 64, p. 175-196).

E. HILB, *Ueber Kleinsche Theoreme in der Theorie der linearen Differentialgleichungen* (*Math. Annalen*, t. 66, p. 215-257).

R. KÖNIG, *Integralgleichungen und automorphe Funktionen*, t. 71, p. 206-213).

ce sont encore des fonctions analytiques de ces nouveaux paramètres, qui restent holomorphes tant que deux points de ramification de la surface ou deux points critiques de $z(x, y)$ ne viennent pas se confondre, car on pourra alors, en faisant subir au besoin une déformation continue aux coupures de la surface, faire en sorte qu'elles restent à distance finie des points singuliers de ces deux catégories et la méthode des approximations successives pour le calcul des intégrales d'une équation linéaire du second ordre montre que les valeurs de ces intégrales le long de ces coupures restent des fonctions analytiques des paramètres; il en sera de même des coefficients des substitutions correspondantes, le raisonnement du paragraphe 109 demeurant applicable. Si l'on considère, par exemple, la solution de l'équation (40) prenant ainsi que ses dérivées première et seconde des valeurs purement numériques en un point (x_0, y_0) les coefficients des substitutions qu'elle subit quand (x, y) décrit un contour a_k ou b_k sont des fonctions régulières des modules r_1, r_2, r_3 quand ces quantités restent distinctes entre elles et distinctes de o, $+1$ et -1.

Considérons deux fonctions linéairement polymorphes $z(x, y)$ et $w(x', y')$ définies respectivement sur deux surfaces de Riemann du même genre p; chacune d'elles fait la représentation conforme de la surface correspondante munie de ses rétrosections passant par un point O et de n coupures joignant le point O aux n points critiques de la fonction polymorphe, sur un polygone canonique de $4p + 2n$ côtés, générateur du groupe de monodromie de cette fonction; supposons que les substitutions

$$T_1, \quad T_2, \quad \ldots, \quad T_n, \quad T_{a_1}, \quad T_{b_1}, \quad \ldots, \quad T_{b_p}$$

qui relient deux à deux les côtés de l'un de ces polygones soient les mêmes pour l'un et pour l'autre. S'il en est ainsi, les deux surfaces de Riemann se ramènent l'une à l'autre par une transformation birationnelle et possèdent ainsi les mêmes modules, et lorsqu'on a effectué la transformation qui change (x', y') en (x, y), les deux fonctions z et w deviennent identiques. C'est ce qui résulte de la démonstration de Poincaré à laquelle nous avons fait allusion plus haut; mais cette démonstration soulève, comme nous l'avons dit, des objections, et la proposition que nous venons d'énoncer n'a pas encore reçu de démonstration satisfaisante; nous examinerons seulement un cas particulier, celui où les valeurs des paramètres dont dépendent les deux fonctions z et w sont infiniment voisines; nous supposerons, en outre, $n = 1$, $p > 1$, de sorte que nos fonctions linéairement polymorphes dépendent de $6p - 6$ paramètres qui sont les $3p - 3$ paramètres accessoires et les $3p - 3$ modules. Les contours d'encadrement $\mathcal{C}$ et $\mathcal{C}'$ de nos deux surfaces de Riemann peuvent alors être supposés confondus ([1]) et les deux polygones P_0 et P'_0 dont les contours s'obtiennent en décrivant $\mathcal{C}$ et $\mathcal{C}'$ avec des valeurs initiales constantes pour nos fonctions polymorphes et leur dérivées première et seconde seront, en vertu des considérations de continuité qui précèdent, infiniment voisins. Si l'on transforme au moyen d'une substitution linéaire convenable le polygone P_0 en un polygone Q_0, de sorte que, par exemple, l'une des substitutions génératrices admette les deux points doubles $z = 0$ et $z = \infty$, une autre substitution génératrice admettant le point double $z = 1$ et que l'on fasse la même transformation sur le polygone P'_0 qui se trouve remplacé par Q'_0, les deux polygones Q_0 et Q'_0 seront encore infiniment voisins. Dans ces conditions, si les deux groupes G et G' qui admettent Q_0 et Q'_0 pour polygones générateurs sont identiques, les côtés de Q_0 étant reliés deux à deux par les mêmes substitutions linéaires que ceux de Q'_0, il est clair que ces deux polygones se déduisent l'un de l'autre par une *modification permise* et que les deux surfaces de Riemann $\overline{\mathcal{R}}$ et $\overline{\mathcal{R}'}$, en général à une infinité de feuillets, que l'on déduit de chacun d'eux par le procédé décrit plus haut (§ 115) sont identiques. Il nous est alors permis d'établir entre les deux surfaces S et S' la correspondance analytique exprimée par

$$z(x, y) = w(x', y').$$

Il est bien aisé de voir que cette correspondance est birationnelle, car si l'on se donne le point M sur la surface S munie de ses coupures, il lui correspond un point bien déterminé N sur Q_0 regardé comme un morceau simplement connexe de surface de Riemann à q feuillets; on peut encore dire qu'il existe une correspondance univoque entre la surface de Riemann *fermée* S et la

---

([1]) Pour plus de détails sur le continuum de ces surfaces et le tracé des coupures, *voir* plus loin Chapitre XVI, § 167.

surface fermée Φ obtenue en collant l'un contre l'autre deux points équivalents appartenant au bord de Q_0. Nous avons de même une correspondance univoque entre la surface de Riemann S' et la surface fermée Φ' déduite de Q'_1 de la même manière que Φ se déduit de Q_0; les surfaces Φ et Φ' sont d'ailleurs identiques d'après ce qui précède et ne diffèrent que par une modification du système des coupures qui les transforment en surfaces respectivement applicables sur Q_0 et Q'_0. Il suit de là que la relation $z = w$ exprime une correspondance biuniforme entre S et S'; en outre, z possède en chaque point le caractère d'une fonction rationnelle de τ, variable auxiliaire relative au point M de S et réciproquement, et des rapports analogues existent entre w et τ', variable auxiliaire relative au point M' de S'; il s'ensuit que la relation $w = z$ définit une application conforme en tout point, des surfaces S et S' l'une sur l'autre; c'est donc une transformation birationnelle et les modules de S et S' sont identiques. On peut, par suite, admettre que S' est confondue avec S et comme S n'admet pas, pour $p > 1$, de transformation birationnelle en elle-même qui soit infinitésimale, les points analytiques (x, y) et (x', y') sont confondus; par suite, $z(x, y) = w(x, y)$, d'où l'on conclut à l'identité des deux systèmes de valeurs des paramètres accessoires.

128. Le groupe G de monodromie de la fonction $z(x, y)$ dépend donc *essentiellement* de $(6p - 6)$ paramètres et possède le même degré de généralité qu'un groupe dérivé de $2p$ substitutions données *a priori* et assujetties seulement à vérifier la relation fondamentale

$$T_{a_p}^{-1} T_{b_p} T_{a_p} T_{\beta_p}^{-1} \ldots T_{a_1}^{-1} = 1.$$

Cela ne veut pas dire d'ailleurs que tout groupe ainsi construit puisse être identifié avec le groupe de monodromie d'une de nos fonctions polymorphes. Considérons, par exemple, le groupe dérivé de $2p$ substitutions de la forme $(z; A_i z + B_i)$ vérifiant la relation fondamentale précédente; on constate que ce groupe dépend de $(4p - 3)$ paramètres, car nous avons $2p$ substitutions dépendant chacune de deux paramètres, ce qui fait $4p$ paramètres, dont le nombre doit être diminué de deux unités d'une part, parce que l'on peut effectuer sur z le changement de variable

$(z;\ \lambda z + \mu)$ où λ et μ sont arbitraires, puis encore d'une unité en tenant compte de la relation fondamentale dont le premier membre représente ici une substitution parabolique $(z;\ z+\omega)$, ce qui conduit à la seule relation $\omega = 0$. Mais nous avons démontré que ce groupe n'est jamais, pour $p > 1$, identique au groupe d'une de nos fonctions polymorphes $z(x, y)$. Supposons plus généralement que, pour chacune des $2p$ substitutions génératrices $\begin{pmatrix} \alpha & \beta \\ \gamma & \delta \end{pmatrix}$ de ce groupe de monodromie, le coefficient γ soit infiniment petit et que $\alpha\delta - \beta\gamma = 1$. Remplaçons tous ces coefficients γ par zéro; il suffira de faire varier infiniment peu l'un des coefficients β ou δ pour que la relation fondamentale soit toujours vérifiée. Les substitutions génératrices étant ainsi modifiées, laissons fixe l'un des sommets A_1 du polygone canonique P_0 à $4p$ sommets, image de la surface Σ; les autres sommets A_2, A_3, ... éprouveront des déplacements infiniment petits et viendront en A'_2, A'_3, ... Le côté $A_1 A_2$ pourra être remplacé par $A_1 A'_2$ déduit du premier par la transformation $(z;\ \lambda z + \mu)$ qui change A_1 en lui-même et A_2 en A'_2; le côté $A'_3 A'_4$, conjugué de $A_1 A'_2$, sera alors complètement déterminé; on pourra remplacer de même $A_2 A_3$ par $A'_2 A'_3$, transformé du premier par similitude, le côté $A'_4 A'_5$, conjugué de $A'_2 A'_3$, étant alors déterminé, et ainsi de suite; P_0 est ainsi remplacé par P'_0, infiniment voisin de P_0, chaque côté de P'_0 se déduisant d'un côté de P_0 par une substitution linéaire infinitésimale. Les angles de P'_0 sont alors infiniment voisins de ceux de P_0. Mais P'_0 ayant ses côtés liés deux à deux par des substitutions linéaires entières, la somme de ses angles, comme nous l'avons remarqué précédemment, a pour valeur $(4p-2)\pi$, tandis que la somme des angles de P_0 est égale à 2π, il y a incompatibilité pour $p > 1$ et P_0 ne peut pas être l'image de la surface Σ fournie par une fonction polymorphe de l'espèce considérée.

Représentons le groupe G de monodromie d'une fonction $z(x, y)$, lequel dépend essentiellement des $6p-6$ paramètres complexes désignés tout à l'heure par un point M de l'hyperespace à $12p-12$ dimensions; voici comment l'on pourra faire cette représentation. Écrivons la relation fondamentale sous la forme

(51) $$T_{b_1} T_{a_1}^{-1} T_{b_1}^{-1} T_{a_1} = \Theta,$$

Θ étant une combinaison des substitutions T_{a_2}, T_{b_2}, ... et de leurs inverses. Supposons T_{b_1} ramenée à la forme canonique $(z; \sigma z)$ et soient λ, μ, ν, ρ les coefficients de T_{a_1}; comme on peut transformer le groupe par $(z; hz)$ où h est arbitraire sans changer T_{b_1}, on dispose encore d'une constante arbitraire permettant d'établir une relation entre λ, μ, ν, ρ.

La relation (51) équivaut à

$$\begin{pmatrix} \sigma\lambda\rho - \sigma^2\mu\nu & \mu\rho(\sigma - \sigma^2) \\ (\sigma - 1)\lambda\nu & \sigma\lambda\rho - \mu\nu \end{pmatrix} = \begin{pmatrix} A & B \\ C & D \end{pmatrix}.$$

A, B, C, D étant les fonctions rationnelles et entières des coefficients de T_{a_2}, T_{b_2}, ... que l'on obtient en formant l'expression Θ suivant la règle de composition des substitutions linéaires. On déduit de là :

$$\mu\nu : \lambda\rho : \mu\rho : \lambda\nu = \frac{A - D}{1 - \sigma^2} : \frac{A - \sigma^2 D}{\sigma - \sigma^3} : \frac{B}{\sigma - \sigma^2} : \frac{C}{\sigma - 1},$$

$$\frac{\mu}{\lambda} = \frac{D - A}{C(1 + \sigma)} = \frac{B(1 + \sigma)}{A - \sigma^2 D},$$

d'où l'équation du second degré en σ :

$$(D - A)(A - \sigma^2 D) = BC(1 + \sigma)^2,$$

$$\sigma = \frac{BC \pm (A - D)\sqrt{AD - BC}}{AD - BC - D^2}.$$

On n'aura pas d'irrationalité si

$$AD - BC = 1.$$

Si l'on a pour toutes les substitutions T_{a_2}, T_{b_2}, ..., la relation

$$\alpha\delta - \beta\gamma = 1,$$

la relation précédente sera vérifiée d'elle-même. On peut ainsi exprimer $(\alpha_i, \beta_i, \gamma_i, \delta_i)$ en fonction rationnelle de trois paramètres, par exemple $\alpha_i, \beta_i, \gamma_i$, en posant

$$\delta_i = \frac{1 + \beta_i\gamma_i}{\alpha_i}$$

et de même,

$$\delta_i' = \frac{1 + \beta_i'\gamma_i'}{\alpha_i'},$$

σ devient alors une fonction rationnelle des $(6p-6)$ quantités

(53) $\qquad \alpha_2, \ \beta_2, \ \gamma_2, \ \alpha'_2, \ \beta'_2, \ \gamma'_2, \ \alpha'_3, \ \ldots, \ \gamma'_{2p}.$

Si l'on prend, par exemple, le signe $+$ devant le radical, on obtient

(54) $\qquad \begin{cases} \sigma = \dfrac{A-1}{1-D}, \\ \dfrac{\mu}{\lambda} = \dfrac{D-A}{C(1+\sigma)} = \dfrac{D-1}{C}, \\ \dfrac{\nu}{\rho} = \dfrac{(A-D)\sigma}{B(1+\sigma)} = \dfrac{A-1}{B}. \end{cases}$

On peut achever la détermination de λ, μ, ν, ρ en posant, par exemple,

$$\lambda + \mu = \nu + \rho,$$

ce qui exprime que $z = 1$ est un point double de T_{a_1} et

$$\lambda\rho - \mu\nu = 1.$$

On aura ainsi λ, μ, ν, ρ exprimés en fonction de A, B, C, D, les rapports $\lambda:\rho$, $\mu:\rho$, $\nu:\rho$ s'exprimant rationnellement.

Si l'on adoptait l'autre détermination de σ, on obtiendrait des valeurs de σ, $\lambda:\rho$, $\mu:\rho$, $\nu:\rho$ qui se déduiraient des précédentes en changeant simplement les signes de A, B, C, D, et par suite, le même continuum de groupes puisque A, B, C sont trois fonctions indépendantes.

Les $6(p-1)$ quantités complexes (53) peuvent ainsi être regardées comme définissant dans un espace hypercomplexe un point représentatif du groupe G. Mais si G est le groupe de monodromie d'une de nos fonctions polymorphes $z(x, y)$, le point M ne sera jamais situé dans le voisinage d'un point de la variété algébrique définie par

(55) $\qquad \begin{cases} \gamma_2 = \gamma'_2 = \gamma_3 = \ldots = \gamma'_{2p} = 0, \\ A = 1. \end{cases}$

En effet, si tous les γ sont nuls, on a $C = 0$; si C est infiniment petit, ainsi que $A-1$, il en est de même de $D-1$, $\dfrac{\mu}{\lambda}$ est indéterminé, en général fini, tandis que $\dfrac{\nu}{\rho}$ est infiniment petit; par suite, ν est infiniment petit de l'ordre de C et $A-1$; λ, μ, ρ sont finis.

Or, nous avons démontré que cette circonstance ne peut pas se présenter pour le groupe d'une fonction de la classe considérée.

Le domaine des valeurs des quantités (53) regardées comme fonctions des modules et des paramètres accessoires, présente donc des *espaces lacunaires*, et ces fonctions, qui sont analytiques, sont par suite transcendantes; il n'est guère douteux qu'elles ne soient transcendantes par rapport aux paramètres accessoires considérés comme seuls variables, mais nous n'en avons pas de preuve rigoureuse.

129. Dans le cas de $p=1$, ce qui précède ne s'applique plus; mais si nous reprenons les notations du paragraphe 112, nous pouvons regarder le groupe G comme défini par les deux quantités k et k' :
$$k = e^{\lambda \omega_1}, \qquad k' = e^{\lambda \omega_2},$$
d'où
$$\frac{\omega_1}{\omega_2} = \frac{\log k}{\log k'}.$$

Quand le module $\varkappa^2$ varie en évitant les valeurs critiques $0, 1$ et ∞ pour lesquelles le genre devient nul, la partie imaginaire de $\frac{\omega_1}{\omega_2}$ conserve un signe constant, par exemple, le signe $+$, et l'on a, par suite, en posant $k = re^{i\theta}$, $k' = r'e^{i\theta'}$:
$$r'^{\theta} > r^{\theta'}.$$

Mais cette inégalité n'implique pas l'existence d'un espace lacunaire, k et k' pouvant prendre indépendamment toutes les valeurs finies et différentes de zéro, à l'exception seulement des couples de valeurs pour lesquelles
$$|k| = |k'| = 1.$$

Marquons, en effet, les deux points
$$\log k = \log r + i\theta = \rho + i\theta$$
$$\log k' = \log r' + i\theta' = \rho' + i\theta' \qquad (\theta\rho' - \theta'\rho > 0).$$

Si l'on joint le second à l'origine par une droite, le premier doit rester toujours d'un même côté de cette droite Δ'. Soient alors M et M_1 deux points représentatifs de valeurs de $\log k$; si $\rho' \neq 0$,

Δ' ne coïncide pas avec l'axe imaginaire et l'on peut toujours ajouter ou retrancher aux ordonnées θ et θ_1 des deux points M et M_1 des multiples de 2π, de manière que les deux nouveaux points N et N_1 soient du même côté de Δ' qui correspond à l'inégalité $\theta\rho' - \theta'\rho > 0$; si l'on fait varier k sur l'arc de spirale correspondant au segment de droite NN_1 et qui a pour extrémités deux points P et P_1 pouvant être pris arbitrairement, le rapport $\dfrac{\log k}{\log k'} = \dfrac{\omega_1}{\omega_2}$ conservant une partie imaginaire positive, x^2 varie d'une manière continue en restant distinct des valeurs critiques 0, 1 et ∞ et $\lambda = \dfrac{1}{\omega_1}\log k$ varie aussi d'une manière continue. On pourra donc inversement, en faisant varier λ et x^2, atteindre tous les couples de valeurs de k et k', sauf ceux que nous avons désignés plus haut. Les points représentatifs des groupes G dans l'hyperespace à quatre dimensions le remplissent donc entièrement, sauf certaines variétés à deux dimensions qui correspondent à des dégénérescences du groupe; il n'y a pas d'espace lacunaire comme pour $p > 1$.

Remarque. — Nous avons fait correspondre à tout groupe G dérivé de $2p$ substitutions liées par la relation fondamentale un point d'un certain hyperespace, mais à un même groupe correspondent une infinité de points de cet hyperespace E qui se déduisent de l'un d'eux par les transformations d'un certain groupe Γ; ces transformations laissent évidemment invariante la variété V (§ 55) définie indépendamment du choix des substitutions fondamentales; nous aurons donc des espaces lacunaires autour des divers points de V, équivalents par rapport à Γ, qui correspondent à un même groupe ([1]).

Nous ne développerons pas ici les propriétés de ce groupe Γ, étudié par Poincaré dans le domaine des valeurs réelles des variables pour lequel G est un groupe fuchsien. Nous indiquerons seulement les propriétés suivantes : Γ est un groupe de substitutions algébriques qui deviennent birationnelles si l'on introduit des variables surabondantes liées aux variables initiales par des

---

([1]) *Voir* dans le Mémoire de Poincaré sur les groupes des équations linéaires (*Acta mathematica*, t. IV, p. 263), le développement de considérations analogues concernant les groupes fuchsiens.

relations quadratiques. Pour $p=1$, Γ est le groupe des substitutions effectuées sur les variables k et k' et définies par

$$K = k^a k'^b, \qquad K' = k^c k'^d,$$

les entiers a, b, c, d vérifiant la relation $ad - bc = 1$. Ce groupe, isomorphe à celui des substitutions modulaires $\begin{pmatrix} a & b \\ c & d \end{pmatrix}$ est improprement discontinu ([1]) dans tout l'espace (k, k'). En revanche, pour $p > 1$, Γ est proprement discontinu dans la région de E qui correspond à des groupes kleinéens à deux réseaux séparés par une courbe limite. La formation effective des substitutions de Γ a été étudiée par Poincaré et plus en détail par Fricke en prenant pour variables indépendantes les invariants $(\alpha + \delta)$ d'un certain nombre de substitutions de G convenablement choisies ; les substitutions génératrices de Γ correspondent naturellement aux opérations fondamentales aisées à définir par lesquelles on transforme un système de rétrosections de la surface en un autre essentiellement distinct.

Les propositions qui précèdent peuvent être aisément étendues au cas où les fonctions linéairement polymorphes considérées admettent sur la surface de Riemann n points critiques e_1, e_2, ..., e_n, correspondant à des points doubles de substitutions elliptiques ou paraboliques de périodes données. Si le genre p est > 1, le nombre des paramètres essentiels dont dépend le groupe G est égal à $2n + 6p - 6$, à savoir les $n + 3p - 3$ paramètres accessoires, les $3p - 3$ modules de la surface de Riemann et les n points critiques e_i. On trouvera aisément les modifications que doivent subir les énoncés pour $p = 0$ ou $p = 1$.

130. Démontrons maintenant, d'après Poincaré, l'important théorème d'unicité qui s'énonce ainsi : *Étant donnée une surface de Riemann de genre p, il existe au plus une fonction linéairement polymorphe admettant sur cette surface les n points critiques donnés e_1, e_2, ..., e_n et qui fait la représentation conforme de la surface, munie d'un système canonique de coupures, sur un polygone fuchsien de la signature*

([1]) Voir P. FATOU, *Bulletin de la Société mathématique de France*, t. LII, 1924, p. 468-484.

$(p, n; l_1, l_2, \ldots, l_n)$ en ne regardant pas comme distinctes deux fonctions transformées linéaires l'une de l'autre.

Supposons, en effet, que $z(x, y)$ et $w(x, y)$ soient deux fonctions linéairement polymorphes faisant la représentation conforme de la surface de Riemann Σ munie de ses coupures sur les polygones canoniques P_0 et P'_0 de $4p + 2n$ côtés et de signature $(p, n; l_1, l_2, \ldots, l_n)$, les réseaux engendrés par P_0 et P'_0 couvrant respectivement les deux cercles C et C'; les deux polygones P_0 et P'_0 sont ainsi représentés d'une manière conforme l'un sur l'autre. Il est clair que les deux groupes fuchsiens G et G' admettant P_0 et P'_0 pour polygones générateurs sont holoédriquement isomorphes, les substitutions de G et de G' cerrespondant d'une manière univoque aux circuits fermés tracés sur la surface de Riemann et qui ne se ramènent pas l'un à l'autre par déformation continue et sans traverser de point critique e_i des fonctions z et w. Soient $1, T_1, T_2, \ldots$ les substitutions de G et $1, T'_1, T'_2, \ldots$ les substitutions correspondantes de G'; si T_k change P_0 en P_k et si T'_k change P'_0 en P'_k, les polygones P_k et P'_k sont applicables d'une manière conforme l'un sur l'autre; nous obtenons ainsi une représentation conforme et biunivoque de nos deux réseaux l'un sur l'autre et qui conserve ce caractère en tous les points intérieurs à l'un des réseaux, y compris les sommets elliptiques puisqu'en deux sommets de cette sorte qui se correspondent, les angles des polygones ont la même valeur $\frac{2\pi}{l}$ pour l'un et l'autre réseau. Nous avons donc défini une fonction $w(z)$ faisant la représentation conforme de l'intérieur de C sur l'intérieur de C'; il s'ensuit (Introduction, § 14), que cette fonction est rationnelle et du premier degré :

$$w = \frac{Az + B}{Cz + D}.$$

Les deux fonctions $z(x, y)$ et $w(x, y)$ vérifient donc la même équation différentielle

$$\Delta\left(\frac{z}{x}\right) = 2R(x, y)$$

et correspondent aux mêmes valeurs des paramètres accessoires, les deux groupes G et G' étant simplement transformés l'un de l'autre par une substitution linéaire.

On démontre de la même manière qu'à une surface de Riemann orthosymétrique, sur laquelle on a marqué $n = 2\nu$ points deux à deux symétriques, correspond au plus un système de valeurs des paramètres accessoires tel que la fonction polymorphe correspondante fasse la représentation de la demi-surface limitée par les courbes de passage et munie de ses coupures, sur un demi-polygone fuchsien de la seconde classe, les points e_i marqués sur la surface correspondant aux sommets elliptiques et paraboliques d'angle $\frac{2\pi}{l_i}$. La démonstration est identique à la précédente, la demi-surface rendue simplement connexe par un système de coupures, auxquelles on adjoint les coupures joignant un point O aux points e_i situés sur la demi-surface, remplaçant l'aire Σ considérée plus haut.

Remarquons que la condition imposée aux substitutions génératrices du groupe G de transformer en lui-même un cercle ne suffit pas à déterminer les paramètres accessoires; il faut encore tenir compte du fait que P_0 est un polygone simple. Si l'on n'ajoute pas cette condition, il résulte, des travaux de M. Klein, que l'on obtient une infinité de fonctions linéairement polymorphes répondant à la question et caractérisées par la valeur d'un entier ν, nombre maximum de points superposés que contient l'aire multiple P_0.

131. Nous allons maintenant revenir sur l'étude des séries thêta, en nous plaçant tout d'abord dans le cas d'un groupe automorphe quelconque. Soit x une fonction automorphe quelconque relative à ce groupe; nous avons déjà remarqué que sa dérivée $\frac{dx}{dz}$ est une fonction thêta de degré 1 et que, par suite, $\left(\frac{dx}{dz}\right)^m$ est une fonction thêta de degré m. Soit maintenant Θ une fonction thêta arbitraire de ce même degré m; il en résulte que le quotient

$$\frac{\Theta}{\left(\dfrac{dx}{dz}\right)^m}$$

est une fonction automorphe qui s'exprime, comme nous le savons, rationnellement au moyen de deux fonctions convenablement choisies x_1 et x_2, automorphes relativement au même groupe; on peut supposer notamment que x_1 et x_2 sont des quotients de séries thêta. Ainsi, toute fonction thêta de degré m peut se mettre sous la forme

$$\left(\frac{dx}{dz}\right)^m \rho,$$

où ρ désigne comme x une fonction automorphe.

En particulier, du fait que le nombre des zéros de la fonction ρ est égal à celui de ses pôles à l'intérieur d'un domaine fondamental, on déduit cette conséquence que la différence entre le nombre des zéros et le nombre des pôles de Θ est égale à la même différence pour la fonction $\left(\frac{dx}{dz}\right)^m$ et dépend ainsi uniquement du groupe G et de l'entier m; en outre, cette différence δ est proportionnelle à m, G restant fixe. Pour plus de détails sur cette question, nous renverrons au Mémoire de M. Poincaré sur les fonctions fuchsiennes où l'on trouvera la détermination exacte de ce nombre δ dans le cas des groupes fuchsiens.

Remarquons ensuite que si θ_k et θ_{k+m} désignent deux séries thêta de degrés marqués par l'indice, l'expression

$$\frac{\Theta \theta_k}{\theta_{k+m}}$$

représente une fonction automorphe; k désigne un entier ≥ 2. L'expression précédente est donc une fonction rationnelle de certaines séries thêta; il en est de même de Θ, c'est-à-dire que toute fonction thêta s'exprime rationnellement au moyen des séries de Poincaré relatives au même groupe; on voit de suite que le nombre des séries de cette sorte qui interviennent dans cette représentation peut être supposé au plus égal à 4.

132. Nous voyons, d'autre part, que toute série thêta donne lieu à une identité de la forme

(56) $$\sum_i \left(\frac{d\,\mathrm{T}_i z}{dz}\right)^m \mathrm{H}(\mathrm{T}_i z) = \left(\frac{dx}{dz}\right)^m \mathrm{R}(x, y),$$

x et y désignant deux fonctions automorphes du groupe au moyen desquelles toutes les autres s'expriment rationnellement : quand on se donne la fonction rationnelle H, il existe donc une fonction rationnelle R donnant lieu à cette identité.

Écrire effectivement ces identités et reconnaître en particulier dans quels cas $R(x, y)$ est identiquement nulle constitue l'un des problèmes les plus importants et difficiles de cette théorie, qui a été traité par Poincaré dans son Mémoire sur les fonctions fuchsiennes, mais dont la solution complète n'a pas encore été obtenue. Nous ne pouvons pas reproduire ici toutes les recherches de Poincaré sur cette question; nous examinerons seulement le cas où le groupe G est un groupe fuchsien à cercle limite et du genre zéro dépourvu de substitutions paraboliques.

Si $\alpha_1, \alpha_2, \ldots, \alpha_{n+1}$ désignent les $(n+1)$ sommets elliptiques réellement distincts du réseau, il existe une fonction fuchsienne et une seule en fonction de laquelle les autres s'expriment rationnellement et qui, de plus, prend aux sommets $\alpha_1, \alpha_2, \alpha_{n+1}$ les valeurs respectives 0, 1 et ∞; c'est cette fonction $f(z)$ que nous désignons par x, et nous poserons en général $a_i = f(\alpha_i)$. L'expression générale des fonctions thêta sera alors

(56 bis) $$\Theta(z) = \left(\frac{dx}{dz}\right)^m F(x),$$

$F(x)$ étant une fonction rationnelle.

Parmi les fonctions thêtafuchsiennes, nous avons vu qu'il y en a de deux espèces, les unes devenant infinies, les autres ne devenant pas infinies à l'intérieur du cercle principal.

Quelle sera la forme générale de celles de seconde espèce, qu'on désigne parfois aussi sous le nom impropre de *fonctions thêta entières*? L'expression $\Theta(z)$ ne doit devenir infinie pour aucune valeur de x. Dans ce cas, $F(x)$ ne pourra devenir infini que si $\frac{dx}{dz}$ devient nul, c'est-à-dire si x vient en l'un des points singuliers $x = a_1, x = a_2, \ldots, x = a_n$.

Il suit de là que l'on doit avoir :

(57) $$\Theta(z) = \left(\frac{dx}{dz}\right)^m \frac{G_q(x)}{(x-a_1)^{\lambda_1}\ldots(x-a_n)^{\lambda_n}},$$

$G_q(x)$ désignant un polynome d'ordre q. Exprimons maintenant que $\Theta(z)$ ne devient infinie ni pour $x = a_1$, ni pour $x = a_2$, ..., ni pour $x = a_n$, ni pour $x = \infty$; il vient, en remarquant que dans le voisinage de $z = \alpha_i$ les quantités $x - a_i$ et $\frac{dx}{dz}$ sont respectivement de l'ordre de $(z-\alpha_i)^{l_i}$ et $(z-\alpha_i)^{l_i-1}$:

$$(58) \qquad \lambda_i \leqq m\left(1-\frac{1}{l_i}\right) \qquad (i=1, 2, \ldots, n).$$

En faisant tendre z vers α_{n+1}, on a de même

$$(59) \qquad q \leqq \sum_1^n \lambda_i - m\left(1+\frac{1}{l_{n+1}}\right).$$

Ces inégalités sont compatibles puisqu'il existe évidemment des fonctions thêta entières de chaque degré $m \geqq 2$; la vérification directe est d'ailleurs facile. Si l'on désigne ensuite par μ_1, μ_2, ..., μ_n les valeurs maxima des entiers $\lambda_1, \lambda_2, \ldots, \lambda_n$, compatibles avec les inégalités précédentes, et par $\psi(m)-1$ la valeur maxima qu'on en déduit pour l'entier q, toute fonction thêta entière de degré m sera de la forme

$$(60) \qquad \frac{C_0+C_1 x+\ldots+C_{\psi(m)-1} x^{\psi(m)-1}}{(x-a_1)^{\mu_1}\ldots(x-a_n)^{\mu_n}},$$

les C_i étant des constantes indéterminées. D'où ce théorème :

Toute fonction thêta entière de degré m est une fonction linéaire et homogène à coefficients constants de $\psi(m)$ fonctions particulières de cette espèce.

Il y a alors deux hypothèses possibles.

Nous savons que l'expression (60) s'exprime en fonction linéaire et homogène, à coefficients constants, de $\psi(m)$ expressions particulières de la même forme et que cette propriété ne subsiste pas si l'on remplace $\psi(m)$ par un nombre plus petit. Si maintenant toute expression de la forme (60) est également représentable par une série thêtafuchsienne

$$(13) \qquad \sum \left(\frac{d\,T_i z}{dz}\right)^m H(T_i z),$$

alors toute série de cette forme et de seconde espèce s'exprime en fonction linéaire et homogène, à coefficients constants, de $\psi(m)$ [et pas moins de $\psi(m)$] séries particulières de la même forme. Si, au contraire, il y a des expressions de la forme (60) qui ne peuvent être égalées à une série de Poincaré, alors la série de Poincaré de seconde espèce et la plus générale appartenant à l'exposant m peut s'exprimer, d'une manière linéaire et homogène à coefficients constants, au moyen de séries particulières analogues dont le nombre ne dépasse pas $\psi(m) - 1$:

$$(61) \quad \Theta_k(z) = \sum_{i=0}^{\infty} H_k(T_i z) \left(\frac{dT_i z}{dz} \right)^m \quad [k = 1, 2, \ldots, \psi(m) - 1].$$

Nous allons démontrer que cette seconde hypothèse conduit à une contradiction.

Supposons-la vérifiée et soient $z_1, z_2, \ldots, z_{\psi(m)}$, $\psi(m)$ valeurs quelconques de z, situées, par exemple, à l'intérieur d'un polygone fondamental. On peut toujours trouver $\psi(m)$ nombres non tous nuls :

$$A_1, \quad A_2, \quad \ldots, \quad A_{\psi(m)}$$

satisfaisant aux conditions

$$(62) \quad \begin{cases} A_1 \Theta_k(z_1) + A_2 \Theta_k(z_2) + \ldots + A_{\psi(m)} \Theta_k(z_{\psi(m)}) = 0 \\ [k = 1, 2, \ldots, \psi(m) - 1]. \end{cases}$$

Si, maintenant, toute série thêta entière de la forme (60) s'exprimait en fonction linéaire et homogène, à coefficients constants, des expressions Θ_k, alors toute fonction rationnelle $H(z)$, assujettie à la seule condition d'avoir ses pôles extérieurs au cercle principal, donnerait lieu à l'identité

$$(63) \quad \sum_{h=1}^{h=\psi(m)} H_h [H(z_h) + H(T_1 z_h)(\gamma_1 z_h + \delta_1)^{-2m} + \ldots$$
$$+ H(T_i z_h)(\gamma_i z_h + \delta_i)^{-2m} + \ldots] = 0.$$

Formons maintenant l'expression

$$(64) \quad \Phi(z, a) = \sum_{i=0}^{\infty} \frac{1}{z - T_i a} \frac{1}{(\gamma_i a + \delta_i)^{2m}}.$$

Elle représente évidemment une fonction thêtafuchsienne de a quand z et a restent à l'intérieur du cercle principal, et ses pôles qui sont tous du premier ordre sont les points équivalents à $a = z$.

CHAPITRE XV.

Soit
$$Tz = \frac{\alpha z + \beta}{\gamma z + \delta}$$

une substitution quelconque du groupe G. On a

$$\Phi(Tz, a) = \sum_{i=0}^{\infty} \frac{1}{Tz - T_i a} \left(\frac{dT_i a}{da} \right)^m$$

et, en vertu de l'identité facile à vérifier,

$$Tz - b = -\left(\frac{\gamma b - \alpha}{\gamma z + \delta} \right)(z - T^{-1}b),$$

on en déduit

$$\Phi(Tz, a) = \sum_{i=0}^{\infty} \frac{\gamma z + \delta}{z - T^{-1}T_i a} \frac{-1}{\gamma(T_i a) - \alpha} \left(\frac{dT^{-1}T_i a}{da} \frac{dT_i a}{dT^{-1}T_i a} \right)^m.$$

Si nous posons
$$T^{-1}T_i = T_\nu,$$

T_ν parcourt toutes les substitutions de G quand i varie de 0 à l'∞. On a donc

$$\Phi(Tz, a) = \sum_{\nu=0}^{\nu=\infty} \frac{\gamma z + \delta}{z - T_\nu a} \frac{-1}{\gamma(TT_\nu a) - \alpha} \left(\frac{dT_\nu a}{da} \right)^m \left(\frac{dTT_\nu a}{dT_\nu a} \right)^m$$

et comme

$$\frac{-1}{\gamma(TT_\nu a) - \alpha} = \gamma(T_\nu a) + \delta,$$

$$\frac{dTT_\nu a}{dT_\nu a} = \frac{1}{[\gamma(T_\nu a) + \delta]^2},$$

il vient

(65) $$\Phi(Tz, a) = \sum_{\nu=0}^{\nu=\infty} \frac{\gamma z + \delta}{z - T_\nu a} \left(\frac{dT_\nu a}{da} \right)^m \frac{1}{[\gamma(T_\nu a) + \delta]^{2m-1}}.$$

On déduit de là l'identité

(66) $$\Phi(Tz, z_h) - (\gamma z + \delta)^{-2(m-1)} \Phi(z, z_h)$$
$$= \sum_{\nu=0}^{\infty} \left(\frac{dT_\nu z_h}{dz_h} \right)^m \frac{1}{z - T_\nu z_h} \left\{ \frac{\gamma z + \delta}{[\gamma(T_\nu z_h) + \delta]^{2m-1}} - \frac{1}{(\gamma z + \delta)^{2m-2}} \right\}$$

qui peut encore s'écrire

(67) $$\Phi(Tz, z_h) - (\gamma z + \delta)^{-2m+2} \Phi(z, z_h) = \sum_{\nu=0}^{\nu=\infty} \mathcal{H}(T_\nu z_h) \left(\frac{dT_\nu z_h}{dz_h} \right)^m,$$

en posant

$$(68) \quad \mathcal{H}(u) = \frac{1}{(\gamma z + \delta)^{2m-2}} \frac{1}{(\gamma u + \delta)^{2m-1}} \frac{(\gamma z + \delta)^{2m-1} - (\gamma u + \delta)^{2m-1}}{z - u}.$$

Comme la fonction rationnelle $\mathcal{H}(u)$ a tous ses pôles extérieurs au cercle principal, l'identité (63) lui est applicable.

Si donc nous posons

$$(69) \quad \Lambda(z) = \sum_{h=1}^{h=\psi(m)} A_h \Phi(z, z_h),$$

il résulte de l'identité (63) appliquée à $\mathcal{H}(u)$, en tenant compte de (67) que la fonction $\Lambda(z)$ vérifie l'équation fonctionnelle

$$(70) \quad \Lambda(T z) = (\gamma z + \delta)^{-2(m-1)} \Lambda(z)$$

et cela pour toutes les substitutions T du groupe G.

Il s'ensuit que

$$\left(\frac{dx}{dz}\right)^{m-1} \Lambda(z)$$

est une fonction fuchsienne du groupe G s'exprimant, par conséquent, en fonction rationnelle de x :

$$(71) \quad \begin{aligned} \left(\frac{dx}{dz}\right)^{m-1} \Lambda(z) &= \mathcal{R}(x), \\ \Lambda(z) &= \left(\frac{dx}{dz}\right)^{1-m} \mathcal{R}(x). \end{aligned}$$

L'équation (69), qui définit $\Lambda(z)$, nous montre que cette fonction n'admet à l'intérieur du polygone fondamental P_0 que les $\psi(m)$ pôles simples

$$z_1, \quad z_2, \quad \ldots, \quad z_{\psi(m)}.$$

Il s'ensuit que le second membre de l'équation (71) regardé comme fonction de x ne peut devenir infini (et du premier ordre) que pour

$$x = f(z_h) \quad [h = 1, 2, \ldots, \psi(m)].$$

En tenant compte de l'ordre d'infinitude de $\frac{dx}{dz}$ pour $x = a_1$, $a_2, \ldots, a_n$ et ∞, on voit d'après cela que la fonction rationnelle

$\mathcal{R}(x)$ peut se mettre sous la forme
$$\mathcal{R}(x) = \frac{(x-a_1)^{\tau_1}(x-a_2)^{\tau_2}\ldots(x-a_n)^{\tau_n}}{\prod_{h=1}^{\psi(m)}[x-f(z_h)]};$$

les entiers $\tau_1, \tau_2, \ldots, \tau_n$ vérifiant les inégalités

(72) $\qquad \tau_i > (m-1)\left(1 - \dfrac{1}{l_i}\right) \qquad (i = 1, 2, \ldots, n)$

et $\psi(m)$ l'inégalité

(73) $\qquad \psi(m) > \displaystyle\sum_{i=1}^{n} \tau_i - (m-1)\left(1 + \dfrac{1}{l_{n+1}}\right).$

En comparant (58) et (72), on obtient
$$\tau_i \geqq \lambda_i \qquad (i = 1, 2, \ldots, n).$$

Mais, d'autre part, $\psi(m)$, d'après sa définition, doit vérifier la relation
$$\psi(m) < \sum_{i=1}^{n} \lambda_i - m\left(1 + \frac{l}{l_{n+1}}\right) + 1,$$

qui est évidemment incompatible avec (73).

Il n'est donc pas possible que toute série thêta entière telle que (13) s'exprime linéairement en fonction de séries particulières de la même forme dont le nombre soit inférieur à $\psi(m)$. On doit donc, comme nous l'avons vu plus haut, en tirer cette conclusion : si m est un entier quelconque supérieur à l'unité, toute fonction thêta entière appartenant à l'exposant m s'exprime au moyen d'une série thêtafuchsienne. On en déduit immédiatement cette conséquence que *toute fonction fuchsienne du groupe* G *est égale au quotient de deux séries thêtafuchsiennes, qui peuvent être supposées l'une et l'autre de seconde espèce.*

133. Il résulte des développements qui précèdent que, si l'on désigne par
$$\Theta[z, H],$$
la série
$$\sum_i H\left(\frac{\alpha_i z + \beta_i}{\gamma_i z + \delta_i}\right)(\gamma_i z + \delta_i)^{-2m},$$

il existe une infinité de fonctions rationnelles H pour lesquelles $\Theta(z, H)$ est identiquement nulle. La détermination de toutes les fonctions rationnelles H qui vérifient cette condition est un problème compliqué dont la solution complète ne nous est pas connue. Indiquons, d'après Poincaré, quelques principes qui permettent d'en obtenir une infinité de solutions.

1° Si l'on a identiquement

$$\Theta[z, H\ ] = \Theta[z, H_2] = 0,$$

on aura aussi

$$\Theta[z, H_1 + H_2] = 0.$$

2° Si la fonction rationnelle H peut se développer en une série uniformément convergente de la forme

(S) $$k_1 H_1 + k_2 H_2 + \ldots + k_n H_n + \ldots,$$

où $k_1, k_2, \ldots$ sont des coefficients constants et où $H_1, H_2, \ldots$ sont des fonctions rationnelles telles que

$$\Theta[z, H_n] = 0,$$

on aura identiquement

$$\Theta[z, H] = 0.$$

3° Si l'on a identiquement

$$\Theta[z, H] = 0,$$

on a également

$$\Theta[z, H_1] = 0,$$

en posant

(74) $$H_1(z) = H(Tz)\left(\frac{dTz}{dz}\right)^m$$

$(z; Tz)$ désignant une substitution quelconque du groupe G.

On a, en effet, par définition,

$$\Theta[z, H_1] = \sum_{i=0}^{\infty} H(TT_i z)\left(\frac{dTT_i z}{dT_i z}\right)^m \left(\frac{dT_i z}{dz}\right)^m$$

$$= \sum_{i} H(TT_i z)\left(\frac{dTT_i z}{dz}\right)^m,$$

et comme $T_i T$ parcourt l'ensemble des substitutions de G quand i varie de zéro à l'infini, cette dernière expression est identique à $\Theta[z, H]$. La proposition énoncée est donc exacte, et l'on voit de

plus que
$$\Theta[z, H - H_1]$$
est identiquement nulle quelle que soit la fonction H.

4° Soient α_r l'un des sommets elliptiques du polygone P_0, α'_r son symétrique par rapport au cercle principal. Une des substitutions T de G pourra s'écrire

$$\left(\frac{z-\alpha_r}{z-\alpha'_r}, e^{\frac{2i\pi}{l_r}} \frac{z-\alpha_r}{z-\alpha'_r}\right),$$

l_r étant un entier connu. Si nous posons

$$H(z) = \left(\frac{z-\alpha_r}{z-\alpha'_r}\right)^p \frac{1}{(z-\alpha'_r)^{2m}},$$

on aura identiquement
$$\Theta[z, H] = 0$$
à moins que
$$p + m \equiv 0 \quad (\bmod l_r).$$

C'est ce que l'on voit immédiatement en appliquant la relation

$$\Theta[z, H - H_1] = 0$$

du numéro précédent, H_1 étant définie par la formule (74).

En combinant ces principes entre eux, on obtiendra divers exemples de séries thêtafuchsiennes identiquement nulles. Par exemple, si H, H', H" désignent des fonctions rationnelles quelconques et T, T', T", ... diverses substitutions de G, la fonction rationnelle

$$\mathcal{H} = H(z) - H(Tz)\left(\frac{dTz}{dz}\right)^m + H'(z) - H'(T'z)\left(\frac{dT'z}{dz}\right)^m$$
$$+ H''(z) - H''(T''z)\left(\frac{dT''z}{dz}\right)^m + \ldots$$

donne lieu à une série thêta, de degré m, identiquement nulle. On trouvera dans le Mémoire de Poincaré un autre mode de formation de séries de cette nature.

134. Pour l'extension de ces résultats aux diverses classes de groupes fuchsiens, nous renverrons également au Mémoire de Poincaré ainsi qu'aux *Leçons* de Fricke et Klein. Nous devons signaler l'intérêt qu'il y a, pour une étude approfondie des séries de Poincaré, à remplacer la variable z par un couple de variables homogènes z_1 et z_2 dont le quotient $\frac{z_1}{z_2}$ est égal à z; z_1 et z_2 doivent être regardées comme des quantités indéterminées assujetties à cette seule condition; mais il y a intérêt à supposer que z_1 et z_2 ne peuvent pas devenir infinies ni s'annuler simultanément. On satisfera, par exemple, à ces conditions, en posant

$$z_1 = \frac{z\tau}{1+|z|}, \qquad z_2 = \frac{\tau}{1+|z|},$$

τ étant un nombre complexe quelconque distinct de o et ∞. Les substitutions linéaires et homogènes

(U) $\qquad \begin{cases} z'_1 = \alpha z_1 + \beta z_2 \\ z'_2 = \gamma z_1 + \delta z_2 \end{cases} \quad (\alpha\delta - \beta\gamma = 1)$

correspondent aux substitutions

(T) $\qquad z' = \dfrac{\alpha z + \beta}{\gamma z + \delta},$

mais à chaque substitution T correspondent deux substitutions U qui se déduisent l'une de l'autre en multipliant $\alpha, \beta, \gamma, \delta$ par -1; l'isomorphisme du groupe des substitutions T et du groupe des substitutions U correspondantes est donc mériédrique.

Si, maintenant, dans la série de Poincaré

$$\Theta(z) = \sum H\left(\frac{\alpha z + \beta}{\gamma z + \delta}\right)\left(\frac{1}{\gamma z + \delta}\right)^{2m}$$

on remplace z par $\frac{z_1}{z_2}$, on obtient

$$z_2^{-2m}\,\Theta(z) = \sum H\left(\frac{\alpha z_1 + \beta z_2}{\gamma z_1 + \delta z_2}\right)\left(\frac{1}{\gamma z_1 + \delta z_2}\right)^{2m},$$

le second membre étant alors une fonction homogène de degré $-2m$ des deux nouvelles variables. Cette fonction est *absolument invariante* par les substitutions linéaires et homogènes du groupe G' qui correspond au groupe automorphe G; en la désignant par $\varphi(z_1, z_2)$, on a donc

$$\varphi(\alpha z_1 + \beta z_2,\ \gamma z_1 + \delta z_2) = \varphi(z_1, z_2).$$

Mais on peut également considérer des fonctions homogènes ayant le caractère d'invariant relatif, c'est-à-dire vérifiant la condition

$$\varphi(\alpha z_1 + \beta z_2, \gamma z_1 + \delta z_2) = \mu\, \varphi(z_1, z_2),$$

μ étant une constante différente de l'unité ; on peut admettre, d'autre part, que $\varphi(z_1, z_2)$ n'est pas une fonction uniforme, mais est multipliée par un facteur μ quand le point analytique (z_1, z_2) décrit un chemin fermé, la fonction $\varphi(z_1, z_2)$ n'ayant d'ailleurs pas de point de ramification à l'intérieur du domaine considéré pour le point (z_1, z_2). Si l'on a deux fonctions homogènes ou *formes* de cette nature, de même degré, et qui soient multipliées par un même facteur μ quand on passe du point (z_1, z_2) au point équivalent (z'_1, z'_2) le long du même chemin, le quotient de ces deux formes sera une fonction uniforme de z invariante par les substitutions du groupe G ; ce sera donc une fonction automorphe si toutefois elle possède en chaque point du polygone fondamental le développement indiqué au paragraphe 89. Nous nous bornerons à ces brèves indications, renvoyant pour le développement de cette théorie aux *Leçons* de Fricke et Klein.

135 Nous allons passer maintenant à l'étude des relations algébriques entre deux fonctions automorphes appartenant à des groupes différents. Nous savons déjà que deux fonctions automorphes de même groupe sont liées algébriquement. Nous pouvons nous demander dans quel cas deux fonctions automorphes $f(z)$ et $\varphi(z)$ appartenant à deux groupes distincts G et G' sont liées par une relation algébrique

(75) $$F(f, \varphi) = 0.$$

Nous admettrons que G et G' contiennent respectivement toutes les substitutions linéaires laissant invariantes f et φ, et nous appellerons g le sous-groupe maximum commun à G et G' ; g contient au moins la substitution identique. Les fonctions f et φ ont évidemment le même domaine d'existence car elles doivent avoir en commun un certain domaine de méromorphie pour que l'hypothèse ait un sens, et d'autre part, tout point frontière du domaine d'existence de l'une des fonctions étant un point d'indétermination de cette fonction, le sera aussi pour l'autre en vertu de la relation (75).

Considérons maintenant cette relation comme une équation algébrique en f admettant les ν racines $f_0, f_1, \ldots, f_{x-1}$. Si nous effectuons sur z les transformations de G', $\varphi(z)$ reste invariable et les f_i ne peuvent que se permuter entre elles. Mais comme il n'y a qu'un nombre fini de permutations de ν quantités f_i, G' contiendra certainement un sous-groupe d'indice fini G'_1 transformant en elle-même chacune des f_i, et par suite, laissant f invariante; G'_1 est donc un sous-groupe de g, et par conséquent, *a fortiori*, g est un sous-groupe d'indice fini de G'. On démontre de la même manière que g est un sous-groupe d'indice fini de G. Par conséquent :

Pour que f et φ soient liées par une relation algébrique, il est nécessaire que G et G' aient en commun la région couverte par un réseau de polygones fondamentaux (domaine d'existence commun de f et φ) et possèdent, en outre, un sous-groupe commun g d'indice fini.

Réciproquement, si ces conditions sont satisfaites, et si g possède un polygone fondamental avec un nombre fini de côtés, f et φ sont des fonctions automorphes du groupe g, liées, par conséquent, par une relation algébrique. La condition trouvée est donc suffisante si l'on admet, de plus, que g possède un polygone fondamental n'ayant qu'un nombre fini de côtés.

Cette condition supplémentaire est d'ailleurs satisfaite d'elle-même, si elle l'est pour l'un au moins des groupes G et G', ce que nous avons toujours supposé. Cela résulte des développements du paragraphe 82 sur la structure du polygone fondamental d'un groupe qui est lui-même un sous-groupe d'indice fini d'un groupe donné.

Considérons, par exemple, une fonction automorphe $f(z)$ du groupe G, et soit

$$z' = \mathrm{T}z = \frac{az+b}{cz+d}$$

une substitution linéaire n'appartenant pas à G. Comment doit-on choisir T pour qu'il y ait une relation algébrique entre $f(z)$ et

$$\varphi(z) = f\left(\frac{az+b}{cz+d}\right)?$$

$\varphi(z)$ étant une fonction automorphe du groupe TGT^{-1}, il faut et il suffit que G et TGT^{-1} aient en commun un sous-groupe d'indice fini. Cette condition sera vérifiée, en particulier, si T est permutable à G. En prenant pour G le groupe des substitutions paraboliques

$$z' = z + m\omega + m_1\omega_1,$$

qui est celui des fonctions elliptiques, et pour T la substitution $(z; z+a)$, permutable avec toutes les substitutions de G quel que soit a, on voit qu'il y a une relation algébrique entre $f(z)$ et $f(z+a)$ (théorème d'addition des fonctions elliptiques). On peut de même rattacher à la proposition générale qui précède la recherche des conditions pour que les deux fonctions elliptiques $f(z)$ et $f(kz)$ où k désigne une constante, soient liées algébriquement, ce qui conduit aux résultats classiques concernant la multiplication ordinaire ou complexe des fonctions elliptiques.

136. Soit toujours $f(z)$ une fonction automorphe du groupe G; parmi les fonctions liées à f par une relation algébrique, il y a lieu de distinguer en particulier celles qui sont invariantes relativement à un sous-groupe Γ d'indice fini de G; m désignant l'indice de Γ, nous avons vu que Γ possède un polygone fondamental Q_0 formé de m polygones de G deux à deux adjacents dont les côtés sont deux à deux équivalents par rapport à Γ. Si A est un sommet de Q, et si la somme des angles d'un polygone fondamental de G aux sommets du cycle contenant A est égale à $\dfrac{2\pi}{l}$, la somme des angles de Q aux sommets du cycle contenant A et relatif à Γ est égale à $\dfrac{2\pi}{\lambda}$, λ étant un entier diviseur de l.

Dans le cas où G est de genre zéro, on peut donner, d'après Klein, à ce résultat une forme particulièrement élégante.

Puisque G est du genre zéro, il existe une fonction automorphe x du groupe G prenant une fois et une seule chaque valeur aux points du polygone fondamental P_0 de G. Il existe de même des fonctions automorphes du groupe Γ et si nous replions le polygone Q_0 de manière que deux points de son contour, équivalents par rapport à Γ, viennent en coïncidence, nous obtenons une surface fermée Φ, déjà souvent considérée, dont les points sont en correspondance biunivoque avec les systèmes de points équivalents par rapport à Γ. Une fonction automorphe y du groupe Γ est une fonction rationnelle sur Φ, Φ pouvant être regardée comme la surface de Riemann attachée à la relation algébrique qui relie deux fonctions particulières du groupe Γ à l'aide desquelles toutes les autres s'expriment rationnellement. Or, Φ se compose de m portions dont chacune est l'image d'un des m polygones P_0, P_1, ..., P_{m-1} dont P_0 est la somme. Et comme $x(z)$ prend une fois et une seule chaque valeur dans l'un des P_i, chacune des m portions de la surface Φ peut aussi être regardée comme l'image du plan de Cauchy de la variable complexe x; donc Φ peut être regardée comme une surface de Riemann correspondant à la relation algébrique entre x et y; l'unique différence avec les surfaces de Riemann considérées habituellement, consiste en ce que les feuillets de Φ sont *juxtaposés* au lieu d'être *superposés*, ce qui est sans importance. Les points de ramification de Φ sont les points images des cycles de sommets de Q_0. Le résultat rappelé tout à l'heure peut alors s'énoncer comme il suit : si A est un point de ramification de Φ et s'il est l'image d'un cycle de sommets du réseau ℛ attaché à G, invariant par un sous-groupe cyclique G' de G d'ordre fini l, le nombre β de feuillets qui se ramifient en A est un diviseur de l, $\left(\beta = \dfrac{l}{\lambda}\right)$.

Nous allons démontrer que, réciproquement, à toute surface de Riemann Φ satisfaisant aux conditions précédentes, correspond au moins un sous-groupe Γ d'indice fini de G.

Transformons les conditions que nous venons d'énoncer. Appelons $a_1, a_2, ..., a_n$ les valeurs de x aux divers cycles de sommets de P_0, et soit $l_i (i = 1, 2, ..., n)$ l'ordre du sous-groupe de G qui laisse fixe un sommet de P_0 correspondant à $x = a_i$.

Le résultat précédent peut s'énoncer ainsi :

Étant donnée une fonction automorphe $x(z)$ du groupe G, pour que la fonction $y(z)$ soit une fonction automorphe d'un seul sous-groupe d'indice fini de G, il est nécessaire que les conditions suivantes soient remplies :

1° y est une fonction algébrique de x n'ayant aucun point de ramification sur le plan des x qui soit distinct des n points $x = a_i (i = 1, 2, ..., n)$;

2° Pour toutes les valeurs de i pour lesquelles l_i a une valeur finie, les permutations subies par les différentes branches de la fonction $y(x)$ quand x tourne une fois autour du point $x = a_i$, se décomposent en un produit de permutations circulaires dont chacune est d'un ordre diviseur de l_i.

Nous voulons démontrer que ces conditions nécessaires sont aussi suffisantes. Démontrons d'abord que si elles sont satisfaites, y est une fonction uniforme de z dans la région couverte par le réseau $\mathcal{R}$ des polygones de G; nous supposerons que cette région est simplement connexe et il nous suffira alors de démontrer que $y(z)$ est uniforme en chaque point de cette région. Ceci est bien évident si A n'est pas un sommet du réseau $\mathcal{R}$, car à une petite circonférence entourant ce point, correspond dans le plan x une petite courbe fermée entourant un point distinct des a_i. La variable z ne peut plus évidemment décrire un circuit fermé autour d'un sommet de $\mathcal{R}$ pour lequel $x = a_i$ si l'entier l_i correspondant est infini, car il s'agit alors d'un sommet parabolique situé sur la frontière et non à l'intérieur de la région considérée. Si, enfin, z tourne une fois autour d'un sommet de $\mathcal{R}$ pour lequel $x = a_i$, l'entier l_i ayant une valeur finie, alors x tourne l_i fois autour du point $x = a_i$, et, par suite, y reprend sa valeur initiale. La fonction $y(z)$ est donc uniforme dans la région considérée.

Démontrons maintenant qu'elle est invariante par les substitutions d'un sous-groupe d'indice fini de G. Soient $y_1, y_2, \ldots, y_\nu$ les ν branches de y. Si nous effectuons sur z une substitution de G, x reste invariable et les y_i ne peuvent que se permuter entre elles. Ces permutations forment un groupe g isomorphe à G. Mais G est un groupe discontinu infini; l'isomorphisme entre g et G est donc mériédrique, et à une permutation de g correspondent une infinité de substitutions de G. Au sous-groupe γ de g, qui laisse fixe $y_i (i \leqq \nu)$, correspond donc un sous-groupe Γ_i d'indice fini ([1]) de G qui laisse invariante la fonction $y_i(z)$. Tous ces sous-groupes Γ_i sont d'ailleurs semblables entre eux.

La proposition énoncée est donc démontrée, sous réserve que la région $\mathcal{R}$ soit simplement connexe. Elle a été démontrée par M. Klein pour le cas des fonctions modulaires; l'extension à des

---

([1]) Remarquons que l'indice m de Γ par rapport à G est un multiple de ν.

groupes automorphes quelconques ne présente d'ailleurs pas de difficulté; nous avons suivi dans ce qui précède l'exposition de M. Fubini.

137. Un cas particulier intéressant est celui où G et Γ sont tous deux de genre zéro; en vertu d'une formule démontrée précédemment (II, § 82) dans l'étude des groupes fuchsiens, on aura alors

$$m\left[-2+\sum\left(1-\frac{1}{l_i}\right)\right]=-2+\sum\left(1-\frac{1}{\lambda_k}\right),$$

les entiers l_i et λ_k ayant la signification connue. Si $y(z)$ désigne une fonction du groupe Γ au moyen de laquelle toutes les autres s'expriment rationnellement, la relation entre x et y est de la forme

$$x = F(y),$$

F étant rationnelle; le degré ν de cette équation en y est rigoureusement égal à m, comme il résulte du fait que $y = \varphi(z)$ prend deux valeurs distinctes en deux points distincts intérieurs à Q_0; les m racines de cette équation sont égales à

$$\varphi(z), \quad \varphi(T_1 z), \quad \ldots, \quad \varphi(T_{m-1} z),$$

z étant le point de P_0 qui correspond à la valeur donnée de x et les substitutions $(1, T_1, \ldots, T_{m-1})$ étant celles qui transforment P_0 en les m polygones qui constituent Q_0.

Revenons au cas où Γ est de genre quelconque, G étant toujours de genre zéro; si la fonction $y = \varphi(z)$ est choisie de manière que la surface de Riemann attachée à la relation algébrique $F(x, y) = 0$ corresponde point par point à la surface Φ provenant du repliement de Q_0, cette équation en y admet m racines distinctes toujours représentées par

$$\varphi(z), \quad \varphi(T_1 z), \quad \ldots, \quad \varphi(T_{m-1} z).$$

La fonction $\varphi(T_i z)$ est invariante par les substitutions du groupe

$$T_i \Gamma T_i^{-1}.$$

Si Γ est un sous-groupe invariant, ce groupe est identique à Γ quel que soit i, et par suite, $\varphi(T_i z)$ s'exprime en fonction rationnelle de x et de y; il s'ensuit que l'équation en y considérée est une *équation de Galois* dont toutes les racines s'expriment rationnellement en fonction de l'une d'entre elles dans le domaine de rationalité formé par les fonctions rationnelles de x.

Si, au contraire, Γ n'est pas un sous-groupe invariant, les m groupes
$$\Gamma, \quad T_1\Gamma T_1^{-1}, \quad \ldots, \quad T_{m-1}\Gamma T_{m-1}^{-1}$$
sont en totalité ou en partie distincts et les substitutions qui leur sont communes forment un sous-groupe g de G; g n'est autre que l'ensemble des substitutions de G qui transforment en elle-même chacune des m branches de la fonction $y(x)$; g est donc d'indice fini par rapport à G. D'ailleurs, g n'est autre que le groupe des substitutions de G qui transforment en elle-même la fonction de z :
$$w = \alpha_0 y + \alpha_1 y_1 + \ldots + \alpha_{m-1} y_{m-1},$$
où $\alpha_0, \alpha_1, \ldots, \alpha_{m-1}$ désignent des quantités indéterminées *indépendantes de x*; w est une fonction automorphe de z et une fonction algébrique de x vérifiant l'équation
$$R(x, w) = 0$$
qui est une *résolvante de Galois* de l'équation
(76) $$F(x, y) = 0.$$

Quand la variable x décrit dans son plan tous les circuits fermés possibles, les branches de fonction
$$y_0, \quad y_1, \quad \ldots, \quad y_{m-1}$$
éprouvent certaines permutations dont l'ensemble forme le *groupe de Galois* de l'équation (76), quand on prend pour domaine de rationalité celui qui est formé par toutes les fonctions rationnelles de x à coefficients constants arbitraires, et en appliquant ces permutations dans l'expression de w, on échange entre elles toutes les branches de la fonction algébrique définie par l'équation irréductible $R(x, w) = 0$. L'indice ν de g par rapport à G est évidemment égal à l'ordre du groupe de Galois considéré.

Comme une substitution quelconque T de G effectuée sur z ne peut que permuter entre elles les branches de fonctions

$$y_0, y_1, \ldots, y_{m-1},$$

tandis que les substitutions de g laissent invariante chacune de ces branches, il est clair que la transformée par T d'une substitution quelconque t de g

$$TtT^{-1}$$

laisse encore invariante chaque branche de fonction $y(x)$, autrement dit, appartient à g; *g est donc un sous-groupe invariant de* G.

De la remarque faite plus haut au sujet des sous-groupes invariants, il résulte alors que l'équation

$$R(x, w) = 0$$

possède cette propriété que toutes ses racines s'expriment en fonction rationnelle de l'une quelconque d'entre elles et de x, ce qui est en accord avec un théorème d'algèbre connu. Comme, en outre, chaque y_i regardée comme fonction de z est invariante par les substitutions de g, toute branche de la fonction algébrique $y(x)$ est une fonction rationnelle à coefficients constants de w et de x.

Remarquons encore que si $F(x, y) = 0$ est une équation de Galois irréductible en y dans le domaine de rationalité, formé par les fonctions rationnelles de x, la surface de Riemann correspondante est régulière, car l'ordre de ramification au point $x = a$ d'une branche de y ne peut pas augmenter si l'on remplace y par une fonction rationnelle de x et de y; il est donc le même pour toutes les branches puisque chacune d'elles s'exprime rationnellement en fonction de toute autre branche et de x; *de là le lien déjà constaté entre la construction des sous-groupes invariants d'indice fini d'un groupe* G *de genre zéro et celle des surfaces de Riemann régulières.*

En particulier, si le sous-groupe considéré est lui-même du genre zéro, on a, comme nous l'avons vu,

$$x = F(y),$$

F étant rationnelle; les différentes branches de y sont alors des fonctions rationnelles de l'une quelconque d'entre elles, d'où il suit que le groupe de Galois de cette équation en y est un groupe fini de substitutions linéaires, c'est-à-dire le groupe d'un polyèdre régulier.

138. Nous allons appliquer à divers exemples les considérations qui précèdent.

Considérons d'abord le cas du groupe modulaire et la fonction modulaire x, qui prend une fois chaque valeur dans le domaine fondamental, les valeurs
$$x = 1, \quad x = 0, \quad x = \infty$$
correspondant aux sommets
$$z = i, \quad z = e^{\frac{i\pi}{3}}, \quad z = i\infty,$$
et les entiers l étant respectivement égaux à 2, 3, ∞. Les fonctions fuchsiennes invariantes par un sous-groupe d'indice fini de ce groupe G sont identiques aux fonctions algébriques de x, dont tous les points de ramification coïncident avec certains des points $x = 1$, $x = 0$, $x = \infty$ et telles que les branches de ces fonctions qui ne sont pas uniformes autour des points $x = 1$, $x = 0$ s'y permutent respectivement deux à deux et trois à trois.

Parmi ces sous-groupes d'indice fini, il y a lieu de considérer en particulier les sous-groupes de congruences, étudiés par Klein, et dont nous donnons seulement la définition : n étant un nombre premier absolu, nous dirons que les substitutions $\begin{pmatrix} \alpha & \beta \\ \gamma & \delta \end{pmatrix}$ et $\begin{pmatrix} \alpha' & \beta' \\ \gamma' & \delta' \end{pmatrix}$ sont congrues $(\bmod n)$ si
$$\alpha \equiv \alpha', \quad \beta \equiv \beta', \quad \gamma \equiv \gamma', \quad \delta \equiv \delta' \quad (\bmod n).$$

Si b et c désignent deux entiers dont le second n'est pas divisible par n, il existe un entier a complètement déterminé $(\bmod n)$ qui vérifie la congruence
$$ca \equiv b \quad (\bmod n),$$
et que l'on peut représenter par le symbole $\dfrac{b}{c} (\bmod n)$. Si c est multiple de n, b ne l'étant pas, la congruence n'a pas de solution; on peut convenir par analogie avec les équations du premier degré

que $\frac{b}{c}$ représente l'infini; si b et c sont tous deux multiples de n, on peut regarder $\frac{b}{c}$ comme un symbole indéterminé puisque tout entier a vérifie la congruence. Considérons alors la transformation

$$t' \equiv \frac{\alpha t + \beta}{\gamma t + \delta} \quad (\bmod n),$$

où α, β, γ, δ sont des entiers tels que

$$\alpha\delta - \beta\gamma \equiv 1 \quad (\bmod n),$$

deux entiers $(\bmod n)$ étant regardés comme identiques; t ne pourra prendre que les $(n+1)$ valeurs

$$0, \; 1, \; 2, \; \ldots, \; n-1, \; \infty.$$

Si $t \not\equiv \infty$, t' sera celui des $(n+1)$ nombres précédents qui vérifie la congruence

$$t'(\gamma t + \delta) \equiv \alpha t + \beta \quad (\bmod n).$$

On aura, en particulier, $t' = \infty$ si

$$\gamma t + \delta \equiv 0 \quad (\bmod n).$$

Mais t' ne sera jamais indéterminé, car on ne peut avoir simultanément

$$\begin{aligned}\gamma t + \delta &\equiv 0 \\ \alpha t + \beta &\equiv 0\end{aligned} \quad (\bmod n),$$

puisque $\alpha\delta - \beta\gamma \equiv 1$.

Si $t \equiv \infty$, on désignera par t' celui des nombres $(0, 1, \ldots, n-1, \infty)$, qui vérifie la congruence

$$\gamma t' \equiv \alpha \quad (\bmod n)$$

et ne devient égal à l'infini que pour $\gamma \equiv 0 \, (\bmod n)$; avec ces conventions, à deux valeurs de t distinctes $(\bmod n)$ correspondent deux valeurs distinctes de t'; la transformation précédente définit donc une permutation des $(n+1)$ indices

$$0, \; 1, \; 2, \; \ldots, \; n-1, \; \infty,$$

Ces permutations forment un groupe g mériédriquement isomorphe au groupe modulaire G. L'isomorphisme s'obtient en faisant correspondre à une substitution

$$z' = \frac{\alpha z + \beta}{\gamma z + \delta}$$

de G, la substitution

$$t' \equiv \frac{\alpha t + \beta}{\gamma t + \delta} \quad (\bmod n)$$

du groupe g. Les substitutions de G, auxquelles correspondent dans g des substitutions appartenant à un sous-groupe γ de g, forment elles-mêmes un groupe Γ, sous-groupe de G. La recherche des sous-groupes γ de g, qui constitue un problème de pure arithmétique, conduit ainsi à des sous-groupes d'indice fini du groupe modulaire qu'on désigne sous le nom de *sous-groupes de congruences*.

Parmi les sous-groupes γ de g, le plus simple est celui qui est formé de la seule substitution identique

$$t' \equiv t \quad (\bmod n).$$

Le sous-groupe correspondant Γ de G est formé des substitutions

$$z' = \frac{\alpha z + \beta}{\gamma z + \delta}$$

pour lesquelles

$$\alpha - 1 \equiv \delta - 1 \equiv \beta \equiv \gamma \equiv 0 \quad (\bmod n).$$

On reconnaît facilement que le sous-groupe est invariant; on le désigne sous le nom de sous-groupe de congruence *principal* ($\bmod n$).

Il est aisé de calculer son indice, c'est-à-dire l'ordre du groupe fini g; on doit remarquer pour faire ce calcul que les substitutions $\begin{pmatrix} \alpha & \beta \\ \gamma & \delta \end{pmatrix}$ et $\begin{pmatrix} -\alpha & -\beta \\ -\gamma & -\delta \end{pmatrix}$ doivent être regardées comme identiques. Une discussion arithmétique tout à fait élémentaire montre que l'ordre de g est égal à

$$\frac{n(n+1)(n-1)}{2}$$

pour n premier impair et à 6 pour $n = 2$. Dans ce dernier cas, les substitutions de g sont :

$$\begin{pmatrix} 1 & 0 \\ 0 & 1 \end{pmatrix}, \begin{pmatrix} 1 & 0 \\ 1 & 1 \end{pmatrix}, \begin{pmatrix} 1 & 1 \\ 0 & 1 \end{pmatrix}, \begin{pmatrix} 1 & 1 \\ 1 & 0 \end{pmatrix}, \begin{pmatrix} 0 & 1 \\ 1 & 0 \end{pmatrix}, \begin{pmatrix} 0 & 1 \\ 1 & 1 \end{pmatrix} \quad (\text{mod}\, 2).$$

Il est aisé, en suivant les méthodes indiquées dans l'étude des sous-groupes, de construire le domaine fondamental du sous-groupe Γ_6; c'est un quadrilatère d'angles nuls limité par les deux demi-circonférences décrites respectivement sur les segments $(0, +1)$ et $(0, -1)$ de l'axe réel et par les deux parallèles à l'axe imaginaire d'abscisse ± 1. On peut vérifier comme il suit que ce quadrilatère Q_0 est bien un domaine fondamental de Γ_6, les deux demi-circonférences se correspondant par la substitution

$$z' = \frac{z}{1 - 2z},$$

et les deux demi-droites par

$$z' = z + 2.$$

En effet, Q_0 est générateur d'un groupe fuchsien dont toutes les substitutions sont à coefficients entiers, unimodulaires et congrues $(\text{mod}\, 2)$ à la substitution identique, puisque les deux substitutions génératrices possèdent ces propriétés; ce groupe Γ' est donc un sous-groupe de Γ_6. Mais l'aire non euclidienne de Q_0 est égale à 2π, tandis que celle de P_0, domaine fondamental de G, est égale à $\frac{\pi}{3}$, c'est-à-dire au sixième de l'aire de Q_0, et par suite, à l'aire d'un polygone fondamental de Γ_6, sous-groupe d'indice 6 de G. Donc, Γ_6 et Γ' ont des polygones fondamentaux de même aire, et comme Γ' est diviseur de Γ_6, ces deux groupes sont identiques. On vérifie d'ailleurs aisément que Q_0 se compose de 12 triangles équivalents par G à l'un ou l'autre des deux triangles symétriques qui constituent le quadrilatère fondamental P_0 de G; ils se déduisent de ces derniers par les substitutions

$$z' = z, \quad z' = z \pm 1, \quad z' = -\frac{1}{z}, \quad z' = -\frac{1}{z} \pm 1,$$

$$z' = \frac{1}{z \pm 1}, \quad z' = \frac{+z}{\pm z + 1},$$

comme l'indique la figure.

368   CHAPITRE XV.

Entre les fonctions fuchsiennes x et y, invariants caractéristiques de G et de Γ_6 respectivement, il existe, en vertu des théo-

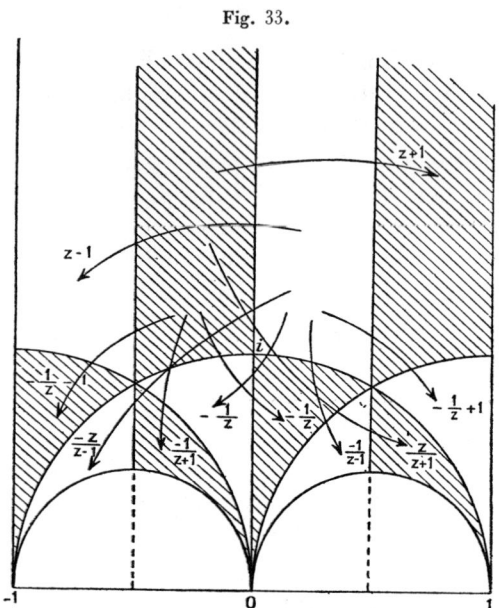

Fig. 33.

rèmes généraux, une relation de la forme

$$x = R_6(y),$$

R_6 étant une fonction rationnelle du sixième degré; il résulte d'une remarque faite plus haut, que cette fonction est elle-même un invariant caractéristique d'un groupe fini de substitutions linéaires effectuées sur la variable y, et qui n'est autre que le groupe de Galois de cette équation. Ce groupe est d'ordre 6, et comme les substitutions qui le composent possèdent la période 2 ou 3, jamais la période 6, c'est un groupe du type du dièdre. Cette remarque permet de déterminer la fonction $R_6(y)$ si l'on se donne les valeurs de y pour les trois cycles de sommets de Q_0 qui correspondent à x infini, par exemple les valeurs

$$y = 0, \quad y = 1, \quad y = \infty.$$

La fonction $R_6(y)$ doit admettre les trois pôles doubles $y = 0$,

$y=1$, $y=\infty$; ensuite, l'équation $R_6 = 0$ doit n'avoir que des racines triples. On a donc

$$R_6 = \frac{(y^2 + ay + b)^3}{cy^2(y-1)^2}.$$

Ensuite, R_6 doit être invariante pour une substitution linéaire ayant un point fixe à l'infini et de période 2, c'est-à-dire de la forme $(z; \lambda - z)$. On a nécessairement $\lambda = 1$, et l'on obtient ensuite $a = -1$. De même, en exprimant que R_6 est invariante par une substitution ayant le point fixe $y = 0$ et de période 2, on trouve $b = +1$, on a donc

$$x = \frac{(y^2 - y + 1)^3}{cy^2(y-1)^2}.$$

On peut déterminer c en exprimant que l'équation $x = 1$ a trois racines doubles en y, autrement dit, que

$$(y^2 - y + 1)^3 - cy^2(y-1)^2$$

est un carré parfait; un calcul facile donne

$$c = \frac{27}{4},$$

d'où

$$x = \frac{4(y^2 - y + 1)^3}{27 y^2 (y-1)^2}.$$

On a, d'ailleurs,

$$(y^2 - y + 1)^3 - \frac{27}{4} y^2 (y-1)^2 = (y+1)^2 (y-2)^2 \left(y - \frac{1}{2}\right)^2,$$

d'où l'on déduit les valeurs de y aux points du réseau de G équivalents à $z = i$.

139. Considérons les fonctions algébriques d'une variable y qui n'admettent dans le plan de cette variable que trois points critiques distincts, chacun d'eux pouvant être le sommet de plusieurs cycles de feuillets de la surface de Riemann. En effectuant sur y une substitution linéaire, on peut faire en sorte que ces trois points coïncident avec $y = 0$, $y = 1$, $y = \infty$. Il est clair que si l'on se donne le nombre m des feuillets de la surface de Riemann, il n'y en a qu'un nombre fini qui répondent à la question et leur détermination est un problème d'analyse combinatoire. Les fonctions algébriques $t(y)$ que nous considérons appartiennent donc à une infinité dénombrable de classes. Il est facile d'en indiquer des exemples, il suffit de poser

$$t = y^\alpha (y-1)^\beta \rho(y),$$

α et β étant deux nombres fractionnaires et $\rho(y)$ une fonction rationnelle; le nombre de feuillets de la surface de Riemann correspondante, qui est régulière, est le plus petit dénominateur commun des fractions α et β.

Si l'on pose maintenant

$$y = f(z),$$

$f(z)$ étant la fonction fuchsienne du groupe Γ_6 considérée au numéro précédent, et qui n'est autre que la fonction modulaire d'Hermite, t devient par cette substitution une fonction uniforme invariante par les substitutions d'un groupe Γ', sous-groupe d'indice fini de Γ_6. La réciproque est d'ailleurs exacte, c'est-à-dire qu'il y a identité entre le problème qui consiste à construire les surfaces de Riemann considérées ici et la recherche des sous-groupes d'indice fini de Γ_6. Nous voyons, en outre, que les fonctions algébriques uniformes sur ces surfaces peuvent être uniformisées à l'aide des fonctions modulaires.

On trouvera dans les Leçons de Klein sur les fonctions modulaires le développement d'un grand nombre de théories particulières se rapportant à l'étude des fonctions algébriques spéciales considérées ici. Signalons, que l'étude des modules, au sens de Riemann, des classes de fonctions algébriques de cette nature ne paraît pas avoir été entreprise d'une manière systématique [1].

---

[1] Il résulte des calculs faits antérieurement au sujet des surfaces de Riemann régulières et des équations de Briot et Bouquet (I, Chap. V et X) que les relations algébriques qui sont du type binome et du genre 1 avec trois points critiques seulement se ramènent par une substitution birationnelle à la forme

$$t^2 = 4y^3 - g_2 y - g_3,$$

l'un des invariants g_2 ou g_3 étant nul; l'invariant absolu ou module de Riemann

$$J = \frac{g_2^3}{g_2^3 - 27 g_3^2}$$

a donc la valeur 0 ou 1 et les fonctions elliptiques correspondantes ont une *multiplication complexe*. Il est sans doute possible de généraliser ce résultat.

140. Nous avons vu que la recherche des sous-groupes d'indice fini d'un groupe fuchsien est équivalente à celle des fonctions algébriques d'une variable dont les points de ramification sont connus, les ordres de ces divers points satisfaisant aux conditions de Klein (§ 136). Nous avons, d'ailleurs, en partant des relations de structure du groupe (§ 86), établi d'une manière directe et très simple l'existence de certains sous-groupes d'indice fini, ce procédé de formation pouvant toutefois être en défaut pour certains groupes de genre zéro dépourvus de substitutions paraboliques. Nous allons maintenant suivre la voie inverse et nous efforcer de démontrer l'existence de surfaces de Riemann satisfaisant aux conditions de Klein, ce qui entraînera l'existence de sous-groupes d'indice fini. C'est là un problème d'analyse combinatoire dont la discussion complète n'a jamais été faite et serait sans doute très compliquée ([1]). Nous nous bornerons à l'étude de quelques solutions particulières du problème, dans des cas où le procédé du paragraphe 86 n'est pas applicable.

Construisons une surface de Riemann ayant les propriétés suivantes. Désignons les feuillets de cette surface, ou les branches d'une fonction algébrique uniforme sur la surface, au nombre de $\alpha + \beta + \gamma$, par

$$u_1, \quad u_2, \quad \ldots, \quad u_\alpha,$$
$$v_1, \quad v_2, \quad \ldots, \quad v_\beta,$$
$$w_1, \quad w_2, \quad \ldots, \quad w_\gamma.$$

Supposons les $\alpha + \beta$ premiers feuillets réunis par une ligne de croisement multiple ab joignant deux points de ramification d'ordre $\alpha + \beta$, de sorte qu'une circulation dans le sens direct autour de b ou dans le sens inverse autour de a opère la permutation circulaire

$$(u_1 u_2 \ldots u_\alpha v_1 v_2 \ldots v_\beta).$$

Pour le détail de la réalisation matérielle de cette liaison, il suffit de se reporter à la construction indiquée (I, § 92) pour la surface

---

([1]) On connaît une condition de possibilité du problème : il faut que $\Sigma(r_i - 1)$ soit un nombre pair, si cette somme est étendue à tous les points de ramification, *distincts ou non sur le plan simple;* cette condition disparaît s'il y a plusieurs points de ramification, de même ordre r_i, et en nombre *indéterminé,* superposés au point a_i.

de Riemann attachée à l'équation

$$y = \sqrt[\alpha+\beta]{\frac{x-b}{x-a}}.$$

Joignons de même les feuillets u_i aux feuillets w_i par une ligne de croisement analogue cd de sorte qu'une circulation directe autour de d, ou inverse autour de c, opère la permutation circulaire

$$(u_1 u_2 \ldots u_\alpha w_1 w_2 \ldots w_\gamma).$$

Si maintenant d vient se confondre avec b, nous obtenons une surface de Riemann à trois points de ramification. Si α est impair, une circulation directe autour de ces trois points opère les permutations désignées dans le tableau qui suit :

$$(\text{T}) \begin{cases} (a) & (v_\beta v_{\beta-1} \ldots v_2 v_1 u_\alpha u_{\alpha-1} \ldots u_2 u_1), \\ (b) & (u_1 u_3 \ldots u_\alpha v_1 v_2 \ldots v_\beta u_2 u_4 \ldots u_{\alpha-1} w_1 w_2 \ldots w_\gamma), \\ (c) & (w_\gamma w_{\gamma-1} \ldots w_2 w_1 u_\alpha u_{\alpha-1} \ldots u_2 u_1), \end{cases}$$

les v_i et les w_i étant invariables par une circulation autour de c et a respectivement. On vérifie d'ailleurs aisément que trois lacets successifs autour de a, b, c, décrits dans le même sens, ramènent les u, v, w à leurs valeurs initiales. Nous obtenons donc une surface de Riemann, évidemment connexe, pour laquelle les ordres des points de ramification sont

$$\alpha+\beta, \quad \alpha+\beta+\gamma, \quad \alpha+\gamma.$$

Nous poserons

d'où
$$\alpha+\beta+\gamma = r_1, \quad \alpha+\gamma = r_2, \quad \alpha+\beta = r_3,$$
$$\beta = r_1 - r_2, \quad \gamma = r_1 - r_3, \quad \alpha = r_2 + r_3 - r_1.$$

La surface obtenue correspond à un sous-groupe d'indice r_1 du groupe fuchsien G de genre zéro ayant la signature

$$(0, 3; l_1, l_2, l_3),$$

où l_i désigne un multiple quelconque de r_i.

Pour plus de simplicité, nous supposerons

$$l_1 = r_1, \quad l_2 = r_2, \quad l_3 = r_3.$$

Pour que cette solution existe, il faut que le plus grand des entiers r_i désigné ici par r_1 soit inférieur à la somme des deux autres et que la somme de ces trois entiers soit impaire. Le genre de la surface a pour valeur

$$p = 1 - r_1 + \sum \frac{r-1}{2} = \frac{r_2 + r_3 - r_1 - 1}{2}.$$

Les fonctions algébriques uniformes sur la surface et dont l'existence découle des théorèmes généraux de Riemann sont alors des fonctions fuchsiennes du sous-groupe Γ_{r_1} de G. Le domaine fondamental Q de Γ_{r_1} se compose de r_1 quadrilatères du réseau de G.

Pour déterminer Q, nous regarderons le quadrilatère fondamental de G comme l'image du plan (x) où l'on a tracé une coupure passant par les trois points de ramification, suivant une courbe $a_1 a_2 a_3$, en désignant maintenant par a_1, a_2, a_3 les points appelés tout à l'heure b, c, a. Soit $e_1 e_2 e_3 e'_2$ ce quadrilatère formé de deux triangles symétriques par rapport à $e_1 e_3$. En tournant r_1 fois autour de a_1 dans le plan (x), on obtient les r_1 feuillets de la surface de Riemann auxquels correspondent dans le plan du réseau $\mathcal{R}$ de G, r_1 quadrilatères assemblés autour du sommet commun e_1 et qui constituent Q.

Faisons, par exemple,

$$r_1 = 7, \quad r_2 = 5, \quad r_3 = 3,$$

d'où

$$\alpha = 1, \quad \beta = 2, \quad \gamma = 4, \quad p = 0.$$

Les permutations qui s'opèrent par des circulations de même sens autour de a_1, a_2, x_3 sont les suivantes :

(a_1)   ($u_1 v_1 v_2 w_1 w_2 w_3 w_4$),
(a_2)   ($w_4 w_3 w_2 w_1 u_2$),
(a_3)   ($v_2 v_1 u_1$).

Les symboles u_1, v_1, ..., w_4 peuvent servir à désigner les quadrilatères correspondants de $\mathcal{R}$ qui se succèdent dans cet ordre autour de e_1 comme l'indique la figure. Comme les w ne sont pas ramifiés en a_3, il s'ensuit que dans les quadrilatères correspondants, les sommets images de a_3, c'est-à-dire

$$e_3''', \quad e_3^{IV}, \quad e_3^{V}, \quad e_3^{VI},$$

forment chacun un cycle d'un seul élément sur le contour de Q, car pour chacun de ces points la somme des angles du cycle auquel il appartient est égale à $\frac{2\pi}{3}$ (*cf.* Chap. XIV, § 83). Les côtés issus de l'un de ces sommets sont donc correspondants rela-

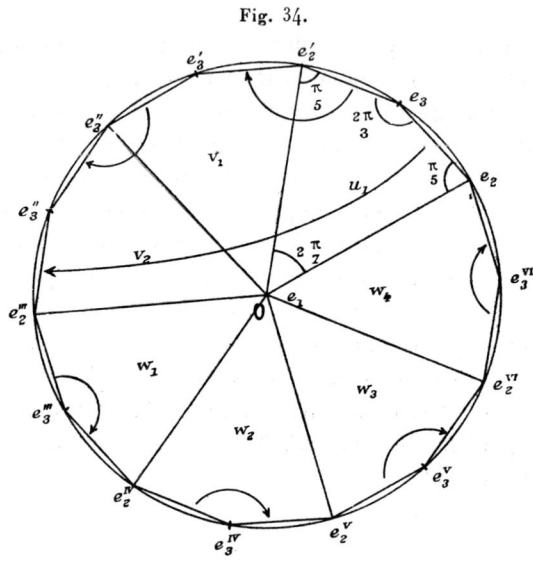

Fig. 34.

tivement à Γ_7. On voit de même que les côtés libres de Q issus de e'_2 se correspondent, ainsi que les côtés issus de e''_2. Les deux côtés $e_2 e_3$ et $e''_3 e''_2$, non compris dans l'énumération précédente, sont donc correspondants. La liaison des côtés deux à deux étant ainsi établie, on voit que, comme on devait le prévoir, les sommets

$$e_2 e_2''' e_2^{\text{IV}} e_2^{\text{V}} e_2^{\text{VI}}$$

forment un cycle adventif, la somme de leurs angles étant égale à 2π, et que les sommets

$$e_3 e'_3 e''_3$$

forment de même un cycle adventif. Dans la figure, on a représenté Q dans le plan projectif de la géométrie cayleyenne.

Voici une autre solution qui fournit toujours un sous-groupe de genre zéro moyennant les mêmes hypothèses sur les entiers r_i. Considérons comme précédemment les trois groupes de variables

u, v, w au nombre de α, β et γ les permutations,

$$(\mathrm{T}')\quad\begin{cases}(a) & (v_1\ v_2\ldots v_\beta\ u_1\ u_2\ldots u_\alpha),\\ (b) & (w_1\ w_2\ldots w_\gamma\ u_\alpha\ u_2\ldots u_1),\\ (c) & (w_\gamma\ldots w_2\ w_1\ v_\beta\ldots v_2\ v_1\ u_\alpha),\end{cases}$$

qui correspondent à une circulation dans le sens direct autour des trois points de ramification. On constate aisément que les u, v, w retournent à leurs valeurs initiales quand on décrit successivement trois lacets de même sens autour de ces points. Il s'ensuit que l'on définit ainsi une surface de Riemann ayant $\alpha + \beta + \gamma$ feuillets tous reliés entre eux, les ordres des trois points considérés ayant pour valeurs

$$\alpha+\beta,\quad \alpha+\gamma,\quad 1+\beta+\gamma.$$

Si l'on pose

on a
$$\alpha+\beta = r_2,\quad \alpha+\gamma = r_3,\quad 1+\beta+\gamma = r_1,$$

$$\alpha = \frac{r_2+r_3-(r_1-1)}{2},$$

$$\beta = \frac{r_2+(r_1-1)-r_3}{2},$$

$$\gamma = \frac{r_3+(r_1-1)-r_2}{2},$$

$$m = \alpha+\beta+\gamma = \frac{r_1+r_1+r_3-1}{2},$$

$$p = 1 - m + \sum \frac{r-1}{2} = 0.$$

On peut généraliser ces procédés de construction et obtenir ainsi des surfaces de Riemann satisfaisant aux conditions de Klein, sinon pour tous les groupes fuchsiens de genre zéro, du moins dans des cas étendus. Considérons, par exemple, une surface de Riemann à trois points de ramification a_1, a_2, a_3, obtenue par l'un des procédés qui précèdent, les entiers r_1, r_2, r_3 ayant des valeurs qui satisfont aux conditions exprimées plus haut. Superposons à cette surface une deuxième surface analogue pour laquelle r_3 a la même valeur, r_1 et r_2 ayant des valeurs différentes r'_1 et r'_2; les points a_1 et a'_1 sont superposés, ainsi que a_2 et a'_2, a_3 et a'_3. Relions ensuite entre eux l'un des feuillets de la première surface Φ, supposé ramifié en a_1 et a_2, avec un feuillet de la seconde Φ' ramifié en a'_1 et a'_2 par une ligne de croisement simple cd qui unit les deux points de ramification c et d. Si nous faisons coïncider c et d avec a_1 et a_2 respectivement, nous obtenons une surface de Riemann ayant en a_1 un seul point de ramification reliant $r_1 + r'_1$ feuillets, de même, en a_2 un seul point de ramification reliant $r_2 + r'_2$ feuillets, enfin en a_3, deux points de ramification superposés reliant chacun r_3 feuillets. Cela résulte pour les deux premiers points du fait que la composition des trois permutations circulaires telles que

$$(x_1 y_1),$$
$$(x_1 x_2 \ldots x_n),$$
$$(y_1 y_2 \ldots y_{n'})$$

donne naissance à l'unique permutation d'ordre $n + n'$:

$$(x_1 y_2 y_3 \ldots y_{n'} y_1 x_2 \ldots x_n).$$

Nous obtenons donc ainsi des solutions du problème dans des cas plus étendus, la somme Σr_i étendue aux trois points de ramification *distincts* pouvant, par exemple, être paire.

En opérant comme à l'alinéa précédent, mais supposant les points a_3 et a'_3 distincts sur le plan simple et r_3 différent de r'_3, on obtient des surfaces de Riemann à quatre points de ramification qui satisfont aux conditions de Klein, du moins quand les ordres donnés vérifient certaines inégalités. Par exemple, en prenant pour la surface Φ,

$$r_1 = 7, \quad r_2 = 11, \quad r_3 = 9,$$

et pour Φ',

$$r'_1 = 10, \quad r'_2 = 12, \quad r'_3 = 11,$$

on obtient une surface Φ'' à quatre points de ramification avec

$$\rho_1 = 17, \quad \rho_2 = 23, \quad \rho_3 = 9, \quad \rho_4 = 11.$$

Par un procédé semblable, on pourra obtenir des surfaces ayant des points de ramification distincts en nombre de plus en plus grand.

Soit, en général, à trouver une surface de Riemann ayant en $a_i (i = 1, 2, \ldots, n)$ un ou plusieurs points de ramification superposés d'ordre $r_i > 1$, abstraction faite des points ordinaires qui peuvent également être superposés à a_i. Si l'on sait résoudre le même problème quand les points a_i sont au nombre de 3 ou de $n-3$, on pourra le résoudre dans le cas de n points. Prenons les trois points a_1, a_2, a_3 et soit m le nombre des feuillets d'une surface de Riemann Φ ayant en a_1, a_2, a_3 des points de ramification d'ordres respectifs r_1, r_2, r_3; construisons, d'autre part, une surface de Riemann Φ' ayant en a_4, a_5, ..., a_n des points de ramification d'ordre r_4, r_5, ..., r_n; superposons m exemplaires de la surface Φ' et relions entre eux m feuillets appartenant respectivement à chacun de ces m exemplaires au moyen de points de ramification placés en a_1, a_2, a_3 de la même manière que pour la surface Φ, c'est-à-dire de sorte que ces feuillets u_1, u'_1, ..., $u_1^{(m-1)}$ éprouvent les permutations qui caractérisent la surface Φ quand on tourne autour de a_1, a_2 ou a_3. Nous obtenons une surface Φ'', évidemment connexe, qui répond aux conditions du problème.

141. Un cas particulièrement simple est celui où les deux entiers l_i qui caractérisent la structure du groupe fuchsien de genre zéro considéré, admettent un diviseur commun r. Dans ce cas, il existe évidemment une fonction algébrique satisfaisant aux conditions de Klein, à savoir

$$\sqrt[r]{\frac{x-a}{x-b}},$$

a et b étant les valeurs de la fonction fuchsienne $x(z)$ aux deux sommets du polygone auxquels correspondent ces deux entiers l_i. On retrouve ainsi les sous-groupes invariants d'indice fini dont nous avons démontré l'existence en partant des relations de structure du groupe. Il est clair qu'il existe toujours des sous-groupes de cette sorte quand l'un au moins des entiers l_i est infini, c'est-à-dire quand le groupe admet des substitutions paraboliques. Nous laissons au lecteur le soin d'appliquer cette remarque à la fonction modulaire d'Hermite et de déterminer les groupes des fonctions fuchsiennes :

$$\sqrt[p]{f(z)}, \quad \sqrt[p]{f(z)-1}, \quad \sqrt[p]{\frac{f(z)-1}{f(z)}},$$

$f(z)$ désignant la fonction d'Hermite et p un entier arbitraire.

Plus généralement, si plusieurs des entiers l_i ont des diviseurs communs, on pourra former des équations binomes, suivant le procédé indiqué dans l'étude des surfaces de Riemann régulières (Chap. V, § 116), qui correspondent à des sous-groupes invariants d'indice fini du groupe fuchsien considéré.

Il n'est pas inutile de rappeler que le genre de la relation algébrique irréductible et de degré m en y,

$$F(x, y) = 0$$

qui satisfait aux conditions de Klein, est précisément le genre du sous-groupe Γ d'indice m de G qui admet pour invariant caractéristique l'une des fonctions $y(z)$ définie par la relation qui précède où l'on remplace x par une fonction fuchsienne de z, invariant caractéristique de G. Comme vérification de ce fait, on peut remarquer que la formule qui donne le genre d'un sous-groupe d'un groupe G du genre zéro (Chap. XIV, § 82) conduit bien à ce résultat; on a, en effet,

$$2\varpi = 2 - 2m + m\sum_i \left(1 - \frac{1}{l_i}\right) - \sum_{i,k} \left(1 - \frac{1}{\lambda_{ik}}\right),$$

$$\lambda_{ik} = \frac{\beta_{ik}}{l_i},$$

$$\sum_k \beta_{ik} = m.$$

En sommant d'abord par rapport à k le dernier terme qui figure dans la première égalité et tenant compte des suivantes, on a

$$2\varpi = 2 - 2m + \sum_i (m - \nu_i),$$

où ν_i est le nombre des points du polygone Q ou de son contour, non équivalents par rapport à Γ, qui proviennent d'un cycle de sommets de P_0 de somme d'angles égale à $\frac{2\pi}{l_i}$. En tenant compte à nouveau de la valeur de $\Sigma\beta_{ik}$, on aura

$$2\varpi = 2 - 2m + \sum_{ik} (\beta_{ik} - 1).$$

Les nombres β_{ik} étant les ordres des points de ramification de $y(x)$ (ce qui se voit, comme on sait, en cherchant les diverses valeurs limites de y quand x tend vers a_i ou z vers ε_i), on obtient bien la formule qui donne le genre de la surface de Riemann définie par $F(x, y) = 0$.

En particulier, les relations de la forme

$$y^r = \frac{x-a}{x-b}$$

conduisent à des sous-groupes invariants du genre zéro. Il s'ensuit notamment, que de tout groupe fuchsien G de genre zéro admettant des substitutions paraboliques, on peut déduire une suite infinie de groupes

$$G, \ G_1, \ G_2, \ \ldots,$$

dont chacun est un sous-groupe invariant d'indice fini du précédent, c'est-à-dire une *suite de composition* de G, d'après la terminologie de Jordan. Cette remarque joue un rôle dans certaines méthodes qui ont été proposées pour résoudre le problème de l'uniformisation des fonctions algébriques [1], dont nous nous occuperons au Chapitre suivant.

---

[1] *Cf.* POINCARÉ, *Mémoires sur les groupes des équations linéaires* (*Acta mathematica*, t. IV, p. 294-302). — SCHLESINGER, *Handbuch der Theorie der linearen Differentialgleichungen*, t. II, 2ᵉ partie, § 332-349.

CHAPITRE XVI.

LA REPRESENTATION CONFORME ET L'UNIFORMISATION DES FONCTIONS ALGEBRIQUES.

---

142. Nous avons déjà formulé le problème de l'uniformisation des fonctions algébriques et obtenu, notamment par l'étude des relations entre deux fonctions fuchsiennes appartenant à deux groupes commensurables, sa solution dans quelques cas particuliers. Mais le moyen le plus simple pour parvenir à la solution générale et pour démontrer, entre autres, le théorème énoncé au paragraphe 106 (Chap. XV) consiste dans l'emploi des théorèmes généraux concernant la représentation conforme de deux aires planes l'une sur l'autre. Ce mode de démonstration, dû à Poincaré, a été perfectionné ensuite par M. Kœbe qui a, dans une suite de mémoires publiés dans les *Mathematische Annalen*, donné une exposition très complète de la question. Nous suivrons ici à peu près l'exposition de M. Courant dans ses *Leçons sur la théorie des fonctions* (Berlin, Springer, 1922), en employant, pour établir les principes généraux de la représentation conforme, la méthode de Riemann et Hilbert qui se rattache au calcul des variations.

Considérons les fonctions w, continues et uniformes dans un domaine $\mathcal{D}$ limité par un contour $\mathcal{C}$, prenant sur $\mathcal{C}$ une suite continue de valeurs données, ces fonctions w ayant d'autre part des dérivées premières finies et continues, sauf peut-être sur certaines lignes isolées, mais de manière que l'intégrale de Dirichlet $D[w]$ (Introduction, § 9) ait une valeur finie. On suppose les données telles que le choix des fonctions w soit possible. Cela étant, considérons le minimum d de l'intégrale $D[w]$ quand on y remplace w par toutes les fonctions qui satisfont aux conditions précédentes. Parmi ces fonctions w, il y en a une et une seule u pour laquelle $D[u] = d$, et cette fonction, harmonique et régulière à l'intérieur du domaine, fournit la solution du problème de Dirichlet. Telle est la marche suivie par Riemann pour obtenir la solution de ce problème. Mais on sait que l'analyse de Riemann donne lieu à diverses objections. Si l'on admet l'existence d'une fonctions u, qui *minimise* l'intégrale $D[w]$ en lui donnant une valeur finie, il n'y a aucune difficulté à démontrer que cette fonction est harmonique ([1]), si l'on admet toutefois l'existence et la continuité des dérivées du second ordre de u, ce qui conduit à admettre ces propriétés pour l'ensemble des fonctions w. Mais la démonstration de l'existence de cette fonction minimisante est un problème difficile qui a été résolu longtemps après Riemann par M. Hilbert.

On connaît d'autre part la relation étroite qui existe entre le problème de Dirichlet et celui de la représentation conforme de deux aires planes l'une sur l'autre. En particulier, comme l'a montré Riemann, la représentation conforme sur un cercle, d'une aire plane simplement connexe et simplement recouverte, se ramène par l'intermédiaire de la fonction de Green au problème de Dirichlet; et par suite au problème de minimum de Riemann-Hilbert. Mais il y a un intérêt, suivant une méthode indiquée par Hilbert et développée par R. Courant, à rattacher directement le problème de la représentation conforme au calcul des variations, sans passer par l'intermédiaire de la fonction de Green, en modifiant convenablement l'énoncé du problème de minimum de Riemann. C'est cette méthode que nous allons maintenant exposer.

143. Considérons un domaine simple $\mathcal{D}$ du plan de Cauchy dont l'ordre de connexion est égal à n; nous supposerons que sa frontière est constituée par n courbes fermées simples sans point commun deux à deux, chacune d'elles étant décomposable en un nombre fini d'arcs à tangente continue. Soit O un point intérieur à $\mathcal{D}$. Au lieu de supposer connue la définition de la fonction de Green relative au point O, nous allons parvenir à cette définition comme résultat de la solution d'un problème de minimum.

([1]) *Voir*, par exemple, Goursat, *Cours d'Analyse*, t. III, p. 196-199.

Soit Γ un cercle de centre O et de rayon a, complètement intérieur à $\mathcal{D}$. Considérons la fonction discontinue $S(x, y)$ égale dans Γ et sur sa circonférence à

$$\frac{x}{x^2+y^2} + \frac{x}{a^2},$$

et à zéro en tout point extérieur à Γ.

S est égale dans Γ à la partie réelle de la fonction analytique

$$\frac{1}{z} + \frac{z}{a^2}$$

qui possède à l'origine un pôle du premier ordre. S est donc harmonique dans Γ avec une discontinuité polaire à l'origine. On a d'ailleurs, en employant les coordonnées polaires (r, θ),

$$S = \frac{\cos\theta}{r} + \frac{r\cos\theta}{a^2}, \quad \text{pour } r \leqq a,$$

$$\frac{dS}{dr} = -\frac{\cos\theta}{r^2} + \frac{\cos\theta}{a^2}.$$

Cette dernière expression étant nulle pour $r = a$, la dérivée de S prise suivant la normale intérieure est nulle sur la circonférence de Γ.

Pour abréger le langage nous dirons qu'une fonction f appartient à la classe C dans le domaine T, si elle est finie, continue, et uniforme dans T, ses dérivées premières existant et étant également finies et continues à l'intérieur de T, sauf au plus sur certaines lignes isolées à tangentes continues, mais de manière que l'intégrale de Dirichlet $D_T[f]$ ait une valeur finie.

Remarquons qu'il n'est pas question dans cet énoncé des valeurs de la fonction f et de ses dérivées aux points frontières de T où ces fonctions peuvent avoir des discontinuités quelconques; les intégrales dont il s'agit sont relatives à T considéré comme domaine *ouvert*, c'est-à-dire comme limite de domaines fermés T_1, T_2, ..., T_n... intérieurs au sens étroit à T; ces domaines peuvent être choisis de manière que T_{n-1} soit contenu dans T_n et que leurs frontières soient constituées par un nombre fini d'arcs analytiques, par exemple d'arcs de cercle. Dire que T est la limite de T_n revient alors à dire que tout point de T est contenu dans T_n pour n suffisamment grand. L'intégrale d'une fonction f dans le domaine T sera, par définition, la limite pour n infini de l'intégrale

$$\int\int_{T_n} f\,dx\,dy,$$

en supposant que cette limite existe et soit indépendante du choix des domaines T_n; cette dernière circonstance se présente toujours si f est une fonction qui n'est jamais négative, ce qui aura généralement lieu dans les intégrales que nous aurons à considérer, notamment les intégrales de Dirichlet.

Considérons les fonctions φ appartenant à la classe C dans tout domaine intérieur à $\mathcal{O}$ mais ne contenant pas O, et telles que

$$\Phi = \varphi - S$$

soit continue en O ainsi que ses dérivées premières; φ possède donc la même discontinuité que S à l'origine, tandis que Φ reste partout finie à l'intérieur de $\mathcal{O}$, mais possède une ligne de discontinuité par saut brusque, qui est la circonférence de Γ. L'intégrale de Dirichlet

$$D_{\mathcal{O}}[\Phi] = D_{\Gamma}[\Phi] + D_{\mathcal{O}-\Gamma}[\Phi]$$

possède d'ailleurs une valeur finie. Nous dirons pour abréger que Φ *appartient à la famille* ($\mathcal{F}$). Nous nous posons alors le problème suivant : *Parmi toutes les fonctions Φ de la famille ($\mathcal{F}$), en trouver une U pour laquelle l'intégrale de Dirichlet $D_{\mathcal{O}}[\Phi]$ atteigne sa valeur minima.* Nous démontrerons successivement qu'il existe une fonction U et une seule résolvant ce problème de minimum, ensuite que $u = U + S$ est une fonction harmonique, en troisième lieu que si l'on désigne par v la fonction harmonique associée à u, la fonction analytique $u + iv$ représente le domaine $\mathcal{O}$ sur un plan muni de n coupures rectilignes.

144. Commençons par établir quelques lemmes préliminaires.

Lemme I. — Considérons une famille de fonctions $H(x, y)$, harmoniques dans l'aire A, pour lesquelles l'intégrale de Dirichlet $D_A[H]$ est inférieure à un nombre fixe M. Je dis que dans tout domaine B complètement intérieur à A, les dérivées premières des fonctions H sont inférieures en module à un nombre fixe M' qui tend vers zéro avec M.

En effet, tout point (ξ, η) de B est le centre d'un cercle γ de rayon fixe r, intérieur à A et l'on a d'après une formule démontrée dans l'Introduction (§ 10),

$$\left[\left(\frac{dH}{dx}\right)^2 + \left(\frac{dH}{dy}\right)^2\right]_{\substack{x=\xi \\ y=\eta}} \leq \frac{1}{\pi r^2} D_\gamma[H] \leq \frac{1}{\pi r^2} D_A[H] < \frac{M}{\pi r^2},$$

ce qui démontre notre assertion.

Lemme II. — Soit $u_1, u_2, \ldots, u_n, \ldots$ une suite de fonctions harmoniques et régulières dans A telles que

$$\lim_{n=\infty} D_A[u_n] = 0.$$

Si cette suite converge en un point p_0 intérieur à A, elle converge uniformément vers une constante dans tout domaine fermé B complètement intérieur à A.

En effet les dérivées premières de u_n tendent uniformément vers zéro dans B en vertu du lemme I. Il en est de même, en appelant p un point quelconque de B, de la différence

$$u_n(p) - u_n(p_0) = \int_{p_0}^{p} \frac{du_n}{dx} dx + \frac{du_n}{dy} dy.$$

la longueur du chemin d'intégration pour l'intégrale du second membre pouvant être supposée inférieure à un nombre fixe l.

Lemme III. — Soit toujours $u_1, u_2, u_3, \ldots, u_n, \ldots$ une suite de fonctions harmoniques et régulières dans A, telle que l'on ait

$$\lim_{\substack{m=\infty \\ n=\infty}} D_A[u_m - u_n] = 0.$$

Si cette suite converge en un point p_0 intérieur à A, elle converge uniformément dans tout domaine fermé B, complètement intérieur à A, vers une fonction harmonique et régulière.

On a en effet

$$u_m(p) - u_n(p) - u_m(p_0) + u_n(p_0)$$
$$= \int_{p_0}^{p} \left(\frac{du_m}{dx} - \frac{du_n}{dx}\right) dx + \left(\frac{du_m}{dy} - \frac{du_n}{dy}\right) dy.$$

Comme les fonctions entre parenthèses sous le signe $\int$ tendent uniformément vers zéro (lemme I), il en de même du premier membre de cette égalité, le chemin d'intégration pouvant être supposé de longueur inférieure à l, lorsque p est dans B. D'autre part, $u_m(p_0) - u_n(p_0)$ tend vers zéro par hypothèse. Il s'ensuit que $u_m(p) - u_n(p)$ tend uniformément vers zéro, ce qui revient à dire que la suite considérée converge uniformément dans B. La fonction limite est d'ailleurs harmonique et régulière comme il résulte des propriétés de l'intégrale de Poisson (Introduction, § 11).

Lemme IV. — Considérons une suite de fonctions $u_1, u_2, \ldots,$ $u_n, \ldots$ harmoniques et régulières à l'intérieur d'un cercle Γ, continues sur sa circonférence et prenant la valeur zéro en tous les points d'un arc $\alpha\beta$ de cette dernière. Si l'intégrale de Dirichlet $D_\Gamma[u_n]$, supposée finie, tend vers zéro en Γ pour n infini, la suite considérée tend uniformément vers zéro dans tout cercle Γ' concentrique à Γ et de rayon moindre.

On peut, par une transformation simple, attribuer la valeur 1 au rayon de Γ. Soit alors

$$u(r, \theta) = a_0 + (a_1 \cos\theta + b_1 \sin\theta)r + \ldots + (a_p \cos p\theta + b_p \sin p\theta)r^p + \ldots$$

l'une des fonctions de la suite considérée, la série du second membre convergeant pour $r < 1$. L'intégrale

$$\int_\alpha^\beta u(r, \theta)\, d\theta \qquad (0 \leq \alpha < \beta < 2\pi)$$

a une limite nulle quand r tend vers 1, puisque $u(r, \theta)$ tend uniformément vers zéro, θ variant entre α et β. Or on a

$$\int_\alpha^\beta u(r, \theta)\, d\theta = a_0(\beta - \alpha) + \sum_1^\infty \frac{r^p}{p}[a_p(\sin p\beta - \sin p\alpha) - b_p(\cos p\beta - \cos p\alpha)],$$

et comme le premier membre tend vers zéro avec $1 - r$, on en déduit

(1) $$|a_0|(\beta - \alpha) \leq 2 \sum_1^\infty \frac{|a_p| + |b_p|}{p}.$$

Je dis que le second membre de cette inégalité a une valeur finie et aussi petite que l'on veut quand le rang de la fonction u est suffisamment élevé. Cela résulte aisément de l'identité de **Lagrange**,

$$\left(\sum_{p=1}^{N} \alpha_p \beta_p\right)^2 = \left(\sum_p \alpha_p^2\right)\left(\sum_q \beta^2\right) - \sum_{p,q}(\alpha_p \beta_q - \alpha_q \beta_p)^2,$$

car on aura d'après cette identité

(2) $$\left(\sum_1^N \frac{|a_p|}{p}\right)^2 = \left(\sum_1^N |a_p| p^{\frac{1}{2}} \frac{1}{p^{\frac{3}{2}}}\right)^2 < \left(\sum_1^N p a_p^2\right) \times \left(\sum_1^N \frac{1}{p^3}\right)$$

et de même

(3) $$\left(\sum_1^N \frac{|b_p|}{p}\right)^2 < \left(\sum_1^N p b_p^2\right) \times \left(\sum_1^N \frac{1}{p^3}\right).$$

Faisons croître N indéfiniment. Les séries

$$\sum p a_p^2 \quad \text{et} \quad \sum p b_p^2$$

sont, par hypothèse, convergentes, et si l'on désigne leurs sommes par A et B, on a (Introduction, § 9)

(4) $$A + B = \frac{1}{\pi} D\Gamma(u) < \frac{\varepsilon}{\pi},$$

ε étant arbitrairement petit, si le rang n de la fonction u dépasse n_0. Comme, d'autre part,

(5) $$\sum_1^\infty \frac{1}{n^3} < 2,$$

il vient, d'après (2), (3) et (5),

$$\sum_1^\infty \frac{|a_p|}{p} < \sqrt{2A},$$

$$\sum_1^\infty \frac{|b_p|}{p} < \sqrt{2B},$$

puis, d'après (1) et (4),

(6) $\quad |a_0|(\beta - \alpha) < 2(\sqrt{2A} + \sqrt{2B}) < 4\sqrt{2A + 2B} < 4\sqrt{\frac{2}{\pi}}\sqrt{\varepsilon}.$

On voit d'après (6) que la valeur de u_n au centre du cercle tend vers zéro avec $\frac{1}{n}$, et par suite d'après le lemme II que les fonctions $u_1, u_2, \ldots, u_n, \ldots$ convergent uniformément vers zéro dans tout domaine fermé Γ' complètement intérieur à Γ.

Le lemme IV est donc démontré, mais on peut aller un peu plus loin et faire voir que u_n tend vers zéro uniformément dans un domaine ayant pour frontière une partie de l'arc $\alpha\beta$. Démontrons ce complément, utile dans certaines recherches, mais dont nous n'aurons pas besoin dans la suite.

Soit T un domaine intérieur à Γ, mais comprenant sur sa frontière un arc intérieur au sens étroit à $\alpha\beta$, de sorte que les points complémentaires de $\alpha\beta$ sont à une distance finie de ce domaine fermé T. Appliquons la formule de Poisson à la fonction u et au cercle γ concentrique à Γ, mais de rayon $\rho < 1$, de manière à ne pas exclure le cas où u serait discontinue en certains points du cercle unité. Nous aurons en appelant p un point de T à une distance $< \rho$ de l'origine, et m un point de la circonférence de γ,

$$u(p) = \frac{1}{2\pi} \int_0^{2\pi} \frac{u(m)}{\overline{mp}^2} (\rho^2 - r^2)\, d\omega.$$

Divisons la circonférence de γ en deux arcs correspondant à l'arc $\alpha\beta$ et à son complémentaire; soient σ et σ' ces deux arcs. Nous pouvons prendre ρ assez voisin de 1, pour que $|u(m)|$ soit inférieur à ε sur l'arc σ; la partie correspondante de l'intégrale de Poisson sera elle-même inférieure à ε en valeur absolue. D'autre part, comme l'arc σ', pour $(1-\rho)$ suffisamment petit, a tous ses points situés à une distance $> h$ du domaine T, la partie de l'intégrale correspondant à σ' sera inférieure en valeur absolue à

$$\frac{1}{2\pi h^2} \int_0^{2\pi} |u(\rho, \omega)|\, d\omega \qquad (h = \text{const. positive}).$$

En vertu d'une inégalité, due à Schwarz et qui se déduit immédiatement de l'identité de Lagrange, on a

$$\left[\int_0^{2\pi} |u(\rho, \omega)|\, d\omega \right]^2 < 2\pi \int_0^{2\pi} u^2(\rho, \omega)\, d\omega.$$

Mais d'après les formules de multiplication des séries de Fourier on a

$$\int_0^{2\pi} u^2(\rho, \omega)\, d\omega = \pi \left[2 a_0^2 + \sum^\infty (a_p^2 + b_p^2) \rho^{2p} \right].$$

Comme ρ est inférieur à 1 on a

$$\int_0^{2\pi} u^2(\rho, \omega)\, d\omega < 2\pi a_0^2 + \pi \sum^\infty (a_p^2 + b_p^2) < 2\pi a_0^2 + \mathrm{D}_\Gamma(u)$$

et, par suite,

$$\int_0^{2\pi} |u(\rho, \omega)|\, d\omega < \sqrt{4\pi^2 a_0^2 + 2\pi\, \mathrm{D}_\Gamma(u)}.$$

Or nous avons vu que si
$$\mathrm{D}_\Gamma(u) < \eta,$$
on a
$$|a_0| < k \eta^{\frac{1}{2}},$$

k ne dépendant pas de la fonction u. La partie de l'intégrale de Poisson provenant de l'arc σ' sera donc inférieure à

$$\lambda \eta^{\frac{1}{2}},$$

λ ne dépendant que du domaine T. On aura donc en tout point p de T

$$u(p) < \varepsilon + \lambda \eta^{\frac{1}{2}};$$

ε étant aussi petit que l'on veut et pouvant être supposé inférieur à $\lambda \eta^{\frac{1}{2}}$, par un choix convenable de ρ, on aura, pour tout point de T,

$$u(p) < 2 \lambda \eta^{\frac{1}{2}};$$

et la proposition énoncée découle immédiatement de cette inégalité.

Lemme V. — Soit $u_1 u_2 \ldots u_n \ldots$ une suite de fonctions harmoniques et régulières en tout point intérieur au domaine A limité par deux arcs de cercle amb, anb, et prenant la valeur zéro sur l'arc amb. Si l'intégrale $\mathrm{D}_\mathrm{A}[u_n]$ tend vers zéro avec $\frac{1}{n}$, u_n tend uniformément vers zéro dans tout domaine B intérieur à A.

Ce lemme se ramène au précédent par l'emploi de la représentation conforme

$$Z = \left(\frac{z-a}{z-b}\right)^{\mu}$$

qui transforme le domaine A en un demi-plan pour une valeur convenable de la constante réelle μ, puis d'une autre transformation de la forme

$$Z' = \frac{1}{Z-c}$$

qui change ce demi-plan en un cercle. Par suite du caractère invariant de l'intégrale de Dirichlet (Introduction, § 9) et du fait que les représentations employées établissent une correspondance univoque entre les points des contours des aires et de leurs transformées, on est ramené au lemme précédent. On peut supposer que l'aire B admet pour frontière une partie de l'arc amb.

Rappelons enfin que, d'après une propriété démontrée dans l'Introduction, l'intégrale de Poisson, qui donne la solution du problème de Dirichlet pour le cercle, donne également la solution du problème de minimum de Riemann quand cette solution existe.

145. Ces préliminaires établis nous allons démontrer l'existence de la solution du problème de minimum que nous nous sommes proposé. Mais il nous faut d'abord faire voir que ce problème a un sens, c'est-à-dire qu'il y a des fonctions Φ de la famille $(\mathscr{F})$ pour lesquelles $D_{\omega}[\Phi]$ a une valeur finie. On remarquera que Φ doit éprouver un saut égal à $-\frac{2}{a}\cos\theta$ quand on franchit la circonférence de Γ et être continue partout ailleurs. On parvient alors au résultat en posant, par exemple,

$$\Phi = 0 \qquad \text{dans } \Gamma$$

et

$$\Phi = -\frac{2}{a}\cos\theta\left(\frac{a'-r}{a'-a}\right)$$

dans la couronne comprise entre les cercles concentriques Γ et Γ', tous deux intérieurs à $\mathcal{O}$, le rayon a' de Γ' étant $> a$, enfin

$$\Phi = 0 \qquad \text{à l'extérieur de } \Gamma'.$$

On voit que Φ est continue sur la circonférence de Γ'. De plus ses dérivées sont partout finies et éprouvent seulement des discontinuités par saut sur les deux circonférences; $D_\mathcal{O}[\Phi]$ a donc une valeur finie. On pourrait d'ailleurs ajouter à Φ un polynome en x et y arbitraire, par exemple, si $\mathcal{O}$ est un domaine borné. Il y a donc une infinité de fonctions de $(\mathcal{F})$; les valeurs des intégrales $D[\Phi]$ ont un minimum fini $d \geqq 0$, et l'on peut former une suite *minimisante*

$$\Phi_1, \quad \Phi_2, \quad \ldots, \quad \Phi_n, \quad \ldots,$$

telle que

$$\lim_{n=\infty} D[\Phi_n] = d.$$

Remarquons qu'on ne change pas la valeur de $D[\Phi_n]$ eu ajoutant à Φ_n une constante qu'on peut choisir de manière que Φ_n soit nulle en O.

Démontrons maintenant la proposition suivante. Soient f_1, $f_2, \ldots, f_n, \ldots$ des fonctions appartenant à la classe C dans $\mathcal{O}$ et telles que

$$D_\mathcal{O}[f_n] < M,$$

M étant une constante. On aura

(7) $$\lim_{n=\infty} D[\Phi_n, f_n] = 0,$$

et cela uniformément, quelle que soit la suite des fonctions f_n satisfaisant à la condition précédente.

Soit en effet ε une constante indéterminée; nous aurons, puisque les Φ_n forment une suite minimisante,

$$D[\Phi_n + \varepsilon f_n] = D[\Phi_n] + \varepsilon \left\{ 2 D[\Phi_n, f_n] + \varepsilon D[f_n] \right\} \geqq d.$$

Supposons que l'on puisse avoir pour certaines valeurs infiniment grandes de n

$$|D[\Phi_n, f_n]| \geqq \pm \alpha > 0.$$

Prenons ε égal à $\pm \dfrac{\alpha}{M}$ et de signe contraire à celui de $D[\Phi_n, f_n]$. L'expression

$$2 D[\Phi_n, f_n] + \varepsilon D[f_n]$$

sera $> \alpha$ en valeur absolue et de signe opposé à ε.

On aura donc
$$d \leq D[\Phi_n + \varepsilon f_n] \leq D[\Phi_n] - \frac{\alpha^2}{M},$$
$$D[\Phi_n] \geq d + \frac{\alpha^2}{M},$$

et $D[\Phi_n]$ ne tendrait pas vers d.
La proposition est donc démontrée.
Prenons en particulier
$$f_n = \Phi_m - \Phi_n,$$

m variant d'une manière quelconque avec n. Ce choix des f_n est évidemment permis, car ces fonctions sont continues ainsi que leurs dérivées premières et leurs intégrales de Dirichlet étendues à $\mathcal{O}$ sont bornées dans leur ensemble puisqu'on a

et
$$D[\Phi_m - \Phi_n] = D[\Phi_m] + D[\Phi_n] - 2 D[\Phi_m, \Phi_n]$$
$$\{D[\Phi_m, \Phi_n]\}^2 < D[\Phi_m] D[\Phi_n].$$

Ceci posé, nous aurons
$$D[\Phi_m] = D[\Phi_n] + 2 D[\Phi_n, \Phi_m - \Phi_n] + D[\Phi_m - \Phi_n].$$

Si nous faisons tendre m et n vers l'infini,
$$D[\Phi_n, \Phi_m - \Phi_n] = D[\Phi_n, f_n]$$

tend vers zéro, $D[\Phi_m]$ et $D[\Phi_n]$ ont tous deux pour limite d. On aura donc
$$\lim_{\substack{m=\infty \\ n=\infty}} D[\Phi_m - \Phi_n] = 0.$$

146. Ceci démontré, pour parvenir au résultat cherché, nous couvrons notre domaine $\mathcal{O}$ de cercles $\Gamma_0, \Gamma_1, \Gamma_2, \ldots$ de la manière suivante. Chacun de ces cercles est intérieur au sens étroit à $\mathcal{O}$, chaque point intérieur à $\mathcal{O}$ est intérieur à au moins un cercle Γ_i; enfin ces cercles ne s'accumulent pas à l'intérieur de $\mathcal{O}$, c'est-à-dire que tout domaine Δ complètement intérieur à $\mathcal{O}$ n'a de points communs qu'avec un nombre limité de cercles. Si $\mathcal{O}$ renferme le point à l'infini, nous considérons un cercle Γ_i dont l'extérieur appartient à $\mathcal{O}$ et nous comprenons l'extérieur de ce cercle parmi les domaines Γ_n. Il est aisé d'obtenir cet ensemble de cercles. Traçons dans le plan de $\mathcal{O}$ un quadrillage formé par des carrés de côtés égaux à l'unité et parallèles aux axes; tout sommet de ce quadrillage, intérieur à $\mathcal{O}$, sera pris comme centre d'un cercle de rayon 1, figurant parmi les cercles Γ_i, s'il est complètement intérieur à $\mathcal{O}$. Divisons les mailles de notre quadrillage en quatre parties égales par des parallèles aux axes; les sommets du nouveau quadrillage qui n'ont pas été encore utilisés seront pris comme centres de cercles Γ_i de rayon $\frac{1}{2}$ pourvu que ces cercles soient intérieurs à $\mathcal{O}$; en poursuivant l'application de cette méthode on aura des cercles de rayon $\frac{1}{4}$, puis $\frac{1}{8}$, etc. tous intérieurs à $\mathcal{O}$. Ayant obtenu par ce procédé, ou par tout autre procédé analogue, un ensemble de cercles Γ_i répondant à la question, nous supposerons que le cercle Γ_0 coïncide avec le cercle Γ de centre O et qu'aucun autre cercle ne renferme O à son intérieur.

Nous allons commencer par *harmoniser* la suite des fonctions

$$\Phi_1, \quad \Phi_2, \quad \ldots, \quad \Phi_n,$$

en les remplaçant par

$$\Psi_1, \quad \Psi_2, \quad \ldots, \quad \Psi_n, \quad \ldots,$$

définies de la manière suivante : à l'extérieur de Γ_0 nous poserons

$$\Psi_n = \Phi_n,$$

Ψ_n prend sur la circonférence de Γ_0 les valeurs limites *intérieures* de Φ_n; enfin à l'intérieur de Γ_0, Ψ_n est harmonique et régulière, sa valeur étant exprimée par l'intégrale de Poisson. D'après la propriété de minimum démontrée dans le cas du cercle (Introduction, § 12) on aura

$$D_{\Gamma_0}[\Psi_n] \leqq D_{\Gamma_0}[\Phi_n]$$

et par suite

$$D_{\mathcal{O}}[\Psi_n] \leqq D_{\mathcal{O}}[\Phi_n].$$

Mais comme Ψ_n appartient ainsi que Φ_n à la famille $(\mathcal{F})$, on a également

$$D_{\mathcal{O}}[\Psi_n] \geqq d,$$

et par suite

$$\lim_{n=\infty} D_{\mathcal{O}}[\Psi_n] = d.$$

Autrement dit, les Ψ_n forment aussi dans $\mathcal{O}$ une suite minimisante de fonctions ($\mathcal{F}$). Nous ajoutons enfin à Ψ_n une constante pour lui donner la valeur zéro en O.

D'après la propriété des suites minimisantes démontrée plus haut (§ 145) on a
$$\lim_{\substack{m=\infty \\ n=\infty}} D_{\mathcal{O}}[\Psi_n - \Psi_m] = 0$$

et comme à l'intérieur de Γ_0 les Ψ_n sont harmoniques et régulières et toutes nulles à l'origine, le lemme III (§ 144) nous enseigne que dans tout domaine fermé Δ intérieur à Γ_0, les Ψ_n convergent uniformément vers une fonction harmonique et régulière. Il en sera de même, d'après une proposition bien connue, des fonctions dérivées.

Ce point étant acquis, nous avons maintenant à démontrer que cette fonction harmonique Ω peut être prolongée dans tout le domaine $\mathcal{O}$ et fournit la solution du problème de minimum proposé.

Nous partons donc de la suite, minimisante et harmonisée dans Γ_0, des fonctions

$$\Psi_1, \quad \Psi_2, \quad \ldots, \quad \Psi_n, \quad \ldots$$

nulles en O, et considérons d'autre part un cercle Γ_1 ayant en commun avec Γ_0 un domaine Δ. Nous *harmonisons* les Ψ_n dans Γ_1 comme nous l'avons fait pour les Φ_n dans Γ_0. Mais ici, une difficulté se présente à cause de la discontinuité de Ψ_n sur l'arc σ de Γ_0 intérieur à Γ_1.

La fonction

(8) $$\psi_n = \Psi_n + S$$

est continue dans Γ_1, circonférence comprise, et $D_{\Gamma_1}[\Psi_n]$ a une valeur finie. Nous construisons alors une fonction ω_n qui est égale à ψ_n à l'extérieur de Γ_1, harmonique et régulière dans Γ_1, et possède les mêmes valeurs limites intérieures que ψ_n sur le bord de Γ_1. On a alors

(9) $$D_{\Gamma_1}[\omega_n] \leqq D_{\Gamma_1}[\psi_n].$$

Posons

(10) $$\Omega_n = \omega_n - S,$$

d'où

(11) $$D_{\Gamma_1}[\Omega_n] = D_{\Gamma_1}[\omega_n] + D_{\Gamma_1}[S] - 2\,D_{\Gamma_1}[\omega_n, S].$$

On a de même

(12) $$D_{\Gamma_1}[\Psi_n] = D_{\Gamma_1}[\psi_n] + D_{\Gamma_1}[S] + 2\,D_{\Gamma_1}[\psi_n, S].$$

Appliquons maintenant la formule de Green pour le cercle Γ_1 que nous devons diviser en deux morceaux contigus suivant l'arc σ; nous appliquons donc la formule de l'Introduction (§ 8) en y remplaçant μ par ω_n et ψ par S, et l'aire A successivement par les fuseaux Δ et $\Gamma_1 - \Delta$. Nous remarquons que sur l'arc σ nous avons les relations (distinctes à cause de la discontinuité de S)

$$\frac{dS}{dn_i} = 0, \qquad \frac{dS}{dn_e} = 0,$$

les signes i et e désignant les deux sens sur la normale.

En ajoutant membre à membre les deux relations obtenues, il reste donc

$$D_{\Gamma_1}[\omega_n, S] + \iint_{\Gamma_1} \omega_n \Delta S\, dx\, dy = \int_{c_1} \omega_n \frac{dS}{dn_i} ds,$$

c_1 désignant la circonférence de Γ_1. Comme $\Delta S = 0$ dans chaque partie de Γ_1 on a simplement

(13) $$D_{\Gamma_1}[\omega_n, S] = \int_{c_1} \omega_n \frac{dS}{dn_i} ds.$$

On a de même

(14) $$D_{\Gamma_1}[\psi_n, S] = \int_{c_1} \psi_n \frac{dS}{dn_i} ds.$$

Les seconds membres de (13) et (14) sont d'ailleurs identiques, car $\psi_n = \omega_n$ sur c_1, par définition. On a donc

(15) $$D_{\Gamma_1}[\omega_n, S] = D_{\Gamma_1}[\psi_n, S].$$

Les relations (9), (12) et (15) donnent alors

$$D_{\Gamma_1}[\Omega_n] \leqq D_{\Gamma_1}[\Psi_n]$$

et par suite

(16) $$D_{\circledcirc}[\Omega_n] \leqq D_{\circledcirc}[\Psi_n].$$

Les Ψ_n formant une suite minimisante, il en est de même des Ω_n d'après (16). On a donc

$$0 = \lim_{\substack{m=\infty\\n=\infty}} D[\Omega_m - \Omega_n] = \lim_{\substack{m=\infty\\n=\infty}} D[\omega_m - \omega_n].$$

Comme les ω_n sont harmoniques dans Γ_1, nous en déduisons que les fonctions $(\omega_n + c_n)$, où c_n est une constante convenablement choisie, convergent dans Γ_1 vers une fonction harmonique v, et uniformément dans tout domaine fermé intérieur au sens étroit à Γ_1; il en sera de même des fonctions dérivées. Mais il faut démontrer de plus qu'on peut prendre $c_n = 0$ et que, dans la partie commune Δ, à Γ_0 et Γ_1, les fonctions U et

$$V = v - S$$

sont identiques.

En effet, comme la suite

$$\Psi_1 \Omega_1 \Psi_2 \Omega_2 \Psi_3 \ldots$$

est encore minimisante, on a

$$\lim_{n=\infty} D_\omega[\Psi_n - \Omega_n] = 0$$

et *a fortiori*

$$\lim_{n=\infty} D_\Delta[\Psi_n - \Omega_n] = 0$$

ou

$$\lim_{n=\infty} D_\Delta[\psi_n - \omega_n] = 0.$$

Mais dans Δ, $\psi_n - \omega_n$ est une fonction harmonique et régulière qui prend la valeur limite zéro en tous les points de l'arc de la circonférence C_1, intérieur à Γ_0. Donc, en vertu du lemme V, la fonction $\psi_n - \omega_n$ converge vers zéro dans Δ, uniformément dans tout domaine Δ' complètement intérieur à Δ. Or on a dans Δ' :

$$\lim_{n=\infty} \psi_n = u = U + S.$$

Donc la fonction v, provenant de ω_n par passage à la limite, est le prolongement analytique dans Γ_1 de la fonction u définie d'abord dans Γ_0.

On peut continuer ainsi et définir de proche en proche u et U dans Γ_2, Γ_3, ... Le cercle Γ_n sera toujours choisi de manière à couper l'un des cercles antérieurs. Si Γ_n ne coupe pas Γ_0, le procédé se simplifie parce que $S = o$ sur le contour de Γ_n et que l'harmonisation de la suite se fait simplement en résolvant le problème de Dirichlet pour ce cercle.

Nous obtenons donc une fonction U telle que

$$u = U + S$$

soit harmonique et régulière dans $\mathcal{O}$, sauf en O qui est un point de discontinuité polaire avec le terme principal $\dfrac{\cos \theta}{r}$. Cette fonction est de plus uniforme dans $\mathcal{O}$, si l'on est parti d'une suite minimisante uniforme, car le procédé d'harmonisation que nous avons décrit laisse subsister l'uniformité.

147. Ce résultat est déjà important et conduit, lorsqu'on l'étend aux surfaces de Riemann, comme nous le ferons plus loin, à la démonstration de l'existence d'une fonction algébrique sur une surface de Riemann, donnée *a priori*. Mais, pour d'autres questions, il importe également de démontrer que la fonction obtenue fournit bien la solution du problème de minimum de Riemann, c'est-à-dire

$$D_\mathcal{O}[U] \geqq d.$$

Soit Δ un domaine fermé quelconque complètement intérieur à $\mathcal{O}$. Nous pouvons décomposer Δ en un nombre fini de domaines partiels

$$T_0 T_1 \ldots T_N$$

dont chacun est intérieur, au sens étroit, à l'un des cercles $\Gamma_1, \ldots$. Supposons par exemple T_h intérieur à Γ_1. Dans T_h, les fonctions harmonisées Ω_n et leurs dérivées convergent uniformément vers la fonction U et ses dérivées. On a ainsi

(17) $$D_{T_h}[U] = \lim_{n=\infty} D_{T_h}[\Omega_n].$$

Mais nous avons aussi

$$\lim_{n=\infty} D_\mathcal{O}[\Omega_n - \Phi_n] = o,$$

puisque $\Omega_1, \Phi_1, \Omega_2, \Phi_2, \ldots$ est une suite minimisante, et *a fortiori*

(18) $$\lim D_{T_h}[\Omega_n - \Phi_n] = o.$$

En appliquant ensuite l'inégalité

$$D[\varphi, \psi]\}^2 \leq D[\varphi] D[\psi],$$

et en remarquant d'autre part que $D_{T_h}[\Phi_n]$ a pour n infini une limite supérieure d'indétermination au plus égale à d, on obtient

(19) $\qquad \lim D_{T_h}[\Phi_n, \Omega_n - \Phi_n] = 0.$

On a ensuite

(20) $\quad D_{T_h}[\Omega_n] - D_{T_h}[\Phi_n] = D_{T_h}[\Omega_n - \Phi_n] + 2 D_{T_h}[\Phi_n, \Omega_n - \Phi_n].$

Les relations (17), (18), (19) et (20) donnent alors

(21) $\qquad \lim\limits_{n=\infty} D_{T_h}[\Phi_n] = \lim\limits_{n=\infty} D_{T_h}[\Omega_n] = D_{T_h}[U].$

En ajoutant les relations analogues à (21) pour chacun des domaines T_h, on obtient

(22) $\qquad D_\Delta[U] = \lim\limits_{n=\infty} D_\Delta[\Phi_n].$

D'ailleurs

$$D_\Delta[\Phi_n] \leq D_{\circledcirc}[\Phi_n],$$

donc

$$D_\Delta[U] \leq \lim\limits_{n=\infty} D_{\circledcirc}[\Phi_n] = d,$$

et comme Δ est une partie quelconque de $\mathcal{O}$, on a

$$D_{\circledcirc}[U] \leq d, \quad \text{donc} \quad D_{\circledcirc}[U] = d,$$

U satisfait ainsi à la condition de minimum de Riemann. Observons que cette fonction appartient, comme celles dont nous sommes partis, à la famille ($\mathcal{F}$).

Je dis maintenant qu'il n'y a pas d'autre fonction de ($\mathcal{F}$) vérifiant cette condition.

Pour le démontrer, remarquons d'abord que si Φ et Φ_1 sont deux fonctions de ($\mathcal{F}$), la fonction $\lambda \Phi + \mu \Phi_1$, où λ et μ sont des constantes arbitraires; possède une intégrale de Dirichlet finie dans $\mathcal{O}$. Cela résulte immédiatement des relations

$$D[\lambda \Phi + \mu \Phi_1] = \lambda^2 D[\Phi] + 2\lambda\mu D[\Phi, \Phi_1] + \mu^2 D[\Phi_1],$$
$$\{D[\Phi, \Phi_1]\}^2 < D[\Phi] D[\Phi_1],$$

appliquées à une partie quelconque de $\mathcal{O}$.

Soient maintenant U et U_1 deux fonctions de $(\mathcal{F})$ pour lesquelles l'intégrale de Dirichlet atteint sa valeur minima d; U et U_1 présentant la même discontinuité sur la circonférence de Γ_0, leur différence est continue; il s'ensuit que la fonction

$$U + \lambda(U_1 - U)$$

éprouve le même saut que U et cette remarque, jointe à la précédente, montre que cette fonction appartient à $(\mathcal{F})$. L'expression

$$D_{\mathcal{O}}[U + \lambda(U_1 - U)]$$

doit donc atteindre son minimum d pour $\lambda = 0$ et $\lambda = 1$, quand λ varie; mais nous avons là un trinome du second degré en λ; ce résultat est donc absurde à moins que l'on n'ait

$$D_{\mathcal{O}}[U_1 - U] = 0, \qquad D_{\mathcal{O}}[U_1 - U, U] = 0,$$

ce qui entraîne

$$U = U_1.$$

Démontrons maintenant que la fonction harmonique u ne dépend pas de a. Si nous remplaçons le cercle Γ de rayon a, par Γ' de rayon $a' > a$, la fonction S se change en S', et le champ de fonctions $(\mathcal{F})$ est remplacé par le champ $(\mathcal{F}')$; mais le champ des fonctions

$$\varphi = \Phi + S$$

n'est évidemment pas modifié. Nous pouvons donc associer à toute fonction Φ de $(\mathcal{F})$ la fonction Φ' de $(\mathcal{F})$ égale à $\varphi - S'$ ou $\Phi + S - S'$. Posons

$$g = S - S'$$

et appliquons la formule de Green séparément au cercle Γ et à l'anneau compris entre Γ' et Γ, en remplaçant les fonctions φ et Ψ dans la formule (Introduction, § 8) par Φ et g. En ajoutant les deux formules obtenues, on trouve, en tenant compte des valeurs des dérivées normales de S et S', sur les deux circonférences:

$$D_{\Gamma'}[\Phi, g] = 0.$$

On a donc

$$D[\Phi'] = D[\Phi] + D[g]$$

dans le cercle Γ' et aussi dans le domaine $\mathcal{O}$. Comme $D[g]$ est un

nombre fixe indépendant du choix de φ, il s'ensuit que la même fonction $\varphi = u$ minimise les deux intégrales $D[\Phi]$ et $D[\Phi']$, c'est-à-dire que l'on a, pour les deux problèmes de minimum envisagés, les solutions
$$\Phi = u - S$$
et
$$\Phi' = u - S'.$$

C'est là la justification du choix de la fonction S.

Faisons enfin la remarque suivante. Nous avons admis que le domaine $\mathcal{D}$ peut contenir le point à l'infini, c'est-à-dire l'extérieur d'un cercle Γ_i. On devra naturellement, si cette circonstance se présente, résoudre le problème de Dirichlet pour l'extérieur du cercle Γ_i; ce problème se ramène immédiatement au problème intérieur par l'emploi de la représentation conforme auxiliaire

$$Z = \frac{1}{z-a},$$

a étant une constante convenable, qui change l'extérieur de Γ_i en l'intérieur d'un autre cercle. D'ailleurs, en raison de la propriété d'invariance de l'intégrale de Dirichlet relativement à une représentation conforme (Introduction, § 9) les lemmes utilisés dans les démonstrations subsistent dans ce cas.

148. Ayant obtenu la fonction harmonique u, nous construisons la fonction harmonique associée v, définie à une constante additive près par

$$v = \int_{x_0 y_0}^{xy} -\frac{du}{dy}dx + \frac{du}{dx}dy$$

et nous allons démontrer que la fonction analytique

$$\zeta = u + iv$$

fait la représentation conforme du domaine $\mathcal{D}$ sur un plan simple munie de n fentes rectilignes et parallèles. Nous allons d'abord démontrer que ζ est une fonction uniforme de z dans $\mathcal{D}$. Comme u est uniforme par construction, il suffit de montrer que v est uniforme, c'est-à-dire que

$$\int \frac{dv}{ds}ds = \int \frac{du}{dn}ds = 0$$

le long de tout contour fermé $\mathcal{C}$, ds désignant la différentielle de l'arc de $\mathcal{C}$. Ce contour partage $\mathcal{O}$ en deux domaines A et B; appelons A celui qui contient O. Désignons maintenant par h une fonction continue appartenant à la classe C dans $\mathcal{O}$. On aura

$$D_{\mathcal{O}}[U, h] = 0,$$

U désignant toujours $u + S$; il est aisé de démontrer cette égalité, qui n'est d'ailleurs qu'un cas particulier de celle que nous avons démontrée au paragraphe 145, lorsque toutes fonctions Φ_n deviennent égales à U.

Si, en particulier, h est nulle en tout point de Γ, on aura

(24) $$D_{\mathcal{O}}[u, h] = 0.$$

Particularisons encore davantage la fonction h, en faisant $h = 1$ sur $\mathcal{C}$ et dans B, $h = 0$ dans A sauf dans une bande étroite contiguë à $\mathcal{C}$, de manière que $h = 0$ dans Γ. Pour fixer les idées, on pourra, si $\mathcal{C}$ est une courbe à tangente et à courbure continues, porter sur la normale MN en chaque point de $\mathcal{C}$, dirigée vers l'intérieur de A, une longueur constante $MN = \varepsilon$, et faire au point P du segment MN, h égale à $\dfrac{PN}{\varepsilon}$. On aura alors

$$0 = D_{\mathcal{O}}[u, h] = D_A[u, h] + D_B[u, h],$$

et comme

$$D_B[u, h] = 0,$$

il s'ensuit que

$$D_A[u, h] = 0.$$

L'application de la formule de Green à l'aire A donne ensuite

(25) $$\iint_A h \Delta u \, dx \, dy + D_A[u, h] = \int_{\mathcal{C}} h \frac{du}{dn} ds + \int_{\mathcal{L}} h \frac{du}{dn} ds,$$

$\mathcal{L}$ désignant l'ensemble des contours qui sont des frontières à la fois de $\mathcal{O}$ et de A. Les deux intégrales du premier membre sont nulles : pour la première, cela résulte du fait que l'on a $\Delta u = 0$ dans A. La seconde intégrale du second membre est nulle puisque $h = 0$ sur $\mathcal{L}$; comme $h = 1$ sur $\mathcal{C}$, il reste

(26) $$\int_{\mathcal{C}} \frac{du}{dn} ds = 0,$$

ce qui démontre la proposition.

Remarquons que, pour une application rigoureuse de la formule de Green, il convient de modifier A en enlevant de A une aire limitée par un contour c infiniment petit entourant l'origine, ainsi que l'aire comprise entre $\mathcal{L}$ et un contour infiniment voisin $\mathcal{L}'$ intérieur à $\mathcal{D}$, afin que les conditions de continuité exigées pour u et ses dérivées soient remplies; l'égalité (25) doit être considérée comme une égalité limite, c tendant vers zéro et $\mathcal{L}'$ vers $\mathcal{L}$.

Ce premier point démontré, nous allons étudier la configuration des courbes

$$u = \text{const.}$$

que nous appellerons les *lignes de niveau* ou *équipotentielles*, $u(x, y)$ étant regardé comme le potentiel des vitesses dans le mouvement plan et stationnaire d'un liquide ; les lignes

$$v = \text{const.}$$

trajectoires orthogonales des précédentes, jouant ainsi le rôle de *lignes de courant;* le point singulier O peut être assimilé à une source.

Démontrons la proposition suivante : la ligne de niveau $u = c$ partage le domaine $\mathcal{D}$ en deux autres A et B dans lesquels on a respectivement $u > c$ et $u < c$, et chacun de ces domaines admet O comme point frontière.

Étudions d'abord la forme du faisceau des courbes $u = c$ dans le voisinage de O. La fonction analytique $\zeta(z)$ ayant à l'origine un développement de la forme ([1])

$$\zeta = \frac{1}{z} + (a_1 + ib_1)z + (a_2 + ib_2)z^2 + \ldots$$

fait la représentation conforme d'un petit cercle Γ de centre O sur la région Δ du plan ζ extérieure à une courbe analytique fermée et simple, le point $z = 0$ correspondant à $\zeta = \infty$, et z s'exprimant en fonction de ζ par la série :

$$z = \frac{1}{\zeta} + \frac{a_1 + ib_1}{\zeta^2} + \ldots$$

([1]) Nous supposons toujours que le terme constant est nul dans le développement de $\zeta(z)$ à l'origine, ce qui a lieu quand la constante additive de v est convenablement choisie.

Aux droites $u = c$ du plan ζ correspondent des courbes analytiques tangentes en O à l'axe Oy; si c est suffisamment grand en valeur absolue, la droite $u = c$ étant tout entière contenue dans Δ, la courbe correspondante du plan z se ferme dans Γ_0 et diffère peu du cercle ayant pour équation

$$x^2 + y^2 - \frac{x}{c} = 0.$$

Pour des valeurs plus petites de c, au segment ([1]) de la droite $u = c$ contenu dans Δ, correspond un arc non fermé de courbe dont les extrémités sont sur la circonférence de Γ_0. Par tout point de Γ_0 autre que O, il passe une courbe et une seule de ce faisceau. Les courbes $v = c$ forment un faisceau analogue et sont tangentes en O à Oy.

Supposons maintenant qu'il existe un domaine T limité exclusivement par des arcs de courbe $u = c$ et par des parties de la frontière de $\mathcal{O}$, mais dont la frontière ne contienne pas O. La fonction Φ égale à c dans T, et partout ailleurs à $U = u - S$, sera une fonction de ($\mathcal{F}$) si le rayon a de Γ est suffisamment petit. On aura donc

$$D_\mathcal{O}[\Phi] \geqq d.$$

Mais U n'est pas égale à une constante dans T car u se réduirait à une constante. On a par suite

$$D[\Phi] < D[U] \quad \text{(égalité exclue)}$$

dans tout domaine intérieur à T et par suite aussi dans $\mathcal{O}$, puisque l'élément de la première intégrale est partout au plus égal à celui de la seconde. Il y a donc contradiction et un domaine tel que T ne peut pas exister. Les domaines définis par $u > c$ ou $< c$ admettent donc O comme point frontière; or, nous avons vu que l'entourage de O est divisé par la courbe $u = c$ en deux morceaux connexes et deux seulement dans lesquels on a respectivement $u > c$ et $u < c$. Il s'ensuit que la totalité du domaine $\mathcal{O}$ est divisé en deux morceaux par la courbe $u = c$.

Si c est suffisamment grand en valeur absolue, nous avons vu

([1]) Ce segment est unique si le rayon de Γ est suffisamment petit, la frontière de Δ étant une courbe convexe peu différente d'un cercle.

qu'il passe par O une petite courbe fermée γ sur laquelle $u = c$, et qu'en tous les autres points du cercle Γ de centre O, on a $u > c$ ou $u < c$. Supposons qu'on ait $u = c$ en un point z_0 de $\mathcal{D}$ extérieur à Γ; en vertu des propriétés des fonctions harmoniques, il passera donc par z_0 une branche régulière de la courbe ($u = c$). Soit A la partie de $\mathcal{D}$ extérieure à γ; comme u est régulière dans A, l'élément de courbe de niveau considéré doit se continuer jusqu'à la frontière de A, et diviser A en deux morceaux au moins; la totalité de la courbe $u = c$ partagerait donc $\mathcal{D}$ en plus de deux morceaux, ce qui est impossible. Il suit de là que si la fonction $\zeta(z)$ représente $\mathcal{D}$ sur l'aire $\mathcal{A}$ du plan ζ, $\mathcal{A}$ ne peut se recouvrir elle-même que dans une bande de largeur finie comprise entre deux parallèles à l'axe des v.

Supposons maintenant qu'en un point ω intérieur à $\mathcal{D}$ on ait

$$\frac{du}{dx} = \frac{dv}{dy} = 0.$$

En prenant ω pour origine, on aurait en coordonnées polaires dans le voisinage de ce point

$$u = c + d\rho^p \sin(p\theta - \alpha) + e\rho^{p+1} \sin(\overline{p+1}\,\theta - \beta) + \ldots \qquad (p \geqq 2).$$

La courbe $u = c$ présente alors un point multiple à tangentes distinctes formant un faisceau isogonal $\left(\theta = \dfrac{\alpha}{p} + \dfrac{k\pi}{p}\right)$, et l'entou-

Fig. 35.

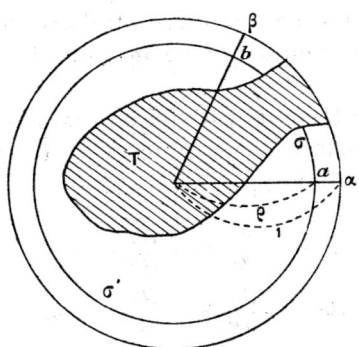

rage de ω se trouve divisé en $2p$ angles curvilignes dans lesquels on a alternativement $u > c$ et $u < c$; soit $p = 2$ pour fixer les idées. Deux points m et m voisins de ω et situés dans deux angles opposés, dans lesquels $u > c$ et sur leur bissectrice commune, peuvent être joints par une ligne simple restant dans la région A de $\mathcal{D}$ où $u > c$, car A est d'un seul tenant. On peut supposer que cette ligne ne rencontre pas le petit segment $m\omega m'$; le contour $\omega m l m' \omega$ ou $\mathcal{C}$ est alors un contour fermé simple sur lequel $u > c$ sauf en ω. Or deux points n et n', situés sur la perpendiculaire en ω à $m\omega m'$ de part et d'autre de ce segment, et infiniment voisin de ω, appartiennent tous deux à la région B où $u < c$; il sera donc possible de les joindre sans traverser le contour $\mathcal{C}$, ce qui est absurde, car ils appartiennent à deux régions du plan séparées par ce contour fermé.

Il suit de là que la fonction $\frac{d\zeta}{dz}$ ne s'annule pas dans $\mathcal{D}$; comme d'ailleurs $\zeta(z)$ n'admet que le pôle $z = 0$ qui est un pôle simple, on voit que l'aire $\mathcal{A}$ image de $\mathcal{D}$ n'est pas ramifiée, ce qui n'exclut pas encore l'hypothèse qu'elle puisse se recouvrir elle-même.

Considérons maintenant une courbe $u = c$ qui ne se ferme pas à l'intérieur de $\mathcal{D}$, et qui forme un trait continu; cette courbe ne se coupe pas elle-même et aboutit nécessairement à la frontière de $\mathcal{D}$, constituant ainsi une coupure de ce domaine; le nombre des traits analogues dont se compose la totalité de la courbe $u = c$ ne peut dépasser l'ordre de connexion n de $\mathcal{D}$. En effet, il y en a un et un seul qui contient O; si leur nombre total dépassait n il y aurait un système de n coupures de $\mathcal{D}$ ne passant pas par O et qui devraient à elles seules morceler $\mathcal{D}$; il existerait donc dans $\mathcal{D}$ une région $u > c$ n'ayant pas O comme point frontière, ce qui est impossible.

Lorsqu'on décrit l'une de ces courbes dans un sens déterminé, v varie toujours dans le même sens; car si v avait une valeur stationnaire en un point (x, y) on aurait

$$du = \frac{du}{dx}dx + \frac{du}{dy}dy = 0,$$
$$dv = -\frac{du}{dy}dx + \frac{du}{dx}dy = 0,$$

relations incompatibles parce que $\left(\frac{du}{dx}\right)^2 + \left(\frac{du}{dy}\right)^2$ ne s'annule jamais. A celui de ces traits qui passe par O correspondent deux segments $(v', +\infty)$ et $(v'', -\infty)$ de la droite $u = c$, car v saute brusquement de $\pm\infty$ à $\mp\infty$ quand le point z passe par **O**, ces deux segments peuvent, *a priori*, se recouvrir partiellement. Au contraire, à chacun des autres traits, correspond un segment unique. Il s'ensuit que l'aire $\mathcal{A}$, si elle n'est pas simple, présente au maximum $n + 1$ feuillets superposés et seulement dans la bande comprise entre les deux parallèles $u = u_1$ et $u = u_2$, cette bande contenant du reste tous les points frontières de $\mathcal{A}$.

149. Étudions maintenant de plus près le cas où $\mathcal{D}$ et par suite $\mathcal{A}$ sont simplement connexes; chaque courbe $u = c$ se compose alors d'un trait unique passant par O et l'aire $\mathcal{A}$ se recouvre au plus deux fois elle-même. Nous allons obtenir un résultat plus précis en utilisant la relation générale

$$D[u, h] = 0$$

démontrée plus haut, moyennant certaines hypothèses très générales sur h. Nous donnerons une forme plus commode à cette relation en prenant u et v comme variables indépendantes et utilisant le caractère invariant de l'intégrale de Dirichlet relativement à une représentation conforme. Cette relation prend alors la forme

$$(27) \qquad \int\int_{\mathcal{A}} \frac{dh}{du} \, du \, dv = 0,$$

h désigne une fonction continue dans $\mathcal{A}$, prenant la valeur zéro dans le voisinage du point à l'infini, image de O, ayant des dérivées premières en général continues, sauf sur certaines lignes isolées, mais de manière que l'intégrale de Dirichlet $D_{\mathcal{A}}[h]$ ait une valeur finie. On tiendra compte du fait que $\mathcal{A}$ peut *a priori* se recouvrir lui-même partiellement.

L'emploi de la relation (27) avec un choix convenable de la fonction h permet de démontrer que $\mathcal{A}$ est un domaine simple admettant pour frontière un segment de droite.

Soit f le continu frontière de $\mathcal{A}$ et supposons d'abord que f soit formé par la réunion d'un nombre fini d'arcs analytiques; f est situé à l'intérieur de la bande II limitée par les deux parallèles $u = u_1$, $u = u_2$. Si f n'est pas un segment parallèle à l'axe des u, soient v_1 et v_2 deux valeurs distinctes de v comprises entre le maximum et le minimum de v sur f. Considérons deux points A_1 et A_2 situés, à droite de Π, sur les droites $v = v_1$, $v = v_2$ et de même coordonnée $u = c$. Il existe un domaine T, contenu dans $\mathcal{C}$,

Fig. 36.

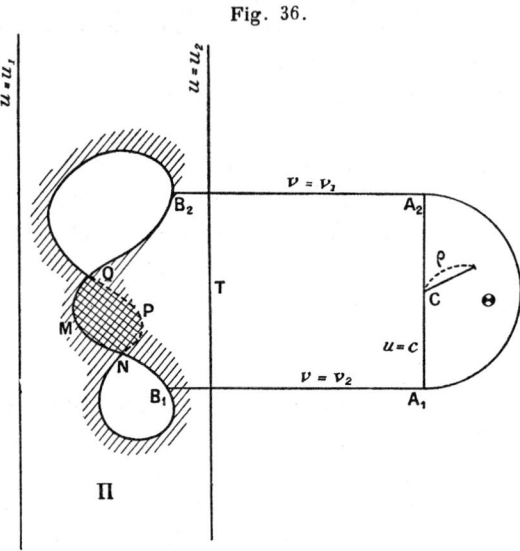

limité par les droites $u = c$, $v = v_1$, $v = v_2$ et par un arc $B_1 M B_2$ de f. Dans la figure on a supposé que la ligne f se coupe elle-même, l'aire $\mathcal{C}$ présentant une partie deux fois recouverte, la portion MNPQ de T est supposée située sur le feuillet supérieur de $\mathcal{C}$. Soit maintenant Θ le demi-cercle décrit sur $A_1 A_2$ comme diamètre et vers la droite. Nous poserons $h(u,v) = 0$ dans la partie de $\mathcal{C}$ extérieure à T et Θ. Dans T, nous égalerons h à une fonction de v seulement, nulle en v_1 et v_2, mais jamais négative par exemple

$$(v - v_1)^2 (v - v_2)^2 = g(v).$$

Dans Θ nous égalerons h à une fonction continue ayant des dérivées premières bornées, se raccordant avec la fonction précédente le long de $A_1 A_2$ et devenant nulle sur la demi-circonférence. Pour fixer les idées, si l'on prend pour $g(v)$ le polynome que nous venons d'indiquer, on pourra définir $h(u, v)$ en un point de Θ, en fonction seulement de sa distance ρ au centre du cercle, par la formule

$$h = g\left(\frac{v_1 + v_2}{2} + \rho\right) \quad \left[\rho^2 = (u-c)^2 + \left(v - \frac{v_1+v_2}{2}\right)^2\right].$$

La fonction h étant indépendante de u sauf dans Θ, on aura

$$\int\int_{\mathcal{C\!L}} \frac{dh}{du}\,du\,dv = \int\int_\Theta \frac{df}{du}\,du\,dv = -\int_{v_1}^{v_2} g(v)\,dv < 0,$$

et ce résultat est en contradiction avec la relation (27). On en conclut que tous les points frontières de $\mathcal{C\!L}$ sont sur une même parallèle à l'axe des u et forment, puisque $\mathcal{C\!L}$ est simplement connexe, un segment unique pouvant se réduire à un point. Il en résulte évidemment que $\mathcal{C\!L}$ est un domaine simple.

Mais comme nous ne savons rien *a priori* sur la nature de l'ensemble f, la démonstration précédente ne sera valable que si l'on démontre au préalable l'existence d'un domaine tel que T, compris dans la région $(u < c,\ v_1 < v < v_2)$ et dont la frontière ne comprend, outre les segments $A_1 A_2$, $A_1 B_1$ et $A_2 B_2$ que des points de f.

Ce résultat devient intuitif si l'on considère le domaine $\mathcal{D}$ comme

Fig. 37.

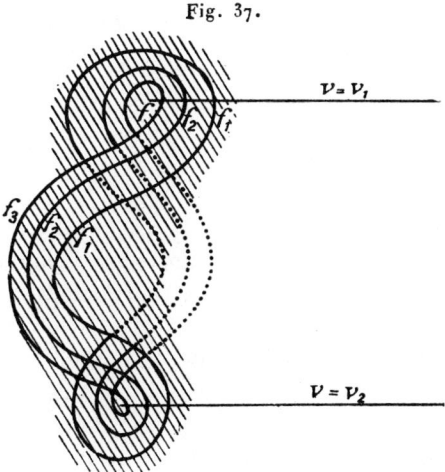

limite de domaines $\mathcal{D}_1$, $\mathcal{D}_2$, ..., $\mathcal{D}_n$, ..., inclus chacun dans le suivant et limités chacun par un nombre fini d'arcs de cercle, le contour $\mathcal{C}_n$ de $\mathcal{O}_n$ tendant uniformément vers l'ensemble frontière de $\mathcal{O}$. La fonction $\zeta(z)$ donne comme images de ces domaines les domaines $\mathcal{A}_1, \mathcal{A}_2, \ldots, \mathcal{A}_n, \ldots$ compris chacun dans le suivant, limités par les courbes formées d'arcs analytiques $f_1, f_2, \ldots, f_n, \ldots$ qui tendent uniformément vers f. Construisons les domaines correspondants $T_1, T_2, \ldots, T_n, \ldots$ en attribuant des valeurs constantes à v_1 et v_2, choisies de manière que les droites $v = v_1$, $v = v_2$ rencontrent toutes les courbes f_n à partir d'un certain rang, ce qui est possible comme on le voit aisément. Les domaines $T_1, T_2, \ldots, T_n, \ldots$, compris chacun (au sens large) dans le suivant, ont alors un domaine limite T qui répond à la question. Dans le cas de la figure 37, le continu limite f se recouvre partiellement lui-même, l'aire $\mathcal{A}$ présentant deux feuillets superposés dans certaines régions.

150. Nous avons donc démontré la possibilité de représenter tout domaine simplement connexe du plan simple sur un plan muni d'une fente rectiligne, de manière qu'un point donné O intérieur au domaine ait pour homologue le point à l'infini. Si la fente rectiligne obtenue ne se réduit pas à un point, on peut, en effectuant sur la fonction $\zeta(z)$ qui donne cette représentation une substitution linéaire et entière, faire coïncider cette fente avec le segment $(-1, +1)$ de l'axe des u.

En effectuant de nouveau sur le domaine obtenu la représentation conforme

$$\zeta_1 = \sqrt{\frac{\zeta-1}{\zeta+1}},$$

on obtient le demi-plan supérieur ζ_1, en choisissant convenablement le signe du radical. On passe ensuite, par l'emploi d'une transformation linéaire fractionnaire, à la représentation conforme sur l'intérieur d'un cercle, par exemple le cercle unité. Nous avons donc retrouvé, sous sa forme primitive, le théorème de Riemann concernant la représentation conforme d'une aire simple et simplement connexe. Il y a d'ailleurs deux cas d'exception provenant des cas où la fente rectiligne du domaine $\mathcal{A}$ se réduit à un point ou disparaît totalement; $\mathcal{O}$ sera lui-même dans ces deux cas un plan pointé, c'est-à-dire un domaine dont la frontière se réduit à un point, ou le plan tout entier.

Remarque. — Il n'est pas nécessaire pour pouvoir appliquer les démonstrations qui précèdent de faire des hypothèses particulières sur la nature de la frontière du domaine $\mathcal{O}$. Il est commode, pour faciliter l'intuition, de supposer, comme nous l'avons fait, que cette frontière est une ligne à tangente en général continue, susceptible d'être représentée par une figure. Mais cette hypothèse n'est pas intervenue dans nos démonstrations; nous avons admis seulement ce principe d'*Analysis situs* d'après lequel tout domaine simplement connexe est divisé en deux morceaux, sans connexion entre eux, par une ligne qui traverse le domaine et qui n'a pas de point d'arrêt à l'intérieur de celui-ci; cela résulte d'ailleurs de l'application de ce même principe à un domaine quelconque intérieur à $\mathcal{O}$ mais de structure simple.

Quant à la définition de l'intégrale de Dirichlet pour le domaine $\mathcal{O}$, elle ne donne lieu à aucune difficulté si l'on remarque, comme nous l'avons fait, qu'il ne s'agit dans nos démonstrations que d'intégrales étendues à des domaines ouverts (§ 143).

Nous laisserons de côté la question fort intéressante, mais qui ne nous serait d'aucune utilité pour les applications que nous avons en vue, de la correspondance entre les points frontières de deux

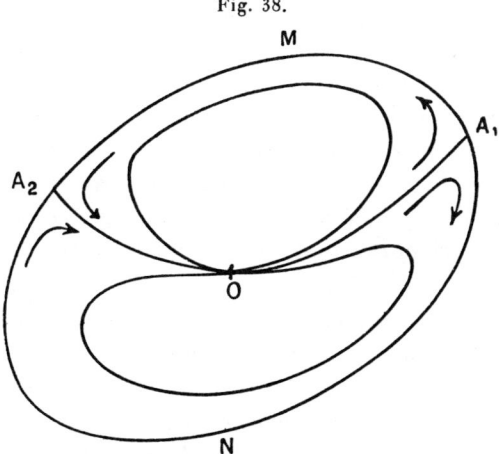

Fig. 38.

domaines représentés d'une manière conforme l'un sur l'autre. Rappelons seulement que lorsqu'on fait la représentation conforme, sur un cercle, d'un domaine limité par un contour formé d'un nombre fini d'arcs analytiques et réguliers, les points de la circonférence correspondent d'une manière univoque aux points de ce contour (*voir* Goursat, *Cours d'Analyse*, t. III, Chap. XXVII, p. 214-217). Si l'on fait la représentation conforme sur un plan muni d'une fente rectiligne, aux deux bords de cette fente correspondent deux arcs complémentaires du contour $\mathcal{C}$ de $\mathcal{D}$; soient A_1MA_2 et A_1NA_2 ces deux arcs, les points A_1 et A_2 correspondant aux extrémités a_1 et a_2 de la fente située sur la droite $v = v'$. A la droite $v = v'$ correspondent ainsi d'une part les deux arcs A_1MA_2, A_1NA_2 du contour, d'autre part l'arc A_1OA_2, aboutissant aux deux points A_1 et A_2, qui est l'image de la partie de la droite $v = v'$ extérieure à la fente $a_1 a_2$.

A toute droite $v = c\, (c \gtreqless v')$ correspond une ligne de courant fermée, complètement intérieure à $\mathcal{D}$. Suivons la ligne de courant exceptionnelle OA_1 en partant de O; arrivé en A_1 le courant se subdivise en deux branches qui circulent en sens opposé le long du bord de $\mathcal{C}$ pour se réunir de nouveau en A_2 suivant la ligne A_2O. Telle serait la forme des trajectoires des particules liquides dans le mouvement, stationnaire et parallèle à un plan d'un liquide enfermé dans un vase cylindrique de section $\mathcal{D}$, lorsqu'il existe en chaque point projeté en O une double source donnant lieu à une discontinuité polaire du premier ordre du potentiel des vitesses. On peut d'ailleurs prévoir *a priori*, par des considérations de continuité dépourvues de rigueur, que telle serait bien la configuration du faisceau des lignes de courant dans le mouvement de ce liquide; on en déduit la possibilité de représenter le domaine $\mathcal{D}$ sur un plan à fente rectiligne et les principales propriétés de cette représentation; c'est cette méthode heuristique qui est à la base des démonstrations rigoureuses des paragraphes précédents.

151. Revenons maintenant au cas où $\mathcal{D}$ est un domaine d'ordre de connexion fini mais supérieur à l'unité; appelons N cet ordre de connexion; $\mathcal{A}$ est alors un domaine du même ordre de connexion, qu'on doit éventuellement regarder comme étendu sur une surface présentant jusqu'à $N+1$ feuillets plans superposés, mais non ramifiée. La frontière de $\mathcal{A}$ étant formée des N morceaux distincts F, F′, F″, ..., il s'agit de montrer que chacun de ces continus est un segment parallèle à l'axe des u. La démonstration est, avec quelques précautions supplémentaires, la même que pour $N=1$. Soit $N=3$ pour fixer les idées et faisant d'abord abstraction de F′ et de F″, construisons comme au paragraphe précédent le domaine T compris dans la région ($u < c$, $v_1 < v < v_2$) et admettant pour frontière, outre les trois segments $A_1 A_2$, $A_1 B_1$, $A_2 B_2$, un arc de F. Si T ne renferme aucun point de F′ et de F″, on en déduit comme plus haut que F est un segment parallèle à l'axe des u. Si T renferme des points de F′ et de F″ mais dont les projections sur $A_1 A_2$ ne sont pas denses sur ce segment, on rétrécira l'intervalle $A_1 A_2$ de manière à obtenir un domaine T qui ne renferme plus de points de F′ ni de F″. Dans le cas contraire, T renferme au moins un continu linéaire, contenu par exemple dans F′, et dont les extrémités se projettent en deux points distincts A'_1 et A'_2 sur $A_1 A_2$. On en déduit l'existence d'un domaine T′, limité par les segments $A'_1 A'_2$, $A'_1 B'_1$, $A'_2 B'_2$, et par un arc de F′, qui peut encore contenir des points de F″, mais non de F. Si T′ renferme des points de F″, on poursuit le raisonnement. Il s'ensuit que l'un au moins des continus F, F′, F″ se réduit à un segment parallèle à l'axe des v, par exemple F. On construira le domaine T′ relatif à F′, de manière que le segment $A'_1 A'_2$ ne renferme pas à son intérieur la projection de ce segment F, et de même pour T″, de sorte que l'on pourra faire abstraction de F dans les raisonnements ultérieurs. On voit donc de proche en proche que tous les continus frontières de $\mathcal{A}$ sont des segments de l'espèce indiquée. $\mathcal{A}$ est par suite un domaine *simple*, constitué par le plan muni de N coupures rectilignes.

On verra encore que ce résultat s'applique à tous les domaines $\mathcal{D}$ présentant N continus frontières distincts, quelle que soit la nature de ces continus. L'on pourra également, comme dans le cas de $N=1$, tracer dans $\mathcal{D}$ les lignes de courant qui sont en général des courbes fermées intérieures au domaine; il y aura seulement N lignes de courant exceptionnelles aboutissant au bord de $\mathcal{D}$ et se prolongeant ensuite suivant ce bord.

152. Les résultats des paragraphes précédents peuvent être étendus et généralisés de diverses manières. Nous remarquerons d'abord que la possibilité de construction de notre fonction harmonique u n'implique pas que $\mathcal{D}$ soit un domaine simple. $\mathcal{D}$ peut être un domaine quelconque, possédant ou non des points frontières, formé d'un nombre fini ou d'une infinité de feuillets superposés sur le plan de la variable z. Tout domaine de cette nature peut être regardé comme limite de domaines *fermés* $\mathcal{D}_1, \mathcal{D}_2, \ldots,$ $\mathcal{D}_n, \ldots$ contenus chacun dans le suivant, ne comportant qu'un nombre fini de feuillets et limités par des courbes en nombre fini et composées chacune par un nombre fini d'arcs analytiques et réguliers. Il s'ensuit que le domaine $\mathcal{D}$, regardé comme un domaine ouvert, peut être couvert par une infinité dénombrable de cercles $\Gamma_0, \Gamma_1, \ldots$ satisfaisant aux conditions du paragraphe 146. Pour nous en rendre compte, appliquons le lemme de Borel-Lebesgue (Introd., § 15). Le domaine $\mathcal{D}_{n+1}$, considéré momentanément comme un domaine ouvert, peut être couvert par une famille de cercles contenus dans $\mathcal{D}$, tels que chaque point intérieur à $\mathcal{D}_{n+1}$ soit intérieur, au sens étroit, à l'un de ces cercles. Il s'ensuit que tout domaine fermé intérieur à $\mathcal{D}_{n+1}$ peut être couvert par un nombre fini de cercles de cette famille; il en sera ainsi en particulier du domaine $\mathcal{D}_n$ et *a fortiori* du domaine formé par les points de $\mathcal{D}_n$ non intérieurs à $\mathcal{D}_{n+1}$. On obtient donc un ensemble de cercles satisfaisant aux conditions du paragraphe 146 et recouvrant $\mathcal{D}$, puisqu'on couvrira successivement $\mathcal{D}_1, \mathcal{D}_2 - \mathcal{D}_1, \mathcal{D}_3 - \mathcal{D}_2, \ldots$ par un nombre fini de cercles. Remarquons que le domaine d'existence de toute fonction analytique d'après Weierstrass rentre dans la classe précédente, les cercles Γ_i étant précisément ceux qui permettent la définition du prolongement analytique.

Nous conviendrons de regarder comme intérieurs à $\mathcal{D}$ les points de ramification R où ne se ramifient qu'un nombre fini m de feuillets de $\mathcal{D}$; nous devrons alors considérer un cercle Γ_i contenant R, non comme un cercle simple ordinaire, mais comme un morceau connexe de surface de Riemann à m feuillets reliés entre eux; nous pourrons faire en sorte que R soit le centre de ce cercle. Une transformation conforme

$$z' = z^{\frac{1}{m}}$$

change ce morceau de surface de Riemann, m fois ramifié, en un cercle simple pour lequel nous savons résoudre le problème de Dirichlet et le problème de minimum correspondant; nous saurons donc résoudre ces mêmes problèmes pour l'aire primitive en raison du caractère invariant de l'intégrale de Dirichlet et de l'équation de Laplace. Le procédé de construction de la fonction u est alors exactement le même qu'au paragraphe 146.

En ce qui concerne la fonction harmonique v associée à u, nous ne serons assurés de son uniformité que si le domaine $\mathcal{O}$ possède la propriété suivante : tout contour fermé $\mathcal{C}$ intérieur à $\mathcal{O}$ divise ce domaine en deux parties sans connexion entre elles. Nous dirons alors que $\mathcal{O}$ est un domaine *quasi simple*. Il est clair qu'il existe des domaines qui ne possèdent pas cette propriété, par exemple les surfaces de Riemann fermées de genre non nul.

Comme la démonstration contenue dans les paragraphes 145 à 151 ne suppose nullement que $\mathcal{O}$ soit un domaine simple, nous pouvons déjà énoncer le théorème très général qui suit :

Tout domaine quasi simple, à un nombre fini ou infini de feuillets mais d'ordre de connexion fini, est applicable d'une manière conforme et biunivoque sur le domaine constitué par le plan simple muni de coupures rectilignes et parallèles, pouvant en tout ou en partie se réduire à un point.

Il peut même arriver que tous les points frontières de ce dernier domaine disparaissent. Il est bien facile de voir que $\mathcal{O}$ est alors une surface de Riemann fermée de genre zéro. La fonction analytique $z = \psi(\zeta)$ qui représente le plan simple de Cauchy sur le domaine $\mathcal{O}$ doit en effet être uniforme et avoir en chaque point une valeur bien déterminée. C'est donc une fonction rationnelle, et si m désigne son degré, $\mathcal{O}$ n'est autre que la surface de Riemann fermée à m feuillets correspondant à l'équation algébrique précédente où z est la variable indépendante.

Supposons maintenant que la frontière de $\mathcal{A}$ se réduise à un seul point que nous pouvons, par une transformation linéaire, rejeter à l'infini. La fonction $z = \psi(\zeta)$ est alors une fonction méromorphe, et si elle ne se réduit pas à une fraction rationnelle, la surface de Riemann correspondante qui possède alors une infinité de feuillets est difficile à caractériser; l'étude de ces surfaces a fait l'objet de recherches récentes, notamment de M. Iversen.

153. Nous pouvons d'autre part, en supposant toujours que $\mathcal{O}$ soit un domaine quasi simple, chercher à étendre les résultats précédents au cas où son ordre de connexion est infini. On y parvient en regardant $\mathcal{O}$ comme limite de domaines d'ordre de connexion fini, mais croissant au delà de toute limite. Nous devons donc rechercher comment varie le domaine à coupures rectilignes $\mathcal{A}$ quand le domaine $\mathcal{O}$ varie.

Nous allons démontrer que la fonction analytique $\zeta = f(z)$ qui fait cette représentation, considérée comme fonction du domaine $\mathcal{O}$, est une fonction continue. D'une manière plus précise, nous allons établir ce qui suit:

Supposons que le domaine quasi simple $\mathcal{O}$ soit la limite d'une suite de domaines $\mathcal{O}_1, \mathcal{O}_2, \ldots, \mathcal{O}_p, \ldots$ contenant tous le point $O(z=o)$ et satisfaisant aux inégalités topologiques

$$\mathcal{O}_1 < \mathcal{O}_2 < \ldots < \mathcal{O}_p < \ldots$$

et soient $f_p(z)$ les *fonctions de représentation* correspondantes ayant en O un pôle du premier ordre avec un développement de la forme

$$f_p(z) = u_p + iv_p = \frac{1}{z} + \lambda_p z + \mu_p z^2 \ldots$$

Soit de même

$$f(z) = u + iv = \frac{1}{z} + \lambda z + \mu z^2 + \ldots,$$

la fonction de représentation relative au domaine $\mathcal{O}$, les fonctions f et f_p étant toutes obtenues par le procédé des paragraphes 145-146. Ceci posé, les fonctions $f_p(z)$ convergent uniformément vers $f(z)$ dans tout domaine fermé Δ intérieur à $\mathcal{O}$.

Servons-nous de la même fonction S pour construire les u_p et u, et soit

$$U_p = u_p - S, \quad U = u - S.$$

Posons pour abréger l'écriture

$$D_{\mathcal{O}_p}[\Phi] = D_p[\Phi]$$

et

(28) $$d_p = D_p[U_p],$$

les d_p étant les minima des intégrales pour les problèmes de minimum qui concernent les domaines $\mathcal{O}_p$. On aura, pour toute valeur de l'entier p,

(29) $$d_p \leq d.$$

En effet, comme U appartient à la famille de fonctions ($\mathcal{F}_p$) définie dans $\mathcal{O}_p$, on a

$$d_p = D_p[U_p] \leq D_p[U] \leq D[U] = d.$$

On aura d'ailleurs pour $q < p$

$$D_p[U_p] \leq D_p[U_q] \leq D_q[U_q] = d_q$$

et par suite

(30) $$d_p \leq d_q.$$

Il suit de (29) et (30) que d_p tend vers une limite d_0 au plus égale à d :

(31) $$\lim_{p=\infty} d_p = d_0 \leq d.$$

Rappelons maintenant que toute fonction h appartenant à la classe C dans $\mathcal{O}_p$, et pour laquelle l'intégrale de Dirichlet correspondante a une valeur finie $D_p[h]$, donne lieu à la relation

$$D_p[U_p, h] = 0.$$

En posant

$$h = U_q - U_p,$$

nous obtenons

$$D_p[U_p, U_q - U_p] = 0$$

et par suite

$$d_q = D_q[U_q] \geq D_p[U_q] = D_p[U_p + h] = D_p[U_p] + D_p[h]$$
$$= d_p + D_p[U_q - U_p].$$

On conclut de là que l'intégrale $D_p[U_q - U_p]$ tend vers zéro quand p et q augmentent indéfiniment et que par suite dans tout domaine Δ intérieur à $\mathcal{O}$, on aura

(32) $$\lim_{\substack{p=\infty \\ q=\infty}} D_\Delta[U_q - U_p] = 0.$$

Comme $U_p = 0$ par hypothèse au point O, l'application du lemme III (§ 144) montre que, dans Δ, les fonctions U_p convergent uniformément; il en sera de même des fonctions u_p et par suite aussi des fonctions analytiques $f_p(z)$ ainsi que de leurs dérivées.

Désignons par U_0, u_0 et $f_0(z)$ les fonctions limites de U_p, u_p et $f_p(z)$. Nous aurons donc, en tenant compte des relations (28),

(30) et (31) :
$$\mathrm{D}_\Delta[\mathrm{U}_0] = \lim_{p=\infty} \mathrm{D}_\Delta[\mathrm{U}_p] \leq d_0 \leq d.$$

Comme Δ est un domaine fermé quelconque intérieur à $\mathcal{O}$, il suit de là que $\mathrm{D}_\mathcal{O}[\mathrm{U}_0]$ existe et que l'on a

$$\mathrm{D}_\mathcal{O}[\mathrm{U}_0] \leq d.$$

Mais si l'on avait $\mathrm{D}_\mathcal{O}[\mathrm{U}_0] < d$, cela signifierait, puisque U_0 appartient à la famille $(\mathscr{F})$, que U, contrairement à l'hypothèse, n'est pas la solution du problème de minimnm pour le domaine $\mathcal{O}$. Nous avons donc

$$\mathrm{D}_\mathcal{O}[\mathrm{U}_0] = d = d_0$$

et nous en concluons que U_0 est une solution du problème de minimum.

Nous savons d'ailleurs, puisque le raisonnement du paragraphe 146 demeure applicable, que ce problème ne peut admettre plus d'une solution. Nous avons donc

$$\mathrm{U} = \mathrm{U}_0,$$

ce qui démontre que la fonction limite $f_0(z)$ est identique à celle qu'on obtient en appliquant au domaine $\mathcal{O}$ les procédés de construction des paragraphes 145-146. Il reste donc établi que cette dernière fonction $f(z)$ varie d'une manière continue avec le domaine $\mathcal{O}$. Il nous faut maintenant démontrer, pour le cas où $\mathcal{O}$ est un domaine quasi simple mais d'ordre de connexion infini, que $f(z)$ représente $\mathcal{O}$ sur un domaine simple, comme cela a lieu quand cet ordre de connexion est fini.

Supposons en effet les domaines $\mathcal{O}_p$ qui tendent vers $\mathcal{O}$ choisis de manière que leur ordre de connexion soit toujours fini; s'il en est ainsi, les fonctions $f_p(z)$ sont *univalentes*, c'est-à-dire qu'elles font correspondre à deux points distincts de $\mathcal{O}_p$ deux valeurs distinctes de ζ. Admettons que la fonction limite $f(z)$ ne possède pas la même propriété. On aura alors

$$f(z') = f(z'') = \zeta_0,$$

z' et z'' étant deux points distincts dans $\mathcal{O}$. Supposons que z' et z' soient des points ordinaires de $\mathcal{O}$, distincts des points à l'infini ou des points de ramification, et entourons-les respectivement de deux petits cercles intérieurs à $\mathcal{D}$, sans aucun point commun; nous les choisirons en outre de manière que $f(z) - \zeta_0$ ne s'annule pas sur leurs circonférences j' et j'', de sorte que l'on ait sur ces courbes

$$|f(z) - \zeta_0| > \varepsilon.$$

A cause de la convergence uniforme des $f_p(z)$ vers $f(z)$, on peut choisir p de manière que l'on ait sur j' et j''

$$|f_p(z) - f(z)| < \frac{\varepsilon}{2}.$$

Les équations
$$f_p(z) - \zeta_0 = 0,$$
$$f(z) - \zeta_0 = 0$$

ont alors le même nombre de racines à l'intérieur de j' ou de j'', ce que l'on voit de suite en écrivant la première sous la forme

$$[f(z) - \zeta_0]\left[1 + \frac{f_p(z) - f(z)}{f(z) - \zeta_0}\right] = 0$$

ou
$$[f(z) - \zeta_0][1 + g(z)] = 0$$

avec
$$|g(z)| < \frac{1}{2}$$

sur j' et j'', et appliquant le théorème de l'argument de Cauchy.

Il suit de là que l'équation

$$f_p(z) = \zeta_0$$

aurait au moins deux racines dans $\mathcal{D}$, et la contradiction est manifeste.

Si z' était par exemple un point de ramification d'ordre m, on appliquerait la même démonstration après avoir, par l'emploi de la transformation

$$z - z' = t^m,$$

transformé les fonctions $f(z)$ et $f_p(z)$ en fonctions régulières de t. Pour un point à l'infini, on posera de même $z = \frac{1}{t}$.

Le domaine $\mathcal{A}$, image de $\mathcal{D}$, est donc un domaine simple et nous obtenons ce résultat remarquable : *tout domaine quasi simple est applicable d'une manière conforme et biunivoque sur un domaine simple.* On pourrait préciser la structure de ce domaine par des considérations analogues à celles du paragraphe 149, mais nous laisserons cette étude de côté.

Occupons-nous maintenant de l'*unicité* de la solution du problème qui consiste à faire la représentation conforme d'un domaine n-uplement connexe sur un domaine à fentes rectilignes et parallèles. Nous pouvons, en choisissant comme origine un point quelconque de $\mathcal{O}$, et en effectuant sur la fonction ζ définie précédemment une substitution linéaire et entière, faire correspondre à tout point z_0 de $\mathcal{O}$ et à tout nombre complexe α une *fonction de courant*

$$\zeta = f(z) = u + iv$$

régulière en tout point de $\mathcal{O}$, sauf au point z_0 qui est un pôle du premier ordre avec la partie principale $\dfrac{\alpha}{z - z_0}$, et qui représente $\mathcal{O}$ sur un domaine à n fentes rectilignes et parallèles. Il reste encore dans ζ une constante additive arbitraire, mais nous pouvons démontrer qu'à cette constante près, ζ est entièrement déterminée par les propriétés précédentes.

Soit en effet $\zeta_1 = u_1 + iv_1$ une deuxième solution du problème; ζ_1 est une fonction analytique de ζ, soit $\mu(\zeta)$, qui représente le plan muni de n fentes rectilignes $\mathcal{A}$ sur un domaine analogue $\mathcal{A}_1$. Cette fonction est uniforme dans $\mathcal{A}$ et possède le seul pôle $\zeta = \infty$ avec la partie principale ζ. Formons la différence

$$\eta = \zeta_1 - \zeta = u - u_1 + i(v - v_1) = w + it = \psi(\zeta)$$

qui est régulière en tout point de $\mathcal{A}$ et bornée en module. Si ζ tend vers un segment frontière de $\mathcal{A}$, ζ_1 tend vers un segment frontière de $\mathcal{A}_1$; comme v et v_1 ont des valeurs constantes sur ces segments respectifs, leur différence t a une valeur limite constante, c'est-à-dire que le domaine $\mathcal{B}$ dans lequel $\psi(\zeta)$ transforme $\mathcal{A}$ est lui-même limité par un nombre fini de segments parallèles à l'axe réel. Mais $\mathcal{B}$ est, de plus, borné. Il en résulte que $\mathcal{B}$ ne renferme aucun point intérieur, car s'il en renfermait un P, on pourrait tracer à partir de P une ligne formée d'un nombre fini de droites, s'éloignant à l'infini et ne rencontrant pas les segments frontières de $\mathcal{B}$; $\mathcal{B}$ aurait donc des points frontières à distance finie extérieurs à ces segments. $\mathcal{B}$ étant un domaine connexe sans points intérieurs se réduit donc à un point et $\zeta_1 - \zeta$ est une constante.

C. Q. F. D.

154. Les théorèmes généraux, concernant la représentation conforme que nous venons de démontrer, ont d'importantes applications à la théorie des fonctions algébriques. Démontrons d'abord, comme l'a fait Riemann, l'existence des fonctions algébriques correspondant à une surface de Riemann donnée *a priori*. Nous commencerons par démontrer l'existence des intégrales abéliennes de seconde espèce.

Bien qu'une surface de Riemann fermée ne soit pas un domaine quasi simple, les considérations du paragraphe **146** n'en démontrent pas moins, ainsi que nous l'avons remarqué, l'existence d'une fonction harmonique uniforme sur la surface, ayant en un point donné O (par exemple $z = 0$) une discontinuité polaire avec la partie principale $\frac{\cos\theta}{r}$ et restant finie en tout autre point de la surface. Cela suppose toutefois que le point O n'est pas un point de ramification de la surface. Si l'on forme maintenant la fonction harmonique associée, elle ne sera pas en général uniforme, mais possédera des modules de périodicité correspondant aux circuits tracés sur la surface qui ne se réduisent pas à un point par déformation continue. Il existe donc une fonction analytique ayant en O un pôle du premier ordre avec la partie principale $\frac{1}{z}$, régulière en tout autre point de la surface de Riemann et possédant des modules de périodicité purement imaginaires; cette fonction a donc tous les caractères d'une intégrale abélienne de seconde espèce.

Si le point O était le sommet d'un cycle de m feuillets de la surface, il suffirait de transformer celle-ci par la transformation conforme

$$z' = z^{\frac{1}{m}}$$

et d'appliquer le résultat précédent à la surface transformée pour en déduire, en revenant à la surface initiale, une intégrale abélienne de seconde espèce ayant un pôle unique du premier ordre en O.

Pour obtenir des intégrales de seconde espèce ayant des pôles d'ordre plus élevé, il suffira de modifier le mode de construction de la fonction harmonique u, minimisante pour l'intégrale $D[u+S]$, en prenant pour S, au lieu de l'expression indiquée au paragraphe 143, la suivante :

$$S = \frac{\cos n\theta}{r^n} + \frac{r^n}{a^{2n}}\cos n\theta \qquad (r \leqq a).$$

Comme cette fonction possède encore une dérivée normale nulle en tous les points de la circonférence $r = a$, il n'y a rien à changer aux raisonnements employés, et l'on parvient ainsi à une intégrale de seconde espèce ayant en O un pôle d'ordre n avec la partie principale $\frac{1}{z^n}$.

Ayant construit des intégrales abéliennes de seconde espèce par les procédés que nous venons d'indiquer, on pourra en former des combinaisons linéaires et homogènes à coefficients constants et obtenir ainsi les intégrales de la même espèce ayant sur la surface de Riemann des pôles donnés à l'avance avec des parties principales également données.

Parmi les combinaisons ainsi obtenues, il y a lieu de distinguer en particulier celles qui représentent des fonctions uniformes sur la surface de Riemann; il suffira, pour qu'il en soit ainsi, que les $2p$ modules de périodicité relatifs aux $2p$ coupures canoniques de la surface soient tous nuls. Soient par exemple $I_1, I_2 \ldots, I_\nu$, ν intégrales de seconde espèce avec les pôles simples respectifs $O_1, O_2, \ldots, O_\nu$ supposés distincts ; si l'on forme la combinaison linéaire

$$w = k_1 I_1 + \ldots + k_\nu I_\nu,$$

il suffira que l'on ait $\nu > 2p$ pour que l'on puisse choisir les k_i de manière à annuler toutes les périodes sans que ces k_i soient tous nuls et la fonction uniforme ainsi obtenue admettant au moins un pôle ne se réduira pas à une constante. D'une manière plus générale, si $\nu - \rho$ des quantités $k_i (\nu \geqq \rho)$ sont nulles en vertu des $2p$ équations linéaires auxquelles elles sont assujetties, on aura

$$\nu - \rho \leqq 2p,$$
$$\rho \geqq \nu - 2p$$

et w admettra alors effectivement ρ pôles simples, les résidus correspondants n'étant pas nuls.

155. Nous pouvons maintenant démontrer le théorème fondamental de Riemann qu'on peut énoncer ainsi : *à une surface de Riemann arbitrairement donnée, correspond une classe d'équations algébriques.*

Cherchons en effet quelle sera la nature de la fonction w considérée à l'instant. Si nous considérons le plan simple sur lequel sont placés les feuillets, nous voyons qu'à chaque valeur de l'affixe z sur ce plan correspondent μ valeurs de w, à savoir les valeurs de w aux μ points de la surface superposés en z. On peut choisir w de façon que ces valeurs soient distinctes pour une valeur non singulière de z. En effet, si l'on choisit les pôles de I_1, I_2, ..., I_ν de manière que deux de ces points ne soient jamais superposés sur le plan simple, il en sera de même pour les ρ pôles simples de n, c'est-à-dire pour ρ racines de l'équation $w = \infty$. L'équation $w = A$, qui a aussi ρ racines variant avec A d'une manière continue, n'aura donc pas, pour A arbitraire, de points racines superposés sur le plan z. Donc, pour z arbitraire, les μ valeurs de w pour z donné sont distinctes. Or les fonctions symétriques élémentaires de ces μ valeurs de w :

$$\sum_i w_i, \quad \sum_{i,k}^{i \neq k} w_i w_k, \quad \ldots$$

sont évidemment des fonctions uniformes de z dépourvues de singularités essentielles. Ce sont donc des fonctions rationnelles et l'on a entre z et w une relation de la forme

(33) $$F(w, z) = 0,$$

F étant un polynome de dégré μ en w à coefficients rationnels en z. Cette relation est irréductible puisque les μ valeurs w, distinctes quand z est quelconque, s'échangent entre elles en passant d'un feuillet à l'autre de la surface.

Nous pouvons donc regarder la courbe algébrique (33) comme correspondant à la surface à μ feuillets donnés, puisqu'à un point de la surface correspond un seul point (w, z) de la courbe et inversement. A la fonction w on peut évidemment substituer une fonction rationnelle quelconque de w et de z,

$$W = R(w, z).$$

Si les coefficients de R sont choisis au hasard, W aura μ valeurs différentes pour z arbitraire, W sera ramifiée comme w, et w pourra, inversement, se mettre sous la forme d'une fonction rationnelle de z et W (*voir* Chap. VI). On peut donc dire qu'il y a une classe de fonctions algébriques, ramifiées de la même manière, correspondant à une surface de Riemann donnée arbitrairement.

Remarque I. — Pour passer des intégrales de seconde espèce aux fonctions uniformes sur la surface de Riemann, on peut, au lieu d'employer les combinaisons linéaires, se servir de la dérivation ; il est clair, en effet, que si I est une fonction de seconde espèce obtenue par les procédés indiqués tout à l'heure, $\dfrac{dI}{dz}$ est uniforme sur la surface. Considérons notamment les μ fonctions $I_1, I_2, \ldots, I_\mu$ qui, aux μ points de la surface superposés en O, sont de la forme

$$\frac{1}{z} + \text{fonction réguliere,}$$

chacune d'elles ayant un pôle unique. Si $k_1, k_2, \ldots$ sont des constantes distinctes, la fonction

$$w = k_1 I_1 + k_2 I_2 + \ldots + k_\mu I_\mu$$

possède en O, sur le plan simple, μ déterminations de la forme

$$\frac{k_i}{z} + \text{fonction régulière} \qquad (i = 1, 2, \ldots, \mu)$$

et la fonction $\dfrac{dw}{dz} = t$ a les μ déterminations :

$$t = -\frac{k_i}{z^2} + \text{fonction régulière}$$

Les k_i étant distincts, les μ valeurs de t sont distinctes quand z est infiniment voisin de O, mais non confondu avec O. On en déduit comme précédemment que la relation algébrique de degré μ en t qui relie z et t est irréductible.

Remarque II. — Ayant démontré la proposition de Riemann, l'existence des intégrales abéliennes de première et de troisième espèce découle de l'étude qui en a été faite à partir de l'équation de la courbe (33). Mais on peut aussi démontrer directement, par des procédés analogues à ceux du paragraphe 146, l'existence de fonctions ayant les caractères de ces intégrales. Prenons par exemple celles de première espèce. Nous pouvons tracer le système des coupures canoniques qui rend la surface T simplement connexe; ce système de coupures constitue alors le bord unique K de cette nouvelle surface T'. Nous considérons la famille des fonctions φ qui satisfont aux conditions suivantes : elles sont continues dans T' et sur son contour mais éprouvent un saut égal à 2π quand on franchit la coupure a_i; elles restent continues au contraire quand on franchit l'une des $(2p-1)$ autres coupures a_j ou b_k; enfin leurs dérivées premières sont continues dans T, sauf sur certaines lignes isolées, mais de manière que l'intégrale $D[\varphi]$ ait une valeur finie. La fonction u de cette famille qui minimise $D[\varphi]$ est une fonction harmonique qui représente la partie réelle d'une intégrale normale de première espèce. La démonstration est analogue à celle du paragraphe 146; nous renverrons pour plus de détails au mémoire de M. Hilbert (*Das Dirichletsche Princip,* Berlin, 1901).

Il est à noter que pour résoudre par la méthode de Riemann-Hilbert, comme nous venons de le faire, les problèmes d'existence sur une surface de Riemann fermée, on n'aura à employer qu'un nombre fini de cercles Γ_n.

Remarque III. — Nous avons dû, pour résoudre les problèmes de représentation conforme que nous nous sommes proposés, regarder comme donnée une suite minimisante de fonctions de l'ensemble ($\mathscr{F}$). Nous savons qu'une telle suite existe, mais pour que les méthodes que nous avons données pour résoudre les problèmes de représentation conforme puissent être regardées comme constructives, il nous faut encore indiquer un procédé permettant de former effectivement une suite de fonctions de cette nature. Revenons au problème du paragraphe 145, en supposant par exemple que $\mathscr{D}$ soit un domaine borné et simple, et supposons-le recouvert d'un réseau R_i de triangles rectilignes, variable avec l'entier i et dont les mailles ont des dimensions évanouissantes avec $\frac{1}{i}$. N'introduisons d'autre part que les fonctions φ telles que la différence $\varphi - \dfrac{x}{x^2+y^2}$ soit dans chaque triangle de R_i une fonction linéaire de x et de y. Parmi les fonctions Φ_i ne conservons que celles qui correspondent à un réseau R_i et pour lesquelles $D[\Phi]$ atteint son minimum; pour exprimer qu'il en est ainsi on a à résoudre un problème de minimum d'une fonction d'un nombre fini de variables, qui sont les valeurs de φ aux sommets du réseau; ce problème est donc résoluble et cela au moyen d'équations linéaires. Il n'y a pas grande difficulté à démontrer que la suite des fonctions Φ_i ainsi obtenue est une suite minimisante; cela résulte du fait que les fonctions Φ de la famille ($\mathscr{F}$) peuvent être représentées, avec l'approximation que l'on veut, par ces fonctions spéciales en prenant i suffisamment grand et de manière que l'intégrale de Dirichlet $D[\Phi]$ soit infiniment voisine de $D[\Phi_i]$. Mais ce procédé ne peut pas être regardé comme une méthode de calcul pratique et il faudrait lui faire subir des transformations profondes pour qu'il puisse mener facilement au calcul de la fonction harmonique u.

156. Si nous laissons de côté la question du calcul effectif des solutions, nous pouvons dire que nous avons résolu complètement le problème de la représentation conforme de deux aires planes et simplement connexes l'une sur l'autre; il en est de même du problème qui consiste à représenter une aire quasi simple sur une aire simple. Les applications de ces résultats à la théorie des fonctions algébriques et automorphes sont nombreuses et importantes et comprennent notamment la solution du problème posé au paragraphe 106. Mais nous allons examiner d'abord un problème plus particulier; celui de la représentation conforme sur un cercle d'une aire simple et simplement connexe *limitée par des arcs de cercle*. Faisons la représentation sur le demi-plan supérieur de la variable x; au côté AB du polygone P correspond un segment ab de l'axe des $\xi (x = \xi + i\eta)$. En vertu du principe de prolongement par symétrie, le prolongement analytique de la fonction $z(x)$ dans le demi-plan $\eta < 0$, le long des chemins qui traversent le segment ab, s'obtient en faisant correspondre à deux points x et x_0 symétriques par rapport à l'axe réel, deux points du plan z symétriques par rapport au cercle portant l'arc AB, ces points recouvrant ainsi les deux polygones P et P' symétriques par rapport à AB. Si l'on revient au demi-plan supérieur en franchissant le segment ef, par exemple, qui correspond au côté EF de P, on obtient en

revenant au point x une valeur de z déduite de la valeur initiale par une substitution linéaire produit des deux symétries autour de AB et EF. La fonction $z(x)$ est donc une fonction linéairement polymorphe de la variable x dont le groupe G est le groupe des substitutions linéaires contenu comme sous-groupe d'indice 2 dans le groupe $\overline{G}$ dérivé des symétries par rapport aux côtés de P; les points critiques de $x(z)$ sont évidemment les points a, b, c,....
Si ce groupe $\overline{G}$ qui admet le polygone fondamental P est proprement discontinu, la fonction $z(x)$ sera une fonction automorphe du groupe G, prenant une fois et une seule chaque valeur dans le polygone fondamental $P + P'$ de G, qui est par conséquent du genre zéro; en particulier si le polygone P intérieur au cercle C a ses côtés orthogonaux à ce cercle et vérifie les conditions de discontinuité propre de $\overline{G}$, nous obtiendrons par ce procédé une fonction fuchsienne, invariant caractéristique de G, qui sera par conséquent définie sans avoir recours aux séries thêtafuchsiennes.

On voit que le polygone $P + P'$, symétrique par rapport à AB, présente deux sommets A et B formant chacun un cycle, les angles correspondants ayant pour valeurs $\frac{2\pi}{\alpha_1}$ et $\frac{2\pi}{\alpha_n}$; il possède d'autre part $(n-2)$ paires de sommets symétriques formant chacune un cycle d'ordre 2, les angles en ces sommets ayant pour valeurs $\frac{\pi}{\alpha_2}$, $\frac{\pi}{\alpha_3}$, ..., $\frac{\pi}{\alpha_{n-1}}$; les α_i sont des entiers > 1, finis ou infinis. Réciproquement si un groupe fuchsien G de genre zéro possède un polygone fondamental ayant ces caractères, on peut le regarder comme le sous-groupe, d'indice 2, de substitutions linéaires contenu dans le groupe étendu $\overline{G}$ dérivé des n symétries par rapport aux côtés de l'un des deux polygones symétriques dont se compose ce polygone fondamental. Ce sont ces considérations qui ont conduit Schwarz, antérieurement aux découvertes de Poincaré, à l'étude d'une classe importante de fonctions fuchsiennes que nous avons déjà signalées.

157. Considérons en particulier un polygone fuchsien du type précédent pour lequel tous les α_i sont infinis, par exemple l'hexagone OABO'B'A' formé de deux quadrilatères symétriques par rapport à l'axe imaginaire OO'; le quadrilatère OABO' est

représenté sur le plan (x) par l'intérieur d'un cercle, les sommets O, A, B, O' ayant pour images o, a, b, o', comme

Fig. 39.

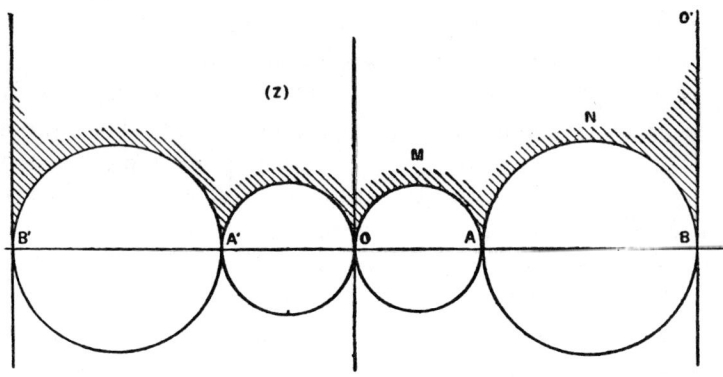

l'indique la figure; A restant fixe, imaginons que le point B se déplace sur l'axe réel depuis A jusqu'à $+\infty$, et choisissons la

Fig. 39 *bis*.

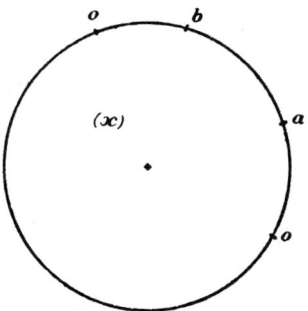

fonction fuchsienne $f(z)$, qui n' est déterminée qu'à une substitution linéaire près, de façon que les images o, o', a des points O, O' et A soient trois points fixes du plan (x), par exemple o, ∞ et $+1$; B croissant de A à $+\infty$, le point b variera sur la droite $\eta = 0$ entre $+1$ et $+\infty$; il s'agit de démontrer que b va croître d'une manière continue de $+1$ à $+\infty$.

En effet tout d'abord à deux valeurs de B distinctes correspondent deux valeurs de b distinctes. C'est une conséquence du théorème général d'unicité démontré au paragraphe 153; car si l'on se donne dans le plan (x) les quatre points critiques $0, 1, \infty, b$, d'une fonction linéairement polymorphe $z(x)$ avec les valeurs correspondantes des entiers l_i qui actuellement sont tous infinis, cette fonction $z(x)$ ne peut avoir plus d'une détermination, en ne regardant pas comme distinctes deux fonctions transformées linéaires l'une de l'autre; la branche de fonction $z(x)$, dans le demi-plan $\eta > 0$, est donc complètement déterminée par ses valeurs limites $0, A, \infty$ aux points $0, 1, \infty$, et il en est de même de sa valeur limite B au point b.

Il faut ensuite démontrer que si l'on pose

$$b = \theta(B),$$

$\theta(B)$ est une fonction continue prenant la valeur 1 pour $B = A$, et ∞ pour $B = \infty$. C'est en cela que consiste, dans le cas particulier actuel, le *principe de continuité* qui a permis à Poincaré d'établir le théorème général du paragraphe 106 concernant l'uniformisation des fonctions algébriques. La démonstration de Poincaré, développée dans son mémoire du tome IV des *Acta mathematica* (*Sur les groupes des équations linéaires*), prête d'ailleurs à des objections, de même que les considérations analogues dont s'est servi Klein au cours de ses premières recherches sur cet important problème. C'est seulement dans ces dernières années que cette méthode de continuité a pu être rendue entièrement rigoureuse. On pourra consulter à ce sujet le tome III des Œuvres complètes de Klein, Nous ne développerons pas cette méthode pour le cas général parce que nous exposerons dans un instant une méthode à la fois plus simple et plus féconde pour parvenir au résultat cherché. Nous allons seulement montrer, en restant dans le cas particulier dont il vient d'être question, que la fonction $\theta(B)$ possède bien les propriétés énoncées. Poincaré déduit ce résultat des propriétés des séries thêtafuchsiennes; nous emploierons un mode de démonstration différent qui repose sur les propriétés générales des suites de fonctions analytiques.

Rappelons l'énoncé d'un théorème de M. Vitali, pour la démonstration duquel nous renverrons à une note de M. Montel qui termine le tome III du Cours d'Analyse de M. Goursat (3ᵉ édition) : *De toute suite de fonctions analytiques, uniformes et régu-*

lières dans un domaine $\mathcal{D}$ et qui dans ce domaine restent inférieures en valeur absolue à un nombre fixe M, on peut extraire une autre suite qui converge uniformément dans tout domaine fermé intérieur à $\mathcal{D}$. C'est ce que M. Montel exprime en disant que les fonctions considérées forment dans $\mathcal{D}$ une *famille normale*. Ce théorème s'étend immédiatement au cas où le domaine des valeurs de l'ensemble des fonctions considérées $f(z)$ admet un point extérieur a à distance finie, comme le montre le changement de fonction $\left[f(z); \dfrac{1}{f(z)-a} \right]$.

Ceci rappelé, soit $B_1 B_2 \ldots B_n \ldots$ une suite monotone de valeurs réelles tendant vers la limite $B > A$, soit $b_i = \theta(B_i)$ et b_0 un point limite quelconque des b_i. Les fonctions linéairement polymorphes $\psi(x, B)$ qui font la représentation conforme du demi-plan $\eta > 0$ sur le quadrilatère $OABO'$ forment quand B varie, une famille normale d'après le théorème de M. Vitali. Il en résulte que l'on peut trouver une suite de fonctions $\psi_{\alpha_h}(x)$ qui convergent uniformément dans ce demi-plan vers la fonction holomorphe $\psi_0(x)$, les nombres b_{α_h} tendant d'autre part vers b_0; il résulte en outre de la démonstration du paragraphe 153 que $\psi_0(x)$ représente ce demi-plan sur un domaine *simple* Q_0 du plan z; les points $z_{\alpha_1}, z_{\alpha_2}, \ldots, z_{\alpha_h}, \ldots$ images du point x étant respectivement intérieurs aux quadrilatères $Q_{\alpha_1}, Q_{\alpha_2}, \ldots, Q_{\alpha_h}, \ldots$, leur point limite $z_0 = \psi_0(x)$ sera intérieur au quadrilatère limite Q ou sur sa frontière, cette dernière hypothèse devant d'ailleurs être exclue puisqu'un petit cercle du demi-plan $\eta > 0$ entourant x doit avoir pour image un petit domaine entourant z_0 et contenu dans Q. Le domaine Q_0 est donc contenu dans Q. Je dis que Q_0 est identique à Q.

En effet soit z' un point quelconque intérieur à Q; pour h suffisamment grand un petit cercle γ de centre z' intérieur à Q sera également intérieur à tous les quadrilatères Q_{α_h}. Dans γ (et même dans un domaine contenant γ à son intérieur) on peut appliquer aux fonctions fuchsiennes $f_{\alpha_h}(z)$, fonctions inverses des fonctions ψ, le théorème de M. Vitali, et extraire de la suite des entiers α_h une nouvelle suite

$$\beta_1, \quad \beta_2, \quad \ldots, \quad \beta_q, \quad \ldots,$$

telle que les fonctions
$$f_{\beta_1}(z),\ f_{\beta_2}(z),\ \ldots,\ f_{\beta_q}(z),\ \ldots$$
convergent uniformément dans γ vers une fonction holomorphe $f_0(z)$ ne se réduisent pas à une constante; les domaines S_{β_1}, S_{β_2}, ..., images de γ dans le plan (x), sont alors intérieurs au demi-plan $\eta > 0$ et tendent vers un domaine limite S_0 de dimensions non évanouissantes; les points x'_{β_q}, images de z', ont donc pour point limite le point $x' = f_0(z')$ intérieur au demi-plan. On a par hypothèse
$$z' = \psi_{\beta_q}(x'_{\beta_q}).$$
Or la différence $\psi_{\beta_q}(x'_{\beta_q}) - \psi_0(x'_{\beta_q})$ tend vers zéro avec $\dfrac{1}{q}$, à cause de la convergence uniforme des ψ_{β_q} vers ψ_0; la différence
$$\psi_0(x'_{\beta_q}) - \psi_0(x')$$
tend vers zéro à cause de la continuité de la fonction ψ_0 au point x'. On a donc
$$\lim_{q=\infty} \psi_{\beta_q}(x'_{\beta_q}) = \psi_0(x')$$
et par suite :
$$z' = \psi_0(x').$$

Le point z' étant un point arbitraire de Q, il s'ensuit que Q est identique à Q_0.

D'autre part il résulte du prolongement par symétrie que sur tout segment de l'axe réel ne contenant aucun des points $0, 1, \infty, b_0$, les fonctions $\psi_{\alpha_h}(x)$ continuent à être holomorphes et à former une suite uniformément convergente; car le théorème de M. Vitali et les conséquences que nous en avons déduites s'appliquent aux fonctions ψ dans un domaine comprenant un segment de cette nature à leur intérieur; la fonction $\psi_0(x)$ reste donc holomorphe sur l'axe réel, sauf aux points $0, 1, \infty, b_0$, et fait correspondre à tout point intérieur à l'un des segments $(0, 1)$, $(1, b_0)$, $(b_0 + \infty)$ $(-\infty, 0)$ un point du plan z intérieur à l'un des arcs (OMA), (ANB), (BO'), (O'O) respectivement. Il s'ensuit que, dans la représentation du demi-plan sur le quadrilatère Q fournie par la fonction $\psi_0(x)$, les points $0, 1, \infty, b_0$ ont pour images respectives O, A, O', B.

La fonction $\psi_0(x)$ est donc identique à la fonction $\psi(x, B)$ et l'on a
$$b_0 = b = \theta(B),$$

ce qui démontre que la fonction $\theta(B)$ est continue pour toutes les valeurs de B comprises entre A et $+\infty$; cette fonction est de plus monotone dans cet intervalle puisqu'elle n'y peut prendre deux fois la même valeur.

Nous devons maintenant examiner le cas où B vient se confondre avec A ou avec le point à l'infini du plan (z); les raisonnements qui précèdent demeurent applicables; supposons par exemple que B vienne se confondre avec A et soit toujours b_0 une limite d'indétermination de b; si b_0 était >1, il devrait exister une fonction $\psi(x)$ représentant le demi-plan $\eta > 0$ sur le quadrilatère limite Q qui se réduit ici au triangle OAO', de sorte qu'un point quelconque de l'axe des ξ intérieur au segment $(1, b_0)$ ait pour image le point A; en effet b_n tend par hypothèse vers b_0, et les demi-circonférences AB_n, images du segment $(1, b_n)$ obtenues par les fonctions $\psi_n(x)$ qui tendent vers $\psi(x)$, se réduisent à la limite au seul point A; le sommet A du triangle AOA' correspondrait donc à tout un segment de l'axe des ξ, ce qui est impossible. On a donc $b_0 = 1$, et l'on voit de même que b tend vers $+\infty$ quand B tend vers $+\infty$.

Si le point B est situé entre O et A, l'on construira le quadrilatère limité par les deux demi-circonférences OMB, BNA et les deux

Fig. 40.

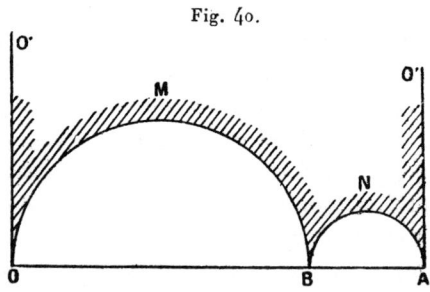

demi-droites OO', AO', qui sera représenté d'une manière conforme sur le demi-plan $\eta > 0$ par la fonction fuchsienne $f(z)$ prenant toujours les valeurs limites $0, 1, \infty, b$, en O, A, O', B; b est situé entre 0 et $+1$, et l'on démontre comme précédemment que c'est une fonction continue et croissante de B, prenant les valeurs o et 1 quand B vient en O et en A.

Si B est situé à gauche de O, on construit le quadrilatère O'BNOMAO', moitié de l'hexagone générateur du groupe

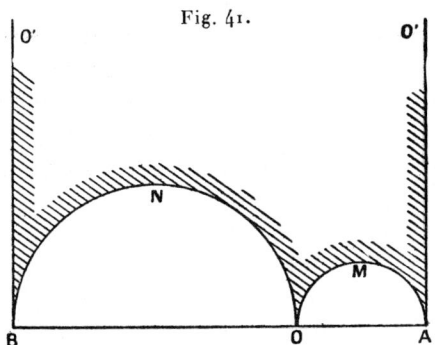

Fig. 41.

fuchsien G; b, gardant la même signification que plus haut, est une fonction de B croissant de $-\infty$ à o quand B décrit la demi-droite $(-\infty, O)$.

Ainsi donc, quel que soit le nombre réel b, il existe une fonction fuchsienne dont le groupe possède la signature

$$(0, 4, \infty, \infty, \infty, \infty),$$

qui prend une fois seulement chaque valeur dans le polygone fondamental de ce groupe, et prend enfin les valeurs o, 1, ∞ et b aux sommets paraboliques de ce polygone. Cette fonction $f(z)$ qui est complètement déterminée, abstraction faite d'une substitution linéaire arbitraire effectuée sur z, ne prend donc jamais les valeurs o, 1, ∞ et b à l'intérieur de son domaine d'existence.

Si $y(x)$ désigne une fonction analytique multiforme n'ayant que quatre points critiques réels ou situés sur une même circonférence, on peut par un changement linéaire de la variable x faire coïncider trois de ces points avec o, 1, ∞; le quatrième point b est un point réel et, si l'on construit la fonction $f(z)$ dont il vient d'être question et que l'on pose

$$x = f(z),$$

y devient par ce changement de variable une fonction uniforme de z à l'intérieur du cercle principal, domaine d'existence de $f(z)$.

158. Ce qui précède peut s'étendre sans grande difficulté à tous les groupes fuchsiens symétriques du genre zéro. Restons dans le cas où tous les sommets du polygone fondamental sont paraboliques et soient O, A, B, C, ..., L, $(n-1)$ points de l'axe-réel du plan (z); construisons dans le demi-plan supérieur les demi-circonférences qui ont pour diamètres les segments consécutifs de l'axe réel ayant pour extrémités ces divers points, puis les deux demi-droites joignant les deux points extrêmes au point à l'infini O' sur l'axe imaginaire; le polygone ainsi limité auquel on adjoint son symétrique par rapport à l'un de ses côtés est le domaine fondamental d'un groupe fuchsien symétrique et du genre zéro, et la fonction fuchsienne $f(z)$, ne prenant qu'une fois chaque valeur à l'intérieur de ce domaine et prenant les valeurs $0, 1, \infty$ aux points O, A, O', est complètement déterminée; soient $b, c, ..., l$ les valeurs de $f(z)$ en B, C, ..., L, et faisons varier ces derniers points, tandis que O, A, O' restent fixes. La démonstration faite dans le cas de $n = 4$ s'applique sans aucune modification importante, et si l'on pose :

$$b = \theta_1(B, C, ..., L),$$
$$c = \theta_2(B, C, ..., L),$$
$$\dots\dots\dots\dots\dots\dots\dots,$$
$$l = \theta_{n-3}(B, C, ..., L),$$

les θ_i sont des fonctions continues de B, C, ..., L et la continuité subsiste quand plusieurs de ces points viennent à se confondre entre eux ou avec l'un des points O, A, O'; enfin quand l'une quelconque des variables réelles B, C, ..., L, par exemple C, croît de $-\infty$ à $+\infty$, les autres gardant des valeurs fixes, la fonction de même rang $c = \theta_2(B, C, ..., L)$ croît de $-\infty$ à $+\infty$. Il en résulte que ces équations font correspondre à tout système de valeurs réelles $(b, c, ..., l)$ un système unique de valeurs de $(B, C, ..., L)$. Autrement dit, les deux variétés de l'espace à $(n-3)$ dimensions qui représentent, l'une le continuum des groupes fuchsiens symétriques ayant la signature

$$(0, n; \infty, \infty, ..., \infty).$$

l'autre l'ensemble des points de coordonnées $(b, c, ..., l)$, se correspondent point par point, ces deux variétés remplissant tout l'espace quand on leur adjoint les variétés frontières; ces variétés frontières se correspondent également point par point et s'obtiennent, pour la première en remplaçant n par n' compris entre 3 et n (ou ce qui revient au même en égalant entre elles deux au moins des quantités O, A, ∞, B, C, ..., L); pour la seconde en égalant entre elles deux au moins des quantités o, 1, ∞, b, c, ..., l. On voit combien il est facile dans le cas actuel de se représenter le continuum des groupes fuchsiens ayant la signature considérée. On verra par la lecture des travaux de Poincaré et Fricke combien l'étude de ce continuum est difficile quand on ne se borne plus aux groupes symétriques.

159. Il résulte de ce qui précède que si l'on se donne arbitrairement n valeurs réelles, il est toujours possible de trouver une fonction fuchsienne n'existant qu'à l'intérieur du cercle principal et ne prenant jamais ces n valeurs *à l'intérieur* de son domaine d'existence; on en déduit comme plus haut que si une fonction analytique et multiforme $y(x)$ n'admet qu'un nombre fini de points critiques et qui sont tous réels, on peut toujours exprimer x et y en fonction uniforme d'une variable z; les fonctions uniformes ainsi obtenues n'existent qu'à l'intérieur d'un cercle. Un artifice, dû à Poincaré, permet d'étendre ce résultat au cas où les n points critiques donnés ont pour affixes des quantités quelconques réelles ou imaginaires.

Donnons-nous arbitrairement n valeurs quelconques $a_1, a_2, \ldots, a_n$. Nous voulons faire voir qu'il existe une fonction fuchsienne qui ne peut prendre à l'intérieur du cercle principal aucune des valeurs $a_1, a_2, \ldots, a_n$ et qui de plus ne peut prendre non plus certaines autres valeurs non données. Nous nous regardons donc comme libres d'adjoindre au tableau des quantités a toutes les quantités qu'il nous conviendra d'y ajouter; nous pouvons en particulier adjoindre à toute quantité a son imaginaire conjuguée si elle ne figure pas déjà dans le tableau; ce tableau sera donc supposé contenir $n - 2q$ quantités réelles

$$a_1, \quad a_2, \quad \ldots, \quad a_{n-2q}$$

et $2q$ quantités imaginaires conjuguées deux à deux

$$a'_1, \quad a'_2, \quad \ldots, \quad a'_{2q}.$$

Supposons que la proposition à démontrer soit vraie quand le nombre des couples de valeurs imaginaires ne dépasse pas $q-1$; il nous suffira de prouver qu'elle est encore vraie quand ce nombre est égal à q, car nous avons prouvé son exactitude pour $q=0$.
Posons
$$\varphi(x)=(x-a'_1)(x-a'_2)\ldots(x-a'_{2q}),$$
$\varphi(x)$ est un polynome entier de degré $2q$ à coefficients réels et l'équation
$$\varphi'(x)=0$$
de degré $2q-1$ aura au plus $q-1$ couples de racines imaginaires. Soient
$$c_1,\ c_2,\ \ldots,\ c_{2q-1}$$
les racines de cette équation. Posons
$$n-2q=p, \quad 2q-1=m.$$

Parmi les quantités suivantes
$$0,\ \varphi(a_1),\ \varphi(a_2),\ \ldots,\ \varphi(a_p);\ \varphi(c_1),\ \varphi(c_2),\ \ldots,\ \varphi(c_m),$$
il y aura au plus $q-1$ couples de valeurs imaginaires. On peut donc construire, d'après nos hypothèses, une fonction fuchsienne $f(z)$ qui ne peut prendre aucune de ces valeurs à l'intérieur de son domaine d'existence; elle sera d'ailleurs holomorphe dans ce domaine si l'on suppose, comme il est permis,
$$a_1=\varphi(a_1)=\infty.$$
Soit
$$y=f(z)$$
cette fonction; la fonction $x(z)$ définie par la relation algébrique en x et y:
$$\varphi(x)=y,$$
sera uniforme; cela ne pourrait cesser d'avoir lieu que si y devenait égale à une valeur critique de la fonction algébrique $x(y)$, c'est-à-dire si l'on avait
$$y=f(z)=\varphi(c_i),$$
ce qui est impossible
De plus x ne peut prendre aucune des valeurs $a_1, a_2, \ldots, a_p,$

sans quoi l'on aurait
$$f(z) = \varphi(a_i),$$
ce qui est impossible, ni aucune des valeurs $a'_1, \ldots, a'_{2q}$ sans quoi l'on aurait
$$f(z) = 0,$$
ce qui est impossible

$x(z)$ est donc une fonction uniforme à l'intérieur du cercle principal de la fonction $f(z)$, et comme la relation qui relie x et y est algébrique, x est une fonction fuchsienne de z, les groupes des deux fonctions x et y étant commensurables (§ 80). On voit d'ailleurs que $x(z)$ ne peut prendre aucune des valeurs racines des équations
$$\varphi(x) = \varphi(a_i), \qquad \varphi(x) = \varphi(c_i), \qquad \varphi(x) = 0$$
qui définissent, outre les quantités a_i et a'_i, certaines autres quantités $b_1, b_2, \ldots, b_k$. A cette fonction fuchsienne
$$x = g(z)$$
correspond une équation linéaire du second ordre dont les points singuliers sont les a et les b et dont toutes les équations déterminantes ont une racine double.

Soit maintenant X une fonction analytique de x n'admettant d'autres points critiques que les a. Si l'on pose
$$x = g(z),$$
X sera une fonction uniforme de z à l'intérieur du cercle principal de $g(z)$. En général la fonction
$$X = G(z)$$
n'existera elle-même qu'à l'intérieur de ce cercle; il en sera toujours ainsi si $X(x)$ est l'intégrale d'une équation linéaire à coefficients algébriques; en particulier si X est une fonction algébrique de x, ce sera une fonction fuchsienne de z, les groupes des deux fonctions x et X étant commensurables (§ 80)

Nous avons donc démontré que les coordonnées d'un point d'une courbe algébrique quelconque peuvent s'exprimer en fonction fuchsienne d'un paramètre et c'est déjà un résultat important; mais le mode de représentation que nous obtenons ainsi n'est pas le plus général que l'on puisse obtenir et nous n'avons là qu'un cas très particulier du théorème général énoncé au paragraphe 106, les polygones fuchsiens sur lesquels se trouvent représentées nos surfaces de Riemann munies de coupures ayant notamment des sommets paraboliques. Mais il est à noter que pour y parvenir nous n'avons eu besoin d'utiliser la théorie de la représentation conforme que dans un cas simple et facile à étudier par des méthodes relativement élémentaires : celui qui concerne la représentation sur un cercle d'une aire simple et simplement connexe limitée par des arcs de cercle. Nous avons utilisé en outre pour démontrer en toute rigueur certains faits de continuité le théorème de M. Vitali, auquel on pourrait substituer la considération des séries thêtafuchsiennes dépendant de certains paramètres (§ 94 et POINCARÉ, *Acta mathematica*, t. IV, p. 236-241).

160. La méthode que nous venons d'indiquer pour résoudre, dans un cas particulier, le problème de l'uniformisation des fonctions algébriques a aussi cet avantage qu'elle permet d'arriver au calcul effectif de la solution par une suite d'approximations. Voici comment Poincaré est parvenu à ce résultat.

Soient $a_1, a_2, \ldots, a_n$, n valeurs distinctes représentées dans le plan (x) par des points situés sur la circonférence du cercle C. Il résulte de l'analyse du paragraphe 156 qu'il existe une fonction linéairement polymorphe $\psi(x)$ faisant la représentation conforme de l'intérieur de C sur un polygone du plan (z) intérieur au cercle Γ, ayant pour sommets les points $\alpha_1, \alpha_2, \ldots, \alpha_n$ de la circonférence qui correspondent respectivement aux points $a_1, a_2, \ldots, a_n$, et dont les côtés sont des arcs de cercle orthogonaux à Γ; soient P_0 ce polygone et P'_0 son symétrique par rapport au côté $\alpha_n \alpha_1$, les points $\alpha_1, \alpha_2, \ldots, \alpha_n$ et $a_1, a_2, \ldots, a_n$ se succédant dans cet ordre sur les circonférences de Γ et C; la fonction $\psi(x)$, prolongée par symétrie au delà de l'arc $a_n a_1$ fait ainsi la représentation conforme du plan (x) muni de la coupure $a_1 a_2, \ldots a_n$, sur le polygone $P_0 + P'_0$. On peut, en effectuant sur x et sur $\psi(x)$ des substitutions linéaires faire en sorte que C et Γ soient les cercles unités de leurs plans respectifs, et qu'en outre on ait

$$\psi(o) = o,$$
$$\psi'(o) \text{ réel et} > o,$$

le point $z = 0$ étant ainsi intérieur à P_0. Les différentes branches de $\psi(x)$ représentent ainsi l'intérieur et l'extérieur de C sur le réseau des polygones P_i et P'_k, alternativement égaux et symétriques au sens non euclidien, qui couvrent l'intérieur de Γ.

Soit un ensemble de polygones P_i et P'_k en nombre fini, comprenant entre autres P_0 et formant un domaine total simplement connexe. En adjoignant au polygone Q_0 ainsi constitué, et dont tous les sommets sont sur la circonférence, son symétrique Q'_0 par rapport à l'un de ses côtés, on forme le domaine fondamental d'un groupe fuchsien g, de genre zéro et symétrique, qui est évidemment un sous-groupe d'indice fini du groupe fuchsien G correspondant à $\psi(x)$. Soient $\varphi(z)$ une fonction fuchsienne, invariant caractéristique de g, et $f(z)$ la fonction fuchsienne, invariant caractéristique de G, qui est la fonction inverse de $\psi(x)$. Les fonctions

$$x = f(z),$$
$$y = \varphi(z)$$

sont liées par une relation de la forme

$$x = \rho(y),$$

$\rho(y)$ étant une fonction rationnelle dont le degré d est égal au nombre des polygones P_i et P'_k qui constituent Q_0.

La fonction $\varphi(z)$ n'étant encore déterminée qu'à une substitution linéaire près, nous la choisirons de manière qu'elle représente Q_0 sur le cercle unité, les points $z = 0$ et $y = 0$ se correspondant et l'argument de $\dfrac{dy}{dz}$ étant nul pour $z = 0$. On aura par suite

$$x = 0 \quad \text{pour } y = 0,$$

$\dfrac{dx}{dy}$ ayant un argument nul en ce point; enfin pour $f(y) = 1$, on a

$$|\rho(y)| = 1.$$

Quand on se donne les quantités a ainsi que le nombre et l'arrangement des polygones P_i et P'_k, la fonction $\rho(y)$ est, comme nous allons le voir, complètement déterminée et l'on peut obtenir ses coefficients par des opérations algébriques.

En effet si l'on se donne l'assemblage Q_0, on sait reconnaître si deux polygones du réseau R de G sont ou non équivalents par rapport au sous-groupe g; si l'on effectue sur R l'une des substitutions génératrices de G, équivalente à une circulation de x autour d'un point critique a_i de la fonction $y(x)$, on connaîtra donc les permutations effectuées sur les polygones P_i, par exemple, contenus dans le domaine fondamental $Q + Q'_0$ de g, étant entendu que deux polygones équivalents relativement à g sont regardés comme identiques; nous connaîtrons donc la surface de Riemann attachée à la relation

$$x = \rho(y)$$

sans que les polygones P_i soient déterminés *en grandeur*. Cette surface de Riemann est évidemment symétrique et du genre zéro; il lui correspond une infinité d'équations algébriques, linéaires en x, dont la forme générale est

$$x = r\left(\frac{A\,y + B}{C\,y + D}\right);$$

A, B, C, D étant des constantes arbitraires. Mais on doit avoir

$$\rho(0) = 0,$$
$$\arg \rho'(0) = 0.$$

En outre la *branche principale* de la fonction $y(x)$, nulle à l'origine, doit prendre des valeurs de module égal à 1 quand x tend vers l'un des points a en restant à l'intérieur de G; on en déduit évidemment sans ambiguïté la substitution linéaire $\begin{pmatrix} A B \\ C D \end{pmatrix}$ qu'il convient de choisir dans l'expression de x.

Je dis que les coefficients de $\rho(y)$ s'expriment algébriquement en fonction des a. Supposons momentanément, ce qui est un peu plus commode, que G soit le demi-plan supérieur du plan (x), les a étant réels; la fraction rationnelle $\rho(y)$, de degré d, contient $2d + 1$ coefficients indéterminés qui doivent être réels; l'équation

$$\rho(y) - x = 0$$

étant mise sous forme entière, le discriminant du premier membre doit être égal à un facteur constant près à

$$(x - a_1)^{\mu_1}(x - a_2)^{\mu_2}\ldots(x - a_n)^{\mu_n},$$

les μ_i étant des entiers positifs ou nuls dont la somme est égale à $2(d-1)$. Choisissons un système de valeurs des μ_i parmi ceux

qui sont possibles. Nous aurons alors $2d-2$ relations algébriques entre les $2d+1$ coefficients c. Nous devons ensuite exprimer que la substitution rationnelle $x = \rho(y)$ admet le point double donné $(\xi + i\eta)$ avec un multiplicateur réel et positif en ce point, c'est-à-dire que
$$\rho(\xi + i\eta) = \xi + i\eta,$$
$$\arg \rho'(\xi + i\eta) = 0.$$

Cela nous donnera encore trois relations entre les coefficients c. Nous aurons ainsi un système de $(2d+1)$ équations algébriques à $(2d+1)$ inconnues, dont nous ne devrons admettre que les solutions réelles, correspondant à des surfaces de Riemann symétriques; nous devrons ensuite choisir parmi ces solutions celle qui correspond à l'arrangement Q_0 que l'on s'est donné; c'est là une question d'algèbre qui pourra donner lieu à des calculs assez longs, mais nous verrons qu'il est possible de choisir Q_0 de manière à les simplifier.

Ceci posé, choisissons des assemblages Q_0 de plus en plus étendus, de sorte que tout cercle concentrique à Γ et de rayon < 1 soit recouvert par ces assemblages à partir d'un certain rang; soient
$$\rho_1(y), \quad \rho_2(y), \quad \ldots, \quad \rho_\nu(y), \quad \ldots$$
la suite des fractions rationnelles de degré croissant qui leur correspondent, et
$$\sigma_1(x), \quad \sigma_2(x), \quad \ldots, \quad \sigma_\nu(x), \quad \ldots$$
la suite des branches principales des fonctions inverses, nulles pour $n = 0$ et holomorphes dans C; appelons enfin
$$\varphi_1(z), \quad \varphi_2(z), \quad \ldots, \quad \varphi_\nu(z), \quad \ldots$$
les fonctions fuchsiennes correspondant à ces divers domaines $Q_0^{(\nu)}$. Je dis que dans tout cercle Γ_r concentrique à Γ et de rayon $r < 1$ $\varphi_\nu(z)$ tend uniformément vers z.

Pour $\nu > \nu'$, Γ_r est recouvert par le domaine $Q_0^{(\nu)}$; la fonction $\dfrac{\varphi_\nu(z)}{z}$ étant holomorphe et non nulle dans $Q_0^{(\nu)}$, nous posons :
$$\log \frac{\varphi_\nu(z)}{z} = u_\nu + i v_\nu.$$

La fonction harmonique u_ν, régulière dans $Q_0^{(\nu)}$, atteint son maximum et son minimum sur le contour de ce domaine; or sur ce contour $\log|\varphi_\nu(z)|$ est nul et $\log|z|$ oscille entre des limites infiniment petites avec $\frac{1}{\nu}$; il en résulte que u_ν tend uniformément vers zéro dans Γ_r, il en est de même de ses dérivées premières et par suite des dérivées premières de v_ν; on en conclut que v_ν tend uniformément vers une constante, évidemment nulle puisque l'argument de $\frac{\varphi_\nu(z)}{z}$ est constamment nul à l'origine. On a donc

$$\lim \varphi_\nu(z) = z,$$

uniformément dans Γ_r.

Si maintenant z parcourt P_0, x parcourt C et l'on a

$$\sigma_\nu(x) = \varphi_\nu(z),$$

d'où
$$\lim_{\nu=\infty} \sigma_\nu(x) = z = \psi(x).$$

La fonction $\psi(x)$ est donc la limite d'une fonction algébrique développable dans le cercle C en série entière

$$k_1^{(\nu)} x + k_2^{(\nu)} x^2 + \ldots + k_p^{(\nu)} x^p + \ldots$$

que l'on sait calculer, et comme les dérivées de $\rho_\nu(x)$ tendent vers les dérivées de $\psi(x)$, on a

$$\psi(x) = k_1 x + k_2 x^2 + \ldots + k_p x^p + \ldots,$$
$$k_p = \lim_{\nu=\infty} k_p^{(\nu)}.$$

On déduit de là
$$f(z) = \lim_{\nu=\infty} \rho_\nu(z),$$

quand z parcourt P_0 et l'on démontrera sans peine que cette égalité subsiste en tout point z intérieur à Γ.

Nous avons donc obtenu de cette manière un procédé de calcul effectif des fonctions $\psi(x)$ et $f(z)$. Remarquons qu'il sera facile de calculer les valeurs des paramètres *accessoires* figurant dans l'équation différentielle du troisième ordre que vérifie $\psi(x)$ et que nous avons appris à former (§ 102). Soit

$$\Delta\binom{z}{x} = 2\,\mathrm{R}(x)$$

cette équation; les paramètres accessoires sont les coefficients du polynome $E_{n-4}(x)$ de degré $n-4$ qui figure dans l'expression de R. On voit facilement que pour obtenir par identification les valeurs de ces $(n-3)$ paramètres il suffira de connaître les coefficients du développement du premier membre jusqu'au terme en x^{n-4} inclus, car le second membre est de la forme

$$AE_{n-4} + B,$$

A et B étant des fractions rationnelles connues développables en séries entières en x, avec $A(o) \neq o$. Pour connaître $\Delta\begin{pmatrix} z \\ x \end{pmatrix}$ jusqu'au terme en x^{n-4} inclus, il suffira de connaître $z = \psi(x)$ jusqu'au terme en x^{n-1} inclus; on n'aura donc à se préoccuper que du calcul des n premiers coefficients des fonctions $\sigma(x)$. Remarquons que si les coefficients de $\psi(x)$ ne sont connus qu'avec une certaine approximation, les valeurs obtenues pour les paramètres accessoires correspondront toujours à une équation différentielle du troisième ordre telle que la variable indépendante soit une fonction uniforme de l'intégrale générale, mais ce sera alors une fonction kleinéenne de cette intégrale au lieu d'une fonction fuchsienne.

161. Il s'agit maintenant d'indiquer de quelle manière il convient de choisir les assemblages $Q^{(\nu)}$ pour être conduit à des calculs praticables. Voici, d'après Poincaré, comment l'on peut s'y prendre. Pour former $Q_0^{(1)}$ nous adjoignons à P_0 son symétrique P'_0 par rapport à l'un des côtés. Pour former $Q_0^{(2)}$ nous adjoignons à $Q_0^{(1)}$ le symétrique de ce dernier polygone par rapport à l'un de ses côtés restés libres. Nous formerons de la même manière $Q_0^{(3)}$ à partir de $Q_0^{(2)}$ et ainsi de suite indéfiniment. Pour être sûr de couvrir ainsi de proche en proche la totalité du réseau R, il y a une précaution à prendre que Poincaré a omis d'indiquer; mais il est facile de compléter son analyse sur ce point. Désignons par

$$(1), (2), \ldots, (n)$$

les côtés de P_0 et par

$$\Sigma_1, \Sigma_2, \ldots, \Sigma_n$$

les symétries respectives par rapport à ces n côtés.

Le groupe étendu $\overline{G}$, qui contient G comme sous-groupe invariant d'indice ν, est dérivé de ces n opérations. Comme on a

$$\Sigma_i^2 = 1,$$

toute opération de $\overline{G}$ peut se mettre sous la forme

$$T = \Sigma_a \Sigma_b \ldots \Sigma_k \Sigma_l,$$

de sorte que deux indices consécutifs soient distincts; et cela d'une seule manière, car s'il existait une identité de la forme

$$\Sigma_\alpha \Sigma_\beta \ldots \Sigma_\lambda = 1,$$

deux indices consécutifs étant distincts, il existerait une chaîne fermée de polygones du réseau $\overline{R}$ que l'on traverserait successivement en décrivant un contour fermé simple à l'intérieur de ce réseau, sans jamais entrer et sortir par le même côté, ce qui est impossible puisqu'il n'y a pas de sommets à l'intérieur du réseau (*cf.* § 52). Ainsi le nombre des facteurs qui figurent dans l'expression précédente de T est un nombre parfaitement déterminé qu'on peut appeler la *hauteur* de T ou du polygone déduit de P_0 par T.

Un côté quelconque du réseau équivalent au côté (l) de P_0 est commun à deux polygones du réseau déduits de P_0 par

$$T' = \Sigma_a \Sigma_b \ldots \Sigma_k$$

et

$$T = \Sigma_a \Sigma_b \ldots \Sigma_k \Sigma_l = T' \Sigma_l \qquad (k \neq l)$$

et de hauteur $\mathcal{H}$ et $\mathcal{H} + 1$; nous regardons ce côté comme étant de hauteur $\mathcal{H}$.

Nous ferons alors la convention suivante pour le choix des côtés libres de $Q_0^{(1)}$, $Q_0^{(2)}$, ... relativement auxquels nous effectuons nos extensions successives par symétrie : parmi les côtés libres nous choisirons toujours l'un de ceux dont la hauteur est la plus petite. Je dis que dans ces conditions tout polygone de $\overline{R}$ sera recouvert par $Q_0^{(\nu)}$ pour une valeur finie de ν. Supposons en effet que tous les polygones de hauteur $\mathcal{H}$ soient recouverts pour $\nu > \nu'$, mais qu'il y ait un polygone de hauteur $\mathcal{H} + 1$ qui ne le soit jamais, par exemple celui qui correspond à

$$T = \Sigma_a \Sigma_b \ldots \Sigma_k \Sigma_l = T' \Sigma_l,$$

Soient P et P′ les deux polygones qui correspondent à T et à T′, qui sont adjacents suivant un côté λ équivalent à (l), et symétriques par rapport à ce côté, cette symétrie ayant pour expression $T' \Sigma_l T'^{-1}$. Le polygone P′ étant de hauteur $\mathcal{H}$ sera recouvert, et comme P ne l'est jamais, le côté λ restera toujours libre; or ceci est impossible, car les côtés libres de hauteur au plus égale à $\mathcal{H}$, qui sont en nombre fini, doivent être utilisés avant tous les autres. Il est donc certain qu'en opérant ainsi nous recouvrirons l'intérieur de tout cercle concentrique à Γ et de rayon moindre. Il reste encore de l'arbitraire dans la façon de choisir les $Q_0^{(2)}$ et le choix qu'il faut faire pour obtenir une convergence aussi rapide que possible exigerait une étude qui ne paraît pas avoir été faite.

Quoi qu'il en soit, le calcul effectif des fonctions $\sigma_\nu(x)$ est maintenant très simple. Considérons les deux polygones P_0 et P'_0 symétriques par rapport à $\alpha_n \alpha_1$ par exemple et la fonction $x(z)$ qui représente $P_0 + P'_0$ sur le plan (x) muni de la coupure tracée suivant l'arc de cercle $a_1 a_2 \ldots a_n$. La fonction

$$X_1 = \sqrt{\frac{x - a_1}{x - a_n}}$$

représente à son tour ce plan coupé sur un demi-plan limité par une droite illimitée dans les deux sens, et $X_1(z)$ représente $P_0 + P'_0$ ou $Q_0^{(1)}$ sur ce demi-plan, α_1 et α_n ayant pour images 0 et ∞. Nous poserons, en appelant A_1, B_1, C_1, D_1 certaines constantes :

$$y_1 = \frac{A_1 X_1 + B_1}{C_1 X_1 + D_1}.$$

Considérons maintenant $Q_0^{(2)}$ formé de $Q_0^{(1)}$ et de son symétrique par rapport au côté λ. Appelons X_2 et y_2 des fonctions qui sont à $Q_0^{(2)}$ ce que X_1 et y_1 sont à $Q_0^{(1)}$, et e, f les valeurs de X_1 aux extrémités du côté λ (qui correspondent à $x = a_i$ et a_j). Nous aurons alors

$$X_2 = \sqrt{\frac{x - e}{x - f}}, \qquad y_2 = \frac{A_2 X_2 + B_2}{C_2 X_2 + D_2}.$$

On opérera de la même manière pour $Q_0^{(3)}$ et ainsi de suite. On obtient donc une suite de fonctions de x :

$$X_1, \ X_2, \ \ldots, \ X_\nu, \ \ldots,$$
$$y_1, \ y_2, \ \ldots, \ y_\nu, \ \ldots,$$
$$y_\nu = \frac{A_\nu X_\nu + B_\nu}{C_\nu X_\nu + D_\nu}.$$

On déterminera les coefficients A_ν, B_ν, ... de façon qu'une branche de y_ν soit nulle pour $x = 0$, avec une dérivée positive en ce point, et ait un module égal à 1 quand x vient en un point a_ν en ne sortant pas de C. Nous connaîtrons ainsi les fonctions $y_\nu = \sigma_\nu(x)$ et les coefficients de leurs développements en séries entières en x, par des calculs n'exigeant que des opérations rationnelles et des extractions de racines carrées. Le problème de la construction *effective* d'une fonction fuchsienne prenant une fois chaque valeur à l'intérieur du domaine fondamental, à l'exception de n valeurs données à l'avance, peut donc être regardé comme résolu pour le cas où les valeurs données sont réelles. Lorsque certaines de ces valeurs sont imaginaires, on verra en combinant les résultats du paragraphe 159 avec ceux qui ont été obtenus qu'on peut encore parvenir à la solution effective du problème, lorsqu'on admet, en outre, les valeurs exceptionnelles non données.

162. Signalons que la méthode que nous venons d'exposer d'après Poincaré a été reprise par d'autres auteurs, notamment M. Schlesinger (*loc. cit.*) qui utilise au lieu des sous-groupes de Poincaré ceux que nous avons appris à construire au paragraphe 136. Plus récemment M. Myrberg (*Ueber die numerische Auflösung der Uniformisierung* (*Acta Societatis Fennicæ*, t. XLVIII, n° 7) a donné à cette méthode une extension importante et démontré qu'elle s'applique à la construction des fonctions kleinéennes du type du fuseau (Sicheltypus). Nous indiquerons simplement le principal résultat obtenu par lui.

Étant donnés sur le plan simple n couples de points (a_i, b_i), auxquels sont attachés des entiers positifs l_i, finis ou infinis, il existe en vertu d'un théorème général, énoncé par Klein et démontré par Kœbe, une fonction linéairement polymorphe qui représente ce plan muni de n coupures $(a_i b_i)$, joignant deux points d'un même couple, sur le domaine fondamental d'un groupe kleinéen dérivé par emboîtement de n groupes cycliques; ce domaine est limité par $2n$ arcs, deux à deux correspondants par les n substitutions génératrices, et joignant les points doubles de ces substitutions (*cf.* § 81). M. Myrberg démontre ce théorème en construisant une fonction qui satisfait à ces conditions, au moyen d'une suite de fonctions algébriques, inverses des fonctions rationnelles, qui s'obtiennent par un procédé analogue à celui qui nous a fourni les fonctions $\sigma_n(x)$ du paragraphe précédent. Les groupes considérés n'étant pas symétriques, la démonstration de la convergence est plus compliquée que dans le cas étudié par Poincaré et exige d'autres considérations. On est conduit, en choisissant convenablement les sous-groupes du groupe kleinéen, à des algorithmes qui comprennent, comme cas particulier, celui de la moyenne arithmético-géométrique de Gauss, que l'on rencontre dans la théorie des fonctions elliptiques.

163. Nous allons passer maintenant à la démonstration, pour le cas général, du théorème d'uniformisation au moyen des fonctions fuchsiennes à cercle limite, par une méthode qui consiste essentiellement à faire la représentation conforme sur un cercle d'une surface de Riemann à une infinité de feuillets que nous appellerons *surface de superposition* et dont nous avons déjà indiqué le mode de construction en étudiant le groupe projectif de monodromie de certaines équations linéaires du second ordre.

Soit donc S une surface de Riemann de genre p sur laquelle sont marqués n points $e_1, e_2, \ldots, e_n$, et $l_1, l_2, \ldots, l_n$ les ordres de ramification en ces différents points de la fonction linéairement polymorphe sur la surface de Riemann qu'il s'agit de déterminer, les l_i sont donc des entiers ≥ 2 qui peuvent être infinis et le symbole

$$(p, n; l_1, l_2, \ldots, l_n)$$

est désigné sous le nom de *signature* de la surface. L'entier n peut être nul, la signature de la surface étant alors $(p, 0)$.

Nous laisserons de côté toutes les signatures pour lesquelles nous savons qu'il ne peut exister aucun théorème d'uniformisation par les fonctions fuchsiennes, ou pour lesquelles ce théorème résulte tout de suite de l'étude du groupe projectif de monodromie de l'équation linéaire du second ordre correspondante ou de l'existence des fonctions automorphes. Ce sont d'abord toutes les signatures dans lesquelles $p = 0$, $n < 3$ et aussi toutes celles de la forme $(0, 3; l_1, l_2, l_3)$. Dans ces différents cas, la surface signée, S, doit être regardée comme unique, c'est-à-dire ne dépendant d'aucun paramètre, eu égard à la substitution linéaire arbitraire que l'on peut effectuer sur x; les fonctions automorphes correspondantes, qui réalisent l'uniformisation, sont ou bien des fonctions élémentaires ou bien des fonctions de Schwarz ([1]). Pour $p = 0$ nous pourrons donc supposer $n \geq 4$, en excluant encore le cas particulier $(0, 4; 2, 2, 2, 2)$ qui conduit à un groupe de mouvements du plan euclidien et à l'uniformisation par des fonctions elliptiques. De même pour $p = 1$ nous exclurons la signature $(1, 0)$ qui conduit au problème d'inversion pour les surfaces du premier genre étudié au Chapitre X (t. I).

Traçons maintenant sur S un système canonique de coupures formé des rétrosections (a_i, b_i), ces $2p$ courbes passant toutes par un même point O de la surface, suivies de n coupures c_i joignant le point O aux points e_i. S est ainsi transformée en une aire simplement connexe S_1 limitée par un seul contour formé de $(2n + 4p)$ arcs; les deux bords des $(n + 2p)$ coupures a_i, b_j et c_k. Nous pouvons admettre que ces arcs ont chacun une tangente et une courbure continues et qu'en parcourant le contour de S_1 on les décrit dans l'ordre suivant :

$$a_1^+ b_1^- a_1^- b_1^+ a_2^+ \ldots a_p^+ b_p^- a_p^- b_p^+ c_1^+ c_1^- \ldots c_n^+ c_n^-.$$

Appliquons cette aire sur un polygone fuchsien de la première classe du plan (z) ayant le même nombre de côtés, de façon que les côtés et les sommets de ces deux aires se correspondent, *étant entendu qu'il ne s'agit actuellement que d'application au sens de* l'Analysis situs; en outre deux côtés du polygone fuchsien correspondant aux deux bords d'une coupure seront supposés liés par une substitution génératrice du groupe fuchsien Γ, de sorte que les sommets $\varepsilon_1, \varepsilon_2, \ldots, \varepsilon_n$ correspondant aux points $e_1, e_2, \ldots, e_n$ seront des points fixes de substitutions génératrices; nous suppo-

---

[1] Ces fonctions peuvent elles-mêmes être des fonctions elliptiques lorsque $\left(\dfrac{1}{l_1} + \dfrac{1}{l_2} + \dfrac{1}{l_3} = 1\right)$ ou rationnelles pour $\left(\dfrac{1}{l_1} + \dfrac{1}{l_2} + \dfrac{1}{l_3} > 1\right)$.

serons ces dernières elliptiques ou paraboliques et de périodes respectives $l_1, l_2, \ldots, l_n$. Le polygone P_1, image de S_1, admet donc la signature
$$(p, n; l_1, l_2, \ldots, l_n).$$

Nous avons montré (§ 130) qu'il existe toujours de pareils polygones si l'on exclut les signatures que nous avons laissées de côté. On peut supposer que P_0 est représenté dans le plan de la conique de Cayley et que c'est un polygone convexe à côtés rectilignes.

Considérons le réseau $\mathcal{R}$ des polygones équivalents à P_1 qui couvre l'intérieur de la conique $\mathcal{C}$. On peut former de bien des manières une suite de domaines contenus chacun dans le suivant, ayant pour limite l'intérieur de $\mathcal{C}$, formés chacun d'un nombre fini de polygones de $\mathcal{R}$ et enfin simplement connexes. Considérons par exemple l'assemblage des polygones ayant en commun avec P_1 au moins un sommet non parabolique et renfermant par suite tous les polygones du réseau assemblés autour d'un sommet elliptique ou adventif de P_1, ou adjacents à P_1 le long d'un côté; il contiendra donc les deux polygones distincts de P_1 adjacents à celui-ci suivant les côtés issus d'un sommet parabolique. On peut montrer que cet assemblage est simplement connexe, mais pour éviter une discussion géométrique délicate, il suffit de considérer la courbe limite extérieure de ce domaine, formée d'un nombre fini de côtés du réseau; cette ligne ne renferme à son intérieur, même si elle passe par un sommet parabolique, qu'un nombre fini de polygones du réseau; l'ensemble P_2 de ces derniers forme un domaine simplement connexe comprenant P_1 à son intérieur, sauf en quelques sommets paraboliques qui sont des points frontières communs de P_1 et P_2. On formera de la même manière P_3 à partir de P_2, en entourant P_2 des polygones assemblés autour de ses sommets intérieurs à $\mathcal{R}$; on passera de là à $P_4, P_5, \ldots, P_\nu, \ldots$ Il est clair que tout point intérieur à $\mathcal{C}$ est intérieur à P_ν à partir d'une certaine valeur de ν.

A chacun des polygones équivalents à P_1 qui constituent P_2 nous faisons correspondre une surface de Riemann identique à S_1; nous superposons ces surfaces sur le plan (z) en les reliant entre elles de la même manière que les polygones correspondants, lorsqu'on tient compte de la correspondance entre les bords des coupures et les côtés des divers polygones. Nous obtenons ainsi une surface S_2 qui correspond point par point à P_2 et qui est par suite simplement connexe. Nous passons de P_2 à P_3 en ajoutant à P_2 de nouveaux polygones du réseau, adjacents entre eux ou adjacents à P_2 le long des côtés libres; de même nous passerons de S_2 à S_3 en superposant à S_2 de nouveaux exemplaires de S_1 qui seront reliés entre eux, ou à S_2, suivant les bords restés libres de cette dernière surface. En répétant indéfiniment cette opération, nous obtenons une surface de Riemann S_∞ ayant une infinité dénombrable de feuillets, et qui est la limite des surfaces simplement connexes S_1, S_2, ..., S_ν, ..., emboîtées les unes dans les autres et n'ayant chacune qu'un nombre fini de feuillets; cette surface correspond point par point au réseau de polygones $\mathcal{R}$, elle est donc simplement connexe; les divers exemplaires de S_1 qui la constituent correspondent un à un aux polygones du réseau; les points e_i superposés lui sont intérieurs si l'entier l_i correspondant a une valeur finie; au contraire les points e_i correspondant à des sommets paraboliques doivent être regardés comme des points frontières de cette surface.

Si à tout point d'un exemplaire $S_1^{(k)}$ de S_1 appartenant à S_∞ nous faisons correspondre le point qui occupe la même position relative sur un autre exemplaire S_1 nous obtenons une correspondance évidemment conforme et biunivoque de ces deux surfaces l'une avec l'autre et qu'il est facile d'étendre à la surface S_∞ tout entière, de manière à obtenir une représentation conforme et biunivoque de S_∞ sur elle-même. Soit en effet V la substitution linéaire qui change le polygone $P_1^{(i)}$ en $P_1^{(k)}$, ces deux polygones correspondant à $S_1^{(i)}$ et $S_1^{(k)}$; si $P_1^{(j)}$ est un polygone arbitraire du réseau que V transforme en $P_1^{(l)}$, nous ferons correspondre à l'exemplaire $S_1^{(j)}$ l'exemplaire $S_1^{(l)}$, deux points correspondants ayant toujours la même situation relative sur ces deux surfaces et étant par suite superposés sur le plan simple. La correspondance primitivement établie entre $S_1^{(i)}$ et $S_1^{(k)}$ est ainsi étendue à S_∞ et définit une transformation U de S_∞ en elle-même qui reste évidemment continue et conforme quand on traverse une ligne de passage reliant deux surfaces S_1. Au groupe Γ des substitutions V qui échangent entre eux les polygones du réseau correspond ainsi le groupe des transformations U qui échangent de la même manière les surfaces S_1. Ces deux groupes sont isomorphes holoédriquement et possèdent les mêmes relations de structure; en particulier la transformation U_i

qui échange la surface S_i initiale avec celle qui lui est reliée suivant l'un des bords de c_i vérifie la relation

$$U_i^{l_i} = 1,$$

l_i étant le plus petit entier qui donne lieu à une relation de cette forme.

Ces propriétés de la surface S_∞ étant établies, appliquons-lui maintenant le théorème général concernant la représentation conforme d'un domaine simplement connexe que nous avons établi au paragraphe 150. Nous voyons qu'il existe une fonction analytique uniforme sur S_∞, régulière en tout point de cette surface et qui en effectue la représentation conforme soit sur le cercle unité, soit sur le plan pointé, soit sur le plan complet. Admettons d'abord que la première circonstance se présente; la fonction $z(x)$ qui représente S_∞ sur le cercle unité donnera, comme images sur le plan (z) des diverses surfaces $S_1^{(i)}$, des aires simples Q_1, Q_1', Q_1'', ... ne se recouvrant pas mutuellement et remplissant entièrement l'intérieur du cercle; aux transformations conformes U de S_∞ en elle-même qui échangent entre elles les diverses surfaces $S_1^{(i)}$ correspondront des transformations conformes du cercle unité en lui-même, c'est-à-dire en vertu d'un lemme démontré dans l'Introduction, des substitutions linéaires échangeant entre elles les aires Q_1, Q_1', Q_1'', ... La fonction $z(x)$ est donc une fonction linéairement polymorphe sur la surface de Riemann primitive S, toutes ses déterminations en un point de S étant des fonctions linéaires de l'une d'entre elles; elle est régulière en tout point de S distinct des points e_i, car elle est régulière sur S_∞ en tout point intérieur; or un point intérieur à S_∞ et distinct des points e_i n'est pas un point de ramification pour S_∞ s'il ne l'est pas déjà pour S, autrement dit un contour fermé infiniment petit décrit sur S autour d'un tel point sera également fermé sur S_∞; la chose est évidente pour un point distinct de l'origine commune O des coupures et résulte pour ce dernier point de la relation fondamentale

$$U_{b_p} U_{a_p}^{-1} U_{b_p}^{-1} U_{a_p} \ldots U_{b_1} U_{a_1}^{-1} U_{b_1}^{-1} U_{a_1} U_n \ldots U_2 U_1 = 1$$

entre les transformations génératrices du groupe des U, ou si l'on veut de la relation correspondante entre les substitutions génératrices

T_1, T_2, ... du groupe de monodromie de $z(x)$ qui exprime que cette fonction est uniforme en O sur la surface de Riemann.

164. Il faut montrer maintenant que l'aire Q_1 est bien un polygone fuchsien ayant la signature $(p, n; l_1, l_2, \ldots, l_n)$. Ce polygone est l'image de la surface S_1 donnée par la fonction $z(x)$; en tout point intérieur à S_∞ cette fonction est régulière sur S_∞ et possède au plus un point critique algébrique sur S, faisant ainsi correspondre à une courbe à tangente continue une courbe analogue du plan (z); mais si l'on a par exemple $l_1 = \infty$, le point e_1 n'est pas intérieur à S_∞ et nous ne connaissons pas *a priori* la nature de la singularité de $z(x)$ en e_1; il nous faut démontrer que les deux bords de la coupure c_1 seront représentés par deux lignes à tangente continue aboutissant en un point de la circonférence du cercle unité et déduites l'une de l'autre par une substitution parabolique correspondant à une circulation autour de e_1. Soit T_1 cette substitution; comme le groupe G de $z(x)$ possède les mêmes relations de structure que le groupe Γ (que nous avons introduit comme auxiliaire pour donner une idée nette de notre surface S_∞) nous sommes certains que T_1 n'est pas elliptique, car la substitution correspondante V_1 de Γ ne vérifie aucune relation telle que
$$V_1^h = 1$$
pour une valeur finie de h; T_1 ne vérifie non plus aucune relation de cette forme et ne peut donc être une substitution elliptique d'un groupe fuchsien. Mais il nous faut encore montrer que T_1 n'est pas hyperbolique.

Supposons que e_1 ne coïncide pas avec un point de ramification de S et soit, sur S, D_1 le domaine constitué par un petit cercle de centre e_1 muni de la coupure c_1 qui part de son centre; la branche de fonction $z(x)$ uniforme dans D_1 éprouve la substitution T_1 quand on passe d'un bord à l'autre de c_1. Soit D le domaine constitué par le même cercle, sauf le point e_1, la coupure c_1 étant supprimée; dans le domaine doublement connexe D, $z(x)$ n'est plus uniforme mais elle est toujours univalente, c'est-à-dire que deux branches quelconques de z prennent des valeurs distinctes en des points distincts.

Les propriétés subsistent si l'on remplace z par une fonction

LA REPRÉSENTATION CONFORME. 451

linéaire t de z; si T_1 est hyperbolique, nous choisirons t de manière qu'une circulation dans le sens direct autour de e_1 opère sur t la substitution $(t; kt)$, k réel et > 1, t ne prend jamais dans D les valeurs 0 et ∞; supposons en effet que $t(x)$ devienne infinie en un point A de D, de sorte qu'un petit cercle j entourant A ait pour image un domaine δ contenant $l'\infty$; si j' est un petit cercle contenu dans D, sans point commun avec j, et transformé par une branche de $t(x)$ en un domaine δ' du plan (t), N circulations directes autour de e_1 transformeront δ' en un domaine homothétique dans le rapport k^N par rapport à l'origine; ce domaine $k^N(\delta')$ empiétera sur le domaine δ pour N suffisamment grand puisque $k > 1$; la fonction $t(x)$ ne serait donc pas univalente, autrement dit $x(t)$ ne serait pas uniforme. On voit de même que t ne prend pas la valeur zéro. On verra enfin immédiatement que si deux valeurs de t sont dans le rapport k^N, N étant un entier, les points x de D qui leur correspondent sont nécessairement confondus.

Posons maintenant
$$\theta = e^{\frac{2i\pi}{\log k}\log t},$$

en choisissant pour un point x_0 de D une valeur bien déterminée pour t et pour $\log t$. Si x décrit un chemin fermé tournant une fois autour de e_1, t part de la valeur t_0 pour aboutir à la valeur kt_0 en décrivant un chemin continu à distance finie, et l'argument de t revient à sa valeur initiale tandis que son module est multiplié par k; $\log t$ s'augmente donc de $\log k$ pris avec sa valeur arithmétique et l'on voit que θ reprend sa valeur initiale. Comme $\log t$ n'est jamais infini dans D, on en conclut que θ est régulière et uniforme dans ce domaine; le point e_1 est donc pour cette fonction un point ordinaire, un pôle ou un point singulier essentiel. Mais θ prend deux valeurs distinctes en deux points distincts car de $\theta = \theta'$, on déduit
$$t = k^N t' \quad (\text{N entier})$$

et par suite $x = x'$; le point e_1 n'est donc pas un point singulier essentiel, car θ reprendrait alors une infinité de fois certaines valeurs; c'est donc un pôle ou un point ordinaire. Si l'on écrit :
$$\log \theta = \frac{2i\pi}{\log k} \log t,$$

on voit que si θ n'était ni nulle ni infinie pour $x = e_1$, $\log t$ et par suite t seraient régulières en ce point, ce qui n'est pas; on doit donc admettre que θ possède en e_1 un zéro ou un pôle naturellement du premier ordre puisque θ est univalente. Cela permet d'écrire

$$\frac{2i\pi}{\log k} \log t = \pm \log(x - e_1) + \text{fonction régulière}$$

et par suite

$$t = (x - e_1)^{ic} \varphi(x),$$

c étant une constante réelle et $\varphi(x)$ une fonction régulière et non nulle en e_1. Or si l'on désigne par δ et ω le module et l'argument de $x - e_1$, la fonction $(x - e_1)^{ic}$ a pour module

$$e^{-c\omega}$$

et pour argument

$$c \log \rho,$$

et l'on en déduit que cette fonction admet toutes les valeurs réelles ou complexes comme limites d'indétermination quand x tend vers e_1 suivant un chemin convenablement choisi. Comme le module et l'argument de $\varphi(x)$ ont des limites bien déterminées dont la première n'est pas nulle, on voit que les valeurs limites de t couvriraient tout le plan; ceci est contraire à l'hypothèse que t couvre seulement un domaine circulaire. D'ailleurs on peut démontrer que la fonction t définie par l'égalité précédente serait nécessairement plurivalente.

Il résulte de cette analyse que la substitution T_1 ne peut être que parabolique. Si l'on effectue sur z une substitution linéaire convenable, la nouvelle fonction $t(z)$ éprouvera la substitution $(t; t+1)$ quand x tourne une fois dans le sens direct autour de e_1, $t(x)$ représentant S_∞ sur le demi-plan supérieur du plan (t). La fonction

$$\theta = e^{2i\pi t}$$

est alors uniforme au voisinage de $x = e_1$ et l'on démontre exactement comme tout à l'heure qu'elle n'a pas de point singulier essentiel en e_1, mais qu'elle y devient nulle ou infinie. L'on en conclut que t possède dans le voisinage de ce point un développement de la forme

$$t = \frac{1}{2i\pi} \log(x - e_1) + \mathcal{P}(x - e_1),$$

$\mathcal{P}(x-e_1)$ désignant une série entière convergente. Cette expression permet de trouver la forme des côtés du polygone Q_1 qui correspondent aux deux bords de la coupure c_1, celle-ci étant tracée dans le voisinage de e_1 suivant une droite, par exemple. On obtiendra dans le plan z deux arcs analytiques aboutissant en un point du cercle limite (point double de la substitution correspondante) et orthogonaux à ce cercle.

Si e_1 était un point de ramification de S on poserait

$$\tau = (x-e_1)^{\frac{1}{\nu}}$$

et l'on serait ramené, par l'emploi de cette variable auxiliaire remplaçant $x-e_1$, à la même démonstration. On peut d'ailleurs éviter cette circonstance par l'emploi d'une transformation birationnelle.

Remarque. — On aurait pu éviter la démonstration précédente en remarquant que G étant un groupe fuchsien et $x(z)$ une fonction automorphe du groupe G ayant les caractères d'une fonction fuchsienne, la fonction inverse $z(x)$ ne peut avoir d'autres singularités que celles que nous connaissons par l'étude directe des fonctions fuchsiennes; mais il est intéressant de déduire la nature des singularités de $z(x)$ de ses propriétés de représentation sans avoir recours aux séries thêtafuchsiennes.

Quant à la forme de $z(x)$ au voisinage des points e_i pour lesquels l_i a une valeur finie, on l'obtiendra par une analyse analogue à la précédente, mais d'ailleurs plus facile parce que ces points sont intérieurs à S_∞ et points de ramification de nature algébrique de cette surface. Les deux bords de la coupure c_i ont alors pour images deux côtés aboutissant en un sommet elliptique et faisant entre eux l'angle $\frac{2\pi}{l_i}$. Ce dernier résultat s'obtient d'ailleurs en remarquant que G est proprement discontinu et d'autre part isomorphe au groupe auxiliaire Γ, de sorte que la substitution qui relie ces deux côtés possède la période l_i.

Finalement nous voyons que le polygone Q_1 est limité comme P_1 par $2n+4p$ côtés liés deux à deux par des substitutions linéaires; il y a correspondance biunivoque entre les sommets et les côtés, de sorte que deux côtés de P_1 liés par une substitution linéaire correspondent à deux côtés de Q_1 liés de la même façon; les sommets paraboliques ou elliptiques de P_1 correspondent enfin à des sommets paraboliques ou elliptiques et de même période de Q_1. Q_1 a donc bien la signature.

$$(p, n; l_1, l_2, \ldots, l_n).$$

Le théorème général énoncé au paragraphe 106 et que les géomètres allemands désignent sous le nom de *Grenzkreistheorem* est donc démontré moyennant l'hypothèse que $z(x)$ ne représente pas S_∞ sur le plan pointé ou sur le plan complet.

165. Supposons que nous ayons obtenu une représentation sur le plan pointé; le point exceptionnel pouvant être rejeté à l'infini, les transformations conformes en lui-même de ce domaine, et qui proviennent de celles de la surface S_∞, sont de la forme

$$z' = E(z),$$

$E(z)$ étant holomorphe en tout point à distance finie; $E(z)$ est donc une fonction entière et, comme il en est de même de la fonction inverse, on a

$$E(z) = \alpha z + \beta.$$

Les fonctions uniformisantes auxquelles nous parvenons admettent donc un groupe de transformations linéaires et entières en elles-mêmes, et comme ce groupe est proprement discontinu, ce ne peut être qu'un groupe de mouvements du plan euclidien, ou un groupe dérivé d'une ou de deux substitutions multiplicatives.

Si G est un groupe de la première sorte il ne renferme que des substitutions paraboliques ou elliptiques; il est de plus du genre un ou du genre zéro et si nous laissons de côté ceux pour lesquels les fonctions automorphes correspondantes sont des fonctions élémentaires, il résulte d'une discussion faite antérieurement que ces fonctions automorphes admettent l'une des signatures

$$(1, 0),$$
$$(0, 3; l_1, l_2, l_3), \quad \left(\frac{1}{l_1} + \frac{1}{l_2} + \frac{1}{l_3} = 1\right),$$
$$\left(0, 4; \frac{1}{2}, \frac{1}{2}, \frac{1}{2}, \frac{1}{2}\right),$$

que nous avons laissées de côté; ce sont des fonctions elliptiques dont l'existence résulte d'ailleurs de la démonstration faite précédemment et qui peut être répétée sans modifications importantes lorsque la surface de Riemann *signée* S que l'on se donne possède l'une des signatures précédentes. On sera certain que le domaine sur lequel S_∞ se trouve représentée par la fonction $z(x)$ est bien le plan pointé et non l'intérieur d'un cercle, parce qu'il n'existe pas de groupe fuchsien admettant ces signatures.

Si G était un groupe dérivé d'une ou de deux substitutions multiplicatives il aurait deux points limites constituant la frontière d'un domaine doublement connexe et ce cas doit par conséquent être exclu (on sait que les fonctions automorphes correspondantes se ramènent aux fonctions elliptiques par un changement de variables exponentiel).

Enfin il n'est pas possible que le domaine de la variable z renferme tous les points du plan; ce fait ne pourrait avoir lieu que si la surface de superposition n'avait qu'un nombre limité de feuillets, car si elle en a une infinité le groupe G admet au moins un point limite. Cette circonstance exceptionnelle ne se produira que si S admet la signature

$$(0, 3; l_1, l_2, l_3), \quad \left(\frac{1}{l_1} + \frac{1}{l_2} + \frac{1}{l_3} > 1\right)$$

ou

$$(0, 2; l_1, l_1)$$

conduisant au groupe d'un polyèdre régulier et aux invariants rationnels correspondants.

166. Nous avons donc complètement démontré le théorème général du n° 106. Nous avons déjà démontré d'autre part le théorème d'unicité d'après lequel la fonction linéairement polymorphe obtenue est la seule qui satisfasse aux conditions du problème de représentation proposé, si l'on fait abstraction d'une substitution linéaire effectuée sur cette fonction, et cela quel que soit le système canonique de coupures tracé sur la surface. La fonction $x(z)$ caractérise donc la surface de Riemann non pourvue de coupures, ou plus exactement les surfaces qu'on déduit de S par toutes les transformations birationnelles possibles, et qui forment une *classe*; on remarquera que ce terme est pris ici dans une acception un peu

plus générale qu'au paragraphe 130, puisqu'il s'agit d'une surface *signée*, c'est-à-dire sur laquelle on a marqué n points e_1, $e_2, \ldots, e_n$ en fixant les valeurs des entiers l_i correspondants. Cette classe dépend donc de $3p - 3 + n$ paramètres, cette formule étant valable pour $p = 1$, $n \geq 1$ et pour $p = 0$, $n \geq 4$ puisque, dans ces derniers cas, on peut fixer la position d'un point e_i ou de trois points e_i sur la surface de Riemann en effectuant une transformation du groupe à un ou à trois paramètres qui laisse invariante la courbe algébrique correspondante. Il est connu que les classes de surfaces de genre donné forment un continuum unique et ce fait s'étend immédiatement aux surfaces de signature donnée que nous considérons ici. Les classes C de surfaces S peuvent ainsi être représentées par les points d'un espace à $2r$ dimensions ($r = 3p - 3 + n$). D'autre part nous avons vu qu'à toute classe C correspond un groupe G et un seul et réciproquement, deux groupes semblables étant regardés comme identiques; on ne peut pas en conclure immédiatement que les groupes G forment un continuum unique, car cette dernière remarque prouve seulement que les ensembles (C) et (G) ont même puissance, ce qui est un fait banal. Il en est cependant ainsi, comme M. Fricke l'a montré dans ses leçons par une étude géométrique approfondie. On parvient également à ce résultat par des considérations de théorie des fonctions; c'est ce que nous allons faire en utilisant encore le théorème de M. Vitali et les familles normales de M. Montel.

167. Prenons comme surface de Riemann du genre p celle qui correspond à la courbe algébrique de degré $p + 2$ ayant $\frac{p(p-1)}{2}$ points doubles (t. I, § 224); les points de ramification, qui sont simples pour des valeurs arbitraires des coefficients, sont au nombre de $4p + 2$; nous supposerons les feuillets de la surface S réunis suivant le procédé de Lüroth, à la manière d'une chaîne, le premier au second par une seule ligne de croisement, le second au troisième de la même manière et ainsi de suite, les deux derniers étant réunis par $p + 1$ lignes de croisement. Les points de ramification variant d'une manière continue, il en sera de même de cette surface; nous supposons que deux de ces points ne viennent jamais à se confondre s'ils réunissent les deux derniers feuillets, car il en résulterait un abaissement du genre (t. I, § 105-113). On peut d'ailleurs éviter en faisant varier convenablement les axes de coordonnées que les deux points unissant les feuillets (k) et ($k+1$) ($k < p+1$) ne viennent à se confondre non plus, ce qui correspondrait à un abaissement du degré de l'équation en y; mais il pourra arriver, par exemple, que deux points unissant les feuillets (1) et (2), (2) et (3) viennent à se confondre en un seul opérant la permutation (1, 2, 3). Ceci posé, désignons par β les affixes de ces points et faisons tendre les β et les e_i vers les valeurs limites $β^{(0)}$ et $e_i^{(0)}$; nous pourrons supposer fixes les p rétrosections (a, b), les coupures a étant tracées dans le feuillet inférieur (on remarquera que les $p+1$ premiers feuillets jouent, au point de vue de l'*Analysis situs*, le même rôle qu'un feuillet unique, et que tout se passe comme s'il s'agissait d'une surface à deux feuillets dont ces points de ramification restent distincts). Les coupures e_i sont seules variables et tendent vers des positions limites distinctes; on peut supposer que chacune d'elles comprend un arc fixe ([1]).

La surface S tendant ainsi vers une position limite $S^{(0)}$, nous voulons démontrer que la fonction linéairement polymorphe $z(x)$, inverse d'une fonction fuchsienne, aura pour limite la fonction $z^{(0)}(x)$ correspondant aux valeurs finales des paramètres. On choisit naturellement les fonctions qui font la représentation de S_∞ sur le cercle unité, le point O ayant pour image $z = 0$ et l'argument de z étant nul en O.

Relions à la surface S_1 suivant le procédé du paragraphe 163 un certain nombre d'exemplaires identiques et superposés formant l'assemblage simplement connexe S_N; S_N a pour limite $S_N^{(0)}$. Dans tout morceau de $S_N^{(0)}$ ne contenant aucun point $β^{(0)}$ ou $e_i^{(0)}$, on peut appliquer aux fonctions $z(x)$, au moins quand les e et les β sont assez voisins de leurs valeurs limites, le théorème de M. Vitali; ces fonctions sont holomorphes, < 1 en module et forment une famille normale. Soit $z^*(x)$ une fonction limite des $z(x)$; $z^*(x)$ est donc régulière sur le plan simple en tout point distinct des $β^{(0)}$ et des $e_i^{(0)}$; si l'on décrit un circuit fermé sur $S^{(0)}$ autour de $β^{(0)}$, il le

---

([1]) Ce mode de construction de la surface de Riemann met en évidence le fait déjà signalé que les surfaces de genre p forment un continuum unique.

sera également sur S à partir d'un certain moment, et comme z est uniforme sur S autour de β, z^* sera uniforme sur $S^{(0)}$ autour de $\beta^{(0)}$, et de plus régulière en $\beta^{(0)}$, puisque c'est une fonction bornée ($<$ 1 en module). On aura enfin, puisque les dérivées de z tendent vers celles de z^* :

$$\Delta\binom{z^*}{x} = \lim \Delta\binom{z}{x},$$

et comme $\Delta\binom{z}{x}$ reprend toujours la même valeur en deux points opposés sur le bord de S_1, $\Delta\binom{z^*}{x}$ prend la même valeur en deux points, opposés sur le bord de $S_1^{(0)}$; c'est donc une fonction uniforme sur $S^{(0)}$. Il s'ensuit que z^* est linéairement polymorphe sur $S^{(0)}$; les substitutions qu'elle subit quand on passe d'un bord à l'autre d'une coupure a, b, ou c sont naturellement les limites des substitutions T correspondantes de z; le groupe G^* de z^* est donc comme le groupe variable G de z un groupe admettant le cercle unité comme cercle principal; de plus les relations fondamentales entre les substitutions génératrices sont les mêmes pour l'un et pour l'autre, si T_i est elliptique et de période l_i, la substitution limite T_i^* est elliptique et de même période; si T_i est parabolique, il en est de même de T_i^*.

Remarquons maintenant que si z est une fonction univalente, il en est de même, d'après un raisonnement fait antérieurement (§ 153) de sa fonction limite, c'est-à-dire qu'à deux points distincts de $S_N^{(0)}$, et quel que soit N, correspondent deux points z^* distincts à l'intérieur du cercle unité. Il s'ensuit tout d'abord qu'au voisinage de $e_i^{(0)}$ la fonction z^* ou l'une de ses transformées homographiques est de la forme

$$(x - e_i^{(0)})^\alpha \mathcal{P}(x - e_i^{(0)}) \qquad \left(\frac{1}{\alpha} \text{ entier}\right),$$

$P(x - e_i^{(0)})$ étant régulière en $e_i^{(0)}$, et comme la substitution correspondant à la coupure $c_i^{(0)}$ à la période l_i, α est égal à $\frac{1}{l_i}$; les deux bords de cette coupure sont donc représentés par deux arcs faisant entre eux l'angle $\frac{2\pi}{l_i}$ au point correspondant à $e_i^{(0)}$. Si $l_i = \infty$ il existe une transformée homographique z^* qui est de la forme

$$\log(x - e_i^{(0)}) + \mathcal{P}(x - e_i^{(0)}),$$

la substitution correspondante est parabolique et les deux bords de la coupure ont pour images deux arcs de courbe tangents en un point de la circonférence limite qui correspond à $e_i^{(0)}$. Enfin les polygones déduits par les substitutions de G^* du polygone image de $S_1^{(0)}$ ne se recouvrent pas. De tout cela il résulte que G^* est un groupe fuchsien, qu'il admet la signature $(p, n; l_1, l_2, \ldots, l_n)$, que par suite la fonction z^* est identique à $z^{(0)}$, en ayant égard aux conditions relatives au point O; les substitutions limites sont donc identiques aux substitutions $T^{(0)}$.

168. Nous avons admis dans ce qui précède que la fonction limite $z^*(x)$ n'est pas une constante. C'est ce qu'il est bien facile d'établir par un raisonnement géométrique. Si l'on suppose d'abord que $z(x)$ n'ait pas de point critique logarithmique, le point z correspondant à un point quelconque de la surface de Riemann tendra uniformément vers le centre $z = 0$ du cercle principal, si l'on suppose la fonction limite $z^*(x)$ constante; le polygone fuchsien P, contenant ce centre, deviendra alors infiniment petit dans toutes ses dimensions. Représentons-le dans le plan cayleyen, en choisissant comme absolu un cercle dont le centre correspond à celui du cercle principal. P est un polygone canonique ayant n sommets elliptiques et un cycle adventif de $4p + n$ sommets; on peut le rendre rectiligne par des modifications permises et l'on voit que la somme de ses angles a pour mesure euclidienne

$$(4p + 2n - 2)\pi$$

tandis que la mesure non euclidienne de cette somme d'angles a, comme l'on sait, pour valeur

$$2\pi + \sum_{i=1}^{i=n} \frac{2\pi}{l_i} \leq 2\pi + n\pi.$$

Mais comme tous les sommets sont infiniment voisins du centre et par suite les mesures euclidiennes des angles infiniment voisines de leurs mesures non euclidiennes, on doit avoir à la limite :

$$4p + 2n - 2 \leq n + 2,$$
$$4p + n \leq 4,$$

ce qui donne des nombres qui ne correspondent pas à un véritable polygone fuchsien. S'il y a des sommets paraboliques, le polygone P doit devenir ponctuel lorsqu'on a enlevé de la surface de Riemann l'entourage des points logarithmiques et l'on trouvera aisément les modifications à apporter à la démonstration ([1]). Le cas d'une fonction limite $z^*(x)$ constante doit donc être exclu.

169. Si l'on se donne deux groupes G de la signature donnée, il leur correspond deux surfaces à $p+2$ feuillets $S^{(0)}$ et $S^{(1)}$, et l'on peut faire varier S d'une manière continue de $S^{(0)}$ à $S^{(1)}$, les coupures (a, b, c) variant aussi d'une manière continue en ne traversant jamais un point critique ou un point de ramification du feuillet inférieur; le polygone fuchsien varie alors d'une manière continue de $P^{(0)}$ à $P^{(1)}$ en conservant la signature donnée. On voit par là que les groupes G forment un continuum unique ainsi que nous l'avions annoncé.

170. Il y a lieu d'examiner maintenant le cas où deux points de ramification unissant les deux feuillets $(p+1)$ et $(p+2)$ viennent à se confondre. Faisons d'abord la remarque générale suivante : si le point représentatif des modules $\mu_1, \mu_2, \ldots, \mu_r$ dans l'espace à $2r$ dimensions tend vers une variété limite sur laquelle il y a abaissement du genre ou coïncidence de deux points e_i, de sorte que la surface S admette la position limite S^*, les fonctions linéairement polymorphes correspondantes formeront encore sur S^* une famille de fonctions analytiques et bornées; toute fonction limite $z^*(x)$ sera linéairement polymorphe et univalente sur S^*, et régulière sur cette surface, sauf aux points critiques parmi lesquels on devra comprendre non seulement les points limites des e_i, mais encore les points provenant de la réunion de deux points de ramification unissant les feuillets inférieurs de S^*; c'est ce qui résulte de la démonstration faite plus haut. Mais il y a lieu d'examiner de plus près comment les choses se passent, en supposant d'abord qu'il y ait seulement coïncidence de deux points de ramification.

([1]) Il suffit d'observer que dans le plan de la conique cayleyenne les angles de P dont les sommets sont sur la conique sont tous aigus au sens euclidien et nuls au sens non euclidien et d'appliquer le raisonnement du texte.

Étudions d'abord un cas très simple, celui de l'intégrale elliptique de première espèce qui correspond à la signature $(1, 0)$:

$$z = \int \frac{dx}{\sqrt{(x-\beta_1)(x-\beta_2)(x-\beta_3)(x-\beta_4)}}.$$

Quand β_2 tend vers β_1, z a pour limite

$$\int \frac{dx}{(x-\beta_1)\sqrt{(x-\beta_3)(x-\beta_4)}},$$

intégrale de troisième espèce attachée à la courbe de genre zéro

$$y^2 = (x-\beta_3)(x-\beta_4)$$

et qui admet le point critique logarithmique $x = \beta_1$, sur chacun des deux feuillets de la surface limite. Si l'on trace, sur la surface de Riemann, la rétrosection (a_1, b_1), a_1 entourant les deux points β_1, β_2 sur le feuillet inférieur, et b_1 entourant β_2, β_3 en traversant les lignes de croisement $\beta_1\beta_2$ et $\beta_3\beta_4$, il est facile de trouver les substitutions limites relatives à ces deux circuits a_1 et b_1. La première sera

$$(z, z+h),$$

h ayant une valeur finie qu'on calcule immédiatement. La seconde sera la substitution singulière limite de $(z, z+h')$, où h' tend vers l'∞. En effet si dans l'intégrale nous posons

$$\beta_1 + \beta_2 = 2\beta,$$
$$\beta_1 - \beta_2 = 2\varepsilon,$$
$$\beta + t = x,$$

elle devient

$$\int \frac{\psi(t)\,dt}{\sqrt{t^2 - \varepsilon^2}}.$$

Lorsqu'on fait tendre ε vers zéro et β vers β', la fonction $\psi(t)$ reste holomorphe dans un cercle de rayon fini et de centre $t=0$, et l'on peut écrire

$$\psi(t) = A + Bt,$$

A étant une fonction de β seulement qui tend vers une limite non nulle, et B une fonction de t et de β, qui reste bornée ainsi que sa dérivée première par rapport à t, pour

$$|t| < r \quad \text{et} \quad |\beta - \beta'| < r.$$

Le contour d'intégration traversant le segment $(-\varepsilon, +\varepsilon)$, on peut admettre qu'il comprend lui-même un segment de longueur constante $(-t', +t')$ perpendiculaire au premier; comme l'intégrale

$$\int B \frac{t\,dt}{\sqrt{t^2 - \varepsilon^2}} dt$$

reste bornée, ainsi qu'on le voit en intégrant par parties, il en résulte que la période de l'intégrale relative au contour b_1 est la somme de quantités bornées et de l'intégrale

$$A \int_{-t'}^{+t'} \frac{dt}{\sqrt{t^2 - \varepsilon^2}}$$

dans laquelle on fera

$$t = i\varepsilon\theta \quad (\theta \text{ réel}).$$

On voit ainsi que la partie principale de cette période est égale à $2 A \log |\varepsilon|$; cette période devient donc infinie comme on devait le prévoir. Si l'on modifie le système de coupures de la surface de Riemann, ce qui revient à effectuer sur le système des périodes une substitution linéaire à coefficients entiers de déterminant ± 1, on aura encore soit une, soit deux périodes infiniment grandes, c'est-à-dire qu'une au moins des deux substitutions génératrices devient singulière.

171. Il s'agit d'étendre cette propriété aux fonctions $z(x)$ de signature quelconque. Considérons d'abord une fonction de signature $(p, 0)$, et supposons que la surface de Riemann S de genre p à points de ramifications simples ait été construite suivant le procédé de Lüroth, de la manière indiquée plus haut (§ 114). Supposons ensuite que deux points de ramification, placés aux extrémités d'une ligne de croisement unissant les feuillets inférieurs viennent à se confondre. A la limite nous obtenons une surface S* dont les feuillets inférieurs ne sont plus reliés entre eux au point β, limite des points de ramification β_1 et β_2. Il résulte des considérations du paragraphe précédent que, la fonction $z(x)$ conservant la même signification, toute fonction limite $z^*(x)$ de cette dernière sera linéairement polymorphe sur S*, mais pourra admettre sur cette dernière surface les deux points critiques superposés en $x = \beta$ sur les deux feuillets inférieurs; ce seront des points critiques logarithmiques, si la substitution T, correspondant à un circuit tracé sur le $(p+1)^{\text{ième}}$ feuillet qui entoure les points β_1 et β_2, a pour limite une substitution parabolique. C'est bien cette circonstance qui se présente ici.

En effet T ne peut être qu'une substitution hyperbolique. La substitution limite T^* est donc hyperbolique ou parabolique, si ce n'est pas la substitution identique. Or nous savons que si T^* était hyperbolique, la fonction $z^*(x)$ aurait autour du point $x=\beta$ une indétermination incompatible avec sa propriété d'univalence. De même T^* n'est pas la substitution identique, parce que $z(x)$ ne reprenant pas sa valeur initiale quand x décrit une fois le circuit a désigné tout à l'heure, la fonction limite $z^*(x)$ n'est pas uniforme autour de $x=\beta$; c'est toujours l'application du principe d'après lequel la propriété d'univalence d'une fonction analytique se conserve à la limite, quand la fonction limite n'est pas une constante, et cette dernière hypothèse doit être exclue d'après les considérations de géométrie non euclidienne esquissées plus haut (§ 168).

Ces remarques faites prenons un point Ω du feuillet inférieur de S comme origine du système canonique K de rétrosections rendant la surface simplement connexe; l'une de ces rétrosections sera fournie par le circuit a entourant dans le feuillet inférieur les points de ramification β_1 et β_2 qui tendent à se confondre, et par le cir-

Fig. 42.

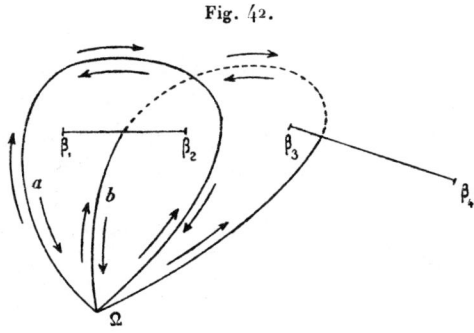

cuit b entourant, par exemple, les points β_2 et β_3 comme l'indique la figure. Aux deux bords des deux coupures a et b la fonction $z(x)$ fait correspondre les quatre côtés $\varepsilon_1\varepsilon_2$, $\varepsilon_2\varepsilon_3$, $\varepsilon_3\varepsilon_4$, $\varepsilon_4\varepsilon_5$ du polygone fuchsien P. Soient T et T' les substitutions éprouvées par z lorsqu'on suit les bords extérieurs de a et b dans le sens des flèches.

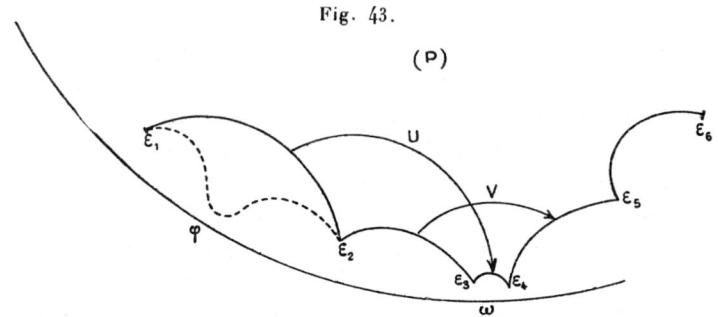

Fig. 43.

Le côté $\varepsilon_3\varepsilon_4$ se déduit de $\varepsilon_1\varepsilon_2$ par la substitution

$$U = T^{-1}T'^{-1}T$$

et le côté $\varepsilon_4\varepsilon_5$ se déduit de $\varepsilon_2\varepsilon_3$ par

$$V = T'T^{-1}T'^{-1}.$$

Le polygone limite P* de P serait encore du genre p si la substitution T'*, limite de T', n'était pas une substitution singulière. Supposons en effet qu'il en soit ainsi; les points $\varepsilon_1, \varepsilon_2, \varepsilon_3, \varepsilon_4, \varepsilon_5$, déduits du premier par les substitutions

$$T, \quad T'^{-1}T, \quad U, \quad VT,$$

ont alors des positions limites bien déterminées et intérieures au cercle principal; ces points sont tous distincts, car les substitutions fuchsiennes du groupe par lesquelles les ε_i sont échangés entre eux sont hyperboliques, et leurs substitutions limites n'ont donc pas de points doubles à l'intérieur du cercle principal; on pourrait toutefois supposer que l'une de ces substitutions limites soit la substitution identique, mais comme P renferme des cercles de rayon non évanouissant, il en résulterait que pour des valeurs infiniment petites de $(\beta_1 - \beta_2)$, P serait partiellement recouvert par l'un des polygones équivalents du réseau $\mathcal{R}$, ce qui est impossible. Les sommets de ε_1 à ε_5 ont donc des positions limites distinctes intérieures au cercle principal; comme les côtés qui suivent ε_5 et qui proviennent des rétrosections de la surface autres que (a, b) n'ont à la limite aucune singularité, nous aurions comme substitutions limites celles d'un groupe fuchsien de signature (p, o) et aucune d'elles ne serait parabolique, ce qui doit avoir lieu pour T^*.

Il faut donc admettre que T' devient à la limite singulière, faisant ainsi correspondre à tout point intérieur au cercle principal un point fixe de la circonférence; il en est de même pour T'^{-1} et U, et les points ε_3, ε_4, transformés par U de ε_1 et ε_2 tendent vers le point ω de la circonférence, point double de V^*, c'est-à-dire de la substitution parabolique limite de V. Le fait qu'il y a une branche de fonction $z(x)$ dont la limite est une constante ne se présente ici que parce que l'on parvient à cette fonction limite sur un contour tel que b qui passe à la limite par un point critique logarithmique de $z^*(x)$, de sorte que cette fonction égale à une constante n'est pas le prolongement analytique de la branche de fonction $z^*(x)$ qui prend la valeur zéro au point O de la surface de Riemann.

Observons également que, par suite de la discontinuité qui se produit au point α, limite de β_1 et β_2, la coupure a morcelle la surface limite. Pour remédier à cet inconvénient il faut déformer progressivement cette coupure de manière qu'elle tende vers un *lacet* joignant l'origine des rétrosections au point β; le côté $\varepsilon_1 \varepsilon_2$ de P devra alors être remplacé à la limite par deux arcs joignant le point double φ de la substitution parabolique T^* aux positions limites de ε_1 et ε_2, et se correspondant par T^*. Remarquons ensuite que V correspond à un circuit entourant β_1 et β_2 sur l'avant-dernier feuillet de S, et devient à la limite la substitution parabolique V^* qui correspond à un lacet décrit autour de β sur ce même feuillet. Le polygone limite P^*, ainsi modifié, aura donc la succession de côtés indiquée par le schéma suivant :

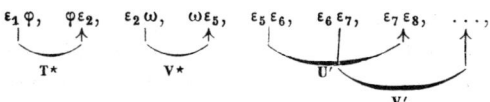

φ et ω étant sur la circonférence du cercle principal. Ce sera donc un polygone canonique de signature

$$(p-1, 2; \infty, \infty),$$

admettant les substitutions génératrices

$$T^*, \quad V^*, \quad U', \quad V', \quad \ldots.$$

La relation fondamentale qui relie ces dernières substitutions s'obtient de suite comme limite de la relation fondamentale entre les substitutions génératrices de G.

Il suit de là que la fonction limite $z^*(x)$ est parfaitement déterminée; c'est la fonction inverse d'une fonction fuchsienne de signature $(p-1; \infty, \infty)$; elle possède deux points critiques superposés en β sur les feuillets inférieurs de S^* et de nature logarithmique; enfin elle représente S^* (ou pour mieux dire la surface de superposition correspondant à cette surface *signée*) sur un réseau de polygones ayant un cercle principal donné, et elle fait correspondre un point donné de S^* au centre du cercle, deux directions issues de ces points se correspondant également, ce qui achève sa détermination.

On étudiera d'une façon analogue le cas où deux points singuliers e_i de $z(x)$ sur S viennent en coïncidence; leur position limite est alors dans tous les cas un point critique logarithmique de la fonction limite et l'une des substitutions génératrices devient encore singulière. La signature primitive

$$(p, n; l_1, l_2, \ldots, l_n)$$

devient

$$(p, n-1; \infty, l_3, \ldots, l_n).$$

172. Démontrons maintenant la réciproque des théorèmes de continuité que nous venons d'établir. Nous nous donnons par conséquent le polygone fuchsien variable P que nous faisons tendre vers la position limite P_0, et nous voulons démontrer que les modules de la relation algébrique attachée à P et les points critiques de la fonction polymorphe $z(x)$ vont tendre vers les mêmes éléments relatifs à P_0. On pourrait déduire cette proposition de celle qui a été démontrée plus haut, en tenant compte du théorème d'unicité (§ 130). Mais on peut aussi, d'après Poincaré, la déduire directement des propriétés des séries thêtafuchsiennes.

Supposons d'abord que P_0 soit un polygone non dégénéré, de même signature que P, et montrons que les fonctions thêtafuchsiennes engendrées par P tendent vers celles engendrées par P_0. Soit $H(z)$ une fonction rationnelle n'ayant pas de pôles sur le cercle principal et posons :

$$\Theta(z, H) = \sum H\left(\frac{\alpha z + \beta}{\gamma z + \delta}\right)(\gamma z + \delta)^{-2m}.$$

On peut trouver un contour $\mathcal{C}$ entourant le point z, assez petit pour demeurer intérieur à P quand le paramètre t dont dépendent les $\alpha, \beta, \gamma, \delta$ varie dans un intervalle $(t', 0)$, la valeur $t = 0$ correspondant à P_0. Il sera toujours possible de choisir un point z et un contour $\mathcal{C}$ satisfaisant à ces conditions parce que P n'a pas de dimensions évanouissantes; le point z pourra lui-même varier dans un certain domaine.

Fig. 44.

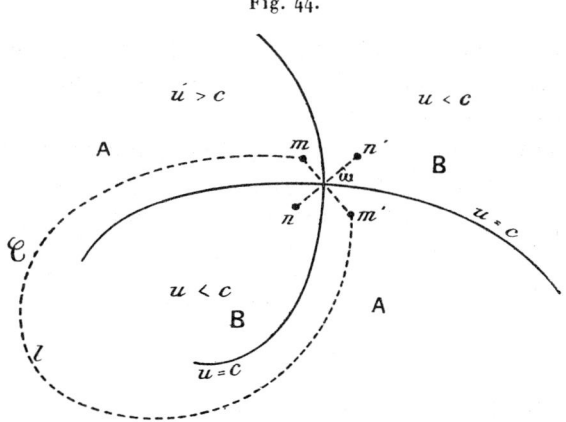

Comme au paragraphe 92 nous appellerons σ l'aire non euclidienne limitée par $\mathcal{C}$ (ou l'un des contours équivalents), λ la distance géodésique maxima de deux points de $\mathcal{C}$, R la distance géodésique de z à l'origine et K la quantité

$$K = \frac{\pi}{\sigma}\left(e^{\frac{R}{2}} + e^{-\frac{R}{2}}\right)^{2m} e^{\lambda + mr},$$

r désignant un nombre positif fixe. Soit S_h la somme des termes de la série Θ qui correspondent aux points équivalents à z dont la distance géodésique à l'origine est $< (h-1)r$, et

$$\Theta = s_h + \rho_h,$$
$$\Theta^{(0)} = s_h^{(0)} + \rho_h^{(0)},$$

les indices zéro se rapportant à la valeur $t = 0$ du paramètre.

Soit μ le module maximum de $H(z)$ pour les équivalents de z; on peut supposer μ fini, et l'on a alors en vertu de l'analyse du paragraphe 92 :

$$|\rho_h| < \frac{K\mu\, e^{h(1-m)r}}{1 - e^{(1-m)r}},$$

$$|\rho_h^{(0)}| < \frac{K\mu\, e^{h(1-m)r}}{1 - e^{(1-m)r}}.$$

Comme $(1-m)$ est négatif, on peut prendre h assez grand pour que

$$|\rho_h| < \frac{\varepsilon}{3}, \qquad |\rho_h^{(0)}| < \frac{\varepsilon}{3},$$

ε étant un nombre positif donné. Le nombre h est désormais fixé; il en est de même du cercle Γ de rayon non euclidien $(h-1)r$, dont le centre est à l'origine.

Nous pouvons prendre t' assez petit pour que, t variant de 0 à t', aucun point équivalent à z n'entre dans Γ ou n'en sorte. La somme S_h est dans ces conditions une fonction continue de t et l'on aura, si t est assez petit :

$$|s_h^{(0)} - s_h| < \frac{\varepsilon}{3},$$

$$|\Theta - \Theta^0| < \varepsilon.$$

ce qui démontre la continuité de la série Θ.

Soient maintenant x et y les deux fonctions fuchsiennes :

$$x = \frac{\Theta(z, H_1)}{\Theta(z, H)}, \qquad y = \frac{\Theta(z, H_2)}{\Theta(z, H)},$$

H, H_1, H_2 étant trois fonctions rationnelles arbitraires. Pour $t = 0$, ces expressions deviennent

$$x^{(0)} = \frac{\Theta^{(0)}(z, H_1)}{\Theta^0(z, H)}, \qquad y^{(0)} = \frac{\Theta^{(0)}(z, H_2)}{\Theta^0(z, H)}$$

et l'on a

$$x^{(0)} = \lim_{t=0} x, \qquad y^{(0)} = \lim_{t=0} y.$$

La relation qui lie x et y devient à la limite celle qui lie $x^{(0)}$ et $y^{(0)}$, et les modules de la surface de Riemann attachée à P tendent vers ceux de la surface attachée à P_0.

Si nous posons
$$\Delta\binom{z}{x} = 2\,\mathrm{R}(x, y),$$

nous savons que le premier membre, lorsqu'on prend z pour variable indépendante, s'exprime en fonction rationnelle des dérivées x', x'', x''' de x par rapport à z :

$$-\Delta\binom{z}{x} = -\frac{x'''}{x'} + \frac{3}{2}\frac{x''^2}{x'^2},$$

et comme les dérivées de x tendent vers celles de $x^{(0)}$, il en résulte que $\mathrm{R}(x, y)$ tend vers $\mathrm{R}^{(0)}(x^{(0)}, y^{(0)})$; il s'ensuit que les points singuliers de la fonction $z(x, y)$ sur la surface de Riemann S, qui sont les pôles de $\mathrm{R}(x, y)$ autres que les points de ramification de S, ont pour limite les points singuliers de la fonction $z(x^{(0)}, y^{(0)})$ sur la surface limite $\mathrm{S}^{(0)}$. Il y a donc continuité des modules et des points critiques e_i, du moins tant que P ne tend pas vers un polygone dégénéré.

173. Ceci posé, considérons dans l'espace à $2r$ dimensions ($r = n + 3p - 3$) les points représentatifs des classes de surfaces de Riemann sur lesquelles sont fixés les n points critiques des fonctions $z(x, y)$ correspondantes, ayant la signature

$$(p, n;\ l_1, l_2, \ldots, l_n).$$

Les coordonnées de l'un de ces points seront par exemple les parties réelles et les parties imaginaires des modules algébriques et les parties réelles et imaginaires des affixes e_i des points critiques. Ces points remplissent un domaine ouvert E_{2r} qui est d'un seul tenant, et dont les points frontières s'obtiennent en exprimant que le genre p s'abaisse d'une unité par coïncidence de deux points de ramification sur l'une des surfaces de la classe considérée, correspondant à une forme canonique de l'équation algébrique où figurent seulement les modules ; ou bien encore en exprimant que deux points e_i coïncident. On obtiendra ainsi une condition complexe, ou deux conditions réelles, et les frontières de E_{2r} seront des variétés algébriques à $2(r-1)$ dimensions.

Considérons d'autre part un système de paramètres propres à définir un groupe fuchsien ; nous supposons ces paramètres choisis de manière que les sommets d'un certain polygone fuchsien générateur du groupe en soient des fonctions algébriques; ces paramètres devront satisfaire à certaines inégalités algébriques pour que la construction du polygone fuchsien soit possible; en outre il sera souvent avantageux d'employer des paramètres en nombre surabondant, c'est-à-dire au nombre de $q + 2r$ ($q > 0$), liés par q relations algébriques. Les points de l'espace à $q + 2r$ dimensions pour lesquels cet ensemble d'égalités et d'inégalités est vérifié formeront un domaine à $2r$ dimensions E'_{2r}. Mais à un même groupe fuchsien correspondent une infinité de polygones générateurs essentiellement distincts, c'est-à-dire dont les substitutions génératrices ne sont pas identiques et ne le deviennent pas non plus par l'emploi d'une simple transformation linéaire. De là une infinité de transformations qui changent un polygone en un autre générateur du même groupe, c'est-à-dire le domaine E'_{2r} en lui-même. Ces transformations forment un groupe discontinu Γ de substitutions algébriques, qui seront même birationnelles si les coordonnées ont été convenablement choisies. Le domaine E'_{2r} va se trouver divisé en une infinité de domaines $\mathcal{D}_0, \mathcal{D}_1, \ldots$, transformés de l'un d'eux $\mathcal{D}_0$ par les opérations de Γ. On pourra d'ailleurs, parmi les polygones générateurs, en choisir un qui sera regardé comme plus simple que tous les autres et qui pourra s'appeler le *polygone réduit*. Voici comment Poincaré définit ce polygone réduit : soit φ une fonction des coordonnées d'un point de E'_{2r}. Supposons que cette fonction (continue) soit constamment comprise entre 0 et 1 et qu'elle n'atteigne la valeur zéro qu'aux points frontières de E'_{2r} (ces points correspondent aux polygones dont l'une des substitutions génératrices devient singulière). Cela posé, aux différents polygones générateurs de G correspondent divers points de E'_{2r} et par conséquent différentes valeurs de φ : le polygone réduit sera celui qui correspondra à la plus grande valeur de φ.

Soit $\mathcal{D}_0$ le domaine correspondant aux polygones réduits. Ce domaine sera limité par des variétés à $(2r - 1)$ dimensions ayant des équations de la forme

$$\varphi(P) = \varphi(\Sigma.P),$$

en appelant P un point de E'_{2r}, et Σ. P son transformé par une substitution convenable Σ du groupe Γ. Les points frontières de $\mathcal{D}_0$ (ou de $\mathcal{D}_i$) ne correspondront pas en général à des groupes dégénérés, mais à des groupes possédant plus d'un polygone réduit, en sorte que le point correspondant de E_{2r} sera intérieur à ce domaine.

Ceci posé la correspondance entre l'intérieur des domaines E_{2r}, E'_{2r} est continue dans les deux sens, ainsi que nous l'avons établi. Il s'agit d'étendre cette propriété aux points frontières de ces deux domaines. Or nous avons démontré que si deux points de ramification de S ou deux points e_i viennent à se confondre, de sorte que le point M de E_{2r} tende vers un point frontière bien déterminé, le groupe G devient à la limite un groupe bien déterminé de signature
$$(p-1, n+2; l_1, l_2, \ldots l_n, \infty, \infty)$$
ou
$$(p, n-1; \infty; l_3, \ldots, l_n).$$

L'un des points P de E'_{2r} qui correspond à M tendra donc vers un point frontière déterminé de E'_{2r}. Supposons que réciproquement le point P, décrivant une ligne continue, tende vers un point déterminé P_0 de la frontière de E'_{2r}; alors le point M décrit une ligne continue intérieure à E_{2r}; si cette ligne n'aboutissait pas en un point frontière déterminé, M admettrait une infinité de positions limites formant un continu auxquelles correspondraient une infinité de polygones fuchsiens distincts, et par suite P ne tendrait pas vers un point déterminé. Il est donc établi que les points frontières de E_{2r} et E'_{2r} se correspondent, mais le raisonnement suppose que ces points frontières sont *accessibles;* il en est certainement ainsi parce que ces domaines sont limités par des variétés algébriques en nombre fini; mais ce point demanderait quelques développements pour être mis à l'abri de toute objection; en outre il faudrait étudier le cas où il y a coïncidence de plus de deux points de ramification de la surface de Riemann, ou de plus de deux points critiques. Nous nous contenterons ici des explications qui précèdent et qui sont suffisantes pour donner une idée de la question de la dégénérescence des groupes fuchsiens et des fonctions fuchsiennes.

Cette importante question a été traitée tout d'abord par Poincaré (*Acta mathematica*, t. IV, p. 250-285), qui s'est servi de l'étude des polygones limites pour parvenir à la démonstration du *Grenzkreistheorem*. Mais la démonstration de l'illustre géomètre n'est pas à l'abri de toute objection. Il a d'ailleurs abandonné plus tard cette méthode et déduit le théorème d'uniformisation des principes généraux de la représentation conforme [*Mémoire sur l'uniformisation* (*Acta mathematica*, t. XXXI)] comme nous l'avons fait ici d'après divers travaux postérieurs à ceux de Poincaré. Néanmoins les études relatives aux polygones limites conservent tout leur intérêt, si l'on veut se rendre compte de la structure du continuum des groupes fuchsiens, de signature donnée. Ces études ont été reprises par Fricke, qui est parvenu à préciser de nombreux points de cette théorie par des considérations d'algèbre et de géométrie non euclidienne; ses recherches sont exposées en détail dans les Leçons déjà citées; nous leur emprunterons seulement un exemple destiné à mieux faire comprendre les théories générales esquissées plus haut.

174. Considérons un polygone fuchsien canonique de signature

$$(1, 1; l),$$

c'est-à-dire un hexagone définissant les substitutions génératrices T_a, T_b, S_c, liées par les relations fondamentales

(34) $$T_b T_a^{-1} T_b^{-1} T_a = T_c,$$
(35) $$T_c^l = 1.$$

L'entier l peut être infini, T_c étant alors parabolique.

Supposons T_b ramené à la forme canonique $\begin{pmatrix} \sigma^{\frac{1}{2}} & 0 \\ 0 & \sigma^{-\frac{1}{2}} \end{pmatrix}$ et soit

$$T_a = \begin{pmatrix} \lambda & \mu \\ \nu & \rho \end{pmatrix} \qquad (\lambda\rho - \mu\nu = +1),$$

ces quantités étant réelles. Désignons par j_a, j_b, j_c, j_{ab} les invariants de T_a, T_b, T_c, $T_b T_a$. On a

(36) $$\begin{cases} j_a = \lambda + \rho, \\ j_b = \sigma^{\frac{1}{2}} + \sigma^{-\frac{1}{2}}, \\ j_{ab} = \lambda\sigma^{\frac{1}{2}} + \rho\sigma^{-\frac{1}{2}}, \\ j_c = 2\lambda\rho - \mu\nu(\sigma + \sigma^{-1}) = (\sigma + \sigma^{-1}) - \lambda\rho(\sigma + \sigma^{-1} - 2). \end{cases}$$

On peut se donner arbitrairement les signes de j_a et j_b qui sont plus grands que 2 en valeur absolue puisque T_a et T_b sont hyperboliques. Nous les supposerons positifs, par suite

$$\sigma^{\frac{1}{2}} > 0 \quad \text{et} \quad \lambda + \rho > 0.$$

On a d'ailleurs
$$j_c = \sigma + \sigma^{-1} - \lambda\rho(\sigma + \sigma^{-1} - 2).$$

Comme $\sigma + \sigma^{-1}$ est positif et plus grand que 2, on voit que $\lambda\rho$ est positif, car s'il était négatif ou nul, on aurait $j_c > 2$ et T_c serait hyperbolique. Donc λ, ρ et σ sont positifs; il en est de même de j_{ab}.

Des égalités (36) on déduit d'ailleurs

(37) $$j_c = j_a^2 + j_b^2 + j_{ab}^2 - j_a j_b j_{ab} - 2.$$

Comme $T_a T_b$ et $T_b T_a$ sont hyperboliques, on aura $j_{ab} > 2$, ce qui se vérifie d'ailleurs au moyen de l'égalité (37) en tenant compte de $j_c \leq 2$.

Si l'on exprime ensuite que T_c est elliptique et de période l (ou parabolique pour $l = \infty$), il vient

$$j_c = \pm 2 \cos \pi_l,$$

mais le choix du signe devant le second membre présente quelque difficulté.

Considérons d'abord le cas où T_c est parabolique. On a alors

$$j_c = \pm 2.$$

Je dis que le signe — est seul acceptable. En effet de

$$j_c = 2\lambda\rho - \mu\nu(\sigma + \sigma^{-1}) = +2$$

et
$$\lambda\rho - \mu\nu = 1,$$

on déduirait

$$\mu\nu(\sigma + \sigma^{-1} - 2) = 0.$$

Or le second facteur est positif et jamais nul, puisque T_b est hyperbolique. On aurait donc soit $\mu = 0$, soit $\nu = 0$; l'un des points doubles de T_a qui sont déterminés par l'équation

$$\nu z^2 + (\rho - \lambda) z - \mu = 0$$

coïnciderait donc avec l'un des points doubles 0 et ∞ de T_b et le groupe engendré par T_a et T_b ne serait pas proprement discontinu, à moins qu'il n'y ait coïncidence des deux points doubles, T_a et T_b étant alors permutables, hypothèse également exclue. Ainsi dans le cas de $l = \infty$, l'ambiguïté du signe est facile à lever, et l'on doit prendre

$$j_c = -2.$$

On peut ensuite montrer par des considérations simples de continuité que c'est encore le signe — qui convient si $\frac{\Pi}{l} > 0$. Figurons dans le plan cayleyen l'hexagone fuchsien $E_1 E_2 E_3 E_4 E_5 F$, le sommet F étant le point fixe, intérieur à la conique, de la substitution T_c, et considérons en particulier le cas d'un hexagone symétrique par rapport à la diagonale $E_3 F$; prenons pour conique absolue un cercle de centre ω, $E_3 F$ étant un diamètre de ce cercle; il y aura alors symétrie au sens euclidien, et les sommets de E_1 à E_5 seront, sur un cercle concentrique à l'absolu, les sommets d'une ligne brisée régulière inscrite; si l'on se donne ces points E_i, il existe un point F et un seul sur l'axe de symétrie $E_3 \omega A$, tel que l'angle $E_1 F E_5$ ait pour mesure non euclidienne $\frac{2\pi}{l}$; le point F, qui

Fig. 45.

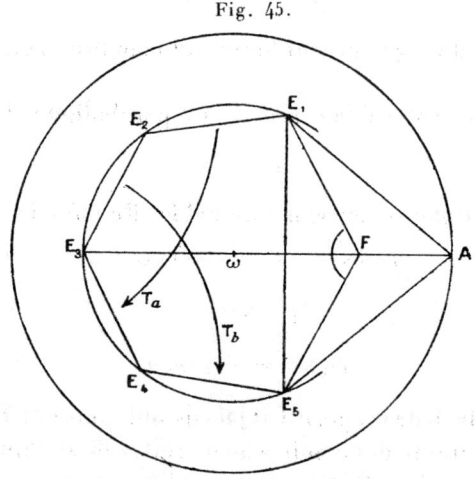

est déterminé algébriquement, varie d'une manière continue sur le rayon ωA quand on fait varier soit l'angle $\frac{2\pi}{l}$, soit la position des points symétriques E_1, E_5. Pour $l = \infty$, F est à l'extrémité A du rayon; si l'angle $\frac{2\pi}{l}$ augmente, F se rapproche de ω, mais si les sommets de E_1 à E_5 sont restés fixes, la somme des angles non euclidiens du cycle de sommets ($E_1, \ldots, E_5$), primitivement égale à 2π, est devenue inférieure à 2π; réduisons alors homothétiquement par rapport au centre ω la ligne brisée $E_1 E_2 \ldots E_5$ dans le rapport λ; le point F sera toujours déterminé par la condition que l'angle $E_1 F E_5$ soit un angle convexe du polygone, de mesure non euclidienne égale à $\frac{2\pi}{l}$. Pour λ infiniment petit, ce polygone a tous ses sommets infiniment voisins de ω; les mesures non euclidiennes des angles sont infiniment voisines de leurs valeurs euclidiennes, de sorte que la somme des angles de E_1 à E_5 différera très peu de

$$4\pi - \frac{2\pi}{l} \qquad (l > 1)$$

et sera par conséquent supérieure à 2π. En faisant varier λ continûment, on obtiendra donc, pour une valeur intermédiaire de λ, un polygone fuchsien ayant la signature $(1, 1; l)$, en supposant l entier, et qui sera un hexagone convexe et symétrique. Nous sommes ainsi passés par continuité d'un hexagone de signature $(1, 1; \infty)$ à un autre de signature $(1, 1; l)$. Les coefficients des substitutions T_a, reliant $E_1 E_2$ à $E_3 E_4$, et T_b reliant $E_2 E_3$ à $E_4 E_5$, ont varié d'une manière continue. Il en est de même pour ceux de

$$T_c = T_b T_a^{-1} T_b^{-1} T_a,$$

de sorte que j_c, primitivement égal à -2, reste négatif si $l > 2$, et l'on a

$$j_c = -2 \cos \frac{\pi}{l},$$

(38) $$j_a^2 + j_b^2 + j_{ab}^2 - j_a j_b j_{ab} = 2 - 2 \cos \frac{\pi}{l}.$$

Le fait que cette relation subsiste pour tous les polygones fuchsiens de la signature considérée résulte de ce que l'on passe par continuité du polygone P au polygone P', ce qui se voit en considérant les deux surfaces de Riemann associées du genre 1, à deux feuillets et quatre points de ramification. Remarquons que la relation

$$j_c = +2 \cos \frac{\pi}{l}$$

correspondrait à un hexagone ayant en F un angle rentrant, de mesure égale à $2\pi - \frac{2\pi}{l}$ qui ne serait pas fuchsien, bien que les substitutions correspondantes vérifient encore les mêmes relations fondamentales.

Posons pour simplifier

$$j_a = X, \quad j_b = Y, \quad j_{ab} = Z.$$

Nous voyons qu'à tout groupe fuchsien de la signature considérée correspond un système de valeurs de X, Y, Z liées par la relation

$$(39) \qquad X^2 + Y^2 + Z^2 - XYZ = 2 - 2\cos\frac{\pi}{l},$$

à laquelle il convient d'adjoindre les inégalités

$$X > 2, \quad Y > 2, \quad Z > 2.$$

La dernière sera vérifiée d'elle-même si les deux premières le sont, car si l'équation (39) a ses racines en Z réelles, leur demi-somme $\frac{XY}{2}$ est supérieure à 2, de même que leur moyenne géométrique

$$\sqrt{X^2 + Y^2 - 2 + 2\cos\frac{\pi}{l}} > \sqrt{b} > 2.$$

Le contour apparent sur le plan des XY de la surface cubique (39) est la courbe du quatrième degré,

$$(X^2 - 4)(Y^2 - 4) = 8 + 8\cos\frac{\pi}{l} = h \qquad (16 \geq h \geq 8),$$

qui a deux asymptotes parallèles à OX : $Y = \pm 2$, et deux asymptotes $X = \pm 2$ parallèles à OY. Si l'on suppose X et Y > 2, on ne conservera que la partie de ce contour apparent contenue dans l'angle

$$X > 2, \quad Y > 2$$

des deux asymptotes $X = 2$, $Y = 2$, et qui est formée d'un trait continu. On voit par là que la portion de surface considérée est d'un seul tenant. Remarquons qu'à l'intérieur de cette portion de surface, X, Y, Z sont finis et > 2; les substitutions T_a, T_b, $T_b T_a$ correspondantes, définies par les relations (36), où l'on remplace j_a,

j_b, j_{ab} par X, Y, Z, ne deviennent donc jamais paraboliques, ni infinitésimales, ni singulières (pour une substitution singulière l'invariant j ne peut prendre que les valeurs ∞ ou ± 2); on voit

Fig. 46.

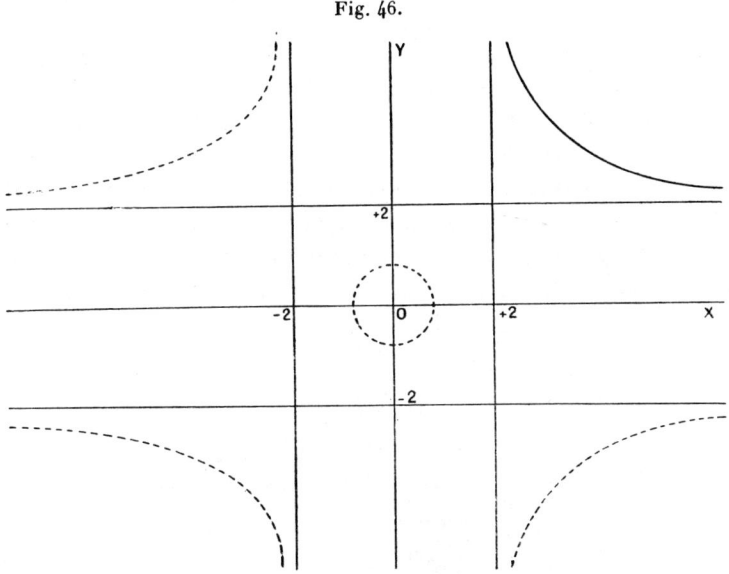

aisément, en s'aidant de considérations de symétrie, qu'il en est de même pour les substitutions

$$T_b T_a^{-1}, \quad T_a^{-1} T_b^{-1}, \quad T_b^{-1} T_a,$$
$$T_b T_a^{-1} T_b^{-1}, \quad T_a^{-1} T_b^{-1} T_a.$$

Si donc l'on détermine de cette manière les coefficients des substitutions génératrices, en adjoignant une relation supplémentaire telle que $\mu = \nu$, pour supprimer toute indétermination; si ensuite l'on choisit, dans le demi-plan supérieur, un point ε_1 distinct du point double φ de T_c et des transformés de φ par les substitutions

$$T_a^{-1}, \quad T_a^{-1} T_b, \quad T_a^{-1} T_b T_a, \quad T_c^{-1};$$

si enfin l'on détermine les points ε_2, ε_3, ... par les relations

$$\varepsilon_4 = T_a \varepsilon_1,$$
$$\varepsilon_3 = T_b^{-1} T_a \varepsilon_1,$$
$$\varepsilon_2 = T_a^{-1} T_b^{-1} T_a \varepsilon_1,$$
$$\varepsilon_5 = T_c \varepsilon_1,$$

les points ε_1, ε_2, ... ε_5 ainsi obtenus seront toujours distincts entre eux et distincts du point φ et ne seront jamais situés sur l'axe réel. Nous pouvons admettre que pour une position particulière de (X, Y, Z), l'hexagone $\varepsilon_1\varepsilon_2\ldots\varepsilon_5\varphi$ dont les sommets sont ainsi définis et dont les côtés sont des arcs de géodésiques est un hexagone convexe générateur du groupe fuchsien G. Faisons ensuite varier d'une manière continue le point X, Y, Z à l'intérieur de la portion considérée de surface cubique; les coefficients λ, μ, ν, ρ, σ varieront d'une manière continue; le point ε_1 pourra rester fixe, ou être déplacé d'une manière continue, de manière à ne jamais coïncider avec le point φ ni avec les transformés de φ désignés à l'instant; l'hexagone $\varepsilon_1\varepsilon_2\ldots\varphi$ admettant les couples de côtés conjugués $(\varepsilon_1\varepsilon_2, \varepsilon_3\varepsilon_4)$, $(\varepsilon_2\varepsilon_3, \varepsilon_4\varepsilon_5)$, $(\varepsilon_1\varphi, \varepsilon_5\varphi)$ variera d'une manière

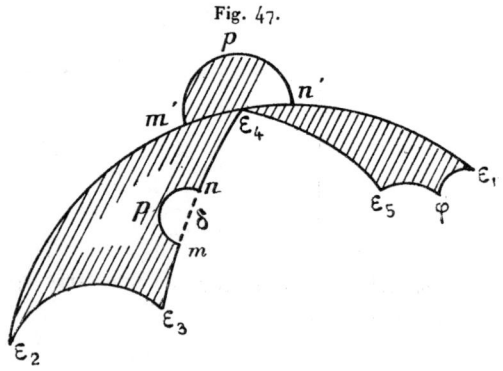

Fig. 47.

continue et sera toujours générateur d'un groupe fuchsien, les conditions relatives à la somme des angles d'un cycle étant toujours vérifiées; seulement pour que cet hexagone soit toujours d'un seul tenant et à contour simple on ne pourra pas lui donner constamment des côtés formés d'arcs de géodésiques; on devra modifier les côtés par des modifications permises de manière à conserver un contour sans points doubles. Si par exemple, comme l'indique la figure 47, le point ε_4 vient se placer sur le côté $\varepsilon_1\varepsilon_2$, on enlèvera du polygone une aire finie $m\delta np$, et on lui ajoutera l'aire équivalente $m'\varepsilon_4 n'p'$, δ étant l'homologue sur $\varepsilon_3\varepsilon_4$ du point de $\varepsilon_1\varepsilon_2$ en coïncidence avec ε_4. On examinera de même les divers cas de figure qui peuvent se présenter.

Il suit de là qu'à tout point de la portion de surface définie plus haut et qui joue le rôle de la variété E'_{2r} (§ **173**) correspond un groupe fuchsien de signature $(1, 1; l)$. La variété E_{2r} n'est autre que le

Fig 47 bis.

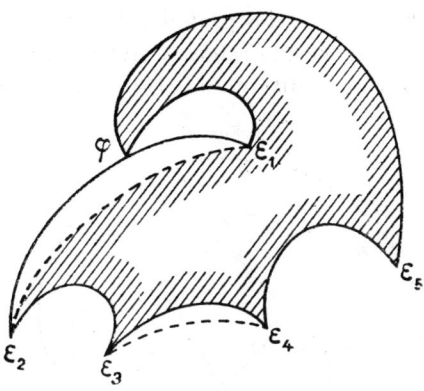

plan complexe, représentatif de l'invariant absolu J des courbes algébriques du premier genre; le point critique e de la fonction $z(x)$ sur la surface de Riemann n'a pas à intervenir, ce point pouvant être pris arbitrairement parce que la courbe de genre 1 admet un faisceau à un paramètre complexe de transformations birationnelles en elle-même. Si par exemple on choisit comme représentant de la classe de courbes

$$y^2 = 4x^3 - g_2 x - g_3,$$

on pourra poser

$$J = \frac{g_2^3 - 27 g_3^2}{g_2^3},$$

et le domaine E_{2r} admet le seul point frontière $J = 0$. On voit aisément qu'à tout point (X, Y, Z) sur la portion de surface E'_{2r} correspond une seule classe de surfaces de Riemann, c'est-à-dire une seule valeur de J. Mais la réciproque n'est pas vraie. A une valeur de J correspondent une infinité de systèmes de substitutions génératrices T_a, T_b, T_c liées par les relations fondamentales, chaque système étant attaché à un polygone fuchsien du type canonique. Ces divers polygones se déduisent de l'un d'entre eux par des modifications qui correspondent à celles du système K de coupures de la surface de Riemann du premier genre. Si l'on fait abstraction du lacet c joignant l'origine des rétrosections au point critique de $z(x)$, on voit que les divers systèmes de substitutions génératrices correspondent aux divers systèmes de rétrosections (a, b) tracés sur la surface; passer d'un système de rétrosections à un autre revient à effectuer une substitution du groupe modulaire sur le rapport ω des périodes de l'intégrale elliptique de première espèce attachée à la relation algébrique considérée. Mais si l'on tient compte de l'ordre de succession des coupures (a, b, c),

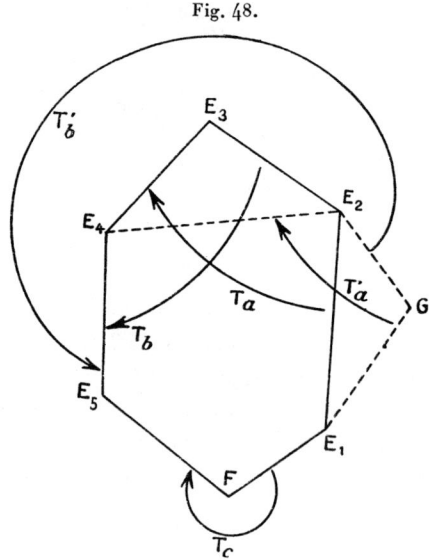

Fig. 48.

on trouve qu'il y a lieu d'adjoindre aux opérations ainsi obtenues une opération de période 2 correspondant au passage d'une coupure a ou b par le point critique de $z(x)$, et que le groupe des opérations que l'on peut ainsi effectuer sur le système $(\mathrm{T}_a, \mathrm{T}_b, \mathrm{T}_c)$ est isomorphe au groupe modulaire étendu par symétrie relativement à l'axe imaginaire dans le plan (ω). Nous laissons au lecteur le soin d'étudier en détail les diverses opérations du groupe Γ qui correspondent ainsi aux substitutions fondamentales du groupe modulaire étendu. On trouvera tous les développements sur cette question dans les Leçons de Fricke et Klein. Indiquons rapidement les résultats. La substitution $(\omega; \omega + 1)$ correspond à la modification permise de l'hexagone indiquée par la figure 48 et qui consiste à remplacer le triangle $E_2 E_3 E_4$ par le triangle équivalent construit sur $E_1 E_2$ et transformé du premier par T_a^{-1}; les nouvelles substitutions génératrices sont

$$T'_a = T_a,$$
$$T'_b = T_b T_a,$$
$$T'_c = T_c,$$

et l'on déduit des formules (36) les valeurs des nouveaux invariants

$$j''_a = j_a,$$
$$j''_b = j_{ab},$$
$$\begin{aligned}j''_{ab} &= \sigma^{\frac{1}{2}}(\lambda^2 + \mu\nu) + \sigma^{-\frac{1}{2}}(\rho^2 + \mu\nu) \\ &= (\lambda + \rho)\left(\sigma^{\frac{1}{2}}\lambda + \sigma^{-\frac{1}{2}}\rho\right) + (\mu\nu - \lambda\rho)\left(\sigma^{\frac{1}{2}} + \sigma^{-\frac{1}{2}}\right) \\ &= j_a j_{ab} - j_b.\end{aligned}$$

Traçons ensuite la diagonale $E_1 E_4$ et remplaçons le quadrilatère $E_1 E_2 E_3 E_4$ par son transformé par T_b. Nous obtenons un nouvel hexagone qui admet pour substitutions génératrices

$$T'_a = T_b,$$
$$T'_b = T_b T_a^{-1} T_b^{-1},$$
$$T'_c = T_c,$$

d'où l'on déduit

$$j''_a = j_b, \quad j''_b = j_a,$$
$$j''_{ab} = \rho\sigma^{\frac{1}{2}} + \lambda\sigma^{-\frac{1}{2}} = j_a j_b - j_{ab}.$$

Enfin l'on peut adjoindre à ces deux opérations qui correspondent respectivement aux substitutions $(\omega; \omega+1)$ et $\left(\omega; -\dfrac{1}{\omega}\right)$ du groupe modulaire la suivante

$$T'_a = T_a, \quad T'_b = T_b^{-1}, \quad T_c - T_c^{-1}$$

qui donne lieu à la transformation suivante des invariants :

$$j''_a = j_a, \quad j''_b = j_b, \quad j''_{ab} = j_a j_b - j_{ab}.$$

Cette dernière opération correspond à la symétrie par rapport à l'axe imaginaire dans le plan de la variable ω, $(\omega'_0 = -\omega)$.

On démontre que le groupe Γ ne renferme pas d'autres substitutions que celles qui sont dérivées des trois substitutions que nous venons de définir. Si l'on emploie les notations (X, Y, Z) au lieu de j_a, j_b, j_{ab}, le groupe Γ est donc dérivé des substitutions

(I) $\qquad X' = X, \qquad Y' = Z, \qquad Z' = XZ - Y,$
(II) $\qquad X' = Y, \qquad Y' = X, \qquad Z' = XY - Z,$
(III) $\qquad X' = X, \qquad Y' = Y, \qquad Z' = XY - Z.$

On peut encore remplacer ces trois substitutions génératrices de Γ par les suivantes qui sont un peu plus simples :

(III) $\qquad X' = X, \qquad Y' = Y, \qquad Z' = XY - Z,$
(IV) $\qquad X' = X, \qquad Y' = Z, \qquad Z' = Y,$
(V) $\qquad X' = Y, \qquad Y' = X, \qquad Z' = Z,$

et qui correspondent toutes les trois à des symétries dans le plan (ω); corrélativement, chacune des opérations (III), (IV), (V) laisse fixes tous les points d'une surface

$$XY - 2Z = 0, \qquad Y - Z = 0, \qquad X - Y = 0.$$

Pour l'étude de la division régulière de la surface du troisième ordre en régions équivalentes par les transformations de Γ, nous renverrons le lecteur au Mémoire de Fricke (*Ueber die Theorie der automorphen Modulgruppen*, Göttinger Nachrichten 1896, Heft 2).

175. Nous allons indiquer maintenant, sans entrer dans tous les détails, comment l'on parvient au théorème d'uniformisation des fonctions algébriques correspondant à une surface de Riemann orthosymétrique au moyen des fonctions fuchsiennes de la seconde classe, ayant un ensemble parfait discontinu de points singuliers. Considérons une surface de Riemann orthosymétrique, divisée par conséquent par le système de ses lignes de symétrie au nombre de μ en deux morceaux sans connexion entre eux, et proposons-nous de faire la représentation conforme de l'une des demi-surfaces ainsi obtenues sur un demi-polygone fuchsien de la seconde classe; nous nous placerons pour plus de simplicité dans le cas où la fonction linéairement polymorphe uniformisante est supposée dépourvue de points singuliers sur la surface de Riemann. La demi-surface F_1, transformée en une surface fermée par adjonction d'aires simplement connexes, passant par chacune des courbes de passage et de genre p'

$$p = 2p' + \mu - 1.$$

Lorsqu'on la considère comme une surface ouverte ayant μ bords, il suffit pour la transformer en une aire simplement connexe de tracer un système de $2p'$ rétrosections (a_k, b_k) passant toutes par un même point de la surface et d'y adjoindre un système de μ coupures c_k joignant ce même point aux μ bords (¹). L'aire simplement connexe ainsi obtenue peut être appliquée au sens de l'*Analysis situs* sur un demi-polygone fuchsien de la seconde classe, figuré par exemple dans le plan de la conique cayleyenne et dont le contour comprend μ segments de conique correspondant aux bords de la surface, en outre $2p' + \mu$ paires de côtés de la première sorte correspondant aux rétrosections et aux coupures c_k, de sorte que les sommets tous adventifs forment μ cycles ouverts et un seul cycle fermé, le genre d'un tel polygone étant d'après la formule (3) du paragraphe 56 égal à $2p' + \mu - 1$, c'est-à-dire à p. Il n'est pas difficile de démontrer l'existence d'un tel polygone, nous ne nous y attarderons pas, ayant déjà donné des démonstrations analogues.

Nous pourrons ensuite construire une surface de superposition de la même manière que dans les paragraphes précédents, en adjoignant au polygone P_1 tous les polygones voisins du réseau qui ont un sommet commun avec lui, de la première ou de la deuxième sorte, répétant cette opération et exécutant les opérations correspondantes sur la surface F_1 en soudant entre eux des exemplaires de cette surface superposés sur le plan z. On obtient à la limite une surface de superposition F_∞ correspondant point par point au réseau des polygones P_ν, qui couvre l'intérieur de la conique; cette surface est simplement connexe et peut être représentée d'une manière conforme sur un cercle; quand on fait cette représentation, les divers exemplaires de F_1 qui se correspondent

---

(¹) Il est clair que si les coupures c_k suivent les rétrosections, les bords de la surface rendue simplement connexe se suivront dans l'ordre

$$a_1^+ b_1^- a_1^- b_1^+ \ldots a_{p'}^+ b_{p'}^- a_{p'}^- b_{p'}^+ . c_1^+ \gamma_1 c_1^- c_2^+ \gamma_2 c_2^- \ldots c_\mu^+ \gamma_\mu c_\mu^-,$$

les γ_i étant les courbes de passage.

par des transformations conformes de F_∞ en elle-même ont pour images des polygones, deux à deux adjacents et déduits les uns des autres par les substitutions d'un groupe fuchsien de la seconde classe. Pour faire cette démonstration dans le détail, on devra observer que les lignes de passage des divers exemplaires de F_1, qui constituent des lignes frontières de F_∞, sont des lignes analytiques auxquelles correspondent par conséquent dans la représentation conforme des arcs de la circonférence. On devra ensuite remarquer que, par suite du principe de prolongement par symétrie, à deux points symétriques situés respectivement sur les deux demi-surfaces F_1 et F'_1 correspondent deux points symétriques par rapport au cercle principal. Enfin le cas où l'on admet l'existence de points critiques de la fonction polymorphe ne donne lieu à aucune complication essentielle ([1]).

176. Nous allons maintenant démontrer le théorème, énoncé tout d'abord par M. Klein, auquel nous avons déjà fait allusion au paragraphe 126 et qui conduit à l'uniformisation des fonctions algébriques par des fonctions automorphes dont l'ensemble des points singuliers essentiels est un ensemble parfait partout discontinu; le domaine d'existence de ces fonctions comprendra donc des points aussi rapprochés que l'on voudra de tout point du plan.

Nous considérons dans le plan z un domaine d'ordre de connexion égal à $2p$, limité par $2p$ courbes fermées ne se coupant pas elles-mêmes ni deux à deux C_1, C'_1, C_2, C'_2, ..., C_p, C'_p; la courbe C'_i se déduit de C_i par la substitution

$$z' = T_i z = \frac{\alpha_i z + \beta_i}{\gamma_i z + \delta_i}.$$

Soit d'autre part $x(z)$ une fonction automorphe admettant ce domaine P_0 pour polygone générateur, de sorte que

$$x(T_i z) = x(z).$$

Cette fonction fait la représentation conforme du domaine P_0 sur une surface de Riemann de genre p, munie de p coupures fermées $a_1, a_2, \ldots, a_p$ qui ne se coupent pas elles-mêmes ni deux

---

([1]) Pour plus de détails, *voir* FRICKE et KLEIN, *Automorphe Funktionen*, t. II, p. 469-483.

à deux. Si l'on construit le réseau de polygones déduits du polygone générateur P_0 par les substitutions du groupe G, ce réseau couvre une région $\mathcal{R}$ du plan z dont l'ordre de connexion est infini et qui est le domaine de la fonction $x(z)$; cette dernière fait la représentation conforme de $\mathcal{R}$ sur une surface de Riemann S_∞, provenant de la superposition sur le plan (x) d'une infinité d'aires identiques à S', en désignant par S' la surface de Riemann de genre p, munie d'un système de p coupures, qui est l'image de P_0. S_∞ est donc une surface de Riemann à une infinité de feuillets que nous décrirons plus en détail dans un instant.

Soit $y(x)$ une fonction algébrique de x uniforme sur la surface de Riemann S qui se déduit de S' par suppression des coupures a_i; y est alors comme x une fonction automorphe de z appartenant au groupe G et la fonction $y(x)$ se trouve uniformisée par ces fonctions automorphes, que Poincaré a appelées fonctions kleinéennes de la troisième famille, et que l'on appelle aussi parfois fonctions automorphes du type de Schottky.

Si l'on se donne inversement une fonction algébrique arbitraire $y(x)$, correspondant à une surface de Riemann de genre $p > 1$, il s'agit de montrer que cette fonction est uniformisable par ce procédé, c'est-à-dire que l'on peut tracer sur la surface de Riemann un système de p coupures fermées a_1, $a_2, \ldots, a_p$, tel que la surface S' ainsi obtenue soit applicable d'une manière conforme sur un polygone P_0 du plan simple limité par p paires de courbes fermées (C_i, C_i'), les courbes C_i et C_i' se déduisant l'une de l'autre par une substitution linéaire et deux points homologues sur ces deux courbes correspondant à deux points en coïncidence sur les deux bords de a_i. S'il en est ainsi les deux fonctions automorphes

$$x(z) \quad \text{et} \quad y[x(z)]$$

fourniront la solution du problème d'uniformisation proposé que nous avons déjà discuté au paragraphe 126; nous avons vu que la solution de ce problème se ramène à la résolution d'un système d'équations transcendantes en nombre égal à celui des inconnues et dont les premiers membres sont des fonctions transcendantes entières de ces inconnues, la possibilité de résolution du problème apparaissant ainsi comme vraisemblable.

Il nous faudra démontrer ensuite que si l'on se donne le système des coupures a_i, le problème n'est susceptible que d'une seule solution, en faisant abstraction d'une substitution linéaire arbitraire effectuée sur la variable uniformisante z, autrement dit que le système des valeurs des paramètres accessoires figurant dans l'équation différentielle du troisième ordre

$$\Delta\left(\frac{z}{x}\right) = 2\,\mathrm{R}(x, y)$$

est déterminé sans ambiguïté par les conditions du problème.

177. Pour parvenir à ce résultat nous construisons d'abord, comme dans le problème analogue qui concerne l'uniformisation par les fonctions fuchsiennes, la surface de superposition S_∞. Nous allons voir que le mode de construction de cette surface est encore plus simple que dans le problème déjà traité, bien que S_∞ ne soit plus ici simplement connexe mais au contraire d'ordre de connexion infini. Relions à chaque bord a_i de la surface de Riemann S', munie de ses p coupures, le bord opposé a'_i d'une surface de Riemann S'_{1i} identique à S' et superposée à celle-ci sur le plan (x). Relions de même au bord opposé a'_i de S' une autre surface de Riemann S'_{2i} encore identique à S' et superposée à cette dernière. Recommençons cette opération pour toutes les coupures $a_i (i = 1, 2, \ldots, p)$. Nous obtenons ainsi une surface Σ_1 formée par la réunion de $2p + 1$ exemplaires de S' et qui possède $2p(2p - 1)$ bords libres. A chacun des bords libres de cette surface Σ_1 nous relions un nouvel exemplaire de S' et obtenons ainsi une nouvelle surface Σ_2, contenant Σ_1 à son intérieur, à laquelle nous relions suivant le même procédé de nouveaux exemplaires de S' de manière à constituer une nouvelle surface Σ_3 contenant Σ_2 à son intérieur et ainsi de suite indéfiniment. La surface S_∞ est la limite de Σ_n pour n infini. Il y a lieu de remarquer que chaque nouvel exemplaire de S' n'est relié que par une seule de ses $2p$ lignes frontières à la surface Σ_n déjà construite. On peut d'ailleurs se représenter la génération de S_∞ en faisant correspondre à S' et aux $2p$ bords des p coupures a_i un polygone kleinéen Q_0 du genre p et les $2p$ courbes fermées par lesquelles Q_0 est supposé limité, cette correspondance n'étant établie tout d'abord qu'au sens de l'*Analysis situs* sans se préoccuper d'obtenir une application conforme. La surface Σ_1 correspond alors point par point au domaine Q_1 obtenu en ajoutant à Q_0, polygone générateur du groupe Γ, tous les polygones du réseau qui lui sont adjacents et qui correspondent aux divers exemplaires de S' reliés à l'exem-

Fig. 49.

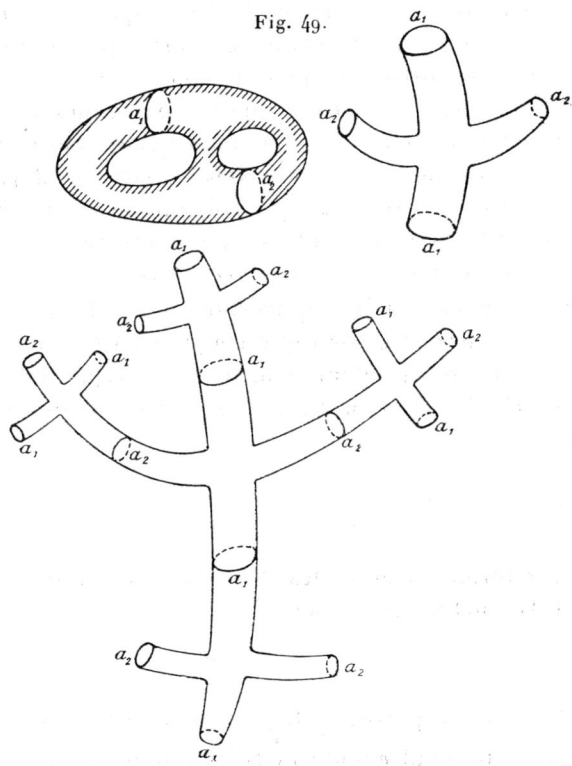

plaire initial. Σ_2 correspond de même au domaine obtenu en ajoutant à Σ_1 les polygones du réseau qui lui sont adjacents suivant tous les côtés libres, et ainsi de suite. La surface S_∞, limite des surfaces S', Σ_1, Σ_2, Σ_3., ..., emboîtées les unes dans les autres, correspond ainsi point par point au réseau $\mathcal{R}^*$ des polygones équivalents à Q_0. On voit ainsi que S_∞ est un domaine quasi simple sur lequel on ne peut tracer aucune coupure fermée sans le morceler.

On peut du reste donner une représentation dans l'espace de

cette surface S_∞, qui met en évidence d'une manière encore plus intuitive cette dernière propriété. Cette représentation est indiquée par la figure 49 dans laquelle on suppose $p = 2$. La surface de Riemann S' est supposée dilatée dans l'espace suivant les idées de Clifford, affectant la forme d'un double anneau ou d'une galette percée de deux trous; les deux bords des coupures a_1 et a_2 ont été en outre écartés l'un de l'autre de sorte que S' peut être regardée comme la surface d'une sorte de croix à deux branches, formée si l'on veut de deux cylindres de révolution qui se traversent; cette surface présente ainsi quatre bords le long desquels on peut souder de nouvelles surfaces analogues, de manière à obtenir la surface Σ_1 qui présente 12 bords libres; le long des 12 bords de Σ_1 on soude de nouveaux exemplaires de S' et ainsi de suite. Il est clair qu'en déformant la surface Σ_n on peut la transformer en une surface sphérique percée de trous et que cette surface est morcelée par toute coupure fermée; il en est de même de S_∞. Il s'agit là naturellement d'une représentation au sens de l'*Analysis situs* et nos surfaces sont en réalité étendues sur le plan (x).

178. Si nous posons
$$x = \xi + i\eta,$$
nous pouvons former, d'après les théorèmes démontrés au paragraphe 145, la fonction de courant
$$z = f(x) = u + iv$$
qui possède le terme polaire $\dfrac{\xi}{\xi^2 + \eta^2}$ au point O ($\xi = \eta = 0$), qui est régulière en tout autre point de S_∞ et représente cette surface sur un domaine simple du plan z.

La fonction harmonique u jouit de la propriété que l'intégrale de Dirichlet $D_\Delta[u]$ possède une valeur finie, Δ désignant le domaine obtenu en supprimant de S_∞ un entourage quelconque du point O. Cette propriété est caractéristique. En effet soit
$$z' = u' + iv'$$
une autre fonction uniforme sur S_∞, ayant en O un pôle du premier ordre avec la partie principale $\dfrac{1}{z}$, régulière partout ailleurs

et pour laquelle $D_\Delta[u']$ existe. Je dis que $z'-z$ est une constante. Posons en effet
$$w = u'-u.$$
L'intégrale de Dirichlet
$$D_{S_\infty}[w]$$
a une valeur finie, car w étant partout régulière sur S_∞, il est clair que son intégrale de Dirichlet existe dans toute partie de S_∞ d'étendue finie, notamment dans l'entourage de O; et d'autre part les relations
$$D_\Delta[w] = D_\Delta[u-u'] = D_\Delta[u] + D_\Delta[u'] - 2\,D_\Delta[u, u']$$
$$< D_\Delta[u] + D_\Delta[u'] + 2\sqrt{D_\Delta[u]\,D_\Delta[u']}$$
montrent que $D_\Delta[w]$ possède aussi une valeur finie. Il faut démontrer ensuite que $D[w]$ étendue au domaine S_∞ a une valeur nulle.

Nous ferons l'hypothèse que les coupures a_i tracées sur S ne renferment aucun point de ramification de cette surface ni aucun point à l'infini. La distance de tout point des coupures a_i aux points de ramification est supérieure à une quantité positive d, et les longueurs de ces courbes sont supposées inférieures à L.

Désignons les courbes superposées à a_i et tracées sur S_∞ par
$$a_i^1,\ a_i^2,\ \ldots,\ a_i^h,\ \ldots,$$
ces courbes étant rangées de telle manière que l'on obtienne d'abord toutes les courbes a_i tracées sur Σ_1, puis celles qui sont tracées sur Σ_2, etc. Nous entourons la courbe a_i^h d'une bande B_i^h formée de l'ensemble des points dont la distance à un point de la courbe a_i^h est inférieure à r, avec $r < d$ et r assez petit pour que deux bandes B_i^h n'aient aucun point commun sur S_∞; ces courbes a_i^h et ces bandes B_i^h sont d'ailleurs, pour chaque valeur de i, exactement superposées sur le plan simple.

Posons
$$W_i^h = D_{B_i^h}[w].$$
La série
$$\sum_{\substack{i=1 \\ h=1}}^{\substack{h=\infty \\ i=p}} W_i^h$$

est convergente, et par suite la somme

$$\sum_{\substack{i=1 \\ h=m}}^{\substack{h=\infty \\ i=p}} W_i^h$$

est $< \varepsilon$, nombre positif arbitraire, pour $m > m'$.

En vertu d'une propriété des fonctions harmoniques démontrée dans l'Introduction (§ 10) on a

$$\left(\frac{dw}{dx}\right)^2 + \left(\frac{dw}{dy}\right)^2 < C^2 W_i^h$$

en tout point de la bande B_i^h, C désignant un nombre positif qui ne dépend que de r; on obtient ce résultat en renfermant l'aire B_i^h dans une aire analogue engendrée par un cercle de rayon $r_1 > r$, dont le centre décrit a_i^h mais de manière que l'intégrale W_i^h se trouve multipliée par un nombre inférieur, par exemple, à 2. On applique ensuite le lemme que nous venons de rappeler à un cercle ayant pour centre un point quelconque de la première bande B_i^h et intérieur à la seconde.

On a d'après cela, en appelant s l'arc de a_i^h :

$$\frac{dw}{ds} < C \sqrt{W_i^h},$$

et l'oscillation de w sur a_i^h est inférieure à

$$CL \sqrt{W_i^h}.$$

Remarquons ensuite que

$$D_{S_\infty}[w] = \lim_{n=\infty} W_n$$

en posant

$$W_n = D_{\Sigma_n}[w].$$

Appliquons maintenant la formule de Green (Intr., § 8) à la surface Σ_n en y remplaçant par w les fonctions appelées φ et ψ dans la formule générale. Nous obtenons, puisque w est une fonction harmonique,

$$W_n = \int_{\mathcal{C}_n} w \frac{dw}{d\nu} ds = \sum \int_{a_i^h} \frac{w\, dw}{d\nu} ds.$$

Dans cette formule l'intégrale curviligne est étendue à un certain nombre de courbes a_i^h formant le contour $\mathcal{C}_n$ de la surface Σ_n et $\dfrac{d}{d\nu}$ désigne la dérivée normale extérieure pour ce contour.

Appelons w_i^h la valeur moyenne de w sur la courbe a_i^h. Nous aurons
$$\int_{a_i^h} w \frac{dw}{d\nu} ds = \int_{a_i^h} (w - w_i^h) \frac{dw}{d\nu} ds.$$

On déduit de là
$$\left| \int_{a_i^h} w \frac{dw}{d\nu} ds \right| < \mathrm{CL}\sqrt{\mathrm{W}_i^h} . \mathrm{C}\sqrt{\mathrm{W}_i^h} . \mathrm{L},$$

car d'une part l'écart entre w et sa valeur moyenne est inférieur à $\mathrm{CL}\sqrt{\mathrm{W}_i^h}$ et d'autre part $\dfrac{dw}{d\nu}$ est inférieur à $\mathrm{C}\sqrt{\mathrm{W}_i^h}$.

Il vient donc
$$\int_{a_i^h} w \frac{dw}{d\nu} ds < \mathrm{C}^2 \mathrm{L}^2 \mathrm{W}_i^h$$
et
$$\mathrm{W}_n < \mathrm{C}^2 \mathrm{L}^2 . \Sigma\, \mathrm{W}_i^h.$$

Comme pour n suffisamment grand tous les indices h du second membre dépassent un entier arbitraire m, il résulte d'une remarque antérieure que W_n est aussi petit que l'on veut. On a donc
$$\mathrm{W} = \mathrm{D}_{\mathrm{S}_\infty}[w] = \lim_{n=\infty} \mathrm{W}_n = 0$$

et par suite, puisque les dérivées de w sont des fonctions continues,
$$\left(\frac{dw}{dx}\right)^2 + \left(\frac{dw}{dy}\right)^2 = 0$$

en tout point de S_∞. La différence
$$u' - u = w$$

se réduit donc à une constante, comme nous l'avions annoncé.

179. Si nous formons maintenant la fonction
$$z^{(1)}(x) = \frac{\alpha z + \beta}{\gamma z + \delta},$$

nous pouvons disposer des constantes α, β, γ, δ de manière que la fonction $z^{(1)}(x)$ possède en un point $O^{(1)}$ arbitraire de S_∞ un pôle du premier ordre avec un résidu donné à l'avance.

En effet si z_0 est le point du plan z qui correspond au point $O^{(1)}$, dans la représentation conforme de S_∞ sur un domaine simple que donne la fonction $z(x)$, il nous suffit de faire en sorte que la fonction linéaire de z :

$$z^{(1)} = \frac{\alpha z + \beta}{\gamma z + \delta} = u^{(1)} + iv^{(1)},$$

soit infinie pour $z = z_0$ et possède en ce point le résidu qui résulte, par la représentation conforme, du résidu fixé à l'avance sur la surface S_∞; $z^{(1)}(x)$ est alors une fonction uniforme sur S_∞, régulière sur cette surface sauf au pôle du premier ordre $O^{(1)}$ et qui représente S_∞ sur un domaine simple du plan z. L'intégrale de Dirichlet de la fonction $u^{(1)}$ possède donc une valeur finie lorsqu'on l'étend à la surface S_∞ dont on a supprimé simplement un entourage de $O^{(1)}$: cela résulte immédiatement de ce que cette intégrale de Dirichlet est égale à l'aire du domaine image sur le plan z, ce dernier domaine étant borné et simple.

Mais alors, d'après ce que nous avons démontré plus haut, $z^{(1)}(x)$ n'est autre, à une constante additive près, que la fonction de courant qui correspond au point $O^{(1)}$ et à la singularité polaire fixée à l'avance en ce point. Toutes les fonctions de courant sur S_∞ sont donc des fonctions linéaires de l'une d'entre elles.

De là résulte tout d'abord que le problème d'uniformisation que nous étudions en ce moment n'est susceptible que d'une solution au plus; car toute fonction linéairement polymorphe sur la surface de Riemann S et possédant les propriétés de représentation requises devient sur la surface de superposition S_∞ une fonction uniforme et régulière, représentant cette surface sur un domaine simple; si $O^{(1)}$ désigne le pôle unique et du premier ordre que possède cette fonction $z^{(1)}(x)$ sur S_∞, $z^{(1)}(x)$ coïncide nécessairement avec la fonction de courant que nous venons de construire. Il suit de là que toutes les fonctions linéairement polymorphes considérées sont des fonctions linéaires de l'une d'entre elles $z(x)$.

Pour démontrer maintenant que notre fonction de courant $z(x)$ est bien une fonction linéairement polymorphe, il suffit de remarquer que la surface S_∞ possède un groupe discontinu de transformations conformes et biunivoques en elle-même. Une telle transformation s'obtient en faisant correspondre à tout point M, situé sur l'un des exemplaires de S' qui constituent S_∞, le point P qui occupe la même position relative sur un autre exemplaire de S' superposé au premier; la transformation ainsi définie s'étend par continuité à la surface S_∞ tout entière et l'on voit comme au paragraphe 163 qu'elle est définie sans ambiguïté sur toute la surface. Si nous considérons l'une de nos fonctions z qui font la représentation conforme de S_∞ sur un domaine simple et possèdent comme singularité unique un pôle du premier ordre, nous déduirons évidemment de cette fonction une fonction analogue en attribuant à tout point P de la surface la valeur de la première fonction du point M qui se change en P par la transformation que nous venons de définir; cette deuxième fonction est donc une fonction linéaire de la première.

Considérons en particulier la surface initiale S' et la surface S'_{1i} dont le bord a'_i est soudé au bord a_i de la première, et soit U la transformation conforme, du groupe considéré à l'instant, qui change S' en S'_{1i}; les valeurs de la fonction z en tout point M de S' étant supposées données, le prolongement analytique de cette fonction sur S'_{1i} s'obtiendra en effectuant une substitution linéaire T_i sur la valeur de z au point M de S', homologue du point P de S'_{1i}; on peut écrire cela symboliquement :

$$P = U(M),$$
$$z(P) = \frac{\alpha_i\, z(M) + \beta_i}{\gamma_i\, z(M) + \delta_i}.$$

L'aire S', intérieure à S_∞, est représentée sur le plan z par une aire dont la frontière se compose de $2p$ courbes fermées C_1, C'_1, ..., C_i, C'_i, ..., C_p, C'_p, images respectives de a_1, a'_1, ..., a_i, a'_i, ..., a_p, a'_p; il est clair alors que la courbe C_i se déduit de C'_i par la substitution linéaire $\begin{pmatrix} \alpha_i\, \beta_i \\ \gamma_i\, \delta_i \end{pmatrix}$, deux points homologues sur ces deux courbes provenant de deux points en coïncidence sur les deux bords a_i et a'_i d'une même coupure. Le théorème d'uniformisation que nous avions en vue est donc complètement démontré. La remarquable démonstration que l'on vient de lire est due à M. Courant; on en trouvera une autre fondée sur des principes différents dans les Leçons de Fricke et Klein (*Automorphe Functionen*, t. II, p. 495-548).

180. Remarquons que la fonction linéairement polymorphe $z(x)$ dont nous venons de prouver l'existence dépend du choix du système de coupures $a_1, a_2, \ldots, a_p$, ce choix pouvant être fait d'une infinité de manières; en général deux systèmes de coupures essentiellement distincts, c'est-à-dire ne se ramenant pas l'un à l'autre par déformation continue, donneront lieu à deux fonctions $z(x)$ qui ne seront pas transformées linéaires l'une de l'autre. Considérons par exemple une surface de Riemann de genre deux, figurée par une galette à deux trous; prenons d'abord pour a_1, a_2 deux courbes fermées passant respectivement à travers chacun des trous (*fig.* 50); la surface munie des coupures a_1, a_2 est représentée

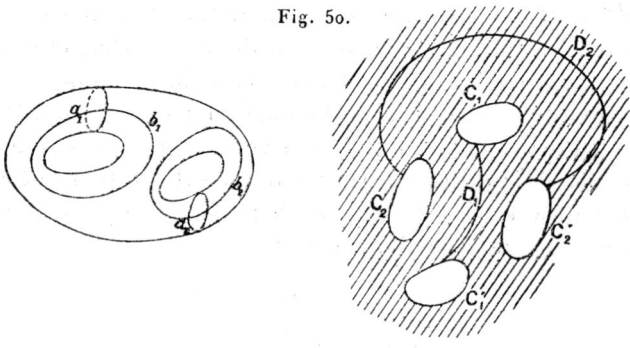

Fig. 50.

sur le plan z suivant le domaine limité par C_1, C'_1, C_2, C'_2. Choisissons maintenant comme courbes fermées tracées sur S au lieu de a_1, a_2 les courbes b_1, b_2 qui tournent chacune autour d'un trou de la surface et rencontrent respectivement a_1, a_2 en un point unique de manière à former les deux rétrosections (a_1, b_1) et (a_2, b_2); b_1 est représentée sur le plan z par une courbe non fermée unissant un point de C_1 avec un point de C'_1, lorsqu'on choisit pour $z(x)$ la même fonction que tout à l'heure. Au contraire la fonction polymorphe $\zeta(x)$ correspondant au système de coupures (b_1, b_2) représente chaque bord de l'une de ces courbes suivant une courbe fermée; ζ n'est donc pas une transformée linéaire de z. Au contraire nous avons vu en étudiant l'uniformisation par les fonctions fuchsiennes à cercle limite que dans ce dernier cas la variable uniformisante avait un caractère invariant relativement à tout changement dans le tracé du système canonique de coupures de la surface.

Quant à la solution effective du problème d'uniformisation dont nous venons de démontrer la possibilité, c'est là une question qui ne paraît pas avoir été étudiée; on y parviendrait probablement en s'inspirant des recherches déjà mentionnées de Poincaré, Schlesinger et Myrberg dans des questions analogues.

181. Les théorèmes d'uniformisation que nous venons de démontrer sont susceptibles de nombreuses applications à l'étude des fonctions algébriques et des fonctions analytiques. Nous allons en faire connaître quelques-unes.

Démontrons d'abord un important théorème dû à M. Picard et dont voici l'énoncé :

Si deux fonctions analytiques

$$x = P(t), \quad y = Q(t)$$

de la variable t, uniformes dans une région du plan où elles possèdent un point singulier essentiel isolé, sont liées par une relation algébrique irréductible

$$F(x, y) = 0,$$

le genre de cette relation ne peut être que zéro ou un.

Soit $t = a$ le point singulier considéré, les fonctions $P(t)$ et $Q(t)$ étant uniformes à l'intérieur d'un cercle C de centre a, et tous les points de ce cercle, à l'exception du point a, étant pour ces fonctions des points réguliers ou des pôles. A tout point t_0 de C, distinct de a, correspond ainsi un point bien déterminé (x_0, y_0) de la surface de Riemann de genre p attachée à la relation algébrique considérée. Supposons $p \geq 2$. Il existe alors une fonction $z(x)$ linéairement polymorphe sur la surface de Riemann et qui donne la représentation conforme de cette surface munie d'un système canonique de rétrosections sur un polygone fuchsien de $4p$ côtés, dépourvu de sommets elliptiques et paraboliques, admettant par conséquent la signature $(p, 0)$. Nous supposerons cette fonction $z(x)$ choisie de manière que le réseau correspondant de polygones fuchsiens couvre le demi-plan supérieur de la variable z. Si l'on exprime x et y en fonction de t, la fonction z du point analytique (x, y) devient ainsi une fonction analytique de t; je dis que cette fonction $z(t)$ est régulière en tout point de C distinct du point $t = a$.

En effet, si (x_0, y_0) est le point de la surface de Riemann qui correspond à la valeur t_0 de t, $z(x)$ sera dans le voisinage de ce point développable suivant les puissances entières ascendantes de τ, en posant comme d'habitude :

$$\tau = x - x_0$$

pour un point ordinaire à distance finie de la surface, et pour un point de ramification ou pour un point à l'infini :

$$\tau = (x - x_0)^{\frac{1}{\nu}}, \qquad \tau = \frac{1}{x} \quad \text{ou} \quad \tau = \frac{1}{x^{\frac{1}{\nu}}}.$$

Mais d'autre part, en vertu de la relation :

$$x = \mathrm{P}(t),$$

$(x - x_0)$ ou $\frac{1}{x}$ est développable en série convergente entière en $(t - t_0)$, nulle pour $t = t_0$; la fonction $z(t)$ sera donc dans le voisinage de t_0 développable en série de puissances ascendantes de $(t - t_0)$ ou de $(t - t_0)^{\frac{1}{\nu}}$, c'est-à-dire que le point $t = t_0$ ne peut être pour la fonction $z(t)$ qu'un point régulier, un pôle ou un point critique algébrique. Mais si le point t décrit un contour fermé infiniment petit entourant t_0, le point (x, y) décrit de même sur la surface de Riemann un contour fermé dont tous les points sont infiniment voisins du point (x_0, y_0) et la fonction z, uniforme autour de chaque point de la surface de Riemann, reprend sa valeur initiale; $z(t)$ est donc uniforme dans le voisinage de t_0, et comme cette fonction ne prend que des valeurs finies (représentées par des points du demi-plan supérieur) elle est régulière pour $t = t_0$.

Supposons maintenant que t décrive à l'intérieur de C et dans le sens direct un contour fermé simple entourant le point $t = a$; le point (x, y) décrit alors sur la surface de Riemann un circuit fermé; en raison de l'indétermination des fonctions $P(t)$ et $Q(t)$ au voisinage de $t = a$, ce circuit ne pourra pas en général se réduire à un point par déformation continue; la fonction z éprouvera donc une substitution linéaire hyperbolique qui peut s'écrire :

$$\frac{z'-\alpha}{z'-\beta} = k\frac{z-\alpha}{z-\beta},$$

α, β, k étant réels, $k > 0$ et différent de l'unité. Si l'on pose

$$\zeta = \frac{z-\alpha}{z-\beta},$$

la fonction $\zeta(t)$ dont le point représentatif reste toujours, comme celui de $z(t)$, à l'intérieur du demi-plan supérieur, est donc une fonction régulière et différente de zéro pour tout point de C distinct de $t = a$, et qui éprouve la substitution $(\zeta, k\zeta)$ quand l'argument de $(t - a)$ augmente de 2π.

Si l'on pose

$$\frac{\log k}{2i\pi} = ci$$

ou

$$c = -\frac{\log k}{2\pi},$$

le logarithme étant pris avec sa valeur arithmétique, la fonction

$$(t-a)^{ci} = e^{\frac{\log k}{2i\pi}\log(t-a)}$$

est également une fonction régulière et différente de zéro en tout point de C distinct du point a et qui est multipliée par k quand l'argument de $t - a$ augmente de 2π. Si donc l'on pose

$$\zeta(t) = (t-a)^{ci}\varphi(t)$$

la fonction $\varphi(t)$ est uniforme dans C, régulière et différente de zéro en tout point de C autre que a. Si l'argument de $(t - a)$ varie de 2π, l'argument de $\varphi(t)$ ne peut varier que d'un multiple de 2π, soit $2m\pi$; l'argument de $(t-a)^{ci}$ qui est égal à

$$c\log|t-a|$$

ne varie pas; l'argument de $\zeta(t)$ variera donc de $2m\pi$, ce qui exige que m soit nul, car cet argument est toujours compris entre $2h\pi$ et $(2h+1)\pi$, ζ restant dans le demi-plan supérieur. Il suit de là que si l'on pose

$$f(t) = \log\varphi(t) = \log|\varphi(t)| + i\arg.\varphi(t),$$

la fonction $f(t)$ est uniforme dans C et régulière dans ce cercle, sauf peut-être en a.

Si l'on pose
$$f(t) = U + iV,$$
on a
$$\zeta(t) = (t-a)^{ci} e^{f(t)} = e^{U+iV+ic\log|t-a|-c\arg(t-a)}.$$

L'argument de $\zeta(t)$, égal à

$$V + c\log|t-a|$$

devant rester compris entre $2h\pi$ et $(2h+1)\pi$, il s'ensuit que si l'on fait tendre t vers a, et par suite $\log|t-a|$ vers $-\infty$, V sera bornée supérieurement ou inférieurement suivant le signe de c; ceci est impossible si $f(t)$ admet le point $t=a$ comme point singulier essentiel, car la fonction $e^{\pm if(t)}$ serait bornée en module, ce qui n'est pas. Si au contraire $f(t)$ est régulière pour $t=a$, V tend vers une valeur finie et déterminée et $V + c\log|t-a|$ tend vers $\pm\infty$ quand $(t-a)$ tend vers zéro, ce qui est encore impossible. On conclut de là que la fonction $z(t)$ ne peut pas éprouver une substitution hyperbolique quand t tourne autour du point a.

Il ne reste plus qu'à examiner l'hypothèse où la fonction $z(t)$ serait uniforme au voisinage du point $t=a$. Ce point ne peut pas être un pôle ni un point singulier essentiel de la fonction, la démonstration faite plus haut restant applicable quand on suppose

$$c = \log k = 0$$

et conduisant encore à cette conséquence que la fonction

$$f(t) = \log z(t)$$

serait uniforme et aurait sa partie imaginaire bornée au voisinage du point a. Si au contraire on suppose $z(t)$ régulière au point a, et prenant en ce point la valeur b, les fonctions $x(z)$ et $y(z)$ étant des fonctions holomorphes ou méromorphes au voisinage de $z=b$, deviendront, si l'on exprime z en fonction de t, des fonctions de t

n'ayant pas de point singulier essentiel en a, ce qui est contraire à l'hypothèse.

Le théorème est donc démontré, car la relation algébrique qui lie x et y ne peut pas, comme le montre la discussion qui précède, être de genre > 1.

182. On conclut de là que si une branche de fonction uniforme $F(t)$ admet un point singulier essentiel isolé a, il ne peut exister trois valeurs distinctes α, β, γ telles que les équations

$$F(t) = \alpha,$$
$$F(t) = \beta,$$
$$F(t) = \gamma$$

n'aient pas de racines à l'intérieur d'un cercle C de centre a. On peut en effet, moyennant une transformation homographique effectuée sur $F(t)$, faire en sorte que les nombres α, β, γ soient respectivement égaux à ∞, 0, 1; la fonction $F(t)$ est alors régulière en tout point de C distinct de a. On peut d'ailleurs supposer $a = 0$. Les fonctions $F(t)$ et $1 - F(t)$, uniformes dans C et de plus régulières et différentes de zéro pour $t \not\equiv 0$, peuvent, si l'on désigne par $2m\pi$ et $2n\pi$ les accroissements respectifs de leurs arguments quand l'argument de t augmente le 2π, se mettre sous la forme

$$F(t) = t^m \, e^{\varphi(t)},$$
$$1 - F(t) = t^n \, e^{\psi(t)}.$$

Les fonctions $\varphi(t)$ et $\psi(t)$, uniformes dans C et régulières pour $t \not\equiv 0$, sont développables en séries de Laurent de la forme

$$\sum_{-\infty}^{+\infty} A_\nu t^\nu$$

et convergentes pour

$$0 < |t| < R.$$

Les deux égalités qui précèdent entraînent

$$t^m \, e^{\varphi(t)} + t^n \, e^{\psi(t)} = 1.$$

Si dans cette dernière relation on fait

$$t = u^4,$$

on obtient
$$\left[u^m e^{\frac{1}{4}\varphi(u^4)}\right]^4 + \left[u^n e^{\frac{1}{4}\psi(u^4)}\right]^4 = 1$$
ou
$$x^4 + y^4 = 1.$$

Or $\varphi(u^4)$ et $\psi(u^4)$ étant des fonctions uniformes de u, développables en séries de Laurent convergentes pour

$$0 < |u| < R^{\frac{1}{4}},$$

les fonctions $x(u)$ et $y(u)$ sont uniformes dans ce meme domaine, le point $u = 0$ ne pouvant être qu'un point singulier isolé. Comme la relation algébrique entre x et y est dn genre 3, il faut que le point $u = 0$ soit pour ces fonctions un point ordinaire ou un pôle. Il suit de là que les séries entières en u^4 qui représentent les fonctions $\varphi(u^4)$ et $\psi(u^4)$ ne contiennent que des termes à exposant positif; la fonction $F(t)$ ou $t^m e^{\varphi(t)}$ n'a donc pas de point singulier essentiel à l'origine, ce qui est contraire à l'hypothèse.

Nous retrouvons ainsi, suivant un procédé employé par M. Picard lui-même, une importante proposition concernant l'indétermination d'une fonction au voisinage d'un point singulier essentiel et démontrée d'abord par lui d'une toute autre manière. La démonstration qui précède suggère diverses généralisations. Si par exemple $F(t)$ désigne une fonction transcendante entière telle que les ordres de multiplicité des zéros des fonctions $F(t)$ et $1 - F(t)$ soient respectivement divisibles par les entiers m et n, les fonctions entières

$$x = [F(t)]^{\frac{1}{m}}$$

et

$$y = [1 - F(t)]^{\frac{1}{n}}$$

étant liées par la relation

$$x^m + y^n = 1$$

le genre de cette relation ne peut être que zéro ou un; les entiers m et n, supposés > 1, ne peuvent donc, comme le montre l'application de la formule de Riemann qui donne le genre d'une relation algébrique, recevoir que les valeurs

$$(2, 2), \quad (2, 3), \quad (3, 3) \quad \text{ou} \quad (2, 4).$$

Le premier système de valeurs conduit à une relation de genre zéro; les trois autres à une relation de genre un. On démontre d'ailleurs, en s'appuyant sur les propriétés élémentaires des fonctions elliptiques, qu'une relation de genre 1 en x et y ne peut pas être vérifiée par des fonctions transcendantes entières d'une variable t, mais seulement par des fonctions méromorphes ([1]). Finalement on ne peut admettre que le système de valeurs

$$m = n = 2.$$

On verra d'ailleurs par la considération des relations hyperelliptiques de la forme

$$y^2 = (x-a)(x-b)(x-c)\ldots(x-t)$$

qu'une fonction transcendante entière $x(t)$ ne peut admettre plus de deux valeurs distinctes a et b telles que les équations

$$x(t) = a, \qquad x(t) = b$$

n'aient que des racines d'ordre pair.

183. Comme autre exemple, nous allons appliquer l'uniformisation des fonctions algébriques au moyen des fonctions fuchsiennes à la démonstration de certaines propriétés des groupes de transformations birationnelles en elles-mêmes des courbes algébriques, en nous bornant aux courbes de genre plus grand que l'unité, pour lesquelles ces groupes sont d'ordre fini (t. I, Chap. XI). Soient p le genre de la courbe $f(x, y) = 0$ et G le groupe fuchsien de signature $(p, 0)$, c'est-à-dire dépourvu de substitutions elliptiques et paraboliques, attaché à cette courbe (§ 78); soit d'autre part H le groupe des m transformations birationnelles en elle-même

$$U_0 = 1, \ U_1, \ \ldots, \ U_{m-1},$$

de la courbe f. Si z et z' sont les images sur le réseau des polygones fuchsiens d'un point (x, y) de la courbe et de son trans-

---

([1]) Cette représentation s'obtient en remplaçant l'argument u des fonctions elliptiques, par lesquelles on exprime x et y, par une fonction entière arbitraire de t.

formé (x', y') par une transformation U du groupe H, la relation qui lie z et z', lorsqu'on a choisi les valeurs initiales z_0 et z'_0 de ces variables, est bilinéaire; en effet si z décrit un contour fermé à l'intérieur du cercle principal, le point (x, y) décrit sur la surface de Riemann un contour fermé réductible à un point par déformation continue; le point (x', y') décrit donc également un contour de même nature auquel correspond un contour fermé décrit par le point z'; z' est donc une fonction uniforme de z et réciproquement; comme ces fonctions sont analytiques en chaque point du cercle et réalisent une application conforme du cercle sur lui-même, on aura bien en vertu du lemme de Poincaré

$$z' = \Sigma z,$$

fonction linéaire de z. Si (x, y) décrit un circuit sur la surface de Riemann, auquel correspond la substitution T_i du groupe G pour la variable z, le point (x', y') décrit également un circuit fermé auquel correspond la substitution T_j pour z' et l'on a

$$T_j z' = \Sigma T_i z$$

et par suite

$$\Sigma T_i = T_j \Sigma.$$

Comme T_i est une substitution arbitraire de G, cette relation exprime que Σ est permutable à G; réciproquement d'ailleurs, on démontre aisément que toute substitution linéaire transformant le cercle principal en lui-même et permutable à G engendre une transformation birationnelle de la courbe en elle-même, distincte de la transformation identique, si cette substitution n'appartient pas à G.

Soient maintenant $\Sigma_0 = 1$, Σ_1, ..., Σ_{m-1} les m substitutions linéaires qui correspondent aux m transformations $U_0 = 1$, U_1, ..., U_{m-1}, de H, et qui peuvent d'ailleurs, sans perdre leur caractère, être multipliées à droite ou à gauche par une substitution quelconque de G; l'ensemble des substitutions qui font correspondre à un point z, image du point (x, y), une image de l'un des points (x, y), (x_1, y_1), ..., (x_{m-1}, y_{m-1}) transformés de (x, y) par les transformations de H, forme également un groupe Γ dont les substitutions peuvent s'écrire sur m lignes horizontales comme il suit

$$T_0 = 1, \quad T_1, \quad T_2, \quad \ldots, \quad T_i, \quad \ldots,$$
$$\Sigma_1 T_0, \quad \Sigma_1 T_1, \quad \Sigma_1 T_2, \quad \ldots, \quad \Sigma_1 T_i, \quad \ldots,$$
$$\ldots\ldots, \quad \ldots\ldots, \quad \ldots\ldots, \quad \ldots, \quad \ldots\ldots, \quad \ldots,$$
$$\Sigma_{m-1} T_0, \quad \Sigma_{m-1} T_1, \quad \Sigma_{m-1} T_2, \quad \ldots, \quad \Sigma_{m-1} T_i, \quad \ldots;$$

ces m lignes correspondent respectivement aux m transformations de H, et deux substitutions d'une même ligne étant distinctes l'une de l'autre et distinctes de celles des autres lignes. On voit donc que Γ admet G comme sous-groupe d'indice m, ce sous-groupe étant en outre invariant, puisque les Σ sont permutables à G. On voit par là que la recherche du groupe H relatif à la courbe f est identique à celle du groupe Γ qui admet G comme sous-groupe invariant, nécessairement d'indice fini puisque H est d'ordre fini, ce qu'on pourrait démontrer d'ailleurs directement.

Le polygone générateur P_0 de G peut être regardé comme formé par un assemblage connexe de m polygomes $Q_0, Q_1, \ldots, Q_{m-1}$, générateurs de Γ; les m points intérieurs à P_0 et équivalents à l'un d'entre eux par rapport à Γ, c'est-à-dire contenus respectivement dans $Q_0, Q_1, \ldots, Q_{m-1}$, sont les images d'un système de m points (x, y), (x_1, y_1), $\ldots$, (x_{m-1}, y_{m-1}) de la courbe, déduits du premier par les opérations de H. Soient ϖ le genre de Q_0, n le nombre de cycles de sommets elliptiques de ce polygone, $\dfrac{2\pi}{l_1}$, $\dfrac{2\pi}{l_2}, \ldots, \dfrac{2\pi}{l_n}$ les sommes des angles aux sommets de ces n cycles; on aura la relation (§ 82)

$$(\alpha) \qquad m\left[2\varpi - 2 + \sum_1^n \left(1 - \frac{1}{l_i}\right)\right] = 2p - 2,$$

les l_i étant des diviseurs de m.

Il importe de se rendre compte de la signification des entiers n et l_i dans la question qui nous occupe. Considérons un sommet elliptique du réseau des polygones Q, c'est-à-dire un point fixe intérieur au cercle d'une substitution de Γ, laquelle n'appartient pas à G qui ne possède que des substitutions hyperboliques; il lui correspond un point fixe d'une transformation U de H sur la courbe. Réciproquement à tout point fixe de H sur la courbe il correspondra une classe de points z équivalents par rapport à G et vérifiant chacun une équation de la forme

$$z = \Sigma z,$$

où Σ appartient à Γ; ce seront donc des sommets elliptiques du réseau de Γ. Le nombre des sommets elliptiques du réseau de Γ intérieurs à P_0 est donc égal au nombre des points fixes de H sur la surface de Riemann; mais ces points peuvent être en partie équivalents entre eux par les transformations de H; deux points équivalents par H ayant pour images deux points équivalents par rapport à Γ et inversement, on voit que le nombre n de cycles de sommets elliptiques de Q_0 représente le nombre de ceux des points fixes de H sur la surface de Riemann qui ne sont pas équivalents par les transformations de ce groupe. On peut d'ailleurs supposer que Q_0 n'a que des cycles elliptiques à un seul sommet dont le nombre est cet entier n. L'entier l_i correspondant à ce sommet est alors la période maxima des transformations qui admettent le point fixe dont ce sommet est l'image.

Si l'on désigne par $\varphi(l)$ le nombre des points fixes correspondant à la période l, on aura en faisant la somme des nombres de sommets elliptiques pour les m polygones Q_i qui constituent P_0, et remarquant qu'il y a l polygones assemblés autour d'un sommet d'angle $\dfrac{2\pi}{l}$

$$m\,\varphi(m) + l\,\varphi(l) + l'\,\varphi(l') + \ldots = mn,$$

la somme du premier membre étant étendue aux diviseurs m, l, l', ..., de m, supérieurs à l'unité.

Remarquons encore que si H est le groupe cyclique des puissances d'une transformation U, le nombre n considéré est égal au nombre des points fixes de U augmenté du nombre des groupes circulaires de points qui se reproduisent périodiquement de h en h par itération de U, h étant inférieur à la période m de U et supérieur à l'unité; il est clair en effet que deux points pris dans deux groupes circulaires distincts ne sont jamais équivalents par les puissances de U. Si m est un nombre premier, n est simplement le nombre des points fixes de U.

Ceci posé, la relation (α) donne, puisque $l_i \geqq 2$,

(α') $\qquad m\left(2\varpi - 2 + \dfrac{n}{2}\right) \leqq 2p - 2$

ou
$$n \leq \frac{4}{m}(p-1) + 4 - 4\varpi.$$

Comme $m \geq 2$, $\varpi \geq 0$, on a

$$n \leq 2p + 2.$$

D'après la remarque qui précède, en prenant pour H un groupe cyclique, on voit que le nombre des points fixes d'une transformation birationnelle d'une courbe de genre p en elle-même ne peut pas surpasser $2p + 2$ ($p > 1$). Ce maximum peut être atteint si tous les l_i sont égaux à 2, ainsi que m, et si ϖ est nul. On a effectivement en posant

$$y^2 = (x - e_1)(x - e_2)\ldots(x - e_{2p+2})$$

une courbe hyperelliptique de genre p, qui admet la transformation birationnelle
$$y' = -y, \qquad x' = x,$$

laissant invariants les $2p + 2$ points de ramification e_i de la surface de Riemann. Nous verrons dans un instant que ce fait est caractéristique des surfaces hyperelliptiques.

Remarquons qu'il n'y a pas de minimum pour le nombre des points fixes d'une transformation birationnelle, qui peut être nul pour une courbe de genre aussi élevé qu'on le veut. Soit par exemple la courbe qui a pour équation

$$\varphi_q(x, y) + \varphi_r(x, y) + \ldots + \varphi_s(x, y) + \varphi_0 = 0,$$

en mettant en évidence les groupes de termes homogènes de degrés décroissants q, r, ..., s. Supposons que φ_q, φ_r, ... soient des polynomes harmoniques (vérifiant l'équation de Laplace) et dépendant linéairement de deux constantes arbitraires :

$$\varphi_q(x, y) = A \rho^q \cos(p\omega + h),$$
$$\varphi_r(x, y) = B \rho^r \cos(r\omega + h'),$$
$$\ldots\ldots\ldots\ldots\ldots\ldots\ldots\ldots\ldots,$$

en coordonnées polaires ρ et ω. Si tous les entiers q, r, ..., s ont un diviseur commun $m > 1$, une rotation de $\frac{2\pi}{m}$ autour de l'origine, équivalente à une transformation linéaire en x et y, trans-

forme la courbe en elle-même. Or si $m > 2$, les seuls points fixes de cette transformation sont les points cycliques à l'infini et l'origine et ces points n'appartiennent pas à la courbe si la constante φ_0 n'est pas nulle; d'ailleurs la courbe sera irréductible si les constantes A, B, ..., h, h', ... sont prises au hasard. Par exemple en réduisant l'équation à
$$\varphi_q(x, y) + \varphi_0 = 0,$$
on a une courbe, sans point double, de degré q et de genre $\frac{(q-1)(q-2)}{2}$ admettant une transformation birationnelle en elle-même de période q et dépourvue de points fixes.

Pour $m = 2$, la transformation considérée est une symétrie autour de l'origine qui conserve les points à l'infini. Si donc m est pair on obtiendra une transformation dépourvue de points fixes U, tandis que sa $\left(\frac{m}{2}\right)^{\text{ième}}$ itérée admettra m points fixes à l'infini.

Si l'on veut obtenir une transformation ayant un seul point fixe on prendra par exemple
$$f(x, y) = (x + iy)\varphi_q(x, y) + c,$$
φ_q étant harmonique, homogène et de degré q, qui admet la transformation
$$x' = e^{-\frac{2i\pi}{q^2}}\left[x \cos\frac{2\pi}{q} - y \sin\frac{2\pi}{q}\right],$$
$$y' = e^{-\frac{2i\pi}{q^2}}\left[x \sin\frac{2\pi}{q} + y \cos\frac{2\pi}{q}\right],$$
avec un seul point fixe à l'infini dans la direction de la droite $x + iy = 0$.

On voit par ces divers exemples, qu'il serait aisé de multiplier, que les circonstances qui peuvent se présenter concernant la distribution des points fixes sont plus variées que dans le cas de $p = 0$, c'est-à-dire dans le cas des substitutions linéaires d'une seule variable.

Insistons maintenant sur le rôle du genre ϖ du polygone Q_0. Supposons d'abord $\varpi = 0$ et soit alors X une fonction fuchsienne du groupe Γ en fonction de laquelle toutes les autres s'expriment rationnellement; comme X appartient *a fortiori* au groupe G on a
$$X = \rho(x, y).$$

La transformation
$$X = \rho(x, y),$$
$$Y = y$$

appliquée à la courbe $f = 0$ sera, en général, birationnelle. En effet à une valeur de X correspond un seul point intérieur au polygone Q_0 et par suite m points du polygone P_0 qui sont les images des points (x, y), (x_1, y_1), ..., (x_{m-1}, y_{m-1}) de la courbe f, déduits de l'un d'eux par les transformations de H. Si l'on a toujours $y_i \neq y_k$ pour X arbitraire, la transformation considérée sera bien birationnelle; sinon on fera sur la courbe f une transformation préalable équivalente à un changement de coordonnées de sorte que deux points équivalents par H ne soient pas constamment sur une parallèle à l'axe des x, ou en d'autres termes on posera
$$X = \rho(x, y),$$
$$Y = \alpha x + \beta y,$$

α et β étant des constantes convenables. Soit donc
$$g(X, Y) = 0$$

la transformée birationnelle de $f = 0$ ainsi obtenue. Aux m points (x, y), ..., (x_{m-1}, y_{m-1}) d'un système correspondent sur g les m points du système
$$(X, Y_0), \quad (X, Y_1), \quad \ldots, \quad (X, Y_{m-1})$$

qui ont la même coordonnée X puisque X appartenant au groupe Γ, l'on a
$$X = \rho(x, y) = \rho(x_1, y_1) = \ldots = \rho(x_{m-1}, y_{m-1}).$$

Comme ces m points se déduisent de l'un d'eux par des transformations birationnelles, transformées de celles du groupe H, on aura
$$Y_k = \theta_k(X, Y) \qquad (k = 1, 2, \ldots, m-1),$$

θ_k étant rationnelle, c'est-à-dire que $g = 0$ sera une équation *normale* par rapport à Y, autrement dit identique à sa résolvante de Galois (*cf.* § 137).

Ainsi la condition $\varpi = 0$ exprime que $f = 0$ est la transformée birationnelle d'une courbe représentée par une équation de Galois de degré m par rapport à l'une des variables et correspondant ainsi à une surface de Riemann régulière; le groupe H relatif à $f=0$ n'est que le transformé du groupe de monodromie de cette équation de Galois; les points fixes de H sur $f=0$ proviennent simplement des points de ramification de la surface de Riemann régulière attachée à celle-là et leur nombre est au moins égal à 3.

On peut remarquer qu'en vertu des théorèmes d'existence des fonctions uniformes sur une surface de Riemann, à tout groupe de Galois *transitif* de permutations de m lettres correspondent des équations de Galois $g(X, Y) = 0$, dont le groupe de monodromie est holoédriquement isomorphe à ce groupe de permutations. En effet, soit donné un tel groupe de permutations caractérisé par ce fait qu'aucune lettre ne conserve son rang quand on passe de la permutation initiale à l'une des autres; une substitution du groupe étant décomposée en substitutions circulaires comme l'indique le tableau

$$\begin{pmatrix} Y_0 & Y_1 & \ldots & Y_{\alpha-1} \\ Y_1 & Y_2 & \ldots & Y_0 \end{pmatrix} \begin{pmatrix} Y_\alpha & Y_{\alpha+1} & \ldots & Y_{\alpha+\beta-1} \\ Y_{\alpha+1} & Y_{\alpha+2} & \ldots & Y_\alpha \end{pmatrix} \ldots,$$

il faudra que celles-ci comprennent toutes le même nombre de lettres, car si l'on avait par exemple $\beta > \alpha$, la puissance $\alpha^{\text{ième}}$ de la substitution considérée changerait les lettres $Y_0, Y_1, \ldots, Y_{\alpha-1}$ en elles-mêmes et Y_α en une lettre $Y_{2\alpha}$ différente de Y_α, ce qui est impossible. Nous marquerons alors dans le plan de la variable X un point a autour duquel nous conviendrons que les lettres Y_0, $Y_1, \ldots, Y_{\alpha-1}$ se permutent circulairement dans cet ordre quand le point X tourne dans le sens direct; nous conviendrons de permuter de même les lettres $Y_\alpha, Y_{\alpha+1}, Y_{\alpha+2}, \ldots, Y_{2\alpha-1}$ de la même manière autour de ce point a, et ainsi de suite. Nous traçons alors un lacet joignant un point O du plan au point a, le long duquel s'effectuent les substitutions indiquées. Si le groupe n'est pas épuisé par les puissances de cette substitution S_a, nous en choisirons une autre S_b dans le groupe donné qui ne soit pas une puissance de S_a, et nous ferons suivre le lacet Oa d'un lacet Ob sur lequel les lettres Y éprouveront la substitution S_b au voisinage immédiat du point b, en tournant dans le sens direct. Si les substitutions obtenues en combinant un nombre quelconque de substitutions S_a et S_b n'épuisent pas le groupe, nous en choisirons une S_c non comprise dans ce dernier sous-groupe, à laquelle nous associerons de même un point c et un lacet Oc venant après Ob, et ainsi de suite. Nous arriverons enfin à une substitution S_k associée au lacet Ok, le groupe étant dérivé des substitutions S_a, S_b, ..., S_k; nous tracerons alors un dernier lacet Ol correspondant à S_l déterminée par la relation

$$S_l S_k \ldots S_b S_a = 1,$$

de manière que la succession des lacets Oa, ..., Ok, Ol ramène les Y à l'ordre initial. Si l'on considère les Y comme les symboles des déterminations d'une fonction analytique multiforme admettant les points critiques a, b, c, ..., l cette fonction sera uniforme sur la surface de Riemann régulière qu'on obtient en traçant les coupures Oa, Ob, ..., Ol du plan et superposant ensuite m exemplaires de cette figure plane qu'on relie entre eux suivant le procédé décrit au paragraphe 98 (t. I, Chap. IV) ([1]).

Les théorèmes d'existence précédemment démontrés nous prouvent l'existence d'une fonction uniforme sur cette surface de Riemann, et par suite d'une équation algébrique *normale* relativement à l'une des variables y, les m valeurs de y éprouvant les m permutations du groupe donné.

Remarquons que tout groupe fini d'ordre m, supposé défini d'une manière abstraite, est holoédriquement isomorphe à un groupe de permutations de Galois ([2]). C'est une conséquence immédiate de la définition d'un groupe: car si l'on désigne ses éléments par

$$A_0 = 1, A_1, \ldots, A_{m-1}$$

la multiplication à gauche, par exemple, de ces m éléments par un même élément A_i nous donnera la suite

$$A_i, A_i A_1, \ldots, A_i A_{m-1}$$

qui sera encore formée des m éléments initiaux écrits dans un autre ordre, de sorte qu'à chaque élément A_i se trouve associé de

---

([1]) On peut varier de bien des manières le procédé de construction indiqué et augmenter par exemple le nombre des points de ramification qui peut être aussi grand qu'on le veut : il suffit qu'on obtienne toutes les permutations du groupe donné par des circulations autour d'un ou de plusieurs de ces points. Le genre de la surface est donc aussi grand qu'on le veut ; il sera plus grand que 1 si $\sum \left(1 - \dfrac{1}{l_i}\right)$ est supérieur à 2, ce que nous supposerons.

([2]) *Cf.* H. WEBER, *Lehrbuch der Algebra*, t. II, p. 118.

cette manière une permutation des m éléments du groupe et dans laquelle chaque élément est changé de place à moins que, A_i étant l'élément unité, on obtienne la substitution identique. Il résulte d'ailleurs de la propriété associative de la multiplication symbolique que si A_i et A_k engendrent deux substitutions de nos m éléments, le produit $A_k A_i$ engendrera la substitution $S_k S_i$, produit des deux premières, ce qui démontre notre assertion.

Il résulte de là qu'*on peut toujours trouver une courbe algébrique possédant un groupe de transformations birationnelles en elle-même, qui ait la structure d'un groupe d'ordre fini donné arbitrairement.*

Revenons maintenant à la détermination des courbes ayant une transformation birationnelle en elle-même qui possède le nombre maximum $2p+2$ de points fixes; nous avons vu que l'on a, dans ce cas, $m=2$ et $\varpi=0$. Il en résulte que la courbe admet une transformée birationnelle qui est représentée par une équation de Galois, du second degré par rapport à l'une des variables; elle est donc hyperelliptique. Ainsi donc *pour qu'une courbe de genre p soit hyperelliptique, il faut et il suffit qu'elle possède une transformation birationnelle en elle-même qui laisse fixes $2p+2$ points distincts sur la surface de Riemann associée.* Cet énoncé reste exact pour $p=0$ et $p=1$, la propriété étant vérifiée pour les courbes de genre 1 et 2 qui sont des cas particuliers des courbes hyperelliptiques.

Examinons ensuite le cas de $\varpi > 0$. Il existe alors deux fonctions fuchsiennes X et W du groupe Γ liées par une relation $h(X, W) = 0$, de sorte qu'à un point (X, W) corresponde un système de m points de la courbe $f = 0$. Si h est de degré r en W à une valeur de X correspondront r systèmes de m points

$$(x, y), \quad (x_1, y_1), \quad \ldots, \quad (x_{m-1}, y_{m-1}),$$
$$(x', y'), \quad (x'_1, y'_1), \quad \ldots, \quad (x'_{m-1}, y'_{m-1}),$$
$$\ldots\ldots, \quad \ldots\ldots, \quad \ldots, \quad \ldots\ldots\ldots,$$
$$(x^{(r-1)}, y^{(r-1)}), \quad (x_1^{(r-1)}, y_1^{(r-1)}), \quad \ldots, \quad (x_{m-1}^{(r-1)}, y_{m-1}^{(r-1)}).$$

On peut, comme précédemment, remplacer la courbe $f=0$ par une transformée birationnelle dans laquelle X soit l'une des variables, car X étant une fonction du groupe G on a

$$X = \rho(x, y),$$

et l'on adjoindra à cette relation pour définir la courbe g la relation
$$Y = \sigma(x, y),$$

σ étant une fonction rationnelle assujettie à des conditions purement négatives (*cf.* t. I, § 220). Soit alors $g(X, Y)$ la nouvelle courbe obtenue, de degré mr en Y; les r systèmes de points désignés plus haut se transforment en

$$\begin{array}{ccc}
(X, Y), & \ldots, & (X, Y_{m-1}), \\
(X, Y'), & \ldots, & (X, Y'_{m-1}), \\
\ldots\ldots, & \ldots, & \ldots\ldots\ldots, \\
(X, Y^{(r-1)}), & \ldots, & (X, Y_{m-1}^{(r-1)}),
\end{array}$$

les m points d'un système correspondant à une même racine W_i de l'équation
$$h(X, W) = 0$$

et les fonctions symétriques de $Y^{(i)}$, $Y_1^{(i)}$, ..., $Y_{m-1}^{(i)}$ étant des fonctions rationnelles de X et de W_i. Autrement dit l'équation de degré mr en Y
$$g(X, Y) = 0.$$

dont le groupe est un imprimitif, se décompose, par l'adjonction des racines de l'équation en W, en r équations de degré m
$$g(X, W_i, Y) = 0$$

qui sont des équations de Galois puisque, les m points $(X, Y_k^{(i)})$ appartenant à un même système, les m racines $Y_k^{(i)}$ de l'équation précédente s'expriment rationnellement en fonction de X et de $Y^{(i)}$, W_i ne figurant d'ailleurs pas dans ces expressions
$$Y_k^{(i)} = \theta_k(X, Y^{(i)}).$$

On voit donc que le groupe H se transforme encore dans le groupe de Galois d'une équation normale en Y, et cela au moyen d'une transformation birationnelle $(x, y; X, Y)$; seulement l'équation normale ainsi obtenue n'est pas rationnelle en X, puisqu'elle contient l'irrationnelle W, et l'on ne peut pas regarder H comme un groupe de monodromie. Remarquons que pour $\varpi = 1$ ou $\varpi = 2$, on pourra choisir X de manière que W soit la racine carrée d'un polynome en X.

Nous pouvons ensuite trouver au moyen de la formule (α') une limite supérieure de l'ordre m de H. Si $\varpi \geq 2$ on a évidemment

$$m \leq \frac{p-1}{\varpi-1} \leq p-1.$$

Si $\varpi = 1$, il faut évidemment que l'on ait $n \geq 1$ et le facteur qui multiplie m au premier membre de l'équation (α') est au moins égal à $\frac{1}{2}$; on aura donc

$$m \leq 4(p-1).$$

On conclut déjà de là que si $m \geq 4p - 3$, la classe de courbes comprenant la courbe donnée renferme une courbe représentée par une équation normale relativement à l'une des variables, le groupe H étant alors le transformé du groupe de monodromie de cette équation normale.

Si $\varpi = 0$, la limite supérieure de m est un peu plus compliquée à obtenir, mais ce calcul a déjà été fait (t. I, § **116**) en traitant des surfaces de Riemann régulières; en se reportant à la discussion faite à ce moment, on verra que l'on a toujours

$$m \leq 84(p-1).$$

Cette limite peut être atteinte lorsque m est divisible par 42. On sait par les recherches de F. Klein (voir *Leçons sur les fonctions modulaires*, t. I, p. 705) qu'il existe effectivement une courbe du quatrième degré et de genre 3, admettant 168 transformations homographiques en elle-même (voir aussi H. WEBER, *Lehrbuch der Algebra*, t. II, p. 433-484).

Remarquons enfin que quand m est un nombre premier, H étant alors le groupe cyclique des puissances de U, tous les l_i sont égaux à m et

$$n = \frac{2p - 2 - m(2\varpi - 2)}{m - 1},$$

n étant exactement le nombre des points fixes de U. Pour $m = 3$, on obtient

$$n = \frac{2p - 2 - 3(2\varpi - 2)}{2} = p + 2 - 3\varpi \leq p + 2.$$

D'autre part, pour $m \geq 4$, on a obtenu

$$n \leq p - 1 + 4 = p + 3$$

et pour $m=2$
$$n = 2p + 2 - 4\varpi,$$

nombre pair. Il s'ensuit que pour $p > 2$, le nombre des points fixes d'une transformation birationnelle n'est jamais égal à $2p+1$; ce nombre de points fixes n'est donc pas un nombre quelconque compris entre o et $2p+2$.

Nous nous bornerons à ces propriétés des transformations birationnelles des courbes algébriques en elles-mêmes, en signalant seulement la possibilité de rattacher aux considérations qui précèdent la recherche des groupes finis de transformations homographiques du plan.

184. Nous allons, comme dernière application, *rechercher les conditions pour que deux domaines plans supposés simples mais non simplement connexes soient représentables d'une manière conforme l'un sur l'autre;* l'ordre de connexion étant un invariant d'*Analysis situs* devra naturellement être le même pour les deux domaines et nous le supposerons fini.

Soit donc $\mathcal{A}$ une aire simple du plan, limitée par $p+1$ contours $C, C_1, C_2, \ldots C_p$, c'est-à-dire d'ordre de connexion $N = p+1$. Dans la figure 51 on a supposé ce domaine borné, le contour extérieur C enveloppant les contours $C_1, \ldots, C_p$. Nous allons, comme nous l'avons déjà fait à maintes reprises, construire une surface de superposition, simplement connexe et à une infinité de feuillets, recouvrant l'aire $\mathcal{A}$. Munissons celle-ci d'un système de p coupures $a_1, a_2, \ldots, a_p$ joignant le bord C aux bords $C_1, C_2, \ldots, C_p$, et soit S l'aire simplement connexe ainsi obtenue; suivant chacun des $2p$ bords des coupures a_i nous relions à S un nouvel exemplaire de cette aire, tous ces exemplaires étant exactement superposés sur le plan simple; suivant chacun des $2p(2p-1)$ bords libres des coupures a_i tracées sur la surface à $2p+1$ feuillets ainsi obtenue, nous relions de nouveaux exemplaires de S et ainsi de suite indéfiniment. A la limite nous obtenons une surface S_∞ dont les points frontières sont superposés à ceux de $\mathcal{A}$ et qui est simplement connexe. Pour s'en rendre compte on peut représenter du point de vue de l'*Analysis situs* l'aire S sur un polygone fuchsien de la seconde classe ayant d'une part $2p$ côtés de la première sorte, les côtés α_i^+ et α_i^- d'une même paire correspondant aux bords $+$ et $-$

de la coupure a_i, et d'autre part $2p$ côtés de la seconde sorte correspondant d'une part aux contours C_1, C_2, ..., C_p, d'autre part aux p fragments D_1, D_2, ..., D_p de C déterminés par les coupures a_i. Si l'on prend un point du contour C comme origine commune des coupures a_i comme l'indique la figure 51, on n'aura plus que $p+1$ côtés de la seconde sorte correspondant à C, C_1, C_2, ..., C_p, les $p-1$ autres étant remplacés par des pointements

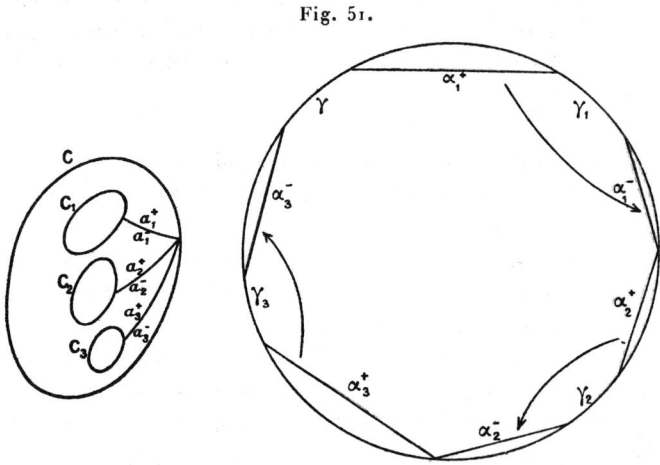

Fig. 51.

sur l'ellipse en des sommets adventifs, la représentation du polygone P_0 étant faite dans le plan cayleyen.

 Construisons maintenant le réseau des polygones fuchsiens admettant P_0 pour polygone générateur; nous ferons correspondre aux $2p$ polygones limitrophes de P_0 suivant des côtés de la première sorte les $2p$ exemplaires de S reliés à l'exemplaire initial suivant les $2p$ bords des coupures a_i; de même nous entourerons cet assemblage de $(2p+1)$ polygones P_i de tous ceux qui lui sont adjacents suivant des côtés de la première sorte et nous les ferons correspondre à des exemplaires de S reliés à ceux déjà construits suivant les bords des coupures qui correspondent respectivement aux côtés considérés, et ainsi de suite. A la limite nous obtenons une correspondance biunivoque entre la surface S_∞ et le réseau des polygones fuchsiens qui couvre sans lacune ni duplicature l'intérieur de la conique, les côtés de la première sorte du réseau correspondant aux lignes de passage; on se rend compte ainsi aisément que S_∞ est un domaine simplement connexe (*cf.* § 177).

Nous n'avons fait cette représentation de S_∞, sur un réseau de polygones fuchsiens de la seconde classe, jusqu'à présent, que pour rendre plus intuitive la structure de cette surface. Mais nous savons que toute aire simplement connexe est applicable d'une manière conforme sur un cercle, du moins en général : il en est bien ainsi pour notre surface S_∞, le cas de la représentation sur un plan pointé ou sur le plan tout entier devant évidemment être

Fig. 52.

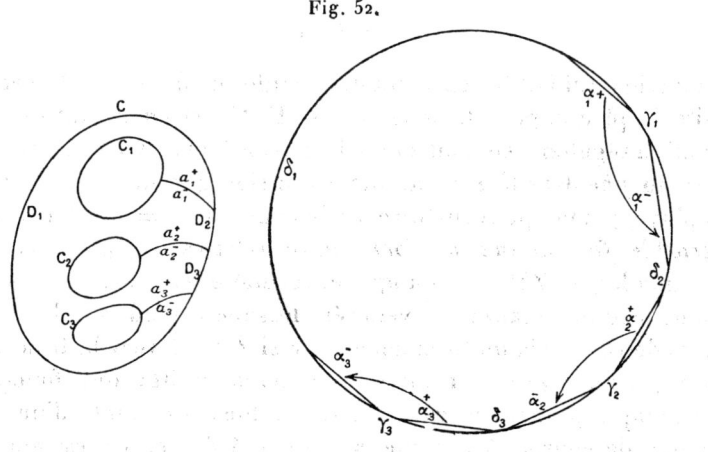

écarté ; nous voyons d'autre part que S_∞ admet un groupe discontinu de transformations conformes et biunivoques en elle-même qui laissent invariante la position de chaque point sur le plan simple et s'obtiennent simplement en remplaçant l'aire S initiale par l'une de celles qui lui sont superposées puis étendant cette transformation par continuité à S_∞ tout entière, ce groupe de transformations U étant holoédriquement isomorphe au groupe fuchsien engendré par P_0. Le raisonnement s'achève comme dans les cas analogues que nous avons déjà étudiés ; à ce groupe de transformations de S_∞ en elle-même correspond, comme nous l'avons déjà remarqué, un groupe de substitutions linéaires transformant en lui-même l'intérieur du cercle principal et permutant entre elles les diverses régions qui correspondent aux divers exemplaires de S dont l'ensemble constitue S_∞ ; ces régions seront bien des polygones fuchsiens de la seconde classe, de même caractère que P_0, c'est-à-dire de genre p n'ayant que des sommets adventifs de la seconde sorte ($n = 0$), l'entier μ, égal au nombre des lignes de passage de la surface de Riemann orthosymétrique associée au groupe fuchsien, ayant de plus la valeur $p + 1$.

Pour s'en rendre compte, et afin d'éviter toute difficulté relative à la représentation des points des contours C_i, il est commode de supposer que ces contours sont formés chacun d'un seul arc régulier de courbe analytique; de même les coupures a_i peuvent être supposées tracées suivant des arcs analytiques. Soit alors

$$z = F(Z)$$

la fonction qui fait la représentation conforme de S_∞ sur le cercle unité du plan z, pour fixer les idées; $F(Z)$ est en définitive une fonction régulière en tout point intérieur à $\mathcal{C}$, et *linéairement polymorphe* dans $\mathcal{C}$ suivant une expression que nous avons déjà employée; nous pouvons dire également que $z = F(Z)$ est une *variable fuchsienne uniformisante* relative à l'aire $\mathcal{C}$. La fonction $\log|F(Z)|$, harmonique et régulière dans $\mathcal{C}$, sauf en un point, tend nécessairement vers zéro lorsque Z tend vers l'un des bords de $\mathcal{C}$ et cela uniformément, car si Z tend vers la frontière de S_∞, z tend vers la frontière du cercle unité; une fonction harmonique prenant la valeur zéro en tous les points d'un arc régulier de courbe analytique et d'un côté de cet arc est encore harmonique et régulière en tous les points de cet arc, il en est de même de la fonction harmonique associée (Introduction, t. I, et Picard, *Traité d'Analyse*, t. II); il s'ensuit que $\log F(z)$ et par suite $F(z)$ ne cessent pas d'être analytiques sur les contours C_i et par suite qu'à tout arc de l'un des C_i correspond un arc bien déterminé de la circonférence $|z| = 1$, et qu'aux coupures a_i correspondent des arcs de courbe analytiques aboutissant en des points bien déterminés de celle-ci. Il n'y a plus alors aucune difficulté à se rendre compte de la structure de l'image de S qui sera bien un polygone fuchsien de l'espèce indiquée, dont les p substitutions génératrices seront les substitutions correspondant à un tour complet effectué dans le sens direct autour des p trous de $\mathcal{C}$.

Il n'y a d'ailleurs aucun inconvénient, pour la question qui nous occupe, à supposer que les C_i sont analytiques. En effet supposons que les contours soient des continus quelconques, naturellement entièrement séparés les uns des autres. On peut faire la représentation conforme sur un cercle de la région du plan contiguë au seul ensemble C et qui a une partie commune avec $\mathcal{A}$, car cette région est simplement connexe; les continus C_1, C_2, ..., C_p intérieurs à cette région auront pour images C'_1, C'_2, ..., C'_p et $\mathcal{A}$ sera représentée sur une aire analogue $\mathcal{A}'$ dont l'un des continus frontières sera une circonférence. Si l'on fait ensuite la représentation sur un cercle de la région simplement connexe contiguë à C'_1 et ayant une partie commune avec $\mathcal{A}'$, le cercle limite C' intérieur à cette région sera représenté par une courbe analytique sans point singulier; nous aurons donc une image de $\mathcal{A}'$ et par suite de $\mathcal{A}$ dont la frontière comprendra deux lignes analytiques sans point singulier; nous continuerons cette opération jusqu'à ce que les $p+1$ continus frontières soient transformés en courbes analytiques.

Ceci établi, cherchons la condition pour que les aires $\mathcal{A}$ et $\mathcal{A}'$, constituées comme il vient d'être dit, soient représentables d'une manière conforme l'une sur l'autre; les contours C', C'_1, ..., C'_p sont supposés correspondre aux contours C, C_1, ..., C_p respectivement et le système des coupures a_i a pour image le système des coupures a'_i de $\mathcal{A}'$ issues d'un point de C'; les deux surfaces de superposition S_∞ et S'_∞, construites de la même manière en partant des aires $\mathcal{A}$ et $\mathcal{A}'$ munies des coupures désignées, seront applicables conformément l'une sur l'autre. Cette correspondance conforme entre S_∞ et S'_∞ aura pour conséquence une relation entre les variables fuchsiennes z et z' qui sera linéaire d'après le lemme de Poincaré, comme expression d'une correspondance conforme et biunivoque entre les points intérieurs à un cercle. Si Σ est un symbole de substitution linéaire, on aura donc

$$z' = \Sigma z,$$

relation qui fait correspondre entre eux deux points intérieurs aux polygones Q_0 et Q'_0, images de S et de S'. Si le point Z décrit dans $\mathcal{A}$ un contour fermé sur le plan simple, auquel correspond un chemin unissant les points z et $T_i z$, le point Z' décrira un contour fermé dans $\mathcal{A}'$ auquel correspondra un chemin unissant les points z' et $T'_i z'$ en appelant T_i et T'_i deux substitutions des groupes fuchsiens G et G'. On aura donc

$$T'_i z' = \Sigma T_i z,$$

d'où
$$\mathrm{T}_i = \Sigma\,\mathrm{T}_i\,\Sigma^{-1}.$$

Appliquons cette relation aux p substitutions T_i équivalentes à un circuit décrit par le point Z autour d'un trou de $\mathcal{C}$ et aux substitutions correspondantes T'_i équivalentes à un circuit décrit par le point Z'_0 autour du trou homologue de $\mathcal{C}'$; comme les substitutions fuchsiennes dépendent de trois paramètres réels, ils existe $3p - 3$ conditions pour que l'on puisse déterminer la substitution Σ vérifiant ces relations. Elles expriment que les polygones Q_0 et Q'_0 ont les mêmes substitutions génératrices, à une transformation linéaire près et leur nombre ne pourra pas être réduit, parce qu'il n'existe aucune relation entre les p substitutions génératrices du groupe G. Réciproquement, d'ailleurs, si ces conditions sont vérifiées de manière que l'on puisse trouver une substitution Σ vérifiant les p relations dont il vient d'être question, la relation

$$z' = \Sigma\,z$$

établie entre les variables uniformisantes engendrera une correspondance conforme entre Z et Z' qui sera uniforme dans $\mathcal{C}$ et $\mathcal{C}'$, puisqu'une circulation de Z autour d'un trou de $\mathcal{C}$ et par suite aussi un chemin fermé quelconque décrit par Z dans $\mathcal{C}$ ramènera Z' à sa valeur initiale et inversement.

On peut exprimer ces conditions autrement : à tout polygone fuchsien de la seconde classe pour lequel les trois entiers caractéristiques p, μ, n ont les valeurs p, $p+1$, 0, correspond une classe de surfaces de Riemann orthosymétriques ayant $p+1$ lignes de passage; le réseau des polygones fuchsiens intérieurs au cercle principal est l'image d'une demi-surface de Riemann, des points équivalents du plan z provenant d'un même point analytique (x, y) et les courbes de passage correspondant aux côtés de la seconde sorte du réseau. Il est clair, d'après l'analyse qui précède, que si les deux aires $\mathcal{C}$ et $\mathcal{C}'$ sont applicables l'une sur l'autre avec conservation des angles, il en sera de même des demi-surfaces de Riemann qui leur correspondent par l'intermédiaire des réseaux de polygones fuchsiens, et la correspondance conforme s'étendra d'ailleurs aux surfaces de Riemann tout entières en ayant égard au principe de prolongement par symétrie. On voit donc que ces deux surfaces de Riemann seront transformables birationnellement l'une dans l'autre, c'est-à-dire de la même classe.

Ainsi *à l'ensemble des aires planes limitées par* $p+1$ *courbes* $p > 1$ *et applicables d'une manière conforme les unes sur les autres, correspond une classe de surfaces de Riemann orthosymétriques ayant* $p+1$ *lignes de passage, chaque demi-surface étant applicable d'une manière conforme sur l'une de ces aires planes.*

Le nombre des modules de la représentation conforme d'une aire plane d'ordre de connexion $p+1$ *est donc égal au nombre des modules des surfaces de Riemann de cette sorte, et ce nombre est égal à* $3p-3$, comme il résulte de la considération des polygones fuchsiens qui nous ont servi d'intermédiaire pour cette représentation.

Il y a toutefois divers cas d'exception. Pour $p=0$ nous savons que deux aires planes sont toujours applicables l'une sur l'autre ; le nombre des modules se réduit à zéro.

Pour $p=1$, le groupe de monodromie de la variable uniformisante z n'est plus un groupe fuchsien, mais un groupe cyclique hyperbolique, formé des puissances d'une substitution T. Pour que deux aires $\mathcal{A}$ et $\mathcal{A}'$ limitées chacune par deux courbes soient applicables d'une manière conforme il faut et il suffit que les deux substitutions hyperboliques T et T' correspondant comme il a été dit à une circulation autour d'un trou de $\mathcal{A}$ et d'un trou de $\mathcal{A}'$ aient le même invariant $(a+d)$. Il existe alors un seul module de représentation. La classe des surfaces de Riemann orthosymétriques correspondant à une aire de cette sorte peut être représentée par l'équation
$$y^2 = x(x-1)(x-\lambda),$$
λ étant réel et plus grand que 1, et les deux courbes de passage étant les segments $(0, 1)$, $(\lambda, +\infty)$ de l'axe réel tracés sur les deux feuillets de la surface. La demi-surface de Riemann sera alors le plan simple muni de deux fentes tracées suivant ces deux segments. Ainsi *une aire plane simple limitée par deux courbes est toujours applicable sur le plan muni de deux fentes rectilignes tracées suivant la même droite, et le nombre des modules de la représentation est égal à* 1.

On peut remarquer qu'il existe une proposition analogue pour

$p = 2$, car une surface de Riemann orthosymétrique à 3 lignes de passage et de genre 2 se ramène par une transformation birationnelle à celle qui est définie par l'équation

$$y^2 = x(x-1)(x-a)(x-b)(x-c) \qquad (1 < a < b < c)$$

et l'on voit qu'une aire triplement connexe est applicable sur un plan muni de trois fentes rectilignes dirigées suivant la même droite.

Supposons maintenant que l'un des continus C_i se réduise à un point; il en sera de même pour toute aire $\mathcal{A}'$ applicable conformément sur $\mathcal{A}$, car la fonction de représentation étant uniforme autour du point frontière isolé de $\mathcal{A}$ et ne pouvant avoir l'indétermination compatible avec l'existence d'un point singulier essentiel isolé, ce point sera un point ordinaire ou un pôle; le point frontière isolé de $\mathcal{A}$ sera représenté sur un point frontière isolé de $\mathcal{A}'$. Si l'on suppose cette condition remplie, le nombre des conditions d'applicabilité est diminué d'une unité, car la substitution T correspondant à une circulation autour du point frontière c est parabolique, comme il résulte du paragraphe 47; il en est de même pour la substitution correspondante T' de z' provenant d'une circulation de Z' autour du point c'. Les deux substitutions T' et $\Sigma T \Sigma^{-1}$ ayant même invariant égal à 2, on n'a plus que deux conditions pour exprimer qu'elles sont identiques; le nombre des modules qui était $3p - 3$, c'est-à-dire $3N - 6$, deviendra $3N - 7$. Le polygone fuchsien Q_0 aura alors un sommet parabolique et sera de genre $p - 1$; la surface de Riemann associée sera toujours orthosymétrique mais signée d'un point critique logarithmique de la fonction $z(x)$, ce qui donne bien le nombre des modules trouvé. En général si N' des courbes C se réduisent à des points, le nombre des modules diminue de N' unités et devient $3N - 6 - N'$.

Supposons en particulier que tous les continus frontières deviennent des points. La formule précédente est encore applicable; on voit en effet bien facilement que toute représentation conforme d'une aire $\mathcal{A}$ limitée par n points sur une aire analogue équivaut à une substitution linéaire qui transforme les points frontières de $\mathcal{A}$ dans ceux de $\mathcal{A}'$ et que les conditions d'applicabilité se réduisent à l'égalité des $N-3$ rapports anharmoniques :

$$(e_1 e_2 e_3 e_i) = (e'_1 e'_2 e'_3 e'_i) \qquad (i = 4, \ldots, N),$$

ce qui fait $N-3$ conditions complexes ou $2N-6$ conditions réelles. Dans ce cas le polygone Q_0 n'est plus de la seconde classe, mais bien de la première, n'ayant plus de côtés de la seconde sorte, et la variable uniformisante z est celle dont l'existence découle du théorème général du paragraphe 106, pour $p = 0$, $n = N$, $l_i = \infty$.
Remarquons que l'étude de ce cas particulier, qui est, comme on le voit, immédiate devait nous faire prévoir l'existence des modules de la représentation conforme dans le cas général.

On obtiendra divers théorèmes intéressants en combinant les résultats qu'on vient d'obtenir avec ceux qui concernent les transformations birationnelles d'une surface de Riemann en elle-même. On voit notamment qu'il ne peut exister qu'un nombre fini d'applications conformes et biunivoques sur elle-même d'une aire plane dont l'ordre de connexion est supérieur à 2. On trouvera aisément des généralisations de cette remarque.

Enfin *il est possible d'étendre les résultats obtenus aux aires d'ordre de connexion infini*, en définissant convenablement la surface de superposition. Le groupe des substitutions linéaires de la variable uniformisante ne sera plus alors un groupe fuchsien, mais un groupe *fuchsoïde* dérivé d'une infinité de substitutions fondamentales. Une étude plus détaillée nous entraînerait trop loin.

FIN DU TOME II.

QA
341
A6
1976
t.2

OCT 8 1979